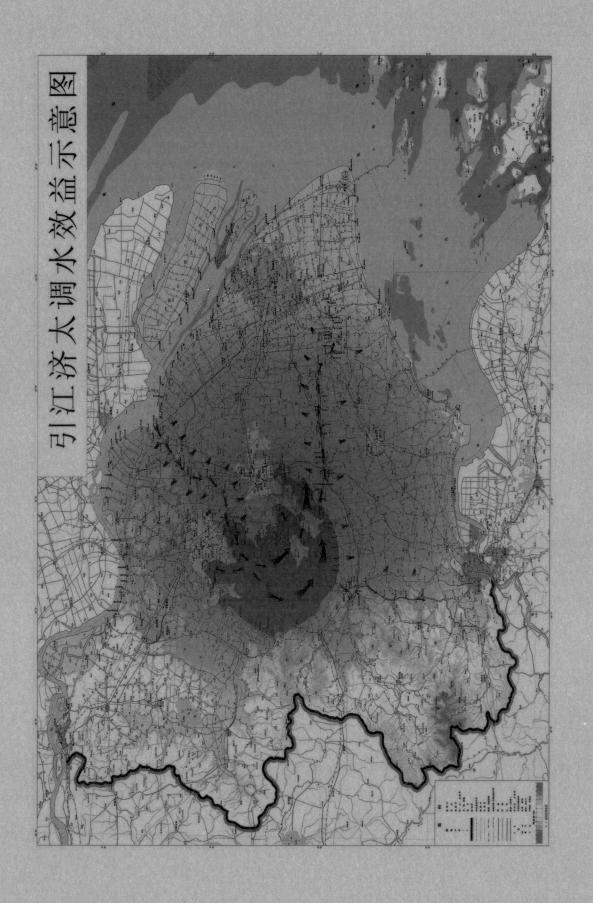

引江济太调水效益示意图

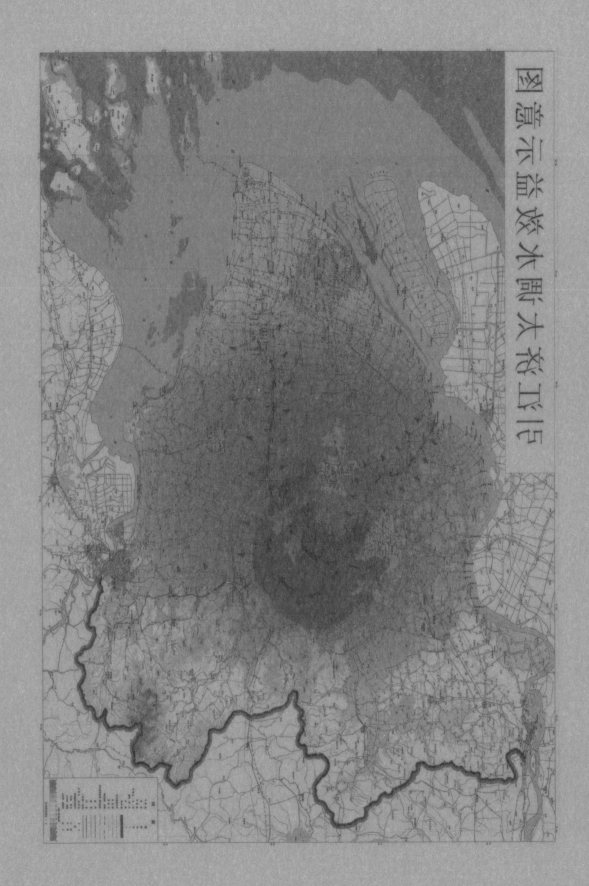

引江济太调水试验关键技术研究

水利部太湖流域管理局　编

中国水利水电出版社
www.waterpub.com.cn

内 容 提 要

本书主要是依托太湖流域引江济太调水试验开展的关键技术研究成果，内容包括关键技术研究综述、引江济太水量水质联合调度研究、调水效果评估研究、望虞河西岸排水出路及对策研究、管理体制与机制研究、调水三维动态模拟系统开发研究，涉及到水文基础研究理论、水资源、水环境、水生态、水文模型、工程管理和信息技术，反映了在复杂平原河网地区水文科学研究、环境水利与评价以及水利工程管理技术取得的重要进展。

本书可供水文、地理、资源、环境、生态、管理、信息等方面的教学科研、规划设计以及关心太湖流域管理和治理的各界人士参考。

图书在版编目（CIP）数据

引江济太调水试验关键技术研究/水利部太湖流域管理局编 .—北京：中国水利水电出版社，2010
ISBN 978-7-5084-6274-5

Ⅰ.引… Ⅱ.水… Ⅲ.太湖-流域-引水-水利工程-试验-研究 Ⅳ.TV882.953

中国版本图书馆 CIP 数据核字（2009）第 074501 号

审图号：GS（2009）1527 号

书 名	**引江济太调水试验关键技术研究**
作 者	水利部太湖流域管理局 编
出版发行	中国水利水电出版社
	（北京市海淀区玉渊潭南路 1 号 D 座　100038）
	网址：www. waterpub. com. cn
	E-mail：sales@waterpub. com. cn
	电话：(010) 68367658（营销中心）
经 售	北京科水图书销售中心（零售）
	电话：(010) 88383994、63202643
	全国各地新华书店和相关出版物销售网点
排 版	中国水利水电出版社微机排版中心
印 刷	北京中科印刷有限公司
规 格	184mm×260mm　16 开本　39 印张　925 千字　1 插页
版 次	2010 年 6 月第 1 版　2010 年 6 月第 1 次印刷
印 数	0001—2000 册
定 价	**138.00 元**

凡购买我社图书，如有缺页、倒页、脱页的，本社营销中心负责调换

《引江济太调水试验关键技术研究》
主 要 编 写 人 员

综 述	吴浩云				
第 1 章	林荷娟				
第 2 章	王船海	金 科			
第 3 章	王船海	程文辉	王 鹏		
第 4 章	王船海	林荷娟	朱 琰		
第 5 章	王 鹏				
第 6 章	王船海	林荷娟			
第 7 章	林荷娟	王船海	金 科		
第 8 章	吴浩云	王船海			
第 9 章	戴 甦	廖文根			
第 10 章	翟淑华	廖文根	胡维平	禹雪中	
第 11 章	禹雪中	马 魏			
第 12 章	禹雪中	翟淑华	廖文根	张红举	
第 13 章	胡维平	翟淑华	李香华	张红举	
第 14 章	禹雪中	翟淑华	彭期冬	马 巍	
第 15 章	禹雪中	廖文根	彭期冬	潘彩英	
第 16 章	朱 威	翟淑华	胡维平	廖文根	
第 17 章	陈煜权	朱雪诞	朱桂娥	关许为	王朝辉 顾 萍
第 18 章	李 巍	陈瑞方	盛根明	韩 青	袁 欣 陈煜权
	徐家贵	关许为	朱桂娥	魏清福	孙大勇
第 19 章	李 巍	徐雪红	陈瑞方	盛根明	袁 欣
第 20 章	孙金华	吴志平	戴 星	倪深海	
第 21 章	颜志俊	吴志平	彭岳津	王会容	
第 22 章	颜志俊	徐春晓	王会容		
第 23 章	颜志俊	孙荣强	巫菡蕾	王会容	
第 24 章	吴浩云	颜志俊	顾 颖	刘静楠	
第 25 章	万定生	颜恩祝	高 山	郭学俊	刘惠义
第 26 章	万定生	戴 甦	郭学俊		
第 27 章	郭学俊	颜恩祝			
第 28 章	吴浩云	万定生	刘惠义	高 山	

《引江济太调水试验关键技术研究》
主 要 参 加 人 员

太湖流域管理局

徐　洪　梅　青　江　溢　周小平　蒋英姿　罗　尖　孙永飞　张　怡

孙海涛　姜桂花　尤林贤　成　新　杨　威　程媛华　黄　莉　王　华

李爱珍　贾更华　胡　艳　伍永年　章元明　颜秉龙　黄志兴　徐　慧

朱灵芝　胡　宾　王得祥　陆晓春　颜婷莉　勾鸿量　沈　荣

河 海 大 学

董增川　姚　琪　王新光　韩龙喜　逄　勇　张希伟　钟平安　王何轶

丁训静　王　娟　卞海红　余宇峰　王　峰　李　青　张　华　倪海涛

中科院南京地理与湖泊研究所

陈永根　白晓华　谷孝鸿　陈宇炜　范成新　胡春华　龚志军　张发兵

韩红娟

中国水利水电科学研究院

周怀东　彭　静　沈　吉　马莉青　李锦秀

上海勘测设计研究院

杜心慧　孙永林　黄少丞

南京水利科学研究院

刘城鉴　陈　菁

序一

　　水是基础性的自然资源和战略性的经济资源，是生态与环境的重要控制性要素。水利作为国民经济和社会发展的重要基础设施，在建设生态文明和构建和谐社会中肩负着重要的职责。

　　太湖流域是我国最发达的地区之一，经济社会发展迅速，经济总量在全国占重要地位。2007 年，太湖流域以占全国不到 0.4％的土地面积、3.7％的人口，创造了占全国 11.6％的国内生产总值。太湖流域经济的快速发展和人民生活水平的日益提高，要求流域水利提供更加安全的防洪保障，更加可靠的供水安全和更加良好的水环境、水生态。

　　随着经济社会的快速发展，流域废污水排放总量逐年增加，水体污染不断加剧，河湖健康正面临严重威胁。为保障流域供水安全和改善水环境，遵照温家宝总理提出的"以动治静，以清释污、以丰补枯、改善水质"的引江济太生态调水重要指示，从 2002 年起，在水利部的领导下，太湖流域管理局组织流域内的江苏省、浙江省和上海市实施了引江济太调水试验工程。

　　引江济太是在保证防洪安全的前提下，利用已建水利工程，将长江清水引入流域河网和太湖，以增加流域水资源量，加快水体流动，提高水体自净能力，改善太湖及流域水环境，并向太湖周边及下游地区供水。实践证明，引江济太有效缓解了流域水生态和水环境恶化趋势，改善了流域水环境，特别是在 2007 年太湖蓝藻暴发引发的无锡市供水危机中发挥了重要作用，取得了显著的社会、环境和经济效益，得到了国务院、水利部和流域各级政府及社会各界的好评。

　　在做好引江济太科学调度的同时，太湖流域管理局组织有关科研院校，开展了引江济太调水试验关键技术研究，积极探索提高流域水资源承载能力和水环境承载能力的有效途径和主要措施。可以说，引江济太对国家开展湖泊水环境治理和流域水资源综合管理有着重要的科学价值和实际意义，也是湖泊研究和流域管理研究的重要发展方向之一。

　　在对引江济太关键技术问题进行研究中，科研人员采用原型试验与数模结合、虚拟现实与信息集成等先进技术，建立了河湖调水效果评估指标体系和水量水质联合调度模型，完善了太湖富营养化模型，提出了望虞河西岸排水出路工程布局，探索了引江济太管理体制和运行机制，取得了丰硕成果。这些成果深化了我们对太湖水文情势、水环境演变规律和水利工程综合管理的认识，为太湖流域水环境综合治理提供了有效技术、科学基础和实施依据。

为了全面反映引江济太调水试验研究成果，太湖流域管理局组织编写了《引江济太调水试验关键技术研究》一书。本书以翔实的资料和数据，从引江济太水量水质联合调度、调水效果评估、望虞河西岸排水出路及对策、引江济太管理体制和机制以及引江济太三维模拟系统等方面，阐述了引江济太调水试验论证和实践中所采取的重大技术措施的可行性、先进性和实用性。

进入 21 世纪，中国水问题依然是一个大问题，太湖流域在水资源管理和水环境治理方面还有很多工作要做，对水量、水质变化规律的掌握、对水利工程联合调度模式的优化等，都有待于进一步深化研究。我们要以探索求真的精神，继续做好治水理论的创新工作，希望本书的出版，为关注水资源可持续利用的各界人士提供一份有价值的参考资料，为流域综合管理和流域水环境综合治理起到积极的推动作用。

水利部副部长　胡四一

2010 年 5 月 18 日

序二

太湖流域地处长江三角洲核心区域,北依长江,南濒杭州湾,东临东海,西以茅山、天目山为界,地理条件得天独厚,行政区划分属江苏、浙江、上海、安徽三省一市,流域总面积36895万平方公里。太湖流域属典型的平原水网地区,地势低平,水流速度缓慢,湖泊河网密布。太湖位于流域的中心,面积2338平方公里,是流域最重要的饮用水水源地。太湖流域以仅占我国国土面积0.4%的土地,养育了占全国3.7%的流域人口,2007年流域国内生产总值GDP总量28648亿元,占全国的11.6%,人均GDP已超过7000美元,城市化率达73%,是我国经济最具活力的地区之一。

在经济社会高速发展的同时,太湖流域也产生了水资源开发利用与保护不相协调的诸多水问题,如流域水环境恶化,洪涝灾害加剧,水质型缺水明显,河湖健康遭受严重破坏。尤其是太湖富营养化严重,蓝藻水华频繁暴发,严重威胁城乡供水安全,制约着流域经济社会的可持续发展。如何科学、有效地解决这些水问题,不仅引起社会各界的广泛关注,也得到中央政府和各级地方政府的高度重视。作为国务院确定的太湖水环境综合治理的重要举措之一,引江济太就是要从流域的层面,通过水利工程进行水量水质联合调度,促进太湖流域的水环境改善和水生态修复。然而,在高度受到人类活动影响的大型复杂平原河网和湖泊地区开展流域尺度的水量水质联合调度在国内外尚无先例,存在着诸多迫切需要加以解决的重大技术问题。

由水利部太湖流域管理局组织有关科研院校开展的引江济太调水试验关键技术研究,紧密围绕太湖流域水资源管理和水量水质联合调度的科技支撑需求,积极探索了利用水利工程调控达到"以动治静、以清释污、以丰补枯、改善水质"的重大科技问题。该研究以2002年开始实施的引江济太调水原型试验为依托,采用水文学、水动力学、环境科学、生态学、信息技术等多学科交叉的途径,进行了技术攻关、系统集成和应用实践。关键技术研究以太湖流域感潮河流和滨江临海为边界,把流域概化成1438条河流、120个湖泊、178座水利工程的数字化系统,收集、监测了52万条水文、环境、气象、泥沙和生态数据;在深入研究流域经济社会发展、生态环境保护、洪涝灾害防治及水资源保障供给等耦合关系的基础上,开发了大型平原感潮河网与湖泊地区的分布式水文模型和水量水质联合调度模型，建立了水量水质联合调度系统，研制了调水效果评估系统，开发了三维动态模拟系统，研发了效果综合评估系统；完善了引江济太工程布局体系，建立了现代化流域调度管理体系，确立了引江济太管理运行机制，形成了产学研联合攻关体系。项目突破了传统的水利工程调度模式，理念和手段先进、方法科学，多角度提出了调水修复及改善河湖水环境的新理念，对抑制蓝藻暴发、改善水环境等具有重要的示范作用。研究成果对维护河湖健康，开展流域调水、改善河湖水环境等研究和应用，推进行业技术进步具有重大意义。

　　本书既是对引江济太调水试验关键技术研究主要成果的一个总结，也展示了太湖流域的水资源管理和调度从单纯注重防洪与供水向兼顾生态与环境保护的重大转变。希望它的出版，能为太湖流域水资源、水环境、水生态的综合管理和流域水环境的预警预报提供有力技术支撑；期望更多的研究者和决策者进一步关注太湖流域管理和治理工作；也愿本书能为推进水利科技在水利工作中的引领作用、为解决水问题和水利的可持续发展、科学技术发展贡献绵薄之力。

中国工程院院士

2010 年 5 月 18 日

前言

　　太湖流域位于长江三角洲的核心区域，地跨苏、浙、皖、沪三省一市，是中国经济最具活力的地区之一，流域总面积36895平方公里，平原地区河网纵横，湖泊星罗棋布。流域北面的长江水量充沛、水质良好，是太湖流域稳定的补给水源地。太湖位于流域中部，水面面积约为2338平方公里，是我国第三大淡水湖泊，具有防洪、供水、灌溉、水产养殖、航运、旅游等综合功能，对流域洪水调蓄和水资源配置起控制作用，也是苏州、无锡等城市和下游上海、嘉兴等地区重要水源地。

　　随着流域经济社会的发展，太湖流域洪涝、环境、资源和生态向我们提出了严峻挑战，流域河网水污染严重、太湖富营养化加重，太湖经常暴发藻类"水华"事件，影响周边地区供水安全，严重制约着流域经济社会的可持续发展。为贯彻中央水利方针，实践治水新思路，发挥水利工程的综合效益，遵照温家宝总理2001年在国务院召开的太湖水污染防治第三次会议上提出的"以动治静、以清释污、以丰补枯，改善水质"的重要指示，及国务院批复的《太湖水污染防治"十五"计划》，水利部于2001年12月批复了太湖流域管理局编制的《引江济太调水试验工程实施方案》，并于2002年1月正式组织实施引江济太调水试验。

　　引江济太调水试验的目标是在确保防洪安全的前提下，利用望虞河工程引长江水入太湖，并通过环太湖口门向周边供水，研究望虞河引水入湖能力、探讨引水与防洪、用水、排水的关系，分析清水入湖对改善太湖水体水质的作用，探索引江济太运行管理体制与机制，为保障流域防洪、供水和水生态安全提供技术支持。由于引江济太是一项十分复杂的系统工程，涉及到流域内社会、经济、生态环境、洪涝、水资源配置和泥沙淤积等方面的复杂因素，还与长江水位、水质密切相关，为此水利部同意结合调水试验开展"引江济太水量水质联合调度研究"、"引江济太调水效果评估研究"、"望虞河西岸排水出路及对策研究"、"引江济太管理体制与机制研究"、"引江济太三维动态模拟系统开发研究"等5个研究专题，2002年3月，通过水利部组织的审查，并列为水利部科技创新项目。太湖流域管理局按照项目管理要求，组织河海大学、中科院南京地理与湖泊研究所、中国水利水电科学研究院、南京水利科学研究院、上海勘测设计研究院等科研院校共同开展调水试验关键技术联合攻关研究。在项目执行过程中，太湖流域管理局和承担单位聘请专家对研究成果进行指导和咨询，确保研究成果的质量。水利部科学技术委员会分别于 2002 年 3 月 19～22 日和 2003 年 12 月 8～10 日前后两次对引江济太调水试验专题进行了调研，对引江济太调水试验及其关键技术研究提出了十分宝贵的建设性意见。

引江济太调水试验关键技术研究以水利工程群原型调水试验为依托，采用水文学、水动力学、环境科学、生态学、信息技术等多学科交叉的途径，进行了技术攻关、系统集成和应用实践。项目以感潮河流和滨江临海为边界，把流域概化成 1438 条河流、120 个湖泊、178 座水利工程的数字化系统，收集、监测了 52 万条水文、环境、气象、泥沙、生态等数据；在研究经济社会发展、生态环境保护、洪涝灾害防治、水资源保障供给等耦合关系的基础上，开发了大型平原感潮河网湖泊地区分布式水文模型、水量水质联合调度等模型，建立了水量水质联合调度系统，研制了调水效果评估系统，开发了三维动态模拟系统；完善了引江济太工程布局体系，建立了现代化流域调度管理体系，确立了引江济太管理运行机制，形成了产学研联合攻关体系。关键技术研究成果及时应用于引江济太调水实践，成功化解了 2003～2005 年流域连续干旱和 2003 年黄浦江重大燃油污染事故，保障了流域供水安全，并且为 2004 年第二十八届世界遗产大会和 2006 年上海合作组织峰会在太湖流域召开期间创造了良好的水环境。特别在 2007 年应对无锡供水危机事件中，引江济太发挥了重要作用。引江济太有效提高了流域水资源和水环境承载能力，保障了流域重要城市和地区的供水安全，江苏、浙江、上海等地区普遍受益，取得了显著的社会效益、环境效益和经济效益，得到了国务院、水利部和省市党委政府领导的充分肯定和社会各界的广泛认可。2004 年温家宝总理在水利部呈送的"关于引江济太调水工作有关情况的报告"上批示指出："实践证明，'引江济太'对于改善太湖水质是一项行之有效的办法"。2007 年 12 月，引江济太调水试验关键技术研究顺利通过了水利部组织的验收和鉴定。

按照水利部全面系统总结引江济太调水试验的要求，太湖流域管理局组织相关单位在调水试验及其关键技术研究的基础上编写了本书，凝聚着广大引江济太参与者共同的心血和汗水。全书由吴浩云、戴甦具体组织编写，水量水质联合调度研究部分由林荷娟负责校核，调水效果评估部分由翟淑华负责校核，望虞河西岸排水出路与对策、管理体制与机制、三维动态模拟系统部分由潘彩英负责校核，最后由吴浩云、林荷娟负责统稿。

由于水平所限，书中的错误、遗漏在所难免，许多问题有待进一步研究和定论，殷切希望得到读者批评指正。

编者

2010 年 5 月 18 日

目　　录

第 2 篇　引江济太调水效果评估研究

第3篇　望虞河西岸排水出路及对策研究

▣ 第4篇　引江济太管理体制与机制研究

■ 第5篇　引江济太三维动态模拟系统开发研究

综　　述

太湖流域利用水利工程实施引长江水补济太湖的水资源调度（简称"引江济太"），既是流域治理和管理长期探索实践的结晶，又是新时期治太事业的新亮点；既是治理不断恶化的太湖流域河湖水生态系统必然要求，又是治太历史上一次认识上的质的飞跃，更体现了新时期维护河湖健康作为水利部门根本任务的理性选择。2002 年以来，水利部门依托于引江济太关键技术研究成果积极开展流域水资源调度，保障了流域供水安全、防洪安全，改善了河湖水生态环境，提高流域水资源和水环境承载力，促进了流域经济社会的发展。

0.1　太湖流域水资源与水环境状况

太湖流域位于长江三角洲核心区域，地跨苏、浙、皖、沪三省一市，流域总面积 3.69 万 km^2。流域中丘陵山地与湖泊水网面积各占 1/6，其余 2/3 为平原洼地。平原地区河网纵横，湖泊星罗棋布。太湖位于流域中部，水面面积 2338km^2。太湖流域多年平均降雨量 1177mm，常年水资源量 176 亿 m^3。流域北面的长江，多年过境水资源量 9335 亿 m^3，水量充沛、水质优良，是太湖流域稳定的补给水源地。

太湖是流域重要的供水水源地，但目前其水体总体呈中营养化至富营养化，经常暴发蓝藻"水华"事件，严重影响周边无锡等城市供水安全。太湖流域点源废污水排放量达 60 亿 t，化学需氧量（COD_{Cr}）入河量 84.8 万 t/a，氨氮（$NH_3 - N$）入河量 6.27 万 t/a。流域污染物排放量远超过水域纳污能力，造成流域水污染严重。太湖大范围有底泥分布，淤积面积 1547km^2，占太湖面积 66.0%，流泥量 2.33 亿 m^3，是重要的污染内源，也因风浪、湖流扰动，容易引起沉积在湖底营养物质溶出或悬浮形成的二次污染。流域水环境恶化趋势没有根本遏制，流域主要湖泊和河流水生态状况十分令人担忧，广大居民供水水源地水质问题尤为突出。

在太湖流域经济社会快速发展中，迫切需要寻找到各种有效、安全又符合实际的比较节约的方法和途径，来提高水资源的利用效率和效益，提高水资源承载能力和水环境承载能力。因此，在开展流域水污染治理的同时，遵照温家宝总理提出的"以动治静、以清释污、以丰补枯、改善水质"的太湖流域生态调水指示，探索利用初步建成的治太骨干水利工程体系，调整枢纽工程运行方式，开展引江济太调水和平原河网地区水资源配置，对增加流域供水，维护河湖健康，具有重大的理论和现实意义。

在水利部的领导下，水利部太湖流域管理局（以下简称"太湖局"）和江苏、浙江、上海两省一市水行政主管部门，2002 年 1 月正式启动引江济太调水试验工程，同时结合调水试验开展了"引江济太水量水质联合调度研究"、"引江济太调水效果评估研究"、"望虞河西岸排水出路及对策研究"、"引江济太管理体制与机制研究"、"引江济太三维动态模拟系统开发研究"等五项专题。经过多年研究，引江济太调水试验关键技术研究成果直接指导了近几年的调水实践，发挥了科技引领作用，提升了流域水资源调度和管理水平，通过了水利部组织的验收。

0.2　引江济太关键技术研究主要内容和方法

引江济太涉及社会、经济、生态环境、洪涝、水资源配置和泥沙淤积等因素，调水问题十分复杂。为认真贯彻落实温家宝总理批示精神，太湖局以科技为先导，以试验为依托，在组织开展引江济太调水工作的同时，紧紧围绕调水中存在的问题，联合河海大学、中国科学院南京地理与湖泊研究所、中国水利水电科学研究院、南京水利科学研究院和上海勘测设计研究院等科研院校，开展多学科的技术攻关。项目研究通过采用原型试验和数模结合、虚拟现实与系统集成等先进技术，开展了大规模的水文、水质、泥沙、气象、生态等数据监测与观测，积累数据 50 多万条；建立了河湖调水效果评估指标体系、水量水质联合调度模型，完善了太湖富营养化生态模型，提出了望虞河西岸排水出路工程布局、引江济太管理体制与机制，实现了引江济太三维动态模拟。通过研究，实现数据观测、方案构建、效果评估的系统集成，总结调水规律，解决调水实践中的问题，为今后常年调水的管理和流域综合治理与管理提供了技术支撑。

0.2.1　引江济太关键技术主要研究内容

1. 引江济太水量水质联合调度研究

主要基于水循环、水环境的基本理论和大量原型观测资料，建立太湖流域降雨产流模型、平原区废水负荷模型、河网一维、太湖湖区准三维水量水质模型；太湖流域降雨产流模型重点研究水面、旱地、农田、不透水层四种下垫面的产汇流机制，水质模型重点研究化学需氧量（COD_{Cr}）、生化需氧量（BOD_5）、氨氮（NH_3-N）、溶解氧（DO）、总磷（TP）、总氮（TN）等指标的输运规律；在理论研究的基础上，利用最新的信息处理技术、地理信息技术、数据库技术与模型库管理生成技术，建立基于 GIS 的太湖流域实时水量水质联合调度系统软件平台；利用 2000 年太湖流域水量水质实测资料和实验室试验的方法对模型参数进行率定，并利用 1998 年、1999 年、2002 年和 2003 年太湖流域水量水质实测资料对模型进行验证，实现了平原河网地区调度模型和水量水质模型的在线耦合。通过多方案对比分析，提出了不同目标的优化调水方案、最佳引水时机，为引江济太实时调度提供了技术支撑。

2. 引江济太调水效果评估研究

基于 2002～2003 年调水试验资料和数值模型，重点研究评价引江济太改善流域河网和太湖水环境的方法及指标体系，通过太湖各分区水质参数与主要环境要素的关系分析，确立调水年水质评价的参照系，分析调水对太湖换水周期、水体碱性磷酸酶活性、湖泊富营养化及生态系统等的影响，以及不同调水方案对改善太湖和各分区水质和湖流的效果。通过水文分析开展了长江引水水源地论证，建立了望虞河及贡湖水沙数学模型，研究分析引水泥沙在望虞河的淤积量、淤积分布及对进入贡湖泥沙量的估算，为深化引江济太工程提供了科学依据。

3. 望虞河西岸排水出路及对策研究

主要是利用已有的望虞河引江济太试验资料，适当补充有关调查资料，研究望虞河西岸地区水流运动规律；拟定自引和泵引等不同引水方式，研究现有水利工程调度对水流运动规律的影响；通过设定不同的工程方案、非工程方案、工程与非工程结合的方案，分析对西岸排水出路的影响，提出合理的工程布局方案，为流域水环境综合治理奠定了基础。

4. 引江济太管理体制与机制研究

分析引江济太骨干工程管理现状和存在的问题，总结引江济太调水试验阶段管理组织的经验，提出构建引江济太管理体制的基本框架和管理体制的基本思路、组织形式；设置近期和中期引江济太管理体制的方案，阐述管理机构的性质，提出内部职能部门及其相应的职能，并对管理体制方案进行评价；根据有关规范并结合引江济太管理体制的设置方案，进行运行管理费用的测算；根据《水利工程供水价格管理办法》，分析工程水价的形成机制，进行工程水价测算，采用"成本—水量分摊法"，提出调水费用的分摊方案，提出引江济太工程水价的形成机制，为引江济太长效运行奠定基础。

5. 引江济太三维动态模拟系统开发研究

利用三维建模技术、光照技术和纹理技术，结合太湖流域的 DEM 数据和航拍照片，建立三维电子地图，并在电子地图上叠加重点工程和主要水系的水量水质信息。利用三维建模技术和虚拟现实技术建立关键水工建筑物的三维模型，构建虚拟工程场景。利用流域三维立体电子地图，表现引江济太方案实施过程前、过程中和过程后流域相关水体水质的变化情况，形象地反映引江济太调水试验效果，实现了引江济太计算机辅助决策支持。

0.2.2　引江济太关键技术主要研究方法

引江济太关键技术研究的总体技术思路就是立足自主创新，原型试验和技术攻关相结合，客观评价调水效果，努力促进水资源的有效利用，推进调度管理水平的提高。五个专题的技术路线呈现这样的流程，即采取数据收集整理和原型观测分析，根据数据分析和模型观测开展技术理论和技术探索研究，并应用到调度、管理、工程方案设计、长效机制构建中。

针对每一个专题，因研究内容不同，又采取不同的技术路线，选择不同的方法，主要的研究方法涉及到八类。在水量水质调度研究中，主要从资料整理、现场观测、数模研发、系统统计、方案构建等方面进行相应的研究；在效果评估方面，主要采用资料整理、室内实验、现场监测、数模研发、系统设计、方案评价等方面进行相应的研究；对于管理体制和机制研究，主要通过资料整理、文献查找、数模计算、统计分析等，最后提出相应的管理体制方案；在引江济太三维动态模拟中，通过相应的资料整理、海量数据提取、数模构建、虚拟技术运用等方法进行相应的研究开发。

与此同时，为了保证研究的科学性、评价的客观性、模拟的准确性，组织开展了大规模的资料收集和现场监测，涉及流域内外、太湖内外、调水沿线，春夏秋冬连续不间断的水量水质监测、全潮水量水质监测等，主要的监测数据包括水文、水质、气象、泥沙、生态等方面，有关实测数据达 50 多万条。

五个专题研究几乎都涉及基础科学研究和应用科学研究，都有独特的核心技术、关键技术和研究方法。

1. 引江济太水量水质联合调度研究

水量水质联合调度非常复杂，也是通过利用水利工程改善水环境的核心技术，涉及到水文、水资源、水环境、水利工程以及全流域下垫面信息，是其他研究的重要基础。其研究结构分为三个层面：第一层面是数据信息处理；第二层面是模型开发与建立；第三层面是水量水质模型与工程调度模型的耦合。

第一层面，数据信息处理。主要是对现有的河网进行水力概化，将全流域概化成具有同等输水功能的 1400 多条河，实现平原河网概化与太湖流域 GIS 系统的归一化，从而形成由平原河网构成的河网多边形；再将数字化的流域，以 1km×1km 网格共 274×237 个网格覆盖叠加到河网电子多边形图层上；再利用分区图层、圩区图层、城镇图层和水域图层统计每个栅格中的有关下垫面信息，包括水面、水田、旱地和建设用地以及经济社会信息，为流域产汇流和产污计算奠定基础。通过以上处理和权重分析，确定每个栅格属于一个多边形，从而保证产汇流和产污的解的唯一性，也客观反映了产流产污的时空分配过程。

第二层面，模型开发与建立。涉及两大类别和三个过程，两大类别即水量水质；三个过程即任何一个栅格水量水质在多边形产生输移过程、河网内运动变化过程以及湖泊中运动过程。在产汇流研究过程中把全流域分成平原河网地区、丘陵区和山区。因下垫面条件不同，各种类别的产汇流过程也不同。在平原河网地区，重点考虑圩内圩外构成的水流耦合运动，这是太湖流域复杂平原河网地区的主要特征，模拟起来十分复杂，直接影响计算精度和计算稳定性，其运动机理也是平原地区水文水资源研究的重点之一；对于西部丘陵山区，则主要考虑水库和塘坝的调蓄，为模型建立流量边界条件；对于浙西山区，主要是拟合大型水库的调度规程。

关于平原多边形的产流计算问题：主要研制包括水面、水田、旱地和建设用地在内的四个产流模型。在水田产流中，重点开发考虑水田灌溉制度因素的水田产水模型；对于建设用地方面，重点考虑透水层、具有洼地的不透水层、不透水层等三种类别的建设用地特性。近十多年来太湖流域城市化速度明显增加，为了模拟不同建设用地产汇流过程，对下垫面进行了科学分类，提高产水产污的计算合理性和科学性。

关于圩内圩外水利计算问题：太湖平原地区圩区面积达到 14000 多 km²，排水动力超过 10000m³/s，对河网水流运动有直接的影响。因此模拟圩内圩外水流运动，对实现水量水质联合调度极其重要。在对流域圩区堰闸和泵站调研、模拟计算的基础上，采用虚拟的河网和水道实现圩内圩外之间的水流耦合，并采用非线性算法，结合调度规则，实现了圩内圩外之间水流联合在线计算，克服了大型平原河网地区圩内圩外水流运动计算的难度，明显提高了模拟的精度。

关于平原污染负荷产生和处理问题：针对水量水质模型和污染负荷处理方式的不同，开发了不同水质运动模型。总体上分成两部分：①从全流域工业、农业、生活等多个方面考虑污染源怎么产生；②对于不同的污染源，建立了不同处理的模式，包括净化槽、污水处理厂、直接进入下水道和通过土壤下渗等方式，再汇入到河网参与水量水质联合计算。

关于水量水质在河网和湖泊中的运动：在平原河网地区，水量运动采取一维水流运动方程，以四点线性隐式格式求解；水质模型模拟计算中，创造性地提出了非充分掺混模式的断面浓度法，解决了过去模拟计算假定的不足，提高了模拟精度和合理性，并且减少了数值计算耗散；对于湖泊水质运动模拟，建立了相应的准三维水流运动模型以及相应的水质模型。

第三层面，实现水量水质模型与工程调度模型的在线耦合计算。主要是将全流域重点工程调度在水量水质模型中进行模拟，总共模拟了 178 个调度模块，实现工程调度全面数字化和在线计算，提高了快速计算和决策分析能力。

基于以上模型，开发了相应的水量水质调度系统，实现了引江济太调度决策支持。

2. 引江济太调水效果评估

引江济太的主要作用是改善水环境，开展的调水试验可以认为是在大型平原河网地区原型实体上进行的大规模科学试验，因此，针对利用水利工程改善水生态环境进行评价，对科学试验极为重要。在本专题研究中分成调水改善河网水环境评价和调水改善太湖水环境评价，又分别采用实测资料评价和模型模拟研究评价。实测数据可以更加反映调水后水环境过程的演变，而用模型模拟既可以印证实测评价，又可以深刻分析不同调水方案对河网和湖泊水环境水生态时空效应的影响，并开展引江济太调水水源地论证及泥沙淤积分析。

第一子课题：关于调水改善河网水环境效果评价研究。本课题主要研究调水对河网水文状态和水环境要素的影响，在改善河网水环境研究中，一方面对监测数据进行相应的技术处理和分析；另一方面建立相应的调水效果综合评估系统。在具体效果评价中，分别以类别变化指标和浓度变化指标进行统计分析，从而发现一些调水效果的规律，重点分析了调水进入太湖之前水量水质在望虞河两岸的演变，以及结合雨洪资源利用对太湖周边和太浦河两岸的效果，从中可以得出，调水对河网水环境的改善极为有效，只要科学调控，合理配置，就可以提高河网水体的水动力特性，改善水环境。

第二子课题：关于调水改善太湖水环境的效果评估研究。本课题是引江济太及其扩大引江济太调水试验十分重要的问题，直接影响今后扩大引江济太调水规模。为此又采取了两种办法对太湖水环境影响效果进行评价：

（1）根据实际调水监测数据进行相应的评估，重点是通过引水期间相关指标的实测数据的综合分析，研究评估引水对太湖生态环境要素和富营养化过程的影响，寻找规律性。

（2）利用太湖水生态动力模型进行评估分析。即根据相关实测资料进行相应的综合数理统计分析，抓住影响太湖水环境的主要因素，包括对气象要素、水文要素、地貌特征要素以及生态要素进行相应分析，并建立引江济太调水改善太湖水环境效果评估参照系。同南京地理与湖泊研究所共同完善太湖水生态动力学模型，重点考虑建立包含太湖及与相关河道发生水流和物质输移、风场、降雨、蒸发、辐射等影响太湖水质主要参数时空变化的模型，从而为调水模拟计算分析提供了技术手段，进行调水及其工程建设对太湖水质水生态的影响、调水对重要水源地的影响分析，这也是关键技术研究的重要内容之一。模型耦合了湖流、水位、总磷、总氮、浮游植物、溶解氧和氨氮等指标，模型包含 27 个状态变量，涉及 63 个参数。

在具体计算分析中，针对整个太湖，为了精细分析调水的效果，将太湖分成7个区域进行水量交换和水质演变评价。通过建立影响太湖水质的各因子与营养盐输移循环转化的概念性模型，包括研究氮、磷及藻类生物量之间的物理变化、化学变化，深刻揭示引江济太调水效果。通过25个水质监测点、15个生态监测点和8个碱性磷酸酶监测点的动态观测数据，分析调水对太湖水环境水生态及活性磷酸酶的影响。多年研究表明，影响太湖藻类生长的主要因子之一是磷，当磷缺乏时，水体碱性磷酸酶活性增加，水体磷循环速率增加；当磷含量较高时，水体碱性磷酸酶活性降低。

第三子课题：引江济太水源地论证和泥沙淤积分析。根据引江济太调水试验的进展，2003年组织开展了对调水水源地的分析论证，并对泥沙在望虞河和太湖贡湖湾淤积进行同步监测分析。对长江水源的论证主要基于长系列水文资料进行径流频率分析，同时考虑长江上游一些大工程，包括南水北调工程、三峡工程对下游引水区径流的影响，对引水区水质现状进行评价和预测，采用季节性肯达尔趋势检验法对引水区水质变化趋势进行分析。利用一维、二维非恒定水沙模型模拟研究泥沙在望虞河和贡湖的运动过程，从而对泥沙淤积量、形态、级配等进行深入的分析，为工程设计和清淤提供了科学依据。

3. 望虞河西岸排水出路与对策研究

望虞河是目前太湖流域唯一一条通过引江济太补充太湖水资源的流域性骨干河道，承担着流域行洪、引水、区域排水以及航运等综合任务。引水与西岸地区排水矛盾比较突出。为解决引排水之间的矛盾，本专题收集整理分析望虞河西岸地区的水环境及其存在的主要问题，采用河网数学模型等技术分析研究了望虞河西岸地区河网水体的流动规律以及现有水利工程调度对西岸水流的影响，分析了自引和泵引等不同引水方式对西岸排水出路的不同影响，比较了包括采用工程、非工程以及工程与非工程结合的多种排水出路方案，经多方案综合比选，合理安排望虞河西岸排水出路，控制污染进入望虞河，确保长江优质水入湖。

4. 引江济太管理体制与机制研究

根据引江济太的目标，依据水利部治水新思路以及现代管理学理论，分析引江济太管理现状和问题，总结调水试验的经验；构建引江济太管理体制基本框架，阐述指导思想和原则、组织形式，分近期、中期和远期三个阶段建立管理体制，提出管理机构的职责范围、组织结构和操作方式等，并对管理体制的设置方案进行评价。

依据引江济太管理体制的设置方案，进行运行管理费用的测算和水量的分配，采用"成本—水量均摊法"进行运行管理费用分摊；提出引江济太水价的形成机制，并进行工程水价的初步测算；提出水量、水质监控管理和供水监督的技术手段，并将之用于指导进行扩大引江济太调水试验运行管理费用筹措和分摊。

5. 引江济太三维动态模拟系统开发研究

为配合和支持引江济太调水试验的顺利进行，反映工程的真实面貌，采用图形和动画展示水量水质监测数据的变化情况，形象地反映引江济太调水试验效果，对实时调度提供辅助支持。

系统开发的主要内容：以1:100000太湖流域DEM地图、卫星图片以及流域水量水质、水雨情、工程等数据为基础，运用三维建模、虚拟场景构建、三维动画等多媒体模拟技术，对治太骨干工程进行三维建模和三维动画制作，并采用虚拟现实技术表现工程引水效果，基于构建的流域电子沙盘，实现按任意线路快速观察太湖流域水利设施和引江济太实景，根据水量水质模型计算结果，采用虚拟现实技术模拟水体水质变化过程，并可对水量、水质、工况、调度方案等引江济太信息进行查询。

信息流程图主要展现为对流域各类信息，采用不同实时信息、资料信息、图像文件进行技术处理，通过三维开发平台，在河流上通过纹理和颜色表现各类水的进退和水流的方向，沿河道通过水面的高低、水质不同颜色、水面涟漪等观察水流、水位、水质的变化情况，达到身临其境的感受。

0.3　引江济太关键技术研究的特点和主要成果

引江济太关键技术研究涉及面广，技术复杂，为了确保整个项目实施成功，一方面组织了江苏、浙江、上海的水利（水务）以及有关部门（包括环保部门）团结协作、密切配合、积极参与，对现有的水利工程，根据批准的调水试验工程实施方案，按照基本建设的要求和流域洪水调度方案，结合专题研究需要和流域水雨情变化，制定科学合理的调水计划和调水方案并适时付诸实施，强化管理，努力推进引江济太调水工程的不断延伸、深化和升华；另一方面，在调水试验实施过程中围绕关键技术进行研究，组织相应的水文水资源监测单位和科研院校对水量、水质、泥沙、生态等项目，大范围长时间开展同步的常规监测、跟踪监测和专项监测，监测范围几乎覆盖全流域，重点在长江、望虞河、太湖、太浦河等调水沿线，对流域内重要水源地、太湖水环境进行重点监测，同时，为率定模型需要还对试验区、实验区进行了现场监测分析。

0.3.1　引江济太关键技术研究的特点

引江济太关键技术研究具有如下几个特点：①整个试验研究工作是在河网密布、水系复杂、外受潮水影响、洪涝灾害严重的复杂平原河网地区，利用治太骨干工程开创性地开展了平原地区河湖水环境改善原型试验，跨地区、跨行业、跨部门合作，开展了大规模的水量水质水生态同步监测和观测，为流域管理和水污染治理提供了新理念；②引江济太涉及流域内社会、经济、技术、生态环境、洪涝变化、用水配置、泥沙淤积等多个方面，又受长江水位丰枯变化、潮汐、地区排污等因素影响，关键技术研究为此采用多学科、产学研联合攻关，自主开发了大型平原感潮河网湖泊地区的水量水质联合调度模型、湖泊生态模型，具有很强的针对性、先进性和科学性；③项目集成度高，信息种类多，系统功能全面，表现形式多样，操作使用灵活，综合分析能力强，具有较强的可维护性、扩展性和实用性；④项目前瞻性强，统筹流域防洪、供水、水生态、水环境，研究成果对调水实践和流域治理具有很强的指导性，在太湖流域水资源管理、水环境综合治理、水资源调度和应对突发性水污染事件中发挥了重要作用。

0.3.2　引江济太关键技术研究的主要成果

引江济太关键技术研究结合流域原型调水试验，在基础理论研究以及应用、模型系统开发和集成等方面取得了多项创新性成果，出版了 2 部专著，获得 1 项软件著作权，公开发表论文 100 多篇，培养了大量高层次人才。

（1）引江济太利用现有水利工程体系，首次进行太湖流域调水原型试验，全面系统掌握了太湖及流域河网的水文、水资源、水生态等系列的第一手资料。2002～2007年，通过实施引江济太调引长江清水113亿m³，其中入太湖52亿m³，入河网61亿m³，结合雨洪资源利用，经太浦闸向下游增加供水86亿m³，增强了水体动力，加快了水体流动，增加了水体自净能力，改善了流域水环境，达到了预期的效果。2004年4月温家宝总理批示："实践证明，'引江济太'对于改善太湖水质是一项行之有效的办法。"

（2）首次开展了调水对太湖水体碱性磷酸酶活性影响的研究，采用25个水质监测点、15个生态监测点和8个碱性磷酸酶监测点的动态观测数据，分析调水改善太湖水环境水生态及活性磷酸酶。太湖实测资料分析和实验室分析表明，调水期间太湖水体碱性磷酸酶的总催化效率降低，引水可降低太湖叶绿素含量。

（3）针对太湖流域复杂的平原感潮河湖地区，研发的水量水质联合调度系统实现了1400多条平原河网和120多个湖泊的数字化与GIS系统的耦合，通过多图层信息栅格化处理（1km×1km，共274×237个网格），细致展现了流域产流、产污的时空分布，提高了产汇流和产污计算的精度；针对太湖流域山区、丘陵、平原、城市等不同地貌特征，完善了不同的产汇流模型；设置虚拟河道解决圩内圩外之间的水量与污染物的交换，针对平原河网特性，提出堰闸过流非线性算法，有效提高了水流模拟的精度。

针对不同的污染源和污染负荷处理方式，开发了不同的水质运动模型和污染负荷处理模式，创造性地提出非充分掺混模式的断面浓度法，减少了数值计算耗散，提高了模拟精度和合理性。

研究全流域178个主要水利工程的联合调度运行方式，构建了反应流域水量水质联合调度的模拟模型，实现了模型与GIS系统、水量水质规则调度与交互调度在线耦合，提高了快速计算效率和决策分析能力。

（4）自主研制太湖水动力学和湖泊富营养化生态模型，重点考虑建立包含太湖与相关河道水量交换和物质输移、风场、降雨、蒸发、辐射等影响太湖水质主要参数时空变化的模型，耦合了湖流、水位、总磷、总氮、浮游植物、溶解氧和氨氮等指标，包含27个状态变量，涉及63个参数。将全太湖分成7个区域进行水量水质及进出水周期评价。

（5）水量水质联合调度系统实现了在水量水质模型库支持下的可视化构模，并将水量水质模型库与GIS在线一体化耦合集成，实现模型成果在线查询、分析和决策；系统开发了信息编辑、模型设置、模型管理、计算演示、成果查询、成果输出、成果在线分析等大量的构件，利用可扩展复杂地理对象概念的地理信息系统，实现了GIS的模型化与专业模型的GIS化。

（6）基于网络数据库和GIS的调水效果评估系统，实现了基础数据在结构化的网络数据库中的存储，供信息更新、信息查询、水质评价、数据分析、系统维护等子系统进行各项业务数据处理，为管理决策者提供可视化的效果评估平台。

（7）引江济太三维动态模拟系统，以1∶100000太湖流域DEM地图、卫星图片以及流域水量水质、水雨情、工程等数据为基础，基于三维GIS技术，运用三维建模、虚拟场景构建、三维动画等多媒体模拟技术，对治太骨干工程进行三维建模和三维动画制作，并采用虚拟现实技术表现工程引水效果。

（8）通过望虞河西岸排水出路与对策的研究，提出了新辟望虞河西岸地区排水专道的方案，有利于提高望虞河引水入湖效果；通过引江济太管理体制与机制研究，运用"成本—水量分摊法"，初步确定了引水经费筹措方案。

0.3.3　引江济太关键技术研究主要结论

依托于引江济太调水试验开展的关键技术研究，探索了利用水利工程提高流域水资源承载能力和水环境承载能力的有效途径，分析了长江与太湖及流域河网的水量水质演变、泥沙运动之间的关系，研究了流域防洪与水资源、水生态安全保障之间的协调性，探讨了引江济太长效运行的现实性和可行性，深化和升华了引江济太的调度理念，得出的主要结论如下：

（1）引江济太是提高流域水资源承载能力、改善流域水环境的有效途径，发挥了治太骨干工程的综合效益。

2002～2007 年，通过实施引江济太调引长江清水 113 亿 m³，其中入太湖 52 亿 m³，入河网 61 亿 m³，结合雨洪资源利用，经太浦闸向下游增加供水 86 亿 m³。引江济太成功化解了 2003～2005 年流域连续干旱和 2003 年黄浦江重大燃油污染事故，保障了流域供水安全，并且为 2004 年第二十八届世界遗产大会和 2006 年上海合作组织峰会在太湖流域召开期间创造了良好的水环境。特别在 2007 年应对无锡供水危机事件中，引江济太发挥了重要作用。引江济太有效提高了流域水资源和水环境承载能力，保障了流域重要城市和地区的供水安全，江苏、浙江、上海等地普遍受益。

（2）长江充沛水量与良好水质为利用水利工程改善太湖和河网水环境提供水源保障（95％保证率）。

长江入海年径流量在长时间系列上保持稳定。未来三峡工程和南水北调工程的实施，虽改变引水区径流年内分布，但实际引水量占同期径流量比例很低，引江济太工程设计引水水量是有保证的，且不会对引水口下游长江水资源量产生明显影响。

引水区水质近十余年基本保持稳定，引水区现状水质类别基本处于Ⅱ类，并且各水质因子在年内比较平稳。在最新确定的水功能区划中，引水区属于水源保护区，引水区及其周围区域的水质目标满足引水要求，未来引水区水质可以得到保证。

（3）科学调度合理配置，加快水体流动，增加了河湖稀释能力，提高流域水资源与水环境的承载能力。

引江济太调水工程对流域水流条件的改变包括流量、水位和流速的变化，这三个方面都会对水生态、水环境产生重要影响。河网水流条件的变化，有利于流域河网大部分地区污染物的稀释和降解，从而有效改善了流域河网大部分地区的水环境。引江济太调水期间，流域河湖蓄水量增加了 2/5，受益地区河网水体基本置换一遍。河网水位抬高约 0.30～0.40m；望虞河与太湖、太浦河与下游河网的水位差控制在 0.20～0.30m，河网水体流速明显加快，由调水前的 0.0～0.1m/s 增加到 0.2m/s 左右。实测水质资料对比分析表明，2002 年、2003 年引水期间望虞河干流诸断面改善 1～3 个水质类别，水质指标浓度改善了 34％～127％。太浦河干流太浦闸至练塘大桥区间，自上游至下游各测点的水质指标浓度基本为Ⅱ类水，水质指标浓度平均改善 12％，太浦河下游河段水质改善了 1 个类别。黄浦江上游水质得到一定程度的改善。

　　由于进入望虞河的水量增加且水质好，使望虞河的稀释能力和自净能力明显增加，河网的稀释能力和自净能力也随之逐步增加。初步估算河网自净能力约为 2/3，稀释能力约为 1/3。

　　（4）引江济太有效降低了太湖藻类含量，提高了水源地的供水安全保障程度。

　　通过多年太湖实测监测资料分析，弄清调水对水体碱性磷酸酶活性的影响，初步揭示引入含磷较高水体未增加藻类可直接利用磷的机理。这是因为碱性磷酸酶有特殊的"诱导—抑制"机制，引江济太调水后，太湖贡湖湾水体的碱性磷酸酶活性的最大反应速率 V_{max} 值降低，碱性磷酸酶活性的半饱和常数 K_m 值升高，水体碱性磷酸酶的总催化效率降低。因水体碱性磷酸酶的催化效率与叶绿素含量呈正相关性，碱性磷酸酶的催化效率降低，叶绿素含量也会相应地降低，这和基于调水监测结果的评价结论及模型评价结论相一致。2007 年应急调水以后，分析几个主要水厂的水质变化，也反映了随着调水入湖增加，主要水厂的藻类变化比较明显。

　　（5）适当提高太湖水位，严格控制入湖水质，有利于太湖流域水环境的总体改善，在望虞河西岸未控制条件下，入湖量与引江量要保持适宜的比例。

　　在近几年引江济太试验的基础上，修改了太湖水位调度控制线，将原来的单一调度线调整为区间调度，既可以保证流域防洪安全的大局，又可以为洪水资源利用创造条件，也为节省引江济太调水成本奠定了基础。

　　以望亭立交闸下水质类别进行控制入湖，为获得较好的水质改善效果，如考虑常熟水利枢纽运行费和闸泵联合调度，日引水量为 1200 万～1600 万 m^3，东岸分流不宜超过常熟水利枢纽引水的 30%；当太浦河泄水量保持日均 800 万 m^3 时，松浦大桥水源地水质可改善 1～2 个类别，尤其是代表水质黑臭指标的 NH_3-N 改善最为明显，可由劣 V 类很快改善至 II 类水标准。

　　（6）新辟西岸地区排水专道，有利于保障望虞河入湖水质和提高望虞河引水入湖效果。

　　研究表明，望虞河西岸高片污水对望虞河引水水质有较大影响，通过利用白屈港控制线及沿江口门调度措施难于有效控制高片污水进入望虞河，实施望虞河西岸控制十分必要。同时，望虞河西岸澄锡虞高片地区遭遇常遇降雨时，引水对地区防洪排涝影响不大；在遭遇地区暴雨袭击时，通过及时改变枢纽调度方式也可以避免对区域防洪除涝明显不利影响。经多方案综合比选推荐的新辟走马塘、完善望虞河工程的新方案，调控效果较好，对流域、区域防洪、排涝较有利，对区域水环境基本无不利影响，对航道影响也较小。

　　（7）引江济太效益主要体现在环境效益和社会效益，运行成本应该由财政统筹。

　　在加强污染源治理的同时，充分利用水利工程，继续实施引江济太工作，是一项花钱少见效快的措施，应常年坚持。引江济太对流域经济社会可持续发展具有重要作用和巨大环境、生态、社会效益，并具有利用水利工程改善水环境的示范和推动作用，其运行费应由国家和地方共同合理负担。中央经费主要用于流域机构直管的水利工程因调水而增加的直接运行维护经费、部分监测经费和管理费用等；地方配套经费主要用于地方管理的水利工程因调水增加的运行管理费用、部分监测经费等。

　　（8）三维可视化技术能够动态反映引江济太的效果，提高了水资源调度决策分析的能力。

　　基于新近发展的三维 GIS 技术，采用三维建模、虚拟场景构建、三维动画等多媒体模拟技术，建立了引江济太的三维模拟展示系统。系统实时反映引江济太的状况，并能按照预想的方案动态模拟实际的调水过程，显示水位、水质的变化情况，在望虞河和湖体逼真演示各种引江济太方案，包括实施方案和方案实施后实测值的演示。同时，对太湖流域的水文、水质和治太骨干工程的数据资料进行科学管理，用三维图形形象化地描述工程的模型及工程状况。

0.4　引江济太关键技术研究的技术创新

　　引江济太关键技术研究项目针对引水工程中的主要技术和管理问题开展研究，在理论和技术方面取得了一定的创新，并且研究成果已经直接应用于引江济太调水试验工程，为引江济太的长期有效开展提供了重要的技术支撑。其主要创新点体现在以下方面：

　　（1）首次利用治太骨干工程调水抑制蓝藻的暴发，对改善水环境进行试验和深入研究，提出从水资源、水环境、水生态多个角度调水修复太湖以及河网水环境的新理念，通过水利工程调度改善水生态具有重要的示范作用。

　　（2）首次构建了分布式架构的数字流域模型，创造性地实现了水量、水质以及调度多维在线全耦合，提高大型复杂平原河网地区水量水质联合调度水平。

　　（3）建立了太湖流域非点源污染氮磷要素输移转化模型，创新了堰闸水流运动非线性算法、圩内圩外水量水质耦合方法、非充分掺混模式的断面浓度算法等，显著提高了模拟精度和计算速度。

　　（4）将野外的原型实测资料、物理试验和数值模拟相结合，对太湖湖流、水位、悬浮物、总磷、总氮等影响太湖藻类生长的主要因素进行了深入的研究，建立了太湖富营养化生态模型。

　　（5）首次研究调水对水体碱性磷酸酶活性的影响，解释了引江济太入湖水体未增加藻类可直接利用磷的机理，为合理利用长江水资源、改善太湖流域水循环条件提供了科学的依据。

　　（6）首次提出了典型平原河网地区"成本—水量分摊法"，为引江济太运行管理费用分摊以及长效运行新机制的建立创造了条件。

　　（7）采用四叉树的多分辨率模型存储方式和实时优化算法，首次建立太湖流域可视化的三维地理环境，实现引江济太三维动态模型的快速可视化和水量水质动态仿真模拟。

0.5　引江济太的科学意义和应用

　　引江济太关键技术研究主要是依托引江济太调水试验工程进行的，同时又指导引江济太调水试验工作，既是一个调水生产实践，又是一个 1∶1 的原型科学试验，它在原型科学试验、基础理论研究、系统设计开发、解决调水实践问题、人才技术培养等方面都取得了重要成果。其技术创新主要体现为实现了水量水质的统一调度、发挥了水利工程的生态环境效益。水量水质统一调度和管理是当前水资源管理的发展方向，水利工程生态环境服务功能的发挥更是近期探讨的热点，引江济太调水试验和关键技术研究在这两方面都进行了创新性的实践，并且取得了显著的效果。调水试验实践证明，引江济太深化了防洪、供水统筹，水量、水质兼顾的理念，通过引水调控，强化了水资源的优化配置、保护和高效利用。引江济太不仅在流域污染源治理尚难取得满意成效的当前是十分必需的，从长远来看对于流域水生态环境的改善也是极为有利的。通过关键技术研究，其科学意义体现在：①开创了水利工程改善流域水环境的科学研究；②促进了复杂平原河网地区水循环机理的研究；③深化了太湖水生态与物质循环及藻类水化机理研究；④推动了流域数字模型技术的发展；⑤丰富了流域水资源可持续发展的管理模式。

引江济太关键技术研究成果直接指导了近几年的调水实践，发挥了科技引领作用，提高了流域水资源调度和管理水平，为成功化解 2003～2005 年流域连续干旱和 2003 年黄浦江重大燃油污染事故提供了科技支撑，特别在 2007 年应对无锡供水危机的应急调水中发挥了重要作用，取得了显著的社会、环境和经济效益，得到了流域各省市的充分肯定和社会各界的广泛认可，并具有广阔的推广应用前景。引江济太关键技术研究成果为流域管理、治理、规划前期和重大技术研究提供了技术支撑，已成功应用于太湖流域水资源综合规划和国家发展改革委员会牵头组织编制的太湖流域水环境综合治理总体方案，并为正在开展的流域综合规划奠定基础。在改善太湖流域区域性水环境的引水调控技术（"863"项目）、太湖流域富营养化控制机理研究（国家自然科学基金重点项目）等国家重大项目也得到应用。依靠关键技术研究成果，初步建立了中央和地方财政共同承担的引江济太经费筹措机制，以及引江济太期间的地方和部门联动机制，提高了引江济太调水效率和效益。

太湖流域水环境问题极其复杂，太湖水污染治理更是任重道远。充分发挥水利工程体系在保障流域供水安全、改善水环境等方面的综合作用是水利部门的一项重要和长期的任务。

本项科学试验及关键技术研究对利用水利工程提高太湖流域水资源水环境承载能力等进行了有益的探索，并取得创新性成果，但引江济太涉及到工程、环境、生态、经济等多个学科，尚存在一些问题和技术有待进一步探索和研究。

第 1 篇

引江济太水量
水质联合调度研究

第 1 章 概 述

太湖流域地处长江三角洲核心区域，北临长江，南抵杭州湾，西接天目山区，东濒东海，流域面积 36895km²，约占全国土地面积的 0.4％。太湖流域以平原为主，占总面积的 2/3，水面占 1/6，其余为丘陵和山地。流域内湖泊河网密布，河道总长约 12 万 km，河道密度达 3.25km/km²，河流水系纵横交错，湖泊星罗棋布，形成江南水网，是全国河道密度最大的地区，也是典型的平原河网地区。太湖居于流域的中心，水域面积 2338km²，对流域防洪、供水、航运、水环境等具有重要的控制作用。流域内河道水系以太湖为中心，分上游水系和下游水系两个部分。上游主要为西部山丘区独立水系，有苕溪水系、南河水系及洮滆水系等；下游主要为平原河网水系，主要有以黄浦江为主干的东部黄浦江水系（包括吴淞江）、北部沿江水系和南部沿杭州湾水系。京杭运河穿越流域腹地及下游诸水系，全长 312km，起着水量调节和承转作用，也是流域的重要航道。

太湖流域在行政区域上地跨苏、浙、皖、沪三省一市，包括江苏省的苏州、无锡、常州、镇江和浙江省的杭州、嘉兴、湖州以及上海市的大陆部分。太湖流域是我国经济社会最发达的地区之一，2005 年流域 GDP 达 21221 亿元，约占全国的 11.6％，人均 GDP 为 46800 元，其中，上海、杭州、苏州、无锡、太仓和张家港等市人均 GDP 已超过 5000 美元。全流域财政收入 6609.1 亿元，约占全国的 22.1％，单位国土面积经济收益约为全国平均的 57 倍。随着经济社会的发展，太湖流域的城镇建设不断加快，目前已经形成了由特大、大、中、小城市以及建制镇等组成的城镇体系，初步形成了以特大城市上海市为中心的城市群体，城市化率达 73.0％。

太湖流域多年平均水资源量仅为 176 亿 m³，流域用水量 2005 年已达 316 亿 m³，供需缺口较大，随着流域内经济的不断发展，当地水资源将会愈来愈不足。太湖流域降雨在年内主要集中在 6～9 月，地表水资源量年内分配呈汛期集中、四季分配不均以及最大、最小月径流量相差悬殊的特点，造成流域内水旱灾害频繁。降水量和径流量空间分布不均匀，总体趋势是南部大于北部、西部大于东部、山区大于平原。由于西部山区降水量大但水面率小、调蓄能力小，东部平原区降水量小但需水量大，因此，太湖流域水资源存在时、空供需矛盾，产生时段和地区上的水资源短缺。

随着城市化进程的加速和经济的快速发展，流域水污染也日趋严重。自 20 世纪 80 年代以来，太湖流域水质平均每 10 年下降一个等级，使太湖流域成为我国最为典型的水质型缺水地区。入湖污染物质不断增加，作为太湖流域水资源调蓄供给中心的太湖，其水污染也逐步加剧，20 世纪 80 年代末太湖为Ⅲ类水体，90 年代中期平均为Ⅳ类，10 年下降了一个类别，2000 年太湖Ⅳ水占 74％，Ⅴ类水占 4％，劣于Ⅴ类水占 12％。随着湖体水质污染的加重，湖泊富营养化现象也越来越严重，湖内过剩的营养物质使浮游生物大量繁殖，1990 年夏季太湖梅梁湖出现第一次蓝藻大面积暴发，迫使在此取水的无锡市各水厂停产或半停产，造成直接经济损失 1.9 亿元。2000 年太湖 71％的水域为富营养水平，近 29％的水域处于中富营养状态，除北部湖湾如竺山湖、梅梁湖蓝藻严重外，湖心区也出现大量蓝藻。由于水污染严重，致使在太湖直接取水和间接取水的无锡、苏州、湖州、上海、嘉兴等流域重要城市的主要饮用水水源地水质难以得到有效保障。水污染已成为流域经济社会发展的制约因素。鉴于当前流域水资源开发利用和节约用水程度，水污染治理进展缓慢，太湖底泥生态清淤、水生态恢复等尚需时日，因此充分利用太湖流域综合治理工程——望虞河工程引长江水经望亭水利枢纽入太湖，实施引江济太，加快太湖水体置换速度，增加向太湖周边和下游地区供水，既是水利工作的重要任务，也是改善流域水环境的有效途径。为此，太湖局围绕防洪保安和水资源可持续利用为目标，提出了引江济太的基本思路。在 2000 年太湖流域应急成功调水的基础上，编制了《引江济太调水试验工程实施方案》，并得到了水利部的批复，于 2002 年 1 月正式启动了引江济太调水试验。

　　由于引江济太调水试验涉及到社会、经济、技术、生态环境、流域洪涝变化、用水配置、泥沙淤积等多个方面，并受长江水源丰枯变化、潮汐特性、地区污水等因素影响，是一项十分复杂的系统工程，要解决的问题很多，需在引水试验的基础上，对引江济太中一些关键技术进行专题研究，为今后常年调水和工程规划建设提供决策依据，以不断提高流域水资源的调度和管理水平，"引江济太水量水质联合调度研究"就是引江济太调水试验关键技术研究项目中的一个专题。

　　望虞河和太浦河是流域综合治理骨干工程，也是引江济太调水试验的主要河道。望虞河两端有望亭水利枢纽、常熟水利枢纽控制，是目前流域中实现引江济太的理想的流域骨干引排通道，具有防洪除涝、供水、航运和改善水环境的综合功能。太浦河近太湖端有太浦闸控制，是流域泄洪和向下游江苏、浙江、上海地区供水的主要通道。望虞河东岸支流已全部控制，共建有节制闸、套闸、涵洞等口门建筑物 42 座。但由于望虞河具有流域泄洪兼顾西岸地区排涝功能，望虞河西岸虽然多数口门建筑物已建闸控制，但几条主要支流仍然经常敞开，如伯渎港、九里河、锡北运河、张家港等几大支流污水直接汇入望虞河。望虞河西部为武澄锡虞区，区内有无锡、江阴、张家港等市，经济发达，但水质污染十分严重，伯渎港、九里河、锡北运河、张家港等主要河道水质均劣于Ⅴ类。望虞河 2000 年、2001 年引水表明，在常熟水利枢纽引水初期，望虞河全线水质均为Ⅴ类甚至劣于Ⅴ类，必须先关闭望亭水利枢纽，引长江水清污，才能将长江水引入太湖。但当常熟水利枢纽引水量较小或低潮时段不能自引及望虞河东岸口门分流过大时，西部沿岸污水又会回流，致使引入的长江水遭到污染，造成无法引水入湖。

　　望虞河引水期间可能引起地区和流域水环境的改变，为确保好水入湖，避免污水扩散，防止旱涝急转，需对望虞河引江济太调度作深入的研究。同时，由于太浦河在向下游输水时受潮汐和两岸口门运行的影响，也需要研究实时水量水质调度问题。以往开展的工作为该专题的研究提供了可以借鉴的经验。上海市在苏州河环境治理项目中，就联合调度苏州河两岸支流及干流上的 50 多座水闸，取得了改善苏州河水环境的成功。2000 年太湖局也利用望虞河开展引江济太的实践，积累了第一手资料，为进一步研究引江济太水量水质联合优化调度提供了技术和实践基础。

　　实时掌握流域内调水的演进过程是科学、合理开展引江济太的重要基础，而全流域的、多目标的水利设施优化调度则是科学、合理开展引江济太的关键。引江济太调水演进与优化调度研究就是为了配合引江济太调水试验，从理论方法、技术手段、工程实践等方面研究调水的演进过程和优化调度方式，对于指导今后的常年调水具有重要的现实意义和科学价值。

"引江济太水量水质联合调度研究"就是针对太湖水系复杂、河网与湖泊交互影响这一突出特点，将引江济太的影响区域作为一个完整、有机的整体统一考虑，在收集资料、充分调研流域地理、水文特性、水利工程分布及人类活动影响的基础上，结合已有研究成果，建立太湖流域 1～2 维连接的水流、水质耦合模型，以地理信息系统为平台，集成引江济太调水演进模拟系统。以改善太湖水环境为目标，以防洪、供水等为约束条件，以各调水设施运行方式为研究对象，以水量、水质为考核对象，建立引江济太调度原则和多目标优化调度模型。结合引江济太调水试验，在充分研究流域不同区域水体动力特性及交互影响的基础上，通过对主要调水影响因子的敏感分析，根据调度原则，制定望虞河、太浦河、环太湖口门及其他水利工程的优化调度方案。

第 2 章　基本资料收集和处理

基本资料主要分为如下三个方面：流域下垫面基本资料，主要是河网地形、流域 GIS 信息及下垫面资料；流域水文、水环境、污染源及土地利用等资料；流域工情等资料。

下面主要对第一类基本资料的收集与处理情况进行分析，并对应用中出现的难题进行处理。

2.1　太湖流域基本信息数字化

2.1.1　下垫面资料统计

根据流域地形特征，河网水系、水资源特点和流域治理总体布局等多种因素，太湖流域划分为 8 个水利分区，即湖西区、武澄锡虞区、阳澄淀泖区、太湖区、杭嘉湖区、浙西区、浦东区和浦西区。在此基础上，结合数值计算的需要，进一步细分为 36 个水利计算分区和 4 个自排区，36 个计算分区中平原区 16 个，湖西山丘区 10 个，浙西山区 10 个。流域水利计算分区见图 2-1。

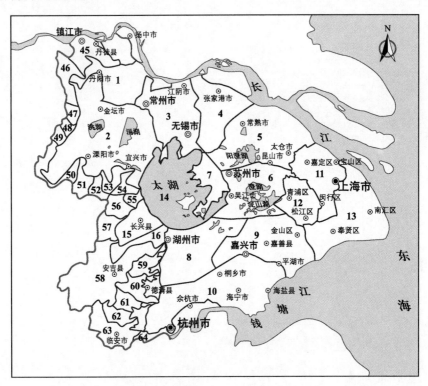

图 2-1　太湖流域水利计算分区示意图

本专题研究范围为太湖流域平原河网地区，不包括浙西山丘区、湖西山丘区以及 4 个自排区（滨江自排区、江阴自排区、沙洲自排区、上塘自排区）。

根据流域特点，将太湖流域平原河网地区（圩外圩内）下垫面分为水面、水田、旱地及城镇（包括非耕地和道路等）四类。

太湖流域下垫面资料来源：太湖流域城镇、水域、行政分区等电子图层采用由水利部水利水电规划设计总院提供的太湖流域 1/250000 电子地图；圩区分布图采用太湖局提供的太湖流域圩区分布电子图层（2002 年版）为基础，补充了苏州市、嘉兴市等地区的资料；概化河道及湖泊地形资料是在太湖流域防洪规划的基础上，作了少量补充和修正；水面、水田、旱地、城镇等下垫面资料来源于水资源综合规划开发利用调查成果。

在以上资料的基础上，经整理得到太湖流域平原河网地区各水利分区圩外和圩内水面、水田、旱地及城镇等四类下垫面的面积分布信息，见表 2-1。

表 2-1　　　　　　　　　引江济太水量水质联合调度模型下垫面信息　　　　　　　　单位：km²

| 分区 | | 各种下垫面面积（不包括湖泊、自排区） | | | | | 各区面积合计 | 湖泊面积 | 总面积 |
		水面	水田	旱地	城镇	小计			
1	运河片 圩外	25.59	468.36	161.31	259.21	914.5	1112.5	0.0	1112.5
	运河片 圩内	13.35	93.45	73.43	17.80	198.0			
2	洮滆片 圩外	104.66	938.05	607.18	450.27	2100.2	3378.0	294.4	3670.4
	洮滆片 圩内	105.74	648.11	405.92	115.98	1275.8			
3	武澄锡低片 圩外	56.09	196.30	441.67	462.44	1156.5	1866.2	21.3	1887.5
	武澄锡低片 圩内	52.85	481.31	154.78	20.76	709.7			
4	澄锡虞高片 圩外	85.17	747.52	267.84	358.63	1459.2	1498.5	20.8	1519.3
	澄锡虞高片 圩内	3.03	25.72	4.54	6.05	39.3			
5	阳澄片 圩外	92.93	321.40	250.25	483.32	1147.9	2453.1	166.2	2619.3
	阳澄片 圩内	132.48	726.21	377.82	68.70	1305.2			
6	淀泖片 圩外	120.65	304.75	43.76	373.51	842.7	1542.8	230.9	1773.7
	淀泖片 圩内	78.14	543.85	15.63	62.51	700.1			
7	滨湖片 圩外	33.66	5.36	476.60	106.33	622.0	765.0	0.0	765.0
	滨湖片 圩内	6.88	45.14	74.21	16.83	143.1			
8	运西片 圩外	118.28	110.64	106.76	234.87	570.6	1913.9	54.6	1968.5
	运西片 圩内	120.35	692.97	394.04	133.94	1341.3			
9	运东片 圩外	63.49	20.60	28.85	131.87	244.8	1998.3	78.6	2076.9
	运东片 圩内	154.54	904.56	498.64	195.75	1753.5			

续表

分　区		各种下垫面面积 （不包括湖泊、自排区）					各区面积 合计	湖泊面积	总面积
		水面	水田	旱地	城镇	小计			
10　南排片	圩外	96.39	246.07	210.92	445.27	998.7	2897.0	32.5	2929.5
	圩内	134.75	872.96	729.42	161.12	1898.3			
11　嘉宝片	圩外	159.00	399.62	97.09	751.39	1407.1	1407.1	0.0	1407.1
	圩内	0.00	0.00	0.00	0.00	0.0			
12　青松片	圩外	69.76	441.33	65.97	181.23	758.3	758.3	0.0	758.3
	圩内	0.00	0.00	0.00	0.00	0.0			
13　浦东片	圩外	225.53	856.08	547.71	671.98	2301.3	2301.3	0.0	2301.3
	圩内	0.00	0.00	0.00	0.00	0.0			
14　太湖片	圩外	0.09	43.79	9.26	35.87	89.0	89.0	2338.0	2427.0
	圩内	0.00	0.00	0.00	0.00	0.0			
15　长兴片	圩外	26.47	23.95	87.60	78.14	216.2	630.2	0.0	630.2
	圩内	28.99	77.51	256.49	51.05	414.0			
16　苕溪片	圩外	48.31	23.46	217.38	47.62	336.8	690.1	0.0	690.1
	圩内	22.08	37.27	238.08	55.90	353.3			
合　计		2179	10296	6843	5978	25299	25299	3237	28536

2.1.2　下垫面信息数字化

为数值计算的需要，将太湖流域划分成 1km×1km 的网格，太湖流域可用 274×237 的网格覆盖。

1. 分区数字化信息

将太湖流域网格覆盖到引江济太水量水质联合调度研究所采用的计算分区图层即流域平原 16 个计算分区上，可以获得每个网格所属计算分区的属性。由于分区范围较大，一个网格基本上属于同一分区，为了节省最终成果的数据量，便于今后的数值模拟计算，对于极少数跨两个或更多分区的网格，取权重最大的分区作为该网格的分区。

根据网格分区属性可以统计分区面积，如表 2-2 所示。

表 2-2　　　　　　　　　　各 分 区 面 积

分　区		网格面积 （km²）	水资源开发利用调查成果 （km²）	误　差 （%）
1	运河片	1109.0	1112.5	−0.31
2	洮滆片	3666.0	3670.3	−0.12
3	武澄锡低片	1886.0	1887.5	−0.08
4	澄锡虞高片	1523.0	1519.3	0.24
5	阳澄片	2596.0	2619.3	−0.89
6	淀泖片	1765.0	1773.7	−0.49
7	滨湖片	734.0	765.0	−4.05

续表

分　　区		网格面积 （km²）	水资源开发利用调查成果 （km²）	误　　差 （%）
8	运西片	2000.0	1968.6	1.60
9	运东片	2102.0	2076.9	1.21
10	南排片	2958.0	2929.4	0.98
11	嘉宝片	1410.0	1407.1	0.21
12	青松片	768.0	758.3	1.28
13	浦东片	2313.0	2301.3	0.51
14	太湖片	2459.0	2427.0	1.32
15	长兴片	629.0	630.2	−0.19
16	苕溪片	687.0	690.1	−0.45
合　　计		28605.0	28536.5	0.24

由表 2-2 可知，网格分区属性与水资源综合规划开发利用调查成果相比，基本一致。

2. 圩区图层信息化

将 274×237 网格叠加到圩区图层上，可以得到圩区图层的数字化信息，即每个网格中圩区所占面积，但由于电子地图中圩区图层不全，电子地图中的圩区图层面积小于表 2-1 中的统计资料。但是也有些分区可能由于圩区图层或统计资料误差，圩区图层面积大于统计资料，因此需对圩区图层的数字信息化进行修正。修正方法如下：

当该分区的圩区图层信息化面积大于表 2-1 中的统计资料时，将该分区网格上的圩区面积乘以一个小于 1.0 的修正系数。

当该分区的圩区图层信息化面积小于表 2-1 中的统计资料时，表示圩区图层有遗漏，即非圩区面积上有一部分是圩区，将该分区所有网格加一固定的圩区面积（假定遗漏的圩区在面上均匀分布），并控制一个网格中圩区面积不超过 1km²。修正后的圩区图层信息化面积与表 2-1 中的资料吻合。

3. 水域图层信息化

河网水量模型中将水面分成三类：调蓄节点、概化河道及分布在流域面上的水面。其中，调蓄节点水域一般是较大面积的湖泊或水面，本次研究中共有调蓄节点 76 个。首先将水域划分为调蓄节点水域和非调蓄节点（其他水域），分别进行数字化；概化河道的水面积，可以根据概化河道断面尺寸，取河道断面水位 3m 时河道水面面积估算。由于利用卫星图片、电子地图等手段仅仅只能将一些较大面积的水域信息提取出来，而分布在流域面上的较小水域因面广量大，或由于卫星图片、电子地图精度不够无法判读，因此水域网格信息总面积总是小于实际水面积，这部分不足水面积作为综合图层的一部分。

流域水域图层数字化后统计结果如表 2-3 所示。

4. 城镇图层信息化

为了产污量计算的需要，将城镇图层划分为三种：大城市（上海市区及地级市）、中城市（县级市）及乡镇。流域城镇图层数字化后统计结果如表 2-4 所示。

表 2－3 太湖流域水域数字化后统计结果 单位：km²

分　区	圩　外					圩　内		
	总水面积	调蓄节点	概化河道	其他水域	综合	总水面积	其他水域	综合
运河片	25.59	0	10.70	2.94	11.95	13.35	1.18	12.17
洮滆片	399.06	294.40	32.70	43.98	27.98	105.74	23.07	82.67
武澄锡低片	77.39	21.30	22.30	3.27	30.52	52.85	8.00	44.85
澄锡虞高片	105.97	20.80	18.90	1.87	64.40	3.03	0.06	2.97
阳澄片	259.13	166.20	25.50	4.89	62.54	132.48	20.88	111.60
淀泖片	351.55	230.90	32.10	48.98	39.57	78.14	32.17	45.97
滨湖片	33.66	0.00	19.00	5.75	8.91	6.88	1.84	5.04
运西片	172.88	54.60	41.60	21.93	54.75	120.35	45.87	74.48
运东片	142.09	78.60	48.60	2.11	12.78	154.54	24.05	130.49
南排片	128.89	32.50	30.50	10.15	55.74	134.75	33.88	100.87
嘉宝片	159.00	0.00	29.40	26.59	103.01	0.00	0.00	0.00
青松片	69.76	0.00	12.20	11.86	45.70	0.00	0.00	0.00
浦东片	225.53	0.00	49.60	10.10	165.82	0.00	0.00	0.00
太湖片	2338.09	2338.00	0.00	0.19	0.00	0.00	0.00	0.00
长兴片	26.47	0.00	8.90	1.98	15.59	28.99	2.80	26.19
苕溪片	48.31	0.00	13.40	3.09	31.82	22.08	7.75	14.33

表 2－4 太湖流域城镇图层数字化后统计结果 单位：km²

分　区	圩　外					圩　内			
	总面积	大城市	中城市	乡镇	综合	总面积	大城市	中城市	乡镇	综合
运河片	259.21	19.34	19.80	17.23	202.84	17.80	3.30	3.12	2.93	8.45
洮滆片	450.27	6.72	36.79	39.41	367.35	115.98	0.68	4.89	10.27	100.14
武澄锡低片	366.45	187.28	27.44	35.10	116.63	116.75	68.03	10.99	37.73	0.00
澄锡虞高片	358.63	7.23	18.74	87.59	245.07	6.05	0.79	0.19	1.42	3.65
阳澄片	452.39	13.56	17.63	35.08	386.12	99.83	17.18	51.93	30.72	0.00
淀泖片	373.51	70.15	8.57	17.68	277.11	62.51	7.01	8.63	13.52	33.35
滨湖片	106.33	46.34	0.00	14.22	45.77	16.83	10.14	0.00	1.94	4.75
运西片	234.87	0.00	0.54	13.70	220.63	133.94	0.00	1.31	21.75	110.88
运东片	131.87	0.00	2.83	2.02	127.02	195.75	0.00	20.82	14.74	160.19
南排片	445.27	29.33	17.89	10.79	387.26	161.12	28.57	31.52	20.98	80.05
嘉宝片	751.39	454.73	26.17	37.50	232.99	0.00	0.00	0.00	0.00	0.00
青松片	181.23	0.00	20.77	17.25	143.21	0.00	0.00	0.00	0.00	0.00
浦东片	671.98	83.47	23.23	44.26	521.02	0.00	0.02	0.00	0.00	0.00
太湖片	35.87	0.06	0.00	0.97	34.84	0.00	0.02	0.00	0.00	－0.02
长兴片	78.14	0.00	3.32	1.11	73.71	51.05	0.00	3.15	1.82	46.08
苕溪片	47.62	0.00	7.75	3.14	36.73	55.90	0.00	5.75	2.07	48.08

5. 综合

各分区水域、城镇图层面积比总面积小，不足部分作为综合。因此综合网格信息中应包括水面、水田、旱地、城镇等四类下垫面，通过网格综合信息使各分区下垫面信息与表2-1中的下垫面资料一致。综合层的信息分析如表2-5、表2-6（圩外）及表2-7、表2-8（圩内）所示。

表 2-5　　　　　　　　太湖流域圩外综合面积各类下垫面统计结果　　　　　　单位：km²

分　区	水　面	水　田	旱　地	城　镇	综合面积
运河片	11.95	468.36	161.31	202.84	844.46
洮滆片	27.98	938.05	607.18	367.29	1940.50
武澄锡低片	30.52	196.30	441.67	116.63	785.12
澄锡虞高片	64.40	747.52	267.84	245.03	1324.79
阳澄片	62.54	321.40	250.25	385.92	1020.11
淀泖片	39.57	304.75	43.76	276.48	664.56
滨湖片	8.91	5.36	476.60	45.33	536.20
运西片	54.75	110.64	106.76	220.63	492.78
运东片	12.78	20.60	28.85	126.97	189.20
南排片	55.74	246.07	210.92	387.26	899.99
上嘉宝	103.01	399.62	97.09	232.99	832.71
青松片	45.70	441.33	65.97	143.21	696.21
浦东片	165.82	856.08	547.71	521.02	2090.63
太湖片	0.00	43.79	9.26	34.82	87.87
长兴片	15.59	23.95	87.60	73.71	200.85
苕溪片	31.82	23.46	217.38	36.73	309.39

表 2-6　　　　　　　　太湖流域圩外综合面积中各类下垫面所占比重

分　区	水　面	水　田	旱　地	城　镇	合　计
运河片	0.014047	0.550545	0.189616	0.238433	0.992642
洮滆片	0.013911	0.466367	0.301869	0.182604	0.964751
武澄锡低片	0.036875	0.237178	0.533643	0.140917	0.948614
澄锡虞高片	0.047486	0.551191	0.197494	0.180675	0.976847
阳澄片	0.061074	0.313864	0.244382	0.376871	0.996191
淀泖片	0.057622	0.443776	0.063723	0.402610	0.967731
滨湖片	0.017340	0.010431	0.927544	0.088220	1.043536
运西片	0.107778	0.217800	0.210162	0.434320	0.970058
运东片	0.047370	0.076356	0.106935	0.470625	0.701286
南排片	0.058021	0.256139	0.219551	0.403106	0.936816
上嘉宝	0.119252	0.462630	0.112399	0.269727	0.964008
青松片	0.064185	0.619846	0.092654	0.201138	0.977823
浦东片	0.077056	0.397818	0.254519	0.242116	0.971509
太湖片	0.968044	0.018131	0.003834	0.014417	1.004426
长兴片	0.072823	0.111874	0.409193	0.344311	0.938201
苕溪片	0.098295	0.072470	0.671506	0.113462	0.955733

表 2 − 7　　　　太湖流域圩内综合面积各类下垫面统计结果　　　　单位：km²

分　区	水　面	水　田	旱　地	城　镇	综合面积
运河片	1.18	93.45	73.43	8.45	176.51
洮滆片	23.07	648.11	405.92	100.14	1177.24
武澄锡低片	8.00	481.31	154.78	0.00	644.09
澄锡虞高片	0.06	25.72	4.54	3.65	33.97
阳澄片	20.88	726.21	377.82	0.00	1124.91
淀泖片	32.17	543.85	15.63	33.35	625.00
滨湖片	1.84	45.14	74.21	4.75	125.94
运西片	45.87	692.97	394.04	110.88	1243.76
运东片	24.05	904.56	498.64	160.19	1587.44
南排片	33.88	872.96	729.42	80.05	1716.31
上嘉宝	0.00	0.00	0.00	0.00	0.00
青松片	0.05	0.00	0.00	0.00	0.05
浦东片	0.00	0.00	0.00	0.00	0.00
太湖片	0.00	0.00	0.00	−0.02	−0.02
长兴片	2.80	77.51	256.49	46.08	382.88
苕溪片	7.75	37.27	238.08	48.08	331.18

表 2 − 8　　　　太湖流域圩内综合面积中各类下垫面所占比重

分　区	水　面	水　田	旱　地	城　镇	合　计
运河片	0.006685	0.529432	0.416010	0.047873	1
洮滆片	0.019597	0.550533	0.344806	0.085063	1
武澄锡低片	0.012421	0.747271	0.240308	0.000000	1
澄锡虞高片	0.001766	0.757139	0.133647	0.107448	1
阳澄片	0.018561	0.645572	0.335867	0.000000	1
淀泖片	0.051472	0.870160	0.025008	0.053360	1
滨湖片	0.014610	0.358425	0.589249	0.037716	1
运西片	0.036880	0.557157	0.316814	0.089149	1
运东片	0.015150	0.569823	0.314116	0.100911	1
南排片	0.019740	0.508626	0.424993	0.046641	1
上嘉宝	0.000000	0.000000	0.000000	0.000000	0
青松片	1.000000	0.000000	0.000000	0.000000	1
浦东片	0.000000	0.000000	0.000000	0.000000	0
太湖片	0.000000	0.000000	0.000000	1.000000	1
长兴片	0.007313	0.202439	0.669897	0.120351	1
苕溪片	0.023401	0.112537	0.718884	0.145178	1

表 2-6 中所有下垫面面积总和略小于最后一列综合面积，偏小值等于概化河道水面积，因为表中最后一列是根据图层中统计所得，它包括了概化河道水面积。由于综合面积中不可能包含大的湖泊等水域，亦不可能是中等或中等以上城市，因此表中的水面属于一般性水域，城镇面积属于最小级别的乡镇。

6. 太湖流域下垫面数字信息化

将各个网格中综合面积根据该网格所属分区及该网格圩内外面积用表 2-6 及表 2-8 中的百分比将它拆分为圩内外水面、水田、旱地及城镇，将其中水面与水域层面积合并，将城镇面积与乡镇图层面积合并。最后得太湖流域下垫面数字信息文件，作为模型的基础资料。

7. 下垫面数字信息化分配

获取了每个网格中圩内、圩外的各类下垫面信息后，需要将这些下垫面信息分配到概化河网，或将下垫面的产水量分配到河网。无论哪种方法，在分配下垫面信息时，或分配各类下垫面的产水量时，均需借助河网多边形概念。有两类多边形，一类是概化河网构成的，这类多边形是主要的；另一类多边形是由太湖边及山丘区分水线构成的，它是太湖边的山丘区，其产水量直接进入太湖。

图 2-2 是由概化河道构成的多边形，由河道 1、2、3、4、5 构成，多边形面积为 A。多边形的面积及其圩内、圩外各类下垫面面积，可以用其覆盖的网格计算得到。

多边形所包含的面积只能分配到多边形周围概化河道 1、2、3、4、5。对于多边形中任一网格（图 2-2），需要明确它的产流、产污流向哪一条河道，其灌溉需水量又是取自哪一条河道。在没有详细的地形情况下，该网格假定与其距离最近的河道相连系，即取图中距离 s 最小的概化河道作为该网格的联系，例如概化河道 5。即该网格的产水量、产污量流入联系的概化河道 5；该网格的灌溉需水量亦只能从概化河道 5 取引。该网格与其他概化河道 1、2、3、4 无关。

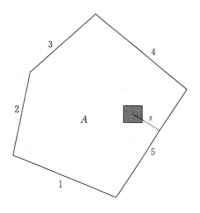

图 2-2　概化河道构成的多边形

但仅按距离远近作为网格与周围概化河道联系的唯一依据，有时会产生不合理的结果，如往往会出现一条小河与之联系的网格很多，在洪水时，有太多的雨洪汇集到该条小河，结果来不及排泄而形成高水位；或需要太多的灌溉水量而引起河道干涸。因此，在分配中还考虑了河道过水能力，取综合系数

$$f = \frac{s}{AR^{0.67}} \tag{2-1}$$

式中　f——综合系数；

　　　A——过水面积，m^2；

　　　R——水力半径，m。

将网格分配到多边形周边综合系数最小的那条概化河道，网格所属的下垫面亦随着网格的分配而归属于相应的概化河道。

有两类下垫面必须分配：一类是圩内、圩外的水面、水田、旱地及城镇等下垫面，实际上是产水量的分配问题；另一类是多边形的圩外水面积分配，反映了概化河道周围陆域面上的调蓄能力。分配时要考虑堤防的影响，例如，东苕溪导流东侧的多边形的产水不可能流入东苕溪导流，因为东苕溪导流有堤防及闸控制。再例如望虞河、太浦河、黄浦江等两岸或一岸有堤、闸控制，也不可能将多边形的产水及调蓄作用分配到这些封闭的概化河道。

调蓄和产水的限制往往是不一样的，例如黄浦江、苏州河等，两岸筑堤和闸控制，因此没有陆域面上的调蓄作用，但沿黄浦江、苏州河等两岸均设有雨水泵站，降雨径流能及时排入黄浦江、苏州河等。因此从调蓄作用来看没有陆域宽度，从产水径流来看又有陆域宽度，这两个特点和要求，必须同时满足。

河网水量模型中直接采用概化河网及环太湖山丘区多边形中下垫面信息来计算产水量，这两部分下垫面面积统计与表2-1是一致的。

8. 下垫面数字化信息处理的优点

在原太湖流域河网水动力学（HOHY2）模型中，假定水面、水田、旱地、城镇等下垫面在各水利分区是均匀分布的。但实际分布是不均匀的，如在城市附近，城镇面积占较大比重；又例如淀泖区水面较多，但水面主要分布在淀泖区的西南方向，东北方向水面占的比重不大。本次模型研制中，利用了已获得的地理信息，如电子地图、卫星图片等。从这些资料中，提取大城市、中城市、乡镇的地理分布、水面积分布、圩区分布等地理信息，这些信息对改进水量、水质模型很重要。由于本次所能收集的地理信息的精度不够高，因此分布在面上如塘坝等水面、村庄等面积无法获得具体的地理信息，下垫面中水田、旱地的分布也没有具体的图层资料。这些下垫面只能假定在分区面上平均分布。

综上所述，下垫面数字化信息处理方法从根本上解决了以往由于对水利分区内各下垫面要素均匀分布假定所带来的误差。同时，太湖流域内地理信息资料精度不断提高，也为今后提高模拟精度奠定了基础。

2.2　太湖流域河网概化与太湖流域 GIS 信息归一化

在太湖流域新一轮防洪规划概化河网的基础上，根据收集到的更为详细的河网资料，细化太湖流域的概化河网。因原概化河网是在荷兰 DELFT NET-TER 平台上概化生成的，为使之与太湖流域 GIS 系统统一到一个平台上，模型系统增加了转换接口（转换界面见图 2-3），实现了从 NETTER 数据格式到新系统数据格式的自动转换，并与太湖流域 GIS 系统统一到一个平台上，从而实现太湖流域河网概化图与 GIS 系统的归一化，图 2-4、图 2-5 为河网概化界面图。

通过图 2-3 所示界面的转换可生成图 2-4 所示的河网概化图。

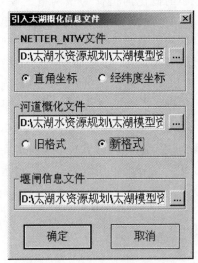

图 2-3　NETTER 系统数据
格式转换界面

图 2-4　NETTER 数据转换后的太湖流域概化图

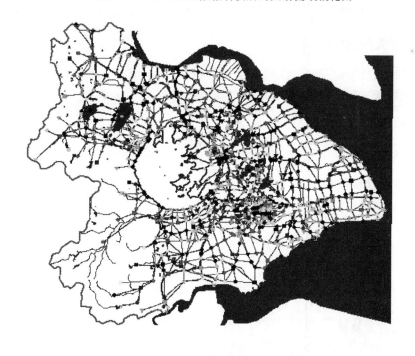

图 2-5　太湖流域河网概化图与 GIS 系统归一化图

第 3 章　模型研制与开发

以前将太湖流域河网与湖泊（太湖）分开研究，水量与水质分开建模。河网水量模型采用 HOHY2 模型，可以计算每条概化河道的流量和水位过程。河网水质模型采用荷兰 DELFT 的 DELWAQ 模型。HOHY2 模型为 DELWAQ 模型提供水流条件，同时为研究太湖湖区水量及水质模拟提供入湖水流条件。

HOHY2 水量模型中所有人工控制建筑物（主要为闸、泵）的运行方式取决于地区及太湖水位，与水质无关。

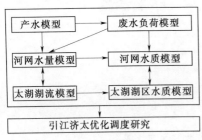

图 3-1　各数学模型逻辑关系图

引江济太水量水质联合调度研究中，关键是"联合"，即河网与湖泊的联合，水量和水质的联合。这是对所开发的模型提出的基本要求。

在系统开发技术大纲的指导下，按照约定的数据格式与耦合方式进行水量模型、水质模型等的研制与开发。各模型既能独立运行又能相互耦合。本次研究主要建立如下 6 个模型（图 3-1）。

下面针对各个子模型的开发进行介绍。

3.1　降雨产流模型

降雨径流模拟分为产流与汇流两部分。产流过程是指降雨经过扣损变成净雨，汇流过程是指各分区净雨如何汇集到出口控制断面或排入河网。

3.1.1　降雨产流模拟

由于不同下垫面具有不同的产流规律，本流域下垫面分成四类：水面、水田、旱地和城镇道路。

3.1.1.1　水面产流模拟

日水面产流（净雨深）为日降雨量与蒸发量之差，即

$$R_1 = P - \beta E \qquad (3-1)$$

式中　R_1——日净雨量，mm；

　　　P——日雨量，mm；

　　　E——蒸发皿蒸发量，mm；

　　　β——蒸发皿折算系数。

3.1.1.2　水田产流模拟

水田模拟从时间上可以分为如下几个阶段：

（1）第一个阶段是水稻生长期以前，一般在每年 5 月 10 日以前，该时期的产流规律与旱地的产流相同，因此直接采用三水源的新安江模型进行计算。

（2）第二个阶段是秧田期，秧田期的秧田面积占水田面积的 11.8%（根据调查资料），秧田以外的水田仍作旱地处理。

秧田期分秧田泡田和育秧期。秧田泡田所需水量由两部分组成，首先将土壤饱和，再建立一定的秧田水深。由于秧田期是渠系在一年中首次灌溉，渠系渗漏较大，秧田所占面积亦小，秧田下渗水量比较容易向旁侧旱地渗流，因此秧田期灌渠水量损失较多。

从灌渠或从田间下渗的水量中有一部分是回归到河网的，这部分水量不作为水量损失，对水量模型而言，仅仅是过程分配问题，由于缺乏下渗后如何回归的资料和理论依据，因此在水量模型中忽略了回归的时间过程。

从灌渠或从田间下渗的水量中的另一部分增加了土壤含水量，土壤湿润后，其蒸发加大，遇降雨时产流量也加大。从水量平衡角度来看，这一过程必须模拟，不能简单地假定下渗量中某一百分比作为损失。

（3）第三个阶段是本田期，分泡田期和不同生长期，从秧田期转到本田泡田期时，要注意水量平衡，即要考虑秧田的田间蓄水 W_1，本田（面积 88.2%）饱和缺水量 W_2，为达到本田（100%）泡田所需水深的水量 W_3，故由秧田期转到本田泡田期所需净水量（没有包括渠系和田间下渗损失）为 $W_2 + W_3 - W_1$。

（4）第四个阶段搁田期又称晒田期，这段时期水稻田是干的，作物需水全部依靠土壤蓄水量，如果按需水系数计算则可能土壤含水量会越来越小，甚至达到零，这显然是不合理的。因此假定土壤含水量达到一定下限时，水稻需水不能满足。这种处理方法避免了搁田期之后大量用水的不合理现象。

（5）第五个阶段成熟后期，与搁田期处理方式相同。

（6）第六个阶段水稻生长期结束以后，水稻田土壤含水量由水稻田成熟后期计算所得的土壤含水量决定，此后又与旱地的产流模型相同。

采用以上方法处理基本上反映了水田的各个时期的产水与用水规律，且在这几个不同阶段的水量平衡及土壤含水量等均是连续过渡的。

下面重点介绍作物生长期的水田产水等过程。

根据作物生长期的需水过程，水稻田适宜水深上、下限以及耐淹水深等因素，逐日进行水量调节计算，推求水田产水深 R_2

$$H_2 = H_1 + P - \alpha E - f \tag{3-2}$$

当 $H_2 > H_{max}$ 时 $\qquad\qquad R_2 = H_2 - H_{max}$；$H_2 = H_{max}$

当 $H_d \leqslant H_2 \leqslant H_{max}$ 时 $\qquad\qquad R_2 = 0$

当 $H_2 < H_d$ 时 $\qquad\qquad R_2 = H_2 - H_u$；$H_2 = H_u$

式中 $\quad H_1$、H_2——每天初、末水稻田水深，mm；

$\qquad\quad P$——时段内降雨量，mm；

$\qquad\quad E$——时段内水面蒸发量，mm；

$\qquad\quad \alpha$——水稻生长期的需水系数；即各生长期内水稻田需水量与同期蒸发皿蒸发量的比值，无量纲；

H_{max}——各生长期水稻耐淹水深，mm；

H_u——各生长期水稻适宜水深上限，mm；

H_d——各生长期水稻适宜水深下限，mm；

f——水稻田日渗漏量，mm；

R_2——产水量（正值时）或灌溉量（负值时）。

水稻田日产水量计算取决于排灌原则。产水量为正值，灌水为负值。

3.1.1.3　旱地产流模拟

在平原水网地区，水田比重较大的情况下，可以认为地下水位比较高，土壤含水量易于得到补充，采用三层蒸发模型的三水源新安江蓄满产流模型。渠系下渗及水稻田田间下渗水量中，除了回归水外，还有一部分非回归的，对于这部分水量如何处理，研究了两种处理的方法：第一种是将这部分下渗水量直接作为损失；第二种是将这部分水量作为湿润周边旱地，增加旱地的土壤含水量。随着旱地的土壤含水量增加，无雨时土壤水分蒸发增加；有雨时旱地产水量增加。通过分析，认为第二种处理方法更符合实际情况，如图3-2所示。

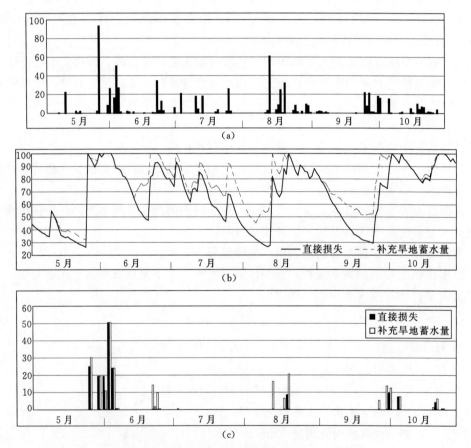

图 3-2　旱地产流模拟分析（单位：mm）

（a）湖西区降雨量；（b）湖西区土壤含水量；（c）湖西区旱地径流深

3.1.1.4　城镇、道路产流模拟

1. 城镇产流模型基本假定

（1）下垫面。

从产流角度将城市下垫面分为三类：①透水层，主要由城市中的绿化地带组成，其特点是有树木和植物生长，占城市面积的比例为 A_1；②具有填洼的不透水层，道路、屋顶等为不透水层，具有坑洼或下水道管网等调蓄，占城市面积的比例为 A_2；③不具填洼的不透水层，占城市面积 A_3。

城市产流模型框图见图 3-3。

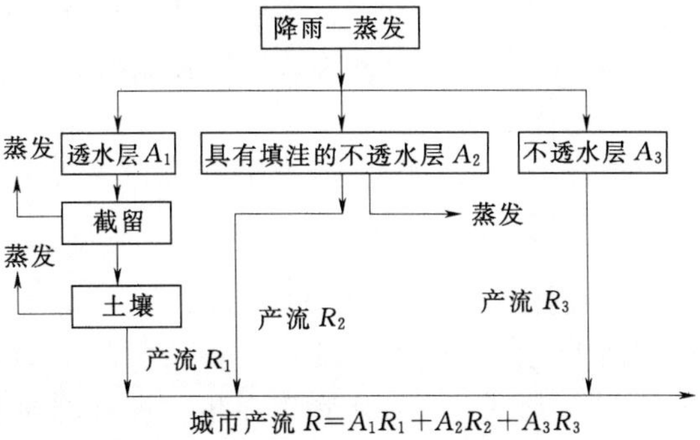

（2）参数。

城市各类下垫面比例：A_1、A_2、A_3；

透水层植物最大截留量：SEC_{lim}，单位 mm；

透水层土壤最大蓄水量：W_m，单位 mm；

透水层土壤蓄水容积曲线指数：B；

洼地最大拦蓄量：STO_{lim}，单位 mm。

（3）状态变量。

植物截留量：SEC；

透水土壤含水量：W；

洼地拦蓄量：STO。

2. 城镇产流模型结构

（1）植物截留。

$$SEC_2 = SEC_1 + PE \tag{3-3}$$

式中　PE——有效降雨，下同。

当 $SEC_2 > SEC_{lim}$ 时

$$FR = SEC_2 - SEC_{lim} ; SEC_2 = SEC_{lim}$$

当 $0 < SEC_2 < SEC_{lim}$ 时

$$FR = 0$$

当 $SEC_2 < 0$ 时

$$FR = 0 ; SEC_2 = 0$$

式中　FR——满足植物截留后，降落在透水层上的有效雨量。

（2）透水层土壤。

采用一层蒸发模型，有效降雨采用 FR。土壤蒸发采用土地蒸发能力。

（3）填洼。

$$STO_2 = STO_1 + PE \tag{3-4}$$

当 $STO_2 > STO_{lim}$ 时

图中右侧：

图 3-3　城市产流模型框图

降雨—蒸发

蒸发　透水层 A_1　　具有填洼的不透水层 A_2　　不透水层 A_3

截留　　　　　　　　　　　　　蒸发

蒸发　土壤

产流 R_2　　产流 R_3

产流 R_1

城市产流 $R = A_1 R_1 + A_2 R_2 + A_3 R_3$

$$R_2 = STO_2 - STO_{lim}; STO_2 = STO_{lim}$$

当 $0 < STO_2 < STO_{lim}$ 时

$$R_2 = 0$$

当 $STO_2 < 0$ 时

$$R_2 = 0; STO_2 = 0$$

式中　R_2——具有填洼的不透水层径流深。

（4）不透水层。

有效降雨 $PE > 0$ 时，不透水层径流深等于有效降雨；

有效降雨 $PE < 0$ 时，不透水层不产流。

3.1.2　湖西山丘区产水量计算方法

湖西山丘区属低矮丘陵地，水稻种植面积虽比平原区要少，但仍有一定比例，特别是茅山地区达 25% 左右。水稻田在生长期和非生长期产流规律不一样，不适宜用新安江模型来模拟该地区产流。因此该地区产流模拟仍采用各类下垫面分类模拟的方法，但与平原地区有以下几点不同：

（1）对每一种下垫面计算出相应的产水量后，以下垫面为权重，计算该分区每天的加权平均产水量 R。

（2）水稻灌溉水量取自当地塘坝水库。当塘坝水库蓄满后，作弃水处理，即为塘坝水库的产流。当塘坝水库蓄水放空后，水稻田灌溉用水量得不到保证，即水稻田田间水深为 0。

湖西山丘区中、小型水库及塘坝的调蓄库容为 2.9 亿 m^3，湖西山丘区面积 2501.7km^2，平均调蓄水深 116mm。

（3）假定水库塘坝均匀分布在分区面上，产水量首先填满塘坝水库，待塘坝水库蓄满后，多余的水量作为该分区产流，用下面的单位线演算到分区的出口断面，得出口断面的流量过程。

每天的水量平衡为

$$V_2 = V_1 + R - I_R \tag{3-5}$$

式中　V_1、V_2——时段初、末塘坝水库蓄水量，单位化算到全流域水深，mm；

　　　　R——产水量，mm；

　　　　I_R——灌溉水量，单位化算到全流域水深，mm。

当 $V_2 > V_{max}$ 时

$$V_2 = V_{max}; R_R = V_2 - V_{max}$$

当 $V_2 < 0$ 时，灌溉不能全部保证

$$V_2 = 0; R_R = 0$$

当 $0 < V_2 < V_{max}$ 时

$$R_R = 0$$

式中　R_R——经塘坝水库调蓄后的产水量。

（4）根据各分区的面积、坡度，用江苏省暴雨洪水图集中刊布的综合单位线方法计算得到汇流单位线。综合单位线的两个参数为

$$m_1 = 7.2(F/J) \times 0.28 \qquad (3-6)$$

$$m_2 = \frac{1}{3} \qquad (3-7)$$

式中　　F——流域（分区）面积，km^2；

　　　　J——干流坡度。

在 1/50000 的地图上量得干流坡度及各分区面积，利用式（3-6）、式（3-7）计算综合单位线参数 m_1、m_2，由 $n=1/m_2$，$K=m_1 m_2$ 转化成纳希瞬时单位线的参数 n、K 值，查 S 曲线表计算出时段（24h）单位线，结果如表 3-1 所示。

表 3-1　　　　　　　　　湖西山区各水利分区时段单位线　（$\Delta t = 24h$）

时　段 ＼ 分　区	45	46	47	48	49	50	51	52	53	54
第 1 天	0.265	0.268	0.271	0.252	0.273	0.238	0.238	0.291	0.291	0.291
第 2 天	0.525	0.533	0.543	0.556	0.510	0.525	0.525	0.525	0.589	0.589
第 3 天	0.197	0.169	0.166	0.152	0.187	0.197	0.197	0.154	0.110	0.110
第 4 天	0.013	0.030	0.020	0.030	0.030	0.040	0.040	0.030	0.010	0.010

（5）湖西山丘区有 3 座库容为 1 亿 m^3 以上的大型水库，这些水库的主要参数及防洪调度方式如下：

大溪水库位于大溪河，处于第 50 分区，水库控制流域面积 90.0km^2，总库容 1.71 亿 m^3，兴利库容 0.50 亿 m^3。

沙河水库位于戴溪河上，处于第 51 分区，水库控制流域面积 148.5km^2，总库容 1.09 亿 m^3，兴利库容 0.49 亿 m^3。

横山水库位于屋溪河上，处于第 52 分区，水库控制流域面积 154.8km^2，总库容 1.13 亿 m^3，兴利库容 0.41 亿 m^3。

各个水库的特征水位、泄洪设备的尺寸及泄洪能力、水库的调度方式等见有关资料。

如果分区内有大型水库，将该分区的面积分为两部分：水库集水面积和非水库集水面积。由于这些水库位置均处在下游出口处，故将该分区经过汇流以后的出口流量过程 $Q(t)$ 按面积比例分成两部分：$Q_1(t)$ 及 $Q_2(t)$。将 $Q_1(t)$ 作为水库入库流量，并按水库的调度方式调节计算，得到水库的出流过程 $Q_1'(t)$。

该分区的出口断面流量过程由两部分组成：$Q_1'(t)$ 与 $Q_2(t)$，将两部分流量过程叠加，如图 3-4 所示。

3.1.3　浙西山丘区产水量计算方法

浙西山丘区水稻田面积很少，仅占 6.86%。下垫面在一年内变化不大，因此采用三水源、三层蒸发模式的新安江模型模拟。浙西山区一共分为 10 个子流域，其中编码为 58 的分区最大，达 2041.8km^2。浙西山区有 4 座大型水库，分别是青山、对河口、老石坎、赋石。其中老石坎和赋石水库在第 58 分区。因此必须根据水库分布情况及流域大小，进一步用更小的面积

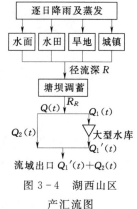

图 3-4　湖西山区
产汇流图

将原来的分区细化。对细化后的分区进行产流模拟，并对模拟的流量过程线性叠加，得到原先划分的 10 个子流域出口断面的流量过程。水库的处理方式同湖西区。

3.1.4　平原区河网汇流

平原区的汇流计算，目前尚无成熟的理论和计算方法，在计算中假定日净雨按 40％、40％、20％过程分配，分三天汇入河网。对于平原圩区还需考虑排涝模数的限制。

平原水网区的汇流模拟计算结果作为圩外陆域宽度上的净雨深，经陆域面上的水面调蓄后流入（出）概化河道，成为概化河道的旁侧入流。因此圩外陆域宽度的计算成为平原区产流汇入河网的重要参数，而且在某些情况下还会影响到水量水质模型计算的稳定性。

3.1.5　平原区产流的河网分配方法

研究平原区产流河网分配方法，需引入河网多边形的概念，即周边概化河道所包围的多边形。多边形是由程序根据河网概化图自动生成，为此原概化河网图需修改并符合如下要求：

（1）概化河网图需全部闭合，例如原望亭水利枢纽为不闭合，需临时改成平交成闭合状。

（2）沿茅山、宜溧山区及浙西山区与平原区交界处用虚拟的边界河道勾划。

（3）用相同的办法处理沿江、沿杭州湾及环太湖等边界。

还有一种多边形，它的周边不是概化河道，而是由分水线及边界组成，例如马山及其以西滨湖山丘，降雨后产流只可能流入太湖，如图 3-5 所示。

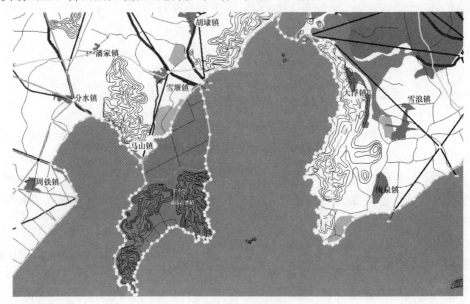

图 3-5　直接流入太湖的多边形

1. 生成多边形

当概化河网图作封闭处理后即可用程序生成多边形，如果将网格覆盖到多边形上，可以找出每个多边形的网格数及位置。

2. 多边形边界修正

太湖流域边界处的网格往往只覆盖了一部分，在处理上把覆盖面积超过一半的网格，作为流域范围内的网格，并取覆盖面积为 1km²；将覆盖面积不到一半的那些网格舍弃，并视为流域范围外。在边界处的多边形网格亦应按相同办法处理，否则多边形面积会偏小。

3. 考虑堤防对多边形周边河道信息的修正

多边形周边河道信息最终是用来分配多边形内的圩外水面积、多边形产水量及产污量到其周边概化河道，分配原则见上。

4. 多边形下垫面分配

将流域网格下垫面基本资料叠加到多边形网格可以获取每个多边形下垫面的信息。

太湖流域除了浙西山区出口断面处有少量流量资料可以用作新安江模型中参数率定之外，湖西山丘区及整个平原区没有实测流量可以用来率定产汇流模型参数。因此，实际上太湖流域是一个无资料地区的产汇流模型，从太湖流域降雨产流的重要性来看，今后加强基础资料的监测、收集是完善产流模型不可缺少的工作。

3.2　废水负荷模型

污染物按排放方式可分为点源污染和非点源污染。点源污染主要包括工业污染源和城镇生活污染源。非点源污染一般是指由降雨引起的各种污染物从土壤圈向水圈的扩散。主要包括农田、城市和城镇降雨径流污染，农村生活污染，畜禽养殖和水产养殖污染等。非点源污染发生的随机性、机理过程的复杂性、排放途径及排放污染物的不确定性以及污染负荷的时空差异性，给非点源污染的研究和治理工作带来许多困难。工业和城镇生活等点源污染在发达国家已得到有效控制，目前非点源污染成为水体污染的主要因素。

非点源污染负荷的定量化研究是流域污染治理的重要基础性工作，国外早在 20 世纪60 年代就开展了非点源污染模型的研究。1995 年，荷兰 Delft 水力研究所利用世界银行贷款，首次将 Waste Load Model（WLM）应用于太湖流域非点源定量化研究。在本次引江济太水量水质联合调度数学模型的研究中，针对非点源污染负荷时空分布不均匀的特点，对 WLM 进行了较大的改进。模型中将太湖流域非点源污染分为城市和城镇降雨径流污染、畜禽养殖污染、农田降雨径流污染、农村生活污染和水产养殖污染等五种类型，分别计算其流失过程。

3.2.1　污染负荷模型路径图

经过多次调研，对 WLM 的污染负荷路径图进行了补充和完善，如图 3-6 所示。该路径图是污染负荷模型计算的总框架，是模型编制的重要依据，后面的分析与讨论均基于该路径图。为了将点源和非点源污染负荷加以区分，图中虚框部分代表非点源污染部分。

污染负荷模型按结构可以分为产生模块和处理模块两大部分。产生模块用于计算各种污染源的产生量，处理模块计算污染物经过各个处理单元后的污染负荷入河量。

3.2.2　污染负荷产生模块

如图 3-6 所示，污染负荷产生模块包括工业、大城市居民、城镇居民、农村居民、城市和城镇降雨产污、化肥、畜禽养殖和水产养殖八个部分，采用 PROD、UNPS 和ANPS 三种模式计算其产生量。各种模式的计算原理和方法如下所述。

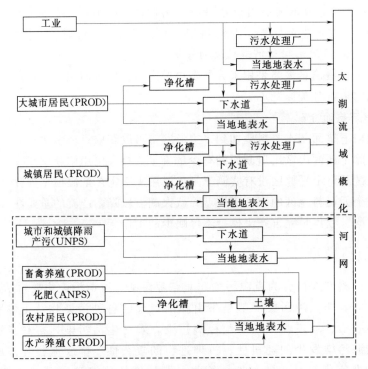

图 3-6　太湖流域污染负荷模型路径图

3.2.2.1　PROD——计算与降雨无关的污染负荷产生量

PROD 模式用于计算与降雨无关的污染负荷产生量，包括大城市居民、城镇居民、农村居民、畜禽养殖和水产养殖。具体计算公式及变量说明如下

$$W_{\beta i}^{j} = N_i R_i^j \qquad (3-8)$$

式中　$W_{\beta i}^{j}$——第 i 种污染源第 j 种污染物的产生量；

N_i——第 i 种污染源的数量；

R_i^j——第 i 种污染源第 j 种污染物的污染负荷量。

对于不同的污染源，公式中变量的具体含义有所差异。

大城市居民：指的是苏州、无锡等地级市居民，N_i 为大城市人口数量，R_i^j 为大城市人口产污当量 k_1。

城镇居民：宜兴、武进等县级市及乡镇居民，N_i 为城市人口数量，R_i^j 为城市人口产污当量 k_2。

农村居民：地级市和县级市的农村人口，N_i 为农村人口数量，R_i^j 为农村人口产污当量 k_3。

畜禽养殖：将畜禽分成牛、猪、羊和家禽四种，N_i 为畜禽养殖数量，R_i^j 为畜禽产污当量 k_4。

水产养殖：N_i 为水产养殖产量，R_i^j 为单位养殖产量的产污量 k_5。

式（3-8）中各种数量采用社会经济资料数据，各种当量取值详见表 3-6。

3.2.2.2　UNPS——计算大城市和小城镇降雨径流的污染负荷

UNPS 用于计算大城市和小城镇降雨径流的污染负荷。本次污染负荷模型的研究范围是太湖流域平原区，流域内拥有大小城市 38 个，其中 1 个特大城市，7 个地级市。对特大城市和地级市采用污染物累积—径流冲刷模型计算随降雨径流进入地表水体的污染负荷；对县级市及城镇采用平均浓度法计算降雨径流污染负荷。具体算法如下。

1．大城市降雨径流污染负荷估算

（1）污染物累积模型。

暴雨径流携带的污染物数量与暴雨量、径流量及污染物累积数量等因素有关。美国《水质管理规划手册》指出，径流冲刷率与总降雨量有关，与降雨强度的关系很小；当日降雨量大于 12.7mm 时，对地表累积污染物的冲刷率大于或等于 90%，所以引入"每日临界降水量"概念，代表当日降雨量等于"每日临界降水量"时，地表累积污染物冲刷率达到 90%，按下式反推地表污染物的累积量。

按各种土地利用类型，分别计算单位面积单位时间所产生的污染负荷 [kg/（km²·d）]，然后再求出总的污染负荷量，计算公式为

$$P = \sum_{i=1}^{n} P_i = \sum_{i=1}^{n} X_i A_i \tag{3-9}$$

式中　P——各种土地类型的污染物累积速率，kg/d；

P_i——第 i 种土地类型的污染物累积速率，kg/d；

X_i——第 i 种土地类型单位面积污染物累积速率，kg/（km²·d）；

A_i——第 i 种土地类型的总面积，km²；

n——土地类型个数。

其中，X_i 的计算式为

$$X_i = \alpha_i F_i \gamma_i R_{cl} / 0.9 \tag{3-10}$$

式中　α_i——城市污染物浓度参数，mg/L；

γ_i——地面清扫频率参数；

R_{cl}——城市临界降水量，mm/d；

F_i——人口密度参数。

其中，当清扫间隔 $N_i < 20h$ 时，$\gamma_i = N_i/20$；当清扫间隔 $N_i \geqslant 20h$ 时，$\gamma_i = 1$。污染物质浓度参数 α_i 在各地（苏州、上海、南京、重庆等）典型实验的基础上统计得出，见表 3-2；人口密度参数 F_i 见表 3-3。

表 3-2　　　　　　　　城市地表径流污染物浓度参数　　　　　　单位：mg/L

城市土地利用类型	污染物浓度参数				
	COD$_{Cr}$	BOD$_5$	TP	TN	NH$_3$-N
生活区	14.0	3.5	0.15	0.58	0.174
商业区	56.4	14.1	0.33	1.31	0.393
工业区	21.2	5.3	0.31	1.22	0.366
其　他	2.0	0.5	0.04	0.27	0.081

表 3-3　　　　　　　　　人 口 密 度 参 数 F

城市土地利用类型	生 活 区	商业区	工业区	其他
F	$0.142 + 0.111 D_P^{0.54}$，其中 D_P 为人口密度（人/km²）	1	1	0.142

R_c 为城市日降水量，mm/d。当 $R_c = 0$，地表污染物每日的累积量按式（3-10）计算；当 $R_c > 0$，地表污染物的累积量为 0。

由于大城市清扫频率一般为 1 次/日，所以城市地表污染物的累积量不超过一日的累积量。

（2）径流冲刷模型。

径流冲刷量的大小与降雨强度、历时和清扫规律等因素有关。萨特（Sartor）等人认为，可用简单一级动力反应概念来计算城区降雨径流的冲刷量，模型为

$$\frac{dP}{dt} = -kRP \qquad (3-11)$$

式中　P——城市地表物的累积速率，kg/d；

　　　　k——降雨径流冲刷系数，1/mm，城市地区取 $0.14 \sim 0.19$；

　　　　R——城市净雨强度，mm/h。

对上式积分可得

$$P_t = P(1 - e^{-kPt}) \qquad (3-12)$$

式中　P_t——降雨历时 t 的地表物冲刷速率，kg/d。

对于连续多天的降雨，降雨第一天地表污染物剩余量作为第二天的地表污染物累积量连续计算。

2. 小城镇降雨径流污染负荷估算

对于小城镇降雨径流污染负荷的估算主要采用平均浓度的方式，根据中科院土壤所夏立忠等人的研究成果，小城镇及附近农村降雨地表径流氮、磷负荷是区域重要的非点源污染源。镇附近农村居民点降雨径流的总氮（TN）、总磷（TP）和氨氮（NH_3-N）浓度分别达 $7.26 \pm 4.43 mg/L$、$2.21 \pm 0.90 mg/L$ 和 $1.16 \pm 0.68 mg/L$，镇商业区和居民点降雨径流总氮（TN）、总磷（TP）浓度相对较低，但远高于周围地表水浓度，大大超过地面水 V 类水的水质标准。

3.2.2.3　ANPS——计算农田降雨径流污染负荷

ANPS 用于计算农田降雨径流污染负荷。对于农田降雨产污，分旱地和水田分别采用不同计算方法，具体算法如下。

1. 旱地降雨径流污染负荷估算

通过研究环太湖丘陵地区典型小流域（宜兴梅林）农业非点源流失规律，对旱地降雨径流污染负荷进行估算。梅林小流域位于宜兴市东南（$31°20'N$，$119°51'E$），面积 $122 hm^2$，全年温暖湿润。流域边界清楚，可进一步分为头坞和二坞两个子流域，其中头坞子流域 $73.7 hm^2$，二坞子流域 $48.3 hm^2$。最高点海拔 $62.5m$，最低点海拔 $3.1m$。土地利用类型主要有水稻田、旱地、茶园、竹园、板栗园、菜地和梨园等。其中水稻田主要集中在流域地势低平的地区，茶园、竹园等分布在流域丘陵坡地。土壤为红黄壤（旱地）和水稻土。梅林小流域地形及出口断面位置如图 3-7 所示。

在流域出口断面设置矩形堰和降雨流量自动采样器，负责记录降雨、水位过程和采集水样。通过建立单位面积污染物流失量 q（kg/hm^2）和净雨深 R_d（mm/d）间的相关关系，计算旱地污染物随时间的流失过程。具体计算步骤如下。

依据试验成果，对于 NH_3-N、TN 和 TP 采用分段函数建立单位面积污染物流失量

与单位面积径流量（净雨深）间的相关函数关系。

当 $R_d < R_1$，采用线性关系：$q = bR_d$；

当 $R_d > R_1$，采用对数关系：$q = a\ln R_d + b$。

式中　R_1——净雨深临界值；

　　　a、b——经验参数，根据实验确定其取值。

研究发现，地表径流中 BOD_5 和 COD_{Cr} 的浓度随降雨时间变化不大，两者基本呈线性关系：$q = bR_d$。

根据上述相关关系，计算各计算单元旱地每日净雨深 R_{di} 对应的单位面积产污量 q_i，

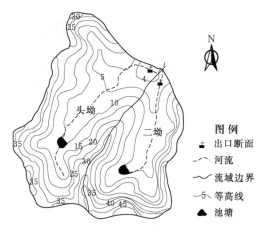

图 3-7　梅林小流域地形及出口断面位置图

再按下式将单位面积产污量 q_i 乘以计算单元内的旱地面积 A_{di}，得到各计算单元旱地的日产污量 W_{di}

$$W_{di} = q_i A_{di}$$

2. 水田降雨径流污染负荷估算

水田产水过程不同于旱地，只有当田面水深度超过水稻耐淹水深 h_e 或水田发生弃水时，田面水中的污染物才会随稻田水排出，进入当地地表水。另外，研究发现稻田营养盐经过一段时间，会在水—土界面达到吸附与解吸的动态平衡。根据水田产流产污的特点，提出"水箱"掺混模型模拟水田的产污过程。

（1）土壤氮（N）、磷（P）释放规律研究。

由于水—土界面氮、磷等营养盐的分布存在差异，在交界面上会发生营养盐的交换。土壤中的氮、磷会扩散到水体中来，使水体中氮、磷含量增加，经过一段时间的扩散后，达到吸附与解吸的动态平衡。本专题利用已有研究成果，对土壤中氮、磷等物质的释放扩散规律进行了分析研究。

1987 年和 1988 年土壤所在太湖流域选择了五种类型的水稻土进行了长达两年的水田降雨地表径流实验，实验数据参见表 3-4。表中泡田弃水指在水稻的特定生长阶段，为了水稻生长的需要，人为排掉的田面水；地表径流指在降雨条件下，田面水深度超过水稻正常需水量而流失的水。

表 3-4　　　　　　　水田氮素降雨地表径流和产污实验结果

试验区	年份	泡田弃水量 [t/（hm²·a）]	泡田水含氮量 （mg/L）	地表径流量 [t/（hm²·a）]	径流水含氮量 （mg/L）	地表排水氮素负荷 [kg/（hm²·a）]	排出水平均浓度 （mg/L）
Ⅰ	1987	240	31.2	1550	6.4	20.3	11.34
	1988	195	29.1	300	6.5	12.9	26.06
Ⅱ	1987	245	46.6	2400	7.3	33.8	12.78
	1988	225	39.3	450	8.5	8.1	12.00

续表

试验区	年份	泡田弃水量 [t/ (hm²·a)]	泡田水含氮量 (mg/L)	地表径流量 [t/ (hm²·a)]	径流水含氮量 (mg/L)	地表排水氮素负荷 [kg/ (hm²·a)]	排出水平均浓度 (mg/L)
Ⅲ	1987	285	42.0	3100	8.3	41.1	12.14
	1988	240	37.8	870	7.9	12.8	11.53
Ⅳ	1987	330	37.1	7200	8.2	85.8	11.39
	1988	300	29.9	1950	9.1	23.1	10.27
Ⅴ	1987	225	48.3	2100	6.6	40.2	17.29
	1988	180	36.2	3000	5.1	38.2	12.01
平均值	1987	264	41.0	3270	7.4	44.2	12.51
	1988	228	34.5	1310	7.4	19.0	12.35

研究发现，由于土壤中氮、磷含量较高，水田灌水后的泡田期（5～10 天）内，土壤中氮、磷开始释放，5 天后释放达到平衡，田面水质保持稳定。实测数据显示，地表排水中 TN 浓度为 6～9mg/L，TP 为 0.07～0.2mg/L，高锰酸盐（COD_{Mn}）指数为 5～10 mg/L。

（2）"水箱"掺混模型。

根据水田产污机理，利用"水箱"充分掺混模型模拟其产污过程。假设水田具有某一初始水深和初始田面水浓度，每日降水与田面水充分掺混后，田面水水深和浓度发生变化。当该水深小于该时期的耐淹水深时，产污量为零，否则，产污量按下式计算。具体算法如下：

根据水—土界面吸附—解吸规律及充分掺混假定，稻田田面水污染物浓度为

$$C_a^1 = \frac{h_0 C_a^0 + h_r C_r + h_i C_i}{h_1 + R_i} + \frac{C_{max} - C_a^0}{T} \tag{3-13}$$

式中　C_a^0——前一时刻田面水污染物浓度，mg/L；

　　　C_a^1——后一时刻田面水污染物浓度，mg/L；

　　　h_0——前一时刻田面水水深，mm；

　　　h_1——后一时刻田面水水深，mm；

　　　h_r——该时段降雨量，mm；

　　　C_r——雨水中污染物浓度，mg/L；

　　　R_i——水田净雨深，mm；

　　　h_i——该时段灌溉水量，mm；

　　　C_i——灌溉水中污染物浓度，mg/L；

　　C_{max}——田面水污染物浓度上限，mg/L；

　　　T——田面水污染物释放周期，d。

若 $R \leqslant 0$，即水田产流量为零，则产污量 $WM_i = 0$；

若 $R > 0$，即水田产流，产污量按下式计算

$$WM_i = 0.01 C_a R_i A_{mi} \tag{3-14}$$

式中 C_a——水田产流的污染物浓度，mg/L；

R_i——水田净雨深，mm/d；

WM_i——水田日产污量，kg；

A_{mi}——计算单元内的水田面积，hm^2。

h_0、h_1 和 h_r 可由产汇流模型提供，C_{max} 取值参考苏南地区的水田试验数据，C_r 参考苏南地区雨水监测平均值，见表 3-5。

表 3-5　　　　　　　　　　　　　苏南地区雨水中污染物浓度

污染物	COD_{Mn}	BOD_5	TN	TP	NH_3-N
浓度（mg/L）	1.96～3.53	0.50～0.90	0.84	0.02	0.84

3.2.3　污染负荷处理模块

根据污染负荷产生量、各条污染路径的比例系数以及各种处理单元的处理效率，计算污染物入河量

$$W_e = W_i p_i (1 - f_i) \qquad (3-15)$$

式中 W_e——污染物入河量，kg/d；

W_i——污染物产生量，kg/d；

p_i——污染路径的比例系数，参数取值详见 3.2.4；

f_i——不同处理单元的处理效率，处理单元包括净化槽、当地地表水、土壤和下水道四种，参数取值详见 3.2.4。

3.2.4　污染负荷模型参数取值

污染负荷模型用到的参数主要包括各种污染产生模块当量、各种路径比例和处理模块的去除率。

3.2.4.1　产生模块的污染物当量

产生模块的污染物当量数据主要依据《太湖流域污染源调查及污染负荷分析》报告中的实验数据，并结合水质监测资料进行率定，各产生模块的污染物当量取值范围见表3-6。

3.2.4.2　污染负荷路径比例系数

根据太湖流域污染负荷模型路径图（图3-6），污染负荷模型包括工业、大城市居民、城镇居民、农村居民、城市和城镇降雨产污、化肥、畜禽养殖和水产养殖八种产生模块。在调研的基础上，对其入河路径进行了概化。

1. 工业污染源入河路径

在本次污染负荷计算中，工业产污模块（包括污水处理厂）采用水资源综合规划的调查数据，无需用路径比例系数计算工业污染源的入河量。

表 3-6　　　　　　　　　　　污染负荷模型各产生模块当量取值范围

产生模块	COD_{Cr} (kg/a)	BOD_5 (kg/a)	TN (kg/a)	TP (kg/a)	NH_3-N (kg/a)	污水量 (m^3/a)
大城市人口	27.6～37.2	13.0～17.8	8.1～10.0	0.6～0.8	4.0～5.2	68.6～100.0
城镇人口	18.7～28.0	9.2～15.3	7.5～10.0	0.4～0.6	3.1～5.2	60.0～197.0
农村人口	17.3～26.2	9.2～15.3	7.4～9.8	0.4～0.6	3.1～5.2	8.0～23.4

续表

产生模块	COD$_{Cr}$ (kg/a)	BOD$_5$ (kg/a)	TN (kg/a)	TP (kg/a)	NH$_3$-N (kg/a)	污水量 (m³/a)
牛	223.4~337.4	149.0~247.0	51.8~69.3	7.2~11.0	19.6~32.7	0.1~5.0
猪	23.9~36.2	20.0~33.1	3.7~4.9	1.7~2.7	1.7~2.9	0.1~5.0
家禽	1.0~1.5	0.9~1.5	0.2~0.3	0.1~0.2	0.1~0.2	0.1~5.0
羊	4.0~6.0	2.1~3.4	3.5~4.7	1.0~1.6	0.4~0.7	0.1~5.0
水产养殖	670.5~1012.8	117.0~193.7	85.6~114.5	7.9~12.1	14.0~23.4	0

2. 城市居民产污入河路径

大城市居民产污的入河路径有如下4种:

(1) 大城市居民——净化槽——污水处理厂。

(2) 大城市居民——净化槽——下水道。

(3) 大城市居民——下水道。

(4) 大城市居民——当地地表水。

由于大城市生活污水处理厂的污水处理量已知,所以可据此计算出其占城镇生活污水排放量的比例,即为该条路径的比例。经过在苏州和无锡的调研,大城市生活污水有90%左右的比例进入净化槽,所以后两条路径的比例应在10%左右。经过计算得到大城市居民产污的入河路径取值范围见表3-7。

表3-7　　　　　　　大城市居民产污的入河路径比例取值范围　　　　　　　%

路径(1)比例	路径(2)比例	路径(3)比例	路径(4)比例
0~76	14~90	5	5

3. 城镇居民产污入河路径

城镇居民产污的入河路径有如下5种:

(1) 城镇居民——净化槽——污水处理厂。

(2) 城镇居民——净化槽——下水道。

(3) 城镇居民——下水道。

(4) 城镇居民——净化槽——当地地表水。

(5) 城镇居民——当地地表水。

城镇污水处理厂的路径比例计算方法与大城市居民污水处理厂的处理方法相同。经过调研,城镇生活污水有85%左右进入净化槽,所以其余两条路径的比例应在15%左右。经过计算得到城镇居民产污的入河路径取值范围见表3-8。

表3-8　　　　　　　城镇居民产污的入河路径比例取值范围　　　　　　　%

路径(1)比例	路径(2)比例	路径(3)比例	路径(4)比例	路径(5)比例
0~75	5	5	10~80	2~10

4. 城市和城镇降雨产污入河路径

城市和城镇降雨产污的入河路径有如下4种:

(1) 城市和城镇降雨——概化河网。

(2) 城市和城镇降雨——下水道。

(3) 城市和城镇降雨——下水道——当地地表水。

(4) 城市和城镇降雨——当地地表水。

经过调研，下水道大概能收集 80% 左右的雨水，所以其余两条路径的比例应在 20% 左右。城市和城镇降雨产污的入河路径取值范围见表 3-9。

表 3-9　　　　　　　　城市和城镇降雨产污的入河路径比例取值范围　　　　　　　　%

路径（1）比例	路径（2）比例	路径（3）比例	路径（4）比例
10	30	50	10

5. 畜禽养殖产污入河路径

畜禽养殖产污的入河路径有如下 2 种：

(1) 畜禽养殖——土壤——当地地表水。

(2) 畜禽养殖——当地地表水。

经过调研，畜禽养殖所产生污染物的绝大部分（约 90%）先进入土壤，再随降雨产生的径流进入当地地表水，直接进入当地地表水的比例较低。畜禽养殖产污的入河路径取值范围如表 3-10 所示。

6. 化肥产污入河路径

化肥产污的入河路径只有 1 种，即化肥——土壤——当地地表水。化肥施入土壤后，会随降雨产生的径流进入当地地表水，采用前述的 ANPS 模式计算其流失量。

表 3-10　　　畜禽养殖产污的入河路径
比例取值范围　　　　　%

路径（1）比例	路径（2）比例
90	10

7. 农村居民产污入河路径

农村居民产污的入河路径有如下 2 种：

(1) 农村居民——净化槽——土壤——当地地表水。

(2) 农村居民——当地地表水。

经过调研发现，由于农村生活水平的提高，化学肥料的使用比例不断上升，而人畜粪便等有机肥的使用比例却不断下降。农村居民所产生的相当一部分生活污染物不再作为农肥，而是直接排入当地地表水。农村居民产污的入河路径取值范围见表 3-11。

表 3-11　　农村居民产污的入河路径
比例取值范围　　　　　%

路径 1 比例	路径 2 比例
60	40

8. 水产养殖产污入河路径

水产养殖产污的入河路径只有 1 种，即水产养殖——当地地表水。经过调研发现，太湖流域鱼塘的平均换水周期为 1～2 次/年。换水导致大量鱼类粪便和未经消化的饵料残渣等营养物进入周边水体，对水环境的影响较大。

3.2.4.3　去除模块的去除率

如前所述，处理模块包括净化槽、下水道、当地地表水和土壤四种。根据太湖三年水质研究成果和《太湖流域污染源调查及污染负荷分析》报告中的实验数据，确定各处理模块的处理率见表 3-12。

表 3-12　　　　　　　　　污染负荷模型处理模块处理率取值范围　　　　　　　　%

污染负荷 处理模块	COD_{Cr}	BOD_5	TN	TP	NH_3-N
净化槽	21~34	22~35	4~8	5~9	-11~-20
下水道	3~8	3.5~8	3~7	5~9	3.5~8
当地地表水	22~34	23~35	38~43	25~32	32~45
土壤	80~91	83~91	82~89	95~97	80~92

由表 3-12 可见，土壤对污染物的去除效率最高，只有很少的部分随降雨产生的径流汇入河网和湖泊。其次是当地地表水，它泛指概化河网以外的小河、湖荡、断头浜等水面。由于太湖流域湖泊星罗棋布、河网如织，一部分污染物尤其是非点源污染物在随降雨形成的地表径流流失后，一般先汇入当地地表水，经过一段时间的停留后，逐渐汇入河网。由于污染物在当地地表水中的水力停留时间较长，使得一部分污染物在汇入河网前已经沉降和降解。实验研究发现，净化槽对氨氮的去除有负效应，即氨氮在净化槽中呈增加状态，这是由于污染物经净化槽处理后，一部分有机氮将矿化分解生成氨氮。污水在下水道流动过程中，一部分污染物将随悬浮物沉积于下水道底部，所以对污染物也有一定的去除效果。

3.3　河网和太湖水量模型

针对太湖流域实际情况，流域内模拟水流运动因素可概化为以下几部分。

3.3.1　零维模型

对于湖、荡、圩这一类区域，水流行为的影响主要表现在水量的交换，动量交换可以忽略。反映水流行为的指标是水位，水位的变化规律必须遵循水量平衡原理，即流入区域的净水量等于区域内的蓄量增量

$$\sum Q = A(z)\frac{\partial Z}{\partial t} \tag{3-16}$$

对该方程可直接进行差分离散。

3.3.2　一维模型

描述河道水流运动的圣维南方程组为

$$\begin{cases} B\dfrac{\partial Z}{\partial t} + \dfrac{\partial Q}{\partial x} = q \\[2mm] \dfrac{\partial Q}{\partial t} + \dfrac{\partial}{\partial x}\left(\dfrac{\alpha Q^2}{A}\right) + gA\dfrac{\partial Z}{\partial x} + gA\dfrac{|Q|Q}{K^2} = qV_x \end{cases} \tag{3-17}$$

式中　　　　　q——旁侧入流；

　Q、A、B、Z——河道断面流量、过水面积、河宽和水位；

　　　　　V_x——旁侧入流流速在水流方向上的分量，一般可以近似为零；

K——流量模数，反映河道的实际过流能力；

α——动量校正系数，是反映河道断面流速分布均匀性的系数。

对上述方程组采用四点线性隐式格式进行离散。

3.3.3　太湖湖区准三维水流模型

由于太湖湖区水流运动主要是受风作用于湖面的切应力而引起的，即所谓的风生流，其流速垂线分布呈抛物线影响，垂向环流明显，因此用一般垂线平均二维流场计算模型模拟的流场与实际情况差别较大。用三维流场模型可能使计算工作量剧增，为此采用准三维方法进行求解，因为准三维的计算工作量比二维增加不多，但考虑了风生流的特点——垂向环流，且物质输运的机理与实际情况较为吻合。

3.3.3.1　太湖湖区二维水流模拟

湖区水流采用二维浅水波方程来描述

$$
\begin{cases}
\dfrac{\partial Z}{\partial t}+\dfrac{\partial U}{\partial x}+\dfrac{\partial V}{\partial y}=q \\[2mm]
\dfrac{\partial U}{\partial t}+\dfrac{\partial uU}{\partial x}+\dfrac{\partial vU}{\partial y}+gh\dfrac{\partial Z}{\partial x}=-g\dfrac{|\vec{V}|}{c^2h^2}U+fV+\dfrac{1}{\rho}\tau_{\mathrm{wx}} \\[2mm]
\dfrac{\partial V}{\partial t}+\dfrac{\partial uV}{\partial x}+\dfrac{\partial vV}{\partial y}+gh\dfrac{\partial Z}{\partial y}=-g\dfrac{|\vec{V}|}{c^2h^2}V-fU+\dfrac{1}{\rho}\tau_{\mathrm{wy}}
\end{cases}
\tag{3-18}
$$

$$
\begin{cases}
\tau_{\mathrm{wx}}=\rho_{\mathrm{a}}c_{\mathrm{D}}|\vec{W}|W_{\mathrm{x}} \\
\tau_{\mathrm{wy}}=\rho_{\mathrm{a}}c_{\mathrm{D}}|\vec{W}|W_{\mathrm{y}}
\end{cases}
\tag{3-19}
$$

$$
c_{\mathrm{D}}=(1.1+0.0536|W_{10}|)\times10^{-3}
\tag{3-20}
$$

式中　Z——水位；

u、v——x 与 y 方向上的流速；

U、V——x 与 y 方向上的单宽流量；

$\vec{V}$——单宽流量的矢量，$|\vec{V}|$ 为 $\vec{V}$ 的模，$|\vec{V}|=\sqrt{U^2+V^2}$；

q——考虑降雨等因素的源项；

g——重力加速度；

c——谢才系数；

f——柯氏力系数；

τ_{wx}、τ_{wy}——风应力沿 x 和 y 方向的分量；

ρ_{a}——空气密度；

c_{D}——湖面拖曳（阻力）系数，无量纲，按式（3-20）计算或取 0.0016；

$\vec{W}$——离水面 10m 高处的风速矢量。

上述方程采用破开算子加有限控制体积法进行数值离散，可以获得垂线平均流速 u、v。

3.3.3.2　湖区垂向流速分布确定

风生流的垂线平均流速可以用抛物线来拟合，以水平方向流速为例，有 $u(z)=az^2+bz+c$，式中 a、b、c 为待定参数，它们是坐标位置 x、y 及时间 t 的函数，可以利用下面三个条件来确定质量守恒条件：
$$\int_{-h}^{\zeta} u \, \mathrm{d}z = uH$$

水面风应力条件：
$$v_x \frac{\partial u}{\partial z} = \tau_x^s \quad (z = \zeta)$$

底部无滑动条件：
$$v_x = 0 \quad (z = -h)$$

根据上面三个条件可以将三个待定参数求出，这样可以求出流速沿垂线的分布。

3.3.4　堰闸等过流建筑物模拟

流域水流运动模拟由零维、一维、二维（准三维）模拟所组成，各部分模拟必须耦合联立才能求解，各部分模拟的耦合是通过"联系"来实现的。"联系"就是各种模拟区域的连接关系，主要是指流域中控制水流运动的堰、闸、泵等，"联系"的过流流量可以用水力学的方法来模拟。现以宽顶堰为例说明。

宽顶堰上的水流可分为自由出流、淹没出流两种流态，不同流态采用不同的计算公式当出流为自由出流时

$$Q = mB \sqrt{2g} H_0^{1.5} \tag{3-21}$$

当出流为淹没出流时

$$Q = \varphi_m B h_s \sqrt{2g(Z_1 - Z_2)} \tag{3-22}$$

其中
$$H_0 = Z_1 - Z_d; \quad h_s = Z_2 - Z_d$$

式中　　B——堰宽；

　　　　Z_d——堰顶高程；

　　　　Z_1——堰上水位；

　　　　Z_2——堰下水位；

　　　　m——自由出流系数，一般取 $0.325 \sim 0.385$ 之间；

　　　　φ_m——淹没出流系数，一般取 $1.0 \sim 1.18$ 之间。

对于不同的"联系"要素采用相应的水力学公式，采用局部线性化离散出流量与上下游水位的线性关系或非线性迭代方法求解。

3.3.5　圩区及圩外调蓄水面处理

圩外调蓄水面在以前的模型中是以调蓄宽度的形式概化到连续方程中，而圩内的产流与调度采用圩内水面调蓄最大水深为 $0.4\mathrm{m}$，以泵站排涝的形式排入到相应的河道中，这样处理对圩内、圩外没有进行污染物平衡计算。在本次研究中采用如下方式进行处理，可以保证圩内、圩外的水量及污染物的守恒，同时又不增加计算工作量。

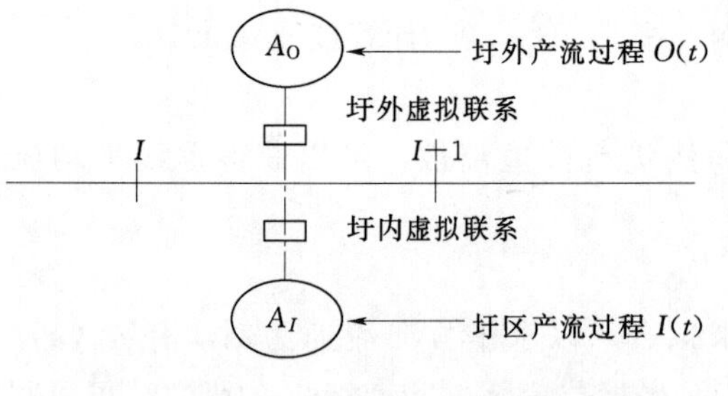

图 $3-8$ 中 A_O、A_I 分别为圩外、圩内水面调蓄面积，Z_O、Z_I 分别为圩外、圩内调蓄水面水位，$O(t)$、$I(t)$ 分别为圩外、圩内的产汇流过程。对于圩外、圩内的虚拟联系的计算引进河道旁侧过水率的概念，认为圩内圩外与河道的水量交换

图 $3-8$　圩内、圩外产流及调蓄处理示意图

是通过小沟小河实现，这些小沟小河的总河宽与所通过的河长之比，在模型计算中作为一个参数，本次计算取 0.1。虚拟联系的底高值采用相对应子河段的河底高程。这样通过引进虚拟联系的方式将圩内外的调蓄单元建立了水力联系。对于圩外虚拟联系在整个计算过程中是一直敞开的，而圩内虚拟联系则是随着不同的水流情况而起闭，调用原则如下：

（1）根据实际情况拟定各分区临界水位，当圩外河网水位低于临界水位时，圩区敞开，圩内、圩外连成一片。

（2）当圩外河网水位高于临界水位时，圩区控制运行。遇降雨时，圩内产水先蓄在圩内水域，并控制圩内水面蓄水深不超过 0.4m。

（3）当圩内蓄水深超过 0.4m 时，将多余水量排出圩区，排水时应考虑圩区泵站容量限制。

（4）无雨需灌溉时，先提取圩内水域蓄水灌溉，当圩内蓄水深为 0 时，不足水量从圩外补充。

虚拟联系的计算仍采用宽顶堰的水流计算公式，分为自由出流、淹没出流两种流态，不同流态采用不同的计算公式

当出流为自由出流时

$$q = m\alpha \mathrm{d}x \sqrt{2g}H_0^{1.5} \tag{3-23}$$

当出流为淹没出流时

$$q = \varphi_\mathrm{m}\alpha \mathrm{d}x h_\mathrm{s} \sqrt{2g(Z - Z_\mathrm{R})} \tag{3-24}$$

其中 $\qquad\qquad H_0 = Z - Z_\mathrm{d}$；$h_\mathrm{s} = Z_\mathrm{R} - Z_\mathrm{d}$

式中 $\quad \mathrm{d}x$——虚拟联系相对应河段长；

$\quad \alpha$——河道旁侧过水率；

$\quad Z_\mathrm{d}$——对应河段的河底高程；

$\quad Z$——圩内或圩外水位；

$\quad Z_\mathrm{R}$——相应河段水位；

$\quad q$——圩区或圩外水面与河道交换流量，即相应河段的旁侧入流量；

$\quad m$——自由出流系数，一般取 0.325～0.385 之间；

$\quad \varphi_\mathrm{m}$——淹没出流系数，一般取 1.0～1.18 之间。

上述堰流计算公式通过线性化处理可化成如下公式

$$q = \alpha \mathrm{d}x \beta (Z - Z_\mathrm{R})$$

对于圩内、圩外调蓄水面有如下水量平衡方程

$$(O - q_\mathrm{o}) \Delta t = A_\mathrm{o} (Z_\mathrm{O} - Z_\mathrm{O}^0) \qquad 圩外调蓄水面水量平衡$$

$$(I - q_\mathrm{I}) \Delta t = A_\mathrm{I} (Z_\mathrm{I} - Z_\mathrm{I}^0) \qquad 圩内调蓄水面水量平衡$$

$$q_\mathrm{O} = \alpha \mathrm{d}x \beta (Z_\mathrm{O} - Z_\mathrm{R}) \qquad 圩外虚拟联系流量$$

$$q_\mathrm{I} = \alpha \mathrm{d}x \beta (Z_\mathrm{I} - Z_\mathrm{R}) \qquad 圩内虚拟联系流量$$

联立求解得

$$q_O = \frac{\alpha \, dx \beta \ (Z_O' - Z_R)}{1.0 + \Delta t \alpha \beta \Delta x / A_O} \qquad \text{圩外虚拟联系流量}$$

$$q_I = \frac{\alpha \, dx \beta \ (Z_I' - Z_R)}{1.0 + \Delta t \alpha \beta \Delta x / A_I} \qquad \text{圩内虚拟联系流量}$$

$$Z_O' = Z_O^0 + \frac{O \Delta t}{A_O}; Z_I' = Z_I^0 + \frac{I \Delta t}{A_I}$$

将上式代入到圣维南方程组连续方程中的旁侧入流，并进行离散即可。对于浓度及来水组成也可以建立类似的物质守恒方程。

3.3.6　节点方程求解

上述所有的方程组离散后，经过处理形成全流域统一的节点水位、流速线性方程组，其求解采用矩阵标识法。对于河网一维与湖泊二维（准三维）间的耦合，采用全隐耦合方式进行，这样既保证了计算的稳定性，又提高了计算精度，实现了整个流域内的水流演进过程模拟。为了与原 HOHY2 模型连接，同时考虑到计算工作量问题，模型中也考虑了与太湖准三维间采用半显半隐的方式，在系统中可根据实际情况选择。

3.3.7　太湖流域供排水模拟

河网水量模型研究的范围主要包括太湖流域平原河网地区，以长江、杭州湾、钱塘江为河网水量模型边界，不包括湖西山丘区及浙西山丘区、滨江自排区、沙州自排区及上塘自排区。因此模型中流域供水、用水、耗水、排水的概化处理，仅考虑对研究范围内河网水流运动有影响的水量要素。

《太湖流域水资源综合规划开发利用调查评价报告》中对流域 2000 年现状供水、用水、耗水、排水进行了大量调查，提供了详细的基础数据。在各类供水、用水、耗水、排水中，与河网水量模型直接相关的是供水（毛供水量，下同）和排水，而用水和耗水隐含其中，无需进行专门的概化处理。

3.3.7.1　太湖流域供水模拟

根据流域供水特点，在河网水量模型中，流域供水模拟不仅考虑了研究范围内即平原河网地区供水水源地为当地地表水的供水（毛供水量），而且还考虑了从研究范围外即水库、长江、钱塘江及深层地下水取水后回归在平原河网地区的排水。

1. 工业和城镇生活供水

流域内工业和城镇生活供水来自于自来水厂及自备水源，水资源开发利用调查评价对流域内自来水厂及自备水源进行了比较详细的调查，根据调查成果，模型进行概化处理，概化原则、方法及相关成果如下：

（1）概化原则。

自来水厂和自备水源取水（毛供水量），将模拟范围内有明确地理位置的自来水厂和自备水源作为点取水处理，没有明确地理位置的自来水厂和自备水源作为面上取水均化处理；工业和城镇生活的用水量与自来水厂和自备水源的取水量的差值，以地市级行政区为控制单元，差值采用面上取水均化的方式进行处理。

（2）概化方法。

自来水厂及自备水源中的非火电厂，按实际取水量概化。

自备水源中的火电厂，按照取水地点与排水地点的相对位置关系，分两种情况模拟：

1）原地取、原地排的电厂，从水量上来看，相当于取走的仅仅是火电厂耗水量，只需在模型中设置相应的引水节点，节点的引水量为其耗水量，火电厂耗水率采用水资源开发利用调查评价成果，江苏为 4.2％，浙江为 8.3％，上海为 3％。

2）取水地点与排水地点不一致的电厂，要在取水处与排水处分别设置引水节点和排放节点，引水流量按取水量计算，排水节点的出流流量按排水量计算，在流域内取水的火电厂仅望亭电厂取排水地点不一致，取自太湖、排到河网（望虞河）。另外，谏壁电厂从长江取水，排水到河网，在模型中需设置排水节点，其出流流量按排水量计算。

（3）概化成果。

根据水资源综合规划开发利用调查评价报告，2000 年全流域规模以上的自来水厂 223 座、自备水源 118 座，其中明确地理位置的自来水厂 133 座、自备水厂 102 座，如图 3-9 所示，模拟范围内，有明确地理位置的自来水厂 105 座，自备水源 87 座。

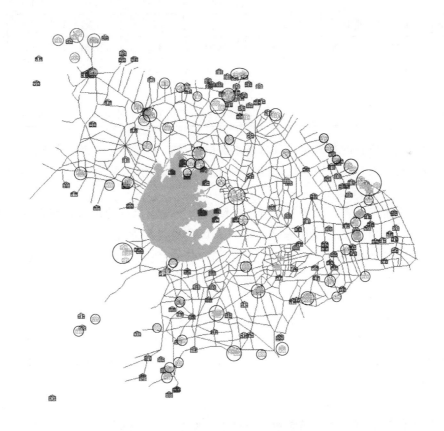

图 3-9　自来水厂及自备水源分布图

🏠—自来水厂；☺—工矿企业自备水源

根据水资源综合规划开发利用调查评价报告，全流域自来水厂取水量 41.0 亿 m³，自备水源取水量 118.0 亿 m³，其中有明确地理位置的自来水厂取水量 37.8 亿 m³，自备水源取水量 112.8 亿 m³。根据以上确定的概化原则，有明确地理位置的自来水厂及自备水源取水量，按照距离最近的原则将其取水量分配到附近概化河道。不考虑研究范围外即水库、长江、钱塘江及深层地下水的供水，模拟范围内，经概化处理后，有明确地理位置的自来水厂概化引水量为 25.9 亿 m³，自备水源概化引水量为 16.9 亿 m³（其中望亭电厂年取水量为 8.4 亿 m³），按水资源四级区统计成果详见表 3–13。

表 3–13　　　　　　　　　河网水量模型计算范围内地表水取水量　　　　　　　　单位：亿 m³

四级区	有明确地理位置（点引水）		没有明确地理位置（面引水）		工业和城镇生活取用水量差值	水田灌溉耗水量	农村生活和旱地灌溉耗水量	合　计
	自来水厂	自备水源	自来水厂	自备水源				
湖西区	1.36	0.92	0.12	0.01	3.03	13.17	1.12	19.74
太湖区	0.59	0.07				0.70		1.36
浙西区	3.85	8.41	0.03		0.77	0.98	0.21	14.24
武澄锡虞区	0.27	0.42		0.22	3.37	8.95	2.12	15.36
阳澄淀泖区	0.52	0.65	0.83		4.41	11.42	1.72	19.55
杭嘉湖区	3.60	3.05	0.68	0.07	4.37	21.51	2.84	36.12
浦西区	14.65	2.34		0.46	1.84	5.84	0.51	25.64
浦东区	1.06	1.02			1.96	5.63	0.56	10.23
流域合计	25.9	16.9	1.7	0.8	19.8	68.2	9.1	142.2

没有明确地理位置的自来水厂及自备水源取水量，平均分配到相应概化河道。经概化处理后，模拟范围内，没有明确地理位置的自来水厂概化引水量为 1.66 亿 m³，自备水源概化引水量为 0.76 亿 m³。

另外，自来水厂及自备水源取水量、流域工业及城镇生活的用水量存在一定的差值。根据水资源综合规划开发利用调查评价成果，城镇生活用水量 31.2 亿 m³，工业用水量 162.8 亿 m³，其中火电 118.1 亿 m³、一般工业 44.6 亿 m³。经统计，全流域工业和城镇生活的用水量与自来水厂及自备水源取水量的差值为 34.6 亿 m³，其中火电 10.0 亿 m³，城镇生活及一般工业 24.6 亿 m³。

根据以上确定的概化原则，工业和城镇生活的用水量与自来水厂和自备水源的取水量的差值，以地市级行政区为控制单元，差值采用面上取水均化的方式进行处理。经概化处理后，模拟范围内，平均分配到相应概化河道的取水量为 19.8 亿 m³，按四级区统计成果详见表 3–13。

2. 农业供水及农村生活供水

农业供水包括水田灌溉、旱地灌溉、鱼塘供水等。

（1）水田灌溉。水田灌溉水量已在产水模型中考虑，河网水量模型直接应用其成果，在河网中取水满足水田灌溉用水。假设水田灌溉从灌渠取水口取引水量为 w_1（称为毛灌溉水量），经过渠系渗漏等损失，到田间的水量为 w_2（称为净灌溉水量），然后消耗于作物蒸腾、田间下渗和回归。对于水量模型而言,仅考虑不能变成地表水资源量的耗水量,经产水模型计算,2000 年模拟范围内该部分耗水量为 68.2 亿 m³。

(2) 旱地灌溉。旱地灌溉水量包括水浇地、菜田和林果地灌溉等,旱地灌溉模拟的最佳方法应与水田灌溉一致,但缺少旱地灌溉的相关基础资料。对于河网水量模型而言,旱地灌溉仅考虑其耗水量,本次模型概化,以水资源综合规划开发利用调查评价报告中水资源四级区的旱地灌溉耗水量为控制数,采取面上平均取水的方法分摊到相应区域的旱地下垫面上。

(3) 鱼塘供水。主要有两方面:鱼塘水面蒸发补水、鱼塘换水。鱼塘在产水模型中作为水面下垫面,与其他水面下垫面一样。鱼塘水面蒸发补水在产水模型中已考虑。鱼塘的换水,假定将水塘的水放到河网中,再从河网中提水补充鱼塘,相对河网而言,对水量没有影响。因此在水量模型中不模拟鱼塘供水。

(4) 农村生活供水。与旱地灌溉一样,采取面上取水的概化方法,在模型中仅考虑旱地灌溉耗水量。利用水资源综合规划调查评价相关成果,以水资源四级区的农村生活耗水量为控制数,采取面上平均取水的方法近似模拟。

按照以上概化原则,进入模型的农村生活和旱地灌溉耗水量为 9.08 亿 m³,详见表3-13。

综上所述,经统计,河网水量模型中地表水总的取水量为 142.24 亿 m³。除水田灌溉外,其他地表水的取水过程按全年均化处理,详见表3-13。

3.3.7.2　太湖流域排水模拟

供水模拟未考虑研究范围外即水库、长江、钱塘江及深层地下水的供水,但其取水后回归在平原河网地区的排水,对平原河网地区水量产生影响,该部分排水量包含在农业、工业、生活的排水中。

农业排水和农村生活排水模拟已隐含在供水模拟中,详见 3.3.7.1 节。一般工业和城镇生活、火 (核) 电排水模拟情况如下。

1. 一般工业和城镇生活

该部分排水的概化模拟在废水负荷模型中考虑,废水负荷模型的废污水排放量在水量模型中作为排放节点或面上平均排水进行计算。

一般工业和城镇生活的排水模拟的概化原则与其供水模拟概化原则一致,即将模拟范围内,有明确地理位置的点污染源作为点排水处理,没有明确地理位置的点污染源作为面上排水均化处理;一般工业和城镇生活的理论排放量与点污染源实际调查的排放量差值,以地市级行政区为控制单元,差值采用面上排水均化的方式进行处理。

排放位置明确的点污染源:根据水资源综合规划开发利用调查的 2000 年流域点污染源情况,模型中共概化了近 2000 个废污水排放点 (图 3-10),按照距离最近的原则,将其废水排放量分配到概化河网,模拟范围内该部分点污染废水排放量为 39.71 亿 m³,详见表 3-14。

面上平均排水包括两部分:一部分是排放位置不明确的点污染源排放量,另一部分是点污染源实际调查的排放量与理论排放量的差值,理论的排放量由一般工业及城镇生活用水量减去其耗水量所得,全流域该部分排放量为 7.1 亿 m³。面上平均排水概化以地级市为控制单位,采取面上平均排放处理,模拟范围内该部分排放量为 16.2 亿 m³,其中,排

放位置不明确的点污染源排放量为 10.1 亿 m³，点污染源排放量与理论排放量的差值为
6.19 亿 m³，详见表 3 - 14。

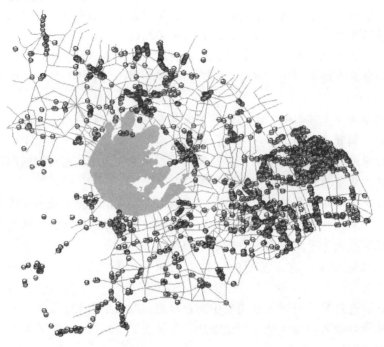

图 3 - 10　模型中概化的工业及城镇生活排放节点分布图

表 3 - 14　　　　　　　　河网水量模型计算范围内排水量　　　　　　　单位：亿 m³

四 级 区	点污染源排水量		点源排放量与理论排水量差值	合　　计
	排放位置明确	排放位置不明确		
湖西区	2.38	1.28	0.07	3.73
太湖区				
浙西区	1.16		0.21	1.37
武澄锡虞区	5.94	6.24	0.07	12.25
阳澄淀泖区	4.20	2.27	0.15	6.62
杭嘉湖区	13.55	0.26	1.41	15.23
浦西区	9.33		2.07	11.40
浦东区	3.15		2.20	5.35
流域合计	39.7	10.1	6.2	56.0

2．火（核）电

流域内，火电厂取水排水地理位置不一致，如望亭电厂，该电厂冷却水排入望虞河立
交下游，排水量为 8.0 亿 m³。

流域外，沿长江和杭州湾的火电厂，其排水地点在平原河网地区的仅谏壁电厂，该电
厂从长江取水，冷却水排入流域内河网，排水量为 16.9 亿 m³。流域外沿长江和杭州湾的
核电厂，其取排水均在流域外，不影响平原河网地区的水量，因此不作考虑。

综上所述，河网水量模型排入概化河网的总排水量为 80.9 亿 m³，排水过程按全年均

化处理。

3.4　河网和太湖水质模型

3.4.1　来水组成

　　一般树状分布河网，上一级河道总是汇入下一级河道，位于河道下游断面的流量总是由其上游汇集的结果，不存在来水组成的问题。但对于呈网状分布平原河网地区，特别是人工控制建筑物众多、又受潮汐影响的地区，河道水流受流域内或边界处的降雨、潮汐、闸泵的运行方式及各需水部门的供水、用水、耗水、排水的影响，河道水流方向不定，水流情况非常复杂。例如太湖流域不仅水流复杂，而且水流的来源及去向亦很复杂，从水量来源可分为山丘区（茅山宜溧山区及浙西山区）、平原区产水及湖泊或沿江引水。平原地区产水又可分为降雨径流、废水排放等。沿江的引水又可按引水地点不同，分为湖西地区、澄锡虞地区、阳澄区、上海市等。亦可按照引水闸门或河道来划分，如谏壁闸、望虞河、浏河、黄浦江等。由于太湖流域有众多较大的湖泊，如太湖、洮湖、滆湖、阳澄湖及淀山湖等，这些湖泊往往是某些河道或引水工程的水源地，因此引水也可按湖泊来划分。

　　引江济太改变了流域水流运动规律，但具体是如何运动的，可以通过来水组成分析得到解决。如引江济太期间，望虞河引江水量多少进入太湖，多少流入两岸地区，望虞河西岸支流污水又是如何流动的，均可通过来水组成分析清楚。同时来水组成可以检查水量模型计算成果的合理性。

　　来水组成分析是以水质模拟计算为基础的，但计算结果不同于水质模拟，来水组成计算有理论解，如果考虑了所有水源，那么任何一个河段或断面，各种来水组成比例总和应等于 1.0 或 100%，否则程序有错。

3.4.1.1　基本原理

　　如图 3-11 所示，假定 L_1、L_2、L_3、L_4 为四个河段，L_1、L_2、L_3 三个河段的流量都流向河段 L_4，其流量分别为 q_1、q_2、q_3，则 L_4 河段的流量为 $q_4 = q_1 + q_2 + q_3$，其水量由河段 L_1、L_2、L_3 的来水组成，其中河段 L_1、L_2、L_3 的来水量分别占 q_1/q_4、q_2/q_4、q_3/q_4。

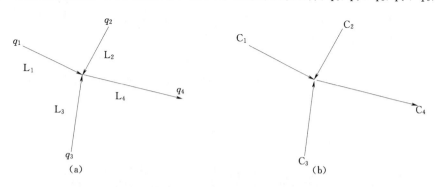

图 3-11　来水组成原理说明示意图

　　假设有一保守物质 C_1 随同水流一起进入河段 L_1，该物质随水流输运过程中没有降解（扩散作用不考虑，理由见后），类似地有保守物质 C_2、C_3 随同水流分别进入河段 L_2、

L_3，假定随同水流一起进入河段的保守物质浓度均为 1.0。这三种保守物质在汇合处充分掺混后进入河段 L_4，河段 L_4 中物质 C_1 的浓度为 q_1/q_4，物质 C_2 的浓度为 q_2/q_4，物质 C_3 的浓度为 q_3/q_4。因此，保守物质的浓度反映了携带该物质的水量所占比重。只要对不同的水源赋以不同的保守物质名称，然后用保守物质的全流域水质模型，计算各河段的保守物质浓度随时间的变化过程，就可以得到各河段水体的组成情况。如何划分水源取决于所研究的课题，例如可以将整个太湖流域沿长江引水作为一种水源，亦可以取一条河的引江作为一种水源，例如望虞河。前者只关心流域引江水量，具体是哪一条河引水无关紧要；后者关心的是某一河道的引水量。

将全河网的调蓄节点、河道及陆域面上的初始蓄水量定义为第一类保守物质，降雨径流定义为第二类保守物质，废水排放定义为第三类保守物质。因此一类、二类、三类保守物质是本模型中明确定义的，用户不能随意更改，从第四类保守物质开始，用户可以根据需要任意定义为某种水源。

3.4.1.2　基本方程

描述保守物质的基本方程式为对流方程式

$$\frac{\partial AC}{\partial t} + \frac{\partial QC}{\partial x} = 0 \tag{3-25}$$

式中　　A——过水面积，m^2；

　　　　Q——流量，m^3/s；

　　　　C——物质浓度，mg/L；

　　　　t——时间，s；

　　　　x——空间，m。

这个方程式本身很简单，描写的物理现象亦非常简单，即水流携带的保守物质随着水流输移，像飘浮在水面上的物体随着水流移动一样。但要用数值求解方法精确求得解答比较困难，误差主要来源于数值耗散、差分格式和对物理现象的简化假定等。

数值耗散是不可避免的，它与所取的时间步长 Δt 和空间步长 Δx 密切相关，还与所采用的差分格式等密切相关。

在生产实践中，单纯的对流方程式不多见，一般情况下为对流扩散方程，例如水质方程，但扩散项远远小于对流项。将常见的求解水质方程中处理对流项的差分方程归纳起来可以分成两大类：一类是同步网格（图 3-12），即水质网格（或有限体积）与水量网格相同；另一类是交错网格（图 3-13），水质网格与水量网格的布置不同。为了简单起见，假定水流是单向流动的。

1. 同步网格

方程式（3-25）的差分格式

$$\frac{A_i^n C_i^n - A_i^{n-1} C_i^{n-1}}{\Delta t} + \frac{Q_i^n C_i^n - Q_{i-1}^n C_{i-1}^n}{\Delta x} = 0 \tag{3-26}$$

式中　　上脚标——时间；

　　　　$n-1$——时段初；

　　　　n——时段末；

下脚标——断面位置，断面 $i=1$ 处浓度 C_1^n 为上边界条件（已知值）。

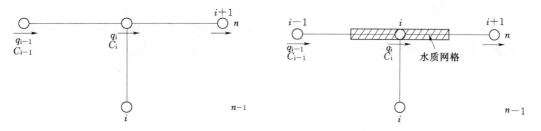

图 3 - 12 同步网格示意图 图 3 - 13 交错网格示意图

这种差分方程式的基本假定是：进入网格的物质量经过充分掺混后，流出网格，网格出口断面的浓度等于网格单元充分掺混后的浓度。

2. 交错网格

水质网格差分方程式中对流项用断面 $i-1$ 及 i 处的值来计算，差分方程式形式同式 (3-26)。基本假定仍为充分掺混。

3.4.1.3 充分掺混假定的误差

充分掺混实质上是网格单元内无穷扩散，而对流方程是无扩散作用的，水质基本方程中虽有扩散项，但与对流项相比较，扩散项是次要项。充分掺混假定无疑与实际物理现象不符，使得模拟结果坦化。如果不采用充分掺混假定，将会产生计算上的困难和成果的不合理等现象，本专题研究对此问题作了深入研究，并提出了一套算法和公式，其中最主要的是断面计算浓度概念。

3.4.1.4 断面计算浓度概念

设某河段时段初，断面 1 和断面 2 的物质浓度为 C_{01} 和 C_{02}，上边界节点 N 的浓度为 C_N，如图 3 - 14 所示。经过 Δt 后，随着水流有物质量 $Q_1 C_N \Delta t$ 从断面 1 进入第一微段，实际上物质浓度沿程变化如图 3 - 15 中粗线所示。

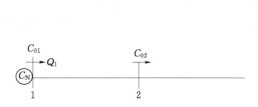

图 3 - 14 断面初始浓度

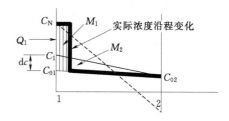

图 3 - 15 断面计算浓度

断面 1 的浓度等于上边界浓度 C_N，如果假定浓度沿程呈直线变化，当波还没有传到断面 2，如图 3 - 15 所示情况，为了保持微段内质量平衡，那么断面 2 的浓度必定小于 C_{02} 值，甚至出现负值等不合理现象，如图 3 - 15 中虚线所示，产生这种现象的根本原因是浓度沿程呈直线变化的假定与实际情况不符。实际上浓度沿程是千变万化的，在模拟计算中不可能模拟实际浓度的沿程变化，因此，只能假定直线变化。为了方便计算，又具有合理性，必须同时满足下列三个假定或条件：

（1）浓度沿程呈直线变化。

（2）下游断面不产生"负波"。

（3）满足质量守恒。

为此，断面 1 的浓度不能直接取边界节点浓度，其浓度值应根据上面三个基本条件反推出来，称为计算浓度。

经过 Δt 后，通过断面 1 输送到河段的物质增量为

$$M_1 = (C_N - C_{01})Q_1 \Delta t \tag{3-27}$$

M_1 的大小与浓度差 $C_N - C_{01}$、流量 Q_1 及计算时步长 Δt 有关。

假定断面 1、2 之间物质浓度呈线性变化，断面 2 处又不出现负波，同时还要满足质量守恒，因此要求图 3-15 中三角形面积 M_2 表示的物质量必须与 M_1 相等。

$$M_2 = 0.5 \Delta x (A_1 + A_2) \mathrm{d}c \tag{3-28}$$

式中　A_1、A_2——断面 1、2 的过水面积。

令 $M_1 = M_2$，并经整理后得

$$\mathrm{d}c = \frac{2(C_N - C_{01})Q_1 \Delta t}{V_1} \tag{3-29}$$

其中　　　　　　　　　　$V_1 = (A_1 + A_2) \Delta x$

式中　V_1——微段蓄水量。

断面 1 的计算浓度 C_1 可由下式计算得

$$C_1 = C_{01} + \mathrm{d}c = (1 - \omega_1)C_{01} + \omega_1 C_N \tag{3-30}$$

$$\omega_1 = \frac{2Q_1 \Delta t}{V_1}$$

式中　ω_1——反映传播速度的一个指标。

当 $\omega_1 < 1$ 时，说明波还没有传到下游断面，断面 1 的计算浓度介于初始浓度与边界节点浓度之间；当 $\omega_1 = 1$ 时，波刚好抵达下游断面，断面 1 的浓度刚好等于边界节点浓度；当 $\omega_1 > 1$ 时，取 $\omega_1 = 1.0$。

断面 1 的计算浓度虽然不是该断面的实际浓度，但用它与下断面浓度按线性变化假定来计算微段内的物质量，则是正确的，即用它来计算微段的平均浓度是正确的。

计算浓度是根据上面三个条件，即浓度沿程呈线性变化；不出现负波；质量守恒来计算的。与基本方程式（3-25）无关。

断面 1 的计算浓度，即方程式（3-30）可以写成边界节点浓度 C_N 的简单线性方程，如下所示

$$C_1 = a_1 + b_1 C_N \tag{3-31}$$

其中　　　　　　　　　　$$a_1 = (1 - \omega_1)C_{01} \tag{3-32}$$

$$b_1 = \omega_1$$

公式和方法的推导需要大量篇幅，本书从略，详见有关专题论著。从计算工作量来看，本方法（线性变化假定）与充分掺混假定的计算工作量相当；从计算成果来看，本方法比充分掺混假定合理。图 3-16～图 3-20 为两种方法结果比较。充分掺混假定使下游吴淞口来水容易向上游扩散，吴淞口来水可以上溯到拦路港，使黄浦江各断面的吴淞口来水比重加大。而本专题中提出的方法扩散速度远小于前者，比较符合实际情况。

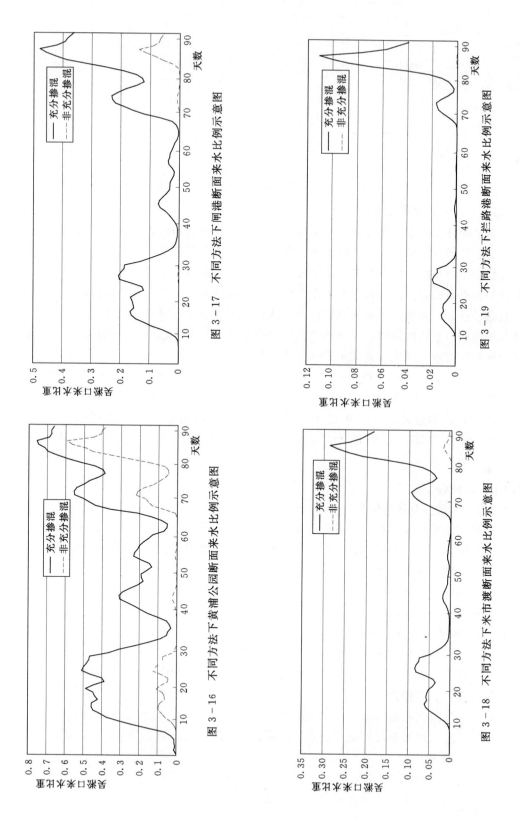

图 3 - 16　不同方法下黄浦公园断面来水比例示意图

图 3 - 17　不同方法下闸港断面来水比例示意图

图 3 - 18　不同方法下米市渡港断面来水比例示意图

图 3 - 19　不同方法下拦路港断面来水比例示意图

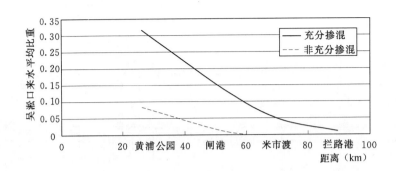

图 3-20　吴淞口来水平均比重沿程变化

3.4.1.5　保守物质的定义

为了使开发的来水组成程序尽可能满足生产实践所遇到的各种问题，特别要注意模型开发中边界条件的赋值和定义的方便性和广泛性。本专题开发的来水组成程序可以取概化河道作为边界条件，也可取节点作为边界条件。同一类边界条件可以是一条概化河道，也可以是若干条概化河道；可以是一个节点，也可以是若干个节点。所定义的河道或节点的位置是任意的，可以是水量模型中的水位或流量边界节点，也可以是概化河网中任意一个或几个内部节点或内部河道。所选的节点可以是调蓄节点，也可以是无调蓄节点。概化河网中所有的节点、概化河道均可作为边界条件。

所定义的边界条件上的保守物质浓度均定义为 1.0，不论进入边界条件的物质和浓度如何，但从所定义的边界条件流出的浓度均定义为 1.0。例如取望虞河与长江交汇处的 844 节点作为边界条件，并定义该节点上保守物质名称为"望虞河引水"，在节点844 处，其他保守物质浓度为零，只有所定义的保守物质"望虞河引水"的浓度是 1.0。

3.4.2　水质模型建立

3.4.2.1　水质模型基本资料

河网水质模型涉及的基本资料包括以下两部分：第一部分基础资料是 1998～2000 年、2002～2003 年共 5 年的太湖流域河道和湖泊的水质监测数据。这部分数据有三个来源：一是太湖流域水文水资源监测局的省界站点监测资料；二是在 1999 年汛期，太湖局组织地市实施的应急监测资料；三是经过整理的水资源综合规划有关资料。第二部分基础资料是由太湖局提供的水质监测断面位置。

3.4.2.2　水质模型基本资料整理与分析

对水质监测资料的整理工作主要包括水质监测断面的筛选和水质监测数据的补充两方面内容。首先需要从掌握的水质资料中选择一定数量的监测断面进行水质模型的率定和验证，筛选遵循如下原则：

(1) 水质监测断面应该具有一定的代表性，能较好地反映所在河道的水质变化情况。

(2) 在流域内的重要河流（如京杭运河、太浦河、望虞河、吴淞江、黄浦江等）选择较多的监测断面。

(3) 省、市交界处的控制性监测断面。

(4) 具有较多水质监测数据的监测断面。

1998~2000 年、2002~2003 年各分区筛选的监测断面数量见表 3-15，各分区监测断面详细站点名称见表 3-16。

表 3-15 各水资源分区水质模型率定站点统计表

水资源分区	站 点 个 数				
	1998 年	1999 年	2000 年	2002 年	2003 年
太湖区	22	22	22	9	14
湖西区	7	18	22	—	3
武澄锡虞区	4	12	14	6	11
阳澄淀泖区	9	17	18	6	8
杭嘉湖区	13	26	16	3	10
浙西区	2	4	2	1	1
浦西区	1	6	11	1	1
浦东区	—		3	—	—
合 计	58	105	108	26	48

表 3-16 水质模型率定和验证站点名称列表

地 区	年份	水 质 率 定 和 验 证 站 点
太湖区	1998	J12 号竺山湖、J13 号大浦口、J14 号焦山、J15 号拖山、J16 号三号标、J17 号乌龟山、J17A 号大贡山、J19 号平台山、J21 号夹浦、J22 号新塘、J23 号小梅口、J24 号大钱、J25 号吴娄、J26 号西山、J28 号胥口、J31 号漫山、J34 号东太湖、J36 号东太湖、虎山桥、善人桥、卫东桥、越溪桥
	1999	
	2000	
	2002	J14 号焦山、J15 号拖山、J17 号乌龟山、J17A 号大贡山、J25 号吴娄、J31 号漫山、J34 号东太湖、J20 号 14 号灯标、B21 渔业村
	2003	J13 号大浦口、J15 号拖山、J16 号三号标、J17 号乌龟山、J17A 号大贡山、J25 号吴娄、J28 号胥口、J20 号 14 号灯标、J31 号漫山、J34 号东太湖、B21 渔业村、瓜泾口、B20 小湾里、新通安桥
湖西区	1998	太滆运河黄埝桥、东氿东九大桥、官渎港、殷村港人民桥、社渎港、合溪新港合溪 8 号桥、长兴港东门大桥
	1999	九曲河访仙桥、新孟河西夏墅桥、夏溪河夏溪镇夏溪桥、太滆运河黄埝桥、京杭运河奔牛镇奔牛桥、湟里河湟里镇湟里桥、丹金溧漕河金坛县金沙大桥、南河溧阳县葛诸桥、丹金溧漕河别桥镇别桥、南河南渡镇水文站、武宜漕河和桥、南溪河徐舍、东氿东九大桥、官渎港、殷村港人民桥、社渎港、合溪新港合溪 8 号桥、长兴港东门大桥
	2000	京杭运河辛丰镇辛丰桥、京杭运河丹阳市北二环大桥、京杭运河陵口镇陵口人行桥、京杭运河吕城镇吕城大桥、丹金溧漕河横塘镇新横塘桥、太滆运河黄埝桥、京杭运河奔牛镇奔牛桥、湟里河湟里镇湟里桥、德胜河安家镇安家桥、扁担河厚余镇厚余桥、北干河东安镇东安桥、丹金溧漕河金坛县金沙大桥、通济河朱林镇铜板桥、南河南渡镇水文站、中河埭头镇南埂桥、大浦港大浦港桥、东氿东九大桥、官渎港、殷村港人民桥、社渎港、合溪新港合溪 8 号桥、长兴港东门大桥
	2003	太滆运河黄埝桥、大浦港大浦港桥、漕桥

地　区	年份	水质率定和验证站点
武澄锡虞区	1998	武进港塘桥、大溪河中华桥、直湖港湖山大桥、望虞河望亭立交闸下
	1999	京杭运河戚墅堰戚墅堰桥、京杭运河常州市水门桥、京杭运河常州市新市街、京杭运河东方红桥、伯渎港梅村大桥、武进港塘桥、锡澄运河小青阳桥、大溪河中华桥、直湖港湖山大桥、京杭运河吴桥、望虞河望亭立交闸下、京杭运河五七大桥
	2000	京杭运河戚墅堰戚墅堰桥、京杭运河常州市水门桥、京杭运河常州市新市街、澡港龙虎塘镇西湖塘桥、武进港塘桥、京杭运河横林横林桥、新沟河焦溪镇查家桥、武进港戴溪镇戴溪桥、大溪河中华桥、直湖港湖山大桥、京杭运河吴桥、锡澄运河151号桥、望虞河望亭立交闸下、京杭运河五七大桥
	2002	望虞河望亭立交闸下、京杭运河五七大桥、伯渎港梅村大桥、荡口桥、港下大桥、羊尖大桥
	2003	武进港塘桥、大溪河中华桥、望虞河望亭立交闸下、京杭运河五七大桥、伯渎港梅村大桥、大义桥、荡口桥、港下大桥、蠡桥、羊尖大桥、北国大桥
阳澄淀泖区	1998	千灯浦千灯浦闸、急水港周庄大桥、盐铁塘新星镇桥、望虞河大桥角新桥、瓜泾港瓜泾桥、太浦河平望大桥、元荡白石矶大桥、淀山湖、江边闸内
	1999	千灯浦千灯浦闸、急水港周庄大桥、浏河浏河闸（上）、盐铁塘新星镇桥、京杭运河泰让桥、娄江跨塘大桥、京杭运河尹山大桥、京杭运河横塘晋源桥、望虞河虞义桥、江南运河何山大桥、望虞河向阳桥、望虞河大桥角新桥、瓜泾港瓜泾桥、太浦河平望大桥、太浦河芦墟大桥、京杭运河平望运河桥、元荡白石矶大桥
	2000	元和塘元和塘桥、千灯浦千灯浦闸、急水港周庄大桥、娄江娄江大桥、千灯浦千灯浦闸、东大盈港白鹤（2）、浏河浏河闸（上）、盐铁塘新星镇桥、京杭运河泰让桥、京杭运河吴县农科所、娄江跨塘大桥、京杭运河尹山大桥、望虞河大桥角新桥、瓜泾港瓜泾桥、太浦河平望大桥、太浦河芦墟大桥、京杭运河平望运河桥、元荡白石矶大桥
	2002	望虞河虞义桥、望虞河向阳桥、望虞河大桥角新桥、太浦河平望大桥、江边闸内、太浦闸下
	2003	望虞河虞义桥、望虞河向阳桥、望虞河大桥角新桥、急水港周庄大桥、太浦河平望大桥、京杭运河平望运河桥、淀峰、太浦闸下
杭嘉湖区	1998	太浦河汾湖大桥、麻溪太平桥、红旗塘姚庄大桥、京杭运河北虹大桥、新藤塘北支思古桥、六里塘六里塘大桥、上海塘青阳汇、双林塘太师桥、京杭运河乌镇双溪桥、鼓楼港鼓楼桥、长兜港杭长桥、西苕溪励山大桥、东苕溪三里桥
	1999	太浦河汾湖大桥、麻溪太平桥、太浦河练塘大桥、园泄泾三角渡、红旗塘姚庄大桥、京杭运河北虹大桥、新藤塘北支思古桥、六里塘六里塘大桥、上海塘青阳汇、长山河屠甸水文站、京杭运河拱宸桥、顿塘八里店大桥、双林塘和孚洋、白米塘练市大桥、京杭运河塘栖、泖港泖港大桥、平湖塘东栅、新城塘嘉兴、平湖塘平湖、大蒸塘大蒸塘桥、双林塘太师桥、京杭运河乌镇双溪桥、鼓楼港鼓楼桥、长兜港杭长桥、西苕溪励山大桥、东苕溪三里桥
	2000	太浦河汾湖大桥、麻溪太平桥、太浦河练塘大桥、园泄泾三角渡、红旗塘姚庄大桥、京杭运河北虹大桥、新藤塘北支思古桥、六里塘六里塘大桥、上海塘青阳汇、大泖港金山大桥、双林塘太师桥、京杭运河乌镇双溪桥、鼓楼港鼓楼桥、长兜港杭长桥、西苕溪励山大桥、东苕溪三里桥
	2002	太浦河汾湖大桥、太浦河练塘大桥、京杭运河北虹大桥
	2003	太浦河汾湖大桥、太浦河练塘大桥、泖港泖港大桥、园泄泾三角渡、京杭运河北虹大桥、鼓楼港鼓楼桥、长兜港杭长桥、东苕溪三里桥、麻溪河断面、夏字圩

地 区	年份	水 质 率 定 和 验 证 站 点
浙西区	1998	頔塘浔溪大桥、东苕溪城北大桥
	1999	頔塘浔溪大桥、东苕溪城北大桥、西苕溪梅溪、西苕溪港口
	2000	頔塘浔溪大桥、东苕溪城北大桥
	2002	西苕溪港口
	2003	杨家埠
浦西区	1998	吴淞江吴淞港大桥
	1999	拦路港东方红大桥、吴淞江吴淞港大桥、吴淞江黄渡、黄浦江南市水厂、黄浦江松浦大桥、苏州河北新泾
	2000	拦路港东方红大桥、吴淞江吴淞港大桥、吴淞江黄渡、苏州河白鹤（1）、黄浦江南市水厂、苏州河浙江路桥、苏州河武宁路桥、黄浦江松浦大桥、苏州河北新泾、淀浦河横塘桥、练祁河嘉定城中
	2002	黄浦江松浦大桥
	2003	黄浦江松浦大桥
浦东区	2000 年	黄浦江杨浦水厂、大治河新场、金汇港齐贤

从地区分布上看，太湖区、湖西区、武澄锡虞区、阳澄淀泖区、杭嘉湖区的率定站点较多，而浙西区、浦西区、浦东区率定站点相对较少。

由于水质监测数据中化学需氧量的测定方法采用高锰酸盐指数法，而水质模型需要模拟化学需氧量（COD_{Cr}）的变化，所以需对所掌握的监测资料加以补充。采用由高锰酸盐指数（COD_{Mn}）乘以倍比系数转换得到 COD_{Cr} 的数据。根据 2003 年全流域补充监测资料，计算了各分区 COD_{Cr} 和高锰酸盐指数倍比系数见表 3-17。

表 3-17　　模型率定采用的化学需氧量（COD_{Cr}）和高锰酸盐指数（COD_{Mn}）倍比系数

地 区	2003 年 监 测 月 份			
	5 月	8 月	11 月	全年
上海	4.82	3.25	5.74	4.60
无锡	—	3.58	5.43	4.51
苏州	—	5.99	5.72	5.86
常州	—	4.80	5.45	5.13
镇江	—	3.22	4.43	3.83
嘉兴	5.84	4.57	4.53	4.98
湖州	3.70	4.90	3.49	4.03

3.4.2.3　水质模型计算方法

引江济太水量水质联合调度模型系统中的水质模型由三部分组成：调蓄节点水质模型、河网水质模型和太湖二维水质模型。调蓄节点水质模型主要模拟流域内除太湖以外的湖泊水质变化规律；河网水质模型用于研究太湖平原河网污染物的运移转化规律；太湖二维水质模型则是专门为太湖建立的平面二维模型，用以模拟太湖水质的时空分布情况。水质模型与水量模型耦合联算，采用控制体积法进行数值离散。

1. 调蓄节点水质模型

模型系统中将除太湖以外的湖泊概化为调蓄节点，所采用的水质模型通用方程如下：

$$\frac{\mathrm{d}(VC)}{\mathrm{d}t} = \frac{VS}{86400} + S_\mathrm{w} \tag{3-33}$$

式中　C——某种水质指标的浓度，mg/L；

　　　V——调蓄节点水体体积，m^3；

　　　S——某种水质指标的生化反应项，g/（$m^3 \cdot d$）；

　　　S_w——某种水质指标的外部源汇项，g/s。

生化反应项指由化学反应引起的水质浓度的增加或减少，外部源汇项指从系统外部加入的源项，例如污染源。对于不同的水质指标和环境条件，生化反应项各不相同，下面就不同的水质指标分别论述：

（1）COD_{Cr}（化学需氧量）。

$$S = -k_\mathrm{c}C_\mathrm{c} + \frac{S_\mathrm{c}}{h} \tag{3-34}$$

式中　k_c——COD_{Cr}的降解系数，d^{-1}；

　　　C_c——COD_{Cr}的浓度，mg/L；

　　　h——平均水深，m；

　　　S_c——COD_{Cr}的底泥释放系数，g/（$m^2 \cdot d$）。

（2）BOD_5（五日生化需氧量）。

$$S = -k_\mathrm{b}C_\mathrm{b} + \frac{S_\mathrm{b}}{h} \tag{3-35}$$

式中　k_b——BOD_5的降解系数，d^{-1}；

　　　C_b——BOD_5的浓度，mg/L；

　　　h——平均水深，m；

　　　S_b——BOD_5的底泥释放系数，g/（$m^2 \cdot d$）。

（3）$NH_3 - N$（氨氮）。

$$S = -k_\mathrm{n}C_\mathrm{n} + \frac{S_\mathrm{n}}{h} \tag{3-36}$$

式中　k_n——$NH_3 - N$的硝化速率，d^{-1}；

　　　C_n——$NH_3 - N$的浓度，mg/L；

　　　h——平均水深，m；

　　　S_n——$NH_3 - N$的底泥释放系数，g/（$m^2 \cdot d$）。

（4）DO（溶解氧）。

$$S = k_\mathrm{o}(C_\mathrm{os} - C_\mathrm{o}) - k_\mathrm{b}C_\mathrm{b} - \frac{64}{14}k_\mathrm{n}C_\mathrm{n} - \frac{S_\mathrm{o}}{h} \tag{3-37}$$

式中　k_o——复氧系数，d^{-1}；

　　　C_os——饱和溶解氧的浓度，mg/L；

C_o——溶解氧浓度，mg/L；

　h——平均水深，m；

　S_o——底泥耗氧系数，g/（m² · d）。

其中饱和溶解氧的浓度由下式计算得到

$$C_{os} = 14.652 - 0.4102T + 0.007999T^2 - 0.0000777T^3 \tag{3-38}$$

式中　T——水温，℃。

（5）TN（总氮）。

$$S = -k_{tn}C_{tn} + \frac{S_{tn}}{h} \tag{3-39}$$

式中　k_{tn}——TN 的综合沉降系数，d⁻¹；

　　　C_{tn}——TN 的浓度，mg/L；

　　　h——平均水深，m；

　　　S_{tn}——TN 的底泥释放系数，g/（m² · d）。

（6）TP（总磷）。

$$S = -k_pC_p + \frac{S_p}{h} \tag{3-40}$$

式中　k_p——TP 的综合沉降系数，d⁻¹；

　　　C_p——TP 的浓度，mg/L；

　　　h——平均水深，m；

　　　S_p——TP 的底泥释放系数，g/（m² · d）。

（7）模型参数选取。

调蓄节点水质模型总共涉及到 12 个参数，参数取值考虑温度修正，修正公式如下

$$K_T = K\beta^{(T-20)} \tag{3-41}$$

式中　K_T——温度为 T 时的参数值；

　　　K——20℃时的参数值；

　　　β——各参数的温度修正系数；

　　　T——水温，℃。

参数取值范围及温度修正系数见表 3-18。

表 3-18　　　　　　　　　调蓄节点水质模型参数取值范围及温度修正系数

参　数	K_c	S_c	K_b	S_b	K_n	S_n
20℃取值范围	0.002~0.005	0.2~0.7	0.008~0.015	0.12~0.20	0.08~0.10	0.004~0.008
温度修正系数	1.068	1.068	1.068	1.068	1.068	1.068
参　数	K_o	S_{ol}	K_{tn}	S_{tn}	K_p	S_p
20℃取值范围	0.20~0.30	1.0	0.0017	0.0055	0.010~0.015	0.00038~0.00060
温度修正系数	1.068	1.068	—	1.068	—	1.068

2. 河网一维水质模型

将太湖流域平原河网概化为一维模型要素，其水质模型的通用方程为

$$\frac{\partial (AC)}{\partial t} + \frac{\partial (uAC)}{\partial x} = \frac{\partial}{\partial x}\left(AE_x\frac{\partial C}{\partial x}\right) + \frac{AS}{86400} + S_w \tag{3-42}$$

式中　A——断面面积，m^2；

　　　C——某种水质指标的浓度，mg/L；

　　　t——时间，s；

　　　E_x——纵向分散系数，m^2/s；

　　　u——断面平均流速，m/s；

　　　S——某种水质指标的生化反应项，$g/(m^3 \cdot d)$；

　　　S_w——某种水质指标的外部源汇项，$g/(m \cdot s)$。

其中 E_x 由下式求得

$$E_x = \alpha_e C_0 \theta^2 q \tag{3-43}$$

式中　α_e——系数，取 0.01；

　　　C_0——谢才系数；

　　　θ——断面宽深比；

　　　q——断面平均单宽流量，m^3/s。

生化反应项指由化学反应引起的水质浓度的增加或减少，外部源汇项指从系统外部加入的源项，例如污染源。对于不同的水质指标和环境条件，生化反应项各不相同，下面就不同的水质指标分别论述：

（1）COD_{Cr}（化学需氧量）。

$$S = \begin{cases} -k_{c1}C_c + \dfrac{S_{c1}}{h} & \text{当 } C_o > 1.0mg/L \text{ 时} \\[2mm] -k_{c2}C_c + \dfrac{S_{c2}}{h} & \text{当 } 1.0 \geqslant C_o > 0.2mg/L \text{ 时} \\[2mm] -k_{c3}C_c + \dfrac{S_{c2}}{h} & \text{当 } C_o \leqslant 0.2mg/L \text{ 时} \end{cases} \tag{3-44}$$

式中　k_{c1}、k_{c2}、k_{c3}——好氧、缺氧及厌氧条件下 COD_{Cr} 的降解系数，d^{-1}；

　　　　　　　　C_c——COD_{Cr} 的浓度，mg/L；

　　　　　　　　h——断面平均水深，m；

　　　S_{c1}、S_{c2}——好氧、缺氧～厌氧条件下 COD_{Cr} 的底泥释放系数，$g/(m^2 \cdot d)$；

　　　　　　　　C_o——溶解氧的浓度，mg/L。

（2）BOD_5（五日生化需氧量）。

$$S = \begin{cases} -k_{b1}C_b + \dfrac{S_{b1}}{h} & \text{当 } C_o > 1.0mg/L \text{ 时} \\[2mm] -k_{b2}C_b + \dfrac{S_{b2}}{h} & \text{当 } 1.0 \geqslant C_o > 0.2mg/L \text{ 时} \\[2mm] -k_{b3}C_b + \dfrac{S_{b2}}{h} & \text{当 } C_o \leqslant 0.2mg/L \text{ 时} \end{cases} \tag{3-45}$$

式中　k_{b1}、k_{b2}、k_{b3}——好氧、缺氧及厌氧条件下 BOD_5 的降解系数，d^{-1}；

　　　　　　　　C_b——BOD_5 的浓度，mg/L；

h——断面平均水深，m；

S_{b1}、S_{b2}——好氧、缺氧～厌氧条件下 BOD_5 的底泥释放系数，g/（m^2·d）；

C_o——溶解氧的浓度，mg/L。

（3）NH_3-N（氨氮）。

$$S = \begin{cases} -k_n C_n + \dfrac{S_{n1}}{h} & \text{当} C_o > 1.0 \text{mg/L 时} \\ \dfrac{S_{n2}}{h} & \text{当} C_o \leqslant 1.0 \text{mg/L 时} \end{cases} \qquad (3-46)$$

式中 k_n——NH_3-N 的硝化速率常数，d^{-1}；

C_n——NH_3-N 的浓度，mg/L；

h——断面平均水深，m；

S_{n1}、S_{n2}——好氧、缺氧～厌氧条件下 NH_3-N 的底泥释放系数，g/（m^2·d）；

C_o——溶解氧的浓度，mg/L。

（4）DO（溶解氧）。

$$S = \begin{cases} -k_{b1} C_b + k_o (C_{os} - C_o) - \dfrac{64}{14} k_n C_n - \dfrac{S_{o1}}{h} & \text{当} C_o > 1.0 \text{mg/L 时} \\ -k_{b2} C_b + k_o (C_{os} - C_o) - \dfrac{S_{o2}}{h} & \text{当} 1.0 \geqslant C_o > 0.2 \text{mg/L 时} \\ -k_{b3} C_b + k_o (C_{os} - C_o) - \dfrac{S_{o2}}{h} & \text{当} C_o \leqslant 0.2 \text{mg/L 时} \end{cases} \qquad (3-47)$$

式中 k_o——复氧系数，d^{-1}；

C_{os}——饱和溶解氧的浓度，mg/L；

C_o——溶解氧浓度，mg/L；

h——断面平均水深，m；

S_{o1}、S_{o2}——好氧、缺氧～厌氧条件下 DO 的底泥耗氧系数，g/（m^2·d）。

（5）TN（总氮）。

$$S = \begin{cases} -k_{tn} C_{tn} + \dfrac{S_{tn1}}{h} & \text{当} C_o > 1.0 \text{mg/L 时} \\ -(k_{tn} + k_{dn}) C_{tn} + \dfrac{S_{tn2}}{h} & \text{当} C_o \leqslant 1.0 \text{mg/L 时} \end{cases} \qquad (3-48)$$

式中 k_{tn}——TN 的综合沉降系数，d^{-1}；

k_{dn}——TN 的降解系数，d^{-1}；

C_{tn}——TN 的浓度，mg/L；

h——断面平均水深，m；

S_{tn1}、S_{tn2}——好氧、缺氧～厌氧条件下 TN 的底泥释放系数，g/（m^2·d）；

C_o——溶解氧的浓度，mg/L。

（6）TP（总磷）。

$$S = \begin{cases} -k_p C_p + \dfrac{S_{p1}}{h} & \text{当} C_o > 1.0 \text{mg/L 时} \\ -k_p C_p + \dfrac{S_{p2}}{h} & \text{当} C_o \leqslant 1.0 \text{mg/L 时} \end{cases} \qquad (3-49)$$

式中　k_p——TP 的综合沉降系数，d^{-1}；

　　　　C_p——TP 的浓度，mg/L；

　　　　h——断面平均水深，m；

S_{p1}、S_{p2}——好氧、缺氧～厌氧条件下 TP 的底泥释放系数，g/（m^2·d）；

　　　　C_o——溶解氧的浓度，mg/L。

（7）模型参数选取。

河网水质模型总共涉及到 23 个参数，参数取值同时考虑温度修正，参数取值范围及温度修正系数见表 3-19。

表 3-19　　　　　　　　河网水质模型参数取值范围及温度修正系数

参数	K_{c1}	K_{c2}	K_{c3}	S_{c1}	S_{c2}	K_{b1}	K_{b2}	K_{b3}	S_{b1}	S_{b2}	K_n	S_{n1}
20℃取值范围	0.12～0.18	0.08～0.12	0.06～0.08	0.15～1.50	0.21～2.00	0.15～0.35	0.10～0.25	0.05～0.20	0.11～0.19	0.35～0.42	0.03～0.15	0.11～0.15
温度修正系数	1.050	1.050	1.050	1.050	1.050	1.047	1.047	1.047	1.047	1.047	1.070	1.070
参数	S_{n2}	K_o	S_{o1}	S_{o2}	K_{tn}	K_{dn}	S_{tn1}	S_{tn2}	K_p	S_{p1}	S_{p2}	
20℃取值范围	0.15～0.25	0.20～0.30	0.60～2.50	0.41～0.60	0.05～0.08	0.06～0.15	0.11～0.25	0.21～0.35	0.05	0.02～0.05	0.04～0.08	
温度修正系数	1.070	1.024	1.082	1.082	—	1.070	1.070	1.070	—	1.070	1.070	

3. 太湖二维水质模型

二维水质模型通用方程如下

$$\frac{\partial(hC)}{\partial t}+\frac{\partial(huC)}{\partial x}+\frac{\partial(hvC)}{\partial y}=\frac{\partial}{\partial x}\left(hE_x\frac{\partial C}{\partial x}\right)+\frac{\partial}{\partial y}\left(hE_y\frac{\partial C}{\partial y}\right)+\frac{hS}{86400}+S_w \tag{3-50}$$

式中　h——水深，m；

　　　　C——某种水质指标的浓度，mg/L；

　　　　u——x 方向沿垂向的平均流速，m/s；

　　　　v——y 方向沿垂向的平均流速，m/s；

　　　　t——时间，s；

　　　　E_x——x 方向扩散系数，m^2/s；

　　　　E_y——y 方向扩散系数，m^2/s；

　　　　S——某种水质指标的生化反应项，g/（m^3·d）；

　　　　S_w——某种水质指标的外部源汇项，g/（m^2·s）。

其中扩散系数按下式计算

$$\begin{cases} E_x=30hu+10 \\ E_y=30hv+10 \end{cases} \tag{3-51}$$

生化反应项指由化学反应引起的水质浓度的增加或减少，外部源汇项指从系统外部加入的源项，例如污染源。对于不同的水质指标和环境条件，生化反应项各不相同，下面就不同的水质指标分别论述：

（1）COD_{Cr}（化学需氧量）。

$$S = -k_c C_c + \frac{S_c}{h} \qquad (3-52)$$

式中　k_c——COD_{Cr}的降解系数，d^{-1}；

　　　C_c——COD_{Cr}的浓度，mg/L；

　　　h——水深，m；

　　　S_c——COD_{Cr}的底泥释放系数，g/（$m^2 \cdot$ d）。

（2）BOD_5（五日生化需氧量）。

$$S = -k_b C_b + \frac{S_b}{h} \qquad (3-53)$$

式中　k_b——BOD_5的降解系数，d^{-1}；

　　　C_b——BOD_5的浓度，mg/L；

　　　h——水深，m；

　　　S_b——BOD_5的底泥释放系数，g/（$m^2 \cdot$ d）；

　　　C_o——溶解氧的浓度，mg/L。

（3）$NH_3 - N$（氨氮）。

$$S = k_m C_n - G_{p1} \alpha_{NC} C_{chla} P_{NH_3} - k_n C_n + \frac{S_n}{h} \qquad (3-54)$$

式中　k_m——$NH_3 - N$的矿化速率，d^{-1}；

　　　G_{p1}——藻类生长速率，d^{-1}；

　　　α_{NC}——藻类氮碳含量比；

　　　C_{chla}——叶绿素 a 浓度，mg/L；

　　P_{NH_3}——藻类吸收 $NH_3 - N$ 在总吸收氮量中的比例；

　　　k_n——$NH_3 - N$ 的硝化速率，d^{-1}；

　　　C_n——$NH_3 - N$ 的浓度，mg/L；

　　　h——水深，m；

　　　S_n——$NH_3 - N$ 的底泥释放系数，g/（$m^2 \cdot$ d）。

（4）DO（溶解氧）。

$$S = k_o (C_{os} - C_o) - k_b C_b - \frac{64}{14} k_n C_n - \frac{32}{12} k_{1R} C_{chla}$$

$$+ G_{p1} C_{chla} \left[\frac{32}{12} - \frac{48}{14} \alpha_{NC} (1 - P_{NH_3}) \right] - \frac{S_o}{h} \qquad (3-55)$$

式中　k_o——复氧系数，d^{-1}；

　　　C_{os}——饱和溶解氧的浓度，mg/L；

　　　C_o——溶解氧浓度，mg/L；

　　　k_{1R}——藻类呼吸速率，d^{-1}；

　　　G_{p1}——藻类生长速率，d^{-1}；

　　　h——水深，m；

　　　S_o——底泥耗氧系数，g/（$m^2 \cdot$ d）。

（5）TN（总氮）。

$$S = -k_{tn}C_{tn} + \frac{S_{tn}}{h} \qquad (3-56)$$

式中　k_{tn}——TN 的综合沉降系数，d^{-1}；

　　　C_{tn}——TN 的浓度，mg/L；

　　　h——水深，m；

　　　S_{tn}——TN 的底泥释放系数，g/（$m^2 \cdot d$）。

（6）TP（总磷）。

$$S = -k_{p}C_{p} + \frac{S_{p}}{h} \qquad (3-57)$$

式中　k_{p}——TP 的综合沉降系数，d^{-1}；

　　　C_{p}——TP 的浓度，mg/L；

　　　h——水深，m；

　　　S_{p}——TP 的底泥释放系数，g/（$m^2 \cdot d$）。

（7）Chla（叶绿素 a）。

$$S = (G_{p1} - D_{p1})C_{chla} \qquad (3-58)$$

$$G_{p1} = \mu_{max}f(T)f(I)f(TN)f(TP) \qquad (3-59)$$

$$f(T) = \exp\left(-\frac{2.3}{15}|T - T_{opt}|\right) \qquad (3-60)$$

$$f(I) = \frac{I}{I + K_{I}} \qquad (3-61)$$

$$f(TN) = \frac{C_{tn}}{C_{tn} + K_{N}} \qquad (3-62)$$

$$f(TP) = \frac{C_{p}}{C_{p} + K_{P}} \qquad (3-63)$$

$$D_{p1} = K_{1R} + K_{1D} \qquad (3-64)$$

式中　G_{p1}——藻类生长速率，d^{-1}；

　　　D_{p1}——藻类死亡速率，d^{-1}；

　　　μ_{max}——藻类最大生长率，d^{-1}；

　　　T——水温，℃；

　　　T_{opt}——藻类最佳生长温度，℃；

　　　I——水面的光照强度，μE/（$m^2 \cdot s$）；

　　　K_{I}——藻类生长最佳光强的半饱和常数，μE/（$m^2 \cdot d$）；

K_{N}、K_{P}——氮和磷的半饱和常数，mg/L；

　　　K_{1R}——藻类呼吸速率，d^{-1}；

　　　K_{1D}——藻类死亡率，d^{-1}。

　　实验证明，在不同类型的生物体内，糖类、脂肪和蛋白质的比例可以有相当大的差别，但就平均状况而言，生物有机体都具有相对固定的元素组成。构成藻类原生质的平均碳、氮、磷三种元素按其原子个数之比为 106∶16∶1，一般认为浮游植物对营养要素的吸收也按这种比例进行。

当 NH_4^+（NH_3）、NO_3-N、NO_2-N 共存，其含量又处于同样有效量的范围内时，绝大多数藻类总是优先吸收 NH_4^+（NH_3），仅在 NH_4^+（NH_3）几乎耗尽后，才开始吸收 NO_3-N，介质 pH 值较低时处于指数生长期的藻类细胞，此特点尤为显著。

（8）模型参数选取。

二维水质模型总共包括 22 个参数，参数取值考虑温度修正，取值范围及温度修正系数见表 3-20。

表 3-20　　　　　太湖二维水质模型参数取值范围及温度修正系数

序　号	参　数	温度修正系数	20℃ 取 值 范 围							
			竺山湖	梅梁湖	贡湖	东太湖	西部沿岸区	南部沿岸区	东部沿岸区	湖心区
1	K_c	1.068	0.003	0.004	0.004	0.004	0.003	0.003	0.004	0.004
2	S_c	1.068	1.000	0.400	0.600	0.300	0.600	0.500	0.350	0.350
3	K_b	1.068	0.007	0.015	0.015	0.018	0.015	0.015	0.020	0.015
4	S_b	1.068	0.200	0.100	0.100	0.070	0.100	0.100	0.050	0.100
5	K_m	1.08	0.08	0.08	0.08	0.08	0.08	0.06	0.08	0.06
6	α_{NC}	—	0.176	0.176	0.176	0.176	0.176	0.176	0.176	0.176
7	P_{NH3}	—	1	1	1	1	1	1	1	1
8	K_n	1.08	0.10	0.10	0.10	0.10	0.10	0.12	0.10	0.12
9	S_n	1.068	0.005	0.005	0.005	0.005	0.005	0.004	0.005	0.003
10	K_o	1.024	0.400	0.400	0.400	0.400	0.400	0.400	0.400	0.400
11	S_o	1.082	0.500	0.500	0.500	0.500	0.500	0.500	0.500	0.500
12	K_{tn}	—	0.004	0.006	0.008	0.010	0.008	0.008	0.006	0.004
13	S_{tn}	1.068	0.015	0.010	0.006	0.003	0.006	0.006	0.008	0.015
14	K_p	—	0.022	0.022	0.022	0.022	0.022	0.022	0.022	0.022
15	S_p	1.070	0.005	0.005	0.005	0.005	0.005	0.005	0.005	0.005
16	μ_{max}	—	1.27	1.27	1.27	1.27	1.27	1.27	1.27	1.27
17	T_{opt}	—	30	30	30	30	30	30	30	30
18	K_I	—	300	300	300	300	300	300	300	300
19	K_N	—	0.34	0.34	0.34	0.34	0.34	0.34	0.34	0.34
20	K_P	—	0.025	0.025	0.025	0.025	0.025	0.025	0.025	0.025
21	K_{1R}	1.068	0.400	0.400	0.400	0.400	0.400	0.400	0.400	0.400
22	K_{1D}	—	0.17	0.17	0.17	0.17	0.17	0.17	0.17	0.17

第 4 章　太湖流域水量模型率定与验证

4.1　河网水量模型率定

2000 年是引江济太水量水质联合调度的基准年，基础资料条件较好，流域降水属偏枯年份，本次选用 2000 年全年期流域实况水情和供排水情况（包括降水、蒸发、水位、流量、潮位及 2000 年水资源供、用、耗、排等基础资料）进行模型率定。

4.1.1　流域产流计算

太湖流域总产水量可以通过流域水量平衡来率定，但由于各水利分区无产流实测过程，故产流计算中除有关农田灌溉参数通过农业试验获取外，其余参数的选取均根据流域内太湖水位及各主要站点水位过程的拟合精度来确定。

4.1.1.1　农业试验资料

水稻用水量通过湖东典型小区农业试验分析确定。

1. 测区概况

所选区域位于昆山北阳澄湖水网地区，为全封闭圩区，总面积 2316hm²，水田占 1732hm²，约 75%。该试区观测项目详细，精度较高。

2. 本田期灌溉水量及回归水量

本田期（不包括泡田）取水口毛灌溉水量 143.28 万 m³，灌到稻田水量（净灌溉水量）107.04 万 m³，利用雨量（有效）40.86 万 m³，实测回归水量 100.43 万 m³，实测腾发量为 50.8 万 m³，实测水稻田下渗 33.02 万 m³。

毛灌溉水与净灌溉水之差表示渠系下渗，则渠系下渗量为 36.24 万 m³。

净灌溉水量加上利用降雨水量为 147.90 万 m³，消耗于作物生长需水量 50.8 万 m³ 及下渗水量 33.02 万 m³，剩余 64.08 万 m³，作为灌溉水回归水量。但实测回归水量为 100.43 万 m³，多余的回归水量 36.35 万 m³，其量约等于水稻田下渗 33.02 万 m³。

所以在产水模型中只考虑水稻蒸腾作为水稻田耗水，而将水田下渗作为回归水，在模型中不考虑的处理方法是正确的，尤其对于像试验小区水稻田占 75% 面积的情况下是正确的。但渠系损失水量不能回归，必须作为水量损失来考虑。

从本次试验来看渠系损失系数约为

$$\beta_1 = \frac{36.24}{143.28} = 0.253$$

毛灌溉水量与净灌溉水量之比

$$\beta_2 = \frac{143.28}{107.24} = 1.336$$

3. 秧田期用水量

移栽稻的用水按茬口来划分，可分为秧田期和本田期两个阶段。测区秧田期自 5 月 16 日播种开始至 6 月 25 日移栽结束，共 41 天。全测区共有秧田 205hm²，占水稻田 11.84％。秧田需水除了满足使秧田由干变湿外，还需建立 100mm 的秧田水深。

实测秧田净灌溉水量 368m³/hm²，折合 552mm，有效利用降雨 76mm，合计每亩 628mm。秧田期腾发量为 159.9mm，秧田渗漏量 315.7mm，两者合计 475.6mm。供水量与用水量差 152.4mm，约与由干变湿及建立 100mm 秧田水深相吻合。

秧田期毛溉灌水量 782m³/hm²，净灌溉水量 368m³/hm²，渠系损失水量折合 414m³/hm²，折合平均每天损失水量为 414/666.7/41＝15.1mm，加上秧田每天下渗 7.7mm，合计渗漏损失达每天 22.8mm。

秧田灌溉在每年的第一次其渠系损失水量较大，秧田亦由旱变湿，下渗量也较大。由于缺乏秧田期回归水资料，因此不能确定这样大的下渗量是否也能如本田期那样，变成回归水。但秧田期所占面积比例很小，只有部分下渗水量湿润四周旱地，而四周旱地因得到下渗水量的补充使其土壤含水量增加，从而增加了土壤蒸发，变成真正的水量损失。

4.1.1.2　产水量计算

全流域产流计算分成两部分：一部分为平原区产流计算，共有 26 个水利分区，其中包括湖西 10 个分区，采用平原区产流模型计算；另一部分为山丘区产流计算，共有浙西山区的 10 个水利分区，采用三水源新安江模型计算。

全流域使用的雨量站数为 114 个，见表 4-1，各水利分区的面平均雨量由系统自动生成泰森多边形计算得到，见图 4-1 和图 4-2。全流域使用的蒸发站数为 12 个，见表 4-1，计算水利分区内如无蒸发站点，则移用邻近蒸发站的资料。

表 4-1　　　　　　　　　　　率定计算中采用的雨量站与蒸发站

类　型	站　点　名　称
雨量站	龙上坞、天平桥、递铺、西亩、天锦堂、横湖、长兴、小梅口、临安、莫干山、市岭、百丈、钱坑桥、杭垓、大治河西闸、祝桥、青村、张堰、三和、望新、黄渡、罗店、马桥、夏字圩、青浦、蕴藻浜东闸、淀峰、银坑、河口、西麓、白兔、溧阳、平桥、钱宋水库、大涧、湖汶、善卷、横山水库、沙河水库、薛埠、东岳庙、上沛、茅东闸、小河新闸、九里铺、旧县、大浦口、宜兴、儒林、官林、金坛、丹阳、坊前、成章、王母观、后周、南渡、瓜泾口、湘城、望虞河、望亭、长寿、十一圩港、甘露、青阳、陈墅、洛社、常州、白芍山、漕桥、洞庭西山、太仓、周巷、唯亭、巴城、浏河闸、七浦闸、白茆闸、苏州、陈墓、金家坝、昆山、直塘、常熟、枫桥、平望、余杭、新市、崇德、平湖、软城、碳石、桐乡、南浔、乌镇、王江泾、双林、嘉兴、胥口、夹浦、梅溪、老石坎、赋石水库、埭溪、对河口水库、德清、瓶窑、青山水库、桥东村、湖州杭长桥、菱湖、临平、嘉善、商塌
蒸发站	洞庭西山、盐官、宜兴、小河新闸、双林、沙河水库、青山水库、青浦、嘉兴、湖州杭长桥、瓜泾口、对河口水库

通过计算得到 2000 年全流域产水量为 75.9 亿 m³。

4.1.1.3　流域水量平衡

2000 年实测资料较多，利用这些实测资料来分析 2000 年流域水量平衡，可以判断产水模型模拟成果的精确性。

 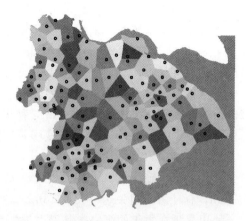

图 4-1 率定计算中采用的雨量站分布图 图 4-2 系统自动生成的泰森多边形示意图

在各分区均匀地选取一些代表站，采用算术平均计算各分区逐日平均水位。各分区计算平均水位时，采用的水位站如表 4-2 所示。

表 4-2 各分区计算平均水位时采用的水位代表站

分 区	水面面积 （km²）	站 数	水 位 站
运西片	38.85	3	丹阳、金坛、常州
洮滆片	506.28	4	金坛、坊前、溧阳、宜兴
武澄锡低片	129.75	4	常州、青阳、洛社、无锡
澄锡虞高片	109.16	3	陈墅、甘露、无锡
阳澄片	391.09	5	常熟、直塘、湘城、昆山、枫桥
淀泖片	429.64	4	枫桥、瓜泾口、陈墓、平望
滨湖片	40.29	3	胥口、枫桥、瓜泾口
杭嘉湖西片	293.72	5	长杭桥、南浔、双林、乌镇、新市
杭嘉湖东片	297.83	2	王江泾、嘉兴
南排片	224.73	5	余杭、崇德、海宁、坎城、嘉兴
太湖湖区	2338.1	5	望亭（太）、大浦口、西山、夹浦、小梅口
长兴平原	55.93	1	港口
苕溪平原	70.67	3	德清、埭溪、杭长桥

1. 太湖流域平原地区蓄水量变化过程

根据平原地区各分区（不包括上海市的浦东、浦西片）的水面积及各分区的平均水位，可以求出各分区的水体蓄水量情况，从而可求得全流域逐日蓄水量变化量（蓄为正，排为负）。

2. 沿长江各口门引排水量

沿江有 13 个口门有实测的引排水量资料，如表 4-3 第一列所示。还有一些小闸没有实测引排资料，假定这些闸的运行方式同其邻近有实测引排资料相同，如表 4-3 中第二列所示。根据水量模型计算结果，可以计算出表 4-3 中第二列诸闸与第一列闸的引排水量比值。

表 4-3	沿长江各口门引排水量资料情况	
有引排资料的闸 （w_1）	无引排资料的闸 （w_2）	w_2/w_1
谏壁		
九曲河		
新孟河	浦河	0.357
魏村	藻港	0.240
江阴	桃花港、利港、新夏港、新沟、白屈港	1.004
张家港		
十一圩港	福山闸	0.372
望虞河		
浒浦	海洋泾、徐六泾	0.300
白茆	金泾、钱泾口	0.451
七浦	浪港	0.500
杨林		
浏河		

根据大闸的实测引排量及表 4-3 中的比例可以估算出沿江各闸逐日引排水量。

3. 南排水量

根据南台头、长山闸及盐官三个闸的实测过闸流量资料，可以统计出太湖流域南排杭州湾的逐日流量过程。

4. 黄浦江

根据数学模拟结果可得竖潦泾断面流量过程。根据上海市水文总站推算 2000 年汛期 5 月 1 日至 9 月 30 日黄浦江泄量 26.44 亿 m^3，水量模拟计算的同期竖潦泾泄量为 24.9 亿 m^3，与上海市水文总站推算的泄量接近。因此认为水量模型推算的黄浦江泄量过程基本上符合实际情况，可以直接用于太湖流域水量平衡。

另外，平原地区从河网取水 125.2m^3/s，排入河网的废水流量 184.7m^3/s（包括谏壁电厂 30m^3/s）。

5. 流域水量平衡

$$R + SR - SH - W + WD - WS = DV \qquad (4-1)$$

式中　R——产流模型模拟计算的逐日产水量，包括湖西山区、浙西山区及平原区的总产水量；

　SR——沿江引排水量，引为正，排为负；

　SH——南排水量；

　W——黄浦江上游竖潦泾泄量；

　WD——排入平原河网的废水量；

　WS——从平原河网中取引水量；

DV——平原地区水面蓄水量的变化。

由水量平衡可反推太湖流域的产水量

$$R = DV - SR + SH + W - WD + WS \qquad (4-2)$$

其中，DV、SH 根据实测资料得到；SR 中大闸为实测资料，小闸根据比例推求得到；W 虽然是水量模型计算结果，但汛期总量与上海水文总站提供的实测值基本一致，因此 W 基本能代表黄浦江泄水量；WD 和 WS 是太湖流域水资源综合规划收集和调查的结果。因此式（4-2）中右边各项基本可靠。用水量平衡方法反求 2000 年流域产水量为 72.3 亿 m^3，与模型计算结果相差 3.6 亿 m^3，计算误差为 5%。具体过程见图 4-3。

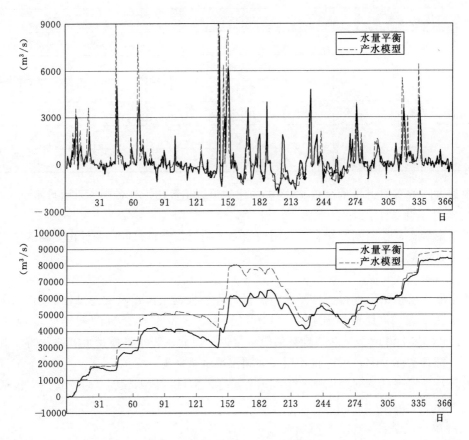

图 4-3 2000 年太湖流域产水量过程和累积产水量曲线

4.1.2 河网水量计算

4.1.2.1 基本资料

2000 年，收集到的实测资料有流域内各站点的水位，沿江沿杭州湾 9 个潮位站的实测潮位资料，即镇江、魏村、江阴、浒浦、高桥、芦潮港、乍浦、澉浦、盐官。江苏省沿江地区 13 个大闸全年期实测水量资料，浙江省杭州湾 3 个大闸全年期实测水量资料，流域内重点骨干工程望亭水利枢纽、太浦闸全年期实测水量资料。以上资料均来自流域内各省市的水文年鉴。另外，还包括水资源综合规划调查资料，即沿长江、沿杭州湾自备水源和自来水厂取水量及其废污水排放量，流域内自备水源和自来水厂取水量及其废污水排放量。

4.1.2.2　主要闸门运行方式

1. 谏壁枢纽、九曲河枢纽、浦河、新孟河枢纽、魏村枢纽、藻港枢纽

该 6 闸是湖西区沿江口门的控制建筑物，其主要功能是控制湖西区的运西片及洮滆片的水位，当该地区水位高了，利用这些闸在低潮位时排水；当该地区水位低了，利用这些闸在高潮位时引水。

谏壁枢纽和九曲河枢纽运行时以丹阳站水位控制：①当丹阳站日平均水位超过 4.20m 排水。②当丹阳站日平均水位在 3.50m 与 4.20m 之间，关闸不引不排。③当丹阳站日平均水位低于 3.50m 引水。

浦河、新孟河枢纽、魏村枢纽和藻港枢纽运行时以常州站水位控制：①当常州站日平均水位超过 4.00m 排水。②当常州站日平均水位在 3.50m 与 4.00m 之间，关闸不引不排。③当常州站日平均水位低于 3.50m 引水。

2. 桃花港、利港、申港、新沟闸、新夏港闸、江阴枢纽、白屈港枢纽、张家港闸、十一圩港闸、福山闸

该 10 闸是武澄锡虞区沿江口门的控制建筑物，其主要功能是控制该地区的水位，其控制运行方式如下。

桃花港、利港、申港、新沟闸、新夏港闸以青阳站水位控制：

(1) 当青阳站日平均水位超过 3.70m 时，排水。

(2) 当青阳站日平均水位在 3.30m 与 3.70m 之间，关闸不引不排。

(3) 当青阳站日平均水位低于 3.30m 引水。

江阴枢纽、白屈港枢纽、张家港闸、十一圩港闸、福山闸以无锡站水位控制：

(1) 当无锡站日平均水位超过 3.60m，排水。

(2) 当无锡站日平均水位在 3.20m 与 3.60m 之间，关闸不引不排。

(3) 当无锡站日平均水位低于 3.20m 引水。

3. 常熟水利枢纽

常熟水利枢纽是望虞河入江口门控制建筑物，其主要功能有两个。其一是与望亭水利枢纽联合运行，当太湖水位高时，排太湖洪水入长江；当太湖水位较低时，引长江水入太湖。其二是排泄望虞河西岸地区的涝水，但当望虞河两岸地区需水时，又可通过常熟水利枢纽从长江引水补充两岸地区用水。

排地区涝水时以无锡站水位控制，当无锡站水位超过 3.60m 时，常熟水利枢纽开闸排涝。

当排泄太湖洪水或向太湖引水时，与望亭水利枢纽联合运行。非汛期，当太湖 8 时水位超过 3.50m，排水；当太湖 8 时水位低于 3.20m，引水；其他情况关闸。汛期，当太湖 8 时水位超过防洪控制水位时，按防洪调度方案调度；当太湖 8 时水位低于防洪控制水位时，按引江济太方案调度。

4. 浒浦闸、徐六泾闸、金泾闸、白茆闸、浪港闸、七浦闸、杨林闸、浏河闸

该 8 闸是阳澄区通江口门的控制建筑物，主要作用是控制阳澄地区的水位，当地区控制站日平均水位超过 3.00m 时，开闸排水；当地区控制站日平均水位在 2.80m 与 3.00m 之间时关闸；当地区控制站日平均水位低于 2.80m 时，开闸引水。浒浦、徐六泾和金泾 3 个闸以董浜镇水位为控制，白茆、浪港、七浦、杨林 4 个闸以直塘水位为控制，浏河闸以太仓水位为控制。

5. 新川沙闸、练祁闸、新石洞闸

该 3 闸是上海市嘉北片的入江口门控制建筑物，主要作用是控制该地区的水位，当嘉定（当地代表水位）日平均水位超过 2.76m 时，开闸排水；当嘉定日平均水位在 2.56m 与 2.76m 之间，关闸；当嘉定日平均水位低于 2.56m 时，开闸引水。

6. 五号沟闸、三甲港闸、大治河东闸、石皮泐港闸、芦潮港闸、南门闸、金汇港南闸

该 7 闸是上海市浦东地区沿江及杭州湾口门的控制建筑物，其作用是排泄浦东地区的洪涝水，控制浦东地区的水位不超过 2.96m。当东沟日平均水位超过 2.96m 时，五号沟闸排水；当川沙日平均水位超过 2.96m 时，三甲港闸排水；当南汇日平均水位超过 2.96m 时，大治河东闸、石皮泐港闸、芦潮港闸排水；当奉贤日平均水位超过 2.96m 时，南门闸、金汇港南闸排水。

7. 南台头闸、长山闸、盐官枢纽

该 3 闸是杭嘉湖区外排杭州湾的 3 个主要控制建筑物，主要作用是将杭嘉湖地区的洪涝水排入杭州湾。

（1）南台头闸、长山闸运行方式。

非汛期，当嘉兴站日平均水位超过 2.70m 时，南台头闸、长山闸排水；当嘉兴站日平均水位低于 2.70m 时，南台头闸、长山闸关闭。汛期，当嘉兴站日平均水位超过 3.10m 或崇德水位超过 3.70m 时，南台头闸、长山闸排水；当嘉兴站日平均水位在 2.70m 与 3.10m 之间或崇德水位在 3.30m 与 3.70m 之间，南台头闸、长山闸用开启度为 0.50 排水；当嘉兴站日平均水位低于 2.70m 及崇德水位低于 3.30m 时，南台头闸、长山闸关闸。

（2）盐官枢纽运行方式。

当嘉兴站日平均水位低于 2.70m 及崇德水位低于 3.30m 时，盐官枢纽关闸；当嘉兴站日平均水位在 2.70m 与 3.20m 之间或崇德水位在 3.30m 与 3.80m 之间，盐官枢纽用开启度为 0.30 排水；当嘉兴站日平均水位超过 3.20m 或崇德水位超过 3.80m 时，盐官枢纽排水；当嘉兴站日平均水位超过 3.40m 或崇德水位超过 4.00m 时，盐官枢纽排水，并动用 200m³/s 泵站。

8. 望亭水利枢纽

望亭水利枢纽是太湖泄洪的两个主要通道之一，同时亦是引江济太的主要控制建筑物之一。望虞河在历史上曾是澄锡虞地区的主要排涝河道，因此在排泄太湖洪水的同时，需要兼顾望虞河下游地区的排涝要求。

非汛期，当太湖 8 时水位超过 3.50m 时排水，但排水时控制琳桥水位不超过 4.15m；当太湖 8 时水位低于 3.20m 时引水，其他情况下关闸。

汛期，当太湖 8 时水位低于 2.90～3.30m，望亭立交向太湖引水；当太湖 8 时水位高于 3.00～3.50m，望亭立交排水；其他情况适时引排。

排洪时，当太湖水位不超过 4.20m，控制琳桥水位不超过 4.15m；当太湖水位不超过 4.40m，控制琳桥水位不超过 4.30m；当太湖水位不超过 4.65m，控制琳桥水位不超过 4.35m；当太湖水位超过 4.65m，控制琳桥水位不超过 4.40m。

9. 太浦闸

太浦闸是另一个排泄太湖洪水的主要通道，又是向上海市供水的唯一通道，同时还是杭嘉湖地区洪涝水北排通道。

非汛期，当太湖水位超过 3.50m 时，太浦闸开闸排泄太湖洪水；当太湖水位不超过 3.50m 时，太浦闸开闸向下游供水。

汛期，当太湖 8 时水位高于 3.00～3.50m，太浦闸排水，否则向下游供水。

排洪时，当太湖水位不超过 3.50m，控制下游平望水位不超过 3.30m；当太湖水位不超过 3.80m，控制平望水位不超过 3.45m；当太湖水位不超过 4.20m，控制平望水位不超过 3.60m；当太湖水位不超过 4.40m，控制平望水位不超过 3.75m；当太湖水位不超过 4.65m，控制平望水位不超过 3.90m；当太湖水位超过 4.65m，控制平望水位不超过 4.10m。

10. 德清闸、洛舍闸、鲇鱼口闸、菁山闸、吴沈门闸、城南闸

该 6 闸位于东苕溪导流的右岸，主要作用是确保东苕溪导流大堤的安全。当东苕溪水位较低时，闸门敞开运行；当东苕溪发生洪水时，为了避免洪水进入杭嘉湖平原地区，东导流 6 闸关闭；当导流水位达到导流大堤高程的限制时，为了确保大堤及尾闾湖州市的安全，东导流闸门开闸向杭嘉湖平原地区分洪。具体运行方式如下：

德清闸：闸上水位在 3.80～6.00m 时关闸，其他水位时开闸。

洛舍闸：闸上水位在 3.80～6.00m 时关闸，其他水位时开闸。

鲇鱼口闸：闸上水位在 3.80～5.65m 时关闸，其他水位时开闸。

菁山闸：闸上水位在 3.80～5.50m 时关闸，其他水位时开闸。

吴沈门闸：闸上水位在 3.80～5.25m 时关闸，其他水位时开闸。

城南闸：闸上水位在 3.80～5.00m 时关闸，其他水位时开闸。

11. 盐铁塘闸、白龙港闸、虞山船闸、尚湖闸、南湖闸、项泾闸、北桥闸、三梅滨闸、漕湖口闸、西望港闸、观鸡桥闸

该 11 闸是望虞河东侧控制线上的控制建筑物，主要功能是控制望虞河与东侧阳澄区之间的交换水量。

调度原则：在望虞河排洪期间，当湘城水位不超过 3.70m 时，开启望虞河东岸诸闸分洪，当湘城水位超过 3.70m 时，望虞河东岸诸闸关闸；在望虞河向太湖引水期间，望虞河东岸诸闸原则上关闭，但向尚湖、阳澄湖供水的尚湖、冶长泾、琳桥 3 闸可视地区用水情况开闸。

12. 大庙港等闸、倪家港等闸、吴溇、濮溇、幻溇、大钱口

这些闸门均是杭嘉湖地区环湖口门，主要作用是控制杭嘉湖地区的水位。其运行方式是：当双林日平均水位超过 3.20m 时，开闸向太湖排泄涝水；当双林日平均水位在 2.80～3.20m 时，关闸；当双林日平均水位低于 2.80m 时，开闸从太湖引水。

4.1.2.3 初始条件和边界条件

初始条件采用 2000 年太湖流域实测水位，河网初始流量设定为 0。

边界条件：为真实地反映 2000 年流域实况水流运动状况，在 2000 年模型率定中，采用 2000 年沿长江谏壁闸、九曲河闸、小河闸、魏村闸、定波闸、张家港闸、十一圩港闸、常熟水利枢纽、浒浦闸、白茆闸、七浦闸、杨林闸、浏河闸等 13 个大闸和杭州湾长山闸、南台头、盐官 3 个口门以及望亭水利枢纽和太浦闸实测水量资料作为边界条件；江苏省其他沿江小闸参照邻近大闸，以大闸引排启闭时间来调度小闸；上海地区沿长江各闸根据拟定的调度原则控制。

4.1.2.4 模型率定成果

模型率定时，选取了太湖实测 5 站日均水位、15 个地区代表站实测水位和 4 个流量代表站，作为模型率定参照值。本次率定对水位资料进行了分析和复核，根据 1999 年两省一市的水准测量成果，对个别代表站进行了水位修正。

1. 水位率定成果

（1）太湖水位。

从太湖水位成果分析，2000 年太湖最高及最低日均水位、水位过程线趋势与实测资料相比，拟合情况均较好，详见表 4-4 和图 4-4。

太湖最高计算日均水位 3.46m，比实测水位高 0.09m。太湖最低计算日均水位 2.74m，与实测最低水位比较，高约 0.03m，误差较小。据初步调查，浙江省部分地区水田仍可能种植双季稻，但本次模型率定中全流域均采用单季稻来模拟水田用水，可能对太湖水位产生一定的影响。

从水位过程看，2000 年全年期均拟合较好，计算水位过程线与实测过程线基本一致。尤其是 5 月下旬太湖实测水位达到全年最低值时，模拟计算水位与实测相比仅偏高 0.03m，而这一时期是流域内水田灌溉用水量相对集中的时期，太湖水位受水稻秧田泡田、双季稻以及水田灌溉用水过程的影响较大。非汛期 11 月和 12 月，太湖计算水位过程略为偏高。

（2）地区水位。

2000 年，全流域共选取 15 个地区水位代表站进行率定。从 2000 年地区水位率定成果分析可知，除个别站点外，全年期计算水位过程线与实测资料相比，误差较小，拟合情况均较好，详见表 4-4 和图 4-4。

2. 水量率定成果

2000 年，全流域共选取 4 个流量站进行率定。从流量率定成果可知，全年期计算流量过程线与实测资料相比，总体趋势拟合较好，除枫桥站计算流量系统偏小外，其他 3 站误差相对较小，详见图 4-5。

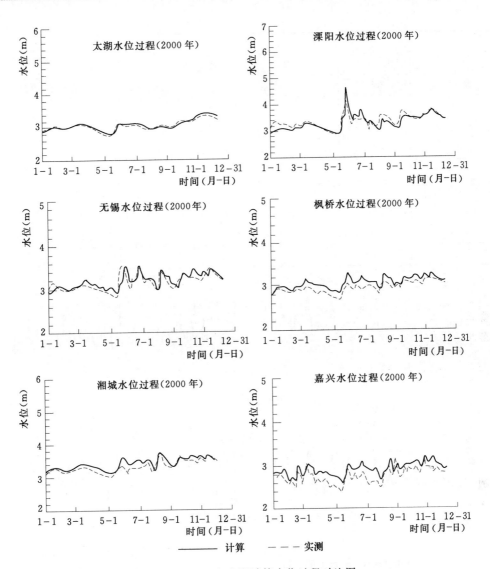

图 4 - 4　2000 年实测计算水位过程对比图

表 4 - 4　　　　**2000 年太湖及地区代表站水位计算值与实测值比较表**　　　　单位：m

站　名	最　小　值			最　大　值		
	计　算	实　测	差　值	计　算	实　测	差　值
太湖	2.74	2.71	0.03	3.46	3.37	0.09
金坛	2.90	3.16	−0.26	4.66	4.49	0.17
溧阳	2.80	2.85	−0.05	4.68	4.09	0.59
宜兴	2.76	2.80	−0.04	3.66	3.56	0.10
坊前	2.87	2.98	−0.11	3.83	3.76	0.07
无锡	2.85	2.81	0.04	3.60	3.56	0.04
枫桥	2.79	2.69	0.10	3.37	3.26	0.11

续表

站　名	最　小　值			最　大　值		
	计　算	实　测	差　值	计　算	实　测	差　值
湘城	2.83	2.74	0.09	3.38	3.26	0.12
昆山	2.73	2.67	0.06	3.28	3.19	0.09
陈墓	2.67	2.66	0.01	3.20	3.20	0.00
王江泾	2.59	2.47	0.12	3.23	3.24	−0.01
嘉兴	2.59	2.36	0.23	3.25	3.14	0.11
南浔	2.65	2.46	0.19	3.37	3.25	0.12
桐乡	2.59	2.36	0.23	3.42	3.19	0.23
乌镇	2.65	2.38	0.27	3.41	3.21	0.20
新市	2.69	2.47	0.22	3.47	3.32	0.15

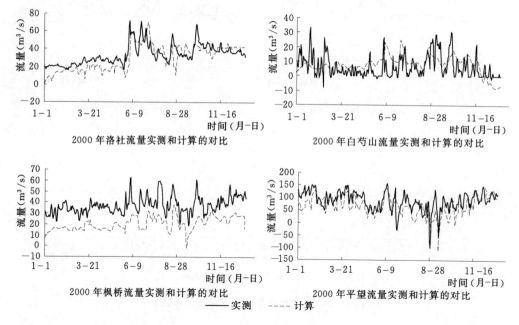

2000年洛社流量实测和计算的对比

2000年白芍山流量实测和计算的对比

2000年枫桥流量实测和计算的对比

2000年平望流量实测和计算的对比

——实测　　----计算

图 4-5　2000年实测计算流量过程对比图

4.2　河网水量模型验证

本次采用1998年、1999年、2002年、2003年资料对模型进行验证。1998年、1999年，全年太湖流域水位、沿长江及杭州湾水量、流量、环湖巡测水量、水资源现状开发利用等基础资料条件较好，流域一期治太骨干工程已基本完成，且降水具有一定的代表性，1998年降水偏丰，1999年太湖流域特大洪水。2002年、2003年为引江济太调水试验时间，降水偏枯。由于2002年、2003年缺少非汛期沿长江和杭州湾的引排水量资料，为此，模型计算时间选取4月1日至9月30日。

与2000年率定一样，1998年、1999年、2002年、2003年模型验证时，对基础资料进行了处理，各年度水资源供、用、耗、排等资料采用太湖流域水资源综合规划中水资源开发利用调查评价 2000 年相关成果。

4.2.1　1998 年、1999 年模型验证

1998 年、1999 年河道概化资料与 2000 年一致。1998 年各闸运行方式为：沿江 13 个大闸按照实测资料的启闭时间调度，沿江其他小闸按照前面阐述的调度原则控制；沿杭州湾盐官闸 1998 年尚未启用，全年关闸，长山闸和南台头闸汛期按照实际启闭时间调度，非汛期按调度原则控制；望亭水利枢纽和太浦闸按照 1998 年实测流量资料调度，环湖其他口门按调度原则控制，其中直湖港、武进港按敞开处理；流域内其他各闸按照拟定的调度原则调度。1999 年各闸运行方式为：沿江 13 个大闸按照实际启闭时间调度，其他小闸按照调度原则控制；沿杭州湾盐官闸、长山闸和南台头闸汛期按实际启闭时间调度，非汛期按调度原则控制；太浦闸和望亭水利枢纽按照 1999 年实测引排流量进行调度；环太湖各闸中，武澄锡虞区太滆港闸、武进港闸在建，按关闸处理；直湖港闸亦在建，但 1999 年直湖港白芍山站实测流量不为零，因此模型计算时直湖港闸按敞开处理；东太湖瓜泾口闸、大浦口闸未建，按敞开处理；流域内其余各闸按照常规调度原则运行。

采用 1998 年、1999 年基础资料，按照上述调度原则，对 1998 年、1999 年进行了模拟计算，计算成果表明，主要代表站特征水位及各控制线泄量计算值与实测值较为接近。

1. 太湖水位

从太湖水位成果分析，1998 年、1999 年太湖最高及最低日均水位、水位过程线趋势与实测资料相比，拟合情况较好，详见表 4-5、表 4-6 和图 4-6、图 4-7。

从最高、最低水位来看，1998 年太湖最高计算日均水位 3.61m，比实测水位低0.11m；太湖最低计算日均水位 2.99m，与实测最低水位比较，高 0.05m。1999 年太湖最高计算日均水位 5.04m，比实测水位高 0.09m；太湖最低计算日均水位 2.73m，与实测最低水位比较，高 0.09m。从水位过程来看，1998 年、1999 年太湖全年期计算水位与实测水位过程线趋势基本一致。1998 年汛期计算水位与实测水位基本接近，但 1999 年由于遭遇特大洪水，流域面上破圩数量较多，而在模拟计算中又缺乏实际破圩的资料，未能进行破圩模拟计算，故计算值比实测值偏大是合理的。

2. 地区水位

1998 年、1999 年，全流域共选取 15 个地区水位代表站进行模型验证。从计算成果看，除个别站点外，地区特征水位及全年期水位过程线趋势与实测资料相比，拟合情况较好，详见表 4-5、表 4-6 和图 4-6、图 4-7。

表 4-5　　　　　　　1998 年太湖及地区代表站水位计算值与实测值比较表　　　　单位：m

站　名	最　小　值			最　大　值		
	计　算	实　测	差　值	计　算	实　测	差　值
太湖	2.99	2.94	0.05	3.61	3.72	−0.11
金坛	3.20	3.20	0.00	5.17	5.10	0.07
溧阳	3.01	3.07	−0.06	4.62	4.35	0.27
宜兴	3.00	3.02	−0.02	3.86	3.98	−0.08

续表

站　名	最　小　值			最　大　值		
	计　算	实　测	差　值	计　算	实　测	差　值
坊前	3.06	3.12	−0.06	4.16	4.07	0.09
无锡	2.99	2.92	0.07	3.75	3.67	−0.08
枫桥	2.88	2.85	0.03	3.56	3.59	−0.03
湘城	2.85	2.78	0.07	3.42	3.39	0.03
昆山	2.72	2.73	−0.01	3.38	3.37	0.01
陈墓	2.69	2.73	−0.04	3.40	3.49	−0.09
王江泾	2.65	2.54	0.11	3.54	3.51	0.03
嘉兴	2.65	2.50	0.15	3.56	3.58	−0.02
南浔	2.81	2.65	0.06	3.62	3.69	−0.07
桐乡	2.78	2.61	0.17	3.70	3.78	−0.08
乌镇	2.81	2.62	0.19	3.68	3.73	−0.05
新市	2.86	2.71	0.15	3.74	3.92	−0.18

表 4－6　　　　　**1999 年太湖及地区代表站水位计算值与实测值比较表**　　　单位：m

站　名	最　小　值			最　大　值		
	计　算	实　测	差　值	计　算	实　测	差　值
太湖	2.73	2.64	0.09	5.04	4.95	0.09
金坛	3.00	2.93	0.07	6.47	5.92	0.55
溧阳	2.85	2.81	0.04	7.00	5.98	1.02
宜兴	2.77	2.75	0.02	5.51	5.23	0.28
坊前	2.85	2.84	0.01	5.63	5.27	0.36
无锡	2.78	2.68	0.10	4.87	4.71	0.16
枫桥	2.72	2.69	0.03	4.85	4.54	0.31
湘城	2.74	2.64	0.10	4.39	4.21	0.18
昆山	2.63	2.61	0.02	4.32	4.16	0.16
陈墓	2.51	2.56	−0.05	4.36	4.21	0.15
王江泾	2.46	2.34	0.12	4.81	4.27	0.54
嘉兴	2.47	2.37	0.10	4.86	4.31	0.55
南浔	2.59	2.46	0.13	5.35	4.72	0.63
桐乡	2.59	2.43	0.16	5.53	4.80	0.73
乌镇	2.60	2.41	0.19	5.53	4.72	0.81
新市	2.69	2.50	0.19	5.89	5.17	0.72

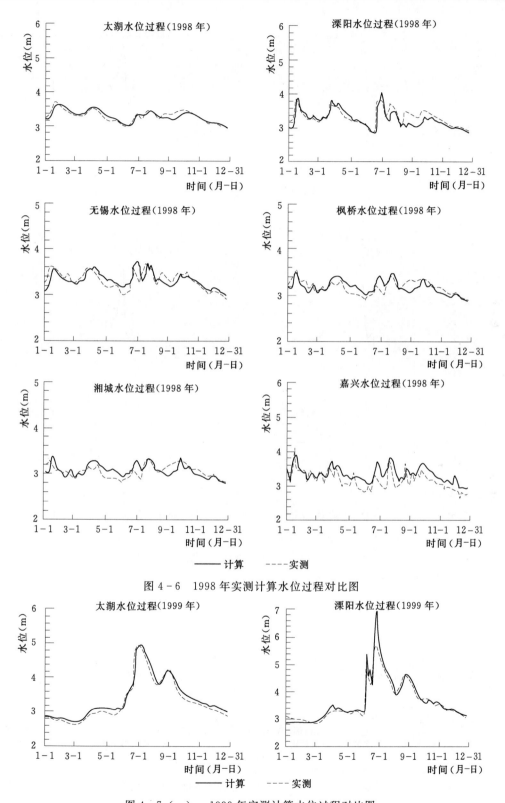

图 4-6　1998 年实测计算水位过程对比图

图 4-7（一）　1999 年实测计算水位过程对比图

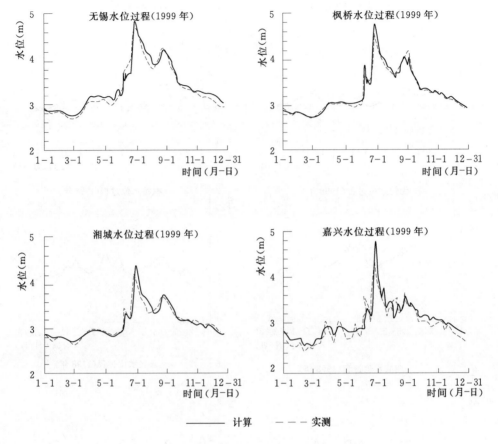

图 4 - 7（二）　1999 年实测计算水位过程对比图

3. 代表站流量

1998 年、1999 年，全流域共选取 4 个代表站流量进行模型验证。从计算成果看，1999 年验证成果要比 1998 年好，主要原因是 1998 年比较枯，流量较小，因此计算误差相对较大。但无论 1998 年还是 1999 年的流量验证成果，其全年期流量过程线趋势与实测资料相比，拟合情况均较好，详见图 4 - 8、图 4 - 9。

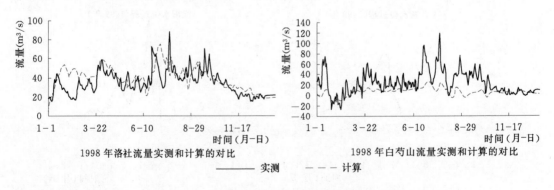

图 4 - 8（一）　1998 年实测计算流量过程对比图

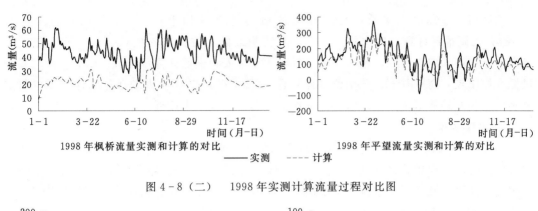

图 4-8（二）　1998 年实测计算流量过程对比图

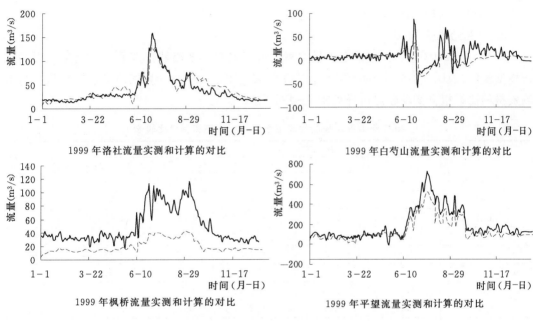

图 4-9　1999 年实测计算流量过程对比图

4.2.2　2002 年、2003 年模型验证

由于 2002 年、2003 年沿长江闸坝引排水量资料只有 4～9 月的实测值，因此，模型验证计算时间定为 4 月 1 日至 9 月 30 日。河道概化资料与 2000 年一致。2002 年、2003 年各闸运行方式为：沿江 13 个大闸按照实测资料的启闭时间调度，沿江其他小闸按照调度原则控制；沿杭州湾盐官闸全年关闸；长山闸和南台头闸汛期按照实际启闭时间调度，非汛期按调度原则控制；望亭水利枢纽和太浦闸按照实测流量资料调度，环湖其他闸门按调度原则控制；流域内其他各闸按照调度原则调度。

采用 2002 年、2003 年基础资料，按照上述调度原则，对 2002 年、2003 年进行模型验证计算。计算成果表明，主要代表站特征水位及各控制线泄量计算值与实测值较为接近。

1. 太湖水位

从太湖水位成果分析，2002 年、2003 年太湖最高及最低日均水位、水位过程线趋势与实测资料相比，拟合情况较好，详见表 4-7、表 4-8 和图 4-10、图 4-11。

从最高、最低水位来看，2002 年太湖最高计算日均水位 3.52m，比实测水位低 0.15m；太湖最低计算日均水位 3.10m，与实测最低水位比较，高 0.01m。2003 年太湖最高计算日均水位 3.31m，比实测水位低 0.03m；太湖最低计算日均水位 2.78m，与实测最低水位比较，高 0.01m。从水位过程来看，2002 年、2003 年太湖全年期计算水位与实测水位过程线趋势基本一致。汛期计算水位与实测水位基本接近。

2. 地区水位

2002 年、2003 年，由于浙江地区缺乏水位实测资料，因此，全流域共选取 9 个地区水位代表站进行模型验证。从 2002 年、2003 年地区水位计算成果可知，除个别站点外，代表站特征水位及计算期水位过程线趋势与实测资料相比，拟合情况较好，详见表 4-7、表 4-8 和图 4-10、图 4-11。

3. 代表站流量

2002 年、2003 年，由于缺乏流量实测资料，因此，全流域仅选取 2 个流量代表站进行模型验证。从 2002 年、2003 年流量计算成果可知，代表站计算期流量过程线趋势与实测资料相比，拟合情况较好，详见图 4-12、图 4-13。

表 4-7　　　　　　　**2002 年太湖及地区代表站水位计算值与实测值比较表**　　　　单位：m

站　名	最　小　值			最　大　值		
	计　算	实　测	差　值	计　算	实　测	差　值
太湖	3.10	3.09	0.01	3.52	3.67	−0.15
金坛	3.19	3.50	−0.31	5.10	5.51	−0.41
溧阳	3.18	3.25	−0.07	4.91	4.84	0.07
宜兴	3.13	3.21	−0.08	3.95	4.12	−0.17
坊前	3.19	3.37	−0.18	4.26	4.33	−0.07
无锡	3.07	3.19	−0.12	4.02	4.05	−0.03
枫桥	2.93	2.98	−0.05	3.66	3.54	0.12
湘城	2.77	3.02	−0.25	3.35	3.51	−0.16
昆山	2.79	2.88	−0.09	3.31	3.34	−0.03
陈墓	2.82	2.82	0.00	3.37	3.39	−0.02

表 4-8　　　　　　　**2003 年太湖及地区代表站水位计算值与实测值比较表**　　　　单位：m

站　名	最　小　值			最　大　值		
	计　算	实　测	差　值	计　算	实　测	差　值
太湖	2.78	2.77	0.01	3.31	3.34	−0.03
金坛	3.31	3.49	−0.18	6.17	6.12	0.05
溧阳	2.81	2.96	−0.15	5.13	4.94	0.09
宜兴	2.80	2.92	−0.12	4.05	4.24	−0.19
坊前	2.97	3.16	−0.19	4.54	4.56	−0.02
无锡	2.76	3.01	−0.25	4.09	4.04	0.05
枫桥	2.71	2.79	−0.08	3.41	3.36	0.05
湘城	2.70	2.90	−0.20	3.31	3.35	−0.04
昆山	2.65	2.79	−0.14	3.31	3.22	0.09
陈墓	2.63	2.78	−0.15	3.32	3.22	0.10

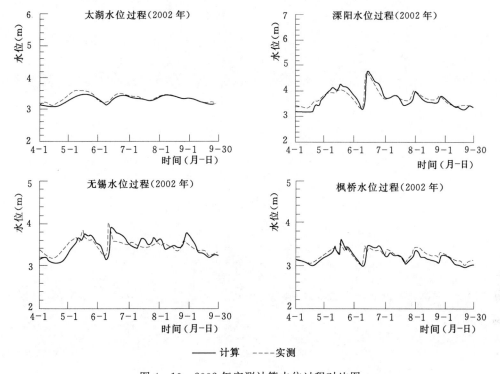

图 4-10　2002 年实测计算水位过程对比图

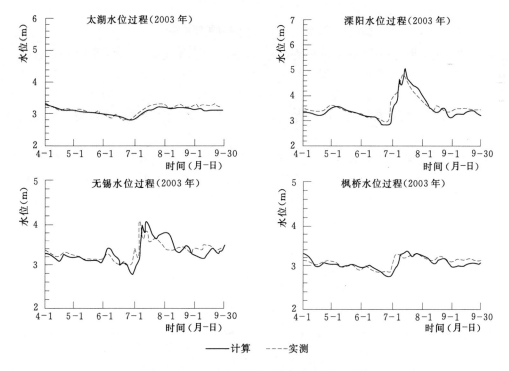

图 4-11　2003 年实测计算水位过程对比图

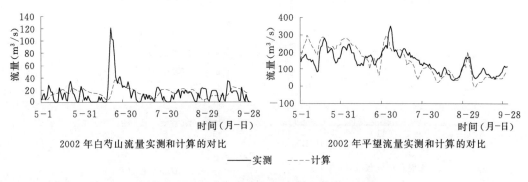

图 4-12 2002 年实测计算流量过程对比图

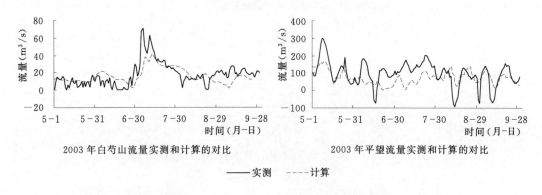

图 4-13 2003 年实测计算流量过程对比图

通过对 1998 年、1999 年、2000 年、2002 年、2003 年太湖流域实况年份的模拟演算，太湖计算特征水位和全年水位过程线与实际情况相差较小；各地区代表站水位除个别站点外，大部分代表站的计算特征水位、全年水位过程线趋势与实况均拟合较好；流量代表站的过程线趋势与实测资料相比，拟合情况也较好。因此，计算成果基本能够反映太湖流域的水流运动实际状况。

影响模型计算精度的因素很多，如降水、蒸发、下垫面基础资料、产水量计算成果、河道资料及河道参数、闸门操作运行方式等。由于太湖流域平原水网地区水流运动复杂，缺乏足够的实测资料，给模型计算带来一定误差，但总体上精度较好，能够反映太湖流域平原河网地区的水流特点。

第 5 章　太湖流域水质模型率定与验证

5.1　水质模型率定

采用 2000 年太湖流域水质资料对模型进行了率定，计算时间为 2000 年 1 月 1 日至 12 月 31 日。

5.1.1　污染负荷计算

5.1.1.1　污染负荷时空分配方法

污染物按入河方式可分为点源和非点源。两种类型污染源的时空分配方法是不同的。

1. 点源污染负荷的时空分配方法

点源污染包括工业污染源和城镇生活污染源。其时间分配采用全年平均分配的方法。由于一部分污染源位于太湖流域平原区以外，因此，需要对于排放位置明确的工业和城镇生活污染源进行空间分配。对于排放点位于太湖流域平原区的污染源，其废水量和污染物按照就近入河原则排入河网；对于排放点不在太湖流域平原区的污染源，在分配时不予考虑；工业和城镇生活污染源面排放的分配方法见非点源污染负荷的空间分配方法。

2. 非点源污染负荷的时空分配方法

非点源污染一般是指由降雨引起的各种污染物从土壤圈向水圈的扩散，由于其发生的随机性、机理过程的复杂性、排放途径及排放污染物的不确定性以及污染负荷的时空差异性，给非点源污染的研究和治理工作带来许多困难。本次研究中非点源污染主要包括城市和城镇降雨径流污染、畜禽养殖污染、农田降雨径流污染、农村生活污染和水产养殖污染五种类型。此外，工业和城镇生活污染源面排放部分的空间分配也采用非点源污染负荷的空间分配方法。

采用 UNPS 和 ANPS 模块计算非点源污染负荷的入河量随时间的变化过程，采用基于栅格化处理的分布式污染负荷模型实现非点源污染负荷的空间分配。空间分配主要遵循下述步骤：

（1）利用数字流域系统对太湖流域平原区进行栅格化处理，将其划分为 1km×1km 的栅格，并与土地利用图层进行叠加，计算每个栅格各种土地利用类型的面积。

（2）利用污染负荷模型计算每个县各种非点源污染负荷的单位面积入河量。

（3）将每个栅格中各种土地利用类型的面积乘以对应污染负荷单位面积入河量，并进行累加，得到该栅格的非点源污染负荷量。

（4）以 f 为权重，将某栅格的非点源污染负荷量按下式分配到包围该栅格的周边河道上

$$f = \frac{s}{AR^{0.67}} \qquad (5-1)$$

式中　f——综合系数；

s——栅格中心点离河道的距离，m；

A——过水面积，m^2；

R——水力半径，m。

（5）对进入某条河道的非点源污染负荷进行累加，得到进入该河道的非点源污染负荷量。

5.1.1.2　污染负荷计算成果及分析

1. 点源污染负荷计算成果及分析

根据点源污染负荷的统计和计算方法及其时空分配原则，可得到 2000 年太湖流域平原区点源入河量，见表 5-1。各种类型的点源入河量对比见图 5-1～图 5-6。

表 5-1　　　　　　　　　　　　　　　2000 年太湖流域平原区点源入河量

类　　别	废水量 （亿 m^3/a）	五日生化需氧量 （万 t/a）	化学需氧量 （万 t/a）	总磷 （万 t/a）	总氮 （万 t/a）	氨氮 （万 t/a）
大城市生活（点排放）	5.67	6.29	14.38	0.41	4.68	2.70
城镇生活（点排放）	8.16	6.74	13.17	0.34	5.19	2.88
工业（点排放）	18.97	8.38	34.37	0.33	2.71	2.04
生活污水处理厂	3.60	0.56	2.11	0.07	0.72	0.57
大城市生活（面排放）	0.29	0.34	0.78	0.02	0.25	0.14
城镇生活（面排放）	0.25	0.19	0.37	0.01	0.14	0.08
工业（面排放）	11.22	2.28	9.11	0.19	1.34	1.12
工业小计	30.19	10.66	43.48	0.52	4.05	3.16
生活小计	17.97	14.12	30.81	0.86	10.98	6.37
合　　计	48.16	24.78	74.29	1.38	15.03	9.53

注　表格中括号内注明点排放的表示该点源排放位置明确，注明面排放的表示该点源排放位置不明确，因此作面源处理。

（1）废水量。

2000 年进入太湖流域平原区的工业废水量为 30.19 亿 m^3，占总量的 62%，其中工业点排放量 18.97 亿 m^3，工业面排放量 11.22 亿 m^3。生活废水量为 17.97 亿 m^3，占总量的 38%。合计废水入河量 48.16 亿 m^3。对比详见图 5-1。

（2）五日生化需氧量（BOD_5）。

BOD_5 入河总量为 24.78 万 t。工业 BOD_5 入河量为 10.66 万 t，占 BOD_5 总量的 43%，其中工业点排放量 8.38 万 t，工业面排放量 2.28 万 t。生活 BOD_5 入河量为 14.12 万 t，占 BOD_5 总量的 57%。对比详见图 5-2。

（3）化学需氧量（COD_{Cr}）。

COD_{Cr} 入河总量 74.29 万 t。工业 COD_{Cr} 入河量为 43.48 万 t，占 COD_{Cr} 总量的 58%，其中工业点排放量 34.37 万 t，工业面排放量 9.11 万 t。生活 COD_{Cr} 入河量为 30.81 万 t，占

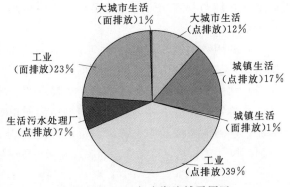

图 5-1　2000 年太湖流域平原区
点源废水入河量对比图

COD_{Cr} 入河总量的 42%。对比见图 5-3。

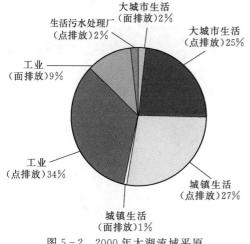

图 5-2 2000 年太湖流域平原
区点源 BOD_5 入河量对比图

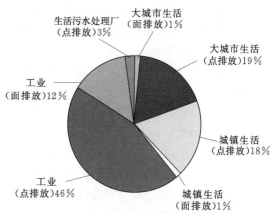

图 5-3 2000 年太湖流域平原区
点源 COD_{Cr} 入河量对比图

（4）总磷（TP）。

TP 入河量主要以生活污染源为主。工业 TP 入河量为 0.52 万 t，占 TP 总量的 29%，其中工业点排放量 0.33 万 t，工业面排放量 0.19 万 t。生活 TP 入河量为 0.86 万 t，占 TP 入河总量的 71%。合计 TP 入河量为 1.37 万 t。对比详见图 5-4。

（5）总氮（TN）。

TN 入河量也以生活污染为主。工业 TN 入河量为 4.05 万 t，占 TN 入河总量的 38%，其中工业点排放量 2.71 万 t，工业面排放量 1.34 万 t。生活 TN 入河量为 10.98 万 t，占 TN 入河总量的 62%。合计 TN 入河量为 15.03 万 t。对比详见图 5-5。

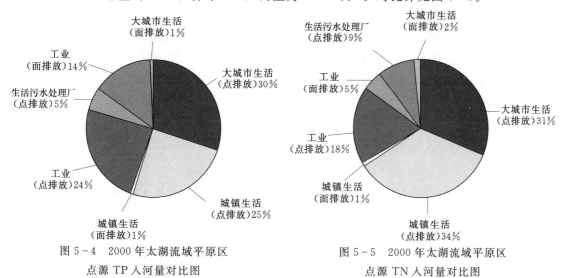

图 5-4 2000 年太湖流域平原区
点源 TP 入河量对比图

图 5-5 2000 年太湖流域平原区
点源 TN 入河量对比图

（6）氨氮（NH_3-N）。

NH_3-N 入河量也以生活污染源为主。工业 NH_3-N 入河量为 3.16 万 t，占 NH_3-N

入河总量的 33%，其中工业点排放量
2.04 万 t，工业面排放量 1.12 万 t。生活
NH_3 - N 入河量为 6.36 万 t，占 NH_3 - N
入河总量的 67%。合计 NH_3 - N 入河量为
9.53 万 t。对比详见图 5 - 6。

由以上分析可以发现，太湖流域的废
水和 COD_{Cr} 入河量主要来自工业污染源，
而 BOD_5、TP、TN 和 NH_3 - N 等污染物
则主要以大城市和城镇生活污染为主。

2. 非点源污染负荷计算结果及分析

按照非点源污染负荷的统计和计算
方法及其时空分配原则，可得到 2000 年
太湖流域平原区非点源入河量，见表 5 -
2。各种非点源污染物入河量对比见图 5 - 7～图 5 - 11。

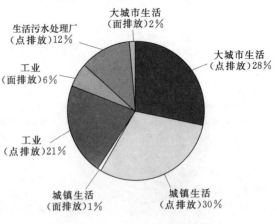

图 5 - 6　2000 年太湖流域平原区
点源 NH_3 - N 入河量对比图

表 5 - 2　　　　　　　　　　2000 年太湖流域平原区非点源污染负荷入河量　　　　　　　　　　单位：万 t/a

类　　别	入　河　量				
	五日生化需氧量	化学需氧量	总磷	总氮	氨氮
城市降雨	0.16	0.56	0.01	0.02	0.01
城镇降雨	0.70	2.28	0.11	0.35	0.08
旱地径流	0.47	3.13	0.04	0.54	0.12
水田径流	0.93	5.58	0.09	1.56	0.56
水产养殖	1.15	6.50	0.07	0.64	0.11
农村居民	4.98	13.21	0.20	2.97	1.40
畜禽养殖	2.58	3.10	0.26	0.44	0.20
合　　计	10.97	34.36	0.78	6.52	2.48

（1）五日生化需氧量（BOD_5）。

2000 年太湖流域平原区非点源 BOD_5 入河量为 10.97 万 t，其中农村居民产生的
BOD_5 的比例最大，占非点源 BOD_5 入河总量的 45%；其次是畜禽养殖，占入河总量的
24%；水产养殖占入河总量 11%。对比详见图 5 - 7。

（2）化学需氧量（COD_{Cr}）。

2000 年太湖流域平原区非点源 COD_{Cr} 入河量为 34.36 万 t，其中农村居民所产生的
COD_{Cr} 的比例最大，占非点源 COD_{Cr} 入河总量的 38%；其次为水产养殖产污量，占入河总
量的 19%；畜禽养殖产污占入河总量 9%。对比详见图 5 - 8。

（3）总磷（TP）。

2000 年太湖流域平原区非点源 TP 入河量为 0.78 万 t，其中畜禽养殖所产生的 TP 比例最
大，占非点源 TP 入河总量的 33%；其次是农村居民产污量，占入河总量的 26%；水产养殖产
污占入河总量 9%；城市降雨产生的 TP 比例最小，仅占 1%。对比详见图 5 - 9。

（4）总氮（TN）。

2000 年太湖流域平原区非点源 TN 入河量为 6.52 万 t，其中农村居民所产生的 TN 比例最大，占非点源 TN 入河总量 46%；水产养殖产污占入河总量 10%；畜禽养殖产污占入河总量 7%；城镇降雨产生的 TN 比例最小，仅占 5%。对比详见图 5-10。

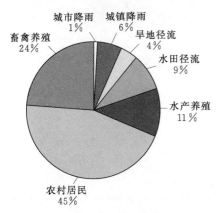

图 5-7　2000 年太湖流域平原区非
点源 BOD$_5$ 入河量对比图

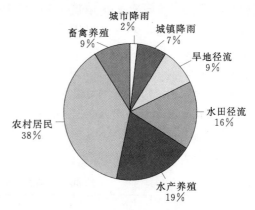

图 5-8　2000 年太湖流域平原区非
点源 COD$_{Cr}$ 入河量对比图

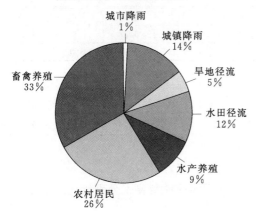

图 5-9　2000 年太湖流域平原区非
点源 TP 入河量对比图

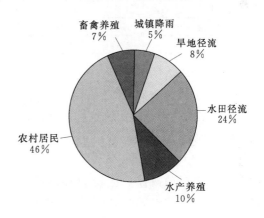

图 5-10　2000 年太湖流域平原区非
点源 TN 入河量对比图

（5）氨氮（NH$_3$-N）。

2000 年太湖流域平原区非点源 NH$_3$-N 入河量为 2.48 万 t；农村居民所产生的NH$_3$-N比例最大，占非点源 NH$_3$-N 入河总量的 56%；水产养殖产污占入河总量 5%；畜禽养殖产污占入河总量 8%；城镇降雨产生的 NH$_3$-N 比例最小，仅占 3%。对比详见图 5-11。

5.1.2　水质模型计算
5.1.2.1　边界条件

太湖流域水质模型共有 63 个水质边界条件，

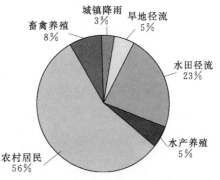

图 5-11　2000 年太湖流域平原区
非点源 NH$_3$-N 入河量对比图

包括西部山丘区入流、沿长江和钱塘江各河道口门。受资料所限，水质边界条件采用两种方法处理，若在边界处有水质监测断面，则采用实测水质数据；若没有实测浓度过程，参照临近测点的水质数据，采用该河道功能区划水质标准作为其边界条件。

采用 2000 年实测风场作为太湖表面边界条件。经过统计，2000 年太湖年平均风速为 5.08m/s，常风向为 NE 向，其次为 ENE 向。各风向年平均风速和风频详见表 5-3。同时根据 2000 年各风向的风频绘制了风玫瑰图（图 5-12）。

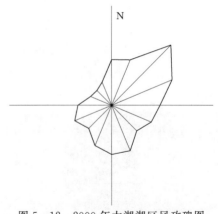

图 5-12　2000 年太湖湖区风玫瑰图

表 5-3　　　　　　　　　　2000 年太湖各风向年平均风速和风频

风　　向	N	NNE	NE	ENE	E	ESE	SE	SSE
平均风速（m/s）	5.02	5.62	6.09	6.62	5.41	4.7	5.96	5.28
风频（%）	6.6	7.1	12.3	9.6	7.1	6.3	5.2	7.1
风　　向	S	SSW	SW	WSW	W	WNW	NW	NNW
平均风速（m/s）	4.82	4.25	3.8	4.05	3.72	3.22	4.35	4.28
风频（%）	7.1	6.3	4.7	5.8	4.9	3.3	3.0	3.6

根据宜兴站多年风速资料，统计得到该站全年常风向为 SE 向、其次为 ESE 向，这两个风向的年风频分别达到 18% 和 13%。虽然 2000 年常风向与历年统计资料有所差异，但从 2000 年的风玫瑰图可以看出，偏东向（NNE～SSE）的风明显占据主导，这与历年风速资料相吻合。

5.1.2.2　初始条件

初始条件的设置主要参考流域整体水质状况，按不同的模型要素分别给定。零维调蓄节点和一维河网水质模型的初始条件见表 5-4。

表 5-4　　　　2000 年调蓄节点和一维河网水质浓度初始条件　　　　单位：mg/L

模型要素	水质指标					
	COD_{Cr}	BOD_5	TP	TN	NH_3-N	DO
调蓄节点	20	3	0.1	0.5	0.5	8
一维河网	30	6	0.3	1.5	1.5	8

太湖二维水质模型的初始条件根据太湖各个湖区的实测水质数据分别给定，详见表 5-5。

表 5-5　　　　　　　2000 年太湖水质浓度初始条件　　　　　　单位：mg/L

太湖湖区	水质指标					
	COD_{Cr}	BOD_5	TP	TN	NH_3-N	DO
竺山湖	23.36	6.05	0.08	3.32	0.50	12.11
梅梁湖	20.02	4.67	0.07	3.44	1.14	12.94

续表

太湖湖区	水　质　指　标					
	COD_{Cr}	BOD_5	TP	TN	NH_3-N	DO
贡湖	26.90	4.32	0.03	2.26	0.12	13.41
西部沿岸区	23.79	4.73	0.06	4.83	0.69	12.88
南部沿岸区	24.96	2.77	0.08	2.06	0.35	13.47
湖心区	28.30	5.34	0.04	1.82	0.00	14.50
东太湖	23.67	3.97	0.05	1.52	0.31	12.86
东部沿岸区	25.26	3.33	0.05	1.58	0.07	13.33

5.1.2.3　率定过程中的处理方法

在水质模型率定过程中，进行了如下处理：

（1）适当调整了各分区各产污模块的产污当量、处理模块的去除率和污染负荷路径比例系数，使得各分区监测断面的水质浓度计算值总体与实测值相符。

（2）对各调蓄节点和各条河道的水质参数进行适当调整，使节点和河道监测断面的水质浓度计算值尽可能与实测值相吻合。

（3）将太湖划分为竺山湖、梅梁湖、贡湖、大太湖北部、湖心区、大太湖西部、大太湖南部、大太湖东部和东太湖等九个湖区，适当调整各分区水质参数，使得湖区各水质监测点水质浓度计算值尽可能与实测值相吻合。

5.1.3　率定结果及分析

对 2000 年各水质率定站点的计算误差进行了分析，各水质指标相对误差小于 30% 和 50% 的数据占总数据的百分比详见表 5 - 6。

表 5 - 6　　　　　　　　　2000 年各水质指标相对误差分布

相　对　误　差	相　对　误　差　分　布（%）					
	COD_{Cr}	BOD_5	TP	TN	NH_3-N	DO
30% 之内	69	40	32	40	40	74
50% 之内	83	62	51	73	56	85

根据计算成果，绘制了 2000 年太湖流域水质率定站点各项水质指标计算值与实测值的对比图（图 5 - 13）。由图 5 - 13 可见，2000 年大部分水质率定站点的率定结果较好，实测值与计算值比较吻合，但同时也存在个别水质站点的计算值与实测值偏差较大的情况。

总体上，相对误差控制在 50% 以内，率定结果较好。各种水质指标的相对误差在 30% 以内的数据占数据总数的比例均在 32% 以上，误差在 50% 以内的比例均在 51% 之上。COD_{Cr} 与 DO 的率定效果最好，其相对误差在 30% 以内的比例高达 69% 和 74%，而误差在 50% 以内的比例超过了 83%；其次是 TN，其相对误差在 30% 以内的比例高于 40%，在 50% 以内的比例高于 73%；BOD_5 率定相对误差在 30% 以内的比例接近 40%；TP 和 NH_3-N，相对误差在 30% 以内的比例均达到 32%，在 50% 以内的比例超过 51%。

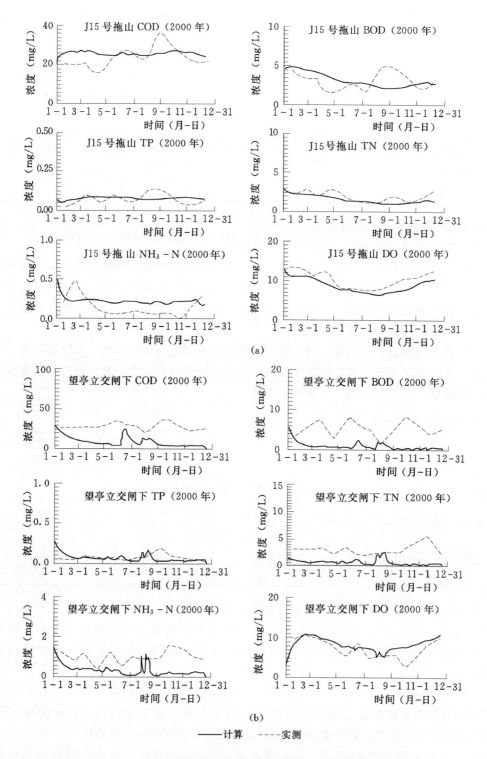

图 5-13 (一)　2000 年太湖流域水质浓度率定计算值与实测值对比图

(a) 太湖区——拖山；(b) 望虞河——望亭立交闸下

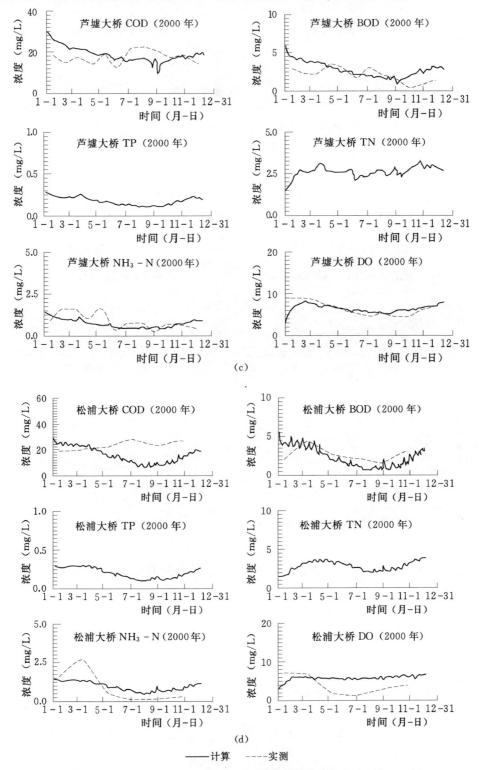

图 5-13（二）　2000 年太湖流域水质浓度率定计算值与实测值对比图

（c）太浦河——芦墟大桥；（d）黄浦江——松浦大桥

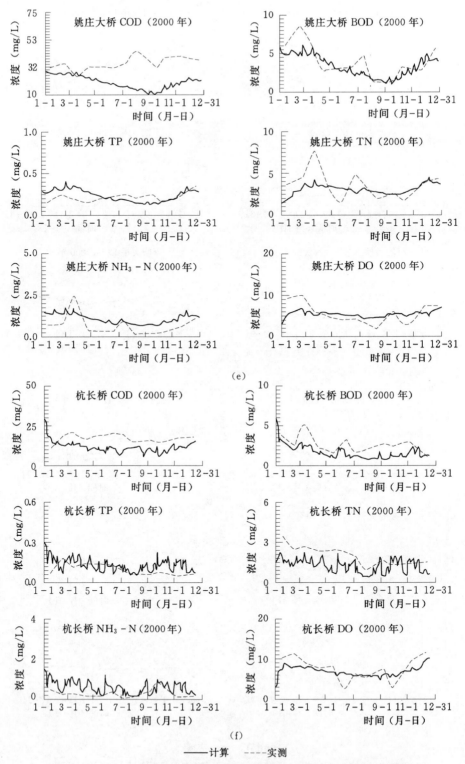

图 5-13（三）　2000 年太湖流域水质浓度率定计算值与实测值对比图

(e) 杭嘉湖区——姚庄大桥；(f) 杭嘉湖区——杭长桥

综上所述，2000 年的率定结果整体上反映了太湖流域水质状况，但个别站点的计算值与实测值变化过程存在一定差异。

由水质率定站点计算值与实测值的对比图可以发现，大多数站点率定效果较好。水质模型计算误差主要有以下六方面原因：

（1）水量计算误差。水量模型本身存在一定的误差，其计算误差不可避免地传递到水质模型，从而影响水质模型计算精度。

（2）污染源的误差。首先，点污染源的位置、入河量以及入河过程（时空分布）的概化和模拟均与实际情况有一定差别，例如江苏部分的工业点源面排放部分占总排放量的比例过大。经过统计，太湖流域江苏部分的工业废水排放总量为 16.68 亿 m^3，其中工业点源面排放量为 11.22 亿 m^3，占总量的 67.3%。这使得相当一部分点污染源在面上被分摊，造成点污染源的空间分配与实际情况存在较大差异，从而影响水质模型的计算精度。其次，非点源污染物入河量的计算缺少足够的实测资料进行率定，只能借助水质模型间接对其率定。

（3）水质参数的误差。水质模型率定中模型参数的选取虽然建立在一定的实验研究的基础上，但考虑到影响水质参数的因素较多，不可避免会存在一定的误差，从而影响水质模型的精度。

（4）水质监测数据带有一定的误差和不确定性。本次用于率定的实测资料来源广泛，既有省界资料、汛期资料，还有基准年资料。对各种来源的资料进行整理后发现，个别站点的监测值明显偏高，另一些站点的监测值出现了大幅度的跳动现象。例如 2000 年元和塘桥 TP 和 NH_3-N 浓度、焦山和乌龟山 10 月 COD_{Cr} 浓度、新塘 12 月 TN 浓度、龙虎塘镇西湖塘桥的 COD_{Cr} 浓度等，均存在明显的偏差。

（5）TP、NH_3-N 监测数据数值小且波动较大。TP、NH_3-N 监测数据的数值偏小且波动较大，对率定结果有明显的影响。如湖西区的东门大桥 NH_3-N 的实测值变化范围为 0.08～6.17mg/L，计算值变化范围为 0.9～2.9mg/L，计算值范围位于实测值范围之内，但相对误差较大，这显然与实测值数据变化范围过大有关。

（6）实测值的代表性不够。对于主要河流（如黄浦江），由于河道较宽，岸边排放的污染物很难在横向上充分掺混。实测值仅代表断面某一点处的水质浓度，而计算值反映的是断面平均浓度，所以计算值与实测值存在一定偏差。如南市水厂、松浦大桥和杨浦水厂等监测断面，其计算年均值均小于实测年均值。

5.2　水质模型验证

为了进一步验证水质模型的精度，采用 1998 年、1999 年、2002 年、2003 年共 4 年的实测水质数据对模型进行了验证。

5.2.1　模拟计算

5.2.1.1　边界条件

1998 年、1999 年、2002 年、2003 年水质边界的处理方法与 2000 年相似。如果在边界处有水质监测断面，则采用实测水质数据作为边界条件；若没有实测浓度过程，则参照临近测点的水质数据，采用设计水质过程作为其边界条件。

太湖表面边界条件采用 2000 年实测风场。

5.2.1.2　初始条件

初始条件的设置主要参考流域整体水质状况，零维调蓄节点和河网水质模型的初始条件见表 5-7。

表 5-7　　　　　　调蓄节点和一维河道水质浓度初始条件　　　　　单位：mg/L

模型要素 ＼ 水质指标	COD_{Cr}	BOD_5	TP	TN	NH_3-N	DO
零维调蓄	20	3	0.1	0.5	0.5	12
一维河道	30	6	0.3	1.5	1.5	12

太湖二维水质模型的初始条件根据太湖各个测点相应年份的实测水质数据分别给定，详见表 5-8。

表 5-8　　　1998 年、1999 年、2002 年、2003 年太湖水质浓度初始条件　　　单位：mg/L

太湖湖区 ＼ 水质指标	COD_{Cr}	BOD_5	TP	TN	NH_3-N	DO
竺山湖	30.13	3.65	0.07	3.62	1.42	9.75
梅梁湖	17.09	1.81	0.05	0.99	0.10	11.57
贡湖	26.55	2.95	0.09	0.92	0.14	11.68
西部沿岸区	24.73	1.44	0.06	0.97	0.20	12.09
南部沿岸区	20.74	2.80	0.04	0.37	0.08	11.59
湖心区	22.62	1.15	0.04	0.69	0.25	13.80
东太湖	18.52	2.24	0.02	0.32	0.00	11.25
东部沿岸区	23.97	2.88	0.04	0.47	0.09	11.46

5.2.1.3　污染源条件

1998 年、1999 年、2002 年、2003 年点污染源入河量均采用 2000 年的计算结果，非点源污染物的入河量根据 1998 年、1999 年、2002 年、2003 年的产汇流模型计算结果和 2000 年的社会经济资料，利用污染负荷模型计算得到。

5.2.2　计算结果和分析

对各水质站点计算值与实测值的相对误差及其分布情况进行了统计。统计结果见表 5-9～表 5-16。1998 年、1999 年、2002 年、2003 年的验证结果整体较好，实测数据与计算数据比较吻合。

表 5-9　　　　　　　　1998 年各分区率定站点相对误差　　　　　　　　　　　％

水资源分区 ＼ 水质指标	COD_{Cr}	BOD_5	TP	TN	NH_3-N	DO
太湖区	15.99	38.71	89.45	83.42	143.83	12.97
湖西区	19.76	125.92	131.17	34.21	100.07	16.93

续表

水质指标 水资源分区	COD_{Cr}	BOD₅	TP	TN	NH₃-N	DO
武澄锡虞区	10.44	53.98	62.83	22.11	42.07	24.21
阳澄淀泖区	25.69	39.41	42.29	15.66	22.90	11.02
杭嘉湖区	33.75	35.94	14.22	25.28	113.39	31.18
浙西区	9.08	19.94	33.01	7.68	94.09	29.13
浦西区	3.85	92.42	8.82	20.82	28.76	33.65
平均	16.94	58.04	54.54	29.88	77.87	22.73

表 5-10　　　　　　　　　　1999 年各分区率定站点相对误差　　　　　　　　　　%

水质指标 水资源分区	COD_{Cr}	BOD₅	TP	TN	NH₃-N	DO
太湖区	11.87	33.54	37.97	25.03	63.69	11.32
湖西区	34.16	56.73	57.43	41.08	105.84	32.59
武澄锡虞区	31.70	26.01	44.08	23.11	21.57	88.34
阳澄淀泖区	29.96	36.06	30.42	22.79	30.41	31.12
杭嘉湖区	25.20	37.08	34.91	29.42	53.52	92.46
浙西区	10.84	24.37	12.47	20.86	55.60	17.47
浦西区	14.78	36.47	16.73	23.33	24.26	92.59
平均	22.64	35.75	33.43	26.52	50.70	52.27

表 5-11　　　　　　　　　　2002 年各分区率定站点相对误差　　　　　　　　　　%

水质指标 水资源分区	COD_{Cr}	BOD₅	TP	TN	NH₃-N	DO
太湖区	25.16	74.22	63.48	30.97	68.04	11.79
湖西区	—	—	—	—	—	—
武澄锡虞区	29.79	51.32	73.93	50.64	86.50	265.97
阳澄淀泖区	33.65	54.41	55.68	52.62	119.93	151.35
杭嘉湖区	—	—	—	—	—	—
浙西区	—	—	—	—	—	—
浦西区	—	—	—	—	—	—
平均值	28.90	60.84	65.70	43.53	87.11	141.76

表 5-12　　　　　　　　　　2003 年各分区率定站点相对误差　　　　　　　　　　%

水质指标 水资源分区	COD_{Cr}	BOD₅	TP	TN	NH₃-N	DO
太湖区	46.55	102.41	88.68	37.98	72.86	13.05
湖西区	—	—	—	—	—	—

续表

水质指标 水资源分区	COD_{Cr}	BOD_5	TP	TN	NH_3-N	DO
武澄锡虞区	42.11	51.31	154.94	73.05	45.68	186.65
阳澄淀泖区	40.08	42.17	152.00	127.10	—	108.04
杭嘉湖区	—	—	—	—	—	—
浙西区	—	—	—	—	—	—
浦西区	—	—	—	—	—	—
平均值	43.27	68.18	129.36	73.41	67.05	101.90

表 5-13　　　　　　　　　1998 年各水质指标相对误差分布　　　　　　　　　%

水质指标 相对误差	COD_{Cr}	BOD_5	TP	TN	NH_3-N	DO
30% 之内	75.00	55.36	60.71	66.07	41.07	82.14
50% 之内	91.07	75.00	71.43	82.14	58.93	92.86

表 5-14　　　　　　　　　1999 年各水质指标相对误差分布　　　　　　　　　%

水质指标 相对误差	COD_{Cr}	BOD_5	TP	TN	NH_3-N	DO
30% 之内	62.26	53.77	55.66	66.98	47.17	63.21
50% 之内	92.45	76.42	82.08	85.85	69.81	71.70

表 5-15　　　　　　　　　2002 年各水质指标相对误差分布　　　　　　　　　%

水质指标 相对误差	COD_{Cr}	BOD_5	TP	TN	NH_3-N	DO
30% 之内	53.85	15.38	15.38	30.77	15.38	38.46
50% 之内	92.31	30.77	53.85	61.54	38.46	61.54

表 5-16　　　　　　　　　2003 年各水质指标相对误差分布　　　　　　　　　%

水质指标 相对误差	COD_{Cr}	BOD_5	TP	TN	NH_3-N	DO
30% 之内	31.25	12.50	12.50	18.75	11.12	43.75
50% 之内	81.25	52.94	46.16	56.25	77.78	62.50

　　总体上，1998 年、1999 年、2002 年、2003 年的验证结果均较好。1998 年 COD_{Cr} 相对误差在 30% 和 50% 以内的数据比例分别达到 75% 和 91%；DO 相对误差在 30% 和 50% 以内的数据比例分别达到 82% 和 93%；TP 和 TN 的相对误差在 30% 以内的数据比例达到 61% 和 66%；BOD_5 和 NH_3-N 相对误差在 30% 以内的数据比例偏低，分别为 55% 和 41%，相对误差在 50% 以内的数据达到 75% 和 59%。

　　1999 年的相对误差分布情况与 1998 年相比，除 COD_{Cr}、DO 比例相对偏低外，总体验证情况好于 1998 年。COD_{Cr}、TP、TN 和 DO 等水质指标的相对误差在 30％和 50％以内的比例较高，而 BOD_5 和 NH_3-N 相对误差的分布比例相对偏低。1999 年 COD_{Cr} 相对误差在 30％和 50％以内的数据比例分别达到 62％和 92％；DO 相对误差在 30％和 50％以内的数据比例分别达到 63％和 72％；TN 的相对误差在 30％和 50％以内的数据比例达到 67％和 86％；BOD_5、TP 和 NH_3-N 相对误差 30％以内的数据比例偏低，分别为 54％、56％和 47％，相对误差在 50％以内的数据达到了 76％、82％和 70％。

相比而言，2002 年、2003 年验证结果相对较差，分析原因主要是因为 2002 年、2003 年水质监测站点较少，代表性不够，加上 2002 年、2003 年实施引江济太以后，水质明显改善，水质指标较低，相对误差较大。

从相对误差的分布情况来看，1998 年和 1999 年 COD_{Cr}、TN 和 DO 等水质指标的验证结果较好，三种水质指标的相对误差在 30％以内的数据比例均在 63％以上；1998 年 TP 的验证效果也比较理想，相对误差在 30％以内的数据比例达到 61％。1998 年、1999 年 BOD_5 和 NH_3-N 的相对误差分布比例偏低，相对误差在 30％以内的数据比例仅 40％。

采用 1998 年和 1999 年的实测数据对模型进行验证时，导致相对误差偏大的一个重要原因是模型在验证时使用的点污染源以及非点源污染计算中所用的社会经济资料采用的是 2000 年的调查数据，与水质监测数据不同步。

1999 年武澄锡虞区、杭嘉湖区和浦西区 DO 的平均相对误差值偏大的原因在于这些分区各站点的 DO 实测值明显偏低。通过分析这些分区各站点 DO 的实测值可以发现，这些分区各站点的 DO 数据数量较少，大部分站点的监测数据集中在 8 月和 9 月，且数值明显偏小。例如，武澄锡虞区戚墅堰桥、常州市水门桥、常州市新市街、东方红桥，杭嘉湖区的太平桥、北虹大桥、浦西区的东方红大桥、南市水厂等测点的 DO 实测值明显偏小，上述站点的 DO 平均浓度均小于 3.3mg/L，个别月份甚至低于 1.0mg/L。

第6章　系　统　集　成

模型的建立是引江济太水量水质联合调度运行系统的基础，而整个系统的集成则是系统能否满足业主要求的关键。系统集成一般分为松散与耦合式源代码级两种集成模式，前者难度小，但所集成的系统运行效率低；后者难度大，但所集成的系统运行效率高。为更好地满足需求，本系统集成采用后一种方式。

系统集成的主要内容包括一维、二维（准三维）河网水量水质模型、多目标优化调度模型、地理信息系统（GIS）、数据库管理系统及其他输出界面。整体系统的集成见图 6-1。

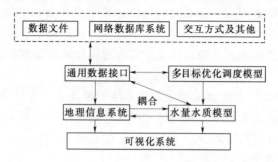

图 6-1　引江济太水量水质联合调度系统集成

6.1　设计原则

先进性与实用性相统一。太湖流域水量水质联合调度系统是一个实用性强的业务运行系统，这就要求系统开发采用最先进的设计思想、开发平台、开发技术。

标准化与可扩展性相统一。以国家相应的规范、大纲为标准，做到标准化，同时要考虑到今后系统的扩展性要求。

系统运行的长期可维护性。由于本系统是一个实用性业务运行系统，目前软件技术、操作系统的更新升级速度加快，因此系统的后期维护、升级及二次开发等必须满足需求。

一体化集成模式。整个系统构建在地理信息系统（GIS）平台上，模型系统要求结合地理信息系统（GIS）进行开发，地理信息系统、模型库系统、数据库系统及其界面系统无缝集成，要求各子系统间的信息流动高速流畅可靠。

6.2　建设目标

在 1:250000 电子地图和遥感影像构成的基础平台上，实现动态模拟流域水量水质状况及河网水流运动情况；在一定工程运行条件下，动态模拟流域河网水流运动情况及水质变化情况；实时调度方案研究；方案研究管理（输入、输出、图形、数据合理性检查等）；方案研究成果演示（静态、动态、局部、整体）等，以提供流域水量水质调度方案会商决策。系统将实现以下功能。

1. 可视化模型概化系统

在模型库的基础上，结合地理信息系统技术与面向对象的编程技术，在系统的底层进行设计，实现快速可视化构模功能。系统可以智能化地根据地理信息资料的类型，自动匹配模型库要素。

2. 计算方案管理

计算方案是指计算范围（如一维区域、单独的湖泊准三维模型等）、计算边界条件、调度方案以及水质要素等不同组合所构成计算条件。用户还可以自由设置另外的计算方案。该功能可以实现各种模型的独立计算及耦合计算的要求。

3. 模型库管理

系统将建立太湖流域各种下垫面的产流模型、汇流模型、河网一维水动力模型、太湖准三维水流模型以及各种水质要素的计算模型，可根据需要选择不同的模型和水质要素进行计算。用户还可以在线设置水质要素的源项计算公式。

4. 实时动态显示功能

在水量水质实时模拟过程中，系统可实时动态显示各种计算方案和成果，如计算水面线、计算水位与实测水位过程对比等。

5. 实时在线输出与在线查询功能

在水量水质实时模拟过程中，可以在不中断系统运行的情况下，查询任何时刻和任何空间位置的计算成果与实测信息。完全实现了荷兰 DELFT NETTER 软件的相关功能。

6. 通用化的数据接口功能

由于模型计算要求大量的实测水文水环境信息，这些信息可能以各种文本文件、数据库等形式存储，数据库的库表结构又各不相同。如何在模型计算过程中有效快速地利用这些信息，对提高计算效率有重要的意义。在本系统中，可以通过通用化数据接口模块快速有效地获取所需信息。该接口具有可定制功能、方案管理功能。

7. 系统的其他功能

该系统具有绘制太湖流域降雨等值线、水文频率分析、报表查询分析等辅助功能。

6.3 系统结构设计

6.3.1 系统逻辑结构设计

系统的逻辑结构设计主要是设计系统开发核心层面上的结构。主要由如下几个子系统组成：水信息管理子系统、地理信息系统及可视化构模子系统、模型库管理子系统、流域水信息实时监控与分析子系统、调度管理子系统。其中前三个子系统是整个系统的核心模块，后两个子系统是整个决策支持系统的应用模块，大量的功能是在应用模块中体现。

6.3.1.1 水信息管理子系统

水信息管理子系统主要用于解决本系统与外部数据库的接口问题，包括水文测站站网管理，水质测站站网管理，工程、工情信息及污染源信息的管理，同时负责处理引江济太调度方案成果的入库。本子系统的主要任务是解决如何将已有的外部信息（如数据库中相关信息）应用到整个系统中，如模型计算中的边界条件信息均由本系统中提供。该子系统

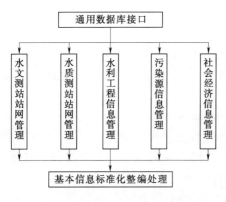

图 6-2　水信息管理子系统逻辑结构图

的逻辑结构见图 6-2。

1. 通用数据库接口

主要解决系统与数据库的接口问题，系统所有与数据相关的操作（读、写数据库）均由此接口负责完成。同时要求该接口在设计时考虑到数据库的开放性、数据库库表结构的可扩充性要求。

2. 水文测站站网管理

在系统应用过程中用到许多实测水文信息。这些水文信息在系统中通过水文测站进行管理，由于在整个系统的运行周期内水文测站不断变化，如果没有一套完善的水文测站站网管理系统，则后面增加的水文测站的水文信息就在系统中无法应用。

3. 水质测站站网管理

与水文站网管理相类似，主要是解决水质测站站网的改变问题。

4. 水利工程信息管理

主要是管理系统中用到的河流、水库、堤防、圩区等水利工程相关信息。

5. 污染源信息管理

主要管理在水资源模型系统中应用到的相关污染源调查信息，其管理的重点是要求考虑污染源调查信息发生改变时如何应用到本系统中。

6. 社会经济信息管理

主要管理行政分区、土地利用信息（分为水面、城市、水田与旱地四种类型）；社经资料（主要为人口、工农业产值及农业发展与土地利用等）；供用水资料；行政分区、人口分布、取水口；供水范围、排水口、退水口；水利分区等地理信息数据及其相关属性信息。

7. 基本信息标准化整编处理

主要是对过程性的基本信息进行标准化整编处理（等时段数据插值、特征统计等内容），便于后面模型系统直接采用。

6.3.1.2　地理信息系统及可视化构模子系统

地理信息系统及可视化构模子系统是决策支持系统的核心内容之一，要求本系统中地理信息系统及其可视化构模系统与模型库管理子系统在系统底层进行一体化的设计与集成，以实现整个系统信息流动的高速流畅可靠。在本系统采用的地理信息系统（GIS）是专门针对专业模型进行开发的专业GIS，与流域水信息实时监控与调度管理系统 GIS 平台中的地理信息系统是两个不同应用需求的地理信息系统。平台 GIS 重点是解决整个太湖流域的地理信息的管理，在本子系统的地理信息系统则重点解决可视化构模及模型计算成果的可视化表达等功能，其特点是更偏重于跟模型库的耦合。该子系统的逻辑结构见图 6-3。

图 6-3　地理信息系统及可视化构模子系统逻辑结构图

1. 太湖流域地理信息系统

主要是在已建立的太湖 1 : 250000 电子地图的基础上, 建立与太湖流域水量水质联合调度系统相适应的专题地理信息系统。重点解决水信息管理子系统及太湖流域水信息实时监控子系统在地理信息系统中的应用问题, 关键是信息流动的高效畅通与可扩展性要求。

2. 空间数据库管理系统

主要是对太湖流域空间数据进行管理与应用, 空间数据库是构建太湖流域水量水质联合调度系统的基础信息。重点是解决空间数据库的空间信息如何快速有效地应用到模型系统中, 并结合可视化构模系统快速概化生成太湖流域水量水质联合调度系统的模型系统, 并以空间数据库为基础, 实现决策成果的在线动态可视化表达。

3. 数字高程模型及其分析

数字高程模型主要有两个方面: 一是建立湖泊、河流水下地形的数字高程模型; 二是建立整个流域内的数字地面高程模型。水下地形的数字高程模型主要是解决太湖流域动力模型中零维模型的水位容积关系曲线的获得、一维河道模型的大断面资料的获得、湖泊二维模型网格高程获得及圩区二维模型网格高程点获得。水下地形的数字高程模型是可视化模型系统的重要支撑系统之一。数字地面高程的建立主要是为了解决两个方面的问题: 一是利用数字地面高程模型建立太湖流域西部山区分布式水文模型; 二是利用数据高程模型建立平原区产流模型的河网分配模型。

4. 可视化构模系统

可视化构模系统是本系统的关键核心之一, 由于太湖流域河网众多, 概化构模问题复杂、工作量巨大。没有强大的可视化构模系统支撑难以满足如此复杂的系统要求。

5. 计算成果的动态可视化表达

太湖流域水量水质联合调度系统一方面要求分析流域内整个实测水信息的时空分布, 同时要求借助于模型系统来模拟不同调度方案下水量水质的时空分布, 以实现引江济太实时调度的决策支持。对整个太湖流域内如此众多的信息进行分析, 需要利用地理信息系统实现计算成果的动态可视化表达。

6. 水信息空间分析系统

借助于动态可视化系统分析统计各类水信息, 同时在 GIS 支撑下, 实现对流域内各种水信息的快速查询分析。

6.3.1.3 模型库管理子系统

模型库管理系统是本系统的核心模块, 该子系统并非是简单的模型算法的堆积, 而是通过严谨的分析建立各模型间某种逻辑关系模型, 并通过与地理信息系统的一体化集成, 可视化构造出适合太湖流域引江济太实时调度决策支持的模拟模型系统。该子系统的逻辑结构见图 6 - 4。

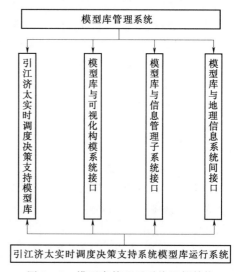

图 6 - 4　模型库管理子系统逻辑结构

1. 模型库管理系统

对整个系统中模型库的所有模型要素进行统一管理，并建立各模型要素间的耦合关系模型，结合可视化构模系统生成太湖流域引江济太实时调度决策支持的模拟模型系统。

2. 引江济太实时调度决策支持模型库

根据引江济太实时调度决策支持系统的需求，建立引江济太实时调度决策支持系统模型库，模型库中各模型子要素的设计与实现，按照模型库管理子系统、可视化构模系统及与地理信息系统的要求进行设计。模型库中的模型要素主要包括如下几部分：

水量模型库：主要包括流域降雨径流模型、河网一维水动力模型、湖泊（太湖湖区）准三维水动力模型等。

水质模型库：主要包括废水负荷模型、太湖河网水质模型、太湖准三维湖区水质模型。

水利工程控制调度模型。

3. 模型库与可视化构模系统、地理信息系统间接口

模型库及其管理系统是在后台运行的，对用户来说是不可见的，需要通过可视化构模系统耦合构建所求解问题的模型。通过设计模型库与可视化构模系统、地理信息系统间的接口，实现所有模型库要素在地理信息系统平台上的可视化、模型参数的可视化查询设置、模型模拟预报（测）成果的动态可视化。

4. 模型库与信息管理子系统接口

模型计算需要大量的边界条件信息（水位、流量、降雨、蒸发、潮位、水质、污染源等），这些边界条件信息通过信息管理子系统从外部数据库中获取，系统将这些信息准确地应用到模型系统中，同时使得这些信息的应用又具有可扩充性，以满足各种不同应用需求。

5. 数字流域模型运行系统

利用可视化构模系统及模型库管理系统构建数字流域专业模型运行系统。在模型构造后，建立模拟预报模型运行系统，在运行系统功能中主要解决以下问题：①判断模型要素间的逻辑（耦合）关系是否正确；②模型基本信息（地理）与边界条件信息的完整性；③模拟运行系统与实时预报（测）系统的组织；④模型参数的设置等。

6.3.1.4　流域水信息实时监控与分析子系统

利用流域内监测点的实时水雨情、工情及水环境信息，结合引江济太实时调度决策管理模型（库）模拟预报（测）功能，实时监控整个流域内的水雨情、水环境、水资源状况及时空分布。重点提供流域水信息时空分布的分析功能（主要以图表和 GIS 应用界面方式）。

6.3.1.5　调度管理子系统

方案的生成功能是引江济太实时调度决策支持系统的核心内容之一，通过该功能可以对各种调度决策方案所产生后果进行科学定量分析，为引江济太实时调度决策方案的确定提供可靠的依据。

6.3.2　系统应用结构设计

系统的应用结构设计着重解决系统界面框架上的设计，图 6-5 为其主要的框架

结构。

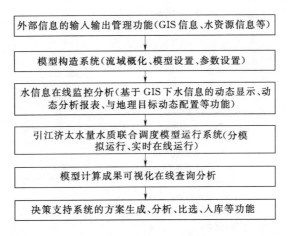

图 6-5　系统的应用结构流程图

6.4　系统运行环境与开发环境

系统建成后，采用客户服务器系统结构（C/S），客户端可以支持 Windows 2000 及其以上版本，数据库采用大型网络数据库管理系统，要求数据支持开放式数据库接口（ODBC）。本系统也可采用非网络环境下的单机版运行模式，满足非正常情况下的运行要求。具体如下。

1. 数据库服务器

数据库服务器为 HP 或 IBM 的小型机（双机热备，磁盘阵列），操作系统为 UNIX，数据库管理系统拟采用 ORACLE 9I。

2. 应用服务器

应用服务器、Web 服务器和文件服务器均采用 Intel 处理器的服务器，操作系统为 Microsoft Windows 2000 Server。

3. 地理信息系统软件

地理信息系统软件为美国环境系统研究所（ESRI）的 ArcGIS 系列产品，目前，太湖局已有 ArcIMS、ArcView-S、ArcInfo9.0-1-M 各一套及其扩展模块 3D-CON-M 和 SPATIAL-CON-M。

4. 开发环境

操作系统采用 MS WIN 2000 及其以上版本。开发语言采用 MS Visual C++ V6.0 以上版本。

6.5　系统功能设计

6.5.1　外部信息的输入输出功能

1. 地理信息系统信息接口

（1）引入 MapInfo 交换数据格式（MIF 格式）及其他 GIS 系统数据格式的数据接口。

（2）自定义地理信息数据接口。

（3）其他地理信息数据接口。

（4）数字高程模型的高程基面管理功能。

具体见图 6-6。

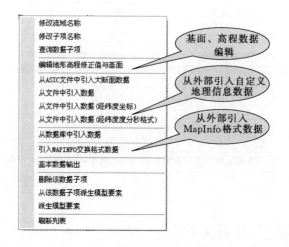

图 6-6 引入外部交换格式数据

2. 水信息输入输出接口

（1）水文测站站网管理功能（图 6-7）。

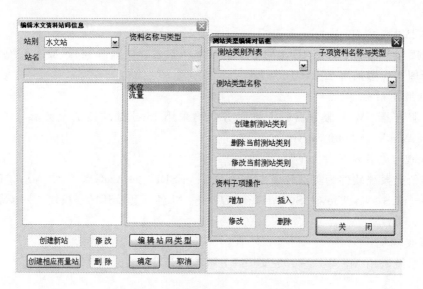

图 6-7 站网管理分析界面

（2）水文测站基面管理功能。

（3）水质监测站站网管理功能。

（4）污染源信息管理功能。

（5）引排水信息管理功能（图 6-8）。

（6）水资源典型过程管理功能。

引水信息

| 引水位置明确 | 点引水位置不明确 | 面上平均引水 | 排水位置明确 | 点排水位置不明确 | 面上平均排水 |

序号	排污厂(口)名称	数据库代码	排水流量	BOD5排放量(g/s)	COD排放量(g/s)	总磷排放量(g/s)	总氮排放量(g/s)
第1	D026	D026	0.080955	8.380649	17.914197	0.581304	6.926973
第2	D027	D027	0.014396	1.490331	3.185682	0.103373	1.231824
第3	D028	D028	0.404680	41.893397	89.549934	2.905839	34.626725
第4	D040	D040	0.281742	29.166497	62.345335	2.023067	24.107385
第5	D050	D050	0.602993	62.407704	133.396591	4.327410	51.571962
第6	D051	D051	0.270516	27.997482	59.844674	1.941372	23.136328
第7	D052	D052	0.331082	34.265820	73.243259	2.376025	28.316305
第8	D053	D053	0.059710	6.179728	13.209181	0.428508	5.106752
第9	D057	D057	0.463534	47.974117	102.544771	3.326571	39.644454
第10	D062	D062	0.047850	4.952315	10.585584	0.343398	4.092453
第11	D065	D065	0.332192	34.380685	73.488783	2.383989	28.411226
第12	D068	D068	0.603406	62.450368	133.487786	4.330368	51.607218
第13	D069	D069	0.166223	17.203470	36.772451	1.192905	14.216461
第14	D070	D070	0.053304	5.516794	11.792158	0.382540	4.558922
第15	D072	D072	0.038115	3.944786	8.431989	0.273535	3.259860
第16	D101	D101	0.000063	0.006511	0.013917	0.000451	0.005381
第17	D103	D103	1.012081	144.946998	309.832873	10.053576	119.802345
第18	D108	D108	0.028761	4.119025	8.804663	0.285697	3.404478
第19	D113	D113	0.131818	13.646047	29.169337	0.946527	11.279055
第20	D119	D119	0.073884	10.581399	22.618372	0.733930	8.745793
第21	D130	D130	0.141806	14.558643	31.118756	1.009529	12.030942
第22	D418	D418	0.021911	2.153927	4.604155	0.149400	1.780297
第23	D419	D419	0.020421	2.007422	4.290993	0.139238	1.659206

重新从数据库中引入基本引排信息　　　　　　　关 闭

图 6-8　引排水信息管理界面

(7) 水雨情信息数据库接口方案生成与管理功能(图 6-9)。

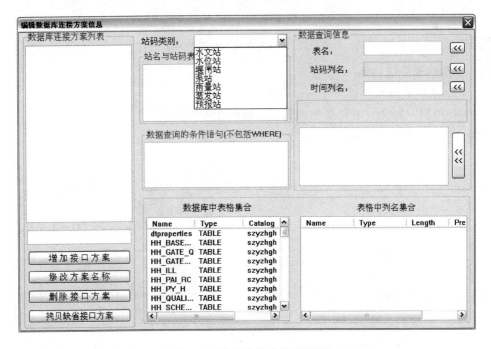

图 6-9　水雨情信息管理界面

（8）水质信息数据库接口方案生成与管理功能。

（9）地理信息系统地理要素属性数据库接口方案生成与管理功能（图6-10）。

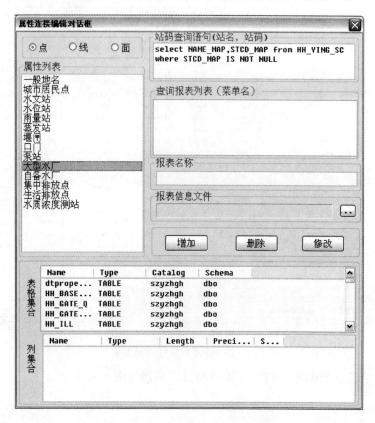

图6-10　地理要素属性数据管理界面

6.5.2　模型构造系统功能

1. 太湖流域水动力学模型可视化构模

（1）物理河网概化（节点概化、联系要素概化等，见图6-11）。

（2）湖泊、圩区二维模型网格剖分的可视化（图6-12）。

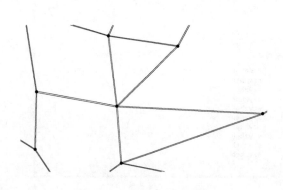

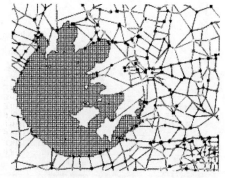

图6-11　河网概化示意图　　　　图6-12　湖泊二维模型网格剖分可视化界面

（3）河道二维模型网格剖分的可视化。

（4）湖区、河道数字高程模型的可视化处理功能。

（5）数字地面高程模型建立，可视化生成山区水文模型及其拓扑关系功能（图6-13）。

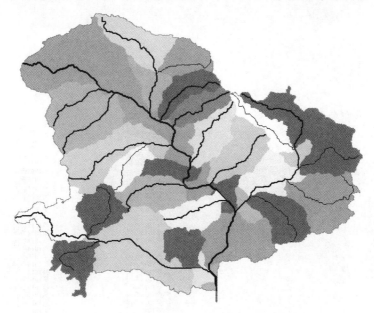

图6-13　数字地面高程模型生成山区水文模型可视化界面

（6）雨量站站网动态管理功能，自动生成泰森多边形计算水利分区面平均降雨量、生成流域降雨量等值线功能（图6-14、图6-15）。

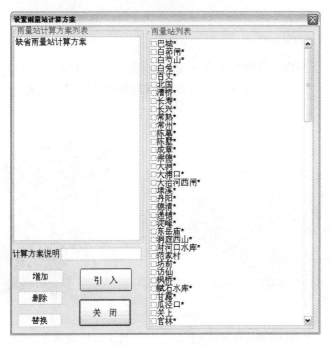

图6-14　雨量站站网动态管理可视化界面

（7）整治河道、新开挖河道快速的生成与管理功能（图 6－16）。

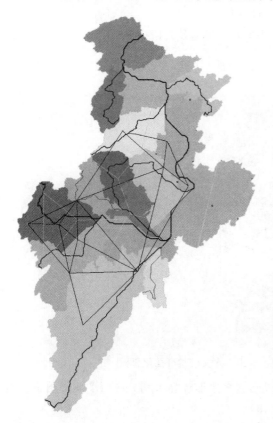

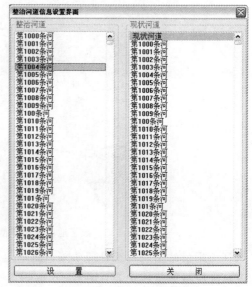

图 6－15　自动生成泰森多边形计算水利分 图 6－16　整治河道、新开挖河道管理功能界面
　　　　　　区面平均降雨量

（8）太湖流域下垫面信息栅格化及其分析功能（图 6－17）。

（9）平原区降雨产流的可视化分配功能（河网多边形生成等功能，见图 6－18）。

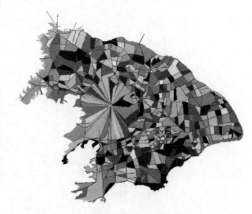

图 6－17　太湖流域下垫面信息栅格化可视化界面 图 6－18　河网多边形生成可视化界面

（10）水动力模型信息的自动获取功能、模型参数的可视化查询、设置功能（图 6-19）。

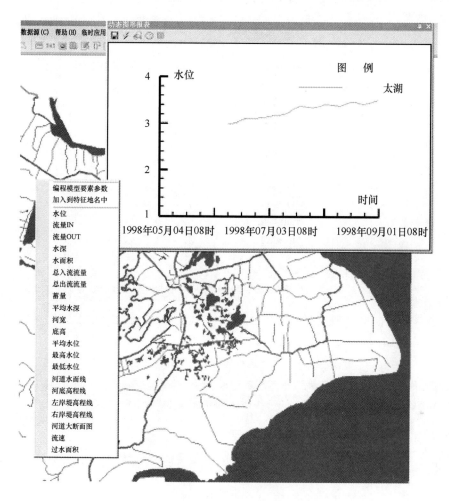

图 6-19　水动力模型信息的自动获取功能、
模型参数的可视化查询

（11）水利工程的调度运用规则的可视化设置功能（图 6-20）。

2. 太湖流域水质模型可视化构模

（1）废水负荷模型的可视化构模功能（图 6-21）。

（2）与河网水量模型相匹配的河网水质模型构模功能。

（3）湖区准三维水质模型构模功能。

（4）在流域下垫面栅格化功能的基础上，构造非点源污染的河网分配功能。

（5）来水组成分析功能（图 6-22、图 6-23）。

（6）任意动态组合计算不同水质指标功能（图 6-24）。

（7）与太湖原有动力模型数据格式的兼容功能（主要是兼容 NETTER 数据格式）及包含 NETTER 软件的主要特色功能。

图 6-20　调度运行规则的可视化设置功能

图 6-21　废水负荷模型的可视化管理

6.5.3 引江济太水量水质联合调度模型系统运行

（1）模型可以模拟任何历史典型过程（要求信息完备）的水资源状况。

（2）预报（测）流域内实时水资源状况。

（3）根据流域产流计算模型，模拟、预报（测）流域的降雨径流过程。

（4）在流域内引排水工程的作用下，根据河网水动力模型计算各断面的水位流量，模拟、预报（测）河网中的水流运动。

（5）根据产水模型提供的成果及河网水质计算模型、废水负荷模型，通过构造河流中污染物的扩散输移模型，模拟污染物的扩散及输移，进而动态模拟、预报（测）流域河道水质状况及其变化（模拟各河段日平均、小时平均水质指标 COD_{Cr}、DO、BOD_5、$NH_3 - N$、TP、TN）。

（6）模拟、预报（测）流域内产生的废污水量、排放位置、空间分布及污染物的排放过程。

图 6 - 22　来水组成要素可视化管理

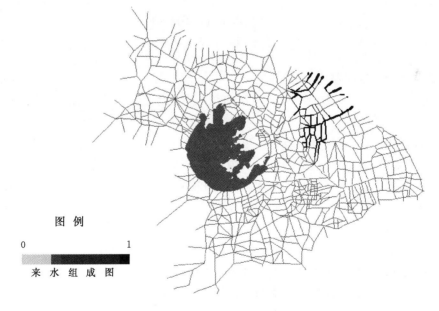

图 例

0 ▭ 1

来 水 组 成 图

图 6 - 23　来水组成成果分析可视化界面

（7）根据湖泊与河道二维水动力计算模型以及湖泊与河道二维水质模型，模拟、预报（测）湖区一般水质指标 COD_{Cr}、DO、BOD_5、$NH_3 - N$、TP、TN。通过湖流模型模拟各种风向、风速情况下的湖区风生流流场。

（8）根据流域降雨、工情、城市工农业污染状况，模拟、预报（测）流域水位水质状

图 6-24　任意动态组合计算不同水质指标功能

况及其变化。

6.5.4　流域水信息实时监控与分析

（1）在 GIS 界面上动态显示流域内水信息（包括水位、雨量、区域水资源量、水质指标等）。

（2）在线定制水信息数据报表、图形报表功能并与地理对象进行挂接。

（3）可对流域内任一地点的来水组成进行分析和任一区域内的质量守恒进行分析。

（4）流域内水流、水环境与工情动态可视化分析。可视化动态显示流域内的水流水环境运动状况，可以表现水流运动方向、河道流量及流速大小、水体的水质状况及枢纽的运行状态。

（5）上述四个功能进行有机组合。

（6）在线查询分析流域内水文站、降雨站的频率（图 6-25）。

（7）监控成果的整编输出（主要为特征值统计等）。

6.5.5　方案生成、分析、比选、入库等功能

（1）考虑未来降雨过程的方案生成功能。在方案生成中，考虑到未来降雨的预报过程，与降雨预报接口可以为自动与交互两种方式。

（2）考虑长江上游大通站预报不同来水的方案生成功能。

（3）考虑流域水利工程调度运行情况的方案生成功能。水利工程调度运行可以采用规

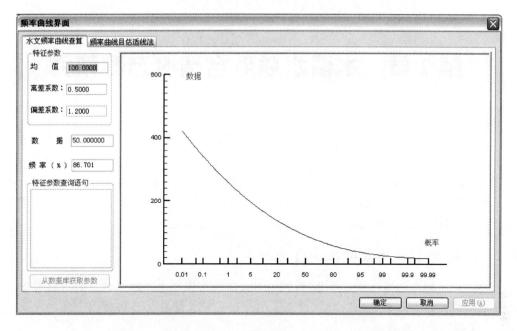

图 6-25　在线查询分析流域内水文站、降雨站的频率功能

则调度、指令调度、交互式调度等多种调度模式。

（4）方案分析、管理功能。对所生成的方案进行分类管理。各方案特征统计量的分析报表的动态生成及入库管理功能。各方案信息的存储入库要求具有可恢复性。各方案具有可视化动态预演功能。

（5）历史年型的模拟调度决策分析。

（6）工农业引用水调度方案生成功能，主要是对不同工农业引用水的需求进行调度计算分析与管理等。

第 7 章　水量水质联合调度方案研究

引江济太水量水质联合调度非常复杂，主要是借助水利工程的调控来改善太湖流域的水环境。水量水质联合调度不仅与常熟水利枢纽、沿江口门、望亭水利枢纽、望虞河东岸口门等控制建筑物的运行方式有关，还与长江潮位、地区降雨等因素有关，必须分解研究。本章首先对 2003 年现状引江济太调度进行模拟计算和分析对比，在此基础上再研究以太湖为目标的引江济太调度方案，并进一步研究区域调度方案。

7.1　2003 年引江济太现状调度分析

2003 年常熟水利枢纽从 7 月 23 日开闸引长江水、望亭水利枢纽从 8 月 8 日开始引水入太湖。本节主要研究在 2003 年工况下，引江济太对太湖湖区及望虞河沿线的水质改善情况，了解引江济太效果。

计算条件：引江济太方案采用 2003 年实况调度，不引江方案仅仅是常熟水利枢纽与望亭水利枢纽不引水，其他闸（泵）运行工况相同。两个方案排水调度相同，计算时间从 4 月 1 日到 9 月 30 日。

7.1.1　水量计算成果分析

2003 年引江济太实况调度方案和不引江方案太湖水位过程线见图 7-1，由图 7-1 可见，从 7 月下旬实施引江济太以后，太湖水位明显抬高。

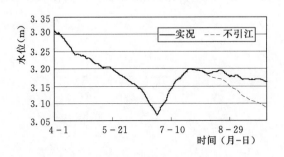

图 7-1　2003 年实况引江济太方案与不
引江方案太湖水位对比图

7.1.2　水质计算成果分析

由于 2003 年引江济太实况调度方案和不引江方案的差别就是望虞河是否引水，因此下面主要选取与该区域关联的站点和断面的 COD 水质指标进行分析。图 7-2 为所选取的水质站点位置分布示意图，其中港下大桥、羊尖大桥、荡口桥均在望虞河西岸地区。

COD 计算成果见图 7-3～图 7-15。由虞义桥、大桥角新桥、望亭立交闸下 COD 过程线可见，沿望虞河断面的水质变化由于引江济太的作用，水质改善效果最明显。

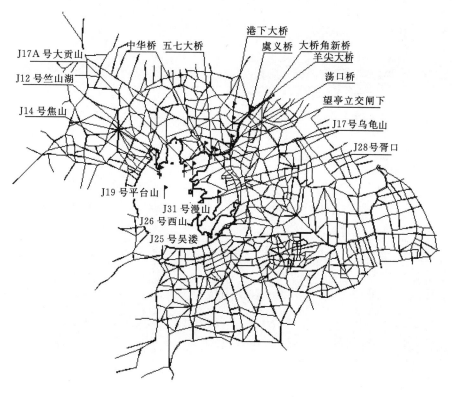

图 7 - 2   水质分析断面示意图

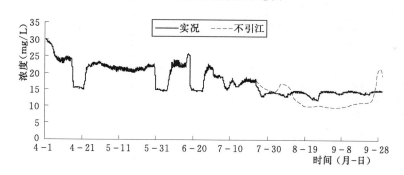

图 7 - 3   2003 年实况引江济太调度方案与不引江方案虞义桥 COD 浓度对比图

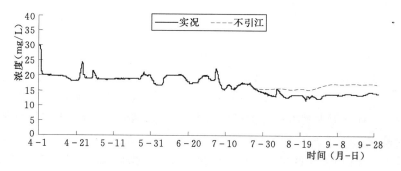

图 7 - 4   2003 年实况引江济太调度方案与不引江方案大桥角新桥 COD 浓度对比图

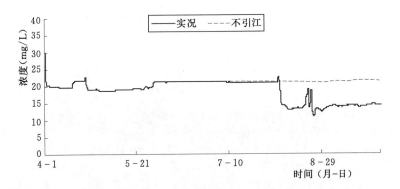

图 7-5　2003 年实况引江济太调度方案与不引江方案望亭立交闸下 COD 浓度对比图

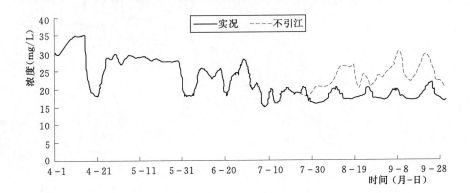

图 7-6　2003 年实况引江济太调度方案与不引江方案港下大桥 COD 浓度对比图

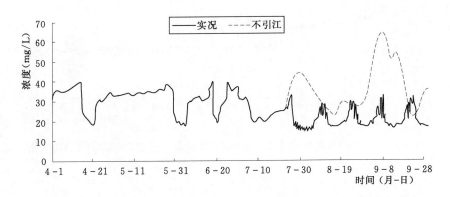

图 7-7　2003 年实况引江济太调度方案与不引江方案羊尖大桥 COD 浓度对比图

由港下大桥、羊尖大桥、荡口桥 COD 过程线可见，沿望虞河西岸河网地区，由于受引江济太的影响，水质变化有好有差，在靠近长江附近由于望虞河引江水量能进入到河网，水质变好，在接近太湖附近，由于受望虞河引水的顶托，污水不能尽快排出，因而其水质有所变差。

由大贡山、焦山 COD 过程线可见，引江济太的主要影响区域在贡湖湾附近，对 2003 年实况，最远影响到焦山一带。

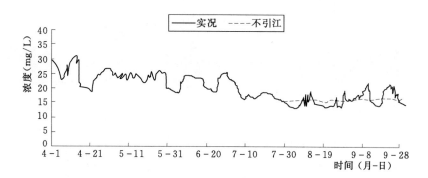

图 7-8　2003 年实况引江济太调度方案与不引江方案荡口桥 COD 浓度对比图

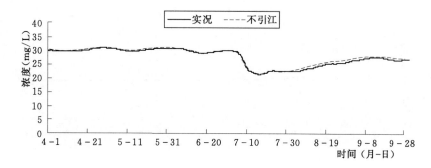

图 7-9　2003 年实况引江济太调度方案与不引江方案竺山湖 COD 浓度对比图

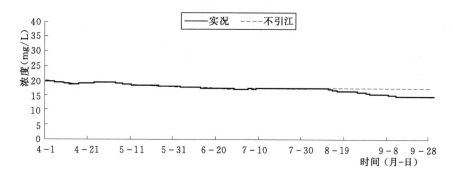

图 7-10　2003 年实况引江济太调度方案与不引江方案大贡山 COD 浓度对比图

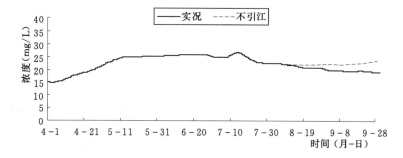

图 7-11　2003 年实况引江济太调度方案与不引江方案焦山 COD 浓度对比图

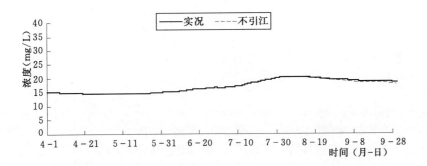

图 7-12　2003 年实况引江济太调度方案与不引江方案平台山 COD 浓度对比图

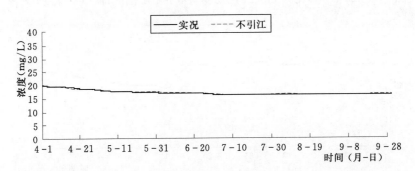

图 7-13　2003 年实况引江济太调度方案与不引江方案西山 COD 浓度对比图

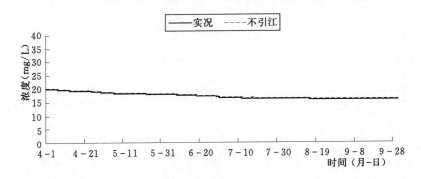

图 7-14　2003 年实况引江济太调度方案与不引江方案胥口 COD 浓度对比图

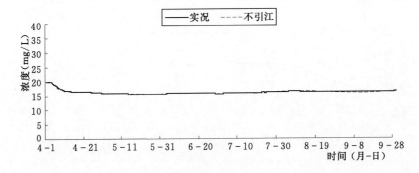

图 7-15　2003 年实况引江济太调度方案与不引江方案吴淞 COD 浓度对比图

由竺山湖 COD 过程线可见，2003 年的计算工况下，引江济太对竺山湖水体基本没有影响。

由平台山、西山、胥口、吴溇 COD 过程线可见，2003 年的计算工况下，引江济太对太湖湖心区、东太湖区域的影响甚微。

通过对 2003 年引江济太实况与不引江工况的计算分析，可得出如下结论：

（1）在 2003 年实况情况下，引江济太对太湖湖区的影响范围主要集中在贡湖湾区域及调水沿线。

（2）通过对这两种工况的计算对比分析，可以看出模型计算成果的定性分析是合理可信的，可以作为下一步方案计算分析的工具。

7.2　太湖水量水质联合调度方案研究

以太湖为目标的水量水质联合调度方案需要考虑不同的太湖控制水位以及望虞河的不同调度方案，即不同的太湖调度水位可以形成不同的调度方案。另外，需考虑常熟水利枢纽和沿江口门在开闸引水和不引水情况下，望虞河及太湖周边地区的水质变化情况。同时，将望亭立交下游断面不同水质浓度作为调度控制条件。

根据流域实际情况，结合引江济太调度实践，拟定四种太湖调度线，见表 7-1～表 7-4 和图 7-16。

表 7-1　　　　　　　　　　太湖调度线一1（290 方案）

时段	下调度线	中调度线	上调度线	时段	下调度线	中调度线	上调度线
1	2.90	3.50	3.50	8	3.00	3.50	4.46
2	2.90	3.50	3.50	9	3.00	3.50	4.00
3	2.90	3.50	3.50	10	3.00	3.50	3.70
4	2.90	3.50	3.50	11	2.90	3.50	3.50
5	2.90	3.00	3.20	12	2.90	3.50	3.50
6	2.90	3.20	3.60	0	2.90	3.50	3.50
7	3.00	3.50	4.10				

表 7-2　　　　　　　　　　太湖调度线一2（300 方案）

时段	下调度线	中调度线	上调度线	时段	下调度线	中调度线	上调度线
1	3.00	3.50	3.50	8	3.10	3.50	4.46
2	3.00	3.50	3.50	9	3.10	3.50	4.00
3	3.00	3.50	3.50	10	3.10	3.50	3.70
4	3.00	3.50	3.50	11	3.00	3.50	3.50
5	3.00	3.00	3.20	12	3.00	3.50	3.50
6	3.00	3.20	3.60	0	3.00	3.50	3.50
7	3.10	3.50	4.10				

表 7 - 3　　　　　　　　　　　　　太湖调度线—3（310 方案）

时段	下调度线	中调度线	上调度线	时段	下调度线	中调度线	上调度线
1	3.10	3.50	3.50	8	3.10	3.50	4.46
2	3.10	3.50	3.50	9	3.10	3.50	4.00
3	3.10	3.50	3.50	10	3.10	3.50	3.70
4	3.10	3.50	3.50	11	3.10	3.50	3.50
5	3.00	3.00	3.20	12	3.10	3.50	3.50
6	3.10	3.20	3.60	0	3.10	3.50	3.50
7	3.10	3.50	4.10				

表 7 - 4　　　　　　　　　　　　　太湖调度线—4（320 方案）

时段	下调度线	中调度线	上调度线	时段	下调度线	中调度线	上调度线
1	3.20	3.50	3.50	8	3.20	3.50	4.46
2	3.20	3.50	3.50	9	3.20	3.50	4.00
3	3.20	3.50	3.50	10	3.20	3.50	3.70
4	3.20	3.50	3.50	11	3.20	3.50	3.50
5	3.00	3.00	3.20	12	3.20	3.50	3.50
6	3.20	3.20	3.60	0	3.20	3.50	3.50
7	3.20	3.50	4.10				

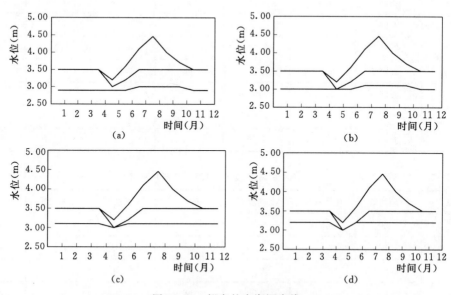

图 7 - 16　拟定的太湖调度线

（a）太湖调度线—1；（b）太湖调度线—2；（c）太湖调度线—3；（d）太湖调度线—4

为确保太湖流域防汛安全，在主汛期 5～7 月除太湖水位较低时，且影响流域供水安全时，将开展风险调度实施引江济太，一般控制太湖水位不超过中调度线。

太湖流域在主汛期以后很少发生全流域暴雨，如 8～9 月正是流域用水高峰，当长江水位较高，应充分利用这一有利时机引水。当太湖水位在上下调度线之间时，应采用自引的方式尽可能向太湖补水；当太湖水位低于下调度线时，则需动用常熟水利枢纽泵站引水，以加大引水量。其他月份如果太湖水位低于下调度线时，望虞河常熟水利枢纽应开闸引水，为保证水质要求，还需启用常熟水利枢纽泵站。

太湖水位上下调度线之间可视为"太湖合理水位"，是引江济太一个很重要的控制指标，该水位与以下一些因素密切有关：

（1）太湖及周边区域防洪和供水的需要。当太湖水位相对较高时，太湖防洪和区域防洪将面临巨大压力，且因一些沉水植物长期缺少阳光影响生长，对太湖水生态环境不利；当太湖水位较低时，将因太湖湖流和风浪致使太湖底泥释放污染，造成水质恶化，影响太湖周边城市和区域供水安全。因此从太湖健康环境角度看，应该有一个上限水位和下限水位。

（2）太湖周边地区的生活、生产、生态用水与太湖水位高低密切相关，特别是地处太湖南边的杭嘉湖地区的生活、生产、生态用水主要是由太湖供给的。太湖周边地区都需要太湖维持适宜的水位，便于河流维持适宜的水位，从而有利于区域的生活、生产和生态用水需求。

（3）环太湖口门的控制运用往往是以太湖水位和区域代表站水位为依据的。在洪水期，太湖洪水外泄取决于周边区域水位的高低；相反，在枯水期，也需要周边区域控制合理的水位，才可使太湖和区域水资源得到合理的运用。如果周边区域水位过低，可能会造成太湖水资源进入区域很快通过沿江沿杭州湾的口门外泄。例如，在汛期嘉兴水位超过 3.10m 排水，非汛期控制水位为 2.70m。这样低的控制水位在一定程度上并不利于引江济太，一边从望虞河引长江水入太湖，很快又通过没有控制的口门进入杭嘉湖区，如嘉兴控制水位过低将促使南排口门开闸排泄的不合理现象。因此在拟定"太湖合理水位"时需要综合考虑这些因素。具体解决的办法可以考虑：设定较低的"太湖合理水位"下调度线，引江济太时，不会造成周边外泄流域的区域代表站控制水位过高；或者改变环太湖的运行方式，控制太湖进入杭嘉湖等周边地区的水量；或者，适当提高流域外排长江和杭州湾的区域代表站控制水位。

（4）引江济太期间，为了保持一定的水量水质要求，需要启用常熟水利枢纽泵站。如果太湖水位过高，则望虞河引江济太的效率相对较低，区域的防洪和排涝压力较高，且常熟水利枢纽的泵站抽水效率也低，设备本身运行安全风险较高，望虞河西侧流失的水量较多，引水效率降低。

因此如何确定"太湖合理水位"是引江济太的一个很关键问题。

7.2.1　方案设计

在上述拟定的四种太湖调度线的基础上，增加常熟水利枢纽不引水的情况，可以生成五个调度方案。其中当常熟水利枢纽引水的情况下，望亭水利枢纽的开闸入湖条件为望亭立交闸下水质指标 COD_{Cr} 浓度小于 20mg/L，NH_3-N 浓度小于 1mg/L。

从表 7-1～表 7-4 可以看出，四个调度方案的上调度线相同；中调度线作了修改，非主汛期改为 3.50m，主要是拦蓄汛期部分水量；下调度线即太湖合理水位，研究中暂取 2.90～3.20m。夏季略高一些，目的是利用夏季长江高水位多蓄一些水。

7.2.1.1　主要水利工程调度方式

1. 常熟水利枢纽运行方式

当太湖 8 时水位超过 3.80m 时，常熟水利枢纽开闸开泵排泄太湖洪水。

当太湖 8 时水位不超过 3.80m，但在中调度线以上，开闸排泄太湖洪水。

当太湖水位处于下调度线与中调度线之间时不排不引。

当太湖水位在下调度线以下时开闸开泵引江，开泵流量各月不同，冬季大一些，夏季小一些。

2. 望亭水利枢纽运行方式

当太湖水位在中调度线以上时开闸排水。

当太湖水位处于中调度线与下调度线之间时，关闸。

当太湖水位在下调度线以下时，开闸引水，但闸下 COD_{Cr} 和 NH_3-N 两个指标均应符合要求，否则，待水质指标达到要求后再开闸引水。在引水过程中出现水质恶化，则自动关闸。

3. 望虞河东侧与杭嘉湖地区环太湖口门运行方式

当常熟水利枢纽引水时，不论望亭水利枢纽是否开启，望虞河东岸琳桥港开闸向苏州市引水。

杭嘉湖地区环太湖口门的运行方式与南排口门运行方式相匹配，当嘉兴水位低于 2.70m 时，环太湖口门开闸引水。而南排口门的控制水位（嘉兴水位）高于 2.70m 时，南排口门开闸排水，这样避免了一边从长江引水，一边从南排口门排水的不合理运行方式。

7.2.1.2　计算时间的选取

由于 2003 年是枯水年，又是引江济太调水试验实施年，流域面上及望虞河、太湖的实测水质资料较多，为此，上述拟定的调度方案的计算时间选取 2003 年全年期。

7.2.1.3　初始条件和边界条件

1. 计算初始条件

太湖湖区及河网起调水位：3.00m；河网水质条件：全部取 V 类水。太湖湖区根据具体的位置分别赋值。见表 7-5。

表 7-5　　　　　　　　　　　　　太湖湖区水质初始条件

区域名称	COD_{Cr} (mg/L)	BOD_5 (mg/L)	TP (mg/L)	TN (mg/L)	NH_3-N (mg/L)	DO (mg/L)	叶绿素 a (μg/L)
区域缺省	20	4	0.1	1.0	0.2	8	15
西部沿岸区	30	6	0.2	1.5	0.4	6	15
竺山湖	30	6	0.2	1.5	0.4	6	15
湖心区	15	3	0.1	1.0	0.2	8	15
梅梁湖	30	6	0.2	1.5	0.4	6	15
南部沿岸区	20	4	0.2	1.0	0.3	8	15
贡湖	20	4	0.2	1.0	0.3	8	15
东部沿岸区	20	4	0.2	1.0	0.3	8	15
东太湖	15	3	0.1	1.0	0.2	8	15

2. 边界条件

采用 2003 年沿长江和杭州湾的实测潮位资料和 2000 年太湖流域取排水调查资料作为模型计算的边界条件。

7.2.2　计算成果分析

7.2.2.1　计算成果分析

按照前面拟定的四个太湖调度线，即太湖 290 引江方案、太湖 300 引江方案、太湖 310 引江方案、太湖 320 引江方案，加上不引江方案共组成五个调度方案。利用模型对五个方案进行了计算，计算成果见表 7-6～表 7-7。

由图 7-17 可见，不引江方案和四个引江方案的太湖水位依次从低到高，对于 2003 年降雨，四个引江方案的太湖调度水位在汛期 6～9 月一般不超过太湖的中调度线（正常调度）；常熟水利枢纽及望亭水利枢纽引水流量也是由小到大，符合定性分析。

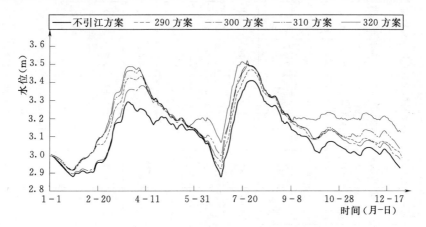

图 7-17　2003 年不同方案太湖水位对比图

表 7-6　　　　　　　　　　　　　　各方案太湖月最高水位表

时间	不引江方案	290 方案	300 方案	310 方案	320 方案
1 月	3.00	3.00	3.00	3.00	3.00
2 月	2.98	2.99	3.08	3.13	3.14
3 月	3.29	3.36	3.43	3.47	3.49
4 月	3.26	3.38	3.44	3.47	3.48
5 月	3.21	3.25	3.26	3.26	3.26
6 月	3.13	3.14	3.14	3.14	3.21
7 月	3.41	3.47	3.51	3.52	3.52
8 月	3.40	3.46	3.48	3.48	3.48
9 月	3.18	3.22	3.23	3.23	3.23
10 月	3.07	3.09	3.14	3.15	3.24
11 月	3.04	3.05	3.08	3.14	3.23
12 月	3.03	3.04	3.07	3.13	3.21

表7-7　各方案常熟水利枢纽与望亭水利枢纽引排水量

单位：亿m³

时间	不引江方案 常熟水利枢纽 引水量	常熟水利枢纽 排水量	望亭水利枢纽 引水量	望亭水利枢纽 排水量	290方案 常熟水利枢纽 引水量	常熟水利枢纽 排水量	望亭水利枢纽 引水量	望亭水利枢纽 排水量	300方案 常熟水利枢纽 引水量	常熟水利枢纽 排水量	望亭水利枢纽 引水量	望亭水利枢纽 排水量	310方案 常熟水利枢纽 引水量	常熟水利枢纽 排水量	望亭水利枢纽 引水量	望亭水利枢纽 排水量	320方案 常熟水利枢纽 引水量	常熟水利枢纽 排水量	望亭水利枢纽 引水量	望亭水利枢纽 排水量
1月	0.00	0.00	0.00	0.68	0.83	0.00	0.00	0.35	4.73	0.00	0.18	0.00	4.90	0.00	0.18	0.00	4.90	0.00	0.18	0.00
2月	0.00	0.00	0.00	0.61	0.00	0.00	0.00	0.61	1.71	0.00	0.00	0.02	3.76	0.00	0.92	0.00	4.38	0.00	1.27	0.00
3月	0.00	5.37	0.00	3.04	0.00	0.00	0.00	0.68	0.00	0.00	0.00	0.68	0.00	0.00	0.00	0.68	0.52	0.00	0.00	0.40
4月	0.00	5.97	0.00	3.53	0.00	4.91	0.00	3.03	0.00	5.77	0.00	3.54	0.00	6.04	0.00	3.68	0.00	6.25	0.00	3.80
5月	0.00	3.64	0.00	2.15	0.00	3.93	0.00	2.42	0.00	3.95	0.00	2.45	0.00	4.03	0.00	2.47	0.00	2.34	0.00	1.20
6月	0.30	0.00	0.00	0.65	2.00	0.00	1.14	0.00	3.04	0.00	2.17	0.00	4.28	0.00	3.36	0.00	0.00	0.00	4.44	0.00
7月	0.00	0.00	0.00	0.69	0.00	0.00	0.00	0.69	0.19	0.00	0.00	0.16	0.00	0.50	0.00	0.72	5.42	1.18	0.00	0.36
8月	0.00	0.00	0.00	0.67	0.00	0.00	0.00	0.67	0.00	0.00	0.00	0.67	0.00	0.00	0.00	0.67	0.00	0.00	0.00	0.66
9月	0.00	0.00	0.00	0.65	0.00	0.00	0.00	0.65	0.29	0.00	0.00	0.45	0.29	0.00	0.00	0.45	3.65	0.00	2.48	0.00
10月	0.00	0.00	0.00	0.68	0.00	0.00	0.00	0.68	0.77	0.00	0.13	0.00	1.20	0.00	0.49	0.00	1.87	0.00	1.20	0.00
11月	0.00	0.00	0.00	0.66	0.00	0.00	0.00	0.66	0.00	0.00	0.00	0.66	1.60	0.00	0.95	0.00	2.08	0.00	1.20	0.00
12月	0.00	0.00	0.00	0.66	0.00	0.00	0.00	0.66	1.01	0.00	0.00	0.10	2.33	0.00	0.51	0.00	3.06	0.00	1.15	0.00

从表 7-6 及表 7-1～表 7-4 对比可见，各方案的每月最高水位均不超过中调度线水位，可以初步认为抬高太湖下调度线后对太湖汛期的防洪影响不大。

1. 290 方案成果分析

290 方案与不引江方案比较，两者均无引江水量，但它们的排水流量和排水时间有所不同，290 方案的排江水量比不引江方案要小，故太湖水位在 4 月以后要偏高。

两种方案相比，太湖湖区的水质差别不大，望虞河两岸的河网水质除局部地区个别时段差别较大外，总体上差别也不大，具体情况如下：

望亭立交闸下：3 月～4 月上旬，290 方案的浓度比不引江方案要高，主要原因是这段时间 290 方案不排江，而不引江方案是排江的。

受排江水量影响，3 月～4 月上旬，望虞河西岸靠近江边段的河网断面水质 290 引江方案比不引江方案要好；其他时间相差不大。另外，望虞河西岸靠近湖区的断面，两个方案水质差别不大。

2. 300 方案成果分析

本方案的太湖调度线见表 7-2，由于下调度线水位的抬高，使得 300 方案在 1 月、6 月均需要引江，在这段引江期间，望虞河断面水质改善明显，但在靠近太湖附近（望亭立交）的断面水质变化不太明显。太湖湖区水质除贡湖湾有变化外，其余区域变化较小。

3. 310 方案成果分析

本方案的太湖调度线见表 7-3，由于下调度线水位的抬高，使得 310 方案在 1～3 月、6 月、11 月及 12 月均需引江，相比不引江方案，排江水量也较小。引水期间，望虞河干流断面的水质改善明显，水质浓度降低了一个级别，并且整个影响时间也大大延长，一直延长到 4 月上旬；在靠近太湖附近（望亭立交）的断面水质变化也较明显，同时由于在汛初太湖的部分洪水又通过望亭水利枢纽排入长江，因此望虞河长时间处于引排状态，使得望虞河望亭立交及大桥角新桥断面水质一直保持较好。太湖湖区水质改善幅度不大，但影响范围有所扩大，在平台山、焦山附近均有所改善。

4. 320 方案成果分析

本方案的太湖调度线见表 7-4，由于下调度线水位的抬高，使得 320 方案在 1～3 月、6 月、9～12 月均需引江，且引江水量比 310 方案增加较多；该方案的水质改善效果最好，由于引水量的增加，使得贡湖湾附近的水质改善效果非常明显，甚至焦山附近的水质也有较为明显的影响，在引水后期的 11 月、12 月，太湖胥口附近的水质也有改善。

7.2.2.2　结论

（1）290 引江方案，由于"太湖合理水位"定的较低，没有引江，所以该方案实际上与不引江方案差别不大。

（2）300 引江方案，由于"太湖合理水位"抬高到 3.00m，在 1 月与 6 月均有引江，引江后水环境的主要影响范围在望虞河及其两岸附近。对太湖湖区的贡湖湾有影响，但影响较小。

（3）310 引江方案，由于"太湖合理水位"抬高到 3.10m，引江时间加长、引江量加大，引江后水环境的主要影响范围扩大，并且水环境改善效果也较明显，尤其在望虞河干流和两岸附近的河网。对太湖贡湖湾水质改善有作用，但效果没有河网水质改善效果明显。与 300 引江方案相比，310 引江方案对太湖湖区的影响范围有所扩大。

（4）320 引江方案，由于"太湖合理水位"抬高到 3.20m，引江时间和引江量进一步加长、加大，引江后水环境的主要影响范围进一步扩大，改善效果明显，尤其是在望虞河两岸附近的河网。对太湖湖区的水质改善效果和影响范围也均好于 310 引江方案。

7.3　武澄锡虞区水量水质联合调度方案研究

7.2 节是以太湖为目标的调度方案的分析与研究，重点研究了太湖调度线的提高对太湖湖区与望虞河两岸地区的影响，关注的重点主要是太湖湖区。由于太湖流域是平原河网地区，太湖与周边的河网水量是相互影响的，因此需要研究区域调度方案。本节主要研究武澄锡虞区的联合调度方案，7.4 节重点研究杭嘉湖区的联合调度方案。

7.3.1　武澄锡虞区概况

武澄锡虞区位于望虞河西侧，涉及江苏省无锡市的新区、锡山区、滨湖区、江阴市及苏州市的张家港市和常熟市。该地区地理位置优越，交通便利，经济发达，其中江阴市、常熟市、张家港市的综合实力位于全国百强县的前列。该区域主要骨干河道有伯渎港、九里河、张家港、锡北运河、十一圩港等，洪、涝水主要经张家港、锡北运河、伯渎港、九里河等排入望虞河，部分经十一圩港和张家港等河道直接排入长江。武澄锡虞区概况见图 7—18。

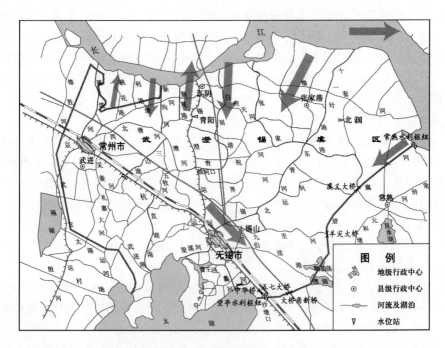

图 7—18　武澄锡虞区概况示意图

随着经济的发展，望虞河西岸河网水质日趋恶化，已严重影响望虞河引水功能的发挥。考虑到西部澄锡虞高片地区排涝问题，望虞河西岸控制线设立在武澄锡虞高低片分界线，控制线以东入望虞河的河道基本上全部敞开。受工业污水、生活污水及其他污染源的影响，武澄锡虞区内河网水质均为Ⅴ类或劣于Ⅴ类，是太湖流域水质最差的区域之一。望虞河引水期间，受澄锡虞高片污水沿途汇入影响，望虞河入湖水量、水质受到很大影响，多年的引江济太调度实践表明，望虞河引水曾多次因望虞河西岸污水影响而被迫停止。为改善武澄锡虞区水体水环境，减少澄锡虞高片污水进入望虞河，影响入湖效率，研究武澄锡虞区优化调度方案十分有必要。

7.3.2　方案设计

在引江济太调度方案的基础上，根据武澄锡虞区区域特点构建如下几个联合调度方案，通过现有的工程调度实现在武澄锡虞区内河网水流的有序流动，达到改善水质指标的目的。

7.3.2.1　引江济太调度方案

1. 太湖调度图

根据太湖流域的水情特点和用水情况，将全年太湖控制水位划分为若干个时段，实行分期和分目标区控制，详见表 7－8。

表 7－8　　　　　　　　　　　太 湖 水 位 调 度 线　　　　　　　　　单位：m

时　　段（月－日）	防洪控制水位	引水控制水位	泵引控制水位
1－1～3－31	3.50	3.20	2.90
4－1～6－15	3.00	2.90	2.80
6－16～7－20	3.00～3.50	2.90～3.30	2.80～3.10
7－21～10－31	3.50	3.30	3.10
11－1～12－31	3.50	3.20	2.90

注　水位基面统一采用镇江吴淞基面，下同。

2. 工程调度原则

（1）望虞河工程调度原则。

1）常熟水利枢纽。

当太湖水位处于泵引区时，开启常熟水利枢纽泵站抽引长江水。当太湖水位处于自引区时，常熟水利枢纽开闸引水。当太湖水位处于适时调度区时，若无锡水位低于 3.20m，且苏州水位低于 3.10m，常熟水利枢纽开闸引水；若无锡水位高于 3.60m，或苏州水位高于 3.50m，常熟水利枢纽开闸排水。

当太湖水位高于防洪控制水位时，常熟水利枢纽泄水；当太湖水位超过 3.80m 时开泵抽水。

2）望亭水利枢纽。

当太湖水位处于防洪调度区，望亭水利枢纽按照太湖流域洪水调度方案调度。当常熟水利枢纽引水期间，如果立交闸下总磷（TP）小于 0.2mg/L 及高锰酸盐指数（COD_{Mn}）

小于 6mg/L，望亭水利枢纽开闸引水入湖；否则关闸。

3）望虞河两岸口门。

在常熟水利枢纽向太湖引水期间，望虞河东岸诸口门引水量按常熟水利枢纽引水量的 30％控制，在模型模拟中简化为开启琳桥港闸向苏州市供水。

白屈港控制线口门：按一轮规划的调度原则，即当望亭水利枢纽泄水时白屈港控制线关闭；当望亭水利枢纽关闸，且无锡水位超过 3.60m 时，白屈港控制线敞开，若无锡水位不超过 3.20m 时，白屈港控制线引水，否则敞开。

（2）太浦河工程调度原则。

1）太浦闸。

当太湖水位低于泵引水位时，太浦闸过闸流量按不超过 50m³/s 控制向下游供水；当太湖水位高于泵引水位，且低于自引水位时，太浦闸过闸流量按不超过 80m³/s 控制向下游供水；当太湖水位高于自引水位，且低于防洪控制水位时，太浦闸过闸流量按不超过 120m³/s 控制向下游地区供水；当太湖水位高于防洪控制水位时，太浦闸按太湖流域洪水调度方案调度。

2）太浦河两岸口门。

太浦河北岸口门按陈墓水位 2.70m 控制开闸引水，南岸芦墟以东口门按嘉兴水位 2.80m 控制开闸引水；否则，能排则排。

7.3.2.2　武澄锡虞区引排结合方案 1（方案 1）

新沟、白屈港、十一圩引水，武澄锡虞区其他口门排水。各闸具体运行原则见表7-9。

表 7-9　武澄锡虞区引排结合方案 1（方案 1）各闸控制水位　　　　单位：m

建筑物名称	控制站点	泵排水位	自排水位	关闸水位	自引水位	泵引水位
桃花港	青阳		只排			
利港	青阳		只排			
新沟	青阳		>3.50		<3.50	
江阴枢纽	青阳		只排			
白屈港	青阳	>4.50	>3.50		3.00～3.50	<3.00
新夏港	青阳	>4.50	<4.50			
张家港	北国		只排			
十一圩	北国		>3.60		<3.60	
福山闸	太湖		>3.80	2.80～3.80	<2.80	

7.3.2.3　武澄锡虞区引排结合方案 2（方案 2）

锡澄运河、白屈港、张家港引水，武澄锡虞区其他口门排水。各闸具体运行原则见表7-10。

表 7 - 10　　　　　武澄锡虞区引排结合方案 2（方案 2）各闸控制水位　　　　单位：m

建筑物名称	控制站点	泵排水位	自排水位	关闸水位	自引水位	泵引水位
桃花港	青阳		只排			
利港	青阳		只排			
新沟	青阳		只排			
江阴枢纽	青阳		>3.50		<3.50	
白屈港	青阳	>4.50	>3.50		3.00～3.50	<3.00
新夏港	青阳	>4.50	<4.50			
张家港	北涸		>3.60		<3.60	
十一圩	北涸		只排			
福山闸	太湖		>3.80	2.80～3.80	<2.80	

7.3.2.4　武澄锡虞区全引方案（方案 3）

武澄锡虞区全部口门引水，各闸具体运行原则见表 7 - 11。

表 7 - 11　　　　　武澄锡虞区全引方案（方案 3）各闸控制水位　　　　单位：m

建筑物名称	控制站点	泵排水位	自排水位	关闸水位	自引水位	泵引水位
桃花港	青阳		>3.50		<3.50	
利港	青阳		>3.50		<3.50	
新沟	青阳		>3.50		<3.50	
江阴枢纽	青阳		>3.50		<3.50	
白屈港	青阳	>4.50	>3.50		3.00～3.50	<3.00
新夏港	青阳	>4.50	>3.50		3.00～3.50	<3.00
张家港	北涸		>3.60		<3.60	
十一圩	北涸		>3.60		<3.60	
福山闸	太湖		>3.80	2.80～3.80	<2.80	

7.3.3　计算成果分析

7.3.3.1　引江济太调度方案

根据引江济太调度原则，对 2003 年太湖流域实况雨情进行了模拟计算，太湖初始水位为 2003 年 1 月 1 日实况太湖水位，河网初始水位为 2003 年 1 月 1 日各分区的平均水位，沿江沿杭州湾的边界条件采用 2003 年实况潮位，流域内取用水采用太湖流域水资源综合规划调查的 2000 年太湖流域实际取用水情况。

1. 水量计算成果

本专题主要研究太湖、武澄锡虞区、杭嘉湖区的优化调度方案，所以流域内水位代表站仅选太湖、无锡和嘉兴（下同），代表站水位特征值计算成果见表 7 - 12，沿江各闸引排水量特征值见表 7 - 13，杭嘉湖区边界出入水量见表 7 - 14。

表 7 - 12　　　　　　　　引江济太方案区域代表站水位统计一览表　　　　　　单位：m

时间	太 湖 水 位			无 锡 水 位			嘉 兴 水 位		
	最大值	最小值	平均	最大值	最小值	平均	最大值	最小值	平均
1 月	3.00	2.88	2.93	3.19	3.00	3.13	3.01	2.66	2.75
2 月	2.98	2.89	2.93	3.26	3.11	3.21	2.87	2.68	2.78
3 月	3.28	2.98	3.18	3.58	3.23	3.40	3.04	2.82	2.90
4 月	3.25	3.18	3.22	3.32	3.11	3.23	2.96	2.85	2.89
5 月	3.23	3.13	3.20	3.35	3.22	3.26	2.95	2.86	2.90
6 月	3.13	2.84	2.98	3.36	2.97	3.13	2.90	2.54	2.73
7 月	3.27	2.92	3.16	4.20	3.36	3.75	3.04	2.78	2.92
8 月	3.25	3.08	3.16	3.59	3.24	3.42	3.01	2.63	2.79
9 月	3.10	3.02	3.07	3.55	3.24	3.42	2.92	2.64	2.78
10 月	3.07	3.00	3.04	3.55	3.30	3.44	2.89	2.77	2.82
11 月	3.05	3.00	3.03	3.41	3.20	3.29	2.94	2.77	2.86
12 月	3.04	2.94	3.01	3.29	3.07	3.16	2.87	2.70	2.79

表 7 - 13　　　　　引江济太方案沿江各闸引排水量特征值统计表（引为正）

时间	常熟水利枢纽				望亭水利枢纽				沿长江总引排水量	
	最大流量 (m^3/s)	最小流量 (m^3/s)	引江 (亿 m^3)	排江 (亿 m^3)	最大流量 (m^3/s)	最小流量 (m^3/s)	引江 (亿 m^3)	排江 (亿 m^3)	引江 (亿 m^3)	排江 (亿 m^3)
1 月	101.10	0.00	0.86	0.00	2.55	-24.86	0.00	0.11	34.21	0.00
2 月	98.12	0.00	0.78	0.00	-1.64	-8.21	0.00	0.10	19.28	0.00
3 月	154.50	-311.40	0.47	2.28	-2.88	-27.53	0.00	0.39	19.03	8.85
4 月	-98.17	-161.60	0.00	3.41	-25.09	-25.86	0.00	0.66	37.05	1.36
5 月	-82.68	-164.70	0.00	3.34	-24.56	-25.85	0.00	0.67	61.82	0.66
6 月	205.90	-153.20	1.03	2.07	50.23	-76.10	0.04	0.50	111.59	0.34
7 月	241.10	-327.00	0.62	4.13	-2.14	-17.40	0.00	0.28	25.98	83.65
8 月	196.00	0.41	3.10	0.00	3.90	-9.51	0.01	0.10	75.10	7.69
9 月	221.20	7.71	3.00	0.00	7.99	-1.23	0.07	0.00	79.54	7.26
10 月	246.70	39.35	3.39	0.00	265.40	1.11	0.47	0.00	48.35	13.89
11 月	133.60	0.00	1.21	0.00	5.22	-5.07	0.04	0.03	18.03	0.00
12 月	94.47	0.00	0.65	0.00	-0.80	-4.89	0.00	0.08	21.48	0.00

表 7 - 14　　　　　　引江济太方案杭嘉湖区边界出入水量统计表　　　　　　单位：亿 m^3

时间	浙西区		太湖		山丘区	太浦河		泖河	
	入流	出流	入流	出流	入流	入流	出流	入流	出流
1 月	1.97	0.02	0.43	0.00	0.01	2.63	2.04	7.12	5.14
2 月	1.72	0.00	0.36	0.00	0.04	2.46	1.75	6.37	5.02
3 月	2.87	0.06	0.38	0.02	0.14	2.96	1.69	7.32	5.84

续表

时间	浙西区		太湖		山丘区	太浦河		泖河	
	入流	出流	入流	出流	入流	入流	出流	入流	出流
4 月	3.12	0.00	1.57	0.00	0.07	3.12	1.58	7.02	5.76
5 月	3.16	0.00	1.48	0.00	0.06	2.73	2.08	7.02	6.49
6 月	3.15	0.02	1.29	0.00	0.06	1.51	3.14	6.47	6.45
7 月	3.54	0.40	0.06	0.00	0.05	1.89	3.08	6.70	6.87
8 月	4.52	0.00	0.89	0.00	0.03	1.98	3.21	6.65	7.16
9 月	4.29	0.00	0.00	0.00	0.03	1.72	3.27	6.36	7.11
10 月	3.14	0.00	0.00	0.00	0.02	2.25	2.81	6.77	6.80
11 月	2.34	0.00	0.23	0.00	0.02	2.73	2.02	6.91	6.09
12 月	2.46	0.00	0.67	0.00	0.02	3.05	1.73	7.15	5.30

时间	黄浦江		浦东		杭州湾	总汇		
	入流	出流	入流	出流	出流	总入流	总出流	进出水量差
1 月	6.54	4.87	0.03	0.17	0.48	14.63	16.83	−2.21
2 月	5.96	4.76	0.00	0.16	0.00	13.82	14.80	−0.98
3 月	6.88	5.53	0.07	0.14	3.85	16.59	21.15	−4.56
4 月	6.56	5.44	0.02	0.15	2.34	17.69	19.06	−1.37
5 月	6.51	6.20	0.00	0.12	3.79	19.58	20.05	−0.47
6 月	5.77	6.39	0.06	0.13	1.47	20.60	15.30	5.30
7 月	6.17	6.69	0.22	0.05	3.96	20.35	19.34	1.01
8 月	5.89	7.26	0.20	0.11	3.19	23.18	17.91	5.27
9 月	5.72	7.08	0.16	0.06	2.82	21.83	16.77	5.06
10 月	6.14	6.69	0.23	0.04	4.04	19.51	19.43	0.08
11 月	6.42	5.80	0.14	0.00	0.99	16.50	17.19	−0.69
12 月	6.60	4.96	0.02	0.09	0.00	15.22	16.82	−1.60

2. 水质计算成果（COD 指标）

为便于与以下武澄锡虞区及杭嘉湖区水量水质联合调度方案成果进行比较，引江济太方案主要列出以上两个区域代表站点的化学需氧量（COD_{Cr}）计算成果，具体见表 7-15。

表 7-15　　　　引江济太方案代表断面（点）COD 特征值统计　　　　单位：mg/L

时间	中华桥			望亭立交闸下			五七大桥		
	最大值	最小值	日平均	最大值	最小值	日平均	最大值	最小值	日平均
1 月	41.34	21.47	33.27	29.62	23.77	24.64	48.40	26.50	42.34
2 月	38.40	18.82	29.88	24.02	23.33	23.67	47.14	39.94	42.63
3 月	36.44	20.50	26.41	23.79	22.78	23.46	42.28	29.99	35.93
4 月	27.51	18.64	22.72	23.79	23.72	23.76	35.29	27.39	31.62
5 月	25.00	16.16	20.92	23.76	23.71	23.73	28.95	25.36	26.89

续表

时间	中华桥			望亭立交闸下			五七大桥		
	最大值	最小值	日平均	最大值	最小值	日平均	最大值	最小值	日平均
6 月	27.47	21.68	25.09	23.73	15.83	23.16	28.04	22.29	25.70
7 月	22.27	13.13	17.83	24.03	21.79	23.19	23.03	15.16	20.33
8 月	21.75	15.21	19.13	23.30	17.85	21.08	25.79	19.62	21.86
9 月	24.52	17.93	21.34	20.31	15.41	18.25	25.76	21.61	23.51
10 月	27.21	18.71	23.04	20.62	12.92	18.27	31.67	22.44	25.92
11 月	32.54	13.91	24.11	22.33	19.15	21.06	36.35	28.12	33.09
12 月	39.72	20.14	27.57	23.40	21.69	22.70	42.39	34.17	39.66

时间	虞义桥			大桥角新桥			无锡		
	最大值	最小值	日平均	最大值	最小值	日平均	最大值	最小值	日平均
1 月	29.97	15.40	17.46	29.97	20.86	25.36	35.30	29.46	32.51
2 月	19.23	15.09	16.59	20.86	16.89	18.23	34.08	30.62	32.46
3 月	28.99	14.52	20.23	23.64	15.20	18.69	31.61	23.91	27.52
4 月	28.75	23.02	25.68	23.61	21.27	22.45	24.37	20.23	22.03
5 月	24.86	21.37	22.87	21.38	19.88	20.63	20.58	16.81	19.02
6 月	23.51	13.88	19.20	21.37	16.21	19.50	23.69	17.28	21.38
7 月	18.99	14.10	16.30	16.28	13.68	15.13	22.46	14.74	18.40
8 月	14.56	11.88	13.72	15.41	11.52	12.86	19.29	17.09	18.58
9 月	14.71	13.48	14.18	12.76	11.62	12.31	21.42	18.73	20.23
10 月	16.11	13.81	14.56	13.83	12.67	13.18	22.76	17.55	20.90
11 月	15.81	14.26	15.01	13.86	13.41	13.55	24.55	18.54	21.97
12 月	19.49	14.94	16.32	15.26	13.85	14.22	30.19	23.43	27.58

时间	小青阳桥			羊尖大桥			常州		
	最大值	最小值	日平均	最大值	最小值	日平均	最大值	最小值	日平均
1 月	32.22	21.93	26.76	65.57	26.46	40.70	32.94	25.69	27.74
2 月	33.23	22.08	28.51	64.22	21.79	35.31	27.80	22.28	25.27
3 月	29.88	20.01	23.89	60.21	18.59	36.86	23.09	17.50	20.69
4 月	21.55	17.15	19.69	45.10	34.13	40.65	21.76	17.42	19.58
5 月	21.49	16.01	17.53	43.03	33.58	38.91	18.85	16.43	17.59
6 月	22.01	15.80	18.59	42.80	15.98	31.45	18.88	16.01	17.48
7 月	17.77	11.30	13.92	28.98	14.60	22.47	16.35	12.77	14.77
8 月	17.19	10.51	12.90	31.03	14.54	18.34	16.78	15.17	15.90
9 月	19.88	12.30	15.11	27.60	14.87	18.55	17.45	15.67	16.39
10 月	20.46	13.67	16.33	28.63	15.61	19.18	18.41	16.20	17.06
11 月	41.37	16.69	25.75	43.62	17.46	27.12	23.81	18.30	20.54
12 月	42.16	21.68	28.85	76.21	22.83	39.94	27.53	23.21	25.12

续表

时间	嘉兴			南浔			新市		
	最大值	最小值	日平均	最大值	最小值	日平均	最大值	最小值	日平均
1 月	41.30	30.00	37.55	29.94	16.11	22.15	29.98	18.92	25.34
2 月	38.45	30.10	33.89	19.76	15.89	18.14	19.11	16.01	17.70
3 月	34.17	23.01	28.60	20.10	15.66	17.31	18.78	16.36	17.30
4 月	31.07	25.03	28.71	16.98	14.70	15.84	16.54	14.04	14.92
5 月	25.98	23.48	24.67	15.01	13.64	14.25	14.52	12.27	13.38
6 月	32.25	20.55	24.67	14.64	12.01	13.82	14.29	12.79	13.64
7 月	22.32	11.34	17.11	13.63	9.92	11.43	15.77	11.08	12.68
8 月	22.98	16.99	19.75	13.93	9.90	11.86	12.06	11.00	11.51
9 月	23.84	16.92	19.70	11.92	9.79	10.93	12.96	11.50	12.15
10 月	27.78	16.61	20.67	13.78	9.51	11.99	13.14	11.81	12.55
11 月	30.75	21.93	25.90	16.95	12.65	14.46	15.29	13.04	13.74
12 月	37.54	25.25	31.81	18.21	13.25	15.98	16.46	14.11	15.28

时间	崇德			硖石			平湖		
	最大值	最小值	日平均	最大值	最小值	日平均	最大值	最小值	日平均
1 月	44.81	28.04	40.27	39.16	28.38	34.95	38.01	29.60	34.08
2 月	44.31	38.58	41.20	36.83	30.73	34.49	36.01	26.42	32.29
3 月	42.37	30.64	33.60	33.34	26.55	29.52	33.06	22.94	28.23
4 月	31.69	26.64	29.78	34.84	23.25	26.58	29.22	24.12	26.82
5 月	28.95	23.67	26.43	31.33	19.11	22.99	28.29	21.37	25.75
6 月	25.63	15.16	19.23	34.93	16.05	23.64	28.25	16.16	25.10
7 月	28.78	13.17	19.20	27.29	15.03	19.84	24.46	14.86	20.07
8 月	21.18	12.52	15.67	25.28	15.79	18.29	23.60	12.13	18.93
9 月	20.97	13.00	15.79	24.91	17.49	19.72	22.02	11.04	17.15
10 月	28.66	14.40	23.40	27.16	18.94	20.48	24.28	11.95	19.20
11 月	36.15	26.46	31.60	31.58	21.18	25.79	27.51	20.83	24.45
12 月	38.30	34.16	36.47	33.61	28.73	31.39	32.97	26.25	29.02

时间	嘉善			平望			德清		
	最大值	最小值	日平均	最大值	最小值	日平均	最大值	最小值	日平均
1 月	39.13	29.44	33.64	29.99	18.07	20.84	30.00	15.20	20.73
2 月	41.47	31.47	36.33	20.22	16.09	17.15	19.59	12.75	16.23
3 月	39.54	25.84	32.29	16.84	15.09	16.09	20.60	15.03	16.98
4 月	31.65	24.32	28.20	16.20	15.05	15.59	15.72	13.70	14.87

续表

时间	嘉善			平望			德清		
	最大值	最小值	日平均	最大值	最小值	日平均	最大值	最小值	日平均
5 月	28.78	17.37	22.49	15.20	14.50	14.92	14.84	12.12	13.59
6 月	18.50	15.58	16.84	15.37	13.38	14.44	13.34	10.17	11.52
7 月	21.72	11.77	15.20	15.29	13.00	13.51	19.07	9.38	12.01
8 月	15.50	9.88	12.17	13.94	12.79	13.43	12.38	8.90	10.37
9 月	17.05	9.92	11.86	13.75	12.57	13.11	13.80	9.99	11.48
10 月	15.61	9.98	12.69	14.24	12.96	13.53	12.47	10.17	11.13
11 月	31.24	13.75	24.45	15.37	14.02	15.03	17.14	11.18	12.85
12 月	35.25	25.48	30.80	16.37	15.24	15.80	16.06	12.85	14.27

7.3.3.2　武澄锡虞区引排结合方案 1（方案 1）

太湖、无锡、嘉兴三个代表站的计算水位过程见图 7-19～图 7-21，水位统计特征值如表 7-16 所示，武澄锡虞区沿江各闸引排水量特征值如表 7-17 所示，武澄锡虞区主要断面 COD 水质指标特征值如表 7-18 所示。

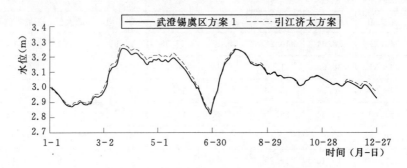

图 7-19　2003 年太湖水位对比图

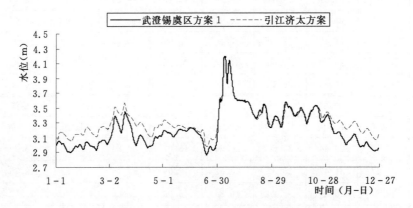

图 7-20　2003 年无锡水位对比图

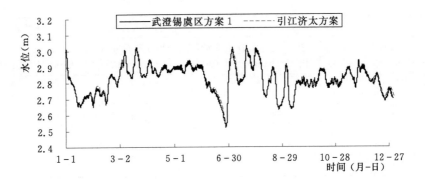

图 7-21 2003 年嘉兴水位对比图

表 7-16 武澄锡虞区方案 1 代表站水位特征统计表 单位：m

时间	太 湖			无 锡			嘉 兴		
	最大值	最小值	日平均	最大值	最小值	日平均	最大值	最小值	日平均
1 月	3.00	2.87	2.92	3.06	2.90	2.98	3.01	2.65	2.75
2 月	2.96	2.88	2.91	3.07	2.93	3.01	2.86	2.67	2.77
3 月	3.26	2.96	3.16	3.45	2.99	3.24	3.03	2.83	2.90
4 月	3.23	3.14	3.19	3.17	2.96	3.06	2.95	2.84	2.89
5 月	3.19	3.11	3.17	3.23	3.11	3.18	2.94	2.86	2.90
6 月	3.11	2.82	2.96	3.23	2.86	3.05	2.90	2.52	2.72
7 月	3.25	2.90	3.14	4.20	3.22	3.74	3.03	2.78	2.91
8 月	3.24	3.08	3.15	3.59	3.24	3.42	3.01	2.63	2.79
9 月	3.10	3.02	3.07	3.58	3.24	3.43	2.92	2.63	2.78
10 月	3.08	3.05	3.05	3.53	3.28	3.41	2.89	2.76	2.82
11 月	3.05	3.00	3.02	3.36	3.00	3.13	2.94	2.77	2.85
12 月	3.02	2.90	2.98	3.09	2.92	2.97	2.86	2.69	2.77

表 7-17 武澄锡虞区方案 1 沿江各闸引排水量特征值统计表 （引为正）

时间	常熟水利枢纽				望亭水利枢纽				沿长江总引排水量	
	最大流量 (m^3/s)	最小流量 (m^3/s)	引江 （亿 m^3）	排江 （亿 m^3）	最大流量 (m^3/s)	最小流量 (m^3/s)	引江 （亿 m^3）	排江 （亿 m^3）	引江 （亿 m^3）	排江 （亿 m^3）
1 月	137.90	0.00	1.33	0.00	20.25	−26.99	0.03	0.10	5.34	3.86
2 月	131.00	1.29	1.51	0.00	2.49	−1.27	0.02	0.00	4.01	3.29
3 月	203.30	−276.30	1.05	1.84	4.85	−27.47	0.03	0.29	3.09	3.68
4 月	−65.54	−113.20	0.00	2.35	−25.11	−25.79	0.00	0.66	4.22	2.36
5 月	−40.65	−108.00	0.00	2.21	−24.62	−25.62	0.00	0.67	7.05	1.54
6 月	245.30	−122.30	1.56	1.47	56.93	−123.80	0.05	0.51	11.14	1.36
7 月	256.50	−324.10	1.01	3.52	0.96	−15.42	0.00	0.26	3.13	8.38

续表

时间	常熟水利枢纽				望亭水利枢纽				沿长江总引排水量	
	最大流量 (m^3/s)	最小流量 (m^3/s)	引江 (亿 m^3)	排江 (亿 m^3)	最大流量 (m^3/s)	最小流量 (m^3/s)	引江 (亿 m^3)	排江 (亿 m^3)	引江 (亿 m^3)	排江 (亿 m^3)
8 月	218.60	1.21	3.54	0.00	16.29	−9.28	0.12	0.08	9.06	2.11
9 月	230.40	50.59	3.54	0.00	33.25	12.32	0.50	0.00	9.40	2.07
10 月	212.20	41.34	3.51	0.00	239.60	5.38	0.99	0.00	6.18	3.06
11 月	174.50	18.85	2.08	0.00	14.63	1.61	0.19	0.00	3.27	3.48
12 月	119.80	0.00	1.26	0.00	50.19	−45.74	0.13	0.16	4.80	4.14

表 7 - 18　　　　　武澄锡虞区方案 1 代表断面（点）COD 特征值统计　　　　单位：mg/L

时间	中华桥			望亭立交闸下			五七大桥		
	最大值	最小值	日平均	最大值	最小值	日平均	最大值	最小值	日平均
1 月	43.37	23.11	32.08	29.62	23.14	24.57	54.32	24.87	45.16
2 月	41.56	19.58	30.96	23.98	22.67	23.41	51.19	37.62	42.75
3 月	36.82	22.77	27.61	23.51	22.00	23.02	43.28	28.72	36.12
4 月	34.71	18.37	25.65	23.51	23.44	23.48	40.78	29.14	34.12
5 月	26.57	16.78	22.84	23.48	23.43	23.45	30.54	24.29	27.18
6 月	28.42	20.75	25.43	23.45	15.88	22.90	28.09	23.22	26.25
7 月	23.57	12.83	17.72	24.02	20.89	23.06	23.14	15.04	20.24
8 月	22.32	15.26	19.23	23.27	17.96	21.05	26.56	19.42	21.67
9 月	24.00	17.30	20.96	19.95	14.80	17.98	26.10	21.20	23.34
10 月	26.69	18.97	22.86	20.30	12.91	18.24	31.89	22.26	25.94
11 月	32.64	16.09	23.66	22.75	19.34	21.13	38.04	27.69	33.29
12 月	41.02	20.28	28.99	23.67	17.35	21.77	43.90	31.89	40.37

时间	虞义桥			大桥角新桥			无锡		
	最大值	最小值	日平均	最大值	最小值	日平均	最大值	最小值	日平均
1 月	29.97	15.17	16.90	29.97	20.51	25.29	45.62	30.00	37.00
2 月	17.14	15.11	15.87	20.48	15.44	17.12	39.64	24.60	30.06
3 月	27.38	14.59	18.30	25.47	14.47	17.86	36.82	20.82	28.11
4 月	28.12	23.56	26.13	25.51	21.29	22.72	36.22	23.50	27.25
5 月	25.25	22.18	23.54	21.57	19.98	20.75	24.72	22.55	23.44
6 月	23.31	14.12	19.25	21.55	15.57	19.43	29.64	19.97	24.16
7 月	18.40	14.09	16.03	16.05	13.20	14.84	22.39	11.27	17.04
8 月	14.56	11.86	13.72	15.39	11.55	12.82	23.72	16.68	19.89
9 月	14.70	13.49	14.18	12.79	11.62	12.32	24.47	16.96	19.87
10 月	15.76	13.95	14.59	13.73	12.66	13.18	27.98	16.61	21.07
11 月	15.77	14.45	15.04	13.74	13.26	13.45	30.48	20.17	24.21
12 月	16.97	15.02	15.77	19.61	13.36	14.80	33.76	22.67	28.14

续表

时间	小青阳桥			羊尖大桥			常州		
	最大值	最小值	日平均	最大值	最小值	日平均	最大值	最小值	日平均
1 月	35.48	26.83	31.08	56.30	21.71	33.65	32.87	22.90	25.14
2 月	33.55	28.08	31.09	48.79	18.69	27.01	24.89	21.27	22.91
3 月	28.18	20.99	24.69	59.00	17.35	32.98	22.18	17.33	20.27
4 月	24.56	17.81	20.92	50.89	37.15	45.02	21.93	17.33	19.33
5 月	18.68	15.16	16.98	47.82	36.48	43.04	18.78	16.49	17.59
6 月	18.15	14.46	15.78	44.32	15.53	30.42	18.23	16.39	17.39
7 月	15.90	10.97	13.06	28.21	14.73	21.81	16.54	12.76	14.79
8 月	16.17	10.00	12.75	34.29	14.36	18.29	17.04	15.17	15.96
9 月	15.58	11.25	13.73	28.85	14.86	18.60	17.67	15.67	16.51
10 月	20.27	12.86	15.60	31.52	15.55	19.27	18.38	16.23	17.06
11 月	26.94	16.56	22.59	33.33	16.67	22.46	21.56	18.24	19.87
12 月	30.12	23.56	26.99	35.01	19.32	26.38	24.15	21.40	22.79

1. 水量成果分析

本方案与常规的引江济太调度方案相比，太湖水位与无锡水位均比较低，太湖水位平均低 1～3cm 左右，无锡水位平均低 10～20cm 左右。嘉兴水位则影响不大，主要是由于本方案与引江济太调度方案的差别仅仅在于武澄锡虞区沿江各闸的调度上。

本方案总的引江水量与排江水量均比引江济太调度方案要大，但总的净引江水量要小，甚至有时还有较大的净排江水量，这种情形在非汛期更明显，因而无锡水位在非汛期影响较大。

2. 水质成果分析

与引江济太调度方案相比，望虞河西岸大运河以北区域的水质改善明显，尤其在非汛期的影响更明显。对于近望虞河沿线区域没有明显改善，在某些时段甚至还变差，这主要跟沿江各闸的调度方式有关。如小青阳桥的水质变差较多，主要是因为在本方案中，江阴枢纽设置为专道排水，而小青阳桥则位于其排水通道之上，故水质变差。

7.3.3.3 武澄锡虞区引排结合方案 2（方案 2）

太湖、无锡、嘉兴三个代表站的计算水位过程见图 7-22～图 7-24，水位统计特征

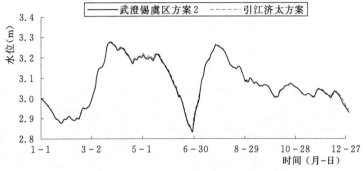

图 7-22 2003 年太湖水位对比图

值如表 7 - 19 所示，武澄锡虞区沿江各闸引排水量过特征值如表 7 - 20 所示，武澄锡虞区
主要断面 COD 水质指标特征值如表 7 - 21 所示。

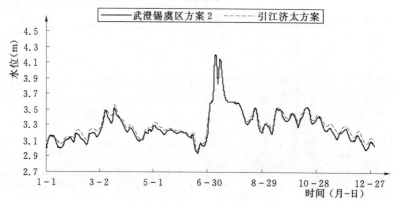

图 7 - 23　2003 年无锡水位对比图

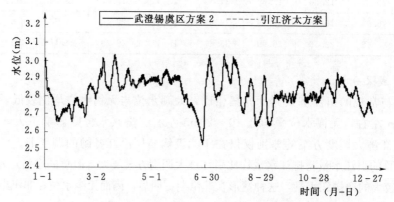

图 7 - 24　2003 年嘉兴水位对比图

表 7 - 19　　　　　　　　　　武澄锡虞区方案 2 代表站水位特征值统计表　　　　　　　　单位：m

时间	太湖			无锡			嘉兴		
	最大值	最小值	日平均	最大值	最小值	日平均	最大值	最小值	日平均
1 月	3.00	2.88	2.93	3.17	2.99	3.09	3.01	2.66	2.75
2 月	2.98	2.89	2.92	3.20	3.04	3.14	2.87	2.68	2.78
3 月	3.28	2.98	3.17	3.52	3.18	3.36	3.03	2.83	2.90
4 月	3.25	3.17	3.21	3.27	3.09	3.19	2.96	2.85	2.89
5 月	3.22	3.12	3.19	3.30	3.17	3.23	2.95	2.86	2.90
6 月	3.12	2.83	2.97	3.30	2.94	3.10	2.90	2.53	2.73
7 月	3.26	2.92	3.15	4.20	3.31	3.75	3.04	2.78	2.91
8 月	3.25	3.08	3.16	3.59	3.21	3.39	3.01	2.63	2.79
9 月	3.10	3.02	3.07	3.53	3.19	3.38	2.92	2.64	2.78
10 月	3.07	3.00	3.05	3.54	3.28	3.41	2.89	2.77	2.82
11 月	3.04	3.00	3.03	3.39	3.13	3.24	2.94	2.77	2.85
12 月	3.03	2.93	3.00	3.22	2.99	3.10	2.87	2.69	2.78

表 7 - 20　　　武澄锡虞区方案 2 沿江各闸引排水量特征值统计（引为正）

时间	常熟水利枢纽				望亭水利枢纽				沿长江总引排水量	
	最大流量 （m³/s）	最小流量 （m³/s）	引江 （亿 m³）	排江 （亿 m³）	最大流量 （m³/s）	最小流量 （m³/s）	引江 （亿 m³）	排江 （亿 m³）	引江 （亿 m³）	排江 （亿 m³）
1 月	115.20	0.00	1.04	0.00	5.96	−24.96	0.01	0.08	3.94	1.10
2 月	116.40	0.00	1.14	0.00	1.28	−4.51	0.00	0.04	2.65	0.98
3 月	185.70	−309.60	0.76	2.08	2.96	−27.68	0.01	0.33	2.05	1.56
4 月	−84.59	−133.60	0.00	2.86	−25.16	−25.75	0.00	0.66	3.74	0.82
5 月	−60.07	−129.40	0.00	2.70	−24.60	−25.65	0.00	0.68	6.30	0.59
6 月	204.50	−129.30	1.29	16.12	44.00	−88.80	0.04	0.50	11.13	0.58
7 月	267.90	−324.00	1.10	3.40	−1.52	−15.14	0.00	0.27	2.62	8.36
8 月	222.70	1.93	3.67	0.00	17.90	−9.50	0.13	0.07	7.62	1.21
9 月	237.20	52.20	3.75	0.00	142.30	8.82	0.59	0.00	8.04	1.01
10 月	206.90	31.97	3.47	0.00	227.90	6.53	0.97	0.00	4.96	1.59
11 月	162.50	11.11	1.76	0.00	13.15	2.41	0.18	0.00	2.22	1.09
12 月	104.30	0.00	0.94	0.00	4.36	−1.39	0.05	0.01	2.93	1.14

表 7 - 21　　　武澄锡虞区方案 2 代表断面（点）COD 特征值统计　　　单位：mg/L

时间	中华桥			望亭立交闸下			五七大桥		
	最大值	最小值	日平均	最大值	最小值	日平均	最大值	最小值	日平均
1 月	41.73	21.03	33.28	29.62	23.85	24.64	50.50	26.39	42.36
2 月	38.63	19.52	30.48	24.02	23.11	23.52	47.44	39.15	42.29
3 月	35.54	21.54	26.71	23.68	22.54	23.26	41.66	29.99	35.72
4 月	28.09	18.01	22.58	23.67	23.60	23.65	36.49	28.03	32.16
5 月	24.99	15.80	21.30	23.64	23.59	23.62	29.56	25.14	27.11
6 月	27.49	20.04	25.18	23.61	15.67	23.11	27.66	22.22	25.67
7 月	22.38	13.27	17.85	24.11	21.48	23.16	23.03	15.15	20.34
8 月	21.72	14.71	19.21	23.26	17.56	20.94	25.97	19.60	21.83
9 月	24.69	17.66	21.46	20.51	12.51	18.32	25.69	21.53	23.57
10 月	27.16	17.79	23.01	20.54	13.00	18.19	31.09	22.48	26.02
11 月	32.21	16.58	24.50	22.22	19.24	20.95	35.99	27.95	32.88
12 月	39.72	19.59	27.59	23.90	21.60	22.66	42.34	34.27	39.05

时间	虞义桥			大桥角新桥			无锡		
	最大值	最小值	日平均	最大值	最小值	日平均	最大值	最小值	日平均
1 月	29.97	15.31	17.12	29.97	20.97	25.55	44.04	30.00	38.48
2 月	17.96	15.15	16.23	20.95	16.11	17.81	41.93	28.58	34.19
3 月	27.67	14.45	19.23	23.75	14.88	18.29	37.03	22.73	29.96
4 月	27.74	23.13	25.42	23.73	21.31	22.51	30.44	24.44	28.05

时间	虞义桥			大桥角新桥			无锡		
	最大值	最小值	日平均	最大值	最小值	日平均	最大值	最小值	日平均
5月	24.88	21.48	22.82	21.46	19.96	20.69	25.42	23.35	24.33
6月	22.45	13.87	18.92	21.56	16.01	19.55	31.57	20.23	24.42
7月	18.27	14.09	15.94	16.10	13.52	15.01	22.19	11.27	17.04
8月	14.57	12.03	13.76	15.28	11.58	12.80	23.82	16.85	19.88
9月	14.72	13.62	14.25	12.94	11.70	12.47	25.54	17.24	20.14
10月	15.82	13.84	14.58	13.71	12.81	13.17	28.24	16.91	21.41
11月	15.76	14.38	15.00	13.70	13.30	13.45	32.64	22.28	26.40
12月	17.66	14.97	15.96	14.74	13.63	13.97	39.50	25.90	32.51

时间	小青阳桥			羊尖大桥			常州		
	最大值	最小值	日平均	最大值	最小值	日平均	最大值	最小值	日平均
1月	29.97	21.85	23.81	73.41	24.51	42.81	32.97	24.43	27.23
2月	27.64	19.23	22.38	69.17	19.76	35.10	27.09	22.37	24.72
3月	25.44	17.66	21.00	64.75	17.87	37.40	23.04	17.44	20.57
4月	22.65	15.24	18.29	46.29	34.81	41.74	21.77	17.40	19.57
5月	19.49	15.01	16.51	44.47	34.23	40.19	18.79	16.43	17.56
6月	23.11	14.91	17.92	44.16	15.83	31.33	18.79	16.20	17.51
7月	17.24	11.08	13.33	29.34	14.64	22.13	16.34	12.76	14.77
8月	13.58	10.32	11.41	34.57	14.40	18.47	16.86	15.17	15.92
9月	15.68	11.84	12.94	28.51	14.91	18.43	17.31	15.67	16.39
10月	19.50	12.46	14.63	32.46	15.58	19.59	18.49	16.14	17.03
11月	22.40	13.41	16.02	45.73	17.37	27.16	23.24	18.21	20.43
12月	24.93	16.06	21.16	72.69	20.75	39.57	26.26	22.26	24.36

1. 水量成果分析

本方案与引江济太调度方案相比，太湖水位与无锡水位均比引江济太调度方案要低，但差别不大；无锡水位平均低 2～6cm，嘉兴水位影响不大。

本方案的总引江水量与排江水量均比引江济太调度方案要大，但比武澄锡虞区方案 1 要小。净引江水量与引江济太调度方案相比要小，甚至有时还有较大的净排江水量，这种情形在非汛期更明显，因而无锡水位在非汛期的影响较大。

2. 水质成果分析

本方案与引江济太调度方案相比，水质改善主要区域在小青阳桥一带，因为该方案中江阴枢纽是作为引水专道的，小青阳桥位于引水通道上。其他区域影响不大，某些时段还有变差的现象。

7.3.3.4　武澄锡虞区全引方案（方案 3）

太湖、无锡、嘉兴三个代表站的计算水位过程见图 7-25～图 7-27，水位统计特征值如表 7-22 所示，武澄锡虞区沿江各闸引排水量特征值如表 7-23 所示，武澄锡虞区主要断面 COD 水质指标特征值如表 7 - 24 所示。

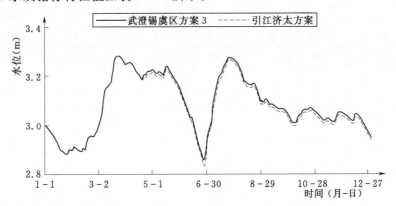

图 7 - 25　2003 年太湖水位对比图

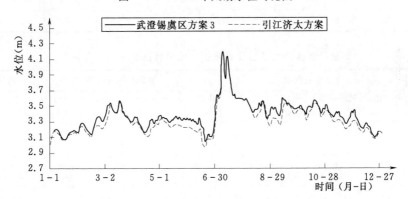

图 7 - 26　2003 年无锡水位对比图

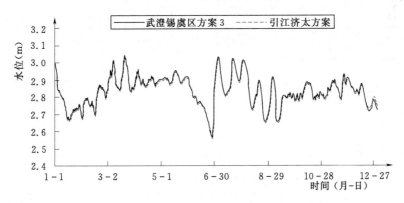

图 7 - 27　2003 年嘉兴水位对比图

表 7 - 22　　　　　　　武澄锡虞区方案 3 代表站水位特征值统计表　　　　　　单位：m

时间	太湖			无锡			嘉兴		
	最大值	最小值	日平均	最大值	最小值	日平均	最大值	最小值	日平均
1 月	3.00	2.88	2.93	3.21	3.00	3.14	3.01	2.65	2.75
2 月	2.98	2.89	2.93	3.37	3.13	3.26	2.87	2.69	2.79

续表

时间	太湖			无锡			嘉兴		
	最大值	最小值	日平均	最大值	最小值	日平均	最大值	最小值	日平均
3 月	3.29	2.98	3.18	3.57	3.29	3.43	3.04	2.82	2.91
4 月	3.26	3.18	3.23	3.39	3.16	3.28	2.96	2.85	2.89
5 月	3.24	3.15	3.21	3.39	3.28	3.34	2.96	2.86	2.90
6 月	3.15	2.86	3.00	3.46	3.04	3.23	2.90	2.55	2.74
7 月	3.28	2.94	3.17	4.20	3.47	3.76	3.04	2.79	2.92
8 月	3.26	3.09	3.17	3.59	3.34	3.48	3.01	2.64	2.80
9 月	3.11	3.02	3.07	3.62	3.37	3.49	2.93	2.64	2.78
10 月	3.07	3.01	3.05	3.57	3.39	3.48	2.89	2.76	2.82
11 月	3.05	3.01	3.03	3.45	3.27	3.37	2.94	2.77	2.86
12 月	3.05	2.95	3.01	3.35	3.08	3.20	2.87	2.70	2.79

表 7-23　　　武澄锡虞区方案 3 沿江各闸引排水量特征值统计（引为正）

时间	常熟水利枢纽				望亭水利枢纽				沿长江总引排水量	
	最大流量 (m^3/s)	最小流量 (m^3/s)	引江 (亿 m^3)	排江 (亿 m^3)	最大流量 (m^3/s)	最小流量 (m^3/s)	引江 (亿 m^3)	排江 (亿 m^3)	引江 (亿 m^3)	排江 (亿 m^3)
1 月	101.20	0.00	0.87	0.00	4.95	−24.86	0.01	0.10	38.62	2.84
2 月	98.06	0.00	0.78	0.00	−1.83	−6.73	0.00	0.11	29.54	2.95
3 月	154.00	−322.70	0.47	2.46	−3.05	−27.70	0.00	0.41	32.31	19.40
4 月	−98.14	−161.70	0.00	3.41	−25.09	−25.87	0.00	0.66	50.63	10.11
5 月	−82.73	−164.80	0.00	3.34	−24.56	−25.86	0.00	0.68	83.53	12.87
6 月	198.90	−153.20	1.03	2.07	51.82	−77.22	0.05	0.50	123.32	7.20
7 月	240.30	−326.90	0.63	4.14	−2.19	−20.73	0.00	0.30	35.51	86.71
8 月	201.60	1.05	3.28	0.00	14.34	−13.30	0.00	0.09	93.08	20.22
9 月	225.30	18.69	2.95	0.00	13.64	4.04	0.22	0.00	96.07	18.79
10 月	240.30	41.33	3.40	0.00	277.50	5.29	0.76	0.00	64.47	29.25
11 月	134.00	0.00	1.23	0.00	9.88	−6.08	0.08	0.02	36.34	9.07
12 月	94.26	0.00	0.65	0.00	0.48	−6.16	0.00	0.06	23.91	2.89

表 7-24　　　武澄锡虞区方案 3 代表断面（点）COD 特征值统计　　　单位：mg/L

时间	中华桥			望亭立交闸下			五七大桥		
	最大值	最小值	日平均	最大值	最小值	日平均	最大值	最小值	日平均
1 月	40.70	21.01	33.77	29.62	23.78	24.64	48.33	26.44	41.51
2 月	38.08	19.39	31.02	24.04	23.45	23.73	46.34	36.56	40.64
3 月	35.61	18.51	25.75	23.96	23.18	23.70	40.86	30.48	35.55
4 月	29.27	17.34	22.56	23.96	23.89	23.93	34.82	26.20	30.80

续表

时间	中华桥			望亭立交闸下			五七大桥		
	最大值	最小值	日平均	最大值	最小值	日平均	最大值	最小值	日平均
5 月	24.42	15.54	20.78	23.92	23.88	23.90	29.11	24.05	26.47
6 月	27.00	21.53	24.45	23.89	16.06	23.34	26.62	21.91	25.00
7 月	22.13	13.51	17.91	24.01	19.11	23.13	22.96	15.23	20.17
8 月	22.58	14.92	19.32	23.32	18.33	21.29	25.91	19.52	21.41
9 月	24.29	17.49	20.76	20.84	18.22	19.53	25.15	20.82	23.50
10 月	27.19	19.01	22.67	20.78	13.08	18.54	30.81	22.48	25.69
11 月	31.56	14.99	24.53	23.00	19.96	21.49	35.46	28.64	31.82
12 月	38.54	19.00	26.04	23.58	22.50	23.07	42.18	31.59	38.60

时间	虞义桥			大桥角新桥			无锡		
	最大值	最小值	日平均	最大值	最小值	日平均	最大值	最小值	日平均
1 月	29.97	15.53	17.59	29.97	20.87	25.31	40.36	30.00	36.97
2 月	20.47	15.19	17.23	20.83	17.45	18.43	37.54	31.02	33.62
3 月	28.21	14.84	20.33	23.80	16.17	19.37	35.36	22.38	28.86
4 月	27.91	22.45	25.02	23.60	21.23	22.42	30.48	25.08	28.31
5 月	24.38	20.89	22.28	21.49	19.79	20.61	26.07	23.20	24.62
6 月	21.95	13.82	18.93	21.17	16.35	19.40	30.20	20.56	24.48
7 月	18.99	14.00	16.65	16.88	13.93	15.37	22.52	11.24	16.86
8 月	14.54	11.79	13.66	15.94	11.48	13.03	23.24	16.94	19.76
9 月	15.13	13.33	14.10	12.63	11.54	12.13	22.24	16.60	19.50
10 月	16.07	13.58	14.51	14.01	12.49	13.06	25.55	16.30	19.79
11 月	16.39	14.20	15.11	14.49	13.60	13.87	30.26	21.54	25.95
12 月	19.54	14.90	16.58	15.53	14.35	14.64	36.12	23.53	30.82

时间	小青阳桥			羊尖大桥			常州		
	最大值	最小值	日平均	最大值	最小值	日平均	最大值	最小值	日平均
1 月	29.98	21.27	23.41	60.73	26.64	39.71	32.96	26.22	28.33
2 月	25.73	20.18	22.37	60.09	21.75	35.25	29.46	23.95	26.72
3 月	27.76	19.24	22.97	59.34	20.49	37.13	24.89	17.55	21.08
4 月	21.96	17.86	19.91	44.05	33.49	39.58	21.94	17.46	20.11
5 月	19.77	16.31	18.15	41.67	32.91	37.92	19.43	16.47	17.99
6 月	18.62	16.06	17.12	39.12	15.79	31.22	19.06	16.37	17.83
7 月	16.09	11.76	13.30	28.62	14.80	22.66	16.55	12.90	14.83
8 月	17.16	10.39	13.32	34.65	14.41	18.56	17.11	15.17	16.01
9 月	17.33	11.71	14.19	24.97	15.15	18.63	18.21	15.64	16.53
10 月	20.75	13.78	17.03	27.16	15.39	18.76	18.27	16.19	17.21
11 月	21.20	17.53	19.21	46.11	17.30	28.17	24.12	18.22	21.76
12 月	26.23	19.55	22.04	71.01	22.92	39.30	28.07	22.94	26.11

1. 水量成果分析

本方案与引江济太调度方案相比，太湖水位与无锡水位均比较高，太湖水位高 1～2cm，无锡水位高 3～8cm。嘉兴水位则影响不大。

本方案的总引江水量与排江水量均比引江济太调度方案要大，但与武澄锡虞区方案 1 相比要小，在非汛期净引水量比引江济太调度方案要大，故太湖水位与无锡水位均偏高。

2. 水质成果分析

本方案与引江济太调度方案相比，水质主要影响区域在小青阳桥一带，因为在该方案中江阴枢纽大部分时段作为引水闸启用，小青阳桥位于引水通道上。其他区域的影响不大，某些时段还有变差的现象。

7.3.3.5　综合分析

由表 7 - 25 可知，在武澄锡虞区的三个方案中，太湖平均月最高水位为 3.12～3.14m，平均月最低水位为 2.97～3.00m，差别不大；由表 7 - 26 可知，无锡平均月最高水位为 3.38～3.52m，平均月最低水位为 3.05～3.24m，无论是月最高水位还是月最低水位均是方案 1 最低，方案 3 最高。由表 7 - 27 可知，三个方案常熟水利枢纽引水量分别为 20.40 亿 m^3、18.92 亿 m^3 和 15.26 亿 m^3，入湖水量分别为 2.05 亿 m^3、1.98 亿 m^3 和 1.21 亿 m^3，无论引江水量还是入湖水量均是方案 1（引排结合方案 1）最大，方案 3（全引方案）最小；武澄锡虞区其他沿江口门引水量分别为 19.55 亿 m^3、9.24 亿 m^3 和 26.17 亿 m^3，排水量分别为 32.65 亿 m^3、13.26 亿 m^3 和 15.31 亿 m^3，方案 1 相对来说引排水量均较大。

武澄锡虞区各代表站化学需氧量（COD_{Cr}）水质指标基本介于 Ⅲ～Ⅳ 类之间，其中方案 1 区域 COD 指标平均浓度最小，为 22.32mg/L。

综合以上水量水质指标分析，方案 1 相对较好。

表 7 - 25　　　　　　　　　武澄锡虞区各方案太湖水位比较表　　　　　　　　单位：m

时间	方案 1			方案 2			方案 3		
	最大值	最小值	日平均	最大值	最小值	日平均	最大值	最小值	日平均
1 月	3.00	2.87	2.92	3.00	2.88	2.93	3.00	2.88	2.93
2 月	2.96	2.88	2.91	2.98	2.89	2.92	2.98	2.89	2.93
3 月	3.26	2.96	3.16	3.28	2.98	3.17	3.29	2.98	3.18
4 月	3.23	3.14	3.19	3.25	3.17	3.21	3.26	3.18	3.23
5 月	3.19	3.11	3.17	3.22	3.12	3.19	3.24	3.15	3.21
6 月	3.11	2.82	2.96	3.12	2.83	2.97	3.15	2.86	3.00
7 月	3.25	2.90	3.14	3.26	2.92	3.15	3.28	2.94	3.17
8 月	3.24	3.08	3.15	3.25	3.08	3.16	3.26	3.09	3.17
9 月	3.10	3.02	3.07	3.10	3.02	3.07	3.11	3.02	3.07
10 月	3.08	3.00	3.05	3.07	3.00	3.05	3.07	3.01	3.05

时间	方案 1			方案 2			方案 3		
	最大值	最小值	日平均	最大值	最小值	日平均	最大值	最小值	日平均
11 月	3.05	3.00	3.02	3.04	3.00	3.03	3.05	3.01	3.03
12 月	3.02	2.90	2.98	3.03	2.93	3.00	3.05	2.95	3.01
平均值	3.12	2.97	3.06	3.13	2.98	3.07	3.14	3.00	3.08

表 7 - 26　　　　　　　　　　武澄锡虞区各方案无锡水位比较表　　　　　　　　单位：m

时间	方案 1			方案 2			方案 3		
	最大值	最小值	日平均	最大值	最小值	日平均	最大值	最小值	日平均
1 月	3.06	2.90	2.98	3.17	2.99	3.09	3.21	3.00	3.14
2 月	3.07	2.93	3.01	3.20	3.04	3.14	3.37	3.13	3.26
3 月	3.45	2.99	3.24	3.52	3.18	3.36	3.57	3.29	3.43
4 月	3.17	2.96	3.06	3.27	3.09	3.19	3.39	3.16	3.28
5 月	3.23	3.11	3.18	3.30	3.17	3.23	3.39	3.28	3.34
6 月	3.23	2.86	3.05	3.30	2.94	3.10	3.46	3.04	3.23
7 月	4.20	3.22	3.74	4.20	3.31	3.75	4.20	3.47	3.76
8 月	3.59	3.23	3.42	3.59	3.21	3.39	3.59	3.34	3.48
9 月	3.58	3.24	3.43	3.53	3.24	3.38	3.62	3.37	3.49
10 月	3.53	3.28	3.41	3.54	3.28	3.41	3.57	3.39	3.48
11 月	3.36	3.00	3.13	3.39	3.13	3.24	3.45	3.27	3.37
12 月	3.09	2.92	2.97	3.22	2.99	3.10	3.35	3.08	3.20
平均值	3.38	3.05	3.22	3.44	3.13	3.28	3.52	3.24	3.37

表 7 - 27　　　　　　　　　武澄锡虞区各方案引排水量比较表　　　　　　　单位：亿 m³

	方案 1	方案 2	方案 3		方案 1	方案 2	方案 3
常熟水利枢纽引水量	20.40	18.92	15.26	武澄锡虞区沿江各闸引水量	19.55	9.24	26.17
望亭水利枢纽入湖水量	2.05	1.98	1.21	武澄锡虞区沿江各闸排水量	32.65	13.26	15.31

7.4　杭嘉湖区水量水质联合调度方案研究

7.4.1　杭嘉湖区概况

杭嘉湖区域位于太湖流域东南部，北抵太湖及太浦河，东临浦西水利分区，南滨杭州湾及钱塘江，西靠东苕溪导流，总面积为 7436km²。杭嘉湖区地势低洼，水网稠密，河网密度平均 12.7km/km²。区内涉及杭州市市区钱塘江北片以及余杭区、湖州市德清县东部及湖州市区大部、嘉兴市全部、苏州市、吴江市太浦河以南部分、上海市松江区、金山区张泾河以西部分。杭嘉湖地区经济发达，据统计，2004 年区域 GDP 达 4156.25 亿元，人均生产总值 33442 元，超过 4000 美元。

杭嘉湖区域有太浦河、东苕溪导流、环湖大堤及杭嘉湖南排沿线诸闸等重要水利工程。太浦河是沟通太湖和黄浦江的太湖流域骨干河道，既可承泄太湖及杭嘉湖区域北排涝水，又可在枯水年份引太湖水补给黄浦江及杭嘉湖区域；杭嘉湖区环湖大堤各溇港可引太湖水入杭嘉湖区域；东苕溪导流遇洪水时可将浙西山区洪水导流入太湖以保护东部杭嘉湖平原防洪安全，而遇枯水年份，东苕溪导流又可引水补给杭嘉湖区域；杭嘉湖南排工程遇洪水时可将杭嘉湖区域部分涝水排入杭州湾，降低杭嘉湖地区水位，遇枯水时可以通过南排工程的拉水将太湖水引入该地区搞活水体，达到改善区域水环境的目的。杭嘉湖区概况见图 7-28。

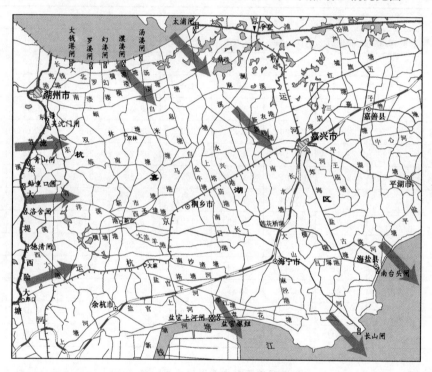

图 7-28　杭嘉湖区概况示意图

由于杭嘉湖区特殊的地理位置，杭嘉湖区的生活及工农业用水主要来自上游山区和太湖。但随着经济社会的快速发展，杭嘉湖区河网水质污染严重，基本上已无合格的饮用水水源，已严重威胁到当地居民生活用水安全。为此，通过研究杭嘉湖区域重要水利工程的联合调度，合理配置流域水资源，满足杭嘉湖区用水需求，意义十分重大。

7.4.2　方案设计

在现状引江济太调度方案的基础上，根据杭嘉湖区的特点，设计了不同调度方案，重点对太浦闸、杭嘉湖环湖口门、太浦河南岸口门、东导流六闸及南排口门的联合调度进行分析与比选（表 7-28）。

杭嘉湖区主要水利工程有杭嘉湖环湖口门、太浦河南岸口门、东导流六闸及南排工程等，因此方案设计时主要围绕太浦闸、杭嘉湖环湖口门、太浦河南岸口门、东导流六闸及南排口门的联合运用进行设计，根据杭嘉湖区的特点，结合近几年的实际调度，主要设计了如下三个方案。

1. 杭嘉湖区方案 1

当太湖水位超过防洪控制水位时，太浦闸按防洪调度方案调度，当太湖水位不超过防洪控制水位时，太浦闸按 $50m^3/s$ 的流量下泄；杭嘉湖环湖口门和太浦河南岸口门开闸引水；东导流六闸开闸；南排开闸排水，排水时控制嘉兴水位不低于 2.60m；其他口门同现状引江济太调度方案。

2. 杭嘉湖区方案 2

当太湖水位超过防洪控制水位时，太浦闸按防洪调度方案调度，当太湖水位不超过防洪控制水位时，太浦闸按 $50m^3/s$ 的流量下泄；杭嘉湖环湖口门和太浦河南岸口门开闸引水；东导流六闸开闸；南排关闸；其他口门同现状引江济太调度方案。

3. 杭嘉湖区方案 3

当太湖水位超过防洪控制水位时，太浦闸按防洪调度方案调度，当太湖水位不超过防洪控制水位时，太浦闸按 $100m^3/s$ 的流量下泄；杭嘉湖环湖口门和太浦河南岸口门开闸引水；东导流六闸开闸；南排开闸排水，排水时控制嘉兴水位不低于 2.60m；其他口门同现状引江济太调度方案。

表 7-28　　　　　　　　　　　　杭嘉湖区调度方案列表

方案名称	太浦闸下泄流量 （m^3/s）	杭嘉湖环湖及太浦河 南岸口门	东导流口门	南排口门
方案 1	50	开闸引水	开闸	开闸
方案 2	50	开闸引水	开闸	关闸
方案 3	100	开闸引水	开闸	开闸

7.4.3　计算成果分析

7.4.3.1　杭嘉湖区方案 1 成果分析

太湖、无锡、嘉兴三个代表站的计算水位过程见图 7-29～图 7-31，水位统计特征值如表 7-29 所示，杭嘉湖区出入水量统计如表 7-30 所示，杭嘉湖区主要断面 COD 水质指标特征值如表 7-31 所示。

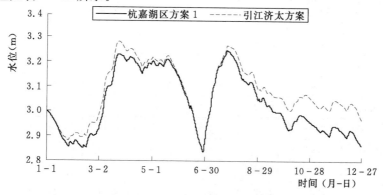

图 7-29　2003 年太湖水位对比图

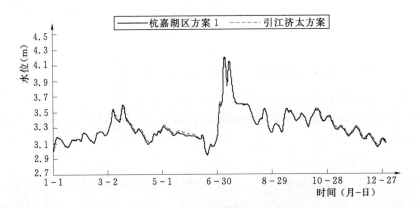

图 7 - 30　2003 年无锡水位对比图

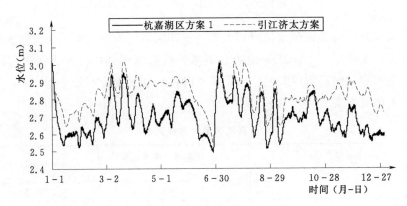

图 7 - 31　2003 年嘉兴水位对比图

表 7 - 29　　　　　　　　　　　　　杭嘉湖区方案 1 代表站水位特征值统计表　　　　　　　　　单位：m

时间	太湖			无锡			嘉兴		
	最大值	最小值	日平均	最大值	最小值	日平均	最大值	最小值	日平均
1 月	3.00	2.86	2.92	3.19	3.00	3.12	3.01	2.52	2.64
2 月	2.93	2.85	2.88	3.26	3.10	3.20	2.70	2.54	2.62
3 月	3.23	2.93	3.12	3.60	3.22	3.40	2.96	2.63	2.78
4 月	3.22	3.15	3.19	3.29	3.09	3.20	2.84	2.60	2.70
5 月	3.21	3.13	3.18	3.32	3.19	3.23	2.85	2.64	2.75
6 月	3.13	2.84	2.98	3.30	2.95	3.12	2.85	2.49	2.63
7 月	3.25	2.92	3.15	4.20	3.31	3.75	3.01	2.69	2.84
8 月	3.22	3.04	3.12	3.60	3.23	3.41	2.89	2.51	2.70
9 月	3.06	2.94	3.01	3.54	3.30	3.41	2.86	2.54	2.69
10 月	2.99	2.93	2.96	3.53	3.30	3.43	2.85	2.64	2.73
11 月	2.95	2.90	2.93	3.41	3.17	3.27	2.77	2.57	2.66
12 月	2.93	2.84	2.89	3.26	3.04	3.14	2.69	2.55	2.60

表 7-30　　　　　　杭嘉湖区方案 1 杭嘉湖区出入水量统计一览表　　　　　单位：亿 m³

时间	浙西区		太湖		山丘区	太浦河		泖河	
	入流	出流	入流	出流	入流	入流	出流	入流	出流
1 月	2.39	0.00	1.32	0.01	0.01	2.58	2.70	6.91	5.27
2 月	2.22	0.00	1.08	0.00	0.04	2.13	2.54	6.07	5.24
3 月	3.09	0.00	1.29	0.13	0.14	3.20	3.06	7.36	5.76
4 月	3.90	0.00	2.06	0.00	0.07	3.24	2.86	6.88	5.81
5 月	4.10	0.00	2.08	0.00	0.06	3.04	3.05	6.89	6.55
6 月	3.70	0.01	1.77	0.03	0.06	1.87	3.33	6.25	6.57
7 月	3.53	0.20	1.61	0.23	0.05	1.96	3.96	6.84	6.72
8 月	4.46	0.00	2.06	0.00	0.03	2.19	3.70	6.59	7.17
9 月	3.74	0.00	1.53	0.00	0.03	1.82	3.76	6.27	7.16
10 月	2.54	0.00	1.07	0.00	0.02	2.07	3.48	6.70	6.85
11 月	2.57	0.00	1.24	0.00	0.02	2.10	3.13	6.64	6.26
12 月	2.65	0.00	1.38	0.00	0.02	2.49	2.65	6.81	5.51

时间	黄浦江		浦东		杭州湾	总　汇		
	入流	出流	入流	出流	出流	总入流	总出流	进出水量差
1 月	6.20	5.12	0.02	0.24	4.15	17.04	19.88	−2.84
2 月	5.48	5.12	0.00	0.23	4.43	16.47	18.11	−1.64
3 月	6.55	5.74	0.05	0.17	6.71	19.26	23.98	−4.73
4 月	6.04	5.80	0.01	0.19	6.03	20.69	22.20	−1.51
5 月	6.09	6.54	0.00	0.12	6.23	22.49	22.25	0.24
6 月	5.50	6.61	0.05	0.13	2.67	22.16	16.37	5.80
7 月	5.99	6.84	0.20	0.06	7.04	22.76	22.45	0.31
8 月	5.68	7.44	0.18	0.15	4.68	25.01	19.31	5.70
9 月	5.51	7.30	0.17	0.09	5.00	23.62	18.77	4.85
10 月	5.96	6.88	0.18	0.03	5.97	20.86	20.88	−0.02
11 月	5.89	6.24	0.06	0.01	5.94	19.47	20.62	−1.15
12 月	6.09	5.34	0.00	0.17	3.48	17.72	18.87	−1.15

表 7-31　　　　　　杭嘉湖区方案 1 代表断面（点）COD 特征值统计　　　　　单位：mg/L

时间	嘉兴			南浔			新市		
	最大值	最小值	日平均	最大值	最小值	日平均	最大值	最小值	日平均
1 月	34.56	26.24	31.82	29.94	18.82	22.15	30.38	19.13	24.78
2 月	31.16	24.70	28.58	19.67	17.57	18.45	19.68	16.25	18.30
3 月	28.47	22.53	25.46	19.43	16.23	17.41	18.94	16.06	17.20
4 月	24.92	20.50	22.88	17.31	15.37	16.14	16.68	13.93	14.86

时间	嘉兴			南浔			新市		
	最大值	最小值	日平均	最大值	最小值	日平均	最大值	最小值	日平均
5 月	23.13	20.55	21.80	15.65	14.43	15.00	14.14	12.57	13.42
6 月	23.04	18.42	21.34	15.17	12.45	14.60	14.66	12.97	13.92
7 月	23.29	18.04	19.68	14.80	11.26	13.45	15.27	11.85	12.92
8 月	20.08	17.38	18.77	14.22	12.78	13.60	12.50	11.37	11.90
9 月	21.11	18.47	19.38	14.46	12.69	13.61	13.26	12.02	12.63
10 月	23.21	18.81	20.96	15.63	11.70	14.07	13.99	12.91	13.37
11 月	25.74	21.46	23.74	17.64	15.60	16.70	16.42	14.00	15.03
12 月	28.49	23.07	25.53	18.28	17.01	17.64	17.25	15.07	16.23
时间	崇德			硖石			平湖		
	最大值	最小值	日平均	最大值	最小值	日平均	最大值	最小值	日平均
1 月	39.26	28.80	34.85	39.06	28.77	32.41	37.43	29.60	33.80
2 月	34.95	31.25	33.23	35.63	27.16	29.15	35.53	26.74	32.39
3 月	33.81	28.74	30.90	28.60	23.69	26.35	30.73	22.13	27.80
4 月	29.34	22.59	26.68	25.10	20.65	22.73	31.47	26.85	28.42
5 月	24.47	19.06	21.85	22.19	19.16	20.02	30.03	21.57	26.60
6 月	21.88	14.85	16.98	26.59	18.90	21.52	27.34	16.00	22.06
7 月	25.98	13.67	18.36	22.96	17.39	19.43	23.83	13.10	18.29
8 月	15.87	12.83	14.08	19.37	16.27	17.91	21.88	10.10	15.36
9 月	17.07	13.34	14.77	20.28	17.73	19.08	21.86	9.65	13.22
10 月	26.57	14.86	20.92	21.90	18.87	20.02	22.11	10.04	15.41
11 月	30.25	21.66	24.26	24.65	20.69	22.92	24.47	13.58	20.08
12 月	33.60	25.69	29.82	36.04	23.55	26.93	31.58	22.87	26.92
时间	嘉善			平望			德清		
	最大值	最小值	日平均	最大值	最小值	日平均	最大值	最小值	日平均
1 月	31.42	24.98	27.36	29.99	17.52	21.76	30.00	15.17	20.29
2 月	26.74	22.75	24.53	21.25	16.01	17.03	18.62	12.80	16.13
3 月	25.05	20.48	21.74	17.13	15.56	16.09	20.12	15.00	16.89
4 月	20.57	17.86	19.29	16.22	14.90	15.50	15.54	13.06	14.62
5 月	17.94	15.33	16.67	15.02	14.10	14.60	14.24	11.90	13.19
6 月	15.61	13.70	14.85	15.85	13.38	14.18	12.66	10.26	11.66
7 月	17.00	12.20	13.51	15.81	12.42	13.36	18.56	9.56	11.98
8 月	13.61	9.73	11.64	13.75	12.53	13.14	12.38	9.15	10.44
9 月	12.95	9.39	10.92	13.96	12.97	13.36	13.91	10.16	11.54
10 月	13.94	9.48	11.56	14.77	13.16	13.83	12.67	10.58	11.32
11 月	16.78	13.33	15.25	16.25	14.43	15.04	16.54	11.57	13.01
12 月	24.16	16.44	19.29	18.59	15.14	15.89	16.05	13.20	14.26

1. 水量成果分析

本方案与引江济太调度方案相比,太湖水位与嘉兴水位均较低,太湖水位低 1~10cm,嘉兴水位低 3~20cm,无锡水位则影响不大。另外,本方案中浙西区、太浦河、泖河、黄浦江、浦东的出入流、山丘区入流与引江济太调度方案相比差别不大,杭州湾出流量(盐官出流)、太湖入杭嘉湖区的水量以及杭嘉湖区的出水量均比引江济太调度方案要大,故太湖水位与嘉兴水位偏低。

2. 水质成果分析

本方案与引江济太调度方案相比,崇德、硖石、平湖、嘉善、大钱港的水质变好,德清、平望的水质则变化不大,对嘉兴、南浔、新市的水质影响不同时段各不相同。虽然本方案进出杭嘉湖区的水量增加了,但由于其水源地的不同,对嘉兴、南浔、新市站水质将起到不同的作用。

7.4.3.2 杭嘉湖区方案 2 成果分析

太湖、无锡、嘉兴三个代表站的计算水位过程见图 7-32~图 7-34,水位统计特征值如表 7-32 所示,杭嘉湖区出入水量统计如表 7-33 所示,杭嘉湖区主要断面 COD 水质指标特征值如表 7-34 所示。

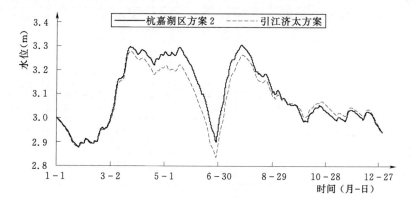

图 7-32 2003 年太湖水位对比图

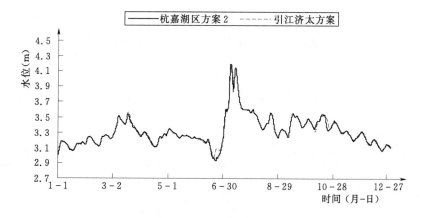

图 7-33 2003 年无锡水位对比图

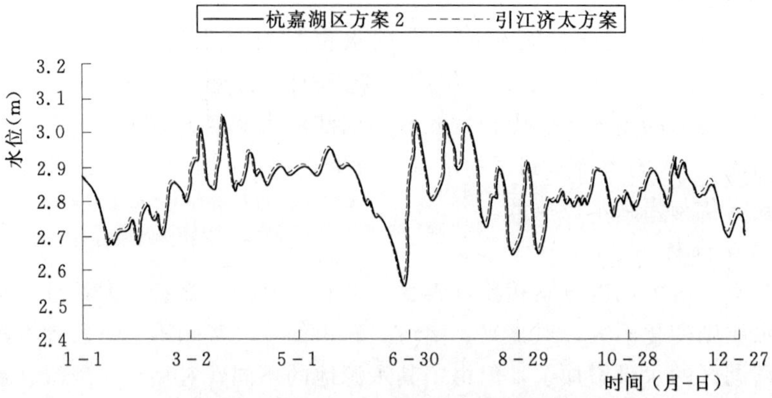

图 7 - 34　2003 年型嘉兴水位对比图

表 7 - 32　　　　　　　　　**杭嘉湖区方案 2 代表站水位特征值统计表**　　　　　　　　单位：m

时间	太湖水位			无锡水位			嘉兴水位		
	最大值	最小值	日平均	最大值	最小值	日平均	最大值	最小值	日平均
1 月	3.00	2.88	2.93	3.19	3.00	3.13	3.01	2.64	2.75
2 月	2.99	2.89	2.93	3.26	3.11	3.21	2.88	2.68	2.79
3 月	3.30	2.99	3.19	3.54	3.23	3.39	3.05	2.82	2.91
4 月	3.28	3.22	3.26	3.32	3.11	3.22	2.95	2.83	2.89
5 月	3.29	3.21	3.26	3.35	3.22	3.26	2.96	2.86	2.90
6 月	3.21	2.90	3.05	3.34	2.93	3.11	2.91	2.55	2.73
7 月	3.31	2.98	3.21	4.20	3.35	3.75	3.05	2.81	2.94
8 月	3.28	3.10	3.19	3.61	3.24	3.42	3.02	2.63	2.80
9 月	3.12	3.00	3.07	3.56	3.24	3.41	2.94	2.63	2.79
10 月	3.05	2.99	3.02	3.54	3.33	3.43	2.90	2.75	2.82
11 月	3.04	2.99	3.01	3.43	3.19	3.29	2.94	2.76	2.85
12 月	3.03	2.94	3.00	3.28	3.06	3.15	2.87	2.68	2.78

表 7 - 33　　　　　　　　**杭嘉湖区方案 2 杭嘉湖区边界出入水量统计一览表**　　　　　　　单位：亿 m³

时间	浙西区		太湖		山丘区		太浦河		泖河	
	入流	出流	入流	出流	入流	出流	入流	出流	入流	出流
1 月	1.77	0.01	1.10	0.01	0.01		3.14	2.28	7.16	5.11
2 月	1.55	0.00	0.87	0.02	0.04		2.97	1.92	6.41	5.01
3 月	2.90	0.00	1.24	0.18	0.14		3.87	2.70	7.69	5.57
4 月	3.50	0.00	1.99	0.00	0.07		4.19	2.35	7.27	5.54
5 月	3.76	0.00	2.06	0.00	0.06		3.81	2.68	7.27	6.28
6 月	3.68	0.01	1.86	0.03	0.06		2.32	3.00	6.45	6.42

续表

时间	浙西区		太湖		山丘区	太浦河		泖河	
	入流	出流	入流	出流	入流	入流	出流	入流	出流
7 月	3.46	0.20	1.59	0.21	0.05	2.47	3.54	7.05	6.57
8 月	4.30	0.00	2.08	0.00	0.03	2.67	3.43	6.80	7.04
9 月	3.62	0.00	1.56	0.00	0.03	2.25	3.42	6.43	7.02
10 月	2.40	0.00	1.12	0.00	0.02	2.59	3.19	6.90	6.73
11 月	1.93	0.00	1.06	0.02	0.02	3.20	2.37	7.02	6.00
12 月	2.19	0.00	1.31	0.00	0.02	3.65	2.05	7.23	5.24

时间	黄浦江		浦东		杭州湾	总 汇		
	入流	出流	入流	出流	出流	总入流	总出流	进出水量差
1 月	6.56	4.87	0.03	0.17	0.49	15.31	17.40	−2.09
2 月	5.97	4.75	0.00	0.16	0.00	14.31	15.37	−1.07
3 月	6.96	5.45	0.07	0.14	3.95	18.13	22.70	−4.58
4 月	6.63	5.39	0.02	0.16	2.21	18.99	20.32	−1.34
5 月	6.58	6.16	0.00	0.12	3.90	21.11	21.55	−0.45
6 月	5.78	6.37	0.06	0.13	1.49	21.52	16.13	5.39
7 月	6.26	6.61	0.23	0.05	4.42	21.87	20.84	1.03
8 月	5.95	7.24	0.20	0.12	3.37	24.24	18.99	5.26
9 月	5.71	7.11	0.19	0.11	3.21	22.86	17.78	5.08
10 月	6.21	6.68	0.21	0.00	4.44	20.14	20.30	−0.15
11 月	6.44	5.79	0.14	0.00	1.02	17.17	17.84	−0.67
12 月	6.62	4.96	0.02	0.09	0.00	15.85	17.52	−1.67

表 7 - 34　　　　　　杭嘉湖区方案 2 代表断面（点）COD 特征值统计　　　单位：mg/L

时间	嘉兴			南浔			新市		
	最大值	最小值	日平均	最大值	最小值	日平均	最大值	最小值	日平均
1 月	35.49	29.45	32.17	29.93	18.61	22.40	29.98	19.58	25.68
2 月	33.35	30.54	32.25	19.81	17.54	18.81	19.57	16.13	17.99
3 月	31.66	23.83	27.53	19.55	15.92	17.53	18.75	16.38	17.32
4 月	24.46	20.24	22.25	17.27	14.99	15.98	16.37	13.74	14.62
5 月	21.35	17.03	19.23	15.39	14.20	14.72	13.92	12.19	13.11
6 月	23.19	16.72	21.44	15.10	12.29	14.52	14.26	12.77	13.51
7 月	23.14	14.97	18.68	14.93	12.29	13.29	15.52	11.19	12.69
8 月	19.59	17.46	18.88	14.08	12.55	13.27	12.19	10.96	11.47
9 月	20.92	18.68	19.93	14.48	12.25	13.30	13.23	11.67	12.31

续表

时间	嘉兴			南浔			新市		
	最大值	最小值	日平均	最大值	最小值	日平均	最大值	最小值	日平均
10 月	22.61	17.78	21.06	15.46	12.12	13.90	13.21	12.09	12.81
11 月	26.18	18.92	22.28	16.64	15.04	15.84	15.48	13.17	13.76
12 月	30.33	23.44	27.63	17.92	16.31	17.08	16.22	14.27	15.43

时间	崇德			硖石			平湖		
	最大值	最小值	日平均	最大值	最小值	日平均	最大值	最小值	日平均
1 月	44.38	28.05	40.01	39.07	28.42	34.86	38.08	29.59	33.99
2 月	43.79	38.65	41.23	37.01	30.59	34.55	35.61	26.36	32.07
3 月	42.37	30.20	33.39	33.82	26.27	29.55	33.21	23.43	28.54
4 月	31.28	25.48	28.92	32.11	23.67	26.21	29.54	24.44	27.07
5 月	27.68	22.29	25.01	32.40	19.07	22.80	28.44	21.90	26.05
6 月	23.85	14.93	18.41	39.36	17.81	25.16	28.49	16.18	25.06
7 月	29.16	13.09	18.85	28.27	15.74	19.84	24.55	15.28	20.31
8 月	20.50	12.46	15.39	23.93	15.83	18.16	23.46	12.69	19.22
9 月	20.80	12.80	15.68	22.98	17.09	19.21	21.92	11.32	17.42
10 月	29.89	14.31	23.74	29.13	18.79	20.50	24.22	11.86	19.32
11 月	36.05	27.16	31.79	34.53	20.81	26.03	27.50	20.91	24.63
12 月	38.90	34.55	36.58	33.71	28.75	31.47	32.68	26.25	28.99

时间	嘉善			平望			德清		
	最大值	最小值	日平均	最大值	最小值	日平均	最大值	最小值	日平均
1 月	39.22	28.45	33.44	29.99	18.28	22.02	30.00	15.14	20.64
2 月	40.71	31.82	36.25	19.36	16.75	17.39	19.52	13.02	16.21
3 月	37.88	21.87	27.99	17.18	16.16	16.63	20.22	14.69	16.90
4 月	29.83	21.20	25.27	16.59	15.06	15.76	15.51	13.13	14.60
5 月	26.37	15.89	19.54	15.11	14.26	14.71	14.66	11.84	13.15
6 月	17.81	14.16	15.14	15.68	13.45	14.11	12.52	10.16	11.49
7 月	19.15	12.60	13.95	14.48	12.39	13.23	18.87	9.30	11.84
8 月	13.40	10.15	11.83	13.61	12.51	13.14	12.31	8.76	10.26
9 月	15.30	10.09	11.58	13.83	12.86	13.29	13.79	10.01	11.44
10 月	15.00	10.14	12.34	14.45	13.06	13.75	12.73	9.69	11.08
11 月	27.67	13.84	21.35	15.45	14.28	14.98	16.76	11.14	12.70
12 月	34.62	21.03	29.26	16.37	15.22	15.87	16.19	12.81	14.35

1. 水量成果分析

本方案与引江济太调度方案相比,太湖水位、无锡水位与嘉兴水位均变化不大,因为本方案在水资源调度中不启用南排工程，与引江济太调度方案相同。

2. 水质成果分析

本方案与引江济太调度方案相比，由于南排工程均不启用，所以总体上水质变化不大。

7.4.3.3　杭嘉湖区方案 3 成果分析

太湖、无锡、嘉兴三个代表站的计算水位过程见图 7-35～图 7-37，水位统计特征值如表 7-35 所示，杭嘉湖区出入水量统计如表 7-36 所示，杭嘉湖区主要断面 COD 水质指标特征值如表 7-37 所示。

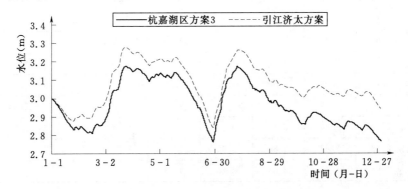

图 7-35　2003 年太湖水位对比图

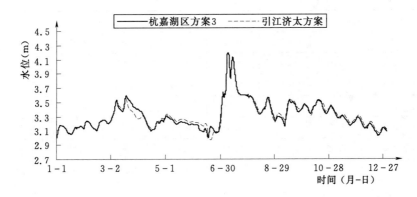

图 7-36　2003 年无锡水位对比图

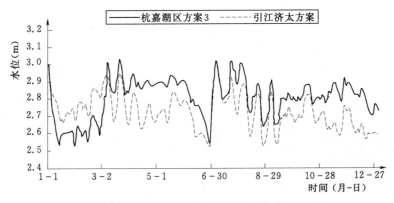

图 7-37　2003 年嘉兴水位对比图

表 7-35　　　　　　　　　杭嘉湖区方案 3 代表站水位特征值统计表　　　　　　　单位：m

时间	太湖			无锡			嘉兴		
	最大值	最小值	日平均	最大值	最小值	日平均	最大值	最小值	日平均
1 月	3.00	2.83	2.90	3.19	3.00	3.13	3.01	2.52	2.64
2 月	2.88	2.81	2.84	3.25	3.10	3.20	2.71	2.54	2.63
3 月	3.17	2.88	3.07	3.60	3.22	3.44	2.96	2.64	2.79
4 月	3.16	3.09	3.13	3.41	3.09	3.23	2.86	2.62	2.72
5 月	3.14	3.05	3.11	3.31	3.18	3.23	2.85	2.64	2.76
6 月	3.05	2.76	2.90	3.36	2.99	3.12	2.86	2.50	2.63
7 月	3.17	2.85	3.07	4.20	3.37	3.75	3.01	2.69	2.84
8 月	3.14	2.97	3.05	3.59	3.22	3.42	2.89	2.52	2.70
9 月	2.99	2.87	2.94	3.53	3.16	3.38	2.85	2.53	2.68
10 月	2.92	2.86	2.89	3.53	3.33	3.42	2.84	2.64	2.73
11 月	2.88	2.83	2.86	3.40	3.17	3.26	2.77	2.58	2.66
12 月	2.86	2.77	2.83	3.25	3.03	3.13	2.68	2.55	2.60

表 7-36　　　　　　　杭嘉湖区方案 3 杭嘉湖区边界出入水量统计一览表　　　　　单位：亿 m³

时间	浙西区		太湖		山丘区	太浦河		泖河	
	入流	出流	入流	出流	入流	入流	出流	入流	出流
1 月	2.20	0.01	1.17	0.01	0.01	2.97	2.11	5.24	6.98
2 月	1.85	0.00	0.81	0.02	0.04	2.85	1.63	5.21	6.13
3 月	2.64	0.00	1.00	0.21	0.14	3.36	2.52	5.73	7.42
4 月	3.43	0.00	1.75	0.00	0.07	3.15	2.60	5.75	6.97
5 月	3.54	0.00	1.70	0.00	0.06	3.38	2.39	6.50	6.96
6 月	3.15	0.02	1.37	0.05	0.06	3.84	1.40	6.54	6.29
7 月	2.95	0.32	1.24	0.34	0.05	4.64	1.46	6.70	6.88
8 月	3.87	0.00	1.61	0.00	0.03	4.23	1.65	7.17	6.64
9 月	3.16	0.00	1.12	0.00	0.03	4.39	1.42	7.10	6.27
10 月	1.78	0.00	0.57	0.06	0.02	4.19	1.56	6.86	6.72
11 月	1.99	0.00	0.75	0.01	0.02	3.56	1.60	6.25	6.65
12 月	2.14	0.00	1.01	0.00	0.02	2.92	1.91	5.49	6.82

时间	黄浦江		浦东		杭州湾	总　　汇		
	入流	出流	入流	出流	出流	总入流	总出流	进出水量差
1 月	5.13	6.20	0.23	0.03	4.52	16.96	19.85	-2.88
2 月	5.11	5.48	0.23	0.00	4.53	16.11	17.79	-1.68
3 月	5.74	6.57	0.17	0.05	6.66	18.77	23.44	-4.67
4 月	5.80	6.08	0.19	0.01	6.02	20.15	21.68	-1.54

续表

时间	黄浦江		浦东		杭州湾	总　汇		
	入流	出流	入流	出流	出流	总入流	总出流	进出水量差
5 月	6.54	6.11	0.12	0.00	6.18	21.83	21.63	0.20
6 月	6.60	5.51	0.13	0.05	2.59	21.68	15.90	5.78
7 月	6.84	5.98	0.06	0.20	6.96	22.47	22.14	0.33
8 月	7.44	5.70	0.13	0.17	4.75	24.47	18.90	5.57
9 月	7.31	5.48	0.11	0.16	4.90	23.22	18.23	4.98
10 月	6.88	5.95	0.00	0.17	5.88	20.30	20.35	−0.05
11 月	6.23	5.89	0.01	0.06	5.85	18.81	20.04	−1.23
12 月	5.35	6.09	0.17	0.00	3.37	17.11	18.19	−1.08

表 7 - 37　　　　杭嘉湖区方案 3 代表断面（点）COD 特征值统计　　　　单位：mg/L

时间	嘉兴			南浔			新市		
	最大值	最小值	日平均	最大值	最小值	日平均	最大值	最小值	日平均
1 月	34.30	27.68	31.85	29.94	18.84	22.39	30.35	19.83	25.20
2 月	30.99	25.19	28.70	19.98	17.20	18.60	20.25	16.47	18.79
3 月	28.90	23.02	26.07	20.47	15.36	17.77	19.28	16.30	17.57
4 月	25.25	21.19	23.34	17.19	15.50	16.19	17.07	14.07	15.08
5 月	22.99	20.45	21.81	15.66	14.30	14.95	14.54	12.70	13.63
6 月	22.90	19.09	21.35	15.02	11.81	13.91	14.78	13.10	14.07
7 月	23.66	18.22	19.75	14.49	10.78	12.89	15.51	11.77	13.03
8 月	20.14	17.68	18.88	13.99	11.58	12.97	12.94	11.37	12.05
9 月	21.10	18.73	19.56	14.30	11.42	13.15	13.55	12.04	12.85
10 月	23.43	18.90	21.07	15.28	11.33	13.19	15.28	12.34	13.81
11 月	25.60	21.43	23.59	18.41	13.69	16.09	17.39	14.33	15.27
12 月	28.83	23.89	25.81	18.90	16.05	18.03	17.68	15.31	16.70

时间	崇德			硖石			平湖		
	最大值	最小值	日平均	最大值	最小值	日平均	最大值	最小值	日平均
1 月	39.33	25.77	34.70	39.91	29.01	32.41	36.89	29.55	33.40
2 月	35.72	32.19	34.09	37.29	27.11	29.37	35.26	26.21	31.80
3 月	35.09	29.67	31.76	28.95	23.92	26.71	30.24	21.93	27.35
4 月	30.35	23.99	27.78	25.46	21.45	23.11	31.13	26.37	27.92
5 月	25.71	20.34	23.21	22.38	18.99	20.30	29.77	21.39	26.36
6 月	22.61	14.68	17.38	26.07	18.84	21.66	27.11	16.01	21.95
7 月	25.23	13.64	18.18	23.21	17.66	19.61	23.53	13.06	18.12
8 月	16.61	12.79	14.17	19.64	16.80	18.19	21.78	10.12	15.43

续表

时间	崇德			硖石			平湖		
	最大值	最小值	日平均	最大值	最小值	日平均	最大值	最小值	日平均
9月	17.64	13.47	14.85	20.38	17.93	19.37	21.80	9.76	13.25
10月	28.94	14.94	21.46	21.98	19.20	20.34	21.94	10.38	15.28
11月	30.73	18.71	23.63	25.10	21.22	23.13	24.52	13.68	19.95
12月	35.08	27.44	31.21	35.71	23.90	27.30	31.99	22.38	26.80

时间	嘉善			平望			德清		
	最大值	最小值	日平均	最大值	最小值	日平均	最大值	最小值	日平均
1月	31.07	23.62	26.14	29.99	15.76	19.09	30.00	15.48	20.65
2月	24.47	21.35	22.95	16.94	14.99	15.49	19.49	13.06	16.54
3月	23.33	19.46	20.61	16.14	14.83	15.37	20.64	15.14	17.10
4月	19.92	17.41	18.67	15.88	15.00	15.41	15.94	13.53	14.91
5月	17.55	15.23	16.37	15.25	14.42	14.89	14.57	12.13	13.51
6月	15.63	13.76	14.85	15.26	13.80	14.59	12.77	10.42	11.67
7月	16.18	12.39	13.54	15.92	13.74	14.19	18.74	9.34	12.07
8月	13.81	9.97	11.87	14.54	13.52	14.14	12.57	9.11	10.49
9月	13.46	9.74	11.15	14.90	14.10	14.56	13.96	10.16	11.70
10月	14.11	9.74	11.73	15.47	14.43	15.04	12.97	9.89	11.58
11月	16.55	13.57	15.33	15.92	15.33	15.60	17.38	11.52	13.17
12月	23.40	16.32	18.83	17.35	15.53	15.88	16.52	13.00	14.70

1. 水量成果分析

本方案与引江济太调度方案相比，太湖水位和嘉兴水位均偏低，太湖水位低3～18cm，全年平均水位偏低10cm；嘉兴水位低8～20cm，全年平均水位低13cm。主要因为本方案中太浦闸全年以100m^3/s的流量向下游供水，供水量比引江济太调度方案大；另外，本方案中南排工程开闸排水，而引江济太调度方案中南排工程不参与水资源调度。因此，太湖水位和嘉兴水位均偏低。

2. 水质成果分析

本方案与引江济太调度方案相比，由于太湖入杭嘉湖的水量和太浦闸的泄量增加，杭嘉湖区水质全面改善，其中环湖地区和太浦河南岸地区水质改善最明显；对嘉兴、南浔、新市、崇德、硖石、平湖和平望的水质影响，在不同时段影响各不相同，这主要跟来水水源有关；东导流沿线水质变化不大，因为本方案和引江济太调度方案中，东导流均开启运用。

7.4.3.4　综合分析

由表7-38、表7-39可知，杭嘉湖区方案1太湖月平均水位为2.88～3.19m，年平均水位为3.03m，嘉兴月平均水位为2.60～2.84m，年平均水位为2.70m；方案2太湖月平均水位为2.93～3.26m，年平均水位为3.09m，嘉兴月平均水位为2.73～2.94m，年平均水位为 2.83m；方案 3 太湖月平均水位为 2.83～3.13m，年平均水位为 2.97m，嘉兴月平均水位为 2.60～2.84m，年平均水位为 2.70m；引江济太调度方案太湖月平均水位为 2.93～3.22m，年平均水位为 3.07m，嘉兴月平均水位为 2.73～2.92m，年平均水位为 2.83m。由于方案 2 中南排工程不参与引江济太水资源调度，与引江济太调度方案类似，因此太湖水位和嘉兴水位均与引江济太调度方案相差不大；三个方案相比，由于方案 3 太浦闸泄量最大，因此太湖水位最低，方案 1 与方案 2 相比，虽然太浦闸泄量相同，但方案 2 南排工程不启用，太湖入杭嘉湖水量相应要小些，因此太湖水位、嘉兴水位均为最高，方案 1 和方案 3 相比，方案 3 太浦闸泄量增加，太浦河入杭嘉湖水量增加，但太湖入杭嘉湖水量相应减少，因此两个方案嘉兴水位相差不大，方案 3 略高。由表 7-40 可知，三个方案与引江济太调度方案相比，太湖入杭嘉湖区水量分别增加了 11.12 亿 m^3、10.50 亿 m^3 和 6.75 亿 m^3，太浦河入杭嘉湖区水量分别增加了 9.83 亿 m^3、4.52 亿 m^3 和 15.10 亿 m^3，南排排水量分别增加了 35.39 亿 m^3、1.56 亿 m^3（防洪期间）和 35.28 亿 m^3，方案 3 由于加大了太浦闸泄量，太浦河进入杭嘉湖区的水量大大增加，全年分别比方案 1 和方案 2 增加 5.27 亿 m^3 和 10.58 亿 m^3，因此太湖进入杭嘉湖区的水量相应减少，分别减少 4.37 亿 m^3 和 3.75 亿 m^3。太湖和太浦河进入杭嘉湖区的总水量方案 2 最小，方案 3 最大。

由表 7-41 可知，杭嘉湖区各代表站化学需氧量（COD）水质指标介于 Ⅱ～Ⅳ 类之间，方案 1 和方案 3 的区域 COD 指标总体好于引江济太调度方案，基本介于 Ⅱ～Ⅲ 类，方案 2 的 COD 水质指标与引江济太调度方案相比，相差不大。方案 1 与方案 3 相比，COD 水质指标相差不大，从区域平均浓度看，方案 3 略好于方案 1，但均为 Ⅲ 类水。

综合以上水量水质指标分析，方案 1 相对较好。

表 7-38 杭嘉湖区各方案太湖水位比较表　　　　　　　　　　　单位：m

时间	方案 1	方案 2	方案 3	引江济太方案
1 月	2.92	2.93	2.90	2.93
2 月	2.88	2.93	2.84	2.93
3 月	3.12	3.19	3.07	3.18
4 月	3.19	3.26	3.13	3.22
5 月	3.18	3.26	3.11	3.20
6 月	2.98	3.05	2.90	2.98
7 月	3.15	3.21	3.07	3.16
8 月	3.12	3.19	3.05	3.16
9 月	3.01	3.07	2.94	3.07
10 月	2.96	3.02	2.89	3.04
11 月	2.93	3.01	2.86	3.03
12 月	2.90	3.00	2.83	3.01
平均	3.03	3.09	2.97	3.07

表 7 - 39　　　　　　　　　杭嘉湖区各方案嘉兴水位比较表　　　　　　　　单位：m

日期	方案 1	方案 2	方案 3	引江济太方案
1 月	2.64	2.75	2.64	2.75
2 月	2.62	2.79	2.63	2.78
3 月	2.78	2.91	2.79	2.90
4 月	2.70	2.89	2.72	2.89
5 月	2.75	2.90	2.76	2.90
6 月	2.63	2.73	2.63	2.73
7 月	2.84	2.94	2.84	2.92
8 月	2.70	2.80	2.70	2.79
9 月	2.69	2.79	2.68	2.78
10 月	2.73	2.82	2.73	2.82
11 月	2.66	2.85	2.66	2.86
12 月	2.60	2.78	2.60	2.79
平均	2.70	2.83	2.70	2.83

表 7 - 40　　　　　　杭嘉湖区各方案与引江济太方案相比水量增量表　　　　　　单位：亿 m³

	方案 1	方案 2	方案 3
常熟水利枢纽引水量	2.25	2.01	3.72
望亭水利枢纽入湖水量	0.91	1.12	1.39
太湖入杭嘉湖	11.12	10.50	6.75
太浦河入杭嘉湖	9.83	4.52	15.10
南排水量	35.39	1.56	35.28

表 7 - 41　　　杭嘉湖区各方案代表断面（点）化学需氧量（COD）浓度对比表　　　单位：mg/L

	方案 1	方案 2	方案 3	引江济太方案
嘉兴	23.33	23.61	23.48	26.09
南浔	16.07	15.89	15.84	14.85
新市	15.38	15.06	15.67	15.02
崇德	23.89	27.42	24.37	27.72
碳石	23.21	25.70	23.46	25.64
平湖	23.36	25.22	23.13	25.09
嘉善	17.22	21.50	16.84	23.08
大钱港	17.46	17.50	17.91	22.01
德清	13.78	13.72	14.01	13.84
平望	15.32	15.41	15.35	15.29

7.5　最佳引水时机分析

对于不同的调度目标、不同的典型年，其最佳引水时机是各不相同的，因此严格地说，不针对具体调度目标和具体典型年是没有最佳引水时机的，应该根据具体要求，采用开发完成的引江济太水量水质联合调度系统进行进一步的方案分析与比选确定，总结分析不同调度目标下的较佳引水时段。

本专题研究以太湖为调度目标对象，以 2003 年为分析典型年，分析引江济太的最佳引水时段。在以太湖为目标对象的调度中，目前主要是直接通过望虞河引水、太浦河排水实现太湖湖区的水体流动，达到改善太湖湖区及河网水质的目的。所谓的较佳引水时间就是同样的引水入湖流量改善水体水质较明显，见效较快，或者某一时间水体水质较差，需要引江济太，因此，研究着重从调水历时与太湖水质变化、调水季节与太湖水质变化，需要调水的时间等方面分析较佳引水时间。由于总磷（TP）是水体富营养化的判断标准之一，太湖水体富营养化严重，所以研究分析就选择太湖贡湖湾 TP 水质指标作为分析依据。

7.5.1　调水历时与太湖水质变化分析

将望虞河常出现的入太湖流量和调水水质作为调水条件，设计三种流量作为入湖流量，分别为 $50\text{m}^3/\text{s}$、$80\text{m}^3/\text{s}$ 和 $120\text{m}^3/\text{s}$，入湖总磷设定为 0.10mg/L，太湖初始总磷设定为 0.20mg/L，调水时间分别为 3 月和 8 月，具体计算方案见表 7-42。根据拟定的调度方案进行模拟计算，得到调水后贡湖湾总磷浓度随调水时间的变化过程，具体见图 7-38～图 7-39。

表 7-42　　　　　　　　　　计　算　方　案　列　表

方案名称	望虞河入湖流量（m^3/s）	入湖总磷浓度（mg/L）	调水时间	方案名称	望虞河入湖流量（m^3/s）	入湖总磷浓度（mg/L）	调水时间
方案 1	50	0.10	3 月	方案 4	50	0.10	8 月
方案 2	80	0.10	3 月	方案 5	80	0.10	8 月
方案 3	120	0.10	3 月	方案 6	120	0.10	8 月

由图 7-38 和图 7-39 可知，随引水时间的延长，贡湖湾水质指标呈不断改善的趋势；但在相同时间段内水质改善率却随时间的延长而不断减小，见表 7-43；从 TP 的变化趋势来看，引水 10 天内浓度下降比较明显，20 天后 TP 浓度变化比较缓慢，引水一个月后基本趋于稳定。

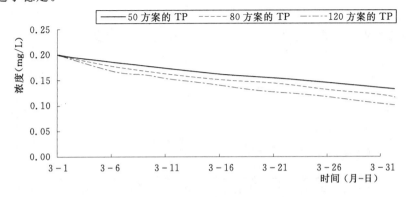

图 7-38　3 月不同入湖流量贡湖湾总磷随调水时间变化过程

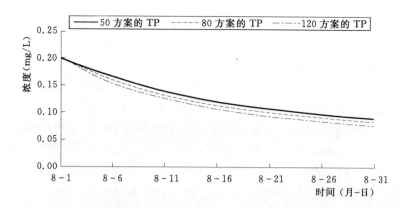

图 7 - 39　8 月不同入湖流量贡湖湾总磷随调水时间变化过程

由表 7 - 43 可知，3 月当入湖流量为 50m³/s、80m³/s 和 120m³/s 时，贡湖湾 TP 在引水 10 天内分别改善 12.4%、17.4% 和 21.1%，第二个 10 天内分别改善 10.0%、10.5% 和 13.5%，第三个 10 天内分别改善 10.3%、12.0% 和 13.7%；8 月当入湖流量为 50m³/s、80m³/s 和 120m³/s 时，贡湖湾 TP 在引水 10 天内分别改善 29.0%、32.7% 和 35.4%，第二个 10 天内分别改善 16.8%、16.1% 和 17.1%，第三个 10 天内分别改善 9.6%、9.5% 和 9.2%。由此可见，3 月调水，需要较长的引水时间才能达到一定效果，而 8 月调水前 10 天改善效果最明显，基本在 30% 以上，第二个 10 天改善率要降低一半，基本在 16% 左右，第三个 10 天改善率更小，全部在 10% 以下。

表 7 - 43　　　　　　　　　引水历时对贡湖水质改善效果影响　　　　　　　　　　　%

引水历时	50m³/s 引水流量 TP 改善		80m³/s 引水流量 TP 改善		120m³/s 引水流量 TP 改善	
	3 月	8 月	3 月	8 月	3 月	8 月
引水 10 天	12.4	29.0	17.4	32.7	21.1	35.4
引水 20 天	22.4	45.8	27.9	48.8	34.6	52.5
引水 30 天	32.7	55.4	39.9	58.3	48.3	61.7

7.5.2　调水时间与太湖水质变化分析

8 月是太湖流域用水高峰期，若遇高温少雨天气，太湖就会暴发蓝藻，常常出现用水紧张状况，而每年的 3 月，太湖水质也往往较差，因此本次分别计算了 3 月和 8 月引水改善太湖贡湖湾水质的效果，计算结果见图 7 - 40～图 7 - 42 和表 7 - 43。

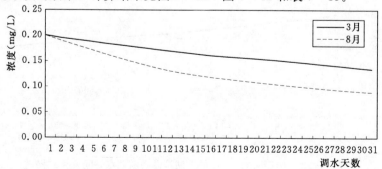

图 7 - 40　入湖流量 50m³/s 时不同时间贡湖湾总磷随调水时间变化过程

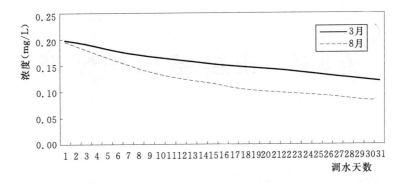

图 7-41　入湖流量 80m³/s 时不同时间贡湖湾总磷随调水时间变化过程

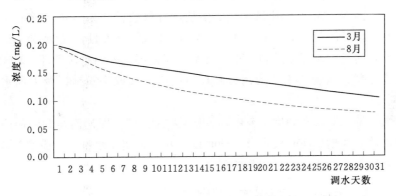

图 7-42　入湖流量 120m³/s 时不同时间贡湖湾总磷随调水时间变化过程

由图 7-40～图 7-42 可知，无论调水流量是 50m³/s、80m³/s 还是 120m³/s，8 月调水效果都要明显好于 3 月。当入湖流量为 50m³/s 时，8 月调水与 3 月调水相比，引水 10 天、20 天、1 个月以内，贡湖湾 TP 改善率分别增加 16.6%、23.4%和 22.7%，3 月调水 1 个月后贡湖湾 TP 可以从初始的 0.20mg/L 降低到 0.14mg/L，而 8 月调水 24 天后贡湖湾 TP 就可降低到入湖的总磷浓度 0.10mg/L，1 个月后在水流动力的作用下可降低到 0.09mg/L；当入湖流量为 80m³/s 时，8 月调水与 3 月调水相比，引水 10 天、20 天、1 个月以内，贡湖湾 TP 改善率分别增加 15.3%、20.9%和 18.4%，3 月调水 1 个月后贡湖湾 TP 可以从初始的 0.20mg/L 降低到 0.12mg/L，而 8 月调水 21 天后贡湖湾 TP 就可降低到入湖的总磷浓度 0.10mg/L，1 个月后在水流动力的作用下可降低到 0.08mg/L；当入湖流量为 120m³/s 时，8 月调水与 3 月调水相比，引水 10 天、20 天、1 个月以内，贡湖湾 TP 改善率分别增加 14.3%、17.9%和 13.4%，3 月调水 1 个月后贡湖湾 TP 可以从初始的 0.20mg/L 降低到 0.10mg/L，而 8 月调水 18 天后贡湖湾 TP 就可降低到入湖的总磷浓度 0.10mg/L，1 个月后在水流动力的作用下可降低到 0.08mg/L。

综上分析，对于改善 2003 年型太湖贡湖湾水体水质，8 月为最佳调水时机，因为：①8 月是流域用水高峰期；②8 月气温高，太湖容易暴发蓝藻；③8 月调水效果明显，调水 10 天即有明显的改善效果，调水 20 天，改善效果基本稳定。另外，从调水流量看，入湖流量越大，水质改善效果越明显，结合望虞河实际引水能力，建议采用 120m³/s 的入湖流量较佳。

第8章　主要结论与创新

8.1　关键技术

8.1.1　河网、湖泊、水量、水质耦合计算

根据科学研究循序渐进的普遍规律，以前将河网与湖泊（太湖）分隔研究，水量与水质分开建模。河网水量模型采用 HOHY2 模型，可以获得每条概化河道的流量和水位过程。河网水质模型采用荷兰 DELFT 的 DELWAQ 模型。HOHY2 模型为 DELWAQ 模型提供水流条件，同时为研究太湖湖区水量及水质模拟提供入湖水流条件。HOHY2 水量模型中所有人工控制建筑物（主要为闸、泵）的运行方式取决于地区及太湖水位，与水质无关。

引江济太水量水质联合调度研究中，关键是"联合"，即河网与湖泊的联合，水量和水质的联合，并实现模型间时段耦合，同时以交互方式实现水量水质模型与调度模型间的耦合，这是对所开发的模型提出的基本要求。

8.1.2　引江济太水量水质联合调度方案研究

引江济太水量水质联合调度非常复杂，主要是借助水利工程的调控来改善太湖流域的水环境。水量水质联合调度与常熟水利枢纽、沿长江口门、望亭水利枢纽、望虞河东岸口门等控制建筑物的运行方式有关，还与长江潮位、地区降雨等因素有关，必须进行综合研究。本专题研究把水量水质联合调度这一复杂问题分解为以下四个方面的主要问题：①2003年现状调度与不引江调度对比分析；②以太湖为目标对象的水量水质联合调度方案研究；③武澄锡虞区水量水质联合调度方案研究；④杭嘉湖区水量水质联合调度方案研究。通过对设定不同调度方案的模拟计算和分析，了解引江济太的主要调控因素及其对太湖湖区和河网区水环境的影响。

8.1.3　下垫面信息栅格化处理

由于下垫面不同，降雨产流、产污规律不同，因此将太湖流域下垫面分成四类：水面、水田、旱地及非耕地和城镇。原 HOHY2 模型假定在水利分区上，此四类下垫面均匀分布，这与实际情况不符。随着卫星图片及电子地图的逐步发展，本研究充分利用电子地图中的信息，将太湖流域划分为 274×237 个网格，每个网格为 1km×1km。根据目前掌握的资料，利用了分区图层、圩区图层、城镇图层和水域图层。没有图层的下垫面，如水田、旱地及非耕地等假定在面上均匀分配。下垫面栅格化的结果，提供了流域内每个栅格的各类下垫面的面积。根据产流模型，可以计算得到各水利分区各类下垫面的径流深过程，由此计算每个网格的径流深。根据废水负荷模型可以计算各水利分区各类下垫面的产污量，由此计算每个网格的产污量。

8.1.4　河网水量模型中关键处理方式

由于太湖流域内的堰闸众多，其处理的正确与否，对整个模型的计算精度有着很大的影响，当前在"联系"模型要素的处理上一般采用线性化的处理方法，获得流量与上下游相应水位间的关系。这样处理对于闸上下游水位相差较大的情况，其计算精度是满足要求的。但对于平原河网中的堰闸，由于其上下水位差较小，且其闸门的开启与调度指令及调度规则有关，此时若还是采取线性化求解方法其精度较低，需采用非线性求解方法求解，但相应的计算工作量也大大增加，为此在计算应用时：一方面要对原有的线性化算法模式进行分析研究，提出精度更高的线性化格式以提高线性化计算精度；另一方面在模型中可通过选项的设置，分别对于不同的"联系"要素采用不同的处理方式进行。

本研究开发的模型中，对河道一维差分格式中摩阻项的处理作了进一步的改进，提高了模型计算的稳定性。

8.1.5　系统底层集成

按照软件工程规范的要求进行系统开发。在充分的需求分析基础上，进行系统的总体设计，合理分解系统模块，并在自主开发的 GIS 平台上开发引水演进系统，集成各功能模块，形成紧密耦合的软件系统，从而实现 GIS 与专业模型的高度统一，做到模型计算过程、成果分析的可视化，运行平台的网络化，充分满足未来技术的发展需求。

8.2　主要结论

通过对太湖流域引江济太水量水质联合调度研究，以及调度对流域防洪、供水和水环境改善的研究，结合调水试验实证，得出以下结论：

（1）引江济太调度方案研究。通过引长江水来改善太湖流域的水环境是治标不治本的方法，但也是改善太湖流域水环境切实可行且行之有效的方法，具有见效快、可以恢复流域水体自净功能等特点，引水改善水环境是不可缺少的手段之一，因此全面系统地研究引江济太对太湖流域水资源水环境的影响，研究分析合适的引江济太调度方案具有非常重要的意义。

（2）产流模型和产污模型的研究。利用电子地图中的图层，将平原河网地区用 1km×1km 的小网格覆盖，结合分区图层、圩区图层、城镇图层和水域图层，对下垫面栅格化，从而得到流域每个栅格的各类下垫面的面积，并利用已有的实测资料修正，保持下垫面信息的一致性。

按照太湖流域污染负荷的产生与降雨的关系以及它的产生方式，将其分为点源与降雨无关、点源与降雨有关、非点源与降雨无关和非点源与降雨有关共四种方式，建立城镇、水田、旱地以及工业、居民等不同类型产污模型，并利用试验基地获取的参数计算流域不同区域的产污量，以满足引江济太水资源调度的需求。

根据产流模型和产污模型，计算各水利分区各类下垫面的径流深过程和产污量，由此计算每个网格的径流深和产污量，较准确反映了太湖流域城市化对流域水资源形成与引江济太调度的影响。

（3）水量水质模型的耦合模拟研究。河网水系间联系主要通过众多水利工程的运用和调度规则，因此，非线性水动力模型的算法直接影响模型计算精度和求解速度。本次研究重点探讨了河网水流运动一维差分格式中摩阻项三种处理方式，并拟定四种格式进行分析。对于河网一维与湖泊二维（准三维）间的耦合，采用全隐耦合方式，以保证计算的稳定性和计算精度。

基于水质模型计算的基础上，利用保守物质的浓度反映携带该物质的水量在河段中所占比重，计算各河段的保守物质浓度随时间的变化过程，得到各河段水体的组成情况。基于保守物质浓度的实际扩散规律，在分析充分掺混假定条件下计算结果与实际的误差，提出非充分掺混条件的断面节点浓度计算原理、方法，并对比分析了算例之优劣。在确定平原河网初始蓄水量、降雨径流和废水排放作为三种基本类型保守物质的基础上，研究了流域不同区域和不同河流的来水调配，为引江济太科学调度评估奠定了理论基础。

（4）水利工程调度和工程方案布局建议。通过望虞河引水、太浦河调控实现河湖的水体流动，改善水环境已有一定成效，但仍有不少方案需要设计研究，需要进一步研究并确定太湖湖区和周边区域的多个引排水口门的有效调控，通过引排水达到全太湖湖区内和区域河网的水体有序流动，改善太湖河湖水质。此外，引江济太调度问题是一个非常复杂的问题，由于河网水流的复杂性，不可避免会出现所谓的"污水搬家"的问题，需要设置专门的排水河道，以解决区域内的污水出路问题。

8.3　技术创新

（1）太湖流域引江济太水量水质联合调度研究中，利用现代信息处理技术，对下垫面信息进行栅格化处理，在保持信息一致基础上，提出了基于栅格距河道最短距离和兼顾河道过水能力的平原河网地区网格产汇流方法，保证了水量水质计算的稳定性。

（2）首次提出了在水质沿程变化呈直线变化假定基础上，求解对流方程的非充分掺混计算方法。在来水组成研究中证明了该方法计算成果的合理性，同时该方法具有优于充分掺混水箱模型的精度。

（3）基于流域河网 HOHY2 模型基础，首次实现了大型河网一维、二维（准三维）水量模型与一维、二维（准三维）水质模型的时段耦合，提高了实时模拟的精度，为提高引江济太实时调度水平创造了条件，模型集最新的计算机信息处理技术与地理信息系统技术为一体，使模型计算、成果分析可视化，运行平台网络化，解决了以往太湖流域相关问题研究的不足，有效解决太湖流域和杭嘉湖地区、澄锡虞地区的水量与水质的联合调度计算。

第 2 篇

引江济太调水效果评估研究

2

第 9 章　概　　述

太湖流域是我国经济最发达的地区之一。流域内社会经济发展总体上已处于工业化加速发展时期，但水污染防治相对滞后。由于太湖流域是平原河网地区，流域内河道纵横交错，水面比降平缓，河网尾闾受潮汐顶托，总体上流量小、流速缓且流向往复，因此，水体富营养化和水生态破坏后难以修复。

太湖作为太湖流域水资源调蓄中心，不仅是流域重要供水水源地，还兼具蓄洪、灌溉、航运、旅游、生态修复等多方面功能。仅供水一项，太湖不仅承担着无锡、苏州、湖州等地的城乡供水，同时太湖还承担着部分农业用水、电厂冷却水取水、环境用水的供水任务。2005 年从太湖直接取水的水厂有 12 个，日总取水量为 326 万 m^3，相当于 $38m^3/s$，年取水量为 11.9 亿 m^3。现已建成的太浦河泵站工程（$300m^3/s$），承担着枯水期向黄浦江上游水源地等太湖下游地区的供水任务，其来水水源为太湖。太湖作为重要供水水源的作用和地位日显突出。

近年来，流域河网水污染和太湖流域富营养化问题已经越来越成为制约流域社会经济可持续发展的主要因素之一。太湖富营养化日趋严重，部分湖湾蓝藻频繁发生。1998 年 1 月，国务院批复了《太湖水污染防治'九五'计划及 2010 年规划》，确立了太湖治理的目标。在实施达标排放后，太湖水体恶化趋势虽初步得到遏制，但尚未明显好转。2000 年太湖流域省界水体 82 个监测断面中，85％受到不同程度的污染，其中Ⅳ类水占 48％，Ⅴ类水占 14％，劣于Ⅴ类水占 23％，主要超标项目为 TP、COD_{Mn}、BOD_5。太湖 24 个监测点，全年期 87％受到不同程度的污染，其中Ⅳ类水占 71％、Ⅴ类水占 4％、劣于Ⅴ类水占 12％，全年期 29％为中～富营养水平，71％为富营养水平，太湖富营养化的主要指标总磷（TP）与总氮（TN）的含量超标，2000 年仍出现了蓝藻大规模暴发的现象。2001 年 8 月，国务院又批复了《太湖水污染防治'十五'计划》，进一步明确了太湖治理的分步措施，并落实了各省（直辖市）、各部门在水资源保护和水污染防治中的职责和任务，要求江苏、浙江、上海两省一市政府和有关部委抓紧贯彻和实施。为此，水利部太湖局组织江苏、浙江和上海两省一市水行政管理部门，于 2002 年 1 月 30 日正式启动了为期两年的引江济太调水试验工程。

引江济太调水试验工程，是在流域原型实体上进行的大规模科学试验，属于面对新的发展要求，采用新理念、新技术解决水生态环境问题的开创性工作。引江济太调水试验工程的核心是水利工程生态环境效益的发挥。因此，科学、客观、全面评估引江济太效果，不仅有利于引江济太调水试验工程的科学高效实施，而且对于利用水利工程调度改善流域水生态环境这一新的科学命题，都具有重要理论和应用价值。引江济太调水试验过程中进行了系统性的水文、水质监测，积累了大量珍贵的数据，本专题对调水试验过程中的实测数据进行了系统化的处理和总结，对河网流态、太湖湖流、水环境等影响进行了深入追踪调查研究，并基于实测数据进一步率定和验证了河网水质数学模型、太湖水生态模型，研究分析了引水影响范围，对长江水源地的供水水量水质、引水对流域河网和太湖水生态系统的改善效果及引水带来的泥沙淤积情况等进行深入研究，以期科学、客观、全面评估引江济太对流域河网和太湖水生态的作用和影响。

　　引江济太效果评估专题内容包括对河网和太湖水质、水生态影响的评估、引水水源保证性论证和引水带来的泥沙淤积影响等方面。河网评估工作重点关注引水对河网水文状态和水生态环境要素的影响，太湖评估工作重点关注引水对太湖水生态环境要素和富营养化过程的影响，引水水源保证性论证工作主要对长江水源水量水质的保证性以及由此带来的影响进行分析论证，引水带来的泥沙淤积影响主要针对引水河道望虞河干流以及引水入湖的贡湖水域的影响进行研究。

　　引水效果评估的基础是引水期间流域河网及太湖水生态变化的实测资料，但本专题不仅仅局限于数据的统计，更重要的研究目标是发现和总结规律性的内容，通过引水期间相关实测数据的综合分析，并结合数学模型的手段进行对比分析，对引水影响河网和太湖的时空效应进行评价，研究阐释现象的成因、发掘其中蕴涵的规律、发现试验过程中存在的问题，对引水与水生态环境要素的关系、引水调度与水生态系统的反应、引水与水资源配置等问题进行深入分析，从而为引水的合理、高效运行，为更好地实现"以动治静、以清释污、以丰补枯、改善水质"的要求提供建设性意见。

第10章　评估范围和技术路线

10.1　河网评估范围和技术路线

10.1.1　河网评估范围

评估范围包括太湖流域河网范围，如图 10-1 所示，通过流域水利分区及主要河流的结合，评估各个分区的引水效果，并以此为基础总结引水试验对流域范围河网的影响效应。

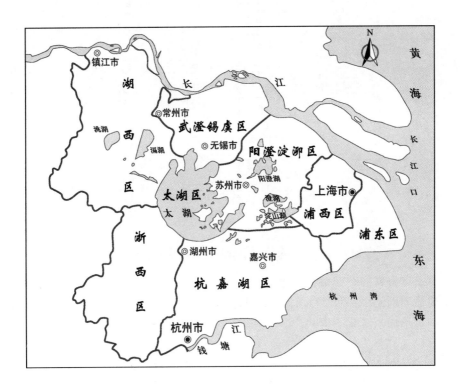

图 10-1　引水效果评估范围

本次评估的重点河流为望虞河干流、太浦河干流、江南运河和黄浦江上游，重点区域为太湖流域武澄锡虞区、阳澄淀泖区和杭嘉湖区三个水利分区。

10.1.2　河网评估技术路线

河网评估研究工作的重点在于对大量监测数据的汇总、对比，从中寻找引水过程对流域河网水文、水生态环境要素作用的客观规律。因此，按照本专题研究工作目标、内容、特点，制定的技术路线如图 10-2 所示。总体技术路线分为四个组成部分：建立数据库形式的数据基础，为本次研究工作提供了基本的研究依据和技术手段；从研究目标出发建立评估模式，以评估内容为基础建立应用程序、进行实际评估，组成了本次研究工作的技术基础；对评估内容进行成因性分析，进而对引水工程提出建设性意见，侧重于规律的总结、阐释，属于本次研究工作的分析部分；集成以上数据、模式、方法，构建具有实用性、便捷性的综合评估系统，目的是为了保证本次研究工作的成果可以得到长期运用。综合在评估过程中建立的应用程序，形成基于 GIS 的评估系统。评估综合系统集成了评估过程中实际采用的数据、方法和程序，采用该评估系统，一方面可以实现评估过程的复演，提高了评估工作的客观性；另一方面，通过便捷的方式使得本研究的成果发挥持续性效益，为引水管理和决策部门提供一种技术支持手段。

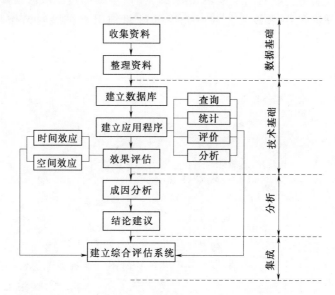

图 10-2　引江济太改善河网水质效果评估技术路线

10.1.2.1　基础资料和基础数据库建立

收集流域河网水文、水质、水生态指标变化历史资料，引水期间实测资料，对这些资料进行整理，形成系统化的资料库。

由于评估工作涉及大量数据的计算、分析，常规文件管理方式的有效性就明显降低，因此数据库的运用显得十分重要。本研究从数据管理的共享性、便捷性出发，建立基于网络的关系型数据库，对研究工作所涉及的信息进行统一管理。建立的数据库包括两类数据：基础数据和成果数据。基础数据库中存储本次研究工作中涉及的监测断面数据、水质监测数据、引水过程数据、水质标准数据等；成果数据库中存储各类评价成果数据。基础数据库遵循目前行业规范的设计要求，并且可以进行数据的维护和更新。

10.1.2.2　引水效果评估

在物理意义上，引入河网污染区域的清水，其作用的直接效应是增加了区域水量，稀释作用总体上对该区域水生态环境改善有利。另外，引入的水量会引起区域河网水文条件的变化，体现为河流水位、流速、流向的变化，这些变化的过程在平原河网地区更加精细。这种变化会因自净能力的变化产生不同区域水生态环境质量改善程度的差异，并且有可能在局部区域产生对水生态环境的不利影响。引水效应的评估就是要对这些作用进行实际的、全面的评估。

对河网水体是否受到引水作用进行判断，是引水效果评估工作重要的基础之一。本次评估工作主要依据是河网大量的水文、水质监测数据，在此基础上结合数学模型模拟结果，进行综合分析评估确定引水产生的作用。实测数据分析手段包括：第一，通过引水前后水质的变化进行分析判断；第二，通过引水期间水文监测数据进行分析判断；第三，通过引水时段上水质监测数据的变化特点进行分析判断。

以数据库为基础，建立各种应用程序，对基础数据进行各种分析，评估引水对河网水质的影响效果。应用程序包括引水监测数据查询、数据统计、水质评价等，这些应用程序作为基础手段在评估过程中直接得到运用，并最终集成到综合评估系统当中。

分区域就引水工程对流域河网水环境的影响效应进行评估，评估内容包括引水环境效应的时空变化趋势的统计和评价、引水重要过程和阶段的统计、引水环境效应的时空变异性的评估等。

1. 空间效应评估

引水影响水质的空间效应是通过水质、引水量数据的综合统计，对引水在空间上影响范围、引水效果的空间差异性、水质影响空间效应的成因进行分析。

从理想状态上讲，评估河网受水区的范围和水质变化应该在相同外部作用条件下，对比有无引水作用的影响效果。但是，由于调水试验是在河网实体上进行，无法进行设计条件下的模型对比试验。因此，必须寻找其他途径，对引水空间效应进行分析。现实条件下的解决途径之一是对比引水前、引水期间、引水后河网水质的空间分布，以反映连续时间进程上的引水效果；解决途径之二是利用经多年实测资料率定和验证的数学模型（Taihu DSS），对比引水和不引水条件下水量、水质变化的空间分布，结合 2002～2003 年实测资料对比基准年 2000 年同期河网水质的空间分布，以反映不同空间的引水效果。在这两种解决方案的运用过程中，将尽可能注意对比进程上降水、排污等相关因素的影响，以求评估客观反映引水所产生的效应。

本次评估工作将通过数学模型（Taihu DSS）模拟成果，分析引水对流域河网的影响范围、程度，对主要影响区通过实测资料分区域对引水前后水质评价结果进行比较，以求反映引水影响水质的效果；通过省界断面基准年同期水质评价结果进行比较，以求反映引水过程对流域河网水质影响程度的总体影响。

2. 时间效应评估

引水影响水质时间效应的评估包括不同引水阶段影响水质效果的分析、引水过程中断面水质波动幅度的分析、引水过程中水质变化分析。

进行不同引水阶段影响水质效果的分析，统计不同引水阶段水质变化程度，从而了解引水过程对河网水质的总体影响。通过引水过程中河网监测断面水质变幅的分析，可以评估引水影响水质效果的时间稳定性，并且分析影响这种稳定性的要素。

分析引水过程中河网水质变化的特点，重点分析"两个阶段、一个过程"内水质的变化,"两个阶段"分别是引水开始阶段、引水结束阶段的水质变化,"一个过程"是指引水进行过程中的水质变化。分析引水开始阶段数据,可以了解引水影响污染物在河网内的输移过程;分析引水结束阶段,可以了解引水影响水质的时间持续性;分析引水过程,可以了解该过程中引水影响水生态环境的稳定性和变异性。

10.1.2.3 成因分析

引水时空效应的表现在自然过程中归因于河网引水过程、河网水文状态、区域污染状况在时间空间上的相互作用,引水改变水质的效果归根结底是这些状态在量上的大小对比。因此,本研究将重点对这些时空效应的表现进行成因分析。如果将水质影响效果与其影响因素的关系用某种函数表达,那么成因分析就是要寻找函数关系中主要的自变量。另外很重要的一点,河网水质的时空变化除了包含引水的影响外,还包含其他因素的影响,成因分析还需要辨识出引水工程的影响。

在评估中,将注重全面性,即综合分析各类因素及其相互作用,同时采用定量化的方法,以期使得评估具有统一的基准,提高评估的可比性和可操作性。综合引水效果评估的成果和分析结论,为引水试验的进一步实施,对引水工程的优化调度、监测方案的改进以及其他需要进一步研究的问题等方面,提出建设性意见。

10.2 太湖评估技术路线和评价方法

10.2.1 技术路线

太湖评估技术路线为,从研究太湖水质变化与主要水生态环境要素关系入手,建立评估参照系,通过实测资料的分析和生物补充监测,包括太湖碱性磷酸酶活性的变化监测,分析太湖水质变化及其影响因素。通过经 2002 年和 2003 年实测资料率定和验证的数学模型(TaihuECO),对比分析引水和不引水情况下太湖不同分区的水质变化,深入分析太湖水质变化的因果关系。

10.2.1.1 评估参照系

湖泊水质是物理、化学、生物过程共同作用的结果。决定湖泊水质的物理要素主要为入湖水量及其中的污染物含量、湖流、波浪、水温、水位、太阳辐射强度等;生物要素主要为浮游植物、浮游动物、沉水植物、鱼类、底栖生物以及细菌种类及组成;化学要素包括 pH 值、酸碱度、溶解氧含量。以上这些要素均存在日、月、季及年不同时间尺度的变化。它们促使太湖水质产生日、月、季、年时间尺度的复杂变化。夏秋季节水温很高,且持续时间长,太湖暴发藻类水华的可能性就较大。尤其是太湖是一大型浅水湖泊,沉积在湖底的各类物质在湖流、波浪等动力作用下极易以颗粒态的再悬浮和溶解态在底泥侵蚀过程中的暴露进入水体,进而对湖泊水质造成影响。由于太湖湖流和波浪主要受湖面风场的影响,一旦风场发生变化,太湖湖流和波浪很快随之发生变化,因而湖泊水质也随之发生变化。

在人类活动及各种自然要素的共同作用下,以上影响太湖水质的各要素在不同年份之间差异很大。这样即使湖泊出入湖河道各类物质输入输出相同,不同年份的水质也会存在较大差异。由于在自然界中找不到除调水河道的流量和物质含量不同,而其他影响水质要素均相同的两个湖泊,因此仅通过湖泊的原位监测难以评估调水的效果。现场监测仅能获得调水后的太湖水质空间和时间的现实变化，无法直接获得不调水时太湖水质空间和时间的变化过程。因此寻找科学客观的比较基准，成为本项目研究难点，建立评估的参照系为本项目的研究基础。

10.2.1.2　太湖水质与主要环境要素的关系

目前为止，有关部门已积累了大量有关太湖环境演变的长时间序列的历时资料。基于这些资料，可建立太湖主要水质指标与水质关系。依据这种关系和基准年 2000 年和调水试验年 2002 年、2003 年的影响太湖水质的主要要素的差异，就可构建 2002 年和 2003 年不调水时太湖水环境主要要素的时空分布，从而建立引江济太调水改善水环境效果评估的参照系。建立太湖水质与主要环境要素的关系是项目研究的重要内容。

10.2.1.3　太湖湖流—水动力学、水质—水生态变化模型

在建立了一个以河道流量和物质含量、湖面风场、蒸发、降雨、太阳辐射等为外部函数，可客观反映太湖水质主要参数时空变化特征的模型后，就通过改变出入湖河道流量以及物质含量，计算不调水情况下的太湖水质时空变化，从而建立评估引江济太改善太湖水生态环境效果的参照系，然后通过调水和不调水情况下太湖水质主要参数时空变化对比分析，获知引江济太调水对太湖水质影响，进而对调水的效果作出相对客观的评价。建立合适的模型为客观评价调水对太湖作用效果的关键。

10.2.1.4　监测

上述拟解决的关键技术问题，不论是哪种方法均依赖于观测资料，因此进行实况监测是调水评估的基础。

1. 水质监测

为准确了解引江济太调水试验期间太湖水质状况时空分布以及近几年太湖水质变化特征，提供评估引江济太调水改善太湖水环境效果的基础资料，结合太湖常规监测在太湖设置了 25 个水质监测点，测点的空间分布见图 10-3，监测项目包括：溶解氧（DO）、高锰酸盐指数（COD_{Mn}）、氨氮（NH_3-N）、亚硝态氮（NO_2^--N）、硝态氮（NO_3^--N）、总氮（TN）、正磷酸磷（$PO_4^{3-}-P$）、总磷（TP）、叶绿素 a（Chla）。

2. 生态系统监测

由于太湖生态系统结构对太湖水体自净能力具有重要的影响，如草型湖区水质优于藻型湖区水质 2~3 个等级，生态系统在维持太湖水质中发挥了极其重要的作用。为了解调水对太湖生态系统的影响，在太湖均匀布设了 15 个监测点，其分布见图 10-4，于调水前后，分春夏秋冬开展了四次大规模调查，调查项目除包括上述的水质指标外，还包含浮游植物、浮游动物、底栖生物、水生植物种类、个数与生物量。

3. 碱性磷酸酶活性监测

针对调水对碱性磷酸活性的影响，项目研究在沿望虞河河口至贡湖湾口轴线布设了 6 个测点，在太湖南部布设了 2 个测点（见图 10-5）。

采集调水前、调水中间及调水后的水样，进行室内实验，测定水体中碱性磷酸酶活性的变化，分析其与水体中磷酸盐含量之间的关系，弄清碱性磷酸酶的活性在贡湖的时间、空间变化规律。其中碱性磷酸酶活性测定采用对硝基苯磷酸二钠（pNPP）—Tris-PNP方法。

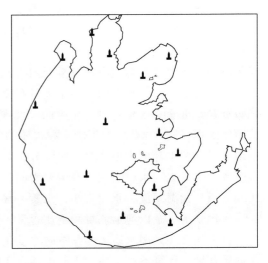

图 10-3 太湖水质监测点空间分布　　　　图 10-4 太湖生态系统影响监测点分布

10.2.2 评价方法

10.2.2.1 基于实测资料的评价方法

1. 水质评价方法

水质评价是引江济太调水改善太湖水质的重要内容。鉴于太湖环境问题主要为藻类水华和湖泊富营养化，有机污染及重金属污染相对较轻，水质类别和富营养化状态主要由湖泊水体总磷、总氮、氨氮、叶绿素 a 以及透明度等指标决定。因此项目评价指标主要选择总磷（TP）、总氮（TN）、氨氮（NH_3-N）、叶绿素 a（Chla）、高锰酸盐指数（COD_{Mn}）、溶解氧（DO）等，各水质指标评价标准采用中华人民共和国国家标准《地表水环境质量标准》（GB 3838—2002）（表10-1）。评价步骤为：

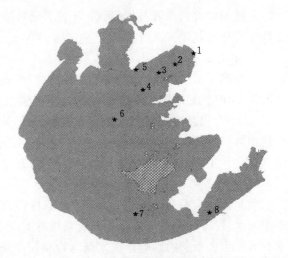

图 10-5 调水对太湖碱性磷酸酶活性影响监测点分布

首先进行单项指标评价，得到单项指标评价水质类别，然后按最劣指标确定水质综合评价类别。

表 10-1		水 质 评 价 标 准							单位：mg/L				
序号	类别 指标	I	II	III	IV	V	序号	类别 指标	I	II	III	IV	V
1	DO	7.5	6.0	5.0	3.0	2.0	4	TN	0.2	0.5	1.0	1.5	2.0
2	COD_{Mn}	2	4	6	10	15	5	NH_3-N	0.15	0.50	1.00	1.50	2.00
3	TP	0.010	0.025	0.050	0.100	0.200							

2. 湖泊富营养化评价方法

富营养化是太湖水环境最为突出的问题，也是引江济太旨在缓解的核心问题。客观评价太湖水体湖泊富营养化状态是引江济太调水试验改善太湖水环境的效果评估重要内容。根据国内外湖泊富营养化相关研究成果，选择总磷、总氮、高锰酸盐指数、叶绿素 a 为太湖富营养化评价的关键指标，并以透明度、藻类种群结构为辅助评价。各指标的富营养化评分标准见表 10-2。

表 10-2　　　　　　　　　　湖泊富营养化状态评价标准

营养状态评价得分	营养类型	TP（μg/L）	TN（mg/L）	COD_Mn（mg/L）	透明度（m）	Chla（μg/L）	藻类生物量（mgC/m³）	优势种
0	极度贫营养	0.4	0.010	0.06	48.00	0.10	—	—
10		0.9	0.020	0.12	27.00	0.26	<50	—
20	贫营养	2.0	0.040	0.24	15.00	0.60	—	—
30		4.6	0.079	0.48	8.00	1.60	100	金藻纲
40	贫-中营养	10.0	0.160	0.96	4.40	4.10	150	隐藻纲
50	中营养	23.0	0.310	1.80	2.40	10.00	200	甲藻纲
60	中-富营养	50.0	0.650	3.60	1.30	26.00	250	硅藻纲
70	富营养	110.0	1.200	7.10	0.73	64.00	300	硅、蓝藻纲
80	重富营养	200.0	3.840	14.00	0.50	160.00	500	蓝、绿藻纲
90		286.0	7.000	27.00	0.22	200.00	>800	绿、裸藻纲
100	异营养	600.0	12.000	54.00	0.12	1000.00	<200	异常性生物

3. 太湖水质评价及富营养化评价分区

太湖为大型浅水湖泊，由于入湖河口分布在太湖的北部、西部、西南部，出湖河口位于太湖东部及东南部，湖泊水质与水生植被空间分布差异显著，准确反映太湖水质与湖泊富营养化的状态，必须进行太湖水域划分。根据太湖水功能分区，结合太湖水文特征、水生植被分布、水质状况以及湖泊地形，将太湖分为：贡湖、梅梁湖、西北区、湖心区、西南区、湖东滨岸区及东太湖七个湖区开展水质和富营养化评价，各区在太湖位置及分布见图 10-6。

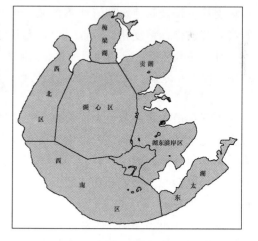

图 10-6　太湖水质与富营养化评价分区图

4. 调水效果评价

以 2000 年为基准年，首先计算调水试验年的自然要素相对基准年的变化量，然后依据太湖水质变化与主要水环境要素的统计关系，计算自然要素变化引起太湖水质的变化量，根据基准年水质参数的时空分布，确定 2002 年与 2003 年调水与不调水方案条件下的水质参数时空分布。根据前述分区和水质评价、富营养化评价方法，分析各湖区在调水和不调水状况下的水质状况和富营养化状况，进而通过两者的比较，确定 2002 年、2003 年调水改善太湖水质和富营养化的效果。

10.2.2.2　基于太湖水动力学—水生态变化模型的评价方法

数学模型是模型法评价引江济太对太湖水环境影响效果的基础。一方面，数学模型所包含的状态变量种类及个数，决定其是否具有评价引江济太重点关注的水质指标的能力；另一方面，数学模型的精度则决定评估结论正确与否。因而，数学模型的选择就为模型法评估的重中之重。数学模型确定后，还需收集资料，设计补充观测与试验方案，进行观测与试验，构建相关数据集，开展数学模型的参数率定、验证。在此基础上，设定评估调水效果的计算方案，进行数值计算，对比分析不同方案，确定调水效果。具体步骤如下。

1. 选择数学模型

目前为止，针对太湖特点，耦合了湖流、水位、总磷、总氮、浮游植物、溶解氧、氨氮等指标的数学模型仅有中国科学院南京地理与湖泊研究所开发的 TaihuECO。该模型包含 27 个状态变量，它们为湖流流速（3 个）、湖面偏移、浮游植物生物量、水生植物生物量、浮游动物生物量、鱼类生物量、碎屑量、硝态氮、亚硝态氮、氨氮、碎屑氮、浮游植物氮、沉水植物氮、浮游动物氮、鱼类氮、底泥可交换氮、碎屑磷、溶解性磷、浮游植物磷、沉水植物磷、浮游动物磷、鱼类磷、底泥可交换磷、底泥间隙水可交换磷、溶解氧。模型将进出太湖的河道按空间分布特征，概化为 17 条河道，其中入湖河道 11 条，出湖河道 6 条。该模型已通过 1997 年 1 月 18 日～1998 年 1 月 17 日年周期参数率定和校验。

2. 准备调水期间模型数值计算所需基础数据

准备调水期间，模型计算所需的基础数据包括初值和外部控制函数。

初值包括：水位、溶解氧、总磷、总氮、氨氮、亚硝态氮、硝态氮、溶解性磷、藻类叶绿素 a 含量、浮游动物生物量、沉水植物生物量、鱼类现存量、底泥可交换氮含量、底泥可交换磷以及间隙水溶解性磷含量，其中营养盐含量及藻类叶绿素 a 含量要求精度相对较高，其他指标精度相对较低，但是空间分布特征应与实际一致。

外部函数包括：17 条河道流量、溶解氧、总磷、总氮、氨氮、亚硝态氮、硝态氮、溶解性磷、藻类叶绿素 a 含量；湖面风场资料；水温资料；蒸发资料；降雨资料；太阳辐射等。

3. 模型参数再率定与模型检验

不同年份各月、各日湖面风场、太阳辐射、温度、水位、降雨、湖泊生态系统结构一般会不完全相同，因此，模型中藻类吸收营养盐、生长速度等参数，以及与生态系统结构有关的其他参数一般也不同。用 1997 年实测资料模拟率定参数，在计算其他年份水质参数时，一般会与实测值存在一定的误差，因此需利用要计算年份实测值进行模型部分参数再率定和校验。

4. 设计数值计算方案

因望虞河调水和太浦河排水短时间内对太湖水位变化影响较小，除作为引排水通道的河道流量和水体污染物含量外，其他河道流量与污染物含量可假设不变。太湖效果评估计算方案设定如下：

（1）2002 年实况调水与不调水两种方案的数值计算方案：一为实况方案，太浦河、望虞河及其他 15 条河流流量和污染物含量均由环湖河道监测值确定；二为望虞河、太浦河不排不引情况（不调水方案），数值计算采用的参数、初值均同实况方案，外部函数除望虞河、太浦河流量均为 0 外，其他同实况方案。

（2）2003 年实况调水与不调水两种方案的数值计算方案：同 2002 年实况调水效果评估的数值计算方案类似。

5．调水效果评估

第一步，用 2002 年、2003 年两种调水方案（表 10-3 中方案 1、方案 3）太湖各对应点对应时刻水质指标数值计算值减去不调水方案（方案 2、方案 4）数值计算值。对总氮、总磷、氨氮、叶绿素 a 等指标而言，若差值为负，说明区域水质指标得到改善，若不为负，说明未得到改善；而对于溶解氧指标来说若差值为正，说明该指标得到改善，若不为正，说明未得到改善。第二步，按上述原则，以图 10-6 所示分区为基准，以单项参数统计各调水方案使各湖区水质改善面积，计算以上面积占各区面积的百分率，进行调水改善单项水质指标效果的评价。第三步，根据单项评价结果，综合评判调水改善各湖区水质效果。

表 10-3　　　　　　　　　　调水效果评估数值计算方案与主要参数配置

年　份		2002		2003	
引水方式		实况调水	不引水	实况调水	不引水
方案名称		方案 1	方案 2	方案 3	方案 4
初值	溶解氧	1月14日监测资料内插获得	1月14日监测资料内插获得	7月14日监测资料内插获得	7月14日监测资料内插获得
	总磷				
	总氮				
	藻类生物量				
	浮游动物生物量				
	鱼生物量				
	沉水植物生物量				
	氨氮				
	亚硝氮				
	硝氮				
	底泥可交换氮				
	底泥可交换磷				
	流速	0	0	0	0
	水位偏移	0	0	0	0
外部函数	风速风向	环湖监测资料①	环湖监测资料	太湖站观测资料	太湖站观测资料
	降雨	太湖站观测资料	太湖站观测资料		
	蒸发		太湖站观测资料		
	太阳辐射		太湖站观测资料		
	15 河道②	环湖河道监测	环湖监测资料	环湖河道监测	环湖河道监测
	望虞河流量		0		0
	望虞河物质含量		环湖监测资料		环湖河道监测
	太浦河流量		0		0
	太浦河物质含量		环湖监测资料		环湖河道监测

①　环湖监测资料：宜兴、长兴、湖州、吴江、东山及太湖站六站风速风向监测资料。

②　15 河道：直湖港、武进港、太滆运河、太浦河、长兴港、西苕溪、东苕溪、三里桥、鼓楼桥、大浦闸、瓜泾港、胥江、浒光运河、中华河、梁溪河。

10.3 水源地论证技术路线

10.3.1 水源地论证主要内容

引江济太工程自长江取水，引水区范围是长江在望虞河江边枢纽的附近水域。引水区径流、水质、潮位条件必然影响或者约束引水工程的实施。同时，引水使得长江引水口下游径流量发生变化，这种作用是否会对长江下游生态环境造成影响，也有待于进一步评估。水源地论证主要从引水区与引水工程相互作用的两方面进行分析，通过径流、潮位、水质三个因素，具体论证引水区条件对引水工程的约束；通过水量、水质的影响，分析引水工程对长江引水口下游产生的影响。具体论证和分析内容包括以下几部分。

10.3.1.1 引水区调水保证性分析

引水区可引水量分析主要包括从基本监测资料中提取主要水文特征要素，分析引水区径流量特征。南水北调工程于 2002 年 12 月 27 日已经正式开工建设，2003 年 6 月 1 日，长江三峡工程开始分期蓄水，长江流域这些重要水利工程的建设和运行，会使长江当前径流特征发生变化，论证工作将把长江历史特征水文要素置于当前和未来长江重要水事活动的条件下进行分析，得到变化条件下引水区径流特征数据。

引水区调水保证性取决于引水区径流量及其与引水量的对比关系，论证工作将结合径流年内分配的不均匀性，深入分析引水区径流量和引江济太引水量的对比关系，为引水水量保证性分析提供背景条件。

10.3.1.2 引水区潮位分析

引水区潮位论证以引水区附近潮位长时间系列观测数据为基础，重点从潮汐特征、潮位年内变化规律和潮位历时三个方面进行分析。通过这些分析，可以从潮位角度，为引水工程的引水时机、引水历时等论证提供具体的参考依据。

10.3.1.3 引水区水质分析

望虞河引水区水质评估主要是对引水区水体环境质量进行评价，评价工作主要包括水环境质量现状分析、水环境变化趋势分析和引水水质预测。

10.3.1.4 引水影响分析

长江引水口以下为河口区，近年来长江口地区生态环境由于受到自然演变、人为因素的综合影响，发生了复杂的变化。引水工程自长江引水，会使引水口下游长江径流量发生变化。这种变化是否会对长江引水口下游的生态环境产生明显影响，是一些部门和专家所关注的问题。本次论证首先从水量方面，对这种影响进行了分析。

引水工程对引水口下游长江的影响还表现在水质方面，引水工程对长江水质影响分析从以下三个方面进行：第一，引水期间，望虞河西线污水通过其他沿江口门排入长江的影响；第二，防洪运用期间，太湖及望虞河沿线污染物排入长江的影响；第三，引水期间，太湖污染物通过太浦河、黄浦江排入长江的影响。

10.3.2 水源地论证原则和技术路线

10.3.2.1 水源地论证原则

（1）尽可能收集资料，论证所采用资料包括原始数据、间接数据以及相关研究成果，为保证基础数据的准确性，需要加强对间接数据和相关研究成果的对比分析，进行多方面考证。

（2）应评尽评，多角度印证。对收集到的资料和数据都进行评价和论证，并且对同一问题，尽可能从多个角度进行分析，以求相互印证。

（3）建立合理的技术方法。论证工作以准确的数据为基础，以合理的技术方法为支撑，从而支持论证分析工作的进行。

（4）为综合决策提供科学依据。研究论证的最重要目标不局限于完成科研任务和取得理论的成果，而是要着眼于服务工程实际的需要，为工程的实施管理提供进一步的分析数据，提出确切的分析研究结论。

10.3.2.2　水源地论证技术路线

本部分工作的总体技术路线如图10-7所示。本次论证首先进行广泛的资料、信息收集、整理工作，为论证建立翔实的数据基础。然后，根据论证内容和目标的需要，选取适用的技术方法，形成论证的技术基础。以数据基础和技术基础为支撑，分别对各部分内容进行论证，并进行综合分析，形成总体的结论，并根据论证工作的成果，对引江济太工程提出建议。

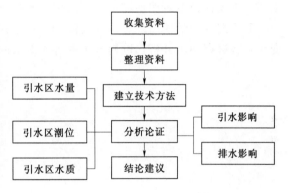

图 10-7　引江济太水源地论证技术路线

10.4　泥沙影响研究技术路线

引江济太工程自长江引水，引水中的泥沙将对望虞河以及贡湖地形产生一定影响，引水河道和贡湖形态是否会发生明显的淤积，在一定程度上决定了引江济太工程能否长期有效运行。因此，有必要对引水过程中泥沙的影响进行分析，以了解引水过程中泥沙冲淤的时空变化规律，重点对泥沙在河道、贡湖内的淤积量、淤积分布状况进行分析，为引水工程的长期有效运行提供技术依据。

泥沙影响研究技术路线为，建立望虞河干流水沙运动数学模型，利用实测资料率定模型参数、进行模型验证；采用建立的数学模型，研究引江济太试验期间，不同时段引水带来的泥沙在望虞河的淤积范围和淤积程度；通过平面二维泥沙数学模型，在望虞河河道模型计算结果的基础上，对进入贡湖湖湾的泥沙淤积分布进行模拟，就引水中泥沙在贡湖淤积的程度进行分析。在综合模拟分析的基础上，提出解决泥沙淤积的措施，并对引水过程中伴随泥沙淤积，泥沙颗粒物吸附磷的变化进行初步分析。

10.4.1　实测资料分析

引江济太工程自长江河口区引水，受到河口潮汐作用，引水量和引水含沙量在时间过程上表现出明显的非稳定特性。相应的，水流和泥沙在河道内的运动过程也表现出一定的非恒定性。2002～2003 年引水期间，望虞河干流进行了一定时间系列的水文泥沙监测，为分析水流泥沙运动过程提供了数据基础。

本次研究将充分利用这些现场数据，进行引水含沙量变化规律、泥沙沿望虞河运动规律的分析，为模型的建立和应用提供基础。

10.4.2 数学模型建立

根据研究区域的特性，建立河道一维水沙数学模型和平面二维水沙数学模型，分别模拟望虞河、贡湖泥沙运动过程。根据实测资料，率定模型中的主要参数，并进行模型的验证，以建立适用于模拟区特性的模型。

10.4.3 泥沙运动模拟分析

采用建立的数学模型，对引水过程中水流、泥沙的时空运动过程进行模拟计算，重点分析引水所含泥沙在望虞河的淤积量、淤积分布。根据一维模型提供的进入贡湖泥沙量，采用二维泥沙模型对泥沙在贡湖的淤积分布进行模拟。

利用泥沙数学模型计算得到的泥沙淤积过程，结合泥沙吸附磷的特性，对引水中磷的变化趋势进行初步分析，以初步了解进入湖泊的吸附磷的含量。

第11章　基础数据库和效果评估系统的建立

11.1　基础数据库建立

本次评估建立的数据库需要符合结构化设计和网络化应用的要求，在数据库设计中参照了水利部水文局制定的《水质数据库表结构》中关于数据库表名称、表体字段名、标识符、字段数据类型等关键技术参数、编写规则的规定，建立了一个基于网络数据库操作系统 SQL Server 2000 的基础数据库。

11.1.1　标识符编写规则

11.1.1.1　表标识的编写规则

表标识的编写格式如下：

$$WQ \_ X \_ Z$$

其中　WQ——数据表类型标识，固定用来描述水质数据库中统一设计的系统表；

X——数据表具体描述的信息标识，是由字母 A～Z 或者数字 0～9 组成的字符串，字符串的最大长度为 8，首位必须为字母；

Z——用来标识不同的表类，如基本信息类用"_ B"，监测信息类用"_ D"，评价信息类用"_ E"。

11.1.1.2　字段标识的编写规则

字段标识符是由字母 A～Z 或者数字 0～9 组成的字符串，字符串的最大长度为 10，首位必须为字母。编写遵守以下规则：

(1) 采用相关标准规定的字段英文名称的缩写或习惯用法。

(2) 中文名称的拼音缩写。

11.1.2　数据库表结构

11.1.2.1　基础数据表

基础数据表见表 11-1～表 11-4。

表 11-1　　　　　　　　地表水水质监测站信息表（WQ _ STINFO _ B）

字段名	标识符	类型及长度	有无空值	计量单位	主键	索引序号
测站编码	STCD	Char (8)	N		Y	1
测站名称	STNM	Varchar (30)				
测站级别	STLVL	Tinyint				

续表

字段名	标识符	类型及长度	有无空值	计量单位	主键	索引序号
流域名称	BNNM	Varchar（30）				
水系名称	SUBNM	Varchar（30）				
河流名称	RVNM	Varchar（30）				
经度	ESLO	Numeric（10，7）		（°）		
纬度	NTLA	Numeric（9，7）		（°）		
测站地址	STADDR	Varchar（30）				
行政分区码	ADCD	Char（6）				
水资源分区码	WRDCD	Char（7）				
水功能分区码	WUDCD	Char（14）				
管理单位	MUNIT	Varchar（30）				
监测单位	MSUNIT	Varchar（30）				
监测频次	MNFRQ	Tinyint				
自动监测	ATST	Tinyint				
建站年月	FNDYM	Smalldatetime				
撤站年月	ENDYM	Smalldatetime				
备注	NT	Varchar（254）				

表 11 - 2　　　　　　　**地表水水质监测数据表（WQ_SUDATA_D）**

字段名	标识符	类型及长度	有无空值	计量单位	主键	索引序号
测站编码	STCD	Char（8）	N		Y	1
采样时间	GETM	SmallDatetime	N		Y	2
水温	WT	Numeric（3，1）		℃		
透明度	DIPANY	Numeric（4，2）		m		
悬浮物	SS	Numeric（7，1）		mg/L		
溶解氧	DO	Numeric（4，2）		mg/L		
pH 值	PH	Numeric（4，2）				
电导率	COND	Tinyint		μs/cm		
高锰酸盐指数	CODMN	Numeric（4，1）		mg/L		
总磷	TP	Numeric（5，3）		mg/L		
溶解态总磷	TDP	Numeric（5，3）		mg/L		
挥发酚	PHNL	Numeric（5，3）		mg/L		
氨氮	NH3N	Numeric（6，2）		mg/L		
总氮	TN	Numeric（5，2）		mg/L		
五日生化需氧量	BOD5	Numeric（5，1）		mg/L		
叶绿素 a	CHLA	Numeric（5，2）		μg/L		

　　其中，表 11 - 2（WQ_SUDATA_D）的 STCD 字段与表 11 - 1（WQ_STINFO_B）的 STCD 关联。

表 11 - 3　　　　地表水环境质量标准数据表（WQ _ STANDA _ B）

字段名	标识符	类型及长度	有无空值	计量单位	主键	索引序号
指标编号	SGID	Tinyint	N		Y	1
指标英文名称	SGENAME	Varchar（15）				
指标中文名称	SGCNAME	Varchar（20）				
Ⅰ类值	SGGRAD1	Numeric（11，5）		mg/L		
Ⅱ类值	SGGRAD2	Numeric（11，5）		mg/L		
Ⅲ类值	SGGRAD3	Numeric（11，5）		mg/L		
Ⅳ类值	SGGRAD4	Numeric（11，5）		mg/L		
Ⅴ类值	SGGRAD5	Numeric（11，5）		mg/L		

表 11 - 4　　　　引排水数据表（WQ _ SQUALY _ B）

字段名	标识符	类型及长度	有无空值	计量单位	主键	索引序号
日期	GTIME	Smalldatetime	N		Y	1
常熟水利枢纽	VCHANGSHU	Int		万 m³		
望亭水利枢纽	VWANGTING	Int		万 m³		
太浦闸	VTAIPU	Int		万 m³		

11.1.2.2　成果数据表

成果数据表见表 11 - 5～表 11 - 8。

表 11 - 5　　　　地表水年度评价代表值表（WQ _ SVYEAR _ D）

字段名	标识符	类型及长度	有无空值	计量单位	主键	索引序号
断面代码	STCD	Varchar（8）	N		Y	1
年份	RYEAR	Char（4）	N		Y	2
溶解氧	DO	Numeric（4，2）		mg/L		
高锰酸盐指数	CODMN	Numeric（4，1）		mg/L		
生化需氧量	BOD5	Numeric（5，1）		mg/L		
氨氮	NH3N	Numeric（6，2）		mg/L		
总氮	TN	Numeric（5，2）		mg/L		
总磷	TP	Numeric（5，2）		mg/L		
挥发酚	PHNL	Numeric（5，3）		mg/L		

其中，表 11 - 5（WQ _ SVYEAR _ D）的 STCD 字段与表 11 - 1（WQ _ STINFO _ B）的 STCD 关联。

表 11 - 6　　　　地表水年度评价成果表（WQ _ SRYEAR _ D）

字段名	标识符	类型及长度	有无空值	计量单位	主键	索引序号
断面代码	STCD	Varchar（8）	N		Y	1
年份	RYEAR	Char（4）	N		Y	2
溶解氧	DO	Smallint				

续表

字段名	标识符	类型及长度	有无空值	计量单位	主键	索引序号
高锰酸盐指数	CODMN	Smallint				
生化需氧量	BOD5	Smallint				
氨氮	NH3N	Smallint				
总氮	TN	Smallint				
总磷	TP	Smallint				
挥发酚	PHNL	Smallint				
综合评价类别	Tgt_total	Smallint				
主要污染物名称及超标倍数	Tgt_index	Varchar (200)				

其中，表 11-6（WQ_SRYEAR_D）的 STCD 字段与表 11-1（WQ_STINFO_B）的 STCD 关联。

表 11-7　　　　　　　　地表水月度评价代表值表（WQ_SVMONH_D）

字段名	标识符	类型及长度	有无空值	计量单位	主键	索引序号
断面代码	STCD	Varchar (8)	N		Y	1
年份	RYEAR	Char (4)	N		Y	2
月份	RMONH	Varchar (2)	N		Y	3
溶解氧	DO	Numeric (4, 2)		mg/L		
高锰酸盐指数	CODMN	Numeric (4, 1)		mg/L		
生化需氧量	BOD5	Numeric (5, 1)		mg/L		
氨氮	NH3N	Numeric (6, 2)		mg/L		
总氮	TN	Numeric (5, 2)		mg/L		
总磷	TP	Numeric (5, 3)		mg/L		
挥发酚	PHNL	Numeric (5, 3)		mg/L		

其中，表 11-7（WQ_SVMONH_D）的 STCD 字段与表 11-1（WQ_STINFO_B）的 STCD 关联。

表 11-8　　　　　　　　地表水月度评价成果表（WQ_SRMONH_D）

字段名	标识符	类型及长度	有无空值	计量单位	主键	索引序号
断面代码	STCD	Varchar (8)	N		Y	1
年份	RYEAR	Char (4)	N		Y	2
月份	RMONH	Varchar (2)	N		Y	3
溶解氧	DO	Smallint				
高锰酸盐指数	CODMN	Smallint				
生化需氧量	BOD5	Smallint				
氨氮	NH3N	Smallint				
总氮	TN	Smallint				
总磷	TP	Smallint				

续表

字段名	标识符	类型及长度	有无空值	计量单位	主键	索引序号
挥发酚	PHNL	Smallint				
综合评价类别	Tgt _ total	Smallint				
主要污染物名称及超标倍数	Tgt _ index	Varchar（200）				

其中，表 11 - 8（WQ _ SRMONH _ D）的 STCD 字段与表 11 - 1（WQ _ STINFO _ B）的 STCD 关联。

11.1.3　基础资料

引水效果评估的基础是相关资料的收集，资料主要包括流域水利分区及行政区划、引水工程调度资料、调水试验水文水质监测数据等，主要包括以下资料。

11.1.3.1　监测断面布设

本研究工作共搜集流域河网上 158 个水质监测断面，包括了 2000 年、2002 年、2003 年水质监测数据，对这些断面按照所属河流、地区、监测类型进行了分类，列入表 11 - 1 地表水水质监测信息表中。

评估范围内主要河流及区域监测断面如下。

1. 望虞河

望虞河干流监测断面包括常熟水利枢纽闸外及闸内、虞义桥、向阳桥、甘露大桥、大桥角新桥、望亭立交闸下、望亭立交闸上共计 8 个断面，见图 11 - 1。

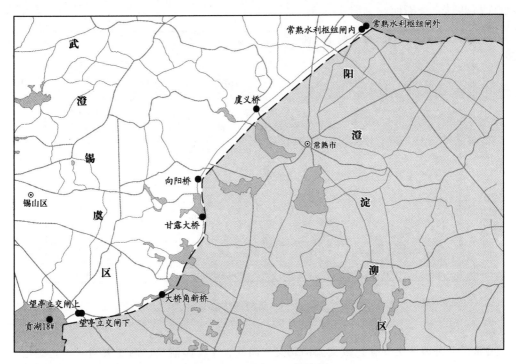

图 11 - 1　望虞河评估范围

2. 太浦河

太浦河监测断面自上游至下游布设有太浦闸下、平望大桥、汾湖大桥和练塘大桥，见图 11-2。

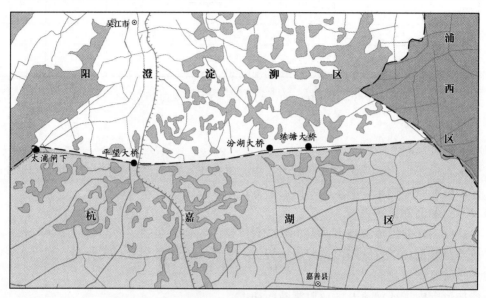

图 11-2　太浦河评估范围

3. 运河

运河监测断面自北向南有硕放、五七大桥、枫桥、平望北桥、雪湖大桥、北虹大桥、南虹大桥共计 7 个断面，见图 11-3。

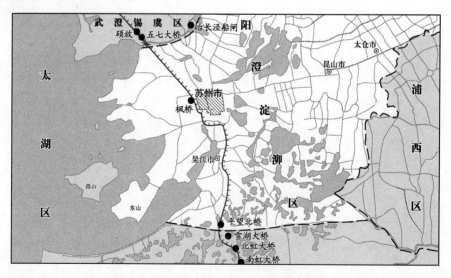

图 11-3　运河评估范围

4. 黄浦江

黄浦江上游地区主要有三条支流：北支太浦河、中支园泄泾、南支大泖港。北支是主要来水，约占黄浦江径流的 55%（其中太浦河占 40%，拦路港占 15%）；中支主要承泄浙江杭嘉湖地区来水，水量约占 37%；南支主要为浙江东部平湖方向的来水，水量约占 8%。

如图 11-4 所示，以三支省界水质监测断面作为黄浦江来水水质的代表断面，以练塘作为太浦河入汇黄浦江的水质代表断面，姚庄大桥作为中支水质代表断面，六里塘大桥、青阳汇作为南支水质代表断面，以松浦大桥作为黄浦江上游水质代表断面。

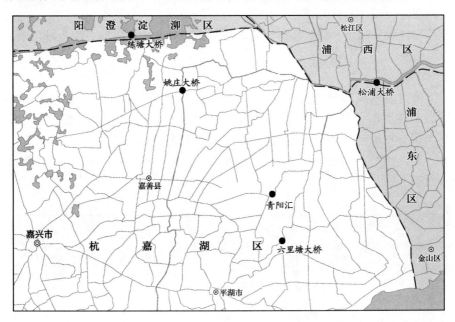

图 11-4　黄浦江评估范围

5. 武澄锡虞区

武澄锡虞区主要监测断面见图 11-5，按照所属河流分类如下。

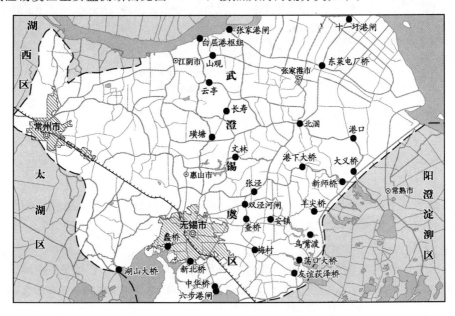

图 11-5　武澄锡虞区评估范围

（1）伯渎港：友谊荻泽桥、荡口大桥、梅村。

（2）九里河：羊尖桥、鸟嘴渡、安镇、查桥。

（3）锡北运河：新师桥、港下、张泾。

（4）张家港：大义桥、港口、北洞。

（5）白屈港沿线：文林、璜塘、长寿、云亭、山观、白屈港枢纽。

（6）其他区域：湖山大桥、蠡桥、新北桥、中华桥、六步港闸、十一圩港闸、东莱电厂桥、双泾河闸。

6. 阳澄淀泖区

阳澄淀泖区监测断面分布见图 11-6，目前有琳桥船闸、冶长泾船闸两断面进行了比较完整的水质监测。阳澄淀泖区其他监测断面包括虎山桥、善人桥、越溪桥、瓜泾桥、周庄大桥、白石矶大桥、珠砂港大桥、淀山湖南、淀山湖中、淀山湖北、千灯浦闸、石浦、吴淞港桥、新星桥、唯亭（水网泾桥）、辛庄（庆幸桥），这些断面基本为省界监测断面。

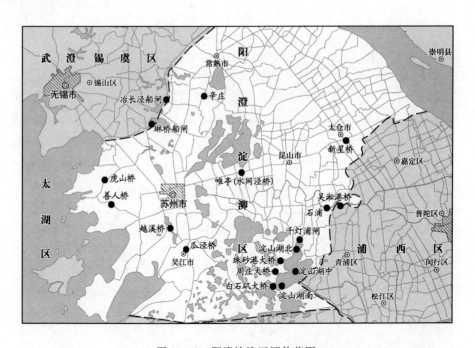

图 11-6　阳澄淀泖区评估范围

7. 杭嘉湖区

杭嘉湖区水质监测断面包括运河上的部分断面，还包括六里塘大桥、青阳汇、思古桥、乌镇双溪桥、姚庄大桥、盛泽排污口等，省界监测断面分布见图 11-7。

8. 湖西区

湖西区水质监测断面包括漕桥、塘桥、黄埝桥、人民桥、东氿大桥、社渎港、官渎港、红阳桥、埝上大桥、伏东大港桥，断面分布见图 11-8，这些断面均为环太湖入湖河道断面。

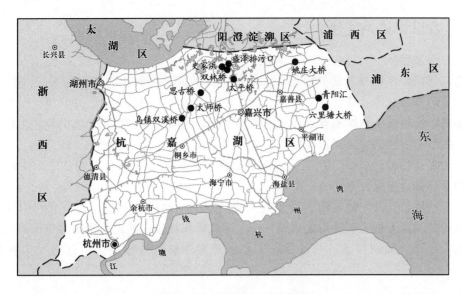

图 11-7　杭嘉湖区评估范围

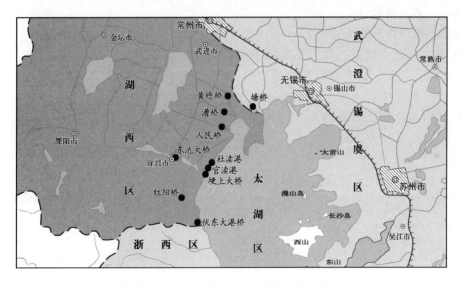

图 11-8　湖西区评估范围

11.1.3.2　引水调度、水量水质实测资料及流域背景资料

（1）引江济太调水试验于 2002 年、2003 年实施两年，引水调度资料包括常熟水利枢纽、望亭水利枢纽、太浦河闸三个控制闸门逐日的引排水量。

（2）2002 年、2003 年试验期上述监测站点水质实测资料。

（3）2002 年、2003 年两省一市（浙江、江苏、上海）地方水质资料。

（4）2000 年、2002 年、2003 年省界水质监测实测资料。

（5）2002 年、2003 年试验期长江、望虞河水文泥沙测验成果表。

（6）太湖流域水功能区一级区划图。

（7）太湖流域水系电子地图。

11.2　效果评估系统建立

11.2.1　开发目标

为使河网水环境改善效果评估、水源地论证的成果能够为工程实施服务，需要在评估、论证的基础上建立综合信息管理系统，将数据和方法进行集成，并且提供对数据的维护子系统，使得系统数据随着工程实施不断更新，为引水工程提供动态的评估手段。

系统结合引江济太河网水环境信息管理的实际需求，遵循标准化、规范化、实用化原则，采用先进的组件式 GIS 开发技术和网络数据库，能够有效实现引江济太河网水环境信息的共享和可视化管理。

本系统的设计开发是与河网引水效果评估研究同时进行的，评估中所利用的基础数据、采用的技术方法，就是集成到该系统中的数据和程序。因此，系统的目标、内容和功能是与专题研究紧密联系，并且保证了系统开发能够有效服务于引江济太工程的长效管理。

11.2.2　系统设计

11.2.2.1　系统结构设计

评估系统的体系结构见图 11-9，系统基础数据存储在结构化的网络数据库中，供子系统进行各项业务数据处理。主要的子系统包括：信息维护、信息查询、水质评价、数据分析、系统维护。各个子系统通过对基础数据库相应数据的查询和处理，完成对应的业务处理过程，同时将生成的成果数据存储在数据库中，以供进一步处理。管理决策部门的用户可以通过 GIS 可视化的系统界面进行系统操作，系统为管理决策者提供相应的信息。

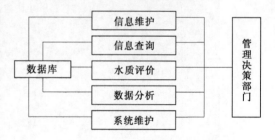

图 11-9　引江济太河网水环境评估系统结构图

11.2.2.2　系统功能设计

系统主要功能包括：基本 GIS 功能、信息维护、信息查询、水质评价、数据分析、系统维护。系统采用 GIS 技术，以满足水环境信息的空间属性的表达，并提供用户直观图形化的操作界面。

1. 基本 GIS 功能

提供地图的放大、缩小、漫游、全图显示功能，对不同的地理信息如各种测站，提供分图层分别显示，实现地图的打印预览和打印。

2. 信息维护

实现对各类信息的录入、修改、删除等功能，并且在系统用户对数据进行这些操作时，系统能够辨别用户对数据的操作权限，对未被授权的用户拒绝其操作。维护的内容包括测站数据、水质数据、水质标准数据。

3. 信息查询

通过图形—数据交互式的查询方式，提供对引江济太水质监测站点信息、引水过程数据、水质监测信息的查询和空间定位。

（1）监测站点查询。分别通过图形查询数据、数据查询图形两种方式对监测站点信息进行查询，在 GIS 地图上可以通过点选、框选、区域选择三种方法查询监测站点信息，也可以通过属性数据库选择具体站点，查询其在地图上的位置。

（2）引水过程查询。可以查询引水过程中主要控制闸门的过流量和同期测站的各项水质指标测值，并用图形的方式进行直观显示，如图 11-10 所示。

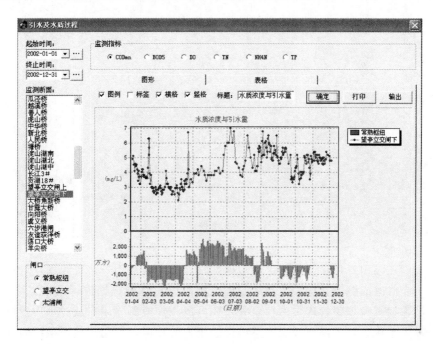

图 11-10　查询界面

4. 水质评价

水质评价通过时段评价、月度评价和年度评价，获得诸断面的水质评价结果，从而在基本监测数据的基础上，为引水效果的评估提供进一步的依据。评价结果包括评价时段的污染物浓度均值、类别，作为成果数据存储在数据库中。评价结果可以转出到外部文件中，供进一步分析和处理。图 11-11 为年度水质评价运行结果。

5. 数据分析

引江济太引水效果评估重要的技术手段之一是不同时段受水区水质状况的对比分析，评估系统中提供了相应的模块，提供不同类型水质对比分析的数据基础。

（1）水质数据转出。评估中需要对某测站一定时间段内的水质数据进行分析和处理，系统可以按照用户要求，把指定测站、指定时段、指定指标的水质数据转出到一个 Excel 文件中，供进一步分析和处理。

（2）水质年度对比。评估中不同年份水质状况的对比分析是一个重要的方法，系统可以按照用户的要求，把某测站不同年份的水质数据转出到 Excel 文件中，供进一步分析和处理。

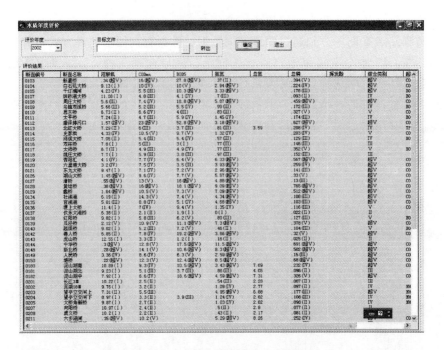

图 11-11　水质指标评价结果界面

6. 系统维护

系统规划三级用户：系统管理员、数据库管理员、普通用户。普通用户只能对信息进行查询，不能修改或删除数据；数据库管理员则可以对基础数据进行录入、修改及删除；系统管理员除拥有数据库管理员的权限外，还可以添加或删除用户及对用户授权。

用户进入系统，首先需要登录，系统记录用户的权限，在用户使用系统的过程中进行数据操作权限的控制。如果登录用户为系统管理员，系统将提供用户信息维护模块，以完成相应的操作。

11.2.2.3　系统环境设计

系统基于网络数据库，并采用了组件式 GIS，这种技术体系使得数据得以在网络上实现共享，并实现了数据的可视化应用。具有合法版权的组件式 GIS 的应用，有效降低了系统应用的技术和经济成本。

系统开发工具为 Visual Basic 6.0，服务器端采用 Microsoft Windows 2000 网络操作系统，Microsoft SQL Server 2000 网络数据库。客户机端采用 Windows 98 以上操作系统、TopMap ActiveX 运行许可。

第 12 章　河网引水效果综合分析

12.1　评估指标体系与评估方法

在评估工作进行中，对于主要评估效应、过程变化比对和分析应该具有明确的指标，并且采用客观、定量的方法进行评估。为此，需要建立评估指标体系，确定评估参数、评价标准和评估指标。

12.1.1　水质评价指标

结合本次研究工作的目标和实际资料情况，确定水质评估参数为：高锰酸盐指数、总磷、氨氮、五日生化需氧量、溶解氧。水质评价标准采用《地表水环境质量标准》（GB 3838—2002）。

12.1.2　水质影响评估方法

为了定量反映引水影响水质的效果，采用以下两种方法反映引水前后水质改善的综合程度。

12.1.2.1　类别变化指数

$$G = \frac{1}{n} \sum_{i=1}^{n} (G_{bi} - G_{ai}) \tag{12-1}$$

式中　G——类别变化均值指数；

　　　G_{ai}——引水后第 i 种污染物的水质类别；

　　　G_{bi}——引水前第 i 种污染物的水质类别；

　　　i——参加评估因子的数目。

G 属于均值型多因子指数，反映引水前后水质类别变化（改善或下降）的等级，数值为正表示水质类别改善，为负表示水质类别下降。溶解氧则相反。

12.1.2.2　浓度变化指数

$$P = \frac{2}{n} \sum_{i=1}^{n} \left(\frac{C_{bi} - C_{ai}}{C_{bi} + C_{ai}} \right) \tag{12-2}$$

式中　P——浓度变化指数；

　　　C_{ai}——引水后第 i 种污染物的浓度；

　　　C_{bi}——引水前第 i 种污染物的浓度；

　　　i——参加评估因子的数目。

P 属于均值型多因子指数，反映了引水前后浓度变化的程度，数值为正表示水质类别提高，为负表示水质类别下降，溶解氧则相反。

类别变化指数与浓度变化指数分别从不同的侧面反映两个不同时段水质变化的程度，

G 指数从水质类别方面表征水质变化，P 指数从浓度测值方面反映水质变化。采用这两个指数的意义在于提供了一种定量化的指标，一方面，可以判断某监测断面引水前后水质的变化趋势（改善或下降）；另一方面，可以比较不同断面水质变化的程度。

通过实际测算，大多数情况下，两种指数的正负保持一致；当两个指数正负相反时，会发现此时水质前后变化微弱，并且其中某些指标在数值或者类别上变化比较显著。在进行水质变化趋势判断时，除了根据以上两个指数外，还需要结合引水前后水文、气象、污染源等条件的变化，从而对引水的影响作用给出实际的评价。

12.2 河网水质效果评估

本研究分别对 2002～2003 年引江济太河网区水环境的变化趋势、引水对水质的影响程度和范围、河网区水质变化的成因进行了详细的评估和分析，并采用综合、对比等方法，对引水过程中水文、水质变化的特征进行分析。采用综合分析有助于更全面地了解调水试验对区域河网水环境的作用和影响，为引水工程的有效实施提供建设性意见。

12.2.1 引水过程分析

12.2.1.1 工程调度与引水总量

太湖流域毗邻长江下游，长江徐六泾多年平均径流量为 9335 亿 m³，水质稳定保持在Ⅱ类。长江与受水区水质的显著差异，使得水资源环境容量的利用成为可能。太湖面广水丰，一定程度上是一个大型的天然水库和调节中心，流域河网纵横交错，成为湖泊调节的网络和通道。经过多年努力，流域内初步形成了环湖大堤、望虞河、太浦河等水利工程体系。因此，长江丰富和良好的径流为引江济太提供了自然条件，特定的水系结构使引江济太具备了良好的地理条件，已建水利工程则成为引江济太进行调控的工程条件，这些共同构成了引江济太水量水质联合调度得以实施的客观条件和技术基础。

根据 2002～2003 年引江济太调水试验期间主要水利工程的调度过程，将主要水利工程的调度内容、调度目标归纳如下：

（1）常熟水利枢纽。调水期间通过调控引水量，保障流域水资源供给，改善河网、湖泊水环境；汛期通过排水运用，保障流域防洪排涝，实现雨洪资源利用。

（2）望亭水利枢纽。引水期间控制入湖水量，改善太湖水质；调控望虞河水位，保证望虞河水质及入湖水质。

（3）太浦闸。引水期间调控出湖水量，加快湖泊水体流动，改善太湖及下游河网水质；汛期调控太湖水位，保证防洪安全，实现雨洪资源利用。

（4）沿望虞河闸门。引水期间控制进入望虞河的污水，保证引水水质；控制两岸分流，保证入湖水量。

（5）环太湖闸门。引水期间控制入湖污水，当太湖与周边河网水情满足一定条件时，适时开启，改善湖周地区水环境。

（6）沿江闸门。配合引江济太调度，改善区域水环境。

通过工程调度，2002 年全年通过常熟水利枢纽引水 18.02 亿 m³，通过望亭水利枢纽入湖 7.91 亿 m³，通过太浦闸下泄 28.72 亿 m³；2003 年引水 24.16 亿 m³，入湖 12.27 亿 m³，太浦闸下泄 31.42 亿 m^3。通过望虞河两岸闸门引水进入流域河网的比例，2002 年为 55.5%，2003 年为 49.2%。

2003 年引水总量大于 2002 年，虽然 2003 年引水进入河网的比例小于 2002 年，但水体总量明显大于 2002 年。2003 年，通过太浦河下泄径流总量也明显大于 2002 年。在引水总量、引水入湖量和太浦河下泄量三个方面，2003 年引水调度都比 2002 年进行得更加充分。

通过流域性水资源联合调度，2002～2003 年引江济太调水试验共引入优质长江水约 42 亿 m^3，入太湖约 20 亿 m^3，进入望虞河两岸河网地区约 20 亿 m^3，2003 年结合雨洪资源利用太浦闸向黄浦江上游增加输供水约 31 亿 m^3，进入杭嘉湖河网的太湖水量达 20 亿 m^3。

12.2.1.2　引水时段

太湖流域汛期为每年的 5～9 月，通常情况此间长时间的梅雨会造成流域性的洪涝灾害，此时需考虑处理望虞河排水与流域防洪排涝的关系。另外，如果汛期雨量偏少，流域干旱高温将造成用水困难并加剧水环境的恶化，这种情况下需要引江济太，发挥缓解用水紧张和改善水环境的作用。

协调引水与流域防洪排涝、水资源保障、改善水质等需求，需要合理有效地安排引江济太的引水时段，这在 2002～2003 年引江济太调水试验的过程中得到了较为全面的体现。

2002 年 1 月 30 日～3 月 31 日为非汛期，洪涝风险较小，同时长江潮位偏低，因此通过自引和泵引结合方式引水。进入汛期后，按照太湖流域洪水调度方案执行。2003 年太湖流域汛前降雨较多，因此引水较少。2003 年 8 月，太湖流域出现高温少雨天气，高温天气为历年之最，部分地区旱情严重，尽管此时仍处于太湖流域的汛后期，但根据实际情况对常熟水利枢纽实施了泵引和自引调水，有效缓解了流域旱情，改善了水环境，保证了供水安全，为流域经济社会的发展作出了重要贡献。因此，在保证流域防洪安全的前提下，应该根据流域水雨情、用水状况、水环境的实际变化，合理有效地安排引水时段。在这方面，2002 年、2003 年的调水试验的时段安排具有典型性，实践证明是成功的。

综合 2002～2003 年引江济太调水试验工程引水情况分析，试验期间主要引水入湖时段为 2002 年 2～4 月和 2003 年 8～10 月两个时段。其中 2002 年 1 月 30 日～4 月 4 日，引水 10.68 亿 m^3，入湖 6.8 亿 m^3；2003 年 8 月 6 日～10 月 31 日，引水 15.31 亿 m^3，入湖 10.57 亿 m^3。两个时段合计引水约 26 亿 m^3、入湖约 $17m^3$，分别占两年总引水量的 62%，总入湖水量的 85%，该时段主要采用泵站引水，其平均引水入湖效率达到 65%，因此主要选用这两个时段进行引水水质改善效果评价，其他时段仅作定性说明。

12.2.2　引水影响分析

引江济太调水期间，流域河湖蓄水量增加了 2/5，受益地区河网水体基本置换一遍。河网水位抬高约 0.30～0.40m；望虞河、太湖、太浦河与下游河网的水位差控制在 0.20～0.30m，河网水体流速明显加快，由调水前的 0.0～0.1m/s 增加到 0.2m/s 左右。河网水流条件的变化，有利于污染物的稀释和降解，从而有效改善了河网区水环境。

12.2.2.1　引水影响范围

采用类别变化指数 G、浓度变化指数 P 分别对 2002 年、2003 年评估范围内代表断面引水前后的水质变化进行了评价，通过评估指数可以判定水质变化的趋势和程度，并结合省界水质监测数据的评价和 Taihu DSS 数学模型模拟结果，对引水影响范围、水质改善效果和不利影响进行了全面客观的分析。

整体而言，引江济太调水期间，水质改善的范围直接受引水量的影响。小流量引水条件下，仅望虞河引水口—向阳桥区间水质得到改善，其他区域水质基本没有变化；随着引水流量的加大，河网水质得到改善的范围逐步扩大。其中 2003 年试验期间太湖流域平原河网一半以上河流的流动性得到增强，约占太湖流域河网面积的 2/3。

引水过程中，由于区域河网水文条件的变化，存在着部分区域出路阻断、水体滞留，水质恶化的现象。引水期间，由于引水顶托作用以及入湖闸门的控制，白屈港控制线以西部分地区、武澄锡虞区运河以南部分地区的河道污水滞留，水质出现恶化现象。这一方面表明，水质的根本改善需要将引水措施和污染源治理有效结合起来；另一方面也表明，流域引水调度应更好地与区域水环境调度统一起来，才能使受益面扩大、使负面影响减少到最小。

2002 年泵站引水阶段，引水量较大且均匀，望虞河全程水质得到改善；武澄锡虞区东部一定范围内受引水作用，水质得到改善；阳澄淀泖区靠近望虞河的水质得到改善；运河平望以南范围水质得到改善。

2002 年泵站引水阶段，太浦闸出流水质较引水前仍有改善，水质保持良好；太浦河下泄径流的增加对下游水环境改善有利，太浦河下游断面水质得到明显改善，黄浦江上游受太浦河下泄流量的增大，水质得到一定程度的改善。

2002 年其他引水阶段，引水量较小，仅望虞河向阳桥至望虞河口区间水质受引水作用，水质得到改善；武澄锡虞区靠近望虞河的区域，水质得到改善。

2003 年引水期间，望虞河干流、太浦河干流、黄浦江上游、武澄锡虞区东部、阳澄淀泖区、杭嘉湖区河网水质得到改善，基本规律与 2002 年相同，但改善范围更大。太湖流域水资源保护局采用太湖流域水质管理决策支持系统（Taihu DSS）模拟了水质改善范围，水质得到明显改善的范围约为 2 万 km²。

2003 年引水调度中更加注重了太湖对周围河网的调控作用，通过东导流向杭嘉湖区引水，使得杭嘉湖区水质得到明显改善。2003 年 8 月，上海市黄浦江发生特大燃油污染事件，为保证黄浦江上游取水口的水质，通过太浦闸向下游紧急供水 4770 万 m³，有效保证了上海市的用水安全。同时，由于引江济太稳定了太湖水位，使太湖周边地区尤其是杭嘉湖地区的用水水量和用水水质条件得到明显改善。因此，2003 年引江济太调度由于充分结合了区域水环境的变化条件，并且充分发挥了太湖水量的调控作用，从而有效扩大了改善水质的范围。

12.2.2.2 水质改善效果

按照本次研究确定的河网水质评估指标体系，采用水质类别变化指数 G、浓度变化指数 P 分别对 2002 年、2003 年评估范围内代表断面引水前后的实测水质变化进行评价，主要区域的计算结果见表 12-1～表 12-6，通过评估指数的量值可以判定水质变化的趋势和程度，结合流域常规水质监测站点的实测数据资料，对引水影响范围、水质改善效果进行进一步分析评价。

表 12-1 　　　　　**2002～2003 年望虞河干流水质类别变化指数及浓度变化指数**

断面名称	2002 年泵引阶段		2002 年自引阶段		2003 年	
	G	P	G	P	G	P
常熟水利枢纽闸外	2.75	1.10	2.80	1.04	2.75	1.25
常熟水利枢纽闸内	2.75	1.08	2.60	1.10	3.00	1.27
虞义桥	4.25	1.53	1.80	0.75	1.75	0.94
向阳桥	3.00	1.12	1.60	0.60	1.50	0.57
大桥角新桥	2.50	0.86	−0.40	−0.17	2.25	0.98
望亭立交闸下	0.40	0.09	−0.60	−0.28	1.25	0.34

表 12-2 　　　　　**2002～2003 年太浦河水质类别变化指数及浓度变化指数**

断面名称	2002 年泵引阶段		2002 年自引阶段		2003 年	
	G	P	G	P	G	P
太浦闸下	0.00	0.00	−0.30	−0.07	0.25	0.17
平望大桥	0.00	0.00	−0.40	−0.17	0.50	0.01
汾湖大桥	0.80	0.15	0.00	0.14	0.50	0.22
练塘大桥			−0.30	0.10	0.50	0.11

表 12-3 　　　　　**2002～2003 年运河水质类别变化指数及浓度变化指数**

断面名称	2002 年泵引阶段		2002 年自引阶段		2003 年	
	G	P	G	P	G	P
五七大桥	−0.80	−0.33	−0.20	−0.05	0.25	0.20
北虹大桥	0.80	0.28	0.40	0.16	0.60	0.18

表 12-4 　　　　　**2002～2003 年武澄锡虞区水质类别变化指数及浓度变化指数**

断面名称	2002 年泵引阶段		2002 年自引阶段		2003 年	
	G	P	G	P	G	P
大义桥	2.80	1.07	0.20	0.02	0.75	0.60
新师桥	2.00	0.84	−0.40	−0.23	0.00	0.31
港下大桥			−0.20	−0.04	0.00	0.05
羊尖桥	0.30	0.17	0.00	−0.04	−0.25	−0.11
鸟嘴渡	3.30	1.25	0.20	0.19	0.75	0.35
荡口大桥	3.30	1.33	1.20	0.64	1.25	0.71
友谊荻泽桥	1.80	0.82	0.80	0.32	1.25	0.75
中华桥	−3.80	−1.44	1.00	0.29		
六步港闸	−2.50	−1.18				
蠡桥	0.00	0.00	−0.20	−0.07		

表 12 - 5　　　　　　　**2002 年杭嘉湖区水质类别变化指数及浓度变化指数**

断面名称	2002 年泵引阶段		2002 年自引阶段		2003 年	
	G	P	G	P	G	P
六里塘大桥	−0.40	−0.08	−0.80	−0.14	0.60	0.40
青阳汇	0.00	0.00	0.60	0.39	0.60	0.50
史家浜	−2.40	−0.75	0.20	0.03	0.00	−0.17
双林桥	−0.40	−0.12	0.40	0.02	0.40	0.20
思古桥	0.20	0.02	0.60	0.28		
太平桥	−1.40	−0.49	0.40	0.09	0.20	0.21
太师桥	0.60	0.11	0.00	0.00	0.80	0.28
乌镇双溪桥	0.60	0.24	1.60	0.45	1.00	0.47
浔溪大桥	−0.20	−0.06	0.80	0.29	0.60	0.16
姚庄大桥	0.00	0.02	0.20	−0.14	1.20	0.61

表 12 - 6　　　　**2002～2003 年阳澄淀泖区水质类别变化指数及浓度变化指数**

断面名称	2002 年泵引阶段		2002 年自引阶段		2003 年	
	G	P	G	P	G	P
琳桥船闸			−0.40	−0.12	1.00	0.47
冶长泾船闸			−0.20	−0.18	−0.30	−0.22
白石矶大桥	−0.60	−0.25	0.20	−0.02	−0.40	−0.13
淀山湖北	0.20	−0.08	−1.40	−0.56	−0.20	−0.14
淀山湖南	−0.20	−0.15	−1.20	−0.25	0.80	0.24
淀山湖中	0.00	−0.05	−1.40	−0.58	−0.40	−0.10
瓜泾桥	0.00	0.00	0.80	0.33	0.60	0.23
虎山桥	−0.20	−0.12	0.60	0.29	1.80	0.91
千灯浦闸	0.00	−0.10	0.20	0.14	0.00	0.00
庆幸桥			−0.20	−0.21		
善人桥	1.20	0.35	0.20	0.08		
石浦	−1.00	−0.32	−0.20	−0.11	0.30	0.02
水网泾桥			−1.40	−0.57	−0.50	−0.12
吴淞港桥	−1.00	−0.38	−0.75	−0.22	0.40	0.27
新星桥	−2.00	−0.79	−1.40	−0.55		
越溪桥	−0.40	−0.14	0.80	0.32	0.60	0.36
周庄大桥	−1.00	−0.56	−1.00	−0.33	−0.30	0.08
珠砂港大桥	−0.20	−0.03	0.60	0.22	0.40	−0.05

　　综合 2002 年、2003 年引水期间水质与引水前水质的对比分析，受水区水质改善的效果主要与地理位置、引水量有关。引水主干河道望虞河水质改善最为明显，连接望虞河的

武澄锡虞区东部河道水质改善次之，太浦河、黄浦江水质改善程度与太浦河闸下泄水量密切相关，下泄水量越大、水质越好，太浦河和黄浦江水质改善越明显。

实测水质资料对比分析表明，2002 年、2003 年引水期间望虞河干流诸断面改善 1～3个水质类别，水质指标浓度改善了 34%～127%。太浦河干流太浦闸—练塘大桥区间，自上游至下游各测点的水质基本为 Ⅱ 类水，水质指标浓度平均改善 12%，太浦河下游河段水质改善了 1 个类别。黄浦江上游水质得到一定程度的改善。运河与望虞河交汇处下游一定范围内水质改善 1 个类别。武澄锡虞区东部靠近望虞河的河段改善 2～3 个类别。阳澄淀泖区靠近望虞河断面水质改善 1 个类别。

从河网水质改善效果而言，2003 年的引江济太调水试验取得的效果和社会关注度更为明显和广泛，除上述水质改善区域外，2003 年杭嘉湖平原区受到引水作用，水质得到较大范围和程度的改善。2003 年引入的太湖水沿东苕溪导流上溯，再经东导流沿途各水闸流入杭嘉湖平原，在满足平原地区工农业生产生活用水以后，经由頔塘、双林塘、练南塘等河道进入杭嘉湖东部平原，使杭嘉湖平原地区的水环境得到明显改善。2003 年嘉兴市水环境监测中心对嘉兴市引江济太后 8～10 月 104 个断面的水质监测资料评价分析，在引江济太调水试验后，嘉兴市水质监测断面中，Ⅲ 类水体增加 9.9%，Ⅴ 类水体减少12.4%，劣于 Ⅴ 类水体减少 17.3%。与 2002 年同期水质相比，Ⅲ 类水体增加 4.0%，Ⅴ类水体减少 4.0%，劣于 Ⅴ 类水体减少 16.8%。

此外，由于 2003 年更有针对性地调度太浦闸，增供水量对黄浦江上游水质的改善作用也更为明显。2003 年上海市黄浦江取水口水质基本稳定保持在 Ⅲ～Ⅳ 类，其中引江济太前长期导致黄浦江黑臭的氨氮指标，其监测值绝大部分测次为 Ⅰ～Ⅱ 类，2003 年黄浦江取水口全年未出现黑臭，而旱情远没有 2003 年严重的 1992 年和 1994 年，7～8 月黄浦江取水口却有近 10 天时间水体持续出现黑臭。另外，太浦河大量清水下泄也有效地阻止了黄浦江下游污水的上溯，在 8 月黄浦江出现燃油泄露的突发污染事件，又遭遇天文高潮的极端不利条件下，距出事地点 20km 的黄浦江上游取水口水质仍然符合 Ⅲ～Ⅳ 类水的水质标准，确保了黄浦江取水口的供水安全。

12.2.2.3　变化成因分析

1. 引水水量变化

从河网水质改善的角度，引水量增大，一方面直接增加了河网区水体稀释容量，并通过加快水体流动增大了水体的自净容量；另一方面改变了区域河网水文条件，进而改变了污染物原有的迁移方向。从这两方面而言，引江济太工程引水量越大，受水区水质的改善程度也就越明显。但是，区域水质要素对引水量变化的反应并非一个简单的线性函数，对于区域水质的改善效果，引水量会存在一个相对优化的区间，当小于该区间的最小值时，水质改善不明显，大于该区间的最大值时，水质持续改善的趋势降低。

从实测资料中，对引水量优化区间进行分析是有价值的。本研究分析了 2002 年、2003 年调水试验期间引水量变化以及受水区水质的响应，从水质改善的角度，对优化引水量的确定提出了初步的分析结果。

2002 年和 2003 年引水调度过程中，按照引水量的大小，可以获得若干个不同阶梯大小引水量的对比时段，这些时段中，代表性区域的水质变化具有一定的规律，从而为引水量的优化分析打下基础。

由于望亭水利枢纽处于望虞河引水流路的末端，其水质变化既可以反映引水对入湖水体水质的影响，也可以作为引水改善河网水质的代表性断面。对于不同阶梯引水量效果的分析，选取了四个代表性时段，确定的原则是时段内常熟枢纽引水量比较平均，并且时段长度大于引水影响望虞河全程的时长。

以 COD_{Mn}、NH_3-N 作为水质分析的指标，在选取的时段内水质保持相对平稳，表明该时段内水质具有代表性。以时段内平均引水量和污染物平均浓度作为分析对象，计算结果见表 12-7。

表 12-7　　　　　　　　　不同引水量条件下望亭水利枢纽水质响应分析

序号	时段（年-月-日）	日均引水量（万 m^3）	COD_{Mn}	NH_3-N
1	2003-2-17～3-6	494	5.62	3.62
2	2003-11-29～12-18	1147	3.63	3.38
3	2002-1-30～4-2	1687	2.87	0.58
4	2003-8-24～9-12	2070	3.46	0.30

由以上数据可以看出，四个不同时段大小引水量作用下，代表断面水质变化的反应具有一定规律性：第一时段与第二时段 COD_{Mn} 变化较明显、NH_3-N 差异不甚明显，第三时段与第二时段 NH_3-N 变化显著、COD_{Mn} 差异不明显，第四时段与第三时段水质的变化相对减小，表明引水量增大到一定程度，水质改善的效果即倾向于保持稳定。在引水工程的实际调度中，设计年调水量一定的条件下，以优化的引水量进行引水，既可以保证受水区水质改善的效果，又能够延长水质改善的时间。根据以上对比分析，日引水量保持在1600 万 m^3，代表断面水质的改善效果较好，引水量进一步增大，水质相对改善的效果减小。所以，从河网水质改善的角度，日引水 1600 万 m^3 比较理想。由于第二时段 NH_3-N浓度仍然偏高，因此为获得较好的水质改善效果，日引水量至少不低于 1200 万 m^3。据此，可以初步得到相对优化的日引水量为 1200 万～1600 万 m^3。

由于实际工程试验条件的限制，无法支持多种对比方案的进行，使得依据工程试验进行的分析具有一定的局限性，所以以上进行的分析仅仅是初步的。并且，从工程运行的角度，还需要综合考虑各种因素的影响，提出优化的引水量，从而使引水工程更加有效地实施。

优化引水量、引水量在时间上的控制等有关引水调度的分析，对于引水工程的有效运行是十分有益的，建议在研究优化调度时考虑这些问题。

2. 引水过程变化

引水期间，引水量的波动变化也是受水区域水质变化的主要影响因素。本研究通过2002 年、2003 年两个代表引水过程中引水量、水质的变化的对比，分析了引水量变化对受水区水质变化的作用。以 2002 年 1 月 30 日～4 月 2 日，2003 年 8 月 4 日～10 月 5 日作为对比分析时段，两个时段的时长相同，以常熟水利枢纽日引水量和大桥角新桥水质、望亭水利枢纽闸下水质作为分析对象，水质分析指标采用 COD_{Mn} 和 NH_3-N。

　　计算 5 个统计样本的最大值、最小值、平均值和均方差，统计结果见表 12-8 和表 12-9。统计时段内，常熟水利枢纽引水总量差异不大（2003 年日平均引水量为 1851.57 万 m³，2002 年为 1687.52 万 m³），但 2003 年引水量的波动性明显大于 2002 年。相应的，大桥角新桥、望亭水利枢纽闸下 2003 年水质的波动性也大于 2002 年，表现为水质指标的最大值 2003 年大于 2002 年、最小值 2003 年小于 2002 年。

表 12-8　　　　　　　　　2002 年 1 月 30 日～4 月 2 日引水过程统计表

统计项目	常熟水利枢纽日引水量（万 m³）	大桥角新桥		望亭立交闸下	
		COD_{Mn}	NH_3-N	COD_{Mn}	NH_3-N
样本个数	63.00	20.00	19.00	58.00	57.00
最大值	2348.00	3.00	1.09	4.10	1.51
最小值	1529.00	1.70	0.16	2.10	0.18
平均值	1687.52	2.53	0.44	2.89	0.58
均方差	6.67	0.08	0.07	0.01	0.05

表 12-9　　　　　　　　　2003 年 8 月 4 日～10 月 5 日引水过程统计表

统计项目	常熟水利枢纽日引水量（万 m³）	大桥角新桥		望亭立交闸下	
		COD_{Mn}	NH_3-N	COD_{Mn}	NH_3-N
样本个数	63.00	35.00	33.00	56.00	56.00
最大值	2790.00	4.30	2.50	4.90	4.52
最小值	181.00	2.50	0.06	2.70	0.05
平均值	1851.57	3.15	0.53	3.50	0.76
均方差	11.23	0.10	0.04	0.01	0.51

　　统计结果表明，大桥角新桥 COD_{Mn} 和 NH_3-N 的最大值、均方差大体上比较接近，说明波动的幅度不是很大。望亭立交闸下的 COD_{Mn} 波动幅度也不很明显，但 NH_3-N 波动剧烈，2003 年最大值、均方差明显大于 2002 年。

　　受水区水质波动幅度的大小反映了引水改善水质的稳定性，在 2003 年引江济太调度中，由于引水量的波动，望虞河代表断面的水质变化出现了一定的波动。引水量较小时，远离引水口区域水文条件的变化使得区域污染源的影响更加突出，使得水体污染物浓度上升。2003 年，低引水量持续时间较短，污染物浓度上升持续时间也比较短。所以，引水量在时间上的明显波动不利于受水区水质的持续改善，在实际调度中，应该控制引水量的波动以及低引水量持续的时间，以获得稳定的水质改善效果。

　　3. 水动力条件变化

　　引江济太河网区水质改善的原因主要包括三个方面：第一，长江引水区水质综合类别基本为Ⅱ类，引水显著增大了河网区水体稀释容量；第二，引水提高了望虞河等河道的水位，使得区间污水汇入量明显减少；第三，引水增大了河网区水体流速，提高了水体自净能力。

　　引水期间受水区水位的抬高，使得局部区域支流内污染物发生滞留，为了配合引水，部分闸门关闭使得局部河流内污染物发生累积，从而产生了引水过程中局部地区水质下降的问题。

水体通过物理、化学及物理化学、生物化学的作用，使得排入水体的各种污染物浓度降低的过程称为水体自净，水体自净能力一般通过各种污染指标的衰减系数进行定量化描述。

在以往各种污染指标衰减系数的估算研究中，人们通常认为衰减系数与温度关系紧密，将衰减系数表示为温度的函数。实际上，水体自净能力的过程与水体动力条件关系密切。Wright（1979）根据美国各地 23 个河系 36 个河段资料的 BOD_5 衰减系数资料进行了回归分析，认为 BOD_5 耗氧系数与河流流量、河道湿周、水温和河流中的 BOD_5 浓度具有较高的相关性。采用双曲线形式可以较好地表达此关系，经统计回归得

$$k_1 = 10.3Q^{-0.49} \text{ 或者 } k_1 = 39.6P^{-0.84} \tag{12-3}$$

式中　k_1——耗氧系数，1/d；

　　　　Q——河流流量，ft^3/s；

　　　　P——河道湿周，ft。

BosKo 建立了天然河流 BOD_5 衰减系数与流速之间的经验关系式

$$K = (K_{20} + \alpha \frac{u}{h})1.047^{T-20} \tag{12-4}$$

式中　K_{20}——20℃时在静止环境的 BOD_5 衰减系数；

　　　　α——水流动力影响系数。

Tierny 和 Young（1974）对水流动力影响系数 α 进行了比较深入的研究，通过实验得到

$$\alpha = 0.197i^{0.599} \tag{12-5}$$

式中　i——河流比降，‰，实验比降的变化范围为 0.2‰～6.6‰。

以上经验公式中，BOD_5 衰减系数与水流流速具有线性关系，其变化幅度与水深、比降有关。

徐梯云（1989）在前人工作的基础上，采用因子分析与实测资料结合的方法，提出了实际河流中 BOD_5 衰减系数的公式

$$\frac{k'}{k} = 1 + 0.15\left(\frac{u}{u_*}\right)^{0.28}\left(\frac{W}{H}\right)^{1.84} \tag{12-6}$$

式中　k'——河流 BOD_5 衰减系数；

　　　　k——实验室测得 BOD_5 衰减系数；

　　　　u——河流流速；

　　　　u_*——摩阻流速；

　　　　W——河流面宽；

　　　　H——水深。

上式中，k' 正比于 $\left(\dfrac{u}{u_*}\right)^{0.28}$，这是因为 $\dfrac{u}{u_*}$ 是表征河流湍动强度的量，河流湍动强度的增大有利于反应的进行。并且，天然河流中湍动强度的增加有利于空气中氧溶解于水体中，

加速河流有机污染物的氧化进程。衰减系数正比于 $\left(\dfrac{W}{H}\right)^{1.84}$ 是由于宽深比的增大使得水体与空气的接触面积增加，促使湍动和空气中氧的溶解，有利于有机物降解反应的进行。

目前，国内外关于水动力条件变化对河流自净能力影响的研究还很不充分，已有研究成果基本是对有机污染物的研究，并且大多限于理论探讨和实验室研究，河流实体上的研究成果十分有限。

本次研究尝试采用纳污能力零维计算公式和 Taihu DSS 模拟成果，对 2002 年泵引期间进行河网稀释能力和自净能力估算。

新增水体稀释能力估算

$$\Delta W_{稀} = (Q_o{'} - Q_o)(C_s - C_o) \times 86400 \times 120 \times 10^{-6} \tag{12-7}$$

式中　$\Delta W_{稀}$——新增水体稀释能力，t；

$Q_o{'}$——比较方案的进口断面 1～4 月平均入流流量，采用 Taihu DSS 计算值，1～4 月按 120 天计（下同），m^3/s；

Q_o——基础方案的进口断面 1～4 月平均入流流量，采用 Taihu DSS 计算值，m^3/s；

C_s——该水体的水质目标，采用《太湖流域水资源保护规划》确定的 2020 年水质目标，mg/L；

C_o——该水体进口断面的水质浓度，采用长江水的 2002 年实测平均水质浓度，mg/L。

新增水体自净能力估算

$$\Delta W_{自} = KS(h{'} - h)C_s \times 120 \tag{12-8}$$

式中　$\Delta W_{自}$——新增水体自净能力，t；

S——每个水资源分区的平均水域面积，km^2；

$h{'}$——比较方案的 Taihu DSS 计算平均水位，m；

h——基础方案的 Taihu DSS 计算平均水位，m；

K——降解系数，不同指标降解系数取值不同。

从理论上分析，望虞河引水前，由于河网大部分水体水质为劣于 V 类水，望虞河等大部分河道已没有稀释能力，仅有少量自净能力。引水后，由于进入望虞河的水量增加且水质好，使望虞河的稀释能力和自净能力明显增加，河网的稀释能力和自净能力也随之逐步增加。按照上述计算条件下，估算河网化学需氧量自净能力约占 2/3，稀释能力约占 1/3，氨氮自净能力约占 1/3，稀释能力约占 2/3。

通过引水改善受水区水动力条件，增大流速，增加水体自净能力，是引江济太工程重要的理论基础之一。为了进一步研究稀释能力和自净能力的作用效果和相互关系，有必要选取试验河段，在河流实体上进行水动力条件对水体自净能力影响的观测，并以此为基础对水动力条件改变下水体自净能力的提高进行相关性分析和理论研究。

第 13 章　太湖改善效果综合分析

13.1　影响太湖生态环境因素分析

太湖地处北亚热带南部向中亚热带北部过渡的东亚季风气候区，年内温度变化较大，极端最高气温为 38.4～39.8℃，极端最低气温为 -14.3～-8.7℃。因为是浅水湖泊，单位水柱热容量比深水湖泊及海洋小，水温年变化较大，冬季水温在 4℃ 上下，夏季水温可达 34～35℃。太阳辐射强度也存在年周期变化。降雨量年内分布不均，据中国科学院南京地理与湖泊研究所太湖湖泊生态系统研究站的观测结果，2001 年最小月平均降雨量为 0.35mm（9 月），最大月平均日降雨量为 10.08mm（8 月），日最大降雨量为 86.6mm。降雨量年内分布极不均匀，造成太湖水位存在年周期的变化。这些环境要素的改变对太湖水质产生了较大的影响。因此要分析引江济太调水对太湖水环境的影响，必须先弄清影响太湖水环境的主要因子。

13.1.1　水深变化对水质、藻类变化的影响

受入流、出流水量、蒸发、降雨等要素影响，太湖水深呈现出较大的年内和年际变化。年内一般枯水期水位低，丰水期水位高。水深变化不仅影响湖泊库容和湖泊热容量，而且还影响风浪对湖底底泥的侵蚀及而后造成的沉积物再悬浮和营养盐的释放，进而可对湖泊生物化学过程乃至对湖泊水质产生影响。

因湖泊水质参数，如氮磷浓度受多种因素的影响，所以实际观测值具有一定的随机性。监测数据分析时，为去除随机因素的影响，分析时，把观测到的水深数据先由从小到大排列，并把水深分成 N 个区段（X_1，X_2，…，X_N），统计水深介于 X_i-X_{i+1} 区段（见表 13-1）的个数，并计算落于该区段水深的平均值，然后计算落于该区域水深对应水质要素观测值的平均值，可得到一组新水深和对应的水质参数值，这样基本上可剔除随机因素的影响。

13.1.1.1　总氮和溶解性总氮

图 13-1 为 1993～2002 年太湖五里湖、梅梁湖、西北区、西南区、湖心区、东太湖、湖东滨岸区及贡湖共 8 个分区总氮含量与水深的相关关系图。总体来看，高浓度大多出现在低水位时，一般随水位升高，浓度逐渐下降。但是存在明显的空间差异：在水质较好、氮浓度一直较低的分区，如东太湖、湖心区，变化速度较小。而在污染严重的地区，如梅梁湖、五里湖，随水位升高，氮浓度下降很快。另外，相关关系也具有明显的空间差异：在水质良好（以低浓度为主）的区域，如东太湖，相关关系较差；而在梅梁湖等水质较差，氮浓度较高的区域，相关关系良好。可见，水位变化对污染严重区域的氮磷浓度有显著影响。

表 13-1　　　　　　　　　　　水深监测资料分段平均处理表

区域 序号	五里湖	梅梁湖	西北区	西南区	湖心区	东太湖	湖东滨岸区	贡湖
X_1	1.2	1.2	1.4	1.3	2.1	0.9	1.1	1.4
X_2	1.3	1.3	1.5	1.4	2.2	1.0	1.2	1.5
X_3	1.4	1.4	1.6	1.5	2.3	1.1	1.3	1.6
X_4	1.5	1.5	1.7	1.6	2.4	1.2	1.4	1.7
X_5	1.6	1.6	1.8	1.7	2.5	1.3	1.5	1.8
X_6	1.7	1.7	1.9	1.8	2.6	1.4	1.6	1.9
X_7	1.8	1.8	2.0	1.9	2.7	1.5	1.7	2.0
X_8	1.9	1.9	2.1	2.0	2.8	1.6	1.8	2.1
X_9	2.0	2.0	2.2	2.1	2.9	1.7	1.9	2.2
X_{10}	2.1	2.1	2.3	2.2	3.0	1.8	2.0	2.3
X_{11}	2.2	2.2	2.4	2.3	3.1	2.1	2.1	2.4
X_{12}	2.3	2.3	2.5	2.4	3.2		2.2	2.5
X_{13}	2.4	2.4	2.6	2.5	3.3		2.3	2.6
X_{14}	2.5	2.5	2.7	2.9	3.4		2.4	2.7
X_{15}	2.6	2.6	2.8		3.5		2.5	2.8
X_{16}	2.7	2.7	2.9		3.6			2.9
X_{17}	2.8	2.8			3.7			3.0
X_{18}	2.9	2.9			3.8			
X_{19}	3.0	3.0			4.0			
X_{20}	3.1	3.1						
X_{21}	3.6	3.2						
X_{22}	4.0	3.3						
X_{23}		3.4						
X_{24}		3.5						
X_{25}		3.6						
X_{26}		3.7						
X_{27}		3.8						
X_{28}		3.9						
X_{29}		4.0						
X_{30}		4.1						
X_{31}		4.3						

图 13-1 中，与通常情况不同的是，梅梁湖在水位超过 3.3m 后，西北区与西南区分别在水位低于 1.8m、2.3m 前，随水位增加，氮浓度增加。水位增加，通常意味着有较大的降水和河网入流。环梅梁湖周围城镇化程度高，在水位超过 3.3m 时，可能发生市区洪水的泛滥，污水短时间内大量排放入湖，引起氮浓度增加。与梅梁湖不同，西北区和西南区背靠河网地带，在降水初期会有大量营养物质随径流沿河网汇入太湖，因此氮浓度会在湖水水位增加的初期而有所增加。

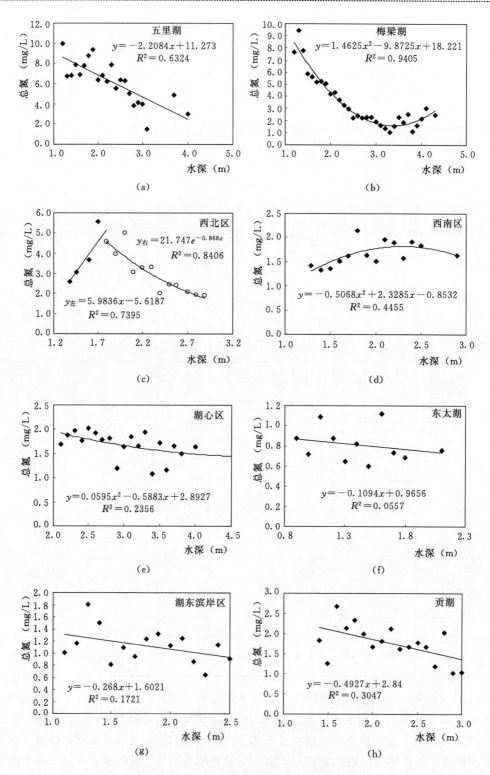

图 13-1　1993～2002 年太湖各湖区测点水深每增加 10cm
相应总氮含量平均值与相应水深的散点图

　　图 13-2 和图 13-3 为高浓度的总氮或溶解性总氮与水深的关系，基本上分布在水深小于 2.5m 的区域，而低浓度的分布重心在水深大于 2.5m 的区域。可见，水深的增加可以导致水体氮浓度的降低。

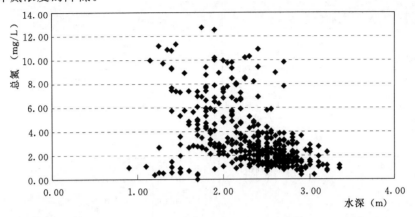

图 13-2　太湖总氮含量与水深的关系

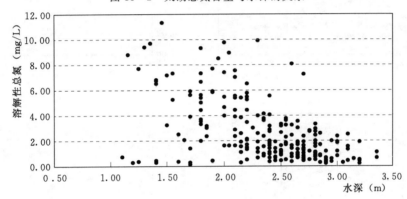

图 13-3　太湖水体溶解性总氮含量与水深的关系

13.1.1.2　总磷和溶解性总磷

　　图 13-4 为太湖不同区域水体总磷与水深的相关关系图。由该图可以看出，五里湖、梅梁湖、西南区、西北区、湖心区以及湖东滨岸区和贡湖的深水区，水体总磷随水深增加而降低，含磷较高的地区，随水位的增加，磷浓度明显下降。其中以含磷量最高的梅梁湖相关性最好，达 0.92。在含磷较低的地区，点据分散，水位与磷浓度呈现非单调的变化，如东太湖。东太湖水体总磷含量与水深关系呈倒 U 形，以水深 1.3m 分界。

　　另由图 13-5 和图 13-6 的散点图，低浓度磷集中在 2～3m 深水区，在 1～2m 的浅水区，高低浓度的磷分布差异不明显。

　　由上可知，在高含磷水域，水位的增加可以显著降低水体的磷浓度。

13.1.1.3　高锰酸盐指数

　　图 13-7 为太湖高锰酸盐指数（COD_{Mn}）和水深的散点关系图。从中可以看出，太湖水体 COD_{Mn} 含量受水深影响较小，相关性不明显。对于所有 400 个样本来说，水体 COD_{Mn} 含量与水深统计相关性较小，不到 0.2，即使是水深大于 2.45m 的样本，COD_{Mn} 含量与水深相关

系数也只为 0.244。

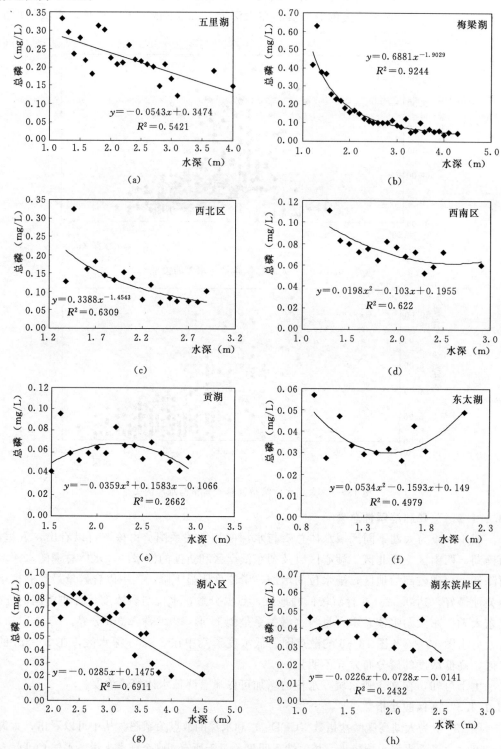

图 13 - 4　1993～2002 年太湖各湖区测点水深每增加 10cm
相应总磷平均值与相应的水深的散点图

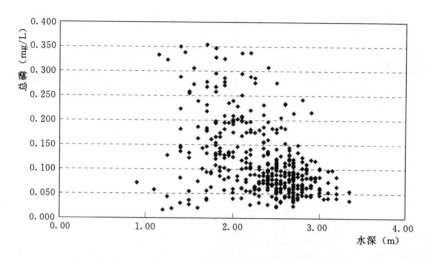

图 13-5   太湖水体总磷含量与水深的关系

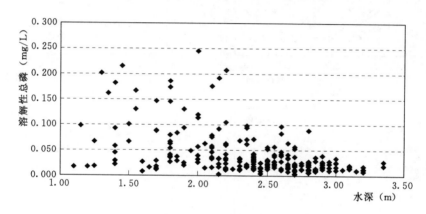

图 13-6   太湖水体溶解性总磷含量与水深的关系

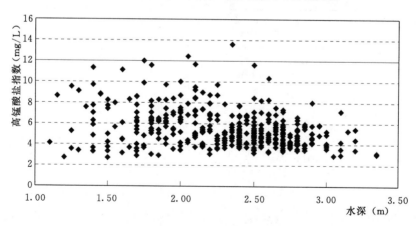

图 13-7   太湖水体高锰酸盐指数含量与水深的关系

13.1.1.4   叶绿素 a

图 13-8 为 1993～2002 年太湖五里湖、梅梁湖、西北区、西南区、湖心区、东太湖、

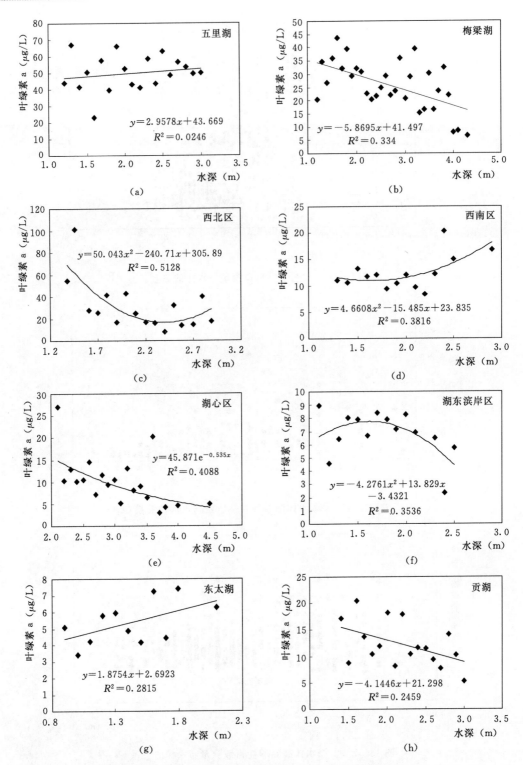

图 13 - 8　1993～2002 年太湖各湖区测点水深每增加 10cm
相应叶绿素 a 含量平均值与相应水深散点图

湖东滨岸区及贡湖水域，水体叶绿素 a 含量与水深的关系图。叶绿素 a 与水位的相关关系存在明显的空间差异，不存在一个普遍的变化趋势。这是因为影响水生植物生长的因素很多，除水位外，还有植物种群、水生动物和人类活动等重要因子，这些因素的空间分布差异，使得水生植物的生长规律具有明显的区域性。湖泊水位变化对于水生植物的生长，会在湖泊的不同水域产生不同的，甚至是相反的效果。

13.1.2　温度对水质、藻类变化的影响

温度是影响湖泊生态系统生产者光合作用和呼吸作用的重要因素之一，也是影响湖泊化学过程的重要因子，为湖泊研究的重要内容。弄清温度对湖泊水质参数的影响不但有利于把握湖泊水质的变化规律，更有利于认识引江济太调水对太湖水质的影响。

水温变化对湖泊悬浮物、叶绿素 a、pH 值、溶解氧、高锰酸盐指数、氨氮、亚硝氮、透明度、电导率、硝氮、溶解性总氮、总氮、正磷酸磷、溶解性总磷、总磷的影响见图 13-9～图 13-23，图中显示为温度每增加 1℃ 各指标相应的平均值与温度之间的关系。从这些图中可以看出：在以上指标中太湖透明度、电导率、高锰酸盐指数、硝态氮、溶解性总氮、叶绿素 a、总氮、正磷酸磷、氨氮、亚硝氮、溶解氧等受水温变化的影响较大，其余指标（悬浮物、溶解性总磷、总磷等）受水温变化的影响较小。

13.1.2.1　悬浮物

在温度低于 25℃ 时，观测到的悬浮物随水温变化不明显；但当温度高于 25℃ 时，观测到的悬浮物的含量随温度的升高而降低（见图 13-9），其中的机理可能与高水温促使水体颗粒有机物分解有关，也与水温较高季节风浪条件、太湖水位有关。

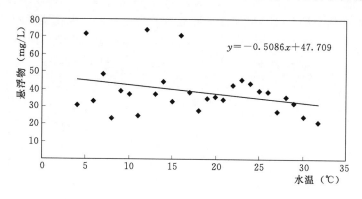

图 13-9　2000～2002 年太湖悬浮物与水温的关系

13.1.2.2　叶绿素 a

叶绿素 a 含量受水温影响较大，水体叶绿素 a 随水温的升高而上升，叶绿素 a 与水温关系，太湖各测点叶绿素 a 与水温均成正相关（见表 13-2，图 13-10），其中大浦口水域、贡湖大贡山水域、小梅口等多数测点相关系数超过 0.5，说明在太湖水温是藻类生长极其重要的限制因素。这些区域可直接根据温度的高低计算出水体藻类叶绿素 a 的含量。叶绿素 a 与水温 T 的关系，可用下式表示

$$\mathrm{Chla} = 1.3836T - 3.8267 \quad (R^2 = 0.7488)$$

表 13 - 2　　　　　　　　　　　太湖各测点水体叶绿素 a 与温度的相关系数

测　点	相关量	相关系数	样本数	测　点	相关量	相关系数	样本数
六号航标	T	0.503026	36	梁溪河口	T1.5	0.605220	36
八号航标	T0.5	0.385161	36	三号航标	T	0.455976	36
大浦口	T3	0.883927	12	三山岛	T1.5	0.662250	36
东太湖	T1.5	0.436629	12	四号航标	T	0.376610	36
二号航标	T3	0.596160	35	五里湖	T0.1	0.493386	29
浮林山岛	T1.5	0.559715	35	小梅口	T1.49	0.775294	12
贡湖大贡山	T3	0.799276	12	闾江口	T3	0.528731	36

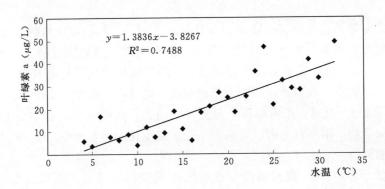

图 13 - 10　2000～2002 年太湖叶绿素 a 与水温的关系

13. 1. 2. 3　pH 值

水体 pH 值随温度的变化与叶绿素 a 随温度的变化相似，也随温度的升高而升高（见图 13 - 11），这主要是藻类光合作用大量吸收 CO_2，导致如下化学反应所造成

$$CO_3^{2-} + H_2O \longrightarrow H^- CO_3 + OH^- \longrightarrow CO_2 + 2OH^-$$

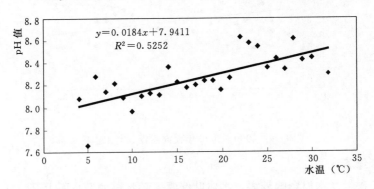

图 13 - 11　2000～2002 年太湖 pH 值与水温的关系

pH 值与水温 T 的关系可表示为

$$pH 值 = 0.0184T + 7.9411 \quad (R^2 = 0.5252)$$

13. 1. 2. 4　溶解氧

温度对水体溶解氧含量的影响与对 Chla 和 pH 值的影响相反，溶解氧含量随着水温

的升高而降低，水温为 5.5℃时，水体溶解氧含量在 12mg/L 左右；水温在 15℃时，水体溶解氧含量下降至 9mg/L（见图 13 - 12）；水温高于 20℃，观测到的最低溶解氧含量随温度升高而逐渐降低；水温达到 26℃以上，观测到的溶解氧最低含量接近 7mg/L。虽然当温度高于 20℃，由于水体光合作用强烈，大量产氧，大多数测点、测次水体溶解氧含量很高，高于 14mg/L，水体溶解氧处于过饱和状态，但是依然不能改变太湖整个水体溶解氧含量随温度升高而降低的变化特征，溶解氧 DO（mg/L）与温度 T（℃）变化关系可用下式表示

$$DO=-0.1095T+10.805 \quad (R^2=0.5679)$$

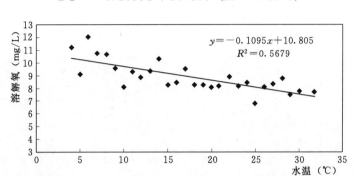

图 13 - 12　2000～2002 年太湖溶解氧与水温的关系

13.1.2.5　高锰酸盐指数

高锰酸盐指数（COD_{Mn}）含量具有随水温升高而升高的趋势，温度高时水体 COD_{Mn} 含量相对较高（见图 13 - 13），与一般温度升高有利于 COD_{Mn} 降解相矛盾。这主要是太湖 COD_{Mn} 受藻类含量影响所致。根据 F 检验结果，太湖 COD_{Mn} 和藻类叶绿素 a 显著相关。

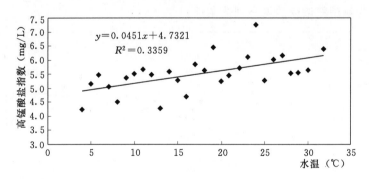

图 13 - 13　2000～2002 年太湖高锰酸盐指数与水温的关系

13.1.2.6　氨氮

水温低于 10℃时，2000～2002 年观测到的氨氮最大含量，随温度的增加而上升；水温超过 10℃时，观测到的氨氮的最大含量随水温上升而下降（见图 13 - 14）。水温在 10℃时在测点观测到的最高氨氮含量为 8mg/L，在 30℃时观测到的最大氨氮含量小于 4mg/L，两者相差 4mg/L。不论是水温高的情况，还是水温低的情况，观测到的氨氮含量低于 1mg/L 的测点和测次均多于高于 1mg/L 的。太湖氨氮这一变化特征主要是当水温低于

10℃时，温度的升高有利于水体中含氮有机物降解，但由于温度总体而言较低，不利于水体藻类及水生植物生长，降解产生的氨氮在湖水中累积进而导致水体中氨氮含量上升。当温度高于 10℃时，尽管温度升高促进水体水质降解，但由于升高过程是一个缓慢过程，冬季积累下来的有机质被逐步降解，其含量下降，因而氨氮的含量也减少；另一方面当温度高于 12.5℃时，随着水温的进一步升高，水体中水生植物和藻类光合作用加强，吸收水体中氨氮的能力加强，甚至超过降解产生的氨氮；此外，温度的上升有利于氨氮向亚硝氮的转化，这些因素综合作用的结果便导致氨氮随水温上升而下降。

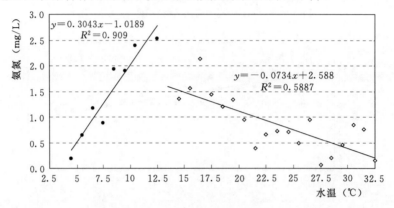

图 13-14　氨氮与水温的关系图

13.1.2.7　亚硝氮

2000～2002 年观测到的亚硝氮的最大含量变化随水温增加逐步上升（见图 13-15），水温在 2℃时，在测点观测到的亚硝氮含量最大不超过 0.05mg/L；水温在 15℃时，在测点观测到的最高亚硝氮含量为 0.28mg/L，说明太湖水温的升高有利于氨氮向亚硝氮的生物化学转化，为亚硝氮浓度的增高创造条件。

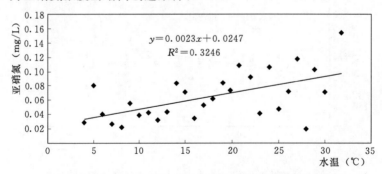

图 13-15　2000～2002 年太湖亚硝氮与水温的关系

13.1.2.8　其他指标

其他指标随水温的变化关系见图 13-16～图 13-23，受水温变化影响较小。

13.1.3　降雨对太湖水质、藻类变化的影响

降雨是太湖流域地表产流主要来源。降雨年内分布和强度一方面决定径流大小和分布，另一方面影响入湖水量年内分布、大小和太湖流域地表污染物的入湖方式与总量，进而影响太湖水质的变化。根据实测资料建立了太湖各湖区水质指标与月总降雨量的线性相

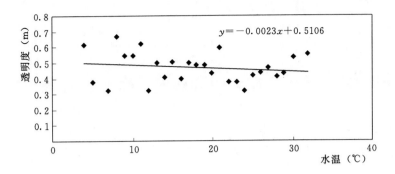

图 13-16   2000~2002 年太湖透明度与水温的关系

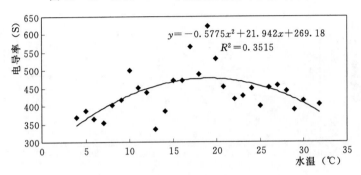

图 13-17   2000~2002 年太湖电导率与水温的关系

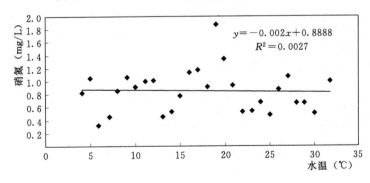

图 13-18   2000~2002 年太湖硝氮与水温的关系

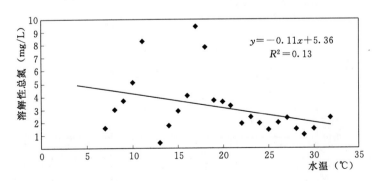

图 13-19   2000~2002 年太湖溶解性总氮与水温的关系

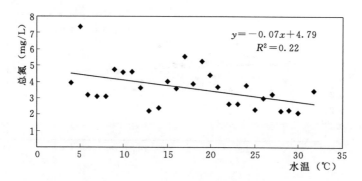

图 13-20　2000～2002 年太湖总氮与水温的关系

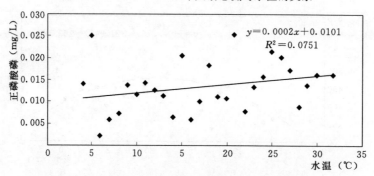

图 13-21　2000～2002 年太湖正磷酸磷与水温的关系

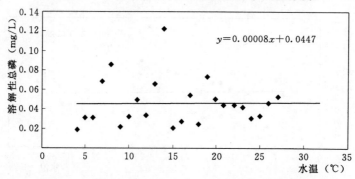

图 13-22　2000～2002 年太湖溶解性总磷与水温的关系

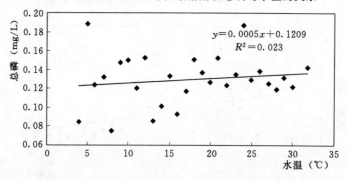

图 13-23　2000～2002 年太湖总磷与水温的关系

关关系，见表 13-3。2000 年 1 月～2002 年 12 月 3 年中，太湖梅梁湖区、西北区、西南区、湖心区、东太湖区、湖东滨岸区、贡湖区水质参数溶解氧（DO）、氨氮（NH_3-N）、生化需氧量（BOD_5）、高锰酸盐指数（COD_{Mn}）、正磷酸磷（$PO_4^{3-}-P$）、固体悬浮物（SS）、总氮（TN）、总磷（TP）、叶绿素 a（Chla）及太湖地区月合计降雨量逐月变化过程线见图 13-24～图 13-32。其中的降雨量资料来源于中国科学院南京地理与湖泊研究所太湖湖泊生态系统研究站的雨量观测。

表 13-3　　　　　　太湖各湖区水质指标与月总降雨量的线性相关系数

区域	年份	DO	NH_3-N	TN	SS	BOD_5	COD_{Mn}	$PO_4^{3-}-P$	TP	Chla
梅梁湖区	2000	-0.29	-0.23	-0.23		0.31	0.28		0.17	0.34
	2001	-0.27	-0.33	-0.09	-0.71	0.22	0.53	-0.08	0.38	0.33
	2002	-0.02	-0.44	-0.03	0.21	0.36	0.24	0.01	0.05	0.23
	三年	-0.25	-0.28	-0.08	-0.17	0.19	0.27	-0.04	0.17	0.13
西北区	2000	-0.43	-0.43	-0.12		-0.05	0.55		0.32	0.42
	2001	-0.60	0.15	-0.04	-0.32	0.24	0.35	0.34	0.25	-0.09
	2002	-0.03	-0.54	0.11	0.43	0.62	0.69	0.01	0.63	0.36
	三年	-0.43	-0.01	0.09	0.04	0.34	0.50	0.21	0.39	0.11
西南区	2000	-0.68	-0.27	-0.21		-0.54	0.19		0.39	0.22
	2001	-0.31	-0.17	0.28	-0.27	0.26	0.65	0.11	0.45	0.08
	2002	-0.57	-0.32	0.78	-0.01	0.56	-0.25	0.27	-0.14	0.00
	三年	-0.46	-0.19	0.19	-0.16	0.19	0.22	0.18	0.19	0.00
湖心区	2000	-0.72	-0.38	0.38		-0.38	0.07		0.35	0.10
	2001	-0.38	-0.29	-0.16	-0.19	0.09	-0.10	0.21	0.21	-0.34
	2002	-0.54	-0.34	0.70	-0.23	0.36	-0.51	-0.21	-0.46	0.06
	三年	-0.50	-0.25	0.19	-0.20	0.04	-0.14	0.04	-0.01	-0.16
东太湖区	2000	-0.48	-0.30	-0.16		-0.44	0.31		-0.01	0.29
	2001	-0.46	-0.34	0.14	-0.11	0.14	0.21	0.10	0.10	0.08
	2002	-0.29	0.44	0.85	0.51	0.67	0.51	0.32	0.89	-0.03
	三年	-0.42	0.00	0.20	-0.03	0.15	0.17	0.21	0.11	0.05
湖东滨岸区	2000	-0.63	0.13	-0.03		-0.61	-0.05		0.10	0.72
	2001	-0.19	-0.16	0.21	-0.21	0.17	-0.11	0.08	-0.08	0.01
	2002	-0.32	-0.18	0.85	-0.02	0.19	0.19	-0.23	0.00	-0.33
	三年	-0.32	-0.09	0.28	-0.15	-0.06	-0.13	-0.02	-0.10	-0.02
贡湖区	2000	-0.53	-0.10	-0.16		-0.42	-0.04		-0.28	-0.07
	2001	-0.32	-0.19	-0.13	-0.38	-0.12	-0.15	0.29	0.33	0.39
	2002	-0.34	-0.57	0.45	-0.13	0.20	-0.10	-0.29	-0.29	-0.17
	三年	-0.36	-0.26	0.05	-0.28	-0.10	-0.13	0.04	-0.06	-0.06

13.1.3.1　溶解氧

图 13 - 24 显示太湖各区域溶解氧（DO）变化呈以年为周期的变化规律，冬季温度低溶解氧含量高，夏季温度高溶解氧含量低。由于降雨量本身也呈现一定的年周期变化，冬季雨水较夏季少，因此水体溶解氧含量应和降雨量呈现一定的负相关关系。据监测资料统计分析，2000 年、2001 年水体溶解氧和降雨量相关性相对较好，2002 年相关性较差。结合图 13 - 24分析可以看出，2001 年 7 月太湖因降雨稀少，各湖区溶解氧含量均存在一个下切很深 V 形，溶解氧含量很低。而 2000 年和 2002 年相应月份，因降雨相对较大，溶解氧变化曲线相对平缓。这说明夏季降雨增加，有利于维持水体溶解氧含量，降雨稀少水体溶解氧含量将降低。冬季降雨量多少对水体溶解氧含量的影响较小。尽管 2000～2002 年太湖冬季降雨量存在一定差异，但水体溶解氧于不同年份冬季的差异较小。但总体而言，太湖水体溶解氧含量受降水的影响较小，表现在降雨量与溶解氧统计相关系数均未超过 0.7，最大仅为 0.68，不及水温对溶解氧含量的影响大。

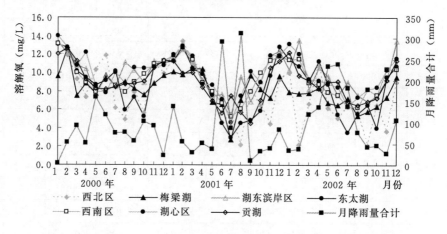

图 13 - 24　2000 年 1 月～2002 年 12 月太湖各湖区溶解氧月变化和月总降雨量

13.1.3.2　氨氮

图 13 - 25 显示太湖各区域氨氮（NH₃ - N）变化规律。梅梁湖氨氮含量和降雨量呈负相关，2000 年冬季因降雨稀少，水体氨氮含量极高，达 4.5mg/L，随着月降雨量增加，水体氨氮含量快速下降；6 月之后随着降雨减少，水体氨氮含量又逐步升高；2001 年氨氮相对降雨量的变化与 2000 年相似，只是存在一定时间的滞后；2002 年也表现出相似的规律。以上结果说明降雨对梅梁湖的氨氮含量具有一定的影响，降雨量多时，水体氨氮含量下降，反之上升。梅梁湖氨氮含量与月合计降雨量分年统计相关系数最小为 −0.23，最大为 −0.44，整体统计相关系数为 −0.28。除梅梁湖湖区外，贡湖及湖心也受降雨量多少的影响，表现为降雨量大时水体氨氮含量低。2000 年、2001 年、2002 年，贡湖氨氮与月合计降雨量分年统计线性相关系数分别为 −0.1、−0.19、−0.57，整体统计相关系数为 −0.26，全部为负值；湖心区氨氮与月合计降雨量分年统计线性相关系数分别为 −0.38、−0.29、−0.34，整体统计相关系数为 −0.25，也全为负值。东太湖及湖东滨岸区水体氨氮受月合计降雨量的影响相对较小，2000～2002 年以年为单位进行相关统计的相关系数有正有负，整体相关系数很小，低于 0.1。这主要是两个区域位于太湖下游，是非入流

区，在湖泊水体自净能力作用下，流域入湖携带氨氮在到达这两个区域时，大部分氨氮已被氧化或被浮游植物、水生植物吸收去除，另外，这两个区域水生植被覆盖度高，水域吸收去除氨氮的能力很强，使得两个区域氨氮受降雨影响较小。西北区氨氮 2000 年、2002 年受降雨影响较大，它与月总降雨量相关系数分别为−0.43 和−0.54，呈负相关；但是 2001 年氨氮与月总降雨量却呈正相关，相关系数为 0.15，说明该年降雨量越大，水体氨氮含量就越高，与其他区域关系不一致，可能与入梅梁湖节制闸的运行状态有关。

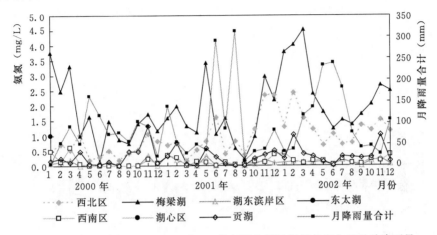

图 13 - 25　2000 年 1 月～2002 年 12 月太湖各湖区氨氮月变化和月总降雨量

13.1.3.3　生化需氧量

图 13 - 26 为降雨对太湖生化需氧量（BOD_5）的影响，在不同湖区的表现形式不一样。2000 年由于降雨量小于多年平均值，太湖水位较低，除梅梁湖 BOD_5 与逐月降雨量正相关外，其他区域 BOD_5 均与逐月降雨量呈负相关，降雨量大的月份 BOD_5 小，相关系数按湖东滨岸区、西南区、东太湖区、贡湖区、湖心区、西北区顺序依次减小，最大为 0.61，最小为 0.05。总体而言，水质越差的区域，BOD_5 与月降雨量的负相关性越差。2001～2002 年仅贡湖区 BOD_5 与月降雨量呈负相关，其他水域均与月降雨量呈正相关，降雨量大的月份，BOD_5 也大。

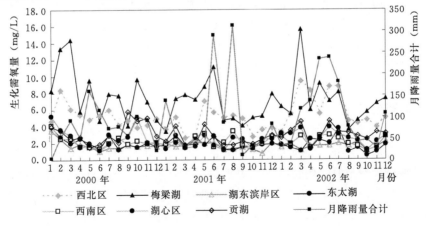

图 13 - 26　2000 年 1 月～2002 年 12 月太湖各湖区生化需氧量月变化和月总降雨量

13.1.3.4　高锰酸盐指数

图 13-27 为降雨对太湖高锰酸盐指数（COD_{Mn}）的影响，2002 年西南区高锰酸盐指数和月降雨量呈负相关，2000 年、2002 年梅梁湖区、西北区、西南区和东太湖区高锰酸盐指数和月合计降雨量呈正相关。特别是河流入湖区西北区，高锰酸盐指数的逐月变化和降雨量逐月变化相似，降雨量越大，水体高锰酸盐指数越高，说明降雨量大可把流域地表及河流化学需氧物质带入湖泊，因此雨量大的月份由陆地输入湖内高锰酸盐指数大，造成河流入湖区的高锰酸盐指数上升。贡湖、湖东滨岸区两个湖水出湖区及湖心区，水体高锰酸盐指数和月降雨量呈负相关，降雨大时高锰酸盐指数降低，说明降雨的增加可起到降低这些区域水体高锰酸盐指数的作用。

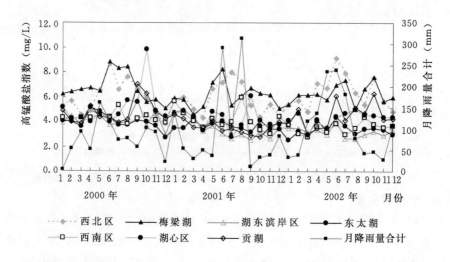

图 13-27　2000 年 1 月～2002 年 12 月太湖各湖区高锰酸盐指数月变化和月总降雨量

13.1.3.5　悬浮物含量

图 13-28 为降雨对太湖悬浮物（SS）的影响，除 2002 年梅梁湖、西北区两个太湖污染严重区域及东太湖悬浮物含量与月降雨量呈统计正相关外，2002～2003 年太湖其他湖区悬浮物基本与月降雨量呈负相关，降雨量越大，太湖水体悬浮物含量越低。2001 年，各湖区悬浮物与月降雨量的负相关系数大于 2002 年。说明月降雨量大到一定水平后，降雨量的增加可降低水体悬浮物含量，但是如降雨量相对较小，低于多年平均降雨量，降雨量的增加会造成流域入湖悬浮物含量增加，继而促使入湖区湖泊悬浮物上升。

13.1.3.6　正磷酸磷

图 13-29 为降雨对太湖正磷酸磷（$PO_4^{3-}-P$）的影响，降雨使西北区、西南区、东太湖正磷酸磷含量上升外，但对其他湖区含量影响具有不确定性，如 2001 年与 2002 年湖心区的正磷酸磷含量与月降雨量统计相关系数一个为正、一个为负，两者相抵，2001 年 1 月～2002 年 12 月正磷酸磷与月降雨量相关系数较小。贡湖水体正磷酸磷与月降雨量的关系与湖心区接近。因此，知道太湖月降雨量分布，一般难以知道水体正磷酸磷的变化趋势，就目前积累资料的现状还难以给出正磷酸磷与降雨量的关系。

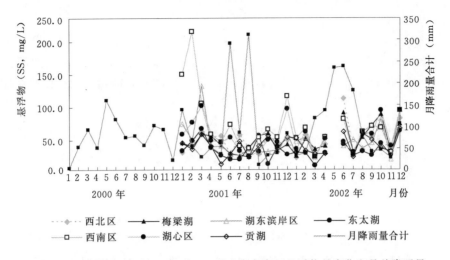

图 13-28　2000 年 1 月~2002 年 12 月太湖各湖区悬浮物月变化和月总降雨量

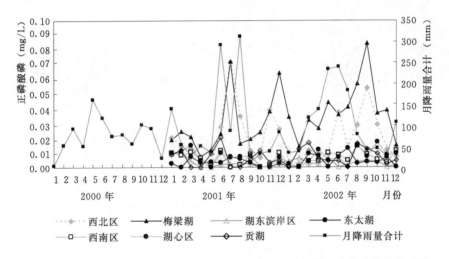

图 13-29　2000 年 1 月~2002 年 12 月太湖各湖区正磷酸磷月变化和月总降雨量

13.1.3.7　总氮

图 13-30 显示 2000 年太湖大部分区域总氮（TN）与月降雨量呈统计负相关。降雨量大时水体总氮含量小，最大负相关系数为 -0.23，位于梅梁湖；湖心区 2000 年总氮与月降雨量相关系数为正值，降雨量大时，水体总氮高。2001 年，太湖北部水域梅梁湖、西北区、贡湖总氮含量和月降雨量也呈负相关，但相关系数很小，最大仅为 0.13，说明降雨虽可使北部水体总氮含量下降，但是对总氮的影响有限。西南区、东太湖、湖东滨岸区和降雨呈正相关，降雨大时，水体中总氮含量高，降雨可导致这些水域总氮上升。2002 年除梅梁湖区总氮与降雨量呈负相关外（相关系数很小），其他区域总氮均与月降雨量呈正相关，且相关系数很大，东太湖、湖东滨岸区、湖心区、西南区相关系数均超过 0.70，贡湖相关系数为 0.45，说明 2002 年降雨带入了大量的氮入湖。

13.1.3.8　总磷

图 13-31 表明太湖水体总磷（TP）和降雨的关系明显不同于总氮和降雨的关系。

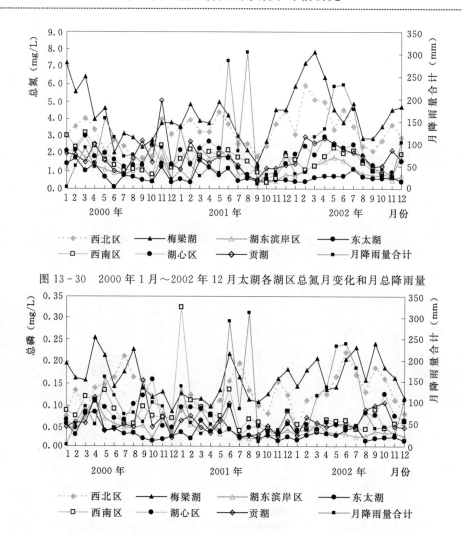

图 13-30　2000 年 1 月～2002 年 12 月太湖各湖区总氮月变化和月总降雨量

图 13-31　2000 年 1 月～2002 年 12 月太湖各湖区总磷月变化和月总降雨量

　　2000～2002 年梅梁湖总磷含量均和月降雨量呈统计正相关，降雨量大的月份水体总磷含量高，如 2000 年 5 月降雨量最大，总磷含量也大，接近 0.25mg/L；2001 年 6 月为第二大降雨月，总磷含量为全年最高，也接近 0.25mg/L。2002 年总磷含量与月降雨量统计相关系数虽为正，但较小，仅为 0.06。西北区 2000～2002 年总磷含量和月降雨量相关性较大，最大线性相关系数为 0.63，最小为 0.25；水体总磷达最大值月份相对最大降雨量月份有一定时间的滞后，2000 年滞后近 2 个月。西南区的水体总磷 2000～2001 年和月降雨量也呈正相关，相关系数较大，分别为 0.39 和 0.45，2002 年呈负相关，相关系数为 -0.14。湖心区和西南区相似，2000～2001 年水体总磷和月降雨量呈正相关，2002 年和月降雨量呈负相关。但东太湖和其他区域明显不一样，2000 年水体总磷和月降雨量呈负相关，相关系数较小，2001～2002 年和月降雨量呈正相关，特别是 2002 年相关系数达0.89，总磷逐月变化规律和月降雨量相似。湖东滨岸区水体总磷和降雨量关系较弱，线性统计相关系数小于等于 0.1。贡湖水体总磷 2000 年、2002 年和降雨量呈负相关，2001 年则呈正相关。

13.1.3.9　叶绿素 a

图 13-32 为降雨对太湖叶绿素 a 的影响。2000～2002 年，梅梁湖叶绿素 a 含量与月降雨量呈正相关，相关系数分别为 0.34、0.33 和 0.23。除 2002 年，叶绿素 a 全年最大值出现在最大降雨月前外，2000 年、2001 年均出现在最大降雨月后。2000 年，月降雨量最大值出现在 5 月，以后降雨逐月减少，由于水温逐月增高，6～8 月藻类含量处于较高的水平。2001 年 6 月降雨量很大，水体藻类叶绿素 a 含量较低，尽管 7 月降雨较少，水体叶绿素 a 仍可处于较低水平，8 月由于降雨量又很大，为全年最高月，尽管叶绿素 a 含量较高，但是远低于 2000 年。2002 年 3、4 月降雨量就接近 2000 年最高水平，尽管 4 月梅梁湖叶绿素 a 含量高达 $50\mu g/L$，但因 5、6 月持续较大降雨量，梅梁湖藻类反而下降。西北区水体叶绿素 a 在 2000 年、2002 年和月降雨量呈正相关，相关系数为 0.42 和 0.36，和梅梁湖叶绿素 a 变化趋势基本相同，其中 2002 年水体叶绿素 a 含量最大值超过 $80\mu g/L$；但在 2001 年与月降雨量呈负相关。梅梁湖及西北区叶绿素 a 含量与降雨量的这种关系主要与如下几个因素有关：①降雨量大时，水温高，因而藻类生长快；②降雨把流域上大量的磷带入湖体，进而促进藻类生长；③当降雨强度很大时，流域上磷等营养元素被带入湖泊后，在前期大量减少，后期降雨所携带入湖污染量有限，水质较好，进而可降低入湖水体藻类含量。

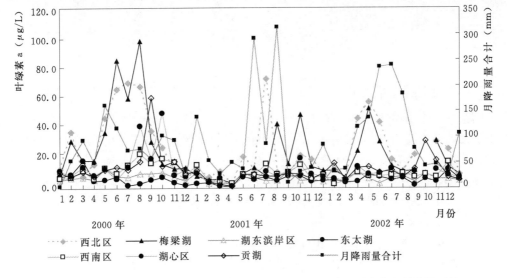

图 13-32　2000 年 1 月～2002 年 12 月太湖各湖区叶绿素 a 月变化和月总降雨量

西南区、湖心区及东太湖叶绿素 a 含量和降雨量关系较弱。贡湖叶绿素 a 与月降雨量关系不同年份不一样，2001 年成正相关，相关系数为 0.39，2000 年和 2002 年呈负相关。相关系数相对而言较小。湖东滨岸区 2000 年水体叶绿素 a 与月降雨量关系较大，相关系数达 0.72，主要原因可能是降雨期间，大量径流入湖，湖东水质较好的水体被水质相对较差的湖心、湖西、湖北及径流入湖水体替换所致。

13.1.4　营养元素含量及其与藻类生长的关系

13.1.4.1　营养元素含量历年变化

表 13-4 统计了 1960 年以来太湖主要营养元素的含量。从 1960 年的调查资料看，当

时的总无机氮含量非常低，仅为 0.05mg/L，但到 1980 年增到 1.279mg/L，20 年增加了 24.58 倍。1987 年全湖总氮平均含量为 1.89mg/L，1991 年升至 2.39mg/L，1992 年、1993 年虽略有下降，但 1994 年、1995 又升至 2.50mg/L 左右。总氮含量最近 3 年来，除 2000 年低于 2.0mg/L，其他年份和 1994 年、1995 年接近。

表 13 - 4　　　　　　　　　太湖历年各主要形态营养元素含量　　　　　　　　单位：mg/L

元素 形态 年份	C			O	N				P			Fe
	TC	TIC	TOC	DO	TN	$NO_3^- - N$	$NO_2^- - N$	$NH_3 - N$	TP	$PO_4^{3-} - P$	TDP	TFe
1960		12.89				0.02	0.010	0.02		0.020		0.42
1980		19.71		8.53		1.15	0.009	0.12		0.008		0.05
1987	23.01	15.99	7.02	7.30	1.89	1.08	0.030	0.15	0.031	0.007	0.021	0.05
1989								0.36	0.075			
1991				7.43	2.39	0.66	0.033	0.19	0.062	0.020		
1992	22.01	14.09	7.92	8.82	1.64	0.47	0.005	0.04	0.071	0.021	0.036	0.76
1993				7.26	1.94	0.73	0.001	0.11	0.153	0.025	0.104	
1994				9.14	2.62	0.45	0.053		0.051	0.005		
1995				8.96	2.46	0.76	0.013	0.26	0.076	0.003		
2000				8.84	1.81			0.16	0.100			
2001				6.62	2.76			0.54	0.120	0.014		
2002				7.75	2.62			0.36	0.100	0.020		

注　除 1980 年为 5 月监测外，其他年份均为 6 月监测平均值。

太湖是一个含磷较丰富的湖泊，1960 年、1980 年、1987 年、1991 年、2001 年、2002 年无机磷含量分别为 0.02mg/L、0.008mg/L、0.007mg/L、0.02mg/L、0.014mg/L、0.02 mg/L，40 多年来基本持平，但有机磷增长迅速。1987 年太湖总磷平均含量仅为 0.031mg/L，之后逐渐上升 1993 年达到最高，为 0.153mg/L。1994 年、1995 年虽下降，但维持在 0.06mg/L。2001～2002 年太湖水体总磷平均含量为 0.10～0.12mg/L，低于 1993 年总磷含量水平。

13.1.4.2　氮磷营养元素形态及其与藻类生长的关系

藻类定量方法除显微镜镜检，由个体数量及大小换算至藻类生物量方法外，还有分析水体叶绿素 a 含量换算至藻类生物量的方法，因此掌握叶绿素 a 含量变化特征和影响因素，一般即可掌握藻类生物量变化特征和影响因素，反之亦然。据生态学理论，营养盐、光和温度并列为藻类生长的三大控制因素，因此研究叶绿素 a 含量与营养盐关系，有利于了解湖泊藻类含量动态变化，促进湖泊富营养化的治理。氮、磷作为湖泊水体的重要营养盐，藻类含量与它们的关系一直都是人们研究的重点。本节尝试用太湖长时间监测资料，并应用数理统计方法，分析叶绿素 a 与水中氮磷营养盐含量关系，为评价引江济太调水"以清释污"减轻太湖藻类水华的效果提供理论依据。

1. 资料来源与随机性处理

资料来源于 1993～2003 年中国科学院太湖湖泊生态系统研究站和水利部太湖流域管理局水文水资源监测局对太湖水环境与生态系统监测，具体监测点位见图 13 - 33。由于

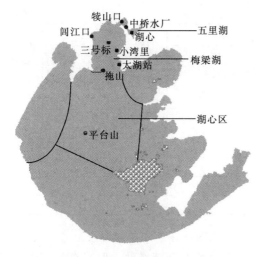

图 13-33 监测湖区及点位

秋末—春初太湖水温较低，不利于藻类的生长，叶绿素 a 含量主要受水温影响，因此，分析时仅取用温度适合藻类生长的 5~9 月监测数据。

由于太湖氮磷及藻类叶绿素 a 含量受湖流、波浪等因素的影响易发生变化，所以氮磷与藻类叶绿素 a 含量监测值具有一定的随机性。分析监测数据时，先根据各湖区的监测结果，对营养盐含量按从小到大排列，然后把营养盐含量分成 N 个区段（X_1，X_2，…，X_N），统计介于 $X_i - X_{i+1}$ 区段（见表 13-5）的个数，计算落于该区段的营养盐平均值，同时计算对应的叶绿素 a 含量监测值平均值，以去除随机因素对结果的影响。

图 13-34~图 13-46 为按上述数理统计方法获得的叶绿素 a 和总氮、总磷含量散点图。

表 13-5   监测资料分段平均处理表

序号	五 里 湖 TN (mg/L)	TP (mg/L)	TN/TP	梅 梁 湖 TN (mg/L)	TP (mg/L)	TN/TP	湖 心 区 TN (mg/L)	TP (mg/L)	TN/TP	TDN (mg/L)	TDP (mg/L)	NH₃-N (mg/L)	NO₃⁻-N (mg/L)
X_1	1.0	0.10	13	1.0	0.02	7	0.7	0.01	15	0.3	0.005	0.01	0.05
X_2	2.0	0.11	18	2.0	0.03	10	0.8	0.02	20	0.4	0.010	0.05	0.15
X_3	3.0	0.12	25	3.0	0.04	12	0.9	0.03	25	0.5	0.015	0.10	0.25
X_4	4.0	0.13	30	4.0	0.05	14	1.0	0.04	30	0.6	0.020	0.15	0.35
X_5	5.0	0.14	35	5.0	0.06	16	1.3	0.05	35	0.7	0.025	0.20	0.45
X_6	6.0	0.15	40	6.0	0.07	18	1.6	0.06	40	0.8	0.030	0.25	0.55
X_7	7.0	0.16	45	7.0	0.08	20	1.9	0.07	45	0.9	0.035	0.30	0.65
X_8	8.0	0.18	50	8.0	0.09	22	2.2	0.08	50	1.0	0.040	0.35	0.75
X_9	9.0	0.19	60	9.0	0.10	24	2.5	0.09	55	1.1	0.045	0.40	0.85
X_{10}	10.0	0.21	70	10.0	0.11	26	2.8	0.10	60	1.2	0.050	0.45	0.95
X_{11}	11.0	0.22		11.0	0.12	28	3.1	0.11	70	1.3	0.055	0.50	1.15
X_{12}		0.25		12.0	0.13	30	3.4	0.14	80	1.4	0.060	0.60	1.25
X_{13}		0.30			0.14	35	3.7		100	1.5	0.065	0.70	1.35
X_{14}					0.15	40				1.6	0.070	0.80	1.45
X_{15}					0.16	45				1.7	0.080	1.00	1.55
X_{16}					0.17					1.8	0.900	1.50	1.65
X_{17}					0.18					1.9	0.100	2.00	1.75
X_{18}					0.19					2.0	0.110	3.00	1.85
X_{19}					0.20					2.5	0.120	4.00	2.50

续表

序号	五里湖			梅梁湖			湖心区			TDN (mg/L)	TDP (mg/L)	NH₃-N (mg/L)	NO₃⁻-N (mg/L)
	TN (mg/L)	TP (mg/L)	TN/TP	TN (mg/L)	TP (mg/L)	TN/TP	TN (mg/L)	TP (mg/L)	TN/TP				
X_{20}					0.21					3.0	0.15	5.00	
X_{21}					0.30					3.5	0.18	6.00	
X_{22}					0.40					4.0			
X_{23}										5.0			
X_{24}										6.0			
X_{25}										8.0			
X_{26}										10.0			

2. 太湖水体叶绿素 a 含量与总磷（TP）、总氮（TN）含量之间的关系

图 13 - 34 表明：五里湖叶绿素 a 含量随总氮含量的上升而增加，但当总氮含量超过 5.67mg/L 时，水体叶绿素 a 含量随总氮上升而下降，说明过高的总氮含量对藻类生长具有抑制作用。根据监测资料，五里湖区总氮含量高于 5.67mg/L 的频率为 60.8%，说明过高总氮含量是五里湖藻类生长限制因子。

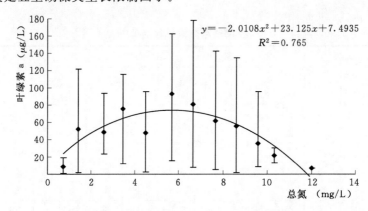

$$y = -2.0108x^2 + 23.125x + 7.4935$$
$$R^2 = 0.765$$

图 13 - 34　五里湖 5～9 月叶绿素 a 含量与总氮含量的散点分布图

叶绿素 a 与总磷含量散点分布图及拟合曲线表明（见图 13 - 35），当水体总磷低于 0.23mg/L 时，叶绿素 a 随总磷的增加而增加；可当总磷超过 0.23mg/L 时，叶绿素 a 随着总磷含量的升高而下降，表明水体中过高的总磷会抑制藻类生长。根据监测资料，五里湖区总磷高于 0.2mg/L 的频率为 35.9%，说明在五里湖相当大部分时间内藻类生长是受总磷含量过高限制的。总氮含量高于 2.0mg/L 的频率为 90.3%，说明五里湖氮污染较磷污染严重，因此，磷是五里湖藻类生长的传统意义上限制性因子。进一步的统计分析研究可以发现，总氮和叶绿素含量之间没有显著相关性，而总磷和叶绿素 a 含量之间呈显著相关，其关系表达式为

$$Chla = -2324.7TP^2 + 1055.3TP - 50.495 \quad (R = 0.735, \ P < 0.05)$$

式中　Chla——叶绿素 a 含量，μg/L；

　　　TP——总磷含量，mg/L。

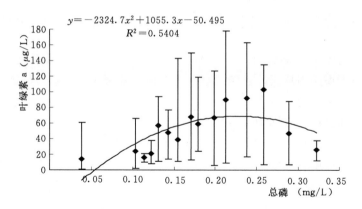

图 13-35　五里湖 5～9 月叶绿素 a 含量与总磷含量的散点分布图

　　从图 13-36、图 13-37 中可以看出：在梅梁湖，总氮超过 5.51mg/L 或者总磷超过 0.183mg/L 时，叶绿素 a 随总氮、总磷的增加也减少。根据监测资料，梅梁湖总磷高于 0.1mg/L 的频率为 61%；而总氮含量高于 1.5mg/L 的频率为 83.5%，说明在梅梁湖氮磷营养较丰富。叶绿素 a 与总氮、总磷相关系数（R 值）分别为 0.79 和 0.88（$n=993$）。经回归方程显著性检验可知：总磷与叶绿素 a 相关关系显著（$P<0.0005$），其关系表达式为

$$\text{Chla}=-869.03\text{TP}^2+499.09\text{TP}-6.3545 \quad (R^2=0.7802，P<0.0005)$$

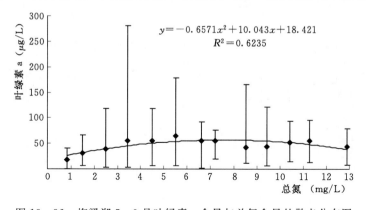

图 13-36　梅梁湖 5～9 月叶绿素 a 含量与总氮含量的散点分布图

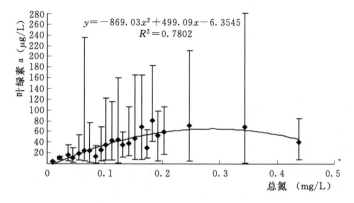

图 13-37　梅梁湖 5～9 月叶绿素 a 含量与总磷含量的散点分布图

因此，磷为影响梅梁湖藻类生物量变化主要因子，这表明梅梁湖是磷控制型富营养化湖区。

在湖心区（见图 13-38、图 13-39），水体中总氮、总磷含量不但小于五里湖总氮、总磷含量，也小于梅梁湖总氮、总磷含量，因此该区域水体叶绿素 a 与氮、磷的关系明显不同于五里湖和梅梁湖的叶绿素 a 与氮、磷的关系，叶绿素 a 与总氮、总磷含量线性正相关，并极显著，其表达式分别为

$$Chla = 5.971TN + 2.4061 \quad (R^2 = 0.7279, \ P < 0.001)$$
$$Chla = 158.86TP + 1.4497 \quad (R^2 = 0.9134, \ P < 0.000001)$$

式中　TN——水体总氮含量，mg/L。

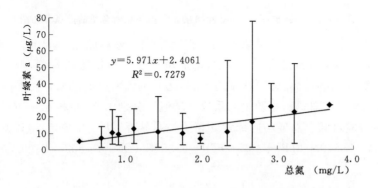

图 13-38　湖心区 5～9 月叶绿素 a 含量与总氮的散点分布图

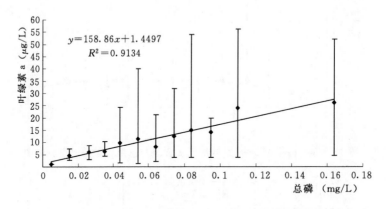

图 13-39　湖心区 5～9 月叶绿素 a 含量与总磷含量的散点分布图

以上结果表明，在湖心区，氮、磷均为藻类生长限制性因素，但磷的限制作用更大，主要表现在总磷与叶绿素 a 之间的相关系数 $R = 0.96$，几乎可用总磷含量直接计算水体的叶绿素 a 含量。

3. 太湖水体叶绿素 a 与氮磷比的关系

藻类生长研究结果显示：水体中 N、P 含量的比例对藻类生长有重要影响，当其他各种条件都适合藻类生长的情况下，水体氮磷元素原子比例为 16:1 时最适合浮游藻类的生长，这一比值称为 redfield 比值，换算成质量比为 7.2:1。通常将氮磷质量比（5～10）:1

作为判别是藻类生长限制性营养盐的粗略界限。一般认为氮磷比大于 10 时，磷是潜在的限制因子；而小于 5 时，氮是潜在的限制性因子。图 13-40～图 13-46 是按前述分区段统计方法获得的不同湖区叶绿素 a 和氮磷质量比的散点图。从图中可以看出：在不同湖区，氮磷比是不一样的，其对叶绿素 a 的影响也是不一样的。

在五里湖（见图 13-40），氮磷比的平均值是 26，且只有一点小于 10，因此可认为总磷是五里湖藻类生长传统意义上的限制因素；氮磷比小于 33 时，叶绿素 a 含量随氮磷比的上升反而下降；但氮磷比介于 33～38 之间时，叶绿素 a 含量随氮磷比上升而增加；氮磷比介于 38～43 之间时，叶绿素 a 含量随氮磷比上升而降低；当随氮磷比大于 43 时，叶绿素 a 含量随氮磷比上升而增加，当增加至 80μg/L 后，基本不受氮磷比的影响。

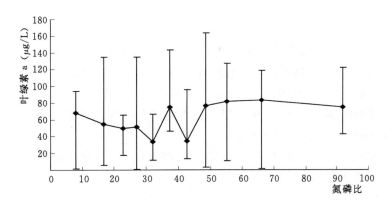

图 13-40　五里湖 5～9 月叶绿素 a 与氮磷比散点分布图

在梅梁湖（见图 13-41），氮磷比的平均值是 20.5，因此，总磷也是该湖区的限制性因子。叶绿素 a 含量基本上随氮磷比的增加而减小。梅梁湖氮磷营养比较丰富，因此当其他条件，诸如温度适宜、光照充分等条件具备时，梅梁湖极易出现藻类增殖、水华盈湖的现象。

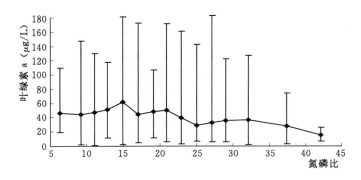

图 13-41　梅梁湖 5～9 月叶绿素 a 与氮磷比散点分布图

湖心区（见图 13-42）氮磷比的平均值为 21.4，也远远大于 redfield 比值，因此湖心区也属于磷控制型富营养湖泊区。叶绿素 a 含量基本上也是随氮磷比的增加而减小。湖心区叶绿素 a 的含量基本上在 4.9～13.1μg/L 之间变动，这远远小于五里湖和梅梁湖的叶绿素 a 的含量。这与湖心区的营养盐较低相关。

上述对三大湖区的分析结果表明：目前太湖水体的氮磷比的平均值为 20～26，均为传统意义上的磷控制型富营养湖区。

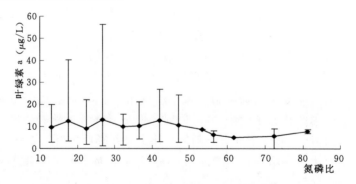

图 13-42　湖心区 5~9 月叶绿素 a 与氮磷比散点分布图

4. 太湖水体叶绿素 a 含量与溶解性总氮、溶解性总磷含量的关系

图 13-43 表明，当水体中溶解性总氮含量较低时，叶绿素 a 含量随着溶解性总氮的增加而升高；溶解性总氮含量大于 5.5mg/L 时叶绿素 a 含量随着溶解性总氮的升高而下降，这说明溶解性总氮含量过高都会抑制藻类生长。叶绿素 a 和溶解性总氮显著相关（$P < 0.05$，$n = 495$），二次回归方程为

$$Chla = -0.4164TDN^2 + 5.6516TDN + 14.907 \quad (R^2 = 0.4607)$$

式中　TDN——溶解性总氮，mg/L。

溶解性总磷（TDP）对水体叶绿素 a 的影响与溶解性总氮对叶绿素 a 的影响基本相似（见图 13-44），当 TDP 含量高于 0.103mg/L 时，叶绿素 a 含量随着溶解性总磷的升高反而下降。这可能与水体中高浓度 TDP 造成水体较高的渗透压，使新生藻类不能生长有关。溶解性总磷（TDP，mg/L）与水体叶绿素 a 的关系可表示为

$$Chla = -2353.8TDP^2 + 538.67TDP + 10.344 \quad (R^2 = 0.7312, \ P < 0.05)$$

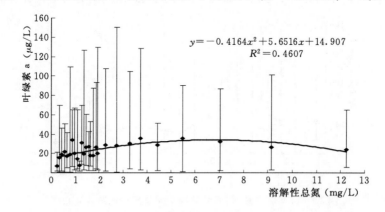

图 13-43　太湖 5~9 月叶绿素 a 含量与溶解性总氮含量散点分布图

5. 叶绿素 a 含量与水体氨氮、硝氮含量的关系

氨氮含量对叶绿素 a 的影响与溶解性总氮的影响相似（见图 13-45）。当氨氮含量小于 2.5mg/L 时，叶绿素 a 含量随氨氮含量的增加而上升；而当氨氮含量大于此浓度时，叶绿素 a 含量随氨氮含量的上升而下降。这表明氨氮浓度过高或过低对叶绿素 a 含量都有

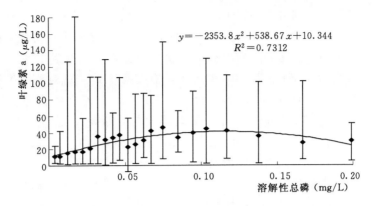

图 13-44　太湖 5～9 月叶绿素 a 含量与溶解性总磷含量散点分布图

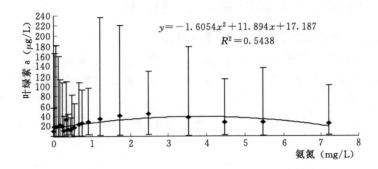

图 13-45　太湖 5～9 月叶绿素 a 含量与氨氮含量散点分布图

抑制作用。氨氮浓度过高时的抑制作用主要因为游离氨对藻类有毒害作用。叶绿素 a 与氨氮统计关系可以表示为

$$Chla = -1.5756NH_3 - N^2 + 11.644NH_3 - N + 17.568 \quad (R^2 = 0.517, P < 0.1)$$

式中　$NH_3 - N$——氨氮含量，mg/L。

　　硝氮与叶绿素 a 含量散点分布特征（见图 13-46）和氨氮含量与叶绿素 a 散点分布特征的差异较大。图 13-46 表明：硝氮含量在 0～2.13mg/L 变化时，水体叶绿素 a 含量始终维持在 18～44μg/L 之间，硝氮对叶绿素 a 的变化影响不显著。

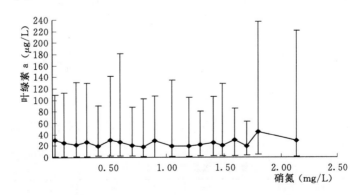

图 13-46　太湖 5～9 月叶绿素 a 含量与硝氮含量散点分布图

以上的分析结果：太湖目前仍属于磷控制型富营养化湖泊，但是在不同区域，营养盐氮磷对藻类生长影响存在较大差异。五里湖、梅梁湖湖区营养盐与叶绿素 a 的统计相关关系不是简单的线性关系，而是相对较复杂的二次曲线关系，五里湖 TN、TP 对藻类生长抑制的上限阈值分别为 5.67mg/L、0.23mg/L，梅梁湖 TN、TP 对藻类生长抑制的阈值分别为 5.51mg/L、0.183mg/L，TDN、TDP、$NH_3 - N$ 对藻类生长抑制的阈值分别为 5.5mg/L、0.103mg/L 和 2.5mg/L。湖心区营养盐与叶绿素 a 统计关系仍为线性关系，氮磷协同限制藻类生长，只是磷的影响更大；由于营养盐含量水平较低，未产生营养盐过高对藻类生长的限制作用。在当前的情况下，应进一步控制总磷污染，另外太湖在综合治理措施到位后，局部水域会因营养盐含量下降，而产生适宜藻类生长的浓度，藻类水华可能会变得较为严重，因此，要注意湖体暴发藻类水华时的应急除藻措施。

13.2　调水对太湖环境指标影响实测资料评估

13.2.1　2002 年、2003 年太湖整体水质变化趋势分析

采用 2000~2003 年太湖水质常规监测点的实测资料，按照面积加权平均，统计太湖高锰酸盐指数和总磷浓度变化趋势见图 13-47，高锰酸盐指数和总磷浓度的全湖年平均值对比见表 13-6。

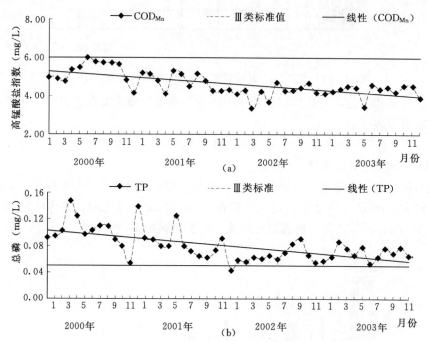

图 13-47　太湖 2000~2003 年高锰酸盐指数和总磷年度变化趋势图
(a) 高锰酸盐指数变化；(b) 总磷变化

表 13-6　　　　　　　　　　太湖主要水质指标年均值对比　　　　　　　　　单位：mg/L

浓度平均值	2000 年	2002 年	2003 年	浓度平均值	2000 年	2002 年	2003 年
高锰酸盐指数	5.28	4.19	4.30	总　磷	0.1	0.064	0.069

统计数据表明，2002～2003 年太湖高锰酸盐指数（CODMn）和总磷（TP）浓度整体呈现改善趋势。2003 年太湖富营养化关键性水质指标总磷浓度已从 2000 年的 0.10mg/L 改善为 2003 年的 0.069mg/L，改善幅度达 31％，富营养化状况得到一定缓解，湖泊富营养化面积从 2000 年的 83％减少为 2003 年的 70％；太湖水质有机污染指标高锰酸盐指数（CODMn）浓度已从 2000 年的 5.28mg/L 改善为 2003 年的 4.30mg/L，改善幅度为 19％，其中满足Ⅱ类和Ⅲ类饮用水标准的水体面积从 2000 年的 70％增加到 85％，增加了 15％。

尤其是 2003 年太湖整体水质的改善，是在太湖流域出现新中国成立以来最严重的连续高温少雨、极易暴发蓝藻的恶劣气象条件下取得的，引江济太有效地改变了太湖水动力条件和水资源供给条件，使 2003 年太湖没有发生大面积藻类暴发情况，仅在太湖北部湖湾等局部水域发生蓝藻过度繁殖现象，并在紧急引水后使蓝藻过度生长的现象得到明显抑制。2000 年藻类暴发时的贡湖测点蓝藻密度超过 2 亿个/L，2003 年蓝藻密度最大时为 1.29 亿个/L，望虞河引水入湖后下降到 460 万个/L，基本恢复到正常水平，蓝藻水华现象基本消失。藻类过度繁殖区域的减少和密度的降低，也说明通过两年来的引江济太，太湖富营养化恶化趋势得到遏制。

实测数据统计表明，通过两年来的引江济太，2003 年太湖主要污染指标浓度均比 2000 年有较明显的降低，尤其是太湖富营养化关键性水质指标总磷浓度改善明显。其重要原因之一是，调水改善了太湖的水动力条件，加快了水体流动，为太湖增加大量的优质水，为维持太湖水位和改善太湖水生态环境提供了水量、水质保障。

13.2.2　2002 年引江济太调水对太湖环境指标影响评估

13.2.2.1　引江济太调水试验调水量

2002 年引江济太调水试验始于 1 月 30 日。试验初期长江水先引入望虞河，经过 26 天望虞河控制闸开闸向太湖引水。为保持太湖水量平衡，太湖南部的太浦闸同时开闸向下游供水。此次调水试验于 4 月 4 日结束。试验通过望虞河向太湖的总引水量和太浦河向下游的供水量随时间的变化如图 13-48 所示。从中可以看出：1 月 30 日～2 月 27 日，每日水量净收支小于 1300 万 m³，之后水量净收支逐日加大，3 月 8 日之后又逐渐减小，期间日最大引水量为 2012 万 m³。2 月 9 日以前，太浦河向下游的排水量小于引水量，引江济太调水试验净入水量逐日增加。2 月 10～21 日，太浦河排水量与望虞河引水量接近，净入湖水量变化较小。2 月 21 日起引水量超过太浦河的排水量，净入湖水量快速增加，最大达 1.464 亿 m³。3 月 8 日以后随防汛压力的增加，太浦河加大了排水流量，净入湖水量开始减少。试验结束时望虞河累计向太湖引水 6.804 亿 m³，太浦河向下游排水 6.706 亿 m³，引排水量相差不到 0.1 亿 m³，水量收支基本平衡。

13.2.2.2　调水对太湖水位变化的影响

望虞河调水不但可改变望虞河水流方向，还可改变太湖水位及径流量。表 13-7 为不考虑地下水渗漏和补给、根据水量平衡计算得到的近三年地表径流、降雨、蒸发以及 2002 年望虞河和太浦河引排水引起的太湖水位变化，从表中可以看出，除湖面降雨对水位所起变化的贡献较大外，地表径流对太湖水位变化的影响也较大。2002 年 2 月由望虞

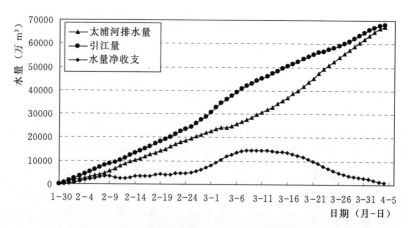

图 13 - 48　2002 年引江济太冬春季调水试验调水量与太浦河排水量

表 13 - 7　　　　　　　　　2000～2002 年径流、降雨、蒸发引起太湖水位变化

年份	2000			2001			2002		
月份	1	2	3	1	2	3	1	2	3
月均水位（m）	2.95	3.10	3.20	3.20	3.30	3.25	3.06	2.99	3.20
水位变化（cm）	11.00	7.00	0.00	15.90	−2.00	−35.70	−12.00	−5.00	26.90
降雨（cm）	0.04	5.44	9.26	13.9	5.44	2.96	3.36	3.83	11.87
蒸发（cm）	3.25	5.02	7.19	5.03	3.69	7.43	3.97	4.55	5.61
径流（cm）	14.21	5.68	−2.07	7.03	−3.75	−31.23	11.39	−4.28	19.64
望虞河入流（cm）	—	—	—	—	—	—	—	12.33	15.32
太浦河出流（cm）	—	—	—	—	—	—	—	−9.17	−17.16

注　入流为正，出流为负。

河引入的水可使太湖水位平均上升 12.33cm，由太浦河向下游供水使太湖水位平均下降 9.17cm；3 月望虞河引水可使太湖水位平均上升 15.32cm，太浦河排水使太湖平均水位下降 17.16cm。如果望虞河、太浦河不引不排，太湖 2 月水位将下降 3.16cm，3 月则将上升 1.84cm，可以看出两河的综合作用对于太湖水位的影响相对较小。图 13 - 49 为调水试验期间望虞河引水及太浦河排水引起的太湖平均水位的累计变化及净变化，可以看出望虞河引水、太浦河排水累计改变太湖水位量逐日增加，调水试验引水累计改变水位 29.1cm，排水累计改变水位 28.68cm，引水水位累计改变量大于排水。净改变量于 3 月 15 日前增加，以后减小，最大净改变量为 6.25cm。

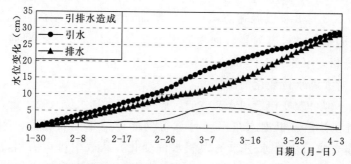

图 13 - 49　2002 年冬春季调水试验引排水引起的太湖平均水位的累计变化及净变化

13.2.2.3　引江济太调水试验引起的太湖物质收支变化

2002 年引江济太调水试验引起的太湖物质收支变化计算结果见表 13-8。各指标的变化情况具体分析如下。

表 13-8　　　　　　　引江济太冬春季调水试验带入和排出污染物量　　　　　　单位：t

污染物	COD_{Mn}	TP	TDP	NH_3-N	TN
出湖污染物量	2076.2	19.402	3.326	53.7	592.0
入湖污染物量	1936.5	72.217	35.967	416.8	1645.1
净入湖量	−127.8	52.839	32.598	363.1	1050.4

1. 高锰酸盐指数

图 13-50 显示，2 月 2~8 日高锰酸盐指数（COD_{Mn}）逐日净入湖量为正值，表明调水试验增加了太湖 COD_{Mn} 负荷。2 月 9~25 日调水导致的太湖 COD_{Mn} 净收支的值有正有负，负值不超过 10t/日。2 月 25 日~3 月 8 日，调水导致的 COD_{Mn} 收支为正值。如不考虑调水对水体自净能力的影响，2 月 2 日~3 月 8 日这一阶段的调水轻微导致太湖 COD_{Mn} 负荷的增加。3 月 9 日~4 月 4 日，调水造成的 COD_{Mn} 净收支为负值，说明这一阶段相对较为清洁的水被引入太湖，有利于改善太湖水质。

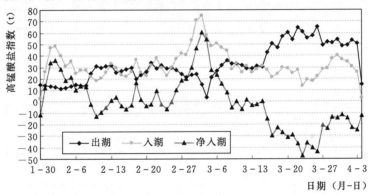

图 13-50　2002 年引江济太冬春季调水试验期间带入和排出高锰酸盐指数量

整个调水期间引入太湖的污染物 COD_{Mn} 总量为 1936.49t，排出 2076.25t，净排出 127.85t（见表 13-8）。调水期间引入太湖 COD_{Mn} 的量为 1998 年江苏境内环湖 23 个断面 COD_{Mn} 排放量的 1%，为 2002 年环湖河道入湖总量的 3% 左右，因此就 COD_{Mn} 指标来说，引江济太调水引入的 COD_{Mn} 污染对太湖水质负面影响很小，表明引水可以改善太湖 COD_{Mn} 的状况。

2. 总磷及溶解性总磷

在引江济太 2002 年冬春季试验引水中，除 3 月 23 日及 4 月 4 日调水引起的总磷净入湖量为负值外，其余均为正值，且输出量较小、输入量较大（见图 13-51）。调水引起的总磷净收支变化过程主要受输入量的变化过程控制，2 月 19 日~3 月 11 日净输入量较大，最大为 3.10t/d。由于输入总磷中包含大量的颗粒物质，溶解性总磷输入量仅为总磷的一半左右，但溶解性磷的输入特征和总磷相似（见图 13-52）。

试验期间，输入太湖总磷和溶解性磷分别为 72.217t 和 35.967t，净输入量为 52.839t

和 32.598t（见表 13-8）。输入太湖总磷和溶解性磷分别是 1998 年江苏境内环湖 23 个断面 TP 排放量（8916.8t）的 0.81%和 0.40%，是 1987 水文年（17%保证率）太湖环湖 TP 输入量（1326.69t）的 5.44%和 2.71%，是 1987 年 5 月～1988 年 4 月（24%保证率）太湖环湖 TP 输入量（1988.53t）的 3.63%和 1.81%，也是 1988 年（70%保证率）太湖环湖 TP 输入量（1704.8t）的 4.24%和 2.11%，也是 2002 年太湖环湖 TP 输入量（1894.5t）的 3.8%和 1.9%，可见引江济太冬春季试验期间入湖总磷量相对较小。

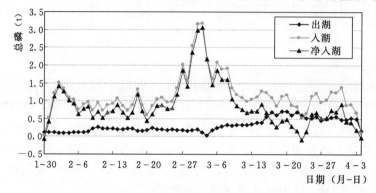

图 13-51   2002 年引江济太冬春季调水试验期间带入和排出总磷量

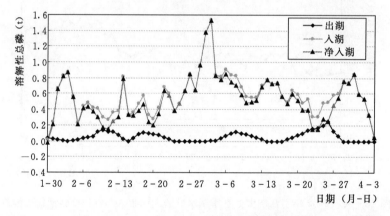

图 13-52   2002 年引江济太冬春季调水试验期间带入和排出溶解性总磷量

图 13-53 为 2002 年引江济太期间进出太湖河流磷传输总量，1 月 30 日～2 月 27 日之间日输入量小于 3t，其中 2 月 20 日为输出 0.7t。3 月 1 日后总磷输入量放大，3 月 5 日总磷输入达最大输入量为 7.8t，随后又逐渐下降，除 2 月 20 日、3 月 25 日和 4 月 4 日为输出外，其余均为输入，总磷的总输入量与望虞河输入量相比明显要高得多。

3. 总氮

望虞河总氮入湖量在 2002 年冬春季调水试验起始阶段（1 月 29 日～2 月 9 日）逐日下降，2 月 10 日～3 月 4 日逐渐上升，最大日输入量超过 55t，3 月 4 日后呈下降趋势。出湖水体总氮含量在整个调水试验期间呈逐日上升的趋势，到 4 月 2 日上升至 24t。引江济太试验调水期间总氮进出湖总量为 1645.12t 和 592.05t，净入湖总氮量为 1053.07t。净入湖量占 1988 年江苏 23 条环湖断面总氮排放量 64871t 的 1.62%，为 1987 年（17%保证率）26020.1t 的 4.05%，为 1987 年 5 月～1988 年 4 月（24%保证率）28106.0t 的

3.75%，为 1988 年（70%保证率）24267.15t 的 4.34%，为 2002 年 44622.5t 的 3.7%（见图 13-54）。

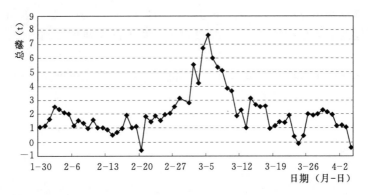

图 13-53　2002 年引江济太期间进出太湖河流磷传输总量

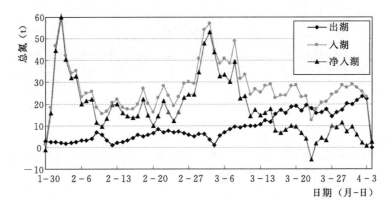

图 13-54　2002 年引江济太冬春季调水试验期间带入和排出总氮量

图 13-55 为 2002 年引江济太期间进出太湖河流输入的总氮量，1 月 30 日～3 月 1 日之间日输入量小于 100t，其中 2 月 20 日为输出 23t。3 月 2 日起总氮输入突然增大，至 3 月 5 日达日最大输入量（268t），随后又逐渐下降。除 2 月 20 日、3 月 25 日、4 月 4 日为输出外，其余均为输入，且与望虞河输入的总氮相比明显要高得多。

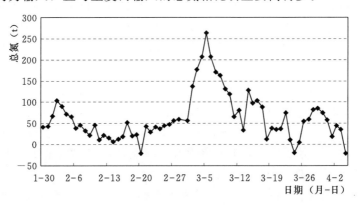

图 13-55　2002 年引江济太期间进出太湖河流氮传输总量

4. 氨氮

氨氮日入湖量在调水起始阶段较大，达 25t/d，至 2 月 9 日降至 5.0t。2 月 10～25 日期间氨氮日入湖量变化较小，在 5t 上下波动，2 月 26 日～3 月 7 日，氨氮日入湖量上升，并达到引水期间的最大量（18.5t），3 月 8 日～4 月 4 日入湖量振荡下降。由于太浦河出湖湖水氨氮含量较低，出湖湖水带走的氨氮量较低，净入湖氨氮量基本和入湖氨氮量变化过程相似。冬春季调水试验导致氨氮进、出湖量分别为 416.8t 和 53.7t，净入湖氨氮量为 363.1t，分别占总氮进、出湖量及净入湖量的 25.3％、9.07％和 34.56％（见图 13－56）。

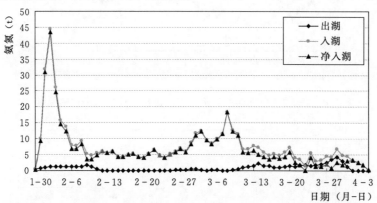

图 13－56　2002 年引江济太冬春季调水试验期间带入和排出氨氮量

13.2.2.4　引江济太调水试验期间入湖水体及贡湖的水质

2002 年冬春季调水试验期间，望虞河入湖水体、贡湖湾顶、湾中及湾口的水质参数 COD_{Mn}、TP、TN、NH_3-N 含量变化如下。

1. 高锰酸盐指数

从图 13－57 可以看出入湖水体高锰酸盐指数（COD_{Mn}）含量在 1 月 30 日较高，达 6.4mg/L，2 月 9 日下降至 2.6 mg/L，小于地面 II 类水控制标准，但 2 月 10 日又升高至 4.1mg/L，超过地面 II 类水控制标准，湾顶区域 COD_{Mn} 变化趋势和入湖水体变化一致。湾中大贡山水域 2 月 12 日含量较高达 6.0mg/L，2 月 24 日下降至 2.56mg/L，3 月 8 日以后，除 3 月 26～29 日较高外，均在 3.5mg/L 以下。湾口乌龟山附近水域 COD_{Mn} 含量在 2 月 12～18 日期间逐渐上升，2 月 18 日～3 月 17 日呈现下降趋势，3 月 17 日～4 月 1 日又逐渐上升，其变化特征和入湖水体 COD_{Mn} 变化特征的差异较大，说明乌龟山 COD_{Mn} 含量变化除受入湖水体影响外，还受其他区域水体的影响较大。

2. 总磷

冬春季试验期间入湖水体总磷含量与 COD_{Mn} 含量变化规律相似（见图 13－58）。引水起始日，水体总磷含量超过 0.16 mg/L（IV 类水），后逐渐下降，至 2 月 6 日降至 0.09mg/L（III 类水），2 月 10 日又升至 0.14mg/L（IV 类水）。此后至 2 月 26 日一直维持在 0.09mg/L 左右，3 月 2 日又升至冬春引水试验最高值 0.173mg/L（IV 类水），以后入湖水体总磷含量振荡下降，但均高于 0.06mg/L。

贡湖湾顶水体总磷与 COD_{Mn} 一样也随入湖水体含量的变化而变化，但峰值低于入湖水体总磷含量。

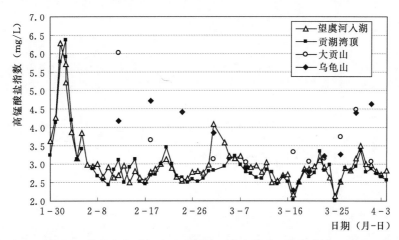

图 13-57　2002 年引江济太冬春季调水试验期间入湖水体及贡湖水体高锰酸盐指数变化过程

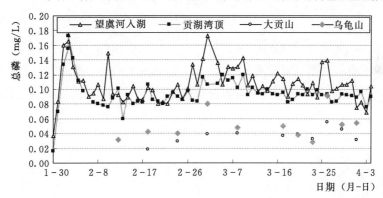

图 13-58　2002 年引江济太冬春季调水试验期间入湖水体及贡湖水体总磷变化过程

大贡山（湾中）水体总磷含量自 2 月 18 日达 0.02mg/L 以后，逐日上升，至 3 月 8 日达 0.04mg/L，远低于入湖水体，3 月 8 日以后逐渐下降至 0.033mg/L（3 月 23 日），但 3 月 26 日又突升至 0.055mg/L（Ⅲ类水）。总体而言，大贡山水域总磷含量低于入湖水体。

湾口乌龟山区域水体总磷含量除 3 月 20 日外，其他各个时期均高于大贡山水域，但全部低于入湖水体，说明该水体总磷含量受入湖水体总磷含量的影响较小。

3. 溶解性总磷

入湖水体溶解性总磷含量在望虞河开闸引水初期比较高（见图 13-59），达 0.097mg/L。随引水时间的增加总磷含量逐步降低，2 月 5 日达最低值 0.025mg/L。但在 2 月 6 日却快速升至 0.053mg/L，以后继续振荡上升，至 3 月 2 日达到引水期间的次最高值 0.084mg/L，3 月 2 日以后振荡下降。

贡湖湾顶水体溶解性总磷含量和入湖水体溶解性总磷含量的差值较小，变化过程基本一致。

湾中大贡山溶解性总磷含量较低，多数测量值小于 0.02mg/L，仅 3 月 23 日、26 日、29 日大于 0.02mg/L。

贡湖湾口水体溶解性总磷含量高于湾中大贡山水域溶解性总磷含量，除个别测点外，水体溶解性总磷含量和湾顶接近。就溶解性总磷指标来说，湾口水域溶解性总磷含量与总磷一样受引入水体总磷含量的影响较小。

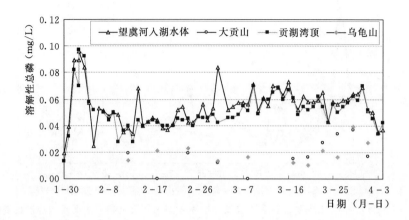

图 13-59　2002 年引江济太冬春季调水试验期间入湖水体及贡湖溶解性总磷变化过程

4. 总氮

入湖水体在引水初期总氮含量较高，达 6.51mg/L（劣 V 类水），随后逐步下降，半个月后降至 1.52mg/L（IV 类水），此后一直维持在 2.0～3.2mg/L 之间（劣 V 类水）（见图 13-60）。

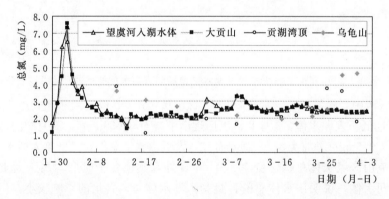

图 13-60　2002 年引江济太冬春季调水试验期间入湖水体及贡湖总氮变化过程

贡湖湾顶水体总氮含量变化过程线和入湖水体接近，变化趋势也基本一致。大贡山水域 2 月 12 日测得的 TN 含量较高，为 3.89mg/L，但 2 月 18 日测得的值较低，为 1.1mg/L，其他测值均大于 1.5mg/L，其中 3 月 26 日、29 日分别测得 TN 含量为 3.74mg/L 和 3.59mg/L，大于入湖水体 TN 含量。湾口水域 TN 含量变化范围为 1.69～4.65mg/L，2 月 22 日含量为 3.62mg/L。3 月 20 日前（除 3 月 2 日外）均为逐日下降。3 月 20 日后逐步上升，到 4 月 1 日达 4.65mg/L，变化趋势与湾口和湾顶区域差异较大。

5. 氨氮

入湖水体及贡湖湾顶水体 NH_3-N 的变化和总氮的变化过程线相似（见图 13-61），

但湾中及湾口 NH₃-N 变化趋势与 TN 不同，大贡山水域 NH_3-N 多数测点的值小于湾顶，湾口 NH_3-N 含量又小于湾中水体。

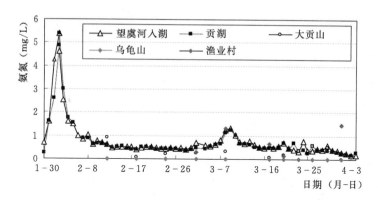

图 13-61　2002 年引江济太冬春季调水试验期间入湖水体及贡湖氨氮变化过程

　　以上入湖水体、湾顶、湾中、湾口水质变化过程分析表明，除湾顶水体水质指标受入湖水体影响较大外，湾中及湾口水体受到的影响较小，说明湾口、湾中水质还受其他因素的影响。

13.2.2.5　调水对 2002 年总氮、总磷和叶绿素 a 含量的影响

　　调水对太湖总氮、总磷含量的影响主要表现在如下几个方面：①把望虞河沿线水体的氮磷带入太湖，改变了太湖总磷、总氮的污染负荷；②改变太湖水位，进而改变太湖内源负荷；③调水改变了太湖的动力学参数进而对湖泊水体自净能力产生影响。随着氮、磷营养物质浓度的变化，叶绿素 a 浓度随之变化。

　　依据前节的水位与总氮、总磷和叶绿素 a 的相关关系方程，以 2000 年实测值为基准，估算 2002 年未调水情况下的总氮、总磷和叶绿素 a 的分区浓度，其中 2002 年太湖天然水位过程由水量平衡关系计算得到。表 13-9 为 2002 年调水与未调水状态下的总氮、总磷和叶绿素 a 的浓度变化差值。

　　从全湖各月的总氮平均值来看，引江济太整体上提高了太湖的总氮浓度，除 1 月外，全湖平均为正值。各分区年内总氮浓度均有增有减，但是并不同步，说明调水对总氮浓度的影响存在空间差异。太湖南部的西南区和东太湖区总氮浓度全年总体上有所下降，而其他区则有所上升。

　　从全湖各月的总磷平均值来看，引江济太整体上降低了整个太湖的总磷浓度。各区各月增值以负值的较多，以湖心、东太湖和西南区总磷浓度下降的较为明显，基本上全年都呈下降趋势，这与调水引起的湖水流动路径有关。

　　除湖东滨岸区外，各区年均叶绿素 a 含量均有显著下降，说明引江济太可以降低太湖的植物生长速度，对藻类水华的发生有一定的控制作用，其中以湖心区、梅梁湖和西北区叶绿素 a 浓度下降的幅度最大。

　　综上，引江济太可以通过改变太湖水位而改变太湖的营养负荷，又可通过改变湖流动力条件，进而增加湖泊水体的自净能力。因而对太湖总氮、总磷和叶绿素 a 的含量表现出一定程度的影响。

表 13 - 9　　2002 年调水引起的总氮、总磷和叶绿素 a 的浓度变化

	时间	梅梁湖	西北区	西南区	湖心区	东太湖	湖东区	贡湖	太湖月平均
总氮 (mg/L)	1 月	−2.137	1.490	−1.565	−0.045	−1.011	−0.414	−0.566	−0.607
	2 月	1.480	3.459	−1.318	0.382	−1.315	−1.381	0.643	0.279
	3 月	0.644	3.773	−2.104	−0.758	−0.449	−0.392	0.308	0.146
	4 月	2.431	4.182	−0.565	1.145	−0.499	0.327	0.708	1.104
	5 月	−0.180	6.261	1.323	0.736	0.313	0.892	1.188	1.505
	6 月	1.826	5.326	0.881	0.344	0.605	0.819	1.525	1.618
	7 月	1.509	4.358	1.688	1.152	0.573	0.482	1.631	1.628
	8 月	−0.303	3.800	0.876	0.852	0.189	−0.038	0.173	0.793
	9 月	0.532	3.332	0.389	0.283	0.165	−0.442	−0.930	0.476
	10 月	0.373	1.914	0.170	−1.996	0.165	0.296	−0.476	0.064
	年合计	6.176	37.895	−0.225	2.096	−1.265	0.148	4.204	7.004
	年平均	0.618	3.789	−0.022	0.210	−0.127	0.015	0.420	0.700
总磷 (mg/L)	1 月	−0.080	−0.023	−0.031	−0.009	−0.068	−0.017	−0.022	−0.036
	2 月	0.003	−0.007	−0.038	0.015	0.006	−0.014	−0.001	−0.005
	3 月	0.043	0.062	−0.083	−0.064	−0.064	−0.001	0.020	−0.012
	4 月	−0.102	0.045	−0.068	−0.011	−0.096	−0.063	−0.068	−0.052
	5 月	−0.071	0.038	−0.094	−0.034	−0.145	0.017	0.058	−0.033
	6 月	0.066	0.104	−0.052	−0.008	−0.066	0.004	0.028	0.011
	7 月	0.053	−0.086	−0.029	−0.001	−0.080	0.012	0.026	−0.015
	8 月	−0.052	−0.036	−0.031	0.026	−0.104	0.015	0.033	−0.021
	9 月	0.118	0.009	0.000	−0.031	−0.095	0.016	−0.026	−0.001
	10 月	0.063	0.075	−0.037	−0.008	−0.017	0.019	0.021	0.017
	年合计	0.041	0.181	−0.463	−0.123	−0.730	−0.012	0.069	−0.148
	年平均	0.004	0.018	−0.046	−0.012	−0.073	−0.001	0.007	−0.015
叶绿素 a (μg/L)	1 月	4.244	−12.920	−7.144	−22.716	−1.891	8.806	5.175	−3.778
	2 月	−21.137	−39.556	−0.784	6.387	−6.150	−1.554	−3.386	−9.454
	3 月	4.966	41.469	−1.058	−26.201	−11.756	5.492	3.703	2.374
	4 月	31.568	42.336	−1.141	−31.144	3.604	3.291	5.261	7.682
	5 月	−6.165	−55.514	−16.919	−98.545	0.824	−1.054	−0.091	−25.352
	6 月	−78.712	−98.485	−7.519	−49.868	−2.096	4.078	4.166	−32.634
	7 月	−57.990	−120.913	−16.884	−74.370	3.730	7.276	−3.087	−37.463
	8 月	−97.593	−93.650	−24.025	−68.474	−5.520	1.131	−28.325	−45.208
	10 月	17.346	−6.076	−10.949	−46.494	−6.030	−3.138	−13.081	−9.775
	年合计	−203.472	−343.309	−86.422	−411.424	−25.285	24.328	−29.664	−153.607
	年平均	−22.608	−38.145	−9.602	−45.714	−2.809	2.703	−3.296	−17.067

13.2.2.6 调水对太湖藻类叶绿素 a 含量的影响

以上各节分析了引江济太对太湖水位、污染物负荷、总磷、总氮及碱性磷酸酶活性等的影响，本节重点分析引江济太对太湖叶绿素 a 含量的影响，以确定引江济太调水对太湖藻类水华的影响。

1. 贡湖

以 2000 年为基准的 2002 年叶绿素 a 含量的相对改善率见表 13 - 10，由表 13 - 10 可知，2002 年贡湖湖区的叶绿素 a 含量除 1 月、3 月、4 月、6 月外，其余月份有所下降，全年平均下降 32%，最大下降率为 70%，表明引水对于降低贡湖叶绿素 a 的良好作用。

表 13 - 10　　　　　　　　贡湖 2000 年、2001 年、2002 年叶绿素 a 含量比较

月份	年　份			相 对 改 善 率	
	2000（μg/L）	2001（μg/L）	2002（μg/L）	2002 年与 2000 年相比	2002 年与 2001 年相比
1	10.82	11.40	15.54	−0.44	−0.36
2	8.27	4.40	5.21	0.37	−0.18
3	10.37	2.59	13.28	−0.28	−4.13
4	8.90	1.23	13.12	−0.47	−9.67
5	13.87	9.31	10.75	0.22	−0.15
6	12.97	9.20	15.56	−0.20	−0.69
7	12.27	8.29	7.19	0.41	0.13
8	43.47	8.04	13.15	0.70	−0.64
9	46.93	9.68	31.30	0.33	−2.23
10	29.77	9.06	16.23	0.45	−0.79
11	16.63	6.00	7.54	0.55	−0.26
12	13.53	9.67	5.96	0.56	0.38
平均	18.98	7.40	12.90	0.32	−0.74

2. 梅梁湖

引江济太调水对梅梁湖区藻类叶绿素 a 含量的影响与对氮磷含量影响相似。与 2000 年、2001 年相比（见表 13 - 11），引江济太调水试验的 3 月、停止调水的 4 月及 10 月叶绿素 a 含量均上升，且处于较高的水平。2002 年 2 月梅梁湖水质好于 2000 年，比 2001 年略好，夏季 8 月好于 2000 年和 2001 年，秋季 11 月 3 年基本相当。从总体上看，引江济太调水对梅梁湖叶绿素 a 含量有一定的消极影响。

表 13 - 11　　　　　　　　梅梁湖 2000～2002 年叶绿素 a 含量比较

月份	年　份			相 对 改 善 率	
	2000（μg/L）	2001（μg/L）	2002（μg/L）	2002 年与 2000 年相比	2002 年与 2001 年相比
1	7.98	7.88	11.58	−0.45	−0.47
2	27.98	5.45	7.30	0.74	−0.34
3	20.92	7.98	24.78	−0.18	−2.10
4	22.62	3.76	52.73	−1.33	−13.04
5	41.25	10.28	30.80	0.25	−2.00
6	95.70	15.62	14.76	0.85	0.06
7	71.68	7.68	10.87	0.85	−0.42

续表

月份	年　份			相　对　改　善　率	
	2000 （μg/L）	2001 （μg/L）	2002 （μg/L）	2002 年与 2000 年相比	2002 年与 2001 年相比
8	112.30	42.30	11.94	0.89	0.72
9	35.22	17.40	—	—	—
10	14.90	48.34	31.60	−1.12	0.35
11	14.89	14.36	14.29	0.04	0.01
12	13.97	11.60	9.40	0.33	0.19
平均	39.96	16.05	18.34	0.54	−0.14

3. 西北区

与 2000 年相比，2002 年 3 月（调水中期）叶绿素 a 含量明显高于 2000 年（见表 13-12），调水停止后的 4 月也高于 2000 年，并且含量较高。这说明调水也可能会对西北区水体叶绿素 a 含量产生不利影响。停止调水后，该水域藻类叶绿素 a 含量逐步下降，7 月低于 2000 年，说明停止调水后西北区水体可自行恢复以往水质。10 月、11 月叶绿素 a 含量又高于 2000 年，但上升量较小，12 月叶绿素 a 含量与 2000 年相当。

表 13-12　　　　　　　　西北区 2000～2002 年叶绿素 a 含量比较

月份	年　份			相　对　改　善　率	
	2000 （μg/L）	2001 （μg/L）	2002 （μg/L）	2002 年与 2000 年相比	2002 年与 2001 年相比
1	13.10	12.80	6.78	0.48	0.47
2	51.70	8.65	6.90	0.87	0.20
3	7.50	11.29	61.90	−7.25	−4.48
4	21.10	1.58	80.95	−2.84	−50.07
5	63.20	27.48	61.75	0.02	−1.25
6	91.70	12.50	23.45	0.74	−0.88
7	93.10	95.70	12.30	0.87	0.87
8	87.40	11.44	30.02	0.66	−1.62
9	37.75	8.16	—	—	—
10	26.60	27.05	28.45	−0.07	−0.05
11	12.65	23.85	28.90	−1.28	−0.21
12	7.57	10.40	10.22	−0.35	0.02
平均	42.78	20.91	29.30	0.32	−0.40

4. 西南区

2002 年总体上藻类叶绿素 a 含量不高，均低于 16μg/L，且低于 2000 年、2001 年最大值（见表 13-13）。除了 3 月、4 月其余时段该湖区水体叶绿素 a 含量明显低于 2000 年，说明调水提高了水体的自净能力，调水停止后叶绿素含量略有改善。

表 13-13　　　　　　　　西南区 2000～2002 年叶绿素 a 含量比较

月份	年　份			相　对　改　善　率	
	2000 （μg/L）	2001 （μg/L）	2002 （μg/L）	2002 年与 2000 年相比	2002 年与 2001 年相比
1	7.71	15.12	1.95	0.75	0.87
2	6.94	4.88	5.11	0.26	−0.05

续表

月份	年　份			相　对　改　善　率	
	2000 (μg/L)	2001 (μg/L)	2002 (μg/L)	2002 年与 2000 年相比	2002 年与 2001 年相比
3	10.24	5.69	11.70	−0.14	−1.06
4	6.00	1.87	8.22	−0.37	−3.39
5	13.96	9.35	7.14	0.49	0.24
6	11.86	9.44	9.79	0.17	−0.04
7	19.88	19.48	10.06	0.49	0.48
8	25.32	8.68	8.00	0.68	0.08
9	23.32	10.19	—	—	—
10	22.12	16.54	12.67	0.43	0.23
11	12.95	6.75	15.67	−0.21	−1.32
12	7.69	5.51	6.09	0.21	−0.11
平均	14.00	9.46	8.03	0.43	0.15

5. 湖心区

湖心区叶绿素 a 除 4 月、6 月、11 月高于 2000 年外，2 月、3 月低于 2000 年，年最大值不但低于 2000 年，也低于 2001 年，月最高值最大为 13.0μg/L（见表 13-14）。

表 13-14　　　　　　　湖心区 2000~2002 年叶绿素 a 含量比较

月份	年　份			相　对　改　善　率	
	2000 (μg/L)	2001 (μg/L)	2002 (μg/L)	2002 年与 2000 年相比	2002 年与 2001 年相比
1	11.98	6.90	2.74	0.77	0.89
2	8.40	4.65	4.70	0.44	−0.01
3	16.85	8.94	14.95	0.11	−0.67
4	7.65	1.48	8.84	−0.15	−4.97
5	10.90	5.76	9.34	0.14	−0.62
6	4.20	5.70	6.08	−0.45	−0.07
7	15.80	13.30	8.28	0.48	0.38
8	14.30	3.61	9.88	0.31	−1.74
9	19.40	11.15	—	—	—
10	45.10	27.65	12.98	0.71	0.53
11	5.62	9.71	9.38	−0.67	0.03
12	7.52	7.38	6.76	0.10	0.08
平均	13.98	8.85	7.83	0.44	0.12

6. 东太湖

表 13-15 显示 2002 年 2 月、3 月叶绿素 a 含量低于 2000 年，调水停止的 4 月高于 2000 年，但相对而言叶绿素 a 含量并不高。就全年来看，虽然有 6 个月高于 2000 年，但在藻类易生长繁殖阶段，最大值不超过 10μg/L，低于 2000 年和 2001 年，这说明引江济太不会导致东太湖藻类含量的大幅度上升。

表 13 - 15　　　　　　　　　东太湖 2000～2002 年叶绿素 a 含量比较

月份	年　份			相 对 改 善 率	
	2000 （µg/L）	2001 （µg/L）	2002 （µg/L）	2002 年与 2000 年相比	2002 年与 2001 年相比
1	7.84	6.66	6.15	0.22	0.08
2	9.67	3.57	3.37	0.65	0.06
3	16.87	1.99	5.47	0.68	−1.74
4	5.27	3.34	9.34	−0.77	−1.80
5	7.43	7.53	9.63	−0.30	−0.28
6	6.87	6.17	5.48	0.20	0.11
7	2.23	7.76	6.86	−2.07	0.12
8	6.77	7.33	2.15	0.68	0.71
9	5.53	11.04	6.90	−0.25	0.38
10	10.10	6.86	4.28	0.58	0.38
11	10.62	4.75	18.40	−0.73	−2.87
12	3.96	10.72	5.99	−0.51	0.44
平均	7.76	6.48	7.00	0.10	−0.08

7. 湖东滨岸区

湖东滨岸区水生植被覆盖良好，藻类生物量一直较低，2002 年叶绿素 a 含量也较低（见表 13 - 16）。年均值为 7.12µg/L，比 2000 年低，但高于 2001 年。

表 13 - 16　　　　　　　湖东滨岸区 2000～2002 年叶绿素 a 含量比较

月份	年　份			相 对 改 善 率	
	2000 （µg/L）	2001 （µg/L）	2002 （µg/L）	2002 年与 2000 年相比	2002 年与 2001 年相比
1	5.83	10.21	13.33	−1.29	−0.31
2	6.63	3.07	6.07	0.09	−0.98
3	7.20	3.00	10.31	−0.43	−2.44
4	5.80	2.83	5.91	−0.02	−1.09
5	13.81	10.35	3.22	0.77	0.69
6	7.90	6.87	6.83	0.14	0.00
7	7.40	4.63	8.01	−0.08	−0.73
8	9.63	4.86	4.43	0.54	0.09
9	9.70	10.81	10.11	−0.04	0.07
10	10.53	4.64	5.98	0.43	−0.29
11	7.39	5.78	6.07	0.18	−0.05
12	4.66	4.42	5.15	−0.11	−0.16
平均	8.04	5.96	7.12	0.02	−0.43

13.2.2.7　调水对换水周期的影响

表 13 - 17 给出了太湖不同区域在 2002 年 1～4 月引江济太调水试验期间前后各区域水体换水周期的变化。梅梁湖因直湖港节制闸的作用，进入的水体减少，因此在太湖不引水时，其换水周期较长。按 2002 年 1～4 月梅梁湖湾口断面与大太湖水量交换计算，换水周期长达 807.41 天，引江济太调水后，换水周期缩短为 356.12 天，换水速率提高近 1.5

倍。西南区因 1～4 月降雨径流的减少，按 1～4 月控制断面水量交换计算得到的换水周期也很长，达 526.30 天，调水换水周缩短为 130.64 天，换水速率提高近 3 倍。由于贡湖为引江调水的通道，东太湖为出水通道，它们换水速率远高于其他区域，它们的换水速率分别提高了 3.5 倍和 9 倍。西北区因不在换水主流线上，其换水周期基本未发生变化。另外，湖东滨岸及湖心区换水速率提高幅度也较小。

表 13－17　　　　　2002 年 1～4 月调水对太湖各区域换水周期的影响　　　　　单位：d

湖区	梅梁湖	贡湖	湖东滨岸区	东太湖	西北区	西南区	湖心
引水	356.12	46.99	132.69	18.28	70.30	130.64	80.54
不引水	807.41	275.29	156.71	213.93	79.39	526.30	116.82

13.2.2.8　2002 年调水对水质的影响

1. 对总磷、总氮的影响

由于沿贡湖吞吐流方向设点相对较少以及缺乏对太湖西部上游地区顶托调查，从以上角度开展的分析还不能完全说明调水对太湖水体总磷、总氮含量的影响。为此，项目评估还进行了 2000～2002 年对应月份不同湖区总磷、总氮比较。

（1）贡湖。

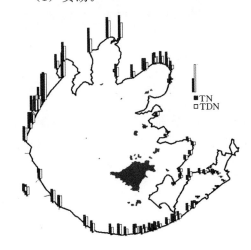

图 13－62　太湖环湖河道总氮、溶解性总氮含量的空间分布

总磷峰值被调水削减，年最高值均不超过 0.1mg/L，年变化峰值基本介于 2000 年和 2001 年总磷峰值之间，表明调水不会导致贡湖总磷的大幅度上升。

在调水期间及调水停止后的一段时间内，贡湖总氮明显高于 2000 年、2001 年，说明调水可引起贡湖水体总氮含量的上升。这主要是由于原来由西部入湖的水体到达贡湖时，已经经过太湖西部及湖心的水体净化作用，总氮已大幅度降低，到达贡湖水体总氮含量已处于较低水平。另一方面，尽管望虞河入湖水体总氮含量（2～3.5 mg/L）不及西部入湖水体（6～8mg/L）高（见图13－62），但它却高于贡湖水体总氮含量水平（0.5～2.0mg/L），而且无净化的缓冲区，故在直接引入贡湖后造成了贡湖水体总氮含量上升。

（2）梅梁湖。

在调水期间，梅梁湖总磷含量呈逐步上升趋势，停止调水逐步回落，说明引江济太对梅梁湖总磷含量有一定的不利影响，这可能是由于调水造成梅梁湖湾口区水位相对升高、阻止了梅梁湖与太湖其他水域的水体交换，从而导致梅梁湖水域总磷上升，但整个 2002 年总磷峰值并未超过 2001 年和 2000 年。因此从全年角度看，调水并未使梅梁湖总磷含量有明显的升高趋势。

梅梁湖总氮含量在调水期间变化和总磷类似，但升速较小，调水停止后，随时间变化与 2000 年及 2001 比并未有太大的差异,从全年角度来看调水也未使梅梁湖总氮含量大幅度升高。

(3) 西北区。

在调水期间水体总磷含量有上升趋势,2～4 月均维持在 0.10mg/L 以上,停止调水后仍维持在较高水平。产生此现象的原因主要是由于望虞河引水相对抬高了东部和湖心区水位,西北区的入湖水体与湖心区交换不畅,流域进入西北区域的水体难以向东部和湖心区域流动和扩散而滞留在西北区,进而造成西北区域水体总磷含量上升。调水停止后,东部及湖心水位相对下降,太湖重建西北部、湖心区、东部的水面坡降,大量被顶托在流域磷含量高的水体入湖,进而造成西北区水体总磷含量上升。2002 年,该区总磷含量仅有 3 个月低于 2000 年,在这 3 个月中,除未引水进太湖的 1 月值较低外,其他两月均较高,超过 0.15mg/L。

调水对西北区总氮含量变化的影响与总磷相似。在引水期间,该水域总氮的含量很高,超过 6.0mg/L,停止引水后总氮含量下降,且 2002 年大部分月份高于 2000 年。以上结果显示引江济太调水不利于该区与湖心水体交换,会导致西北区总磷和总氮上升。

(4) 西南区。

调水期间总磷含量明显低于 2000 年和 2001 年,调水停止后略有上升,这主要是由于西南区位于太湖的出水区,水体大部分来源于湖心区,总磷含量相对较低,另外加上该区域水体换水速度较快,使得该区水体总磷含量下降。

该区总氮含量变化和总磷变化特征相似,调水期间总氮含量比 2000 年和 2001 年低,调水停止后总氮也略有上升,但幅度较小。

(5) 湖心区。

调水期间该区总磷含量低于 2001 年。与 2000 年相比,虽部分月份高于 2000 年,但值相对较小,最高仅为 0.057mg/L。调水停止后湖心总磷也未明显上升,总氮含量在调水期间未见明显升高。可见引江济太调水对湖心总氮和总磷的影响较小。

(6) 东太湖。

由于东太湖位于引江济太出流区,调水期间东太湖总磷含量全部低于 2000 年和 2001 年,停止调水后,2002 年东太湖绝大多数月份水体总磷含量也低于 2000 年和 2001 年,说明调水有利于降低东太湖水体总磷的含量。

调水对总氮含量影响和总磷类似,与 2000 年及 2001 年相比,调水期间东太湖总氮含量下降,但调水停止后总氮含量有一定幅度上升。

(7) 湖东滨岸区。

调水期间总磷均低于 2000 年和 2001 年,说明调水可降低湖东滨岸区水体总磷含量,调水停止后该区域总磷含量未出现明显反弹,处于较低水平。调水停止后该区总氮也可维持在较低水平,说明引江调水也未使该区总氮含量上升。

以上分析结果表明引江济太调水对太湖总磷、总氮含量的影响在不同区域存在着较大差异。在梅梁湖及西北区,1～4 月调水降低氮磷含量的作用不显著。在湖心区,调水对氮、磷含量影响相对较小,水体总磷、总氮含量基本未发生明显变化。在东太湖,在 2002 年 2～3 月和 10～11 月引水期间水质各项指标较 2000 年同期有所改善,但其他月份则没有明显变化甚至有恶化现象。在西南区，调水可降低以上区域总磷和总氮含量，但是其他指标出现恶化的趋势。而在湖东滨岸区，2～4 月受调水影响总磷下降，但是总氮所受的影响相对较小。在贡湖，10～11 月期间水质受调水影响明显改善，而在 2～3 月引水期间总氮含量上升，但总磷含量变化较小。

2. 对水质类别的影响

根据高锰酸盐指数、透明度、总氮、总磷、叶绿素 a 等指标，按表 13-18 标准评价，获得 2000～2002 年春夏秋冬水质类别分布图（见图 13-63）。

表 13-18　　　　　　　　　　　太 湖 水 质 评 价 标 准

序号	参　　数	I	II	III	IV	V
1	pH 值			6.5～8.5		6～9
2	溶解氧（mg/L）	7.5	6.0	5.0	3.0	2.0
3	高锰酸盐指数（mg/L）	2	4	6	10	15
4	总磷（mg/L）	0.010	0.025	0.050	0.100	0.200
5	总氮（mg/L）	0.2	0.5	1.0	1.5	2.0
6	叶绿素 a（μg/L）	1	4	10	30	65
7	生化需氧量（mg/L）	3	3	4	6	10
8	挥发酚（mg/L）	0.002	0.002	0.005	0.010	0.100
9	氨氮（mg/L）	0.15	0.50	1.00	1.50	2.00
10	锌（mg/L）	0.05	1.00	1.00	2.00	2.00
11	氟化物（mg/L）	1.0	1.0	1.0	1.5	1.5
12	硒（mg/L）	0.01	0.01	0.01	0.02	0.02
13	砷（mg/L）	0.05	0.05	0.05	0.10	0.10
14	汞（mg/L）	0.00005	0.00005	0.00010	0.00100	0.00100
15	镉（mg/L）	0.001	0.005	0.005	0.005	0.010
16	铬（mg/L）	0.01	0.05	0.05	0.05	0.10
17	铅（mg/L）	0.01	0.01	0.05	0.05	0.10
18	氰化物（mg/L）	0.005	0.050	0.200	0.200	0.200
19	石油类（mg/L）	0.05	0.05	0.05	0.50	1.00
20	硫化物（mg/L）	0.05	0.10	0.20	0.50	1.00
21	粪大肠杆菌（个/L）	200	2000	10000	20000	40000

从图 13-63 可以看出，2000 年 1 月劣 V 类水占据太湖大部分水域，东太湖及湖东滨岸区为 V 类或 IV 类水，III 类水仅为胥江河口附近很小一块水域；2001 年 1 月劣 V 类水分布于太湖西部和梅梁湖，东部主要为 V 及 IV 类水；2002 年 1 月水质虽优于 2000 年，但是劣于 2001 年，贡湖湾内具有 IV 类、V 类、劣 V 类 3 种等级的水体。2002 年调水一个月后的 3 月，其水质与 1 月相比，劣 V 类水体明显向南扩张，V 类、IV 类水所占面积缩小，但东太湖仍为 III 类水，水质未发生明显变化；湖东滨岸区 IV 类水面积有一定程度的缩小；洞庭西山以南水质有所改善，出现了 IV 类水。与 2001 年相比，2002 年 3 月水质得到较大改善，除太湖北部为劣 V 类水外，南部、东部及东太湖水质普遍提高一个等级以上。

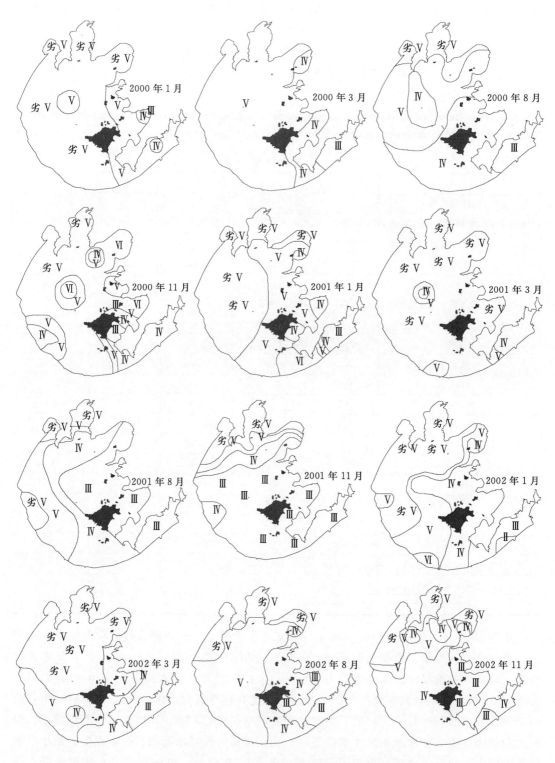

图 13-63 2000～2002 年太湖水质综合评价结果

2002 年引江济太停止调水 4 个月后（8 月）的水质与 3 月相比，劣 V 类水面积缩小，主要位于梅梁湖、西北区及贡湖，V 类水面积扩大，湖东滨岸区水质进一步变好。与 2000 年和 2001 年相比，竺山湖、梅梁湖水质未有太大变化，西北区、湖心水质则变差，但湖东滨岸区水质变好，东太湖水质仍为 III 类水。

2002 年引江济太试验秋季调水的 11 月与 8 月相比，原劣 V 类水分布的区域未发生显著变化，V 类水范围缩小。在太湖南部的 V 类水被 IV 类水取代，整个湖东滨岸区也全部转为 III 类水。与 2000 年比，2002 年 11 月水质明显提高，太湖南部 V 类水消失，贡湖水质也略有改善。而与 2001 年比，2002 年 11 月水质变差，主要表现为南部相差一个等级，但湖东滨岸区相似。

以上分析表明，2002 年引江济太调水未使梅梁湖、竺山湖及大浦口等区域水质产生明显的改善，太湖南部、湖东滨岸区及东太湖水质得到了一定改善。

13.2.2.9　调水对富营养化的影响

太湖各湖区富营养化程度较为严重，除了 2001 年的贡湖和西南区，2000 年和 2002 年的湖心区、湖东滨岸区的综合评价结果为中—富营养型，其他各个湖区在 2001～2002 年均处于富营养甚至重富营养状态。

监测表明：除了 2002 年西北区外，各个湖区在 2001 年与 2000 年相比和 2002 年与 2000 年相比的富营养程度有一定程度的改善，其中在 2001 年相对于 2000 年太湖各个湖区的水质改善相对更明显些，富营养化程度也有明显减轻，这主要是由于 2001 年属于平偏丰年代，水量较 2000 年和 2002 年更大些，这有利于稀释湖泊中的营养物质，太湖水质相对有所改善，其中又以贡湖、东太湖和梅梁湖的改善最为显著。

就富营养各单项指标而言，总磷和叶绿素 a 的变化最为显著，一般向减轻富营养化水平方向发展，相对而言总氮的变动则显得不是很敏感，对于总氮的改善较为有限，这可能是由于引江济太引入太湖的水本身的总氮含量相对较高，对于湖水中的氮稀释有限。总的来说，调水虽对富营养各项指标有一定的改善，但对局部湖区富营养的改善不明显，因此需对引江济太入湖水质进行控制、加大引水强度等，并对其中一些措施加以改进，这样才更有效的起到改善太湖水质的目的。

13.2.3　2003 年引江济太调水对太湖环境指标的影响

13.2.3.1　引江济太调水试验调水量

2003 年夏秋季调水试验始于 8 月 6 日，结束于 11 月 17 日。通过望虞河引入太湖的水量和通过太浦河向下游的排水量随时间的变化见图 13-64。从图中可以看出：8 月 6 日引水开始后引水量逐渐加大，8 月 14 日后随防汛压力的增加又逐渐减小，并于 8 月 21 日停止调水一天。8 月 6～21 日最大引水量为 1858 万 m³。8 月 22 日恢复引水，引水量逐日加大，因源水水质较差，11 月 4～5 日又暂停引水，期间最大日引水量为 2430 万 m³。11 月 6～17 日引水量较小，期间最大日引水为 914 万 m³。8 月 26 日以前，调水试验出湖水量与入湖水量相差不大，8 月 26 日以后，由于入湖水量的增加，净入湖水量逐日上升，至 10 月 29 日累计净引水量达到最大值，为 4.859 亿 m³。10 月 29 日以后随日引水量的减小和太浦河下泄水量的增加，净引水量也相应地呈缓慢下降趋势，试验结束时望虞河累计向太湖调水 11.09 亿 m³，太浦河向下游供水 6.60 亿 m³，累计净引水量为 4.49 亿 m³。

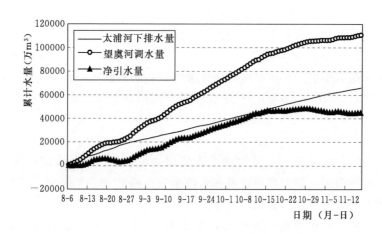

图 13-64   2003 年引江济太夏秋季调水试验调水量与太浦河排水量

13. 2. 3. 2   调水对太湖水位变化的影响

表 13-19 和图 13-65 为 2003 年夏秋季试验望虞河引水、太浦河向下游供水引起的太湖水位变化。从表中可以看出 2003 年 8～11 月（上半月）望虞河引水引起的太湖水位上升量均大于太浦河排水引起的太湖水位下降量。2003 年 8 月望虞河引水可使太湖平均水位上升 13.33cm，太浦河排水使太湖平均水位下降 9.16cm。如不考虑降雨、蒸发等因素对太湖水位变化的影响，水位理论上可以上升 4.17cm。9 月望虞河引水可使太湖水位平均上升 17.90cm，太浦河排水使太湖平均水位下降 7.38cm，水位理论上可以上升 10.52cm。10 月望虞河引水可使太湖水位平均上升 13.97cm，太浦河排水使太湖平均水位下降 8.12cm，水位理论上可以上升 5.85cm；11 月（上半月）望虞河引水可使太湖水位平均上升 2.24cm，太浦河排水使太湖平均水位下降 3.58cm，太湖水位理论上下降 1.35cm。调水试验引水累计改变水位 47.43cm，排水累计改变水位 28.25cm，引水水位累计改变量大于排水，净改变量 10 月 27 日前增加，以后稍有减少，累计净改变量为 19.19cm。

表 13-19   **2003 年望虞河、太浦河引供水引起的太湖水位变化**   单位：cm

月份	望虞河入流造成水位变化	太浦河出流造成水位变化	净引水量造成水位变化
8	13.33	9.16	4.17
9	17.90	7.38	10.52
10	13.97	8.12	5.85
11（上半月）	2.24	3.58	−1.35
累计	47.43	28.25	19.19

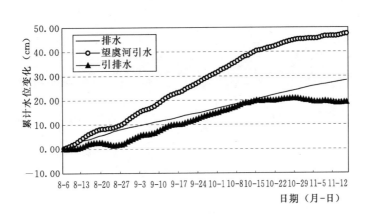

图 13-65　2003 年夏秋季调水试验引起的太湖平均水位的累计变化及净变化

13.2.3.3　引江济太调水试验引起的太湖物质收支变化

2003 年 8 月 6 日～11 月 17 日夏秋季调水试验引水带入和供水带出的太湖 COD_{Mn}、TP、TDP、TN、NH_3-N 量的变化过程详见图 13-66～图 13-70，期间带入和排出污染物量见表 13-20。

表 13-20　2003 年引江济太夏秋季调水试验带入和排出污染物量　　单位：t

污染物	COD_{Mn}	TP	TDP	NH_3-N	TN
出湖污染物量	3767.27	148.38	71.09	868.79	2884.47
入湖污染物量	3709.32	31.89	11.08	109.88	665.38
净入湖污染物量	57.94	116.49	60.02	758.91	2219.09

1. 高锰酸盐指数

从图 13-66 可以看出：8 月 15 日以前，高锰酸盐指数（COD_{Mn}）逐日净入湖量为正，说明调水试验增加了太湖 COD_{Mn} 负荷。8 月 15 日～9 月 25 日调水引起的太湖 COD_{Mn} 净收支有正有负，最大负值为 5.58t/d。9 月 26 日～10 月 19 日，调水造成的 COD_{Mn} 净收支为负值，表明调水有利于降低太湖 COD_{Mn} 负荷。

整个调水期间引入太湖的污染物 COD_{Mn} 总量为 3767.27t，排出 3709.32t，净排入 57.94t（见表 13-20）。就 COD_{Mn} 指标来说，引江济太调水引入的 COD_{Mn} 对太湖年负荷贡献很小，其入湖量仅占 2003 年环太湖河道入湖总量（68895.8t）的 5% 左右。

2. 总磷及溶解性总磷

图 13-67 表明：引江济太夏秋季试验调水引起的总磷输入与输出的和均为正值，输出量小于输入量。调水引起的总磷净收支变化过程主要受输入总磷过程控制，8 月 29 日净输入量为最大达 3.11t/d；溶解性总磷的输入特征和总磷相似（见图 13-68）。引江济太试验期间，总磷的总输入量和总输出量分别为 148.38t、31.89t，输入和输出太湖的溶解性磷总量分别为 71.09t、11.08t（见表 13-20）。

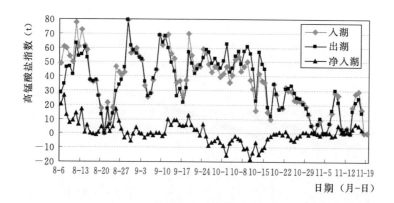

图 13－66　2003 年引江济太夏秋季调水试验期间带入和排出高锰酸盐指数量

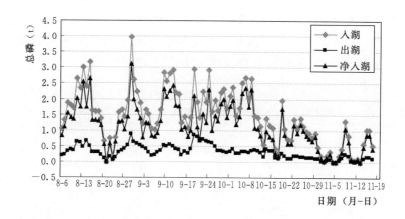

图 13－67　2003 年引江济太夏秋季调水试验期间带入和排出总磷量

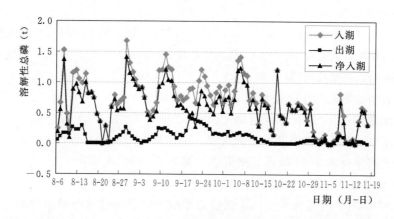

图 13－68　2003 年引江济太夏秋季调水试验期间带入和排出溶解性总磷量

总磷和溶解性总磷的净输入量分别为 116.49t、60.02t，它们是 1998 年江苏境内环湖 23 个断面的总磷输入量 8916.8t 的 1.306％和 0.67％；是 2003 年（17％保证率）太湖环湖总磷输入量 1837.23t 的 6.3% 和 3.3%；是 1987 年 6 月～1988 年 4 月（24% 保证率）环太湖河道总磷输入量 1988.53t 的 5.86% 和 3.02%；1988 年（70% 保证率）太湖环湖总磷输入量 1704.8t 的 6.83% 和 3.53%。入湖总磷量和三个典型年入湖量的最大比值仅为 6.83% 和 3.53%，相比而言，2003 年引江济太调水试验引入太湖总磷量较小。

3. 总氮

2003 年引江济太夏秋季试验引起的总氮净收支均为正值，其变化过程主要受入湖总氮量即入湖水量的影响（见图 13-69）。本次试验调水导致的进出湖总氮量分别为 2884.47t、665.38t，净引入太湖总氮量为 2219.09t。净入湖量占 1988 年江苏 23 条环湖断面总氮输入量 64871t 的 3.42%；1987 水文年（17% 保证率）26020.1t 的 8.53%；1987 年 6 月～1988 年 4 月（24% 保证率）28106.0t 的 7.90%；1988 水文年（70% 保证率）24267.15t 的 9.14%，2003 年 51365.73t 的 4.32%。

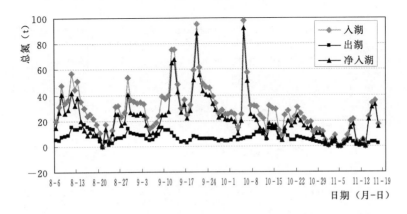

图 13-69 2003 年引江济太夏秋季调水试验期间带入和排出总氮量

4. 氨氮

望虞河引水和太浦闸向下游供水进入、排出太湖氨氮量的情况（见图 13-70）如下：9 月下旬和 10 月 4 日、5 日的氨氮入湖量较大，最大达到 68.16t/日，其余时段相对较少。由于太浦河出湖湖水氨氮含量较低，出湖湖水带走的氨氮量也相应较低。净入湖氨氮量变化过程基本和入湖氨氮量相似。

调水试验导致氨氮进出湖量分别为 868.79t、109.88t，净入湖氨氮量为 758.91t，分别占总氮入湖量、出湖量及净入湖量的 30.12%、16.51% 和 34.20%。

13.2.3.4 引江济太调水试验期间入湖水质及贡湖水质

2003 年夏秋季调水试验期间，望虞河入湖水质及贡湖湾顶、湾中及湾口水质参数 COD_{Mn}、TP、TDP、TN、NH_3-N 含量变化见图 13-71～图 13-75。

1. 高锰酸盐指数

从图 13-71 可以看出入湖水体高锰酸盐指数（COD_{Mn}）含量在引水初期 8 月 7 日较高，达 7.59mg/L，之后下降，到 8 月 18 日下降至 2.87mg/L，小于地面 Ⅱ 类水控制标准。8 月 25 日反弹升高至 4.91mg/L，仍满足地面 Ⅲ 类水控制标准。9～11 月 COD_{Mn} 含量在 2.36～4.47mg/L 之间。

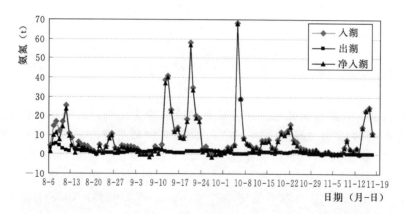

图 13-70　2003 年引江济太夏秋季调水试验期间进入和排出氨氮量

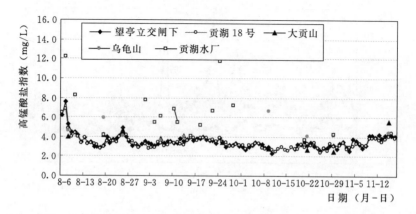

图 13-71　2003 年引江济太夏秋季调水试验期间入湖水体及贡湖水体高锰酸盐指数变化过程

贡湖湾顶区域 COD_{Mn} 变化趋势和入湖水体变化一致。湾中大贡山水域 COD_{Mn} 含量 8~10 月呈下降趋势，总趋势与入湖水体相似，最高为 8 月 25 日的 4.41mg/L，最低为 10 月 29 日的 2.53mg/L。但 11 月 COD_{Mn} 含量较高，达 5.59mg/L。湾口乌龟山附近水域 COD_{Mn} 含量在 9 月 25 日达到最高为 13.7mg/L，9 月 6 日达最低为 3.61mg/L，其变化特征和入湖水体 COD_{Mn} 的变化特征差异较大，说明乌龟山 COD_{Mn} 含量变化（特别是 9 月下旬）除受入湖水体影响外还受其他区域水体的影响。贡湖水厂附近水域 COD_{Mn} 含量在引水初期呈下降趋势，但 9 月 20 日以后又开始上升，至 9 月 30 日达最高值为 14.2mg/L，之后又呈下降趋势，与入湖水体变化差异较大，说明贡湖水厂附近水域 COD_{Mn} 含量和湾口一样，还受其他区域水体影响。

2. 总磷

2003 年夏秋季调水试验期间入湖水体总磷含量变化规律（见图 13-72）与 2002 年冬春季试验相比，差异明显。8 月引水开始后，入湖水体的总磷含量升降变化的频率较大，但总体趋势上持平。8 月 6 日水体总磷含量为 0.132mg/L，8 月 15 日上升至最高值 0.184mg/L（V类水），之后又逐渐下降，部分为未检出，水体平均总磷含量为 0.131mg/L。

贡湖湾顶水体总磷与 COD_{Mn} 一样，随入湖水体总磷含量的变化而变化，但峰值低于

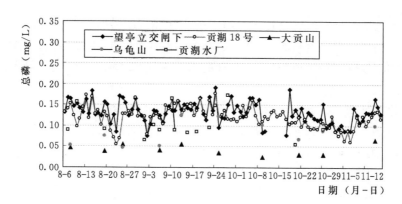

图 13-72　2003 年引江济太夏秋季调水试验期间入湖水体及贡湖水体总磷变化过程

入湖水体总磷含量。

　　湾中大贡山水体总磷含量 8 月 8 日为 0.046mg/L（Ⅲ类水），以后呈振荡下降趋势，至 10 月 9 日达 0.024mg/L，9 日以后缓慢上升，至 11 月 15 日升为 0.065mg/L，但远低于入湖水体。

　　湾口乌龟山区域水体总磷含量低于入湖水体，但比大贡山水域总磷含量要高。贡湖水厂总磷含量 9 月 10 日高于入湖水体，其余均低于入湖水体。

　　3. 溶解性总磷

　　入湖水体溶解性总磷含量在调水期间波动较大，存在几次明显的突变（见图 13-73）。第一次出现在 8 月 8 日前后，溶解性总磷含量由 8 月 6 日的 0.032mg/L 上升到 8 月 8 日的 0.134mg/L，后又下降到 8 月 10 日的 0.023mg/L。第二次出现在 8 月 23 日前后，溶解性总磷含量由 8 月 20 日的 0.082mg/L 下降到 8 月 23 日的 0.018mg/L，8 月 24 日又剧升至 0.138mg/L，随后几天又呈下降趋势。10 月下旬到 11 月上旬溶解性总磷含量又出现几次较大波动，波幅在 0.08mg/L 左右。

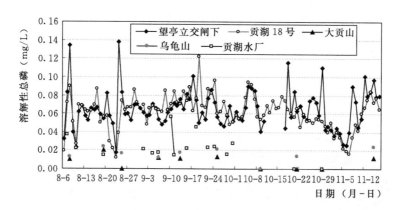

图 13-73　2003 年引江济太夏秋季调水试验期间入湖水体及贡湖水体溶解性总磷变化过程

　　贡湖湾顶水体溶解性总磷含量和入湖水体溶解性总磷含量的变化过程一致，但波动较小。

　　湾中大贡山溶解性总磷含量较低，均小于 0.02mg/L。湾口的乌龟山溶解性总磷含量较湾中大贡山稍高，最大值只有 0.024mg/L（8 月 19 日和 11 月 15 日）。贡湖水厂溶解性总磷含量也相对较低，最大值为 9 月 10 日的 0.056mg/L。

　　4. 总氮

　　总氮变化（见图 13-74）和 2002 年冬春季引江济太调水试验一样，引水初期入湖水体总氮含量较高，达 4.16mg/L（劣 V 类水），随引水时间增加逐步下降，10 天后降至 1.71mg/L（V 类水），此后虽稍有上升，但维持在 2.0mg/L 左右（劣 V 类水或 V 类水）。9 月中旬以后，入湖水体总氮含量波动较大，多数情况大于 2.0mg/L（劣 V 类水），最大值达到 6.5 mg/L（劣 V 类水）。

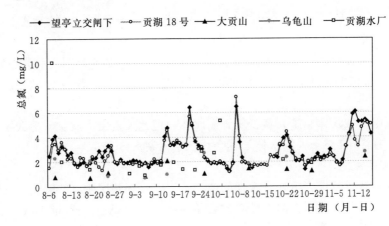

图 13-74　2003 年引江济太夏秋季调水试验期间入湖水体及贡湖水体总氮变化过程

　　湾口水域 TN 含量变化与入湖水体基本一致，多数情况大于 2.0mg/L（劣 V 类水），最大值达到 7.21mg/L（劣 V 类水），最小值为 1.17 mg/L（Ⅳ类水）。

　　湾中大贡山水体总氮含量较低，最低值为 0.66 mg/L（Ⅲ类水），10 次采样中只有 2 次稍高于 2mg/L（劣 V 类水）。

　　湾口的乌龟山总氮含量较湾中大贡山稍高，在 2mg/L 上下变化（劣 V 类水或 V 类水）。贡湖水厂总氮含量相对较高，多数情况介于 1～3mg/L 之间。

　　5. 氨氮

　　入湖水体及贡湖湾顶水体 NH_3-N 的变化和总氮的变化过程相似（见图 13-75），入湖水体及贡湖湾顶水体 NH_3-N 的含量多数情况下介于 0.05～2mg/L 之间，但最大值出现在 10 月 5 日，分别为 4.52 mg/L 和 5.67mg/L。但湾中及湾口 NH_3-N 变化与总氮不同，湾中和湾口水域 NH_3-N 的含量均低于 0.5mg/L（为Ⅱ类水或Ⅰ类水）。大贡山水域 NH_3-N 多数测点小于湾顶，湾口 NH_3-N 含量小于湾中水体。说明湾中和湾口水体 NH_3-N 含量受入湖水体的影响较小。

13.2.3.5　调水对水体碱性磷酸酶的影响

　　碱性磷酸酶是湖泊水生生态系统中一种重要的酶，在湖泊磷循环过程中具有关键的作用。研究表明，无论在贫营养或富营养的水体中，夏季水华暴发期间外部的无机磷的浓度

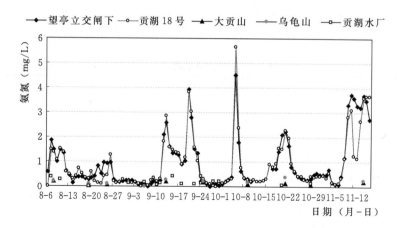

图 13-75　2003 年引江济太夏秋季调水试验期间入湖水体及贡湖水体氨氮变化过程

都非常低，常常成为藻类生长的限制性元素，此时藻类体内的碱性磷酸酶可被大量诱导产生，通过碱性磷酸酶的作用，水体中的有机磷被水解释放出无机磷，供藻类生长；而在磷浓度较高时，酶的活性反而受到抑制。由于引江济太调水试验引入水体磷的浓度相对较高，依照碱性磷酸酶特殊的"诱导—抑制"机制，水体磷营养的增加应会降低碱性磷酸酶的活性，从而降低磷的循环速率，使得藻类可利用磷不会因引入高磷浓度水体而增加。进而可能降低引江济太引入高磷浓度水体加重太湖藻类水华的风险。因此，弄清碱性磷酸酶活性的变化对于客观评估引江济太调水对太湖藻类生长及其水华的影响具有十分重要的意义。

1. 调水前后碱性磷酸酶活性

项目组于 2003 年 8～9 月在贡湖设置了一个监测断面，同时在梅梁湖附近、湖心及太湖南部设置测点若干（见图 13-76）。其中 1 号点位于贡湖湾口处，2 号、3 号、4 号点依次往下排，5 号点位于贡湖湾与梅梁湖接壤处，6 号点位于湖心，7 号、8 号点位于东太湖。2003 年 8 月 5 日（调水前）、8 月 13 日、8 月 17 日、9 月 13 日（调水后）分别对 1～5 号点采样并进行室内碱性磷酸酶活性的测定。结果见表 13-21、表 13-22。其中表 13-21 为 1～5 号点调水前后碱性磷酸酶活性的 V_{max} 值，从中可以看出，调水前贡湖碱性磷酸酶活性的 V_{max} 值自贡湖湾顶望虞河口至湾口逐渐降低。湾顶碱性磷酸酶活性的 V_{max} 值是湾口的 2 倍，随着江水的引入，贡湖水体碱性磷酸酶的活性发生变化。1 号点碱性磷酸酶活性的 V_{max} 值在引江前较高，8 月 13 日调水 8 天后明显下降，过后变化幅度较小。2 号点碱性磷酸酶活性的 V_{max} 值为振荡下降，9 月 13 日调水 38 天后碱性磷酸酶的 V_{max} 值明显低于调水前。3 号点的 V_{max} 值在调水前 8 天上升，开始调水后的第 12 天其值为调水前的两倍多，但随调水历时增加 V_{max} 值降低，38 天后 V_{max} 值小于调水前。4、5 号点因

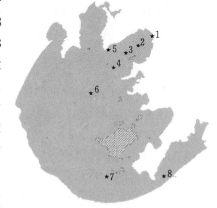

图 13-76　采样点位置

湾顶的碱性磷酸酶活性高的水体被引入的江水挤到湾口区域，因此碱性磷酸酶活性的 V_{max} 值逐步上升。

表 13-21　　　　　　　　调水前后碱性磷酸酶的 V_{max} 值　　　　单位：nmol/（L·min）

采样时间（月-日）	1	2	3	4	5	采样时间（月-日）	1	2	3	4	5
8-5	26.23	25.35	17.05	11.24	12.05	8-17	8.70	22.14	24.46	15.26	20.12
8-13	7.81	15.11	37.95	19.42	16.46	9-13	10.59	9.55	15.34	35.33	34.32

调水前及调水过程中贡湖 1～5 号点碱性磷酸酶的 K_m 值见表 13-22，由湾顶到湾口碱性磷酸酶活性的 K_m 值逐渐减小，其水平变化梯度和 V_{max} 值相反，调水后 K_m 值均上升，其中 4 号点上升最快，9 月 13 日调水 38 天后达 213.59μmol/L，是调水前的 5 倍，5 号点是调水前的 3 倍。

表 13-22　　　　　　　　调水前后碱性磷酸酶的 K_m 值变化　　　　　单位：μmol/L

采样时间（月-日）	1	2	3	4	5	采样时间（月-日）	1	2	3	4	5
8-5	20.90	11.56	26.82	45.60	16.37	8-17	45.85	78.13	27.32	68.28	27.92
8-13	72.69	44.97	48.85	130.54	47.23	9-13	48.81	37.84	48.99	213.59	53.34

2. 调水前后碱性磷酸酶活性变化对太湖藻类的影响

从图 13-77 的分析结果来看，调水期间碱性磷酸酶的活性随着正磷酸盐的波动出现明显的变化，随着长江水的不断引入，湖水也被往前推进，由于长江水的磷酸盐含量高于太湖水体，入湖口水体的正磷酸盐磷（PO_4^{3-}-P）明显上升，碱性磷酸酶的活性也明显降低；而远离湖口的 4 号、5 号附近水域磷酸酶活性升高，是由于 2 号、3 号点附近水域磷营养相对较低的湖水向里推进的缘故。这一现象与碱性磷酸酶特殊的"诱导-抑制"机制相吻合。威尼斯湖水总碱性磷酸酶活性与 SRP 之间，美国明尼苏达湖中浮游植物磷酸酶活性与细胞磷浓度之间（Maura A G，1985）以及武汉东湖溶解态磷酸酶活性（周易勇，1997）与磷酸盐浓度之间均有类似的关系。由此可见，引江济太虽然增加了太湖水体的磷营养盐，但碱性磷酸酶的活性有降低的趋势，使得太湖水体的 PO_4^{3-}-P 浓度保持稳定，从而抑制藻类水华暴发。

从酶动力学上讲，V_{max} 是酶内在催化速率的表征。K_m 值是对底物亲和能力的量度，其值越小，则对底物的亲和能力越强。因此，V_{max} 和 K_m 的比值能在总体上反映碱性磷酸酶的催化效率（周易勇，2001）。从图 13-78 的分析来看，太湖水体碱性磷酸酶的 V_{max}/K_m 值与叶绿素 a 含量具有极其相似的变化趋势，V_{max}/K_m 值越高，酶的催化效率高，大量有机磷被水解为无机磷，这样就可以提供充足的藻类可利用磷，以供藻类生长。藻类生长后，由于浮游植物是磷酸酶的主要合成者，又会大量诱导产生磷酸酶。由于酶的催化效率高的时候，可分解大量有机磷成正磷酸盐为藻类生长所利用，直到藻类长成需要一定时间，所以两者之间有一滞后现象。在瑞典 Erken 湖中，水体磷酸酶活性与叶绿素 a 含量也具有极相似的变化趋势（Pettersson W，1980）。韩国 Soyang 湖中碱性磷酸酶的活性与叶绿素 a 含量具有极其显著的正相关关系（Tac-Seok A，1993）。Heath 和 Cooke 观测到富营养化湖泊中磷酸酶的活性与藻类的繁盛同时出现（Heath R T，1975）。这些都在一定程度上解释了酶的动力学参数与藻类含量之间有密不可分的关系。

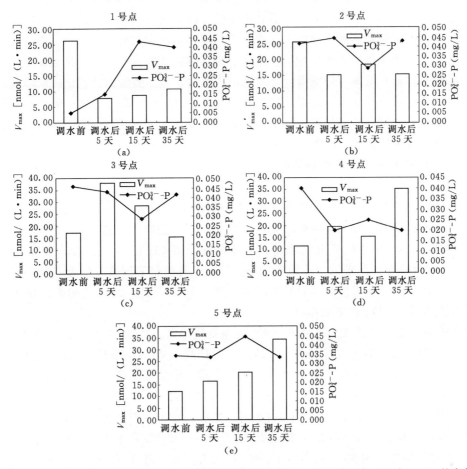

图 13-77　调水前后 JTB21~25 号点碱性磷酸酶活性的 V_{max} 与正磷酸盐（$PO_4^{3-}-P$）的变化

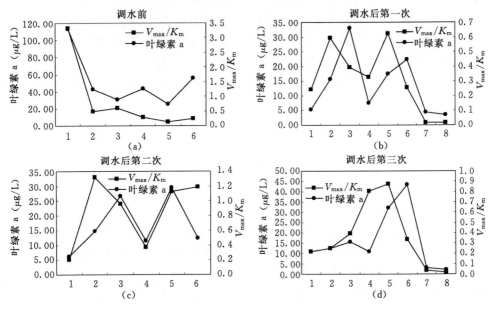

图 13-78　各监测点叶绿素 a 含量与 V_{max}/K_m 值之间的关系

由上述分析可知,引江济太调水后,由于碱性磷酸酶特殊的"诱导—抑制"机制,太湖贡湖湾水体的碱性磷酸酶活性的 V_{max} 值降低。同时碱性磷酸酶活性的 K_m 值升高,这可能与水体的水动力条件变化密切相关。这样造成水体碱性磷酸酶的总催化效率降低,因水体碱性磷酸酶的催化效率与叶绿素 a 含量呈正相关性,碱性磷酸酶的催化效率降低,叶绿素 a 含量也会相应地降低。所以引江济太虽然引入的总磷浓度高于太湖,但并没有加重太湖水体的藻华。从试验结果也可以看出,贡湖湾在受纳长江水后,藻华并没有大量暴发,除增加水体流动抑制藻类生长外,与碱性磷酸酶活性降低也有一定关系。

13.2.3.6 2003 年调水对水质的影响

1. 梅梁湖

从图 13-79 中可以看出 2003 年调水期间梅梁湖湖区的 COD_{Mn} 含量变化规律与 2000 年相似。调水初期的 8 月梅梁湖湖区 COD_{Mn} 含量为三年最高,达到 8.26mg/L,但随着引水量的不断增加,梅梁湖 COD_{Mn} 下降,9 月下降至 6.01mg/L,比 2001 年略高,低于 2000 年,10 月降至三年来的最小值 4.76mg/L,11 月虽稍有回升,但为三年来同月份中最低值。从以上近三年来梅梁湖的 COD_{Mn} 含量变化可以看出,2003 年的引江济太调水起到了降低梅梁湖 COD_{Mn} 含量的作用。

梅梁湖区的总磷含量变化规律与 COD_{Mn} 含量变化相似。但调水初始月份 8 月 TP 含量达 0.204mg/L,比 2000 年低 0.07mg/L。9 月、10 月持续下降,10 月下降至近年来的最低值,低于 0.1mg/L。11 月虽小幅上弹,但仍为三年来同月份的最低值。从梅梁湖总磷指标看,2003 年 8 月的引江调水试验促使了梅梁湖总磷含量的下降。

梅梁湖总氮含量 2003 年 8~11 月变化趋势与 2000 年、2001 年相似,调水初期的 8 月总氮含量高于 8 月,但随调水时间增加,梅梁湖水体总氮的含量也不断下降,10 月达引江期间的最低值,也为近三年相应月份的最低值,11 月同 2000 年、2001 年一样呈上升趋势,但是升幅明显低于 2000 年、2001 年。因此 2003 年 8~11 月引江也有利于降低梅梁湖的总氮含量。

2003 年 8~11 月调水期间梅梁湖区的氨氮含量介于 0.43~1.11mg/L 之间,除 9 月高于 2001 年外,其他月份均为近三年来相应月份的最低值或接近最低值。

梅梁湖区 2003 年 8 月、9 月的叶绿素 a 含量较高。8 月比 2000 年同期略低,9 月虽为三年最高,但与调水初期相比下降,说明调水对促使梅梁湖叶绿素 a 含量下降具有一定作用。

2. 西北区

从图 13-80 中可以看出,2003 年西北区的 8 月 COD_{Mn} 含量为 7.18mg/L,超过了地面水Ⅲ类水标准。9 月含量上升,但 10 月又下降至 5.99mg/L。与往年相比,虽 2003 年 9 月 COD_{Mn} 含量为近三年最高,但 10 月、11 月含量均介于近三年该区域 COD_{Mn} 变化范围之内。

2003 年 8~11 月调水期间总磷含量随月份变化有增有降,总磷含量介于 2000 年、2001 年、2002 年相应月份总磷含量变化范围以内。

西北区 2003 年调水期间总氮随月份变化趋势与 2001 年基本一致,即 8 月、9 月、10 月浓度为年内低值,11 月、12 月明显升高,但 2003 年上升的速度较慢,11 月总氮含量为三年中最低。

调水期间氨氮随月份变化趋势类同总氮,但 2003 年 8~11 月为近三年最低值。

西北区 2003 年 8 月叶绿素 a 含量为 27.96μg/L,与 2001 年相当,低于 2000 年。9 月叶绿素 a 含量明显升高,达 138μg/L,但 10 月又大幅下降,但仍然高于 2000 年和 2001 年。

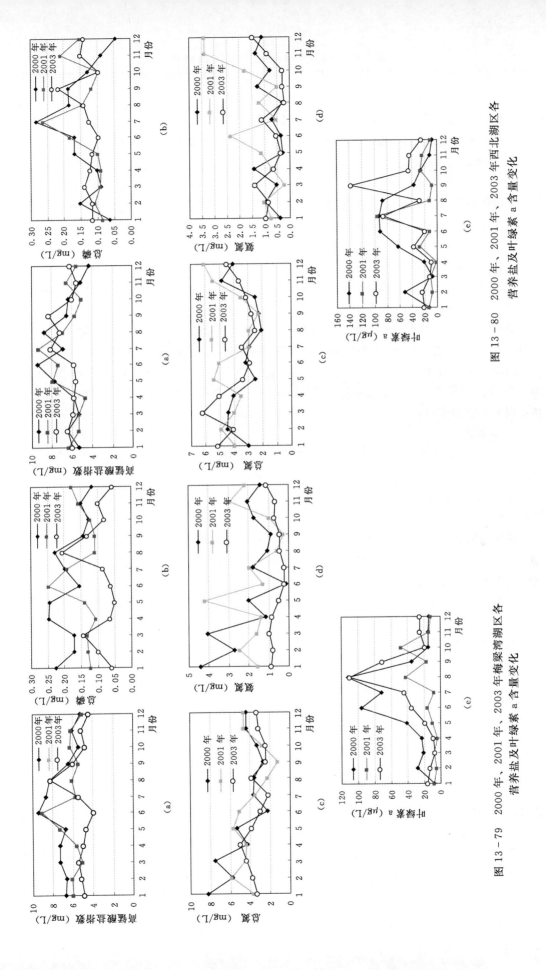

图 13-80 2000年、2001年、2003年西北湖区各营养盐及叶绿素 a 含量变化

图 13-79 2000年、2001年、2003年梅梁湾湖区各营养盐及叶绿素 a 含量变化

西北区调水期间水质的变化表明：2003 年夏秋季节引江济太调水对西北区水质影响明显与 2002 年调水不同，引江济太调水对西北区水质有一定的改善作用，氨氮改善作用较为明显，基本未出现营养盐含量因调水而升高的情况，但是对藻类暴发起不到抑制作用。

3. 西南区

图 13-81 为西南区 COD_{Mn}、总磷、总氮、氨氮及叶绿素 a 含量调水期间的逐月变化。从图中可以看出，2003 年 8 月调水初期西南区 COD_{Mn} 本底含量较高，为 4.89mg/L，比 2000 年高出 0.77mg/L。但随着调水时间的增加，西南区 COD_{Mn} 含量下降，10 月、11 月下降至 4.0mg/L 以下，低于 2000 年的含量，说明 2003 年的调水在降低了西南区水体 COD_{Mn} 含量方面发挥了重要作用。

与 COD_{Mn} 含量变化趋势相似，西南区 8 月总磷含量也较高，但 9 月、10 月也快速下降，11 月虽有所回升，但低于 2000 年。

总氮含量 2003 年 8～11 月与 2001 年相似，呈显著下降趋势，下降幅度更大。2003 年 8 月稍高于往年，9 月、10 月与 2000 年、2001 年基本持平，11 月总磷含量低于 2000 年。

西南区氨氮含量 2003 年 8～10 月呈缓慢下降趋势，11 月有所回升，而 2000 年、2001 年均为上升趋势。从变化趋势上看，2003 年引江期间对西南区氨氮含量处于较低水平发挥了一定的作用。

4. 湖心区

从图 13-82 中湖心区 COD_{Mn} 含量近四年 8～11 月变化曲线可以看出，2003 年 8～11 月湖心区 COD_{Mn} 含量呈跳跃式变化。8 月较 2000 年、2001 年高，随着引水量的增加，9 月下降至 3.89mg/L，为三年最低，满足地面水 II 类水标准。但 10 月反弹上升，11 月又下降，值为 4.31mg/L。

该区总磷含量 2003 年 8 月为 0.098mg/L，分别比 2000 年、2001 年高出 0.29mg/L、0.53mg/L，到 9 月下降至 0.049mg/L，比 2001 年略高，低于 2000 年。10 月之后总磷含量呈缓慢上升趋势，11 月为 0.062mg/L，高于 2000 年和 2001 年同期。总氮 2003 年 8 月较高，为 2000～2003 年之最。9 月下降为三年最低，之后又呈上升趋势，总变化趋势与总磷相同。

湖心区氨氮含量 2003 年 8～10 月基本稳定，11 月明显升高，且上升幅度较大，从图中可以看出，2003 年 8 月、9 月、11 月为三年最高，10 月稍低于 2001 年，其中 11 月上升幅度较大，为 0.408mg/L，但仍满足 II 类水。

2003 年 8 月湖心区叶绿素 a 含量较高，远远大于 2000 年和 2001 年湖心区的含量，但调水后湖心区下降幅度很大，9 月降至 2000 年同期水平，稍高于 2001 年。10 月份则大幅低于 2000 年和 2001 年。

5. 东太湖

从图 13-83 中可以看出，东太湖 2003 年 8～11 月 COD_{Mn} 含量介于 3.57～4.04mg/L 之间，为 II 类水，与 2000 年、2001 年基本持平。总体来说，东太湖 COD_{Mn} 含量低于其他湖区。

总磷含量在 0.024～0.037mg/L 之间，其水平与 2000 年相当，略高于 2001 年。单从 2003 年来看，8 月、9 月总磷含量基本稳定，10～11 月则呈明显下降趋势。

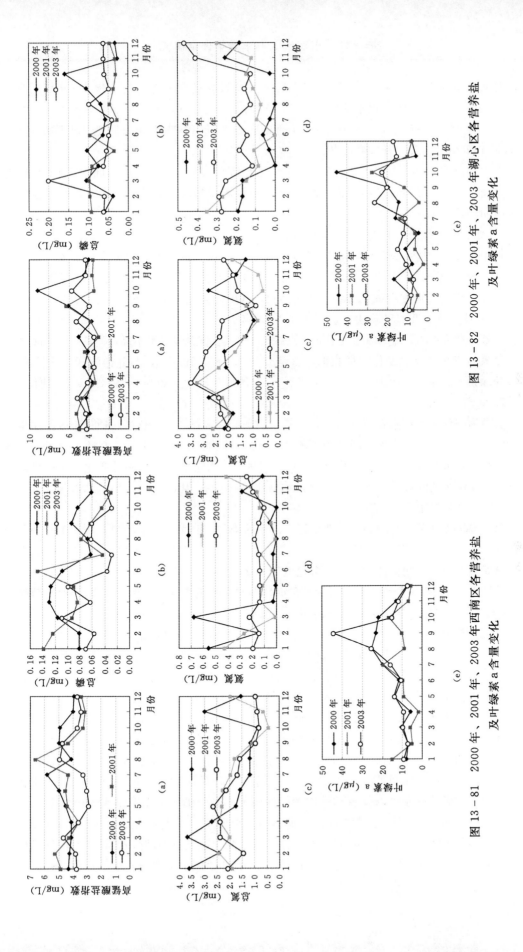

图 13-82 2000 年、2001 年、2003 年湖心区各营养盐
及叶绿素 a 含量变化

图 13-81 2000 年、2001 年、2003 年西南区各营养盐
及叶绿素 a 含量变化

总氮含量总体水平与往年相当，引水后 9 月总氮含量呈下降趋势，但 10 月呈上升趋势，11 月又下降，总体变化不大。

氨氮含量 2003 年 8 月、9 月、10 月远高于 2000 年和 2001 年，但是呈下降的趋势。11 月低于 2000 年，但高于 2001 年。

东太湖叶绿素 a 含量 2003 年 8～9 月变化趋势与 2000 年相当，稍低于 2000 年，与 2001 年相比有明显好转，11 月则明显低于 2000 年和 2001 年同期。总体上看叶绿素 a 随调水时间的增加而下降。

6. 湖东滨岸区

从图 13－84 中可以看出，湖东滨岸区 COD_{Mn} 含量 2003 年 8～10 月变化缓慢，低于 2000 年，稍高于 2001 年。但 11 月与 10 月相比上升幅度较大，为近三年的最高值。

该区总磷含量调水期间的逐月变化趋势和 COD_{Mn} 含量相似，前三个月总磷浓度基本稳定，11 月总磷上升速度较快，但仍低于 2000 年。

总氮先降后升，上升的幅度大于下降的幅度，但其总体含量水平不高，均低于 1.6mg/L。

氨氮的变化和总氮变化特征相似，含量介于 0.1～0.2mg/L，与其他湖区相比较低。

叶绿素 a 含量 8～10 月与 2000 年接近，11 月则明显高于 2000 年和 2001 年同期。

7. 贡湖

贡湖为引江济太调水直接受水区，由长江引来的江水首先进入该区，通过该区的水生植被与生态系统的作用后进入太湖其他区域。图 13－85 为该区域 COD_{Mn}、总磷、总氮、氨氮及叶绿素 a 调水期间的逐月变化及与 2000 年、2001 年相应指标全年逐月变化。从中可以看出整个引江调水期间各月水体 COD_{Mn} 含量均低于 2000 年，但高于 2001 年，总磷含量也呈现相似特征，其值低于 2000 年，但高于 2001 年。

总氮含量先降后升与湖心区、西南区、湖东区类似，8 月高于 2000 年，9～11 月均低于 2000 年，但高于 2001 年。

氨氮整个引江期间保持稳定，其含量低于 2000 年。

叶绿素 a 8 月含量很高，但是随引江的时间与总水量的增加，叶绿素 a 含量则快速降低，9～11 月水体叶绿素 a 含量均降至 20μg/L 以下。

以上分析表明：

（1）2003 年 8～11 月引江济太调水试验共向太湖引水 11.09 亿 m^3，通过太浦河向下游地区供水 6.60 亿 m^3。不考虑其他河道的影响时，调水使太湖水量净增加 4.49 亿 m^3，可使太湖水位平均升高 19.19cm，水深平均增加 19.19cm。

（2）引江济太引水及通过太浦河向下游供水，虽使 57.94tCOD_{Mn}、116.49t 总磷、60.02t 溶解性磷以及 2219.09t 总氮等滞留太湖，但这些量占保证率为 70% 的枯水年入太湖物质总量的比率，最大总氮仅为 9.14%，总磷仅为 6.83%。特别是，碱性磷酸酶活性实验表明，引入的江水可使贡湖水域碱性磷酸酶活性下降，降低太湖磷周转速率，且引水入湖增加了贡湖等受水区水体流动，因此引江济太有利于抑制太湖蓝藻水华的发生。

（3）2003 年 8～11 月引江调水降低了梅梁湖、西北区、西南区等水域 COD_{Mn}、总磷、总氮、氨氮、叶绿素 a 含量，使湖心区、东太湖、湖东滨岸区及贡湖部分水质指标也得以改善。总体而言，2003 年 8～11 月引江调水试验改善了太湖水质的作用，调水产生的不利影响较小。

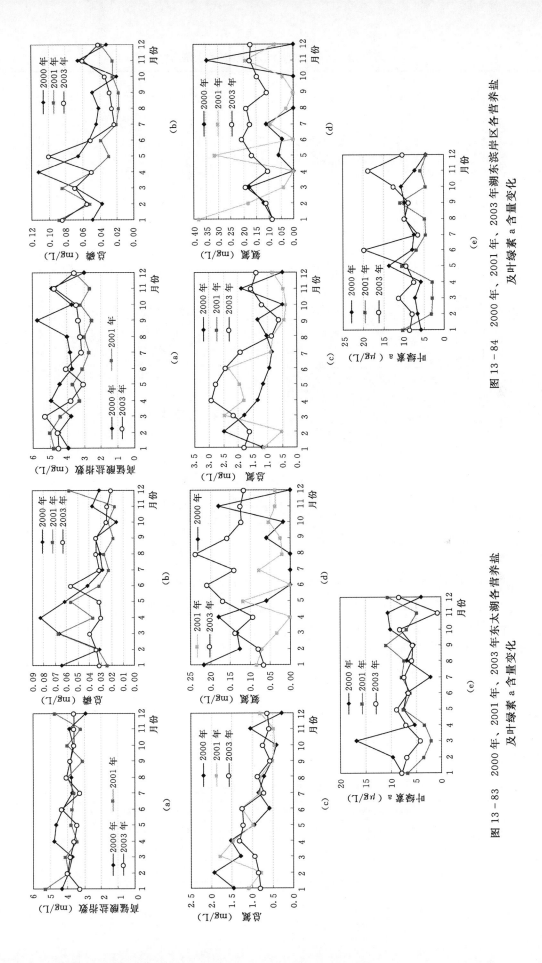

图 13-84 2000 年、2001 年、2003 年湖东滨岸区各营养盐
及叶绿素 a 含量变化

图 13-83 2000 年、2001 年、2003 年东太湖各营养盐
及叶绿素 a 含量变化

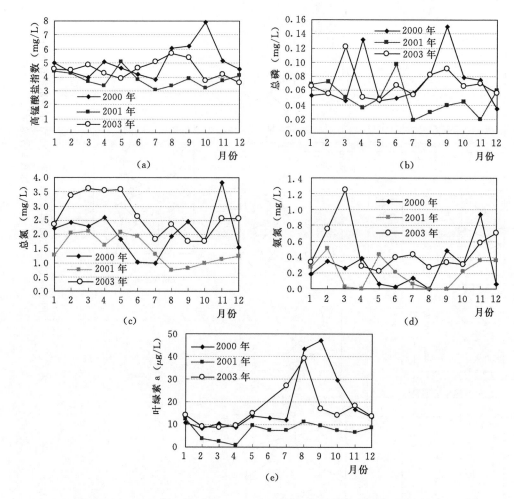

图 13-85　2000 年、2001 年、2003 年贡湖各营养盐及叶绿素 a 含量变化

（4）2003 年引江济太调水试验起到了改善太湖水环境的效果，总体而言明显好于 2002 年 1～4 月的效果，且影响或改善区域也有别于 2002 年 1～4 月的调水，这固然和调水量有一定联系，但和调水时的季节及水情特征也有很大关系。

13.2.3.7　调水对富营养化的影响

前述各节分析了 2003 年调水对太湖污染物输入、水位、水质要素、换水周期、碱性磷酸酶活性、水质参数的影响，本节将从人们普遍关注的富营养化方面分析 2003 年调水对太湖的影响。表 13-23 和表 13-24 为太湖七个湖区富营养化得分相对枯水年 2000 年和 2001 年变化。

表 13-23　　　　　　　　调水对东太湖富营养化评分影响

月　份	2003 年相对 2000 年					2003 年相对 2001 年				
	TN	COD$_{Mn}$	TP	Chla	综合	TN	COD$_{Mn}$	TP	Chla	综合
1	−8.38	−7.90	−7.75	−14.53	−9.64	−1.06	−7.78	−17.68	−11.06	−9.40
2	−11.06	−6.60	−2.90	−8.32	−7.22	0.24	−6.07	−1.58	2.82	−1.15

续表

月　份	2003 年相对 2000 年					2003 年相对 2001 年				
	TN	COD$_{Mn}$	TP	Chla	综合	TN	COD$_{Mn}$	TP	Chla	综合
3	0.17	−0.01	−4.12	−12.30	−4.06	−1.63	−1.47	−3.16	9.80	0.89
4	0.21	−4.95	−9.12	0.39	−3.37	0.94	−0.19	1.07	11.79	3.40
5	7.44	−6.62	−3.53	−1.15	−0.97	4.05	−4.03	−5.69	−0.97	−1.66
6	19.14	−2.76	−0.91	−7.40	2.02	0.50	−1.56	−0.46	−1.20	−0.68
7	3.57	−3.02	−3.48	3.77	0.21	7.21	−2.15	−0.08	−1.28	0.92
8	5.69	−0.64	−0.60	1.41	1.46	6.89	0.13	2.33	3.92	3.32
9	−0.39	−1.81	3.25	−2.30	−0.31	3.44	2.28	6.70	−3.20	2.31
10	5.84	−1.46	3.64	−3.23	1.20	5.78	−1.34	−0.37	−1.30	0.69
11	−5.45	−0.50	−0.45	−2.51	−2.23	5.87	1.62	5.01	−0.47	3.01
12	4.92	−1.73	−3.91	4.92	1.05	−2.32	−6.14	−7.13	−2.46	−4.51
调水后平均	2.12	−1.23	0.38	−0.34	0.23	3.93	−0.69	1.31	−0.70	0.96

表 13－24　　　　　　　　　　　　　调水对贡湖富营养化评分影响

月　份	2003 年相对 2000 年					2003 年相对 2001 年				
	TN	COD$_{Mn}$	TP	Chla	综合	TN	COD$_{Mn}$	TP	Chla	综合
1	−3.20	−2.98	−1.58	−17.75	−6.38	0.90	−1.42	−6.94	−18.87	−6.58
2	−0.06	−1.98	−2.34	−4.93	−2.33	−1.16	−2.79	−7.65	8.22	−0.84
3	−0.39	−3.37	−1.40	−8.48	−3.41	0.65	−2.81	−0.54	1.66	−0.26
4	0.88	−4.74	−14.86	−6.15	−6.22	3.36	−0.44	−1.58	17.62	4.74
5	3.12	−5.42	−6.31	−6.10	−3.68	2.01	−6.00	−4.29	0.54	−1.93
6	3.39	−3.31	−1.41	−0.13	−0.37	−0.23	−1.34	−7.38	15.60	1.66
7	1.02	−1.00	−5.60	−2.11	−1.92	0.41	1.87	0.49	4.96	1.93
8	−1.14	−4.23	−2.00	−4.74	−3.03	3.38	2.31	7.75	8.75	5.55
9	−2.58	−5.60	−8.57	−11.00	−6.94	6.29	−0.39	5.04	2.51	3.36
10	0.80	−9.32	−0.12	−8.17	−4.20	2.35	0.46	3.43	−0.07	1.54
11	−4.42	−3.37	−0.79	1.46	−1.78	2.70	−0.02	7.57	7.59	4.46
12	2.31	−5.89	3.36	−2.11	−0.58	0.66	−5.17	−4.01	4.79	−0.93
调水后平均	−1.00	−5.68	−1.62	−4.91	−3.31	3.08	−0.56	3.96	4.71	2.80

1. 东太湖

2003 年调水对东太湖总氮、总磷富营养化单项评分具有一定负面影响，表现在调水后 8～12 月富营养化得分的和均高于 2000 年和 2001 年。但是调水对东太湖高锰酸盐指数、叶绿素 a 富营养化单项评分具有正面影响，调水后 8～12 月富营养化得分的和均小于 2000 年和 2001 年。整体而言对东太湖富营养化的影响是负面的，但是影响不大，2003 年 8～12 月富营养化综合评分仅比 2000 年、2001 年分别高 1.17 分和 4.81 分。

2. 贡湖

用枯水年 2000 年作参照标准，调水对减轻贡湖富营养化具有正面影响，降低了总氮、总磷、高锰酸盐指数及叶绿素 a 富营养化单项得分，总氮、总磷、高锰酸盐指数及叶绿素 a 调水后 8～12 月富营养化综合得分的和比 2000 年分别低 5.03 分、28.41 分、8.12 分和 24.56 分，综合评分 16.53 分，相差一个级别。但是与 2001 年比，仅高锰酸盐指数富营养化评价得分下降，总氮、总磷及叶绿素 a 富营养化评价得分均上升，且上升的幅度较大。综合评分上升 13.98 分，幅度也较大。出现该情况的重要原因是 2001 年 7～9 月太湖降雨较多，水位较高，贡湖为出流区，水质相对较好。

3. 湖东滨岸区

以 2000 年为基准，2003 年调水对总氮、总磷和叶绿素 a 的富营养化评价得分为负面影响（见表 13-25），调水后各月富营养化评价分值和分别上升 26.63 分、13.76 分和 26.44 分；但是调水对高锰酸盐指数富营养化评价得分具有正面影响，其分值除 8 月和 10 月微小上升外，其余均降低。该湖区富营养化综合评分，调水后各月均上升，最大上升 7.86 分，最小上升 1.21 分。与基准年 2001 比较，调水后除 11 月高锰酸盐指数和总磷富营养化评分下降外，其余各月均上升。

表 13-25　　　　　　　　　　调水对湖东滨岸区富营养化评分影响

月　份	2003 年相对 2000 年					2003 年相对 2001 年				
	TN	COD$_{Mn}$	TP	Chla	综合	TN	COD$_{Mn}$	TP	Chla	综合
1	0.45	−4.62	−0.62	−14.55	−4.84	1.78	−6.96	−7.45	−21.74	−8.59
2	−4.20	−6.50	−0.35	−1.81	−3.21	14.29	−7.97	−5.07	6.62	1.97
3	−0.14	−3.60	−4.77	−2.72	−2.81	−2.70	−5.42	−7.50	6.94	−2.17
4	2.99	−7.25	−14.46	−0.19	−4.73	1.32	−1.47	−4.03	7.78	0.90
5	4.02	−8.04	−2.50	−5.92	−3.11	0.40	−5.85	7.59	−3.76	−0.40
6	6.89	−3.29	−3.41	5.49	1.42	−2.24	−0.02	1.11	7.25	1.52
7	6.84	−4.86	−6.23	3.07	−0.30	6.05	0.80	3.59	25.89	9.08
8	3.11	0.48	4.12	7.42	3.78	7.29	5.05	15.00	15.52	10.72
9	−5.17	−5.40	−0.01	3.63	−1.74	12.01	6.52	13.98	2.61	8.78
10	15.53	0.18	10.53	1.21	6.86	18.57	2.83	7.61	10.64	9.91
11	−1.53	−1.38	−1.08	7.86	0.97	16.82	7.63	10.91	10.59	11.49
12	14.68	−2.02	0.21	6.32	4.80	7.14	−5.19	−2.14	6.72	1.63
调水后平均	5.33	−1.63	2.75	5.29	2.93	12.37	3.37	9.07	9.22	8.51

4. 湖心区

与基准年 2000 年比，2003 年 8 月 6 日调水后 8 月湖心区总氮、总磷、高锰酸盐指数、叶绿素 a 富营养化评分高于 2000 年（见表 13-26），但分值低于 4.5 分，综合得分仅高 2.52 分；9 月、10 月大部分总氮、总磷、高锰酸盐指数、叶绿素 a 富营养化得分低于 2000 年，综合评分均低于 2000 年，11 月总氮、高锰酸盐指数富营养化评分下降，总磷和叶绿素 a 评分上升，综合评分上升 0.82 分，差距不大。计算到 12 月底，总体而言调水对湖心区富营养化有一定负面影响，但是对总磷和高锰酸盐指数有正面影响，影响最大的因素为叶绿素 a。与基准年 2001 年比，调水对湖心区富营养化的影响是负面的。

表 13 - 26　　　　　　　　　　　调水对湖心区富营养化评分影响

月　份	2003 年相对 2000 年					2003 年相对 2001 年				
	TN	COD$_{Mn}$	TP	Chla	综合	TN	COD$_{Mn}$	TP	Chla	综合
1	−1.94	−2.20	−0.79	−15.54	−5.12	−0.75	−3.04	−9.09	−18.02	−7.72
2	−1.73	−1.89	−1.12	−5.06	−2.45	0.10	−3.47	−6.80	7.01	−0.79
3	−1.14	−0.46	−3.24	−5.82	−2.66	1.26	−1.27	−2.53	0.27	−0.56
4	4.25	−2.00	−8.47	−2.14	−2.09	2.55	0.75	−2.22	15.95	4.26
5	3.43	−4.67	−5.90	−2.75	−2.47	1.61	−4.48	0.38	3.34	0.21
6	3.74	−3.48	−4.45	−1.14	−1.33	0.85	−2.22	−9.40	9.06	−0.43
7	2.45	−4.16	−7.38	−2.15	−2.81	1.61	0.50	−2.16	1.23	0.30
8	2.17	0.63	2.80	4.50	2.52	2.94	2.70	8.03	16.91	7.64
9	−1.78	−2.58	−5.72	2.23	−1.96	2.07	−2.04	3.82	10.10	3.49
10	1.41	−2.89	−3.51	−2.64	−1.91	6.47	2.76	3.16	−0.45	2.98
11	−0.57	−1.96	1.35	4.44	0.82	2.29	1.69	5.50	7.21	4.18
12	1.92	−0.63	2.03	5.00	2.08	0.78	−0.76	−1.54	8.06	1.64
调水后平均	0.63	−1.48	−0.61	2.71	0.31	2.91	0.87	3.79	8.36	3.99

5. 梅梁湖

2003 年除了起调水月 8 月总氮、总磷、高锰酸盐指数富营养化评分比基准年 2000 年高外，其他月（9～12 月）均低于基准年 2000 年，但值得注意的是叶绿素 a 富营养化评分在 9 月和 11 月高于 2000 年，综合评分在 10～12 月低于 2000 年（见表 13 - 27）。与 2000 年比，总体而言调水降低了梅梁湖富营养化。与 2001 年比，调水除对叶绿素 a 富营养化得分具有不利影响外，对富营养化综合评分总体影响是正面的，10～12 月富营养化评分均低于 2001 年。

表 13 - 27　　　　　　　　　　　调水对梅梁湖富营养化评分影响

月　份	2003 年相对 2000 年					2003 年相对 2001 年				
	TN	COD$_{Mn}$	TP	Chla	综合	TN	COD$_{Mn}$	TP	Chla	综合
1	−15.13	−8.82	−19.26	−11.50	−13.68	−3.43	−7.32	−11.48	−10.42	−8.16
2	−10.47	−8.46	−13.21	−14.65	−11.70	−6.72	−7.22	−4.61	3.20	−3.84
3	−9.92	−10.52	−11.35	−16.25	−12.01	−3.73	−6.81	−7.01	−11.91	−7.37
4	−3.95	−10.01	−25.58	−16.38	−13.98	−1.19	−5.00	−8.14	8.28	−1.51
5	−5.29	−11.40	−23.14	−11.38	−12.81	−7.65	−13.44	−16.13	−0.57	−9.45
6	−0.84	−15.35	−12.17	−13.34	−10.43	−7.11	−14.51	−18.66	5.38	−8.73
7	−5.74	−11.45	−16.00	−6.42	−9.90	−4.12	−5.38	−13.75	4.74	−4.63
8	2.47	1.39	3.46	−0.46	1.71	4.04	6.79	16.25	10.40	9.37
9	−0.15	−3.00	−1.72	5.24	0.09	2.74	−3.08	2.37	13.96	4.00
10	−0.64	−2.95	−4.58	−2.58	−2.69	−0.54	−2.93	−3.19	−9.05	−3.93
11	−3.09	−3.16	−3.41	4.52	−1.28	−6.11	−2.94	−6.24	2.76	−3.13
12	−5.28	−7.86	−7.44	−0.71	−5.32	−7.67	−7.30	−15.66	3.48	−6.79
调水后平均	−1.34	−3.12	−2.74	1.20	−1.50	−1.51	−1.89	−1.29	4.31	−0.10

6. 西北区

2003 年调水，西北区总氮富营养化评分 8 月、9 月高于 2000 年，其中 9 月高出的分值很低，仅为 0.26 分，10 月、11 月低于 2000 年，12 月略高于 2000 年，8～12 月总体而言，总氮富营养化得分低于 2000 年（见表 13-28）。高锰酸盐指数富营养化评价得分 8～11 月低于 2000 年，停止调水后的 12 月富营养评分高于 2000 年 1.39 分，8～12 月高锰酸盐指数综合平均得分低于 2000 年。总磷富营养化评价得分 8～10 月低于 2000 年，11 月、12 月高于 2000 年，总体平均低于 2000 年。叶绿素 a 富营养化评价得分仅 10 月低于 2000 年，其他月均高于 2000 年。受叶绿素 a 富营养化评价得分的影响，富营养化综合评分仅 10 月低于 2000 年，其他月份高于 2000 年。总体而言调水给西北区富营养化带来了负面影响。与 2001 年比，2003 年 8～11 月的调水对西北区富营养化有一定的负面影响。

表 13-28　　　　　　　　　　　调水对西北区富营养化评分影响

月　份	2003 年相对 2000 年					2003 年相对 2001 年				
	TN	COD_{Mn}	TP	Chla	综合	TN	COD_{Mn}	TP	Chla	综合
1	0.70	−2.01	0.48	−13.91	−3.68	2.67	−1.69	−4.42	−10.29	−3.43
2	−3.52	−3.29	−3.93	−11.26	−5.50	−0.82	−1.83	−2.83	7.87	0.60
3	−0.16	−2.00	−1.78	−6.81	−2.69	3.95	−0.59	1.83	−3.23	0.49
4	2.55	−2.28	−6.63	−8.69	−3.76	2.56	0.99	−0.93	16.49	4.78
5	2.27	−5.76	−8.86	−4.71	−4.26	−4.25	−6.10	−1.39	3.84	−1.97
6	0.05	−8.02	−8.34	−10.90	−6.80	−2.10	−5.04	−10.66	5.33	−3.12
7	0.43	−3.65	−12.62	−5.46	−5.32	1.28	−1.55	−8.99	0.96	−2.08
8	2.91	−0.78	−0.13	−0.46	0.38	2.34	4.26	6.23	16.93	7.44
9	0.26	−0.49	−2.34	10.04	1.87	0.65	0.04	6.59	20.20	6.87
10	−1.06	−4.84	−8.46	−1.81	−4.04	1.04	3.46	1.86	0.08	1.61
11	−3.88	−0.53	4.32	9.66	2.39	−2.08	−0.31	−3.16	6.39	0.21
12	0.53	1.39	5.50	8.03	3.86	−3.08	0.97	−4.26	9.17	0.70
调水后平均	−1.23	−5.25	−1.11	25.46	4.46	−1.14	8.42	7.26	52.77	16.83

7. 西南区

2003 年调水开始后的 8 月单项指标富营养化评分高于 2000 年的为总氮、高锰酸盐指数和叶绿素 a，低于 2000 年的为总磷（见表 13-29）；9 月、11 月、12 月除叶绿素 a 高于 2000 年外，其他三项均低于 2000 年；10 月除总氮高于 2000 年外，其余均低于 2000 年。调水后各月平均总氮、高锰酸盐指数、总磷富营养化评分低于 2000 年，叶绿素 a 高于 2000 年。富营养化综合评分除 8 月高于 2000 年外，其他均低于 2000 年，综合评分也低于 2000 年。与 2001 年比，2003 年调水后的平均值，高锰酸盐指数和总磷的富营养化评分低于 2001 年，但总氮和叶绿素 a 富营养化评分高于 2001 年，综合评分各月平均也高于 2001 年。

表 13－29　　　　　　　　　调水对西南区富营养化评分影响

月　份	2003 年相对 2000 年					2003 年相对 2001 年				
	TN	COD$_{Mn}$	TP	Chla	综合	TN	COD$_{Mn}$	TP	Chla	综合
1	−6.29	−1.85	−2.74	−13.73	−6.15	−1.62	−3.88	−10.80	−19.46	−8.94
2	−5.50	−9.36	−9.23	−9.49	−8.40	−5.82	−11.64	−15.15	−0.39	−8.25
3	−5.21	−0.45	−3.30	−5.53	−3.62	−0.96	−1.33	−1.73	−1.16	−1.29
4	0.31	−1.16	−9.91	2.13	−2.16	0.82	0.32	−4.49	16.24	3.22
5	3.50	−4.99	−7.41	−2.15	−2.76	1.37	−4.65	−1.21	2.51	−0.49
6	2.66	−5.24	−9.62	−1.10	−3.33	−0.48	−4.30	−12.95	3.20	−3.63
7	2.24	−7.78	−8.03	−5.01	−4.64	−0.15	−4.21	−5.75	−7.10	−4.30
8	1.43	1.16	−0.56	0.90	0.73	−0.34	−3.46	−0.62	13.84	2.36
9	−3.04	−2.01	−6.07	4.22	−1.72	−1.66	−0.05	−0.56	12.48	2.55
10	1.14	−3.56	−7.65	−4.00	−3.52	7.40	1.04	−1.88	−0.29	1.57
11	−5.60	−0.75	−1.66	0.67	−1.84	3.93	1.34	4.27	4.59	3.53
12	−1.12	−0.44	−2.45	3.07	−0.23	−3.38	0.00	−3.81	4.99	−0.55
调水后平均	−1.44	−1.12	−3.68	0.97	−1.32	1.19	−0.23	−0.52	7.12	1.89

13.2.4　引江济太对太湖浮游生物与底栖生物的影响

13.2.4.1　引江济太调水对浮游植物的影响

1. 太湖浮游植物长期种群演替和空间分布

据近 30 多年的研究成果，太湖浮游植物种类组成和数量均发生了巨大的变化。总的趋势是种类数量不断减少，优势种类数量剧增。特别是 20 世纪 80 年代末，以微囊藻为主要优势种的蓝藻水华在太湖北部湖区频频暴发，使周围地区的生产和生活用水的水源受到影响，形成区域水质性缺水。20 世纪 90 年代后期，成为太湖北部湖区绝对优势种群的蓝藻水华呈现向其他湖区扩散的趋势。

自 1991 年在太湖实施连续监测以来，共计发现浮游植物 7 门 65 属 74 种，各门类的种类和优势种类见表 13－30。其中微囊藻属（*Microcystis*）的部分种类，如铜绿微囊藻（*Microcystis aeruginosa*）、水华微囊藻（*M. flos-aquae*）、惠氏微囊藻（*M. wesenbergii*）在 5～11 月期间经常大量繁殖生长并形成蓝藻水华，其生物量可以占总浮游植物生物量的 40%～98%。梅梁湖及湖心的浮游植物生物量 1991 年以来的周年变化规律基本一致，都是夏季高，冬季低，与水温具有良好相关性。浮游生物总生物量年均值变化范围在梅梁湖为 3.29～18.01 mg/L，在太湖湖心为 0.56～2.99 mg/L。图 13－86 反映的是梅梁湖和湖心浮游植物优势种群总生物量的长期演变特征。

表 13－30　　　　　太湖 20 世纪 90 年代浮游植物门类及优势种类

浮游植物门类	种类数	优　势　种　类
蓝藻门 *Cyanophyta*	16	铜绿微囊藻，水华微囊藻，惠氏微囊藻，水华项圈藻
隐藻门 *Cryptophyta*	3	卵形隐藻，啮蚀隐藻
甲藻门 *Pyrrophyta*	4	飞燕角甲藻
金藻门 *Chrysophyta*	2	密集钟罩藻
硅藻门 *Bacillariophyta*	16	颗粒浮生直链藻，小环藻，舟形藻，脆杆藻
裸藻门 *Euglenophyta*	5	梭形裸藻，尖尾裸藻
绿藻门 *Chlorophyta*	28	斜生栅藻，双对栅藻，二形栅藻，四尾栅藻，二角盘星藻，单角盘星藻，细丝藻

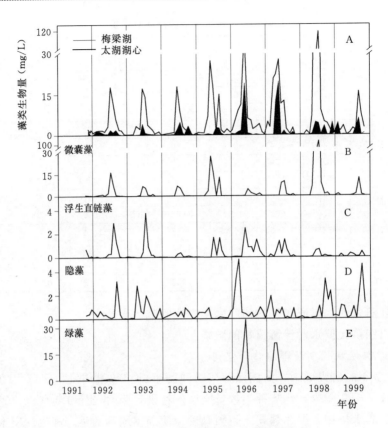

图 13 - 86　太湖浮游植物优势种类长期演变

太湖浮游植物季节更替有一定的规律，长期的监测数据主成分分析（PCA）的结果表明，夏季生物量高，以微囊藻和直链硅藻为优势，冬季总生物量很低，基本没有绝对的优势种，裂面藻和钟罩藻数量略多。春季和秋季的差异不显著，春季一般以绿藻和硅藻为相对优势种，秋季以隐藻和裸藻等为相对优势（见图 13 - 87）。

2. 浮游植物的数量、生物量及其对引江济太调水试验的响应

为研究浮游植物的数量、生物量及其对引江济太调水试验的响应，中国科学院太湖湖泊生态系统研究站在 2002 年 1 月～2003 年 9 月每月一次的连续监测基础上，还在 2002 年 9 月和 12 月、2003 年 4 月和 7 月进行了 4 次全太湖监测，监测点位见图 13 - 88，累计镜检出浮游植物 7 门 46 属 64 种，种类名录见表 13 - 31。

表 13 - 31　　　　　　　　　　太湖 2002 年浮游植物名录

门　　类	浮游植物名称	浮游植物拉丁学名
蓝藻门 Cyanophyta	水华项圈藻	*Anabaena flos - aquae*
	水华束丝藻	*Aphanizomenon flos - aquae*
	色球藻	*Chroococcus sp.*
	蓝纤维藻	*Dactylococcopsis sp.*
	铜绿微囊藻	*Microcystis aeruginosa*
	密集微囊藻	*M. densa*

续表

门　　类	浮游植物名称	浮游植物拉丁学名
蓝藻门 Cyanophyta	水华微囊藻	$M.\ flos-aquae$
	惠氏微囊藻	$M.\ wesenbergii$
	裂面藻	$Merismopedia\ sp.$
	颤藻	$Oscillatoria\ sp.$
	胶鞘藻	$Phormidium\ sp.$
	浮游蓝丝藻	$Planktothrix\ sp.$
	极大螺旋藻	$Spirulina\ maxima$
隐藻门 Cryptophyta	尖尾蓝隐藻	$Chroomonas\ acuta$
	卵形隐藻	$Cryptomonas\ ovata$
	啮蚀隐藻	$C.\ erosa$
甲藻门 Pyrrophyta	飞燕角甲藻	$Ceratium\ hirundinella$
	薄甲藻	$Glenodinium\ sp.$
	裸甲藻	$Gymnodinium\ sp.$
	多甲藻	$Peridinium\ sp.$
金藻门 Chrysophyta	密集钟罩藻	$Dinobryon\ sertularia$
硅藻门 Bacillariophyta	美丽星杆藻	$Asterionella\ formosa$
	颗粒浮生直链藻	$Aulacoseira\ granulate$
	颗粒浮生直链藻最窄变种	$A.\ g.\ var.\ angustissima$
	颗粒浮生直链藻螺旋变种	$A.\ g.\ var.\ angustissima\ f.\ spiralis$
	冰岛直链硅藻	$A.\ islandica$
	卵形硅藻	$Cocconeis\ sp.$
	小环藻	$Cyclotella\ sp.$
	桥弯藻	$Cymbella\ sp.$
	脆杆藻	$Fragilaria\ sp.$
	布纹藻	$Gyrosigma\ sp.$
	舟形藻	$Navicula\ sp.$
	粗壮双菱藻	$Surirella\ robusta$
	针杆藻	$Synedra\ sp.$
裸藻门 Euglenophyta	梭形裸藻	$Englena\ acus$
	尖尾裸藻	$E.\ oxyuris$
	带形裸藻	$E.\ ehrenbergii$
	扁裸藻	$Phacus\ sp.$
	囊裸藻	$Trachelomonas\ sp.$
绿藻门 Chlorophyta	集星藻	$Actinastrum\ sp.$
	小球藻	$Chlorella\ sp.$
	新月藻	$Closterium\ sp.$
	拟新月藻	$Clostriopsis\ sp.$
	空星藻	$Coelastrum\ sp.$
	鼓藻	$Cosmarium\ sp.$
	十字藻	$Crucigenia\ spp.$
	实球藻	$Eudorina\ sp.$
	卵囊藻	$Oocystis\ sp.$

续表

门　类	浮游植物名称	浮游植物拉丁学名
绿藻门 Chlorophyta	盘星藻	Pediastrum spp.
	二角盘星藻	P. duplex
	单角盘星藻	P. simplex
	单角盘星藻具孔变种	P. s. var. duodenarium
	四角盘星藻	P. trtras
	浮球藻	Planktosphaeria sp.
	斜生栅藻	Scendesmus obliquus
	双对栅藻	S. bijuga
	二形栅藻	S. dinorphus
	弯曲栅藻	S. arcuatus
	四尾栅藻	S. quadricauda
	弓形藻	Schroederia sp.
	角星鼓藻	Staurastrum sp.
	四角藻	Tetraёdron sp.
	细丝藻	Planctonema sp.

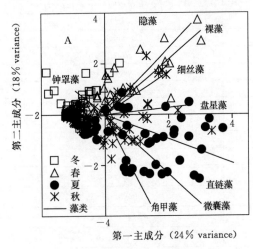

图 13-87　太湖浮游植物优势种群四
季变化主成分分析

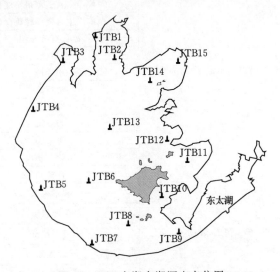

图 13-88　太湖全湖调查点位图

　　与 20 世纪 90 年代相比，浮游植物优势种类基本没有变化，蓝藻门的铜绿微囊藻（*Microcystis aeruginosa*），水华微囊藻（*M. flos-aquae*），惠氏微囊藻（*M. wesenbergii*）等仍然占绝对优势。浮游植物种类数量略微减少，一些偶见种没有被发现。2002 年 1 月～2003 年 9 月，太湖浮游植物总生物量介于 0.01～10.8 mg/L 之间，其中蓝藻生物量介于 0～10.33 mg/L，比 20 世纪 90 年代同期略有下降（见表 13-32）。浮游植物水平空间分布特征为北部湖区浮游植物总生物量较高，其中梅梁湖中部为最高（JTB1 和 JTB2），南部和东部湖区较低，其中以靠近东太湖的 JTB9 为最低。

表 13－32　　　　　　　　**引江济太调水试验太湖浮游植物生物量监测结果**

采样时间 （年-月-日）	项　目	点　位							
		JTB1	JTB2	JTB3	JTB4	JTB5	JTB6	JTB7	JTB8
2002－09－26～27	总生物量（mg/L）	6.17	1.03	2.41	4.12	1.23	1.67	0.69	0.66
	蓝藻生物量	1.16	0.93	0.11	1.23	0.89	1.29	0.51	0.46
	蓝藻比例（%）	18.8	90.2	4.4	29.8	72.5	77.3	73.8	69.7
2002－12－26～28	总生物量（mg/L）	0.80	0.38	1.17	0.45	0.62	0.42	0.13	0.33
	蓝藻生物量	0.07	0.02	0.00	0.00	0.20	0.11	0.08	0.12
	蓝藻比例（%）	8	6	0	0	32	25	65	35
2003－04－26～28	总生物量（mg/L）	0.58	3.47	5.18	0.09	0.19	0.03	0.01	0.48
	蓝藻生物量	0.02	0.00	0.01	0.00	0.00	0.00	0.00	0.00
	蓝藻比例（%）	3.21	0.07	0.27	0	0.82	0	0	0
2003－07－21～23	总生物量（mg/L）	3.27	10.80	3.20	1.62	0.58	0.20	0.60	0.21
	蓝藻生物量	0.17	10.33	0.19	0.00	0.03	0.00	0.19	0.00
	蓝藻比例（%）	5.15	95.72	5.90	5.44	5.71	0.00	30.93	0.00

采样时间 （年-月-日）	项　目	点　位							
		JTB9	JTB10	JTB11	JTB12	JTB13	JTB14	JTB15	总平均
2002－09－26～27	总生物量（mg/L）	0.03	0.18	0.05	0.13	0.91	0.22	2.52	1.47
	蓝藻生物量	0.00	0.06	0.02	0.04	0.81	0.07	0.26	0.52
	蓝藻比例（%）	0.0	32.2	44.9	33.3	88.6	31.0	10.2	45.12
2002－12－26～28	总生物量（mg/L）	0.03	0.08	0.56	0.06	0.20	0.30	0.15	0.38
	蓝藻生物量	0.01	0.03	0.16	0.02	0.06	0.24	0.14	0.08
	蓝藻比例（%）	23	35	28	38	33	82	90	33.48
2003－04－26～28	总生物量（mg/L）	0.21	1.52	0.58	0.72	0.69	0.52	1.02	1.02
	蓝藻生物量	0.00	0.00	0.00	0.00	0.00	0.00	0.00	0.00
	蓝藻比例（%）	0	0	0	0	0	0.78	0.20	0.36
2003－07－21～23	总生物量（mg/L）	0.04	0.30	0.08	0.05	0.54	0.21	0.43	1.48
	蓝藻生物量	0.00	0.01	0.00	0.00	0.43	0.07	0.22	0.78
	蓝藻比例（%）	7.73	4.28	7.69	39.62	78.40	34.47	51.77	24.85

　　出现以上结果主要是由于引江济太调水试验虽然引起了太湖局部湖区（贡湖湾）的水环境变化，但在全太湖范围内，浮游植物优势种群对调水的响应却不太显著。

　　因望虞河是引江济太调水试验长江水入太湖的主要通道，望虞河河口附近水域水体置换速度较快，因此该区域浮游植物对调水试验的响应较为显著。2003 年调水前后望虞河河口多次调查结果（见表 13－33）显示，2003 年 8 月引水量加大后，望虞河河口附近水域的浮游植物总生物量减少，其中主要的优势种群蓝藻的比例显著下降，与之相对的是硅藻种类的比例增加。特别是有些源自河网的重污染指示种（例如裸藻）的比例出现较大的增长。

表 13 - 33 还显示，从 2003 年 8 月起，贡湖湾口湖区的浮游植物总生物量在短时间内显著增加，到达顶点后又逐渐下降，说明长江水引入太湖后，将原来贡湖湾内的浮游植物推向湾口（见图 13 - 89）。从浮游植物的优势种群变化看，贡湖湾口湖区的蓝藻呈现先增长后下降的变化规律，而硅藻比例在一个月以后显著增加，可以认为这是长江水影响的结果。

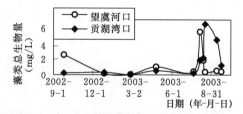

图 13 - 89 引江济太调水试验前后太湖贡湖湾浮游植物总生物量变化

表 13 - 33　　　　　　引江济太调水试验前后太湖贡湖湾浮游植物生物量

点位	采样时间 （年-月-日）	总生物量 （mg/L）	蓝藻		硅藻		绿藻		隐藻		裸藻	
			总量 （mg/L）	比例 （%）	总量 （mg/L）	比例 （%）	总量 （mg/L）	比例 （%）	总量 （mg/L）	比例 （%）	总量 （mg/L）	比例 （%）
望虞 河口	2002 - 9 - 25	2.520	0.257	10.2	0.466	18.5	0.740	29.4	0.830	32.9	0.228	9.0
	2002 - 12 - 28	0.160	0.140	90.1	0.000	0.3	0.015	9.6	0.000	0.0	0.000	0.0
	2003 - 2 - 26	0.050	0.000	0.0	0.026	58.1	0.019	41.9	0.000	0.0	0.000	0.0
	2003 - 6 - 26	1.020	0.002	0.2	0.045	4.4	0.972	95.4	0.000	0.0	0.000	0.0
	2003 - 7 - 21	0.430	0.221	51.8	0.089	20.7	0.117	27.5	0.000	0.0	0.000	0.0
	2003 - 8 - 5	5.470	4.755	86.9	0.296	5.4	0.081	1.5	0.111	2.0	0.231	4.2
	2003 - 8 - 13	1.870	1.638	87.8	0.101	5.4	0.015	0.8	0.111	5.9	0.000	0.0
	2003 - 8 - 17	0.370	0.150	40.5	0.205	55.3	0.015	4.2	0.000	0.0	0.000	0.0
	2003 - 9 - 13	0.540	0.180	33.5	0.209	38.9	0.036	6.7	0.066	12.4	0.046	8.6
	2003 - 9 - 24	0.440	0.058	13.2	0.077	17.5	0.029	6.6	0.240	54.8	0.035	7.9
贡湖 湾口	2002 - 9 - 25	0.217	0.067	31.0	0.051	23.5	0.091	42.0	0.008	3.5		
	2002 - 12 - 28	0.296	0.243	82.2	0.000	0.2	0.052	17.6	0.000	0.0	0.000	0.0
	2003 - 2 - 26	0.024	0.000	0.0	0.017	71.5	0.007	28.5	0.000	0.0	0.000	0.0
	2003 - 6 - 26	0.522	0.004	0.8	0.021	4.1	0.471	90.2	0.026	4.9	0.000	0.0
	2003 - 7 - 21	0.205	0.071	34.5	0.039	18.9	0.096	46.7	0.000	0.0	0.000	0.0
	2003 - 8 - 5	1.866	0.318	17.0	1.499	80.3	0.049	2.6	0.000	0.0	0.000	0.0
	2003 - 8 - 13	2.173	1.540	70.9	0.443	20.4	0.096	4.4	0.048	2.2	0.046	2.1
	2003 - 8 - 17	6.454	3.407	52.8	1.090	16.9	0.197	3.0	1.623	25.1	0.138	2.1
	2003 - 9 - 13	4.445	0.044	1.0	2.968	66.8	0.325	7.3	0.786	17.7	0.323	7.3
	2003 - 9 - 24	1.211	0.315	26.0	0.816	67.3	0.054	4.5	0.026	2.1		

根据中国科学院太湖湖泊生态系统研究站每月一次的连续监测结果统计分析，其他湖区在相同的阶段没有显著的变化，说明长江水对太湖的直接影响仅限于贡湖湾，这其中的主要原因可能是，相对整个太湖的水容量来说，引入的水量还是只占了很小的比例。

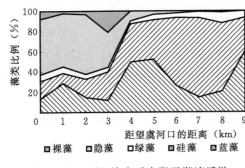

图 13-90　引江济太后太湖贡湖湾浮游
植物种群空间分布

从整个贡湖湾的范围来看，浮游植物组成的变化主要是由于水体空间上的迁移造成的。表 13-34 和图 13-90 较直观地反映了这种迁移的情况。从望虞河口至贡湖湾口，硅藻的比例逐渐增加，隐藻的比例逐渐减少。其中蓝藻和硅藻的变化反映了长江水在贡湖湾的运动情况，隐藻的变化基本不受引水的影响。值得注意的是，有些通常只在清洁水体出现的种类（例如绿藻中的鼓藻）在贡湖湾口偶然出现，也从侧面反映了贡湖湾水草

区的部分清洁湖水的空间迁移，也就是长江水在贡湖湾的扩散推动了贡湖湾湖水的运动。

表 13-34　　　　　　2003 年 9 月太湖贡湖湾浮游植物种群空间分布

望虞河口距离（km）	总生物量（mg/L）	蓝藻		硅藻		绿藻		隐藻		裸藻	
		总量（mg/L）	比例（%）	总量（mg/L）	比例（%）	总量（mg/L）	比例（%）	总量（mg/L）	比例（%）	总量（mg/L）	比例（%）
0	0.44	0.058	13.2	0.077	17.5	0.029	6.6	0.240	54.8	0.035	7.9
1	0.51	0.147	28.6	0.052	10.2	0.033	6.5	0.269	52.5	0.012	2.2
2	0.69	0.100	14.5	0.126	18.3	0.034	4.9	0.406	58.9	0.023	3.3
3	0.28	0.032	11.7	0.079	28.4	0.012	4.5	0.096	34.6	0.058	21
4	1.18	0.589	49.7	0.446	37.6	0.035	3.0	0.114	9.6	0.000	0.0
5	0.97	0.509	52.3	0.379	39.0	0.052	5.3	0.033	3.4	0.000	0.0
6	1.21	0.315	26.0	0.816	67.3	0.054	2.5	0.026	2.1	0.000	0.0
7	6.53	0.954	14.6	5.128	78.6	0.401	6.1	0.017	0.3	0.028	0.4
8	2.20	0.452	20.5	1.485	67.5	0.234	10.6	0.007	0.3	0.023	1.0
9	1.23	0.710	60.2	0.410	33.3	0.081	6.6	0.000	0.0	0.000	0.0

13.2.4.2　引江济太调水对太湖浮游动物的影响

在水生态系统中，浮游动物是水生生物群落的重要组成部分。湖泊中浮游动物由原生动物、轮虫、枝角类和桡足类组成。浮游动物一方面牧食细菌、浮游植物等初级生产者，同时又为鱼类等其他高营养级游泳动物所摄食。因此，浮游动物在湖泊生态系统的物质转化和能量循环的营养级和食物网结构中起重要的连接作用。浮游动物是经典生物操纵（biomanipulation）的主要环节之一，在湖泊生态系统中，浮游动物对水体表层下食物资源的利用和再生产有促进作用，浮游动物滤食浮游藻类、细菌等加速水体中营养盐的转换和释放。另一方面，浮游动物对环境的依存，又决定了其在湖泊水体中的群落结构和分布，因此浮游动物的数量和生物量在一定程度上反映出湖泊的营养状况。

根据 1990～1995 年的统计资料，太湖累计镜检到浮游动物有 73 属 101 种。太湖中浮游动物以轮虫出现的属种最多，原生动物次之，枝角类又次之，桡足类最少，而且种属出现规律性不明显。引江济太调水对太湖水环境影响研究设计采样周期为 1 年，全湖布设

15 个采样点。本次浮游动物的甲壳类定量标本的采集由 2.5L 采水器采集，定量样品由 5L 水经 25 号浮游植物网过滤浓缩在显微镜下全量计数；原生动物和轮虫用采集 1L 水样用鲁戈试液固定浓缩至 30mL，在显微镜下用 0.1mL 计数框两片计数平均得到其单位体积的数量。浮游动物的生物量根据浮游动物种平均单体生物量而计算得出。

1. 浮游动物的种类组成与分布

由于样点和调查次数不多，太湖浮游动物的所见种类较少。两次累计镜检浮游动物有 56 属 82 种，其名录如下：

原生动物　　　　　　　*Protozoa*（22 属 25 种）

长圆砂壳虫	*Difflugia obonga Ehrenberg*
圆钵砂壳虫	*D. urceolata Carter*
半眉虫	*Hemiophrys sp.*
表壳虫	*Arcella sp.*
匣壳虫	*Centropyxis sp.*
狭盗虫	*Strobilidium sp.*
砂壳虫	*Difflugia sp.*
锥形似铃壳虫	*Tintinnopsis conicus*
中华似铃壳虫	*T. sinensis*
王氏似铃壳虫	*T. wanggi*
河生筒壳虫	*Tintinnidium fluviatile Stein*
多核虫	*Paradileptus sp.*
长颈虫	*Dileptus sp.*
长吻虫	*Lacrymaria sp.*
榴弹虫	*Coleps sp.*
焰毛虫	*Askenasia sp.*
节毛虫	*Didinium sp.*
单缩虫	*Carchesium polypinum Linne*
聚缩虫	*Zoothanmnium arbuscua Ehrenberg*
刺日虫	*Raphidiophrys sp.*
急游虫	*Strombidium virede Stein*
刺胞虫	*Acanthocystis sp.*
太阳虫	*Actinophrys sp.*
变形虫	*Amoba sp.*
草履虫	*Paramecium sp.*

轮虫　　　　　　　*Rotatoria*（16 属 31 种）

长三肢轮虫	*Filinia longiseta Ehrenberg*
臂三肢轮虫	*F. brachiata*
跃进三肢轮虫	*F. passa Muller*
角三肢轮虫	*F. cornuta*

针簇多肢轮虫	*Polyarthra trigla Ehrenberg*
小多肢轮虫	*P. minor*
暗小异尾轮虫	*Trichocerca pusilla Lauterborn*
刺盖异尾轮虫	*T. capucina*
异尾轮虫	*T. sp.*
同尾轮虫	*Diurella sp.*
前节晶囊轮虫	*Asplanchna priodonta*
前节晶囊轮虫	*A. priodonta Gosse*
盖氏晶囊轮虫	*A. girodi de Gueerne*
晶囊轮虫	*A. sp.*
旋轮虫	*Philodina sp.*
鞍甲轮虫	*Lepadella sp.*
平甲轮虫	*Platyias sp.*
狭甲轮虫	*Colurella sp.*
萼花臂尾轮虫	*Brachionus calyciflorus*
角突臂尾轮虫	*B. angularis*
蒲达臂尾轮虫	*B. budapestiensis*
壶状臂尾轮虫	*B. urceus*
剪形臂尾轮虫	*B. forficula*
矩形龟甲轮虫	*Keratella quadrata*
曲腿龟甲轮虫	*K. valga*
螺形龟甲轮虫	*K. cochlearis*
聚花轮虫	*Conochiloides sp.*
彩胃轮虫	*Chromogaster sp.*
无柄轮虫	*Ascomorpha sp.*
腔轮虫	*Lecane sp.*
巨头轮虫	*Cephalodella spp.*
枝角类	*Cladocera*（11 属 19 种）
简弧象鼻蚤	*Bosmina coregoni Baird*
长额象鼻蚤	*B. longirostris O. F. Muller*
长肢秀体蚤	*Diaphanosoma leuchtenbergianum Fischer*
短尾秀体蚤	*D. brachyurum Lievim*
多刺裸腹蚤	*Moina macrocopa Straus*
直额裸腹蚤	*M. rectiostris Leydig*
透明薄皮蚤	*Leptoddora kindtii Focke*
晶莹仙达蚤	*Sida crystallina*
棘爪低额蚤	*Simocephalus exapinosus Koch*
角突网纹蚤	*Ceriodaphania cornuta*

船卵蚤	*Scapholeberis mucronata*
尖额蚤	*Alona sp.*（两种以上）
盘肠蚤	*Chydorus sp.*
僧帽蚤	*Daphnia cucullata Sars*
长刺蚤	*D. longispina O. F. Muller*
大型蚤	*D. magna Straus*
蚤状蚤	*D. pulex leydig*
隆线蚤	*D. carinata King*

桡足类　　　　　　　　*Copepoda*（7 属种）

汤匙华哲水蚤	*Sinocalanus dorii Brehm*
镖水蚤	*Sinodiaptomus sp.*
许水蚤	*Schmackeria sp.*
中剑水蚤	*Mesocyclops sp.*
温剑水蚤	*Thermocyclops sp.*
剑水蚤	*Cyclops sp.*
无节幼体	*Nauplius*

调查结果显示，太湖浮游动物目前种群和数量占优势的是小型的原生动物和轮虫，较大型的浮游甲壳类种群数量较少。原生动物中常见种为焰毛虫、急游虫和砂壳虫等，轮虫中常见种为暗小异尾轮虫、针簇多肢轮虫、角突臂尾轮虫和萼花臂尾轮虫等，枝角类中主要是简弧象鼻蚤、多刺裸腹蚤和长肢秀体蚤，桡足类的温剑水蚤等出现率极高，但数量都较低。

从太湖浮游动物各大类的分布看，梅梁湖、竺山湖、贡湖湾等水域原生动物在浮游动物中占绝对优势，与其他各测点相比差异较为明显。在太湖敞水区和水草分布较多区域，枝角类和桡足类等分布差异不明显。轮虫在富营养化程度较高的水域特别是在竺山湖和梅梁湖较其他水域高得多，在太湖敞水区如监测点的 JTB6、JTB7、JTB8、JTB11、JTB12、JTB13、JTB14 等点位没有发现轮虫，浮游动物类群主要以桡足类等大型种类为主。

2. 浮游动物的数量、生物量及其变化

从太湖浮游动物数量的时空变化看（见表 13-35），周年数量最高的点为 JTB1、JTB3 号点，即梅梁湖湾底临近直湖港口水域和竺山湖，年均值分别达 11735.6 个/L 和 8944.5 个/L，主要以小型轮虫和原生动物为主，占 90% 以上；而年均数量最低点位于 JTB5 即大雷山附近的太湖敞水区，其数量仅为 1887 个/L。从浮游动物数量分布看，梅梁湖中的 JTB1 和 JTB2 差异明显，由于 7～9 月期间梅梁湖水华暴发严重，湖泊水面覆盖有较厚的水华层，水华层面下基本处于缺氧状态，浮游动物难以生存，因此表现出浮游动物在该处数量极低或基本没有；在梅梁湖湾底临近直湖港口，作为入湖河道之一，适应其水域环境的原生动物大量繁殖和生长。从太湖浮游动物的年间变化看，在水华暴发严重的 7 月和 9 月，太湖浮游动物年均值处于最高时，在 JTB1 和 JTB3 点位其数量最高。

表 13 - 35　　　　　　　　　　　太湖浮游动物数量变化　　　　　　　　　　单位：个/L

点位	JTB1	JTB2	JTB3	JTB4	JTB5	JTB6	JTB7	JTB8
9 - 27	29180.0	1170.0	11058.0	10337.0	2281.6	2772.6	2825.2	5478.4
12 - 30	6601.8	927.8	6303.0	2702.8	1530.2	625.2	302.4	1519.8
4 - 26	1816.6	748.6	9077.0	500.0	359.0	2471.0	641.0	3063.0
7 - 22	9344.0	7478.0	9340.0	19282.0	3377.0	9761.0	6227.0	12844.0
平均	11735.6	2581.1	8944.5	8205.5	1887	3914.2	2498.9	5726.3
点位	JTB9	JTB10	JTB11	JTB12	JTB13	JTB14	JTB15	
9 - 27	4080.4	2194.0	4555.0	3705.4	4426.6	3070.6	10148.0	
12 - 30	1203.4	2108.0	637.6	325.4	2700.0	4804.2	1201.2	
4 - 26	1275.0	1573.0	1705.0	367.0	2746.0	962.0	366.0	
7 - 22	9939.0	7393.0	7048.0	4940.0	1484.0	2679.0	2290.0	
平均	4124.5	3317.0	3486.4	2334.5	2839.2	2879.0	3501.3	

　　从 2003 年引江济太调水时间对应分析浮游动物的数量空间分布，可以清楚地看出，期间 JTB13、JTB14 和 JTB15 点位浮游动物数量在全太湖表现出最低，同期甚至低于年均最低的 JTB5 点位等，可见调水对浮游动物分布有短期的影响。根据资料显示，在长江水体中，浮游动物的数量特别是原生动物和小型轮虫数量较低，而大型浮游动物如枝角类和桡足类等数量相对较高，可见引江济太对太湖浮游动物影响表现出与其在长江分布的类似特点。

　　对于浮游动物的生物量时空变化，从监测的各点位资料看出（见表 13 - 36），浮游动物生物量年均是望虞河口最高，而最低点为东太湖出口的七都附近敞水区，该区域水生植被分布丛密，基本无原生动物和小型轮虫，只有少量的枝角类和桡足类。总体而言，四大类浮游动物生物量在太湖空间分布上存在一定的差异，但这种差异不明显。

表 13 - 36　　　　　　　　　　　太湖浮游动物生物量变化　　　　　　　　　　单位：mg/L

点位	JTB1	JTB2	JTB3	JTB4	JTB5	JTB6	JTB7	JTB8
9 - 27	5.030	5.615	7.282	5.390	5.121	1.654	3.509	2.184
12 - 30	0.449	1.129	0.934	0.699	1.127	0.796	0.075	0.719
4 - 26	0.573	4.490	2.711	5.495	1.945	2.600	1.330	2.200
7 - 22	3.196	8.450	3.447	4.437	2.741	2.472	5.430	5.630
平均	2.312	4.921	3.591	4.005	2.734	1.881	2.586	2.683
点位	JTB9	JTB10	JTB11	JTB12	JTB13	JTB14	JTB15	
9 - 27	2.949	1.879	1.341	2.555	5.402	1.896	15.293	
12 - 30	0.239	0.523	1.540	1.075	0.135	0.356	0.096	
4 - 26	2.475	1.975	8.065	2.830	2.035	1.860	2.085	
7 - 22	1.802	5.690	4.096	3.866	8.435	16.430	5.495	
平均	1.866	2.517	3.761	2.582	4.002	5.136	5.742	

3. 太湖水质的浮游动物评价

由于太湖水域宽阔，生境差异显著，各湖区的生态环境及受人类活动影响程度以及水体在湖区的滞留时间等差异较为明显，各湖区表观的富营养化程度等也不一致。从浮游动物的污染指示种群看，萼花臂尾轮虫、针簇多肢轮虫、焰毛虫、节毛虫等在太湖北部湖区的竺山湖、梅梁湖常年出现，在太湖西部及西南部水域夏秋季出现。可见，就太湖各湖区污染状况比较而言，太湖西部和北部污染程度比东部相对较严重，这主要与该湖区的人为活动的强度和湖区自然净化能力有关。从浮游动物的评价可知，太湖湖区富营养化有自西向东、由北向南扩大的趋势。

13.2.4.3 引江济太调水对太湖底栖动物的影响

湖泊底栖生物通常是指生活在湖泊底部的大型底栖无脊椎动物，主要包括水生寡毛类、软体动物、水生昆虫及其幼虫等。底栖动物是湖泊水生生物群落的重要组成部分。一方面，由于大型底栖无脊椎动物活动区域相对稳定、生命周期相对较长，对于环境条件的改变较为敏感，也易于采集和分类，因此在湖泊环境监测、水质评价等方面被广泛应用；另一方面，底栖动物中的软体动物主要以滤食和刮食湖泊水体中的浮游生物和有机碎屑以及底泥层中的有机营养物质，对湖泊水体的营养水平的改善具有重要的调节作用。因此，研究湖泊水体中底栖动物的分布及其生物量的演变对于分析湖泊水体营养和污染水平有重要意义。

根据 1987~1988 年的资料，太湖有大型底栖无脊椎动物 59 种属。引江济太调水试验期间调查底栖大型无脊椎动物的采集工具为彼得森采泥器，开口面积为 625cm²。采样工作是在全湖布设 15 个点，样品采集后用 60 目分样筛筛洗，去除泥沙和杂质后，用 5％福尔马林溶液固定后带回实验室内进行分类计数和称量。

1. 底栖生物的种类组成和分布

2002 年 9 月和 12 月两次采样采集到大型底栖无脊椎动物 21 种属。其名录如下：

环节动物门　　　　　*Annelida*

  1. 沙蚕　　　　　　*Nephthys sp.*

  2. 苏氏尾鳃蚓　　　*Branchiura sowerbyi*

  3. 霍甫水丝蚓　　　*Limnodrilus hoffmeisteri*

  4. 管水蚓　　　　　*Autodrilus sp.*

  5. 颤蚓　　　　　　*Tubificidae sp.*

  6. 扁蛭　　　　　　*Glossiphonia sp.*

软体动物门　　　　*Mollusca*

  7. 梨形环棱螺　　　*Bellamya purificata*

  8. 铜锈环棱螺　　　*B. aeruginosa*

  9. 长角涵螺　　　　*Alocinma longicornis*

 10. 耳萝卜螺　　　　*Radix auricularia*

 11. 方格短沟蜷　　　*Semisulcospira cancellate*

 12. 淡水蛏　　　　　*Novaculina Chinesis*

 13. 河蚬　　　　　　*Corbicula fluminea*

14. 三角帆蚌　　　　*Hyriopsis cumingii*
15. 褶纹冠蚌　　　　*Cristaria plicata*
16. 圆顶珠蚌　　　　*Unio douglasiae*

节肢动物门　　　*Arthropoda*

17. 摇蚊幼虫　　　　*Chironomidae larvae*
18. 钩虾　　　　　　*Gammarus sp.*
19. 双翅目幼虫　　　*Diptera larvae*
20. 蜉蝣目幼虫　　　*Ephemeroptera*
21. 蜻蜓目幼虫　　　*Odonata larvae*

在太湖的各生态区，底栖动物的分布有一定差异。就全太湖看，以太湖南北中轴线分界，太湖东部水域分布有大量的密集程度不一的水生植被，太湖西部水域水生植被少见或零星，同时其底质状况也有一定差异，因此在底栖动物各大类的分布上显示出一定的区域性。东太湖、胥口湾、光福湾等（JTB9～JTB13），因分布有较多的沉水植物，底栖无脊椎动物组成以腹足类为主，摇蚊幼虫和寡毛类等较少；而污染较为严重、水质较差的梅梁湖、竺山湖、大浦口、夹浦港、小梅口以及贡湖湾等（JTB1～JTB8、JTB14、JTB15），底栖无脊椎动物组成以寡毛类和摇蚊幼虫为主，腹足类和瓣鳃类等较少。在时间分布上，大型底栖无脊椎动物的分布在冬季较秋季密度高，但空间分布趋势基本相同。

2. 底栖生物的数量、生物量

太湖大型底栖无脊椎动物数量、生物量见表 13 - 37。太湖周年的监测资料平均值显示，大型底栖无脊椎动物数量以梅梁湖、大浦口和竺山湖最高，达 832 个/m²、812 个/m² 和 732 个/m²。该水域呈现的环境特征也即为受污染的主要区域，出现种类主要为摇蚊幼虫、水丝蚓和尾鳃蚓等，说明底栖动物对水域环境有很好的指示作用。太湖底栖动物数量最少的是太湖湖心区域、平台山东北、太湖南部的小雷山和泽山间、东山和西山间以及贡湖口，其中太湖湖心平台山东北年均数量仅为 20 个/m²，种类主要是河蚬，而其他几个区域主要是以环棱螺为主。太湖大型底栖动物生物量最高出现在拖山北和竺山湖湖心，达 195.93g/m² 和 120.55g/m²，拖山北的种类主要为河蚬，竺山湖湖心主要为环棱螺。太湖大型底栖无脊椎动物生物量最低出现在小梅口和东山西山间，其生物量都约为 2.30 g/m²，小梅口出现的种群主要是污染种尾鳃蚓和钩虾，未见大型的腹足类和瓣鳃类等，而东西山间主要是较少量的螺和蚬等。

大型底栖动物的分布是水域环境特征的综合体现，从年均值看，其各点位的数量、生物量可显示出太湖底栖生物的空间分布。从太湖周年大型底栖无脊椎动物数量、生物量变化看，各区域时间变化上差异不明显，但空间分布区域特点明显。

从引江济太调水与底栖动物的分布和变化看，引江济太对底栖生物影响不明显。在引江直接入湖的望虞河口及贡湖湾口，在引江期间与非引江期间的种群分布与生物量没有显著变化，底栖动物的生态分布和是水域环境状况的较长期体现，由于引江调水时间较短和引江入湖总水量较少，在较短时间内虽可改善水质，但对底质环境影响较小，在短时间内难以影响到反映环境长期变化的底栖动物分布和现存量的明显变化。

表 13-37　太湖底栖动物主要群落数量和生物量的时空分布

时段	种类	点位														
		JTB1	JTB2	JTB3	JTB4	JTB5	JTB6	JTB7	JTB8	JTB9	JTB10	JTB11	JTB12	JTB13	JTB14	JTB15
9-26	摇蚊幼虫类数量（个/m²）	640	96	592	1008	320	208	80	32	0	0	0	16	0	32	0
	生物量（g/m²）	0.8000	0.2720	1.1200	2.3680	1.7616	0.8160	0.5456	0.1632	0.0000	0.0096	0.0000	0.1296	0.0000	0.5904	0.0000
	瓣鳃腹足类数量（个/m²）	0	32	0	0	0	0	16	0	96	48	160	128	16	0	48
	生物量（g/m²）	0.0000	46.6400	0.0000	0.0000	0.0000	0.0000	3.4224	0.0000	5.1120	1.9344	196.8080	24.7312	37.1056	0.0000	22.2352
合计	数量（个/m²）	640	128	592	1008	320	208	96	32	96	48	160	144	16	32	48
	生物量（g/m²）	0.8000	46.9120	1.1200	2.3680	1.7616	0.8160	3.9680	0.1632	5.1120	1.9440	196.8080	24.8608	37.1056	0.5904	22.2352
12-30	摇蚊幼虫类数量（个/m²）	720	640	1040	768	1248	128	160	16	0	48	64	0	0	16	256
	生物量（g/m²）	4.4368	3.5200	6.9856	6.6320	1.0464	1.8608	1.1024	0.0000	0.0000	0.4448	0.8672	0.0000	0.0000	0.3488	12.1920
	瓣鳃腹足类数量（个/m²）	32	208	16	32	16	0	0	16	208	16	16	48	0	32	80
	生物量（g/m²）	92.1728	717.2800	35.2976	0.7024	0.2592	0.0000	0.0000	32.1264	21.8240	2.1808	2.0128	92.7568	0.0000	60.2192	123.8752
合计	数量（个/m²）	752	848	1056	800	1264	128	160	32	208	64	80	48	0	48	336
	生物量（g/m²）	96.6096	720.8000	42.2832	7.3344	1.3056	1.8608	1.1024	32.1264	21.8240	2.6256	2.8800	92.7568	0.0000	60.5680	136.0672
4-26	摇蚊幼虫类数量（个/m²）	592	2336	992	608	112	16	112	128	0	16	112	32	0	16	128
	生物量（g/m²）	5.9904	15.9600	6.3296	3.3488	0.6000	0.0592	1.1248	0.8432	0.0000	0.2496	58.6160	14.7808	0.0000	0.5408	2.4896
	瓣鳃腹足类数量（个/m²）	16	0	0	0	16	16	16	16	48	0	0	0	32	0	0
	生物量（g/m²）	25.5600	0.0000	0.0000	0.0000	59.4480	0.2464	1.1904	40.3984	6.3728	0.0000	0.0000	0.0000	66.2256	0.0000	0.0000
合计	数量（个/m²）	608	2336	992	608	128	32	128	144	48	16	112	32	32	16	128
	生物量（g/m²）	31.5504	15.9600	6.3296	3.3488	60.0480	0.3056	2.3152	41.2416	6.3728	0.2496	58.6160	14.7808	66.2256	0.5408	2.4896
7-22	摇蚊幼虫类数量（个/m²）	16	16	160	832	48	32	32	16	96	64	128	16	0	160	128
	生物量（g/m²）	0.1392	0.0608	0.5168	2.8064	0.1472	0.4608	0.1440	1.0400	0.1136	4.3840	123.2288	0.0768	0.0000	1.5440	6.0624
	瓣鳃腹足类数量（个/m²）	0	0	128	0	0	64	32	0	160	0	0	64	32	0	48
	生物量（g/m²）	0.0000	0.0000	431.9296	0.0000	0.0000	150.4736	1.6512	0.0000	44.7136	0.0000	0.0000	129.7360	66.1808	0.0000	2.4000
合计	数量（个/m²）	16	16	288	832	48	96	64	16	256	64	128	80	32	160	176
	生物量（g/m²）	0.1392	0.0608	432.4464	2.8064	0.1472	150.9344	1.7952	1.0400	44.8272	4.3840	123.2288	129.8128	66.1808	1.5440	8.4624
	平均数量（个/m²）	504	832	732	812	440	116	112	56	152	48	120	76	20	64	172
	平均生物量（g/m²）	32.2748	195.9332	120.5448	3.9644	15.8156	38.4792	2.2952	18.4090	19.5340	2.3008	95.3832	65.5528	40.8780	15.8108	42.3136

13.3　太湖水动力学—湖流、水质—水生态模型评估

13.3.1　模型建立

13.3.1.1　太湖三维水动力学模型

在三维压缩坐标系下（图 13－91）太湖湖水运动的方程为

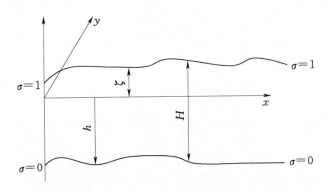

图 13－91　太湖三维压缩坐标示意图

$$\frac{\partial(Hu)}{\partial x}+\frac{\partial(Hv)}{\partial y}+\frac{\partial(Hw^*)}{\partial\sigma}+\frac{\partial\zeta}{\partial t}=0 \tag{13-1}$$

$$\frac{\partial u}{\partial t}+u\frac{\partial u}{\partial x}+v\frac{\partial u}{\partial y}+w^*\frac{\partial u}{\partial\sigma}-fv=-g\frac{\partial\zeta}{\partial x}+A_v\left(\frac{\partial^2 u}{\partial x^2}+\frac{\partial^2 u}{\partial y^2}\right)+\frac{\partial}{\partial\sigma}\left(A_z\frac{\partial u}{\partial\sigma}\right)+\varepsilon_x$$

$$\tag{13-2}$$

$$\frac{\partial v}{\partial t}+u\frac{\partial v}{\partial x}+v\frac{\partial v}{\partial y}+w^*\frac{\partial v}{\partial\sigma}+fu=-g\frac{\partial\zeta}{\partial y}+A_v\left(\frac{\partial^2 v}{\partial x^2}+\frac{\partial^2 v}{\partial y^2}\right)+\frac{\partial}{\partial\sigma}\left(A_z\frac{\partial v}{\partial\sigma}\right)+\varepsilon_y$$

$$\tag{13-3}$$

式中　x——x 轴坐标；

　　　y——y 轴坐标；

　　　t——时间；

　　　f——科氏力参数；

　　　g——重力加速度；

　　　h——水面平衡位置到湖底的距离；

　　　H——湖面到湖底的水深；

　u、v——x、y 方向流速；

　　　ζ——水面离开平衡位置的位移；

ε_x、ε_y——x、y 方向控制方程水平扩散项因变换产生的偏差项；

　w^*——σ 方向速度，它和垂直方向速度 w 的关系如下

$$w=Hw^*+\sigma\left(\frac{\partial\zeta}{\partial t}+u\frac{\partial\zeta}{\partial x}+v\frac{\partial\zeta}{\partial y}\right)-(1-\sigma)\left(u\frac{\partial h}{\partial x}+v\frac{\partial h}{\partial y}\right) \tag{13-4}$$

ε_x 表达式为

$\varepsilon_{\mathrm{x}} =$

$$A_{\mathrm{h}}\left\{\frac{2}{H}\frac{\partial^2 u}{\partial x \partial \sigma}\left(\frac{\partial h}{\partial x} - \sigma\frac{\partial H}{\partial x}\right) + \frac{\partial^2 u}{\partial\sigma^2}\frac{1}{H^2}\left(\frac{\partial h}{\partial x} - \sigma\frac{\partial H}{\partial x}\right)^2 - 2\frac{\partial u}{\partial\sigma}\frac{1}{H^2}\frac{\partial H}{\partial x}\left(\frac{\partial h}{\partial x} - \sigma\frac{\partial H}{\partial x}\right)\right.$$

$$+ \frac{\partial u}{\partial\sigma}\frac{1}{H}\left(\frac{\partial^2 h}{\partial x^2} - \sigma\frac{\partial^2 H}{\partial x^2}\right) + \frac{2}{H}\frac{\partial^2 u}{\partial y \partial\sigma}\left(\frac{\partial h}{\partial y} - \sigma\frac{\partial H}{\partial y}\right) + \frac{\partial^2 u}{\partial\sigma^2}\frac{1}{H^2}\left(\frac{\partial h}{\partial y} - \sigma\frac{\partial H}{\partial y}\right)^2$$

$$\left. - 2\frac{\partial u}{\partial\sigma}\frac{1}{H^2}\frac{\partial H}{\partial y}\left(\frac{\partial h}{\partial y} - \sigma\frac{\partial H}{\partial y}\right) + \frac{\partial u}{\partial\sigma}\frac{1}{H}\left(\frac{\partial^2 h}{\partial y^2} - \sigma\frac{\partial^2 H}{\partial y^2}\right)\right\}$$

ε_{y} 的表达式和 ε_{x} 的表达式相同，只需把 u 换成 v 即可。

在 σ 坐标系下，边界条件为

$\sigma = 1$： $w^* = 0$

$$\rho\frac{A_{\mathrm{v}}}{H}\left(\frac{\partial u}{\partial\sigma},\ \frac{\partial v}{\partial\sigma}\right) = (\tau_{\mathrm{x}}^s,\ \tau_{\mathrm{y}}^s) = C_{\mathrm{D}}^s\rho_{\mathrm{a}}\sqrt{u_{\mathrm{a}}^2 + v_{\mathrm{a}}^2}\ (u_{\mathrm{a}},\ v_{\mathrm{a}})$$

$\sigma = 0$： $w^* = 0$

$$\frac{A_{\mathrm{v}}}{H}\left(\frac{\partial u}{\partial\sigma},\ \frac{\partial v}{\partial\sigma}\right) = (\tau_{\mathrm{x}}^b,\ \tau_{\mathrm{y}}^b) = C_{\mathrm{D}}^b\sqrt{u_{\mathrm{b}}^2 + v_{\mathrm{b}}^2}\ (u_{\mathrm{b}},\ v_{\mathrm{b}})$$

u_{a}、v_{a}、u_{b}、v_{b} 分别为风速、湖底流速 x、y 方向的分量、C_{D}^s、C_{D}^b 分别为风、湖底拖曳系数，流速方程的侧边界条件为法向速度为零。

13.3.1.2　太湖藻类生长与输移模型

光是藻类进行光合作用的能量，它对藻类生长影响可表示为

$$f(I) = \frac{I}{I + I_{\mathrm{al}}} \tag{13-5}$$

式中　I——水下太阳辐射强度；

I_{al}——藻类生长半饱和光强。

营养盐是藻类合成有机质物质的来源和基础。大量野外观测和室内培养实验结果显示：当环境水体营养盐含量为零时，藻类仍可以继续繁殖生长，说明藻类细胞中存在营养盐储库。目前，多数学者认为藻类吸收营养盐的动力学过程为：①藻类利用其自身细胞液内营养盐进行有机合成，生长繁殖；②藻类吸收水体营养盐，补充藻类细胞中储库营养盐。因此氮、磷营养盐对藻类生长影响可表示为

$$f(N,P) = \min(1.0 - N_{\mathrm{almin}}/N_C,\ 1.0 - P_{\mathrm{almin}}/P_C) \tag{13-6}$$

式中　N_{almin}——藻类细胞液中氮的最小百分比含量；

P_{almin}——藻类细胞液中磷的最小百分比含量；

N_C——藻类细胞液中氮的百分比含量；

P_C——藻类细胞液中磷的百分比含量。

温度对藻类影响表现为：温度过低藻类无法生长；温度过高代谢速度加快，光合作用合成的有机质会被代谢作用快速分解，因而限制其生物量的增加。温度对藻类生长的影响一般可表示为

$$f(T) = \mathrm{e}^{-KT\,|\,T-T_{\mathrm{OPT}}\,|} \tag{13-7}$$

式中　T——水温；

T_{OPT}——藻类生长最适水温；

KT——水温影响藻类生长的系数。

对于太湖、梅梁湖的藻类含量而言，除受藻类本身生长影响外，还要受湖流、波浪、沉水植物竞争的影响。太湖各主要因子和过程影响太湖、梅梁湖藻类生物量变化方式和途径可概化为图 13 - 92 形式。图中已假设湖水动力学特征对藻类本身生长与死亡无影响。

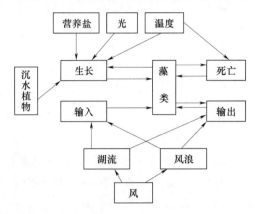

图 13 - 92　太湖各因子和过程影响藻类生物量变化示意图（箭头表示影响方向）

这样，据图 13 - 92，在假设藻类在水体中颗粒很小，为连续分布，其扩散和悬浮物具有相似特征基础上，湖泊水体任意一点藻类含量 BP 变化方程可表示为

$$\frac{\partial BP}{\partial t} + u \frac{\partial BP}{\partial x} + v \frac{\partial BP}{\partial y} + \left(w* + \frac{F - w_{BP}}{H}\right) \frac{\partial BP}{\partial \sigma}$$

$$= E_h \left(\frac{\partial^2 BP}{\partial x^2} + \frac{\partial^2 BP}{\partial y^2}\right) + \frac{\partial}{H \partial \sigma}\left(E_z \frac{\partial BP}{H \partial \sigma}\right) + BP_g - BP_M + \varepsilon(BP) \qquad (13 - 8)$$

式中　　w_{BP}——藻类在太阳辐射为零时向下运动的速度；

$\quad\quad F$——太阳辐射为非零时藻类上浮的速度；

$\quad BP_g$——藻类利用太阳辐射光合作用生长量；

$\quad BP_M$——藻类正常的死亡量；

$\quad\quad E_h$——藻类水平扩散系数；

$\quad\quad E_z$——藻类垂直扩散系数；

$\varepsilon(BP)$——方程坐标变化水平扩散项产生的偏差项，其表达式类同流速。

式（13 - 8）中藻类的生长量 BP_g 与藻类的生物量成正比，可以写为

$$BP_g = gr_{BP} B_p$$

式中　gr_{BP}——藻类的生长率，根据前面的分析，可表示为

$$gr_{BP} = GBP_{max} f(T) f(I) f(N, P)$$

GBP_{max} 为环境因子温度 T、太阳辐射光强 I 及氮磷营养盐不受限制情况下藻类的生长率，即内禀生长率，模型中取值为 1.2/d。在藻类生长率中的温度、光及营养盐的影响分别采用以下各式

$$f(T) = \begin{cases} 0 & T > T_{almax} \\ e^{-0.1(T-25)} & T \leqslant T_{almax} \end{cases} \qquad (13 - 9)$$

$$f(I) = \frac{I}{I + I_{\mathrm{al}}} \qquad (13-10)$$

$$f(N,P) = \min(1.0 - N_{\mathrm{almin}}/NP \cdot BP, 1.0 - P_{\mathrm{almin}}/PP \cdot BP) \qquad (13-11)$$

其中 N_{almin}、P_{almin}、NP、PP 分别为藻类中氮、磷的最小百分比含量和水体中藻类态氮、磷量。为方便起见，藻类细胞液中营养盐百分比含量已用藻类体内营养盐百分比替代。

BP_{M} 为藻类死亡量，其表达式为

$$BP_{\mathrm{M}} = \mathrm{Death} \cdot f(T) \cdot BP$$

其中
$$f(T) = \begin{cases} 1.0 & T > T_{\mathrm{almax}} \\ e^{-0.2(T-25)} & T \leqslant 25 \\ e^{0.05(T-25)} & 25 < T \leqslant T_{\mathrm{almax}} \end{cases} \qquad (13-12)$$

无太阳辐射的情况下，藻类下沉速度和藻类的比重等因素有关，确定它的值十分困难，这里取值与碎屑的沉降速度同一量级。在太阳辐射不为零时，藻类为最大限度地利用太阳辐射进行光合作用具有上浮的特性，它可表示为

$$F = \begin{cases} 1.2 \times 10^{-3} F' \sqrt{(U^2 + V^2)} + float & I > 0 \\ 0 & I = 0 \end{cases} \qquad (13-13)$$

式中 F'——无量纲常数，取 $F' = 0.00153$；

U，V——风速的 x、y 风向的速度分量；

$float$——湖面无风时藻类的上浮速度，取 $float = 0.001\mathrm{cm/s}$。

13.3.1.3 太湖营养盐与物质输移循环模型

1. 太湖氮的输移与循环模型

为简单起见，模型中无机态氮仅考虑氨态氮、亚硝态氮和硝态氮，颗粒态氮仅考虑藻类态氮、浮游动物态氮和鱼类态氮及沉水植物态氮。它们在模型中分别用符号 NH、N_2、N_3、NP、NZ、NF、SN 表示。其余无生命有机、无机颗粒态氮及溶解态有机态氮均被视为碎屑态氮存在于水体，用 ND 表示。在湖泊底泥中，模型仅考虑参与水体交换的形态氮。它被称为底泥可交换氮，用 NS 表示。这样一般意义上的水体中总氮（TN）可视为氨态氮、硝态氮和亚硝态氮、藻类态氮、浮游动物态氮和碎屑态氮总的和，即

$$TN = NH + N_2 + N_3 + ND + NP + NZ \qquad (13-14)$$

太湖中氨态氮、硝态氮被藻类吸收，碎屑态氮被微生物降解及在湖流作用下的输移转化过程可用图 13-93 概化。图中虚线框代表湖泊中水体块，箭头代表氮在各形态氮间的流动方向，穿越虚线框的水平箭头代表在湖流作用下输入和输出。穿越水土界面的箭头向上表示氮的再悬浮和释放，向下表示氮的沉降。

根据以上的概述和假设与简化，太湖水体中氨态氮、硝态氮、亚硝态氮、藻类态氮、浮游动物态氮、碎屑态氮输移转化的控制方程在图 13-91 坐标系中可表示为

$$\frac{\partial C}{\partial t} + u\frac{\partial C}{\partial x} + v\frac{\partial C}{\partial y} + (w^* - w_0)\frac{\partial C}{\partial \sigma}$$

$$= E_{\mathrm{h}}\left(\frac{\partial^2 C}{\partial x^2} + \frac{\partial^2 C}{\partial y^2}\right) + \varepsilon(C) + \frac{1}{H^2}\frac{\partial}{\partial \sigma}\left(E_z\frac{\partial C}{\partial \sigma}\right) + S(C) \qquad (13-15)$$

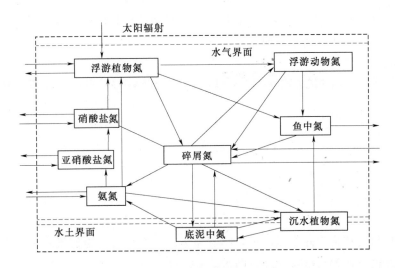

图 13-93　太湖梅梁湖氮输移循环转化概念图

式中　　C——各形态氮的浓度；

　　　　w_0——各形态氮的沉降速度；

　　　　$\varepsilon(C)$——偏差项；

　　　　$S(C)$——形态氮的源汇项，它和各形态氮的转化有关。

式（13-15）源汇项表达式为

氨态氮（NH）：

$$S(NH) = V\mathrm{md}_{20} \cdot ND \cdot \theta_{\mathrm{ND}}^{T-20} \frac{DO - KNDO1}{DO + KNDOS} - VNH_{\mathrm{BP}} \cdot \frac{NH \cdot BP \cdot PRE_{\mathrm{NH}} \cdot NPRO_{\mathrm{BP}}}{NH + KNH_{\mathrm{BP}}}$$

$$- \frac{VNHO_{20} \cdot NH \cdot \theta_{\mathrm{NH}}^{T-20} \cdot (DO - DOMIN_{\mathrm{NH}})}{DO + KNH_{\mathrm{DO}}}$$

$$- VNH_{\mathrm{SB}} \cdot \frac{NH \cdot SB \cdot PRE_{\mathrm{NH}} \cdot NPRO_{\mathrm{SB}}}{(NH + KNH_{\mathrm{SB}}) \cdot H_{\mathrm{SB}}} \times 10^5 \tag{13-16}$$

其中　　　　$NPRO_{\mathrm{BP}} = \dfrac{N_{\mathrm{BPmax}} - NP/BP}{N_{\mathrm{BPmax}} - N_{\mathrm{BPmin}}}$；　　　$NPRO_{\mathrm{SP}} = \dfrac{N_{\mathrm{SBmax}} - SN/SB}{N_{\mathrm{SBmax}} - N_{\mathrm{SBmin}}}$

式（13-16）右端第一项为碎屑降解产生的氨氮，第二项为浮游植物吸收氨氮的量，第三项为氨氮氧化为亚硝酸盐氮项，第四项为沉水植物吸收氨氮的量。

亚硝态氮（N_2）：

$$S(N_2) = VNHO_{20} \cdot NH \cdot \theta_{\mathrm{NH}}^{T-20} \frac{DO - DOMIN_{\mathrm{NH}}}{DO + KNH_{\mathrm{DO}}} - VN_2O_{20} \cdot N_2 \cdot \theta_{\mathrm{N2}}^{T-20} \frac{DO - DOMIN_{\mathrm{N2}}}{DO + KN_{\mathrm{2DO}}} \tag{13-17}$$

式（13-17）右端第一项为氨氮氧化为亚硝酸盐氮项，第二项为亚硝酸盐氮氧化为硝酸盐氮项。

硝态氮（N_3）：

$$S(N_3) = VN_2O_{20} \cdot N_2 \cdot \theta_{\mathrm{N2}}^{T-20} \frac{DO - DOMIN_{\mathrm{N2}}}{DO + KN_{\mathrm{2DO}}} - VN_{\mathrm{3SB}} \cdot \frac{N_3 \cdot SB \cdot PRE_{\mathrm{N3}} \cdot NPRO_{\mathrm{SB}}}{(N_3 + KN_{\mathrm{3SB}}) \cdot H_{\mathrm{SB}}}$$

$$\times 10^5 - VN_{\mathrm{3BP}} \cdot \frac{N_3 \cdot BP \cdot PRE_{\mathrm{N3}} \cdot NPRO}{N_3 + KN_{\mathrm{3BP}}} \tag{13-18}$$

式（13－18）右端第一项为亚硝酸盐氮氧化为硝酸盐氮的量，第二项为沉水植物吸收的硝酸盐氮，第三项为浮游植物吸收硝酸盐氮的量。

碎屑态氮（ND）：

$$S(ND) = Death_{al} \cdot f_{al}(T) \cdot NP + Death_{ZOO} \cdot BZ \cdot NZ + Death_{FISH} \cdot NF$$

$$+ GRAZ_{ZOO-FISH} \cdot (1 - RZ_{FISH}) \cdot BF \cdot \frac{BZ - KBZ_{min}}{BZ + KBZ_{FISH}} \cdot \frac{NZ}{BZ} - Vmd_{20} \cdot ND$$

$$\times \theta_{ND}^{T-20} \frac{DO - KNDO1}{DO + KNDOS} - GRAZ_{BD-ZOO} \cdot BZ \cdot \frac{BD - KBD_{min}}{BD + KBD_{ZOO}} \cdot \frac{ND}{BD}$$

$$(13-19)$$

式（13－19）右端第一项为浮游植物死亡转变为碎屑态氮的量，第二项为浮游动物死亡转变为碎屑态氮的量，第三项为鱼死亡转变为碎屑态氮的量，第四项为浮游动物被鱼滤食或吃食未被利用转化为碎屑氮的量，第五项为碎屑降解转化为氨氮的量，第六项为碎屑被浮游动物滤食转化为浮游动物态氮的量。

藻类态氮（NP）：

$$S(NP) = VNH_{BP} \cdot \frac{NH \cdot BP \cdot PRE_{NH} \cdot NPRO_{BP}}{NH + KNH_{BP}} + VN_{3BP}$$

$$\times \frac{N_3 \cdot BP \cdot PRE_{N3} \cdot NPRO_{BP}}{NH + KN_{3BP}} - Death_{al} \cdot f_{al}(T) \cdot NP$$

$$- GRAZ_{al-ZOO} \cdot BZ \cdot \frac{BP - KBP_{min}}{BP + KBP_{ZOO}} \cdot \frac{NP}{BP} \qquad (13-20)$$

式（13－20）右端第一项为浮游植物吸收水体氨氮的量，第二项为浮游植物吸收水体硝酸盐氮的量，第三项为因浮游植物死亡失去的氮，第四项为浮游植物被浮游动物滤食而失去的氮。

浮游动物态氮（NZ）：

$$S(NZ) = GRAZ_{al-ZOO} \cdot BZ \cdot \frac{BP - KBP_{min}}{BP + KBP_{ZOO}} \cdot \frac{NP}{BP} + BZ \cdot GRAZ_{BD-ZOO} \cdot \frac{BD - KBD_{min}}{BD + KBD_{ZOO}}$$

$$\times \frac{ND}{BD} - Death_{ZOO} \cdot NZ \cdot BZ - GRAZ_{ZOO-FISH} \cdot BF \cdot \frac{BZ - KBZ_{min}}{BZ + KBZ_{FISH}} \cdot \frac{NZ}{BZ}$$

$$(13-21)$$

式（13－21）右端第一项为浮游动物滤食浮游植物获得氮的量，第二项为浮游动物滤食碎屑获得氮的量，第三项为因浮游动物死亡失去的氮，第四项为浮游动物被鱼吃食而失去的氮。

上述式（13－16）～式（13－21）中各符号含义见表13－38。

由于鱼类自游泳作用，不随水体的流动而运动，在垂直方向分布可视为均匀、底泥中氮位置相对固定及水生植物根系的固着作用，可以假设鱼态氮、底泥可交换氮、沉水植物形态氮不随湖水运动而产生水平空间的位移，它们的控制方程不能用对流扩散方程表示。它们变化控制方程在模型表现形式如下。

湖泊水体鱼态氮（NF，mg/L）变化控制方程为

$$\frac{\partial NF}{\partial t} = \frac{1}{H} \int_{-h}^{\zeta} GRAZ_{ZOO-FISH} \cdot RZ_{FISH} \cdot BF \cdot \frac{BZ - BZF_{MIN}}{BZ + KBZ_{FISH}} \cdot \frac{NZ}{BZ} dz - Death_{FISH} \cdot NF$$

$$- Fish f \cdot NF + GRAZ_{\text{SB-FISH}} RS_{\text{FISH}} \cdot BF \cdot \frac{SB - SBF_{\min}}{SB + KSB_{\text{FISH}}} \cdot \frac{SN}{SB} \quad (13-22)$$

式（13-22）右端第一项为鱼吃食浮游动物获得氮的量，第二项为鱼死亡失去氮的量，第三项为捕捞输出的鱼态氮，第四项鱼吃食沉水植物获得的氮。

底泥中氮含量（NS）变化控制方程为

$$\frac{\partial NS}{\partial t} = w_{\text{BP}} \cdot NP(-h) \times 10^{-5} + w_{\text{D}} \cdot ND(-h) \times 10^{-5} - S_{\text{rel}} \cdot e^{\theta_{\text{S}}(T-20)} \cdot NS$$

$$\times \left(1.0 - \frac{SB}{CSB}\right) - ND_{\text{ero}} \cdot NS \times 10^{-5} - VSN_{\text{SB}} \cdot \max\left[0, \left(SB \cdot N_{\text{SBmax}} - VNH_{\text{SB}}\right.\right.$$

$$\times \frac{NH \cdot SB \cdot PRE_{\text{NH}} \cdot NPRO_{\text{SB}}}{NH + KNH_{\text{SB}}} - VN_{\text{3SB}} \cdot \frac{N_3 \cdot SB \cdot PRE_{\text{N3}} NPRO_{\text{SB}}}{NH + KN_{\text{3SB}}} - SN\right)$$

$$\div (N_{\text{SBmax}} - N_{\text{SBmin}})\Big] \times 10^2 + GSB_{\max} \cdot f_{\text{S}}(I) \cdot f_{\text{S}}(T) \cdot f_{\text{S}}(N,P)SB \cdot SN$$

$$\times 10^{-2} + GRAZ_{\text{SB-FISH}} \cdot (1 - RS_{\text{FISH}}) \cdot BF \cdot \frac{SB - SBF_{\min}}{SB + KSB_{\text{FISH}}} \cdot \frac{SN}{SB} \times 10^{-5}$$

$$(13-23)$$

式（13-23）右端第一项浮游植物沉降输入到底泥的氮，第二项为碎屑氮沉降的氮量，第三项为底泥氮释放至上覆水的氮，第四项为沉水植物从底泥中吸收氮量，第五项为沉水植物死亡回归至底泥氮量，第六项为沉水植物被鱼吃食未利用转化为底泥中氮量。

沉水植物形态氮控制方程为

$$\frac{\partial SN}{\partial t} = E_{\text{SB}}\left(\frac{\partial^2 SN}{\partial x^2} + \frac{\partial^2 SN}{\partial y^2}\right) + SN_{\text{absorb}} - GSB_{\max} \cdot f_{\text{S}}(I) \cdot f_{\text{S}}(T) \cdot f_{\text{S}}(N,P)SB \cdot SN$$

$$- GRAZ_{\text{SB-FISH}} \cdot BF \cdot \frac{SB - SBF_{\min}}{SB + KSB_{\text{FISH}}} \cdot \frac{SN}{SB} \cdot H_{\text{SB}} \times 10^{-5} \quad (13-24)$$

式中　SN_{absorb}——沉水植物对氮的吸收，其表达式为

$$SN_{\text{absorb}} = VNH_{\text{SB}} \cdot \frac{NH \cdot SB \cdot PRE_{\text{NH}} \cdot NPRO_{\text{SB}}}{NH + KNH_{\text{SB}}} + VN_{\text{3SB}} \cdot \frac{N_3 \cdot SB \cdot PRE_{\text{N3}} \cdot NPRO_{\text{SB}}}{NH + KN_{\text{3SB}}}$$

$$+ VSN_{\text{SB}} \cdot (SB \cdot N_{\text{SBmax}} - VNH_{\text{SB}} \cdot \frac{NH \cdot SB \cdot PRE_{\text{NH}} \cdot NPRO_{\text{SB}}}{NH + KNH_{\text{SB}}}$$

$$- VN_{\text{3SB}} \frac{N_3 \cdot SB \cdot PRE_{\text{N3}} \cdot NPRO_{\text{SB}}}{NH + KN_{\text{3SB}}} - SN)/(N_{\text{SBmax}} - N_{\text{SBmin}})$$

式（13-24）右端第一项沉水植物扩张项，第二项为沉水植物从水体和底泥吸收的氮量，第三项为沉水植物死亡失去的氮，第四项为沉水植物被鱼吃食失去的氮量，其中 10^{-5} 为不同单位间转换系数。

式（13-22）～式（13-24）中各符号含义见表 13-38。

2. 太湖磷的输移与循环模型

模型中考虑太湖磷的形态主要为磷酸态磷（PO）、藻类态磷（PP）、浮游动物态磷（PZ）、碎屑态磷（PD）、鱼类态磷（PF）、底泥间隙水溶解性磷（PW）、底泥可交换磷（PE）、沉水植物态磷（SP）。以上各形态磷转化过程见图 13-94，图中箭头的含义同图 13-93。与总氮类似，水体中总磷 TP 可表示为

$$TP = PO + PD + PP + PZ \quad (13-25)$$

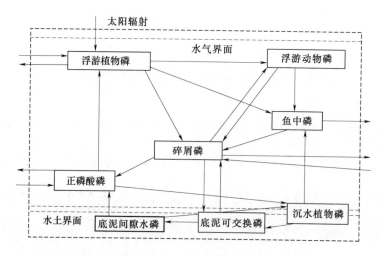

图 13 - 94　太湖、梅梁湖磷循环的概念模型

水体磷酸态磷（PO）、藻类态磷（PP）、浮游动物态磷（PZ）、碎屑态磷（PD）含量变化的控制方程类同氨态氮等式（13 - 15），它们的源汇项为

磷酸态磷（PO）：

$$S(PO) = Vmd_{20} \cdot PD \cdot \theta_{ND}^{T-20} \frac{DO - KNDO1}{DO + KNDOS} - VPO_{BP} \cdot \frac{PO \cdot BP}{PO + KPO_{BP}} \cdot PPRO_{BP}$$

$$- 10^5 \cdot VPO_{SB} \cdot \frac{PO \cdot PPRO_{SB} \cdot SB}{(PO + KPO_{SB}) \cdot H_{SB}} \tag{13 - 26}$$

其中
$$PPRO_{BP} = \frac{P_{BPmax} - PP/BP}{P_{BPmax} - P_{BPmin}}, PPRO_{SB} = \frac{P_{SBmax} - SP/SB}{P_{SBmax} - P_{SBmin}}$$

式（13 - 26）右端第一项为碎屑降解生成磷酸态磷的量，第二项为浮游植物吸收水体中磷的量，第三项为沉水植物吸收水体中磷的量。

藻类态磷（PP）：

$$S(PP) = VPO_{BP} \cdot \frac{PO \cdot BP}{PO + KPO_{BP}} \cdot PPRO_{BP} - GRAZ_{BP-ZOO} \cdot BZ \cdot \frac{BP - KBP_{min}}{BP + KBP_{ZOO}}$$

$$\times \frac{PP}{BP} - Death_{al} \cdot f_{d-al}(T) \cdot PP \tag{13 - 27}$$

式（13 - 27）右端第一项为浮游植物吸收水体磷的量，第二项为浮游植物被浮游动物滤食而失去的磷，第三项为因浮游植物死亡失去的磷。

浮游动物态磷（PZ）：

$$S(PZ) = GRAZ_{BD-ZOO} \cdot BZ \cdot \frac{BD - KBD_{min}}{BD + KBD_{ZOO}} \cdot \frac{PD}{BD} + GRAZ_{BP-ZOO} \cdot BZ \cdot \frac{BP - KBP_{min}}{BP + KBP_{ZOO}}$$

$$\times \frac{PP}{BP} - Death_{ZOO} \cdot PZ - GRAZ_{ZOO-FISH} \cdot BF \cdot \frac{BZ - KBZ_{min}}{BZ + KBZ_{FISH}} \cdot \frac{PZ}{BZ}$$

$$\tag{13 - 28}$$

式（13 - 28）右端第一项为浮游动物滤食碎屑获得磷的量，第二项为浮游动物滤食浮游植物获得磷的量，第三项为因浮游动物死亡失去的磷，第四项为浮游动物被鱼吃食而失去的磷。

碎屑态磷（PD）：

$$S(PD) = Death_{BP} \cdot f_{BP}(T) \cdot PP + Death_{ZOO} \cdot PZ + GRAZ_{ZOO\text{-}FISH} \cdot (1 - R_{FISH})$$

$$\times BF \cdot \frac{BZ - KBZ_{min}}{BZ + KBZ_{FISH}} \cdot \frac{PZ}{BZ} + Death_{FISH} \cdot PF - Vmd_{20}$$

$$\times PD \cdot \theta_{ND}^{T-20} \frac{DO - KNDO1}{DO + KNDOS} - GRAZ_{BD\text{-}ZOO} \cdot BZ \cdot \frac{BD - KBD_{min}}{BD + KBD_{ZOO}} \cdot \frac{PD}{BD}$$

$$(13 - 29)$$

式（13-29）右端第一项为浮游植物死亡转变为碎屑态磷的量，第二项为浮游动物死亡转变为碎屑态磷的量，第三项为浮游动物被鱼滤食或吃食未被利用转化为碎屑磷的量，第四项为鱼死亡转变为碎屑态磷的量，第五项为碎屑降解转化为正磷酸盐磷的量，第六项为碎屑被浮游动物滤食转化为浮游动物态磷的量。

以上式（13-26）～式（13-29）中各符号含义见表13-38。

同鱼态氮、底泥可交换氮、沉水植物形态氮一样，鱼类态磷、底泥可交换磷、底泥间隙水中溶解磷、沉水植物形态磷也不能由对流一扩散方程表示。模型中它们变化的控制方程所采用形式如下。

鱼类态磷（PF）变化控制方程为

$$\frac{\partial PF}{\partial t} = \frac{1}{H} \int_{-h}^{\zeta} GRAZ_{ZOO\text{-}FISH} \cdot BF \cdot \frac{BZ - BZF_{MIN}}{BZ + KBZ_{FISH}} \cdot \frac{PZ}{BZ} \cdot RZ_{FISH} \cdot dz - Death_{FISH} \cdot PF$$

$$- Fish f \cdot PF + GRAZ_{SB\text{-}FISH} \cdot RS_{FISH} \cdot BF \cdot \frac{SB - SBF_{min}}{SB + KSB_{FISH}} \cdot \frac{SP}{SB}$$

$$(13 - 30)$$

式（13-30）右端第一项为鱼吃食浮游动物获得磷的量，第二项为鱼死亡失去磷的量，第三项为捕捞输出的鱼态磷，第四项为鱼吃食沉水植物获得的磷。

底泥可交换磷（PE）变化控制方程为

$$\frac{\partial PE}{\partial t} = w_{BP} \cdot PP(-h) \times 10^{-5} + w_D \cdot PD(-h) \times 10^{-5} - V_{rex} K_{ext}^{T-20} \cdot PE - ND_{ero}$$

$$\times 10^{-5} \cdot PE + GSB_{max} \cdot f_S(I) \cdot f_S(T) \cdot f_S(N,P)SB \cdot SP \times 10^{-2} + GRAZ_{SB\text{-}FISH}$$

$$\times (1 - RS_{FISH}) \cdot BF \cdot \frac{SB - SBF_{min}}{SB + KSB_{FISH}} \cdot \frac{SP}{SB} \cdot H_{SB} \times 10^{-5} \qquad (13 - 31)$$

式（13-31）右端第一项为浮游植物沉降输入到底泥的磷，第二项为碎屑磷沉降的量，第三项为底泥可交换磷降解进入间隙水磷的量，第四项为底泥遭侵蚀底泥可交换磷暴露进入上覆水磷量，第五项为沉水植物死亡回归至底泥磷量，第六项为沉水植物被鱼吃食未利用转化为底泥中磷量。

底泥间隙水中溶解磷（PW）变化控制方程为

$$\frac{\partial PW}{\partial t} = V_{rex} K_{ext}^{T-20} \cdot PE - V_{MPP} \cdot \left(PW - \frac{PO(-h)}{1000} \right) \cdot \frac{T + 273}{280} \cdot \left(1.0 - \frac{SB}{CSB} \right)$$

$$\times SedPwRDo - VSN_{SB} \cdot max\left[0, \left(-SB \cdot P_{SBmax} - VPO_{SB} \right. \right.$$

$$\left. \left. \times \frac{PO \cdot SB \cdot PPRO_{SB}}{PO + KPO_{SB}} - SP \right) \middle/ - (P_{SBmax} - P_{SBmin}) \right] \times 10^2 \qquad (13 - 32)$$

式（13－32）右端第一项为底泥可交换磷降解进入间隙水量，第二项为底泥间隙水磷扩散上覆水的量，第三项为沉水植物从底泥间隙水吸收的磷。

沉水植物形态磷控制方程为

$$\frac{\partial SP}{\partial t} = E_{SB}\left(\frac{\partial^2 SP}{\partial x^2} + \frac{\partial^2 SP}{\partial y^2}\right) + SP_{absorb} - GSB_{max} \cdot f_S(I) \cdot f_S(T) \cdot f_S(N,P)SB$$

$$\times SP - GRAZ_{SB-FISH} \cdot BF \cdot \frac{SB - SBF_{min}}{SB + KSB_{FISH}} \cdot \frac{SP}{SB} \cdot H_{SB} \times 10^{-5} \qquad (13-33)$$

式中　SP_{absorb}——沉水植物对磷吸收，表达式为

$$SP_{absorb} = VPO_{SB} \cdot \frac{PO \cdot SB \cdot PPRO_{SB}}{PO + KPO_{SB}} + VSN_{SB}$$

$$\times \left(SB \cdot P_{SBmax} - VPO_{SB} \cdot \frac{PO \cdot SB \cdot PPRO_{SB}}{PO + KPO_{SB}} - SP\right) / (P_{SBmax} - P_{SBmin})$$

式（13－33）右端第一项为沉水植物扩张项，第二项为沉水植物从水体和底泥吸收的磷量，第三项为沉水植物死亡失去的磷，第四项为沉水植物被鱼吃食失去的磷量，其中 10^{-5} 为不同单位间转换系数。

式（13－30）～式（13－33）中各符号含义见表 13－38。

13.3.1.4　浮游动物生物量变化模型

和浮游植物类似，浮游动物生物量变化也可用对流扩散方程表示，其形式为

$$\frac{\partial BZ}{\partial t} + u\frac{\partial BZ}{\partial x} + v\frac{\partial BZ}{\partial y} + \left(w^* - \frac{w_0}{H}\right)\frac{\partial BZ}{\partial \sigma}$$

$$= E_h\left(\frac{\partial^2 BZ}{\partial x^2} + \frac{\partial^2 BZ}{\partial y^2}\right) + \varepsilon(BZ) + \frac{1}{H^2}\frac{\partial}{\partial \sigma}\left(E_z\frac{\partial BZ}{\partial \sigma}\right) + S(BZ)$$

$$(13-34)$$

式中　BZ——浮游动物生物量；方程的源汇项为

$$S(BZ) = BZ \cdot GRAZ_{BD-ZOO} \cdot \frac{BD - KBD_{min}}{BD + KBD_{ZOO}} - GRAZ_{ZOO-FISH} \cdot BF$$

$$\times \frac{BZ - KBZ_{min}}{BZ + KBZ_{FISH}} - GRAZ_{BP-ZOO} \cdot BZ \cdot \frac{BP - KBP_{min}}{BP + KBP_{ZOO}} - Death_{ZOO} \cdot BZ^2$$

$$(13-35)$$

式（13－34）和式（13－35）中各符号含义见表 13－38。

13.3.1.5　鱼类生长模型

模型中鱼类生长控制方程取以下形式

$$\frac{\partial BF}{\partial t} = \frac{1}{H}\int_{-h}^{\zeta} GRAZ_{ZOO-FISH} \cdot \frac{BZ - BZF_{min}}{BZ + KBZ_{FISH}} \cdot BF \cdot R_{FISH} \cdot dz - Death_{FISH} \cdot BF$$

$$- Fishf \cdot BF + GRAZ_{SB-FISH} \cdot RS_{FISH} \cdot BF \cdot \frac{SB - SBF_{min}}{SB + KSB_{FISH}} \qquad (13-36)$$

式中　BF——鱼生物量。

式（13－36）右端第一项为鱼捕食浮游动物的生长量，第二项为鱼自然死亡，第三项为人工捕捞量，第四项为鱼吃食沉水植物的生长的量，表达式中各符号含义见表 13－38。

13.3.1.6 沉水植物生长模型

模型中沉水植物生长控制方程形式为

$$\frac{\partial SB}{\partial t} = E_{SB}\left(\frac{\partial^2 SB}{\partial x^2} + \frac{\partial^2 SB}{\partial y^2}\right) + GSB_{max} \cdot f_S(T) \cdot f(N,P) \cdot f_S(I) \cdot SB(1 - SB/CS)$$

$$- GRAZ_{SB-FISH} \cdot BF \cdot \frac{SB - SBF_{min}}{SB + KSB_{FISH}} \cdot H_{SB} \times 10^{-5} \qquad (13-37)$$

式中

SB——沉水植物密度，kg/m^2;

$$f_S(N,P) = \min\left(1 - \frac{N_{SBmin} \cdot SB}{SN}, 1 - \frac{P_{SBmin} \cdot SB}{SP}\right)$$ ——营养盐对沉水植物生长的影响;

$$f_S(I) = e^{-kIs|I-IS_{opt}|}$$ ——光强对沉水植物生长影响;

$$f_S(T) = \begin{cases} 0 & T < TS_{min} \\ (T - TS_{min})/(TS_{opt} - TS_{min}) & TS_{min} \leqslant T \leqslant TS_{opt} \\ e^{-kTs|T-TS_{opt}|} & T > TS_{opt} \end{cases}$$

——温度对沉水植物生长影响。

式（13-37）中各符号含义见表 13-38。

表 13-38   **太湖富营养化生态模型中参数含义及参数值**

参数符号	参 数 名 称	单 位	取 值
BZF_{MIN}	浮游动物被鱼类捕食的最小含量	mg/L	0.1
C_D	风拖曳系数	cm^2/s	0.0013
$Death_{al}$	浮游植物死亡率	1/d	1.1
$Death_{FISH}$	鱼类死亡率	1/d	0.003
$Death_{ZOO}$	浮游动物死亡率	1/d	0.04
$DOMIN_{N2}$	亚硝态氮氧化的最低溶解氧的浓度	mg/L	1.5
$DOMIN_{NH}$	氨态氮氧化最低溶解氧浓度	mg/L	2
E_h	水平扩散系数	cm^2/s	50000
E_{SB}	沉水植物扩长系数	cm^2/s	1000
E_z	垂直扩散系数	cm^2/s	0.01792
F'	无量纲常数	—	1.53E-03
$Fisff$	捕捞鱼类的速率	1/d	0.008
$float$	湖面无风时浮游植物趋光上浮速度	cm/s	1.00E-03
$GARZ_{BP-ZOO}$	浮游动物对浮游植物的捕食率	1/d	0
GBP_{max}	浮游植物生长率	1/d	1.4
$GRAZ_{BD-ZOO}$	浮游动物对碎屑的捕食率	1/d	0.09
$GRAZ_{SB-FISH}$	鱼类吃食沉水植物的速率	1/d	0.1
$GRAZ_{ZOO-FISH}$	鱼捕食浮游动物的速率	1/d	0.1

续表

参数符号	参 数 名 称	单 位	取 值
GSBmax	沉水植物内禀增长率	1/d	0.19
I_{al}	浮游植物生长半饱和光强	W/m²	300
IS_{opt}	沉水植物最适宜生长的光强	W/m²	500
KBD_{min}	浮游动物可捕食的碎屑最小浓度	mg/L	0.1
KBP_{min}	浮游动物捕食藻类的最小浓度	mg/L	0.1
KBP_{ZOO}	浮游动物捕食藻类的半饱和浓度	mg/L	2
KBZ_{FISH}	浮游动物捕食碎屑的半饱和浓度	mg/L	2
KBZ_{FISH}	鱼类捕食浮游动物的半饱和常数	mg/L	1
KBZ_{min}	鱼可捕食浮游动物的最小浓度	mg/L	0.1
K_{ext}	温度影响底泥可交换磷矿化系数	—	1.13
kIs	光强影响沉水植物生长系数	m²/W	0.015
KN_{2DO}	亚硝态氮氧化时溶解氧的半饱和常数	mg/L	3
KN_{3BP}	浮游植物吸收硝酸盐氮半饱和常数	mg/L	0.2
KN_{3SB}	沉水植物吸收硝态氮的半饱和常数	mg/L	0.2
KNDO1	碎屑好氧降解所需最低溶解氧含量	mg/L	0.02
KNDOS	碎屑好氧降解溶解氧半饱和常数	mg/L	0.8
KNH_{BP}	浮游植物吸收氨态氮半饱和常数	mg/L	0.2
KNH_{DO}	氨态氮氧化时溶解氧的半饱和常数	mg/L	4
KNH_{SB}	沉水植物吸收氨态氮的半饱和常数	mg/L	0.2
KPO_{BP}	浮游植物吸收磷酸态磷的半饱和常数	mg/L	0.006
KPO_{SB}	沉水植物吸收磷酸态磷的半饱和常数	mg/L	0.005
KSB_{FISH}	鱼类吃食沉水植物的半饱和常数	kg/m²	0.05
KT	浮游植物生长温度影响系数	—	0.1
kTs	温度影响沉水植物生长系数	—	0.0023
N_{almax}	浮游植物中氮的最大含量	gN/gB	0.17
N_{almin}	浮游植物中氮的最小含量	gN/gB	0.04
NDero	底泥侵蚀速度	cm/s	0
N_{SBmax}	沉水植物中氮最大百分比含量	gN/gB	0.03
NSBmin	沉水植物氮最小百分比含量	gN/gB	0.015
P_{almax}	浮游植物中磷的最大含量	gP/gB	0.017
P_{almin}	浮游植物中磷的最小含量	gP/gB	0.002
PSBmin	沉水植物磷最小百分比含量	gP/gB	0.0015

续表

参数符号	参　数　名　称	单　位	取　值
R_{FISH}	鱼利用浮游动物的效率	g/g	0.71
R_{SFISH}	鱼类利用沉水植物的效率	g/g	0.1
sedPwRDo	溶解氧对间歇水溶解磷释放影响系数	—	0.5
Srel	底泥氮释放速率	1/d	4.00E−07
Tal_{max}	浮游植物能够生长的最大温度	℃	35
T_{OPT}	浮游植物最适宜生长的温度	℃	29.5
TSmin	沉水植物生长的最低温度	℃	5
TS_{opt}	沉水植物最适宜生长的温度	℃	20
Vmd_{20}	碎屑降解速率 N	1/d	0.01
Vmd_{20}	碎屑降解速率 P	1/d	0.016
Vmpp	底泥间隙水溶解性磷的释放速率	1/d	0.001
VN_2O_{20}	20℃时亚硝态氮的氧化速率	1/d	0.6
VN_2O_{20}	20℃时亚硝态氮的氧化速率	1/d	0.6
VN_{3BP}	浮游植物吸收硝酸盐氮速率	1/d	0.04
VN_{3SB}	沉水植物吸收硝态氮速率	1/d	0.001
VNHBP	浮游植物吸收铵态氮速率	1/d	0.08
$VNHO_{20}$	20℃时氨态氮的氧化速率	1/d	0.1
VNH_{SB}	沉水植物吸收氨态氮速率	1/d	0.003
VPO_{BP}	浮游植物吸收正磷酸态磷速率	1/d	0.016
V_{rex}	底泥可交换磷矿化速率	1/d	3.00E−05
VSN_{SB}	沉水植物吸收底泥营养盐氮速率	1/d	0.005
W_{BP}	浮游植物下沉速度	cm/s	4.00E−07
wD	碎屑沉降速率	cm/s	0.0001
θ_{N2}	温度影响亚硝态氮氧化系数 1	—	1.08
θ_{N2}	温度影响亚硝态氮氧化系数 2	—	1.09
θ_{ND}	温度对碎屑降解的影响系数	—	1.15
θ_{NH}	温度影响氨态氮氧化系数 1	—	1.15
θ_{NH}	温度影响氨态氮氧化系数 2	—	1.2
θs	温度影响底泥氮释放的系数	—	0.00755
SBF_{min}	沉水植物能够被鱼类吃食最小密度	kg/m²	0.001
C_s	沉水植物生长环境容量	kg/m²	2
H_{SB}	沉水植物生物量转化为高度转换系数	kg/m²	1

13.3.2　太湖三维水动力学模型校验

13.3.2.1　太湖三维水动力学模型校验时段

验证太湖三维水动力学模型验证所采用的时段为 1997 年 8 月 15～25 日。这期间包含 18～20 日历时 3 天的 11 号台风过程。

13.3.2.2　太湖三维水动力学模型校验资料

验证模型所用的风场及水位资料的站点位置见图 13-95。从图中可以看出水位观测站点及气象资料站点基本上可控制太湖全湖水位及风场的变化过程。计算网格点风速风向的值由环湖的宜兴、长兴、湖州、吴县东山、吴江气象台及中国科学院南京地理与湖泊研究所太湖站观测值经加权平均求得，网格点正东、正西方向风速分量计算公式为

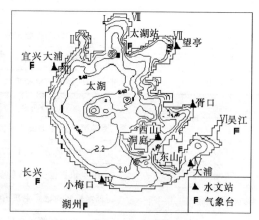

图 13-95　湖流水位模拟校验风场及水位测站分布图

$$W_x = \sum_i \frac{1.0 / \sqrt{(x - x_i)^2 + (y - y_i)^2}}{\sum_j 1.0 / \sqrt{(x - x_j)^2 + (y - y_j)^2}} W_x(x_i, y_i)$$

$$(13-38)$$

$$W_y = \sum_i \frac{1.0 / \sqrt{(x - x_i)^2 + (y - y_i)^2}}{\sum_j 1.0 / \sqrt{(x - x_j)^2 + (y - y_j)^2}} W_y(x_i, y_i)$$

式中　x，y——网格点 x，y 方向的坐标；

　　W_x，W_y——网格点风速 x，y 方向的分量；

　　x_i，y_i——气象站 x，y 方向的坐标。

模型验证时段各站风场状况如图 13-96 所示。从图 13-96 可以看出 1997 年 11 号台风期间除长兴站的风速特征与其他各站的差别较为明显外，太湖周围各站的风速过程基本相似，因此用以上公式计算得到台风期间的湖面风场过程与湖面实际过程的差距理应不会太大。由于下垫面的变化，风场经过湖面有一个加速过程，而登陆又有一个减速过程，用加权平均内插法求得风速一般小于湖面实际的风速。因而模型选定风的拖曳系数相对通常意义的要大一些，取 0.002。计算网格点水位初始值用太湖周围的水文观测站的水位值通过线性内插得到，其计算表达式与网格点风速计算公式相似。

湖底拖曳系数的计算表达式为

$$C_D^b = \{k_0 / \ln[(z + z_0 / z_0)]\}^2$$

$$(13-39)$$

式中　k_0——卡门常数 0.4；

　　z_0——湖底粗糙率，取值为 1.0cm。

13.3.2.3　太湖三维水动力学模型校验初值

计算网格点初始流场值由初始水位诊断分析获得。

13.3.2.4　太湖三维水动力学模型校验结果

图 13-97 表明：模型反映的各水位站水位的变化趋势与实测值基本吻合，但是模型计算水位的变化幅度小于实测水位变化幅度。其原因可能与水文站通常位于河道，资料的

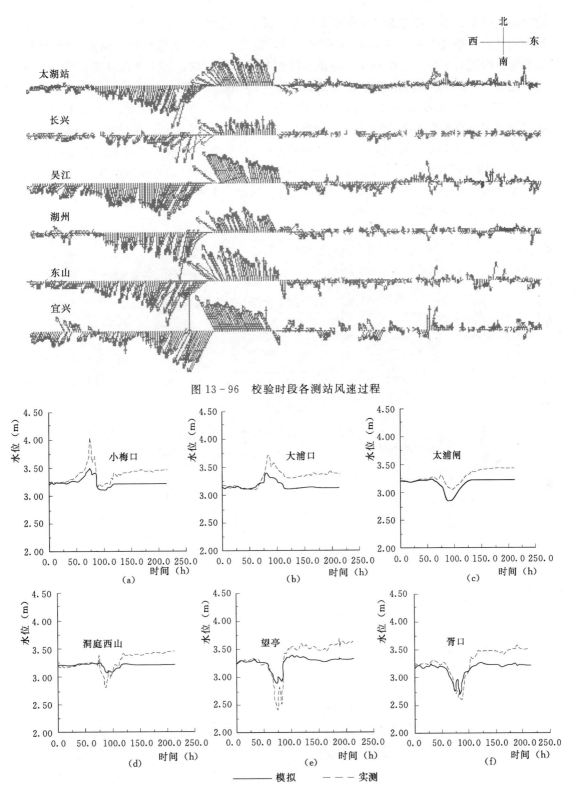

图 13 - 96　校验时段各测站风速过程

图 13 - 97　校验期间水位观测和模型计算曲线（1997 年 8 月 15～24 日）

时段限制以及模型没有考虑降水和径流等对水位变化的影响有关。图 13 - 97 中各水位测站的实测水位曲线表明：18 日 11 号台风过后，整个太湖的实际水位是不断上升的，而计算的水位则没有上升。这种差异主要是由降雨与径流引起的。据太湖站观测资料，11 号台风期间，3 天内该点降水量为 44.1 mm，其中 19 日达 29.9 mm。

图 13 - 98 中太湖平均水位随时间变化过程（环湖六站的平均值）充分显示了这一点。在本模式中，全湖平均水位的变化，相当于平均水深的系统变化。作为第一近似，把图 13 - 98 中全湖平均水位起点归零而叠加至图 13 - 97 中各站的模拟水位变化的过程线上，可得到图 13 - 99 中的线性校正模拟水位变化过程线。比较校正后模拟曲线与实测曲线，可以发现两者更吻合。由此可以得到如下结论：剔除降雨径流因素等的影响，模型能较好地刻画太湖的水位对风应力的响应。

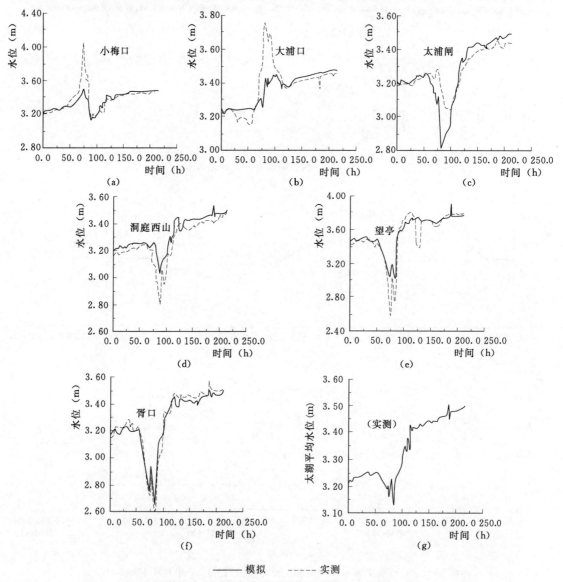

———— 模拟　　----- 实测

图 13 - 98　校验期间水位观测和模型计算校正曲线（1997 年 8 月 15～24 日）

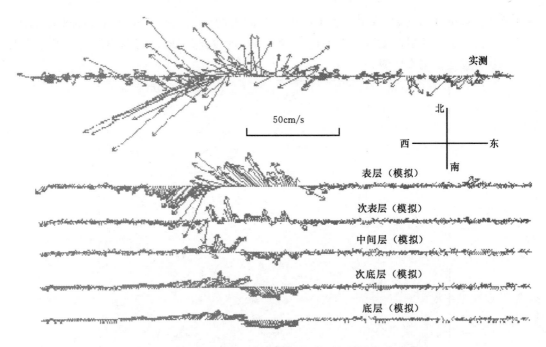

图 13-99　梅梁湖湾口东侧校验点实测与模拟湖流过程

图 13-100 为太湖梅梁湖湾口拖山东边点（见图 13-95 黑方块）的实测流场和相应点的模拟计算流场。观测点的垂直分布介于模拟计算的表层与次表层之间，其位置靠近风场观测点太湖站。由此图可看出模拟计算流场随时间变化结构与实测流场的基本一致。在台风期间，差别在于计算流场较实测流场的方向稳定。这主要是因为计算用风场和流场经过了平滑，并且计算流场不含小尺度的波流。

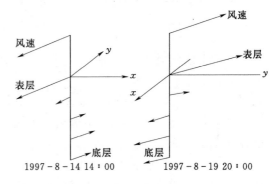

图 13-100　梅梁湖湾口东侧校验点湖流的垂直结构

13.3.3　藻类生长与物质输移转化模型校验与参数率定

13.3.3.1　1997 年 1 月 1 日～1998 年 1 月 1 日模型校验与参数率定

1. 校验时段

水体藻类生长、输移和转化及溶解氧变化模型的校验和参数率定的时段为 1997 年 1 月 1 日～1998 年 1 月 1 日，包含了春、夏、秋、冬四个不同季节，覆盖了太湖生态系统及其他要素一个完整的年周期变化过程。

2. 校验资料

参数率定与模型校验所用的资料主要为：①1997 年中国科学院太湖湖泊生态系统研究站太湖逐月水质与生态系统监测资料（每月监测一次，点位见图 13-101）；②水利部太湖流域管理局提供的环湖主要河道 1997 年 1 月 1 日～12 月 31 日逐日流量和主要河道每月污染物含量监测资料；③2002 年中国科学院太湖湖泊生态系统研究站的太湖降雨、蒸发、水温、太阳辐射观测资料；④1997 年中国科学院南京地理与湖泊研究所太湖底泥深度、氮、磷含量调查资料。

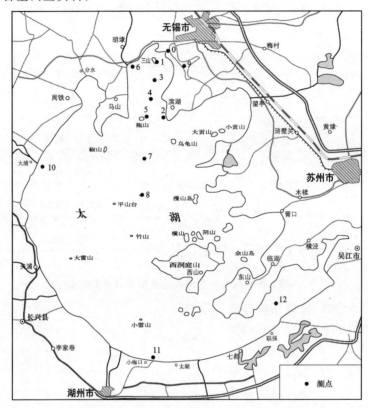

图 13-101　1997 年中国科学院太湖湖泊生态系统研究站监测点的分布

3. 模型计算初值

各网格点模型状态变量总磷、总氮、藻类叶绿素 a、氨氮、正磷酸磷等的初值均由 1997 年 1 月 17 日太湖站水质与生态系统监测值通过线性内插确定；流场、水面位移初始值均取 0；底泥可交换磷及底泥可交换氮的初值由 1997 年太湖表层底泥氮、磷含量 108 点精细调查与室内分析值线性内插获得。

4. 参数设置

模型计算涉及 113 个参数，大部分参数根据其物质意义，由文献调研确定，部分关键参数由试验测定，部分通过数值模拟确定。模型参数取值见表 13-38。

通过研究模型及其相应的参数取值，较好地刻画了太湖水体溶解氧、总氮、总磷、氨氮以及藻类叶绿素 a 含量的年变化特征，尤其是模型对溶解氧以及藻类拟合，精度较高，可用于引江济太调水试验对太湖水环境影响的评估与方案论证。

13.3.3.2　2002 年 1 月 1 日～4 月 30 日模型校验与参数率定

1. 校验资料

2002 年 1～4 月调水期间模型参数再率定和校验采用的实测资料为：①2002 年 1～4 月水利部太湖流域管理局逐月水质监测资料，监测点位见图 13-102；②水利部太湖流域

管理局为评估提供的环湖主要河道 2002 年 1
月 1 日～4 月 30 日逐日流量和江苏省水文水
资源勘测局逐月监测的环湖主要河道水体污
染物含量资料；③2002 年中国科学院太湖湖泊
生态系统研究站的降雨、蒸发、水温、太阳辐
射观测资料；④1997 年中国科学院南京地理与
湖泊研究所的太湖底泥深度、氮、磷调查资
料；⑤环太湖 6 个气象站 2002 年 1～4 月风速
风向逐时观测资料；⑥2002 年 1～4 月中国科
学院太湖湖泊生态系统研究站的浮游动物监测
资料。

2. 校验时段太湖自然特征

（1）太阳辐射。

2002 年 1～4 月太湖太阳光合有效辐射逐

图 13-102　水利部太湖流域管理局
太湖监测点位图

日变化见图 13-103。该图显示光合有效辐射极不稳定，逐日变化较大，忽高忽低，但是
总体上呈上升趋势。1 月、2 月光合有效辐射相对较低，月平均辐射强度分别为 1004.3
W/m²、1235.2W/m²。3 月光合有效辐射月均值为 2270.4W/m²，比 1 月、2 月高。4 月
光合有效辐射月均值为 1585.2W/m²，小于 3 月光合有效辐射月均值。

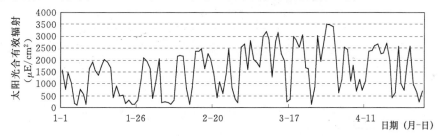

图 13-103　2002 年 1～4 月太湖太阳有效光合辐射变化
（中国科学院太湖湖泊生态系统研究站监测资料）

（2）水温。

2002 年 1～4 月太湖水温逐日变化见图 13-104。水温总体上呈跳跃式上升趋势，但
是逐日变化幅度远小于光合有效辐射的变化。水温由 1 月 1 日的 5.87℃，升到 1 月 15 日
的 10.53℃后开始下降，到 1 月 27 日降至 6.03℃。1 月 27 日～2 月 26 日，小幅振荡上
升。26 日升至 12℃后，复振荡下降，至 3 月 6 日降为 9.6℃，之后振荡上升，4 月 7 日温
度达 20.8℃。4 月 11～30 日水温逐日变化相对较小。

（3）蒸发与降雨。

2002 年 1～4 月太湖地区降雨量为 327.6mm，其中大部分集中在 3 月、4 月，1 月、2
月降雨量较少（见图 13-105）。1 月、2 月总降雨量分别为 33.3 mm 和 38.3 mm。3 月、
4 月总降雨量分别为 118.7 mm 和 137.03mm。蒸发量 3 月、4 月大于 1 月、2 月（见图
13-106），1～4 月总蒸发量为 233.4mm，蒸发量小于降雨量 94.2mm。

（4）水位。

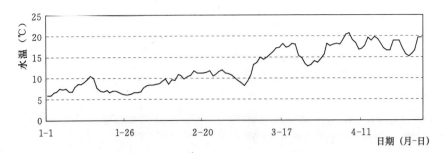

图 13-104　2002 年 1～4 月太湖水温变化曲线
（中国科学院太湖湖泊生态系统研究站监测资料）

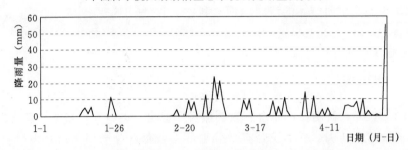

图 13-105　2002 年 1～4 月太湖降雨量月变化
（中国科学院太湖湖泊生态系统研究站监测资料）

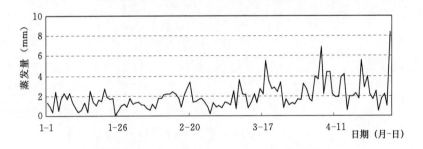

图 13-106　2002 年 1～4 月太湖水面蒸发量月变化
（中国科学院太湖湖泊生态系统研究站监测资料）

2002 年 1～4 月太湖水位逐日变化见图 13-107。1 月 1～20 日太湖水位缓慢下降。期间，除 1 月 16 日水位下降超过 10cm 外，变化幅度均不大。1 月 20 日～2 月 20 日，太湖水位较为稳定，约 3m 左右。因降雨影响，3 月 1～10 日水位由 2.95m 快速上升至 3.25m（吴淞零点）。3 月 10 日以后太湖水位变化较小，在 3.22m 上下波动。

3. 模型校验结果

由于 2002 年太湖生态系统结构与 1997 年存在着一定差异，因此表 13-38 中的部分参数需通过 1～4 月的模拟再确认和调整。经过再率定，需调整的模型参数及其取值见表 13-39，其中藻类生长率由 1.4 1/d 调整为 1.3 1/d，藻类上浮速度由 8.0×10^{-7} cm/s 调整为 8.0×10^{-6} cm/s，其他未列出参数同表 13-38。表 13-39 表明仅一小部分参数值需作一定的调整。

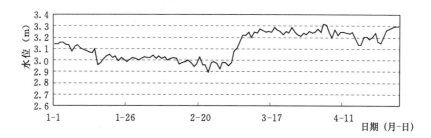

图 13 - 107　2002 年 1～4 月太湖水位月变化
（中国科学院太湖湖泊生态系统研究站监测资料）

表 13 - 39　　　　**2002 年 1～4 月模型率定及校验调整的模型参数及取值**

参　数　名　称	取值	参　数　名　称	取值
藻类生长率	1.3	20 度时氨氮的氧化速率	0.2
藻类趋光上浮速度	8.0×10^{-6}	底泥氮释放速率	4.0×10^{-6}
藻类吸收氨氮速率	0.1	沉水植物内禀增长率	0.10
藻类吸收氨氮半饱和常数	0.10	沉水植物吸收氨氮速率	0
沉水植物最适宜生长的光强	200.0	沉水植物吸收硝氮速率	0.080
沉水植物生物量转化为高度转换系数	0.3	沉水植物吸收硝氮的半饱和常数	0.050

（1）溶解氧。

2002 年 1～4 月调水期间溶解氧模型计算值与监测值见图 13 - 108，模型计算相对误差见表 13 - 40。可以看出模型参数调整后，除闾江口、梅园、竺山湖、吴溇四测点模型计算值与监测值误差较大外，其他测点均较小，模型相对误差低于 20%，多数小于 5%，除河口区外，模型较好地刻画了太湖水体溶解氧含量的变化。河口区比较大的误差，与缺乏入湖水体溶解氧含量资料，用 2 个月监测资料线性内插确定入湖水体溶解氧逐日含量过于简单有关。

表 13 - 40　　　　**2002 年 1～4 月模型计算溶解氧的相对误差**　　　　%

测点名称	相对误差	测点名称	相对误差
小湾里	18.70	沙墩港	−11.95
梅园	56.55	渔业村	−5.31
三号标	−2.56	14 号标	0.66
闾江口	−295.48	夹浦	−1.20
拖山	−3.49	小梅口	−4.65
竺山湖	−100.84	漫山	−8.96
大浦	6.64	胥口	−10.64
伏东	0.64	西山（石公）	−17.38
焦山	−1.21	大钱	−4.76
平台山	−1.05	新塘（长兴）	7.85
乌龟山	−2.93	东太湖	−13.17
大贡山	2.00	吴溇（七都）	−42.08

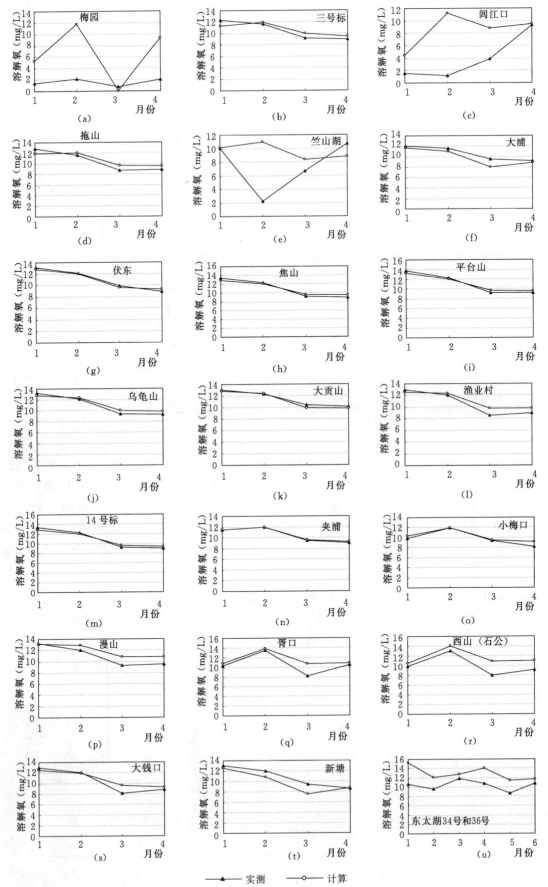

图 13-108　2002 年 1～4 月溶解氧模型计算值与实测值的比较

（2）总氮。

2002 年 1～4 月模型计算总氮相对误差见表 13－41，模型计算的相对误差绝对值的变化范围为 0.54%～138%，其中 5 个测点相对误差小于 10%；10 个测点相对误差小于 20%；15 个测点相对误差小于 30%，占总测点数的 58.3%；18 个测点相对误差小于 40%，占总测点数的 75%；相对误差大于 40% 的测点共有 5 个，占总测数的 20%。各测点 1～4 月模型计算和监测的总氮逐月变化趋势（见图 13－109）显示：除河口区梅园、闾江口、大钱口、西山（石公）、胥口、新塘差异较大外，其他测点比较一致，进一步表明模型可刻画太湖水体总氮的变化。

表 13－41　　　　　　　　2002 年 1～4 月总氮模型计算误差　　　　　　　　%

测点名称	相对误差	测点名称	相对误差
小湾里	28.83	沙墩港	−29.65
梅园	49.87	渔业村	8.86
三号标	−18.78	14 号标	−47.05
闾江口	33.65	夹浦	−38.12
拖山	7.31	小梅口	−21.44
竺山湖	26.07	漫山	22.22
大浦	−38.82	胥口	0.54
伏东	−53.87	西山（石公）	18.16
焦山	−15.81	大钱口	−68.14
平台山	−9.12	新塘（长兴）	−137.97
乌龟山	1.19	东太湖	10.70
大贡山	−12.24	吴溇（七都）	45.08

（3）氨氮。

2002 年氨氮模型计算的相对误差见表 13－42，大钱口、沙墩港、梅园、闾江口、三号标、大浦、大贡山及 14 号标的模型计算相对误差较大，东太湖、渔业村、平台山、漫山等测点误差相对较小。相对而言模型刻画太湖水体氨氮变化的能力弱于总氮和溶解氧，模型计算误差相对较大。但是从 1～4 月各测点模型计算和监测得到的氨氮的变化趋势（见图 13－110）来判断，除梅园、闾江口、三号标、大贡山、胥口等测点差异较大外，大部分测点变化趋势较为一致，拖山、竺山湖、平台山、夹浦等测点几乎一致。之所以模型计算结果的相对误差较大，是因为实际监测到氨氮湖流较低，很小的计算偏差就会引起产生较大的相对误差。

表 13－42　　　　　　　　2002 年 1～4 月氨氮模型计算误差　　　　　　　　%

测点名称	相对误差	测点名称	相对误差
小湾里	45.86	沙墩港	−148.19
梅园	75.50	渔业村	−8.19
三号标	−67.31	14 号标	−52.29
闾江口	59.63	夹浦	−16.78
拖山	17.47	小梅口	−20.28
竺山湖	29.31	漫山	13.31
大浦	−167.30	胥口	32.16
伏东	−57.84	西山（石公）	−81.56
焦山	−39.87	大钱口	−162.05
平台山	−0.49	新塘（长兴）	−305.00
乌龟山	−17.59	东太湖	−0.66
大贡山	−249.17	吴溇（七都）	−26.19

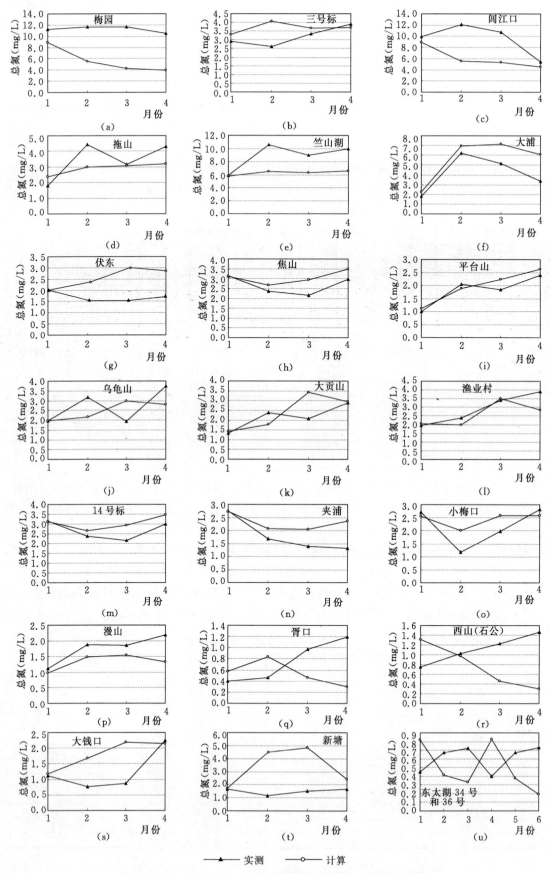

图 13-109　2002 年 1～4 月总氮模型计算值与实测值的比较

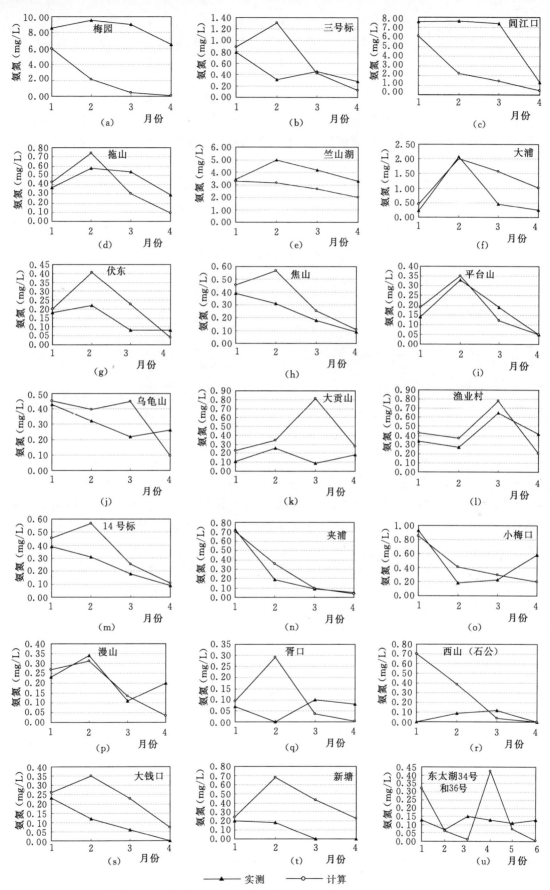

图 13-110　2002 年 1～4 月氨氮模型计算值与实测值的比较

（4）总磷。

小湾里、渔业村、大贡山、乌龟山、三号标、拖山以及沙墩港模型计算结果的相对误差较大，超过 100%，且均为计算结果大于监测结果（见表 13-43）。产生这一结果的主要原因是水体总磷含量比水体溶解氧、总氮的含量低，且变化的速度很快，监测值部分时刻很低，与氨氮一样，很小的计算偏差，就会产生比较大的相对误差。图 13-111 显示除梅园、闾江口及三号标测点计算值偏离实测值的最大偏差超过 0.1 mg/L 外，其他测点基本均小于 0.05mg/L，且计算与实测逐月变化趋势值相同，表明模型可较好地反映水体总磷含量逐月变化和空间变化特征。

表 13-43　　　　　　　　　2002 年 1～4 月总磷模型计算误差　　　　　　　　%

测点名称	相对误差	测点名称	相对误差
小湾里	−150.34	沙墩港	−93.99
梅园	50.67	渔业村	−170.25
三号标	−266.09	14 号标	−34.14
闾江口	26.93	夹浦	−61.92
拖山	−286.64	小梅口	−8.18
竺山湖	3.77	漫山	−78.62
大浦	−1.84	胥口	−35.66
伏东	−48.90	西山（石公）	−68.19
焦山	−86.72	大钱	−46.97
平台山	−25.69	新塘（长兴）	−71.69
乌龟山	−119.34	东太湖	20.49
大贡山	−169.79	吴溇（七都）	−13.60

（5）藻类叶绿素 a。

2002 年 1～4 月叶绿素 a 的模型计算与监测结果见图 13-112，模型计算的相对误差见表 13-44。相对误差表显示：除胥口、新塘、三号标、大浦、竺山湖测点的相对误差高于 60%，其他测点均小于 40%，模型计算藻类叶绿素 a 含量的相对误差较小。另外，图 13-112 也显示：河道入流影响较大的竺山湖、新塘、大浦等区域，受模型设定入湖河道水体叶绿素 a 含量为零以及未考虑藻类在湖面漂移的影响，水体叶绿素 a 含量变化趋势与监测结果存在一定的差异；但是，在其他的监测点模型计算结果与实测结果变化趋势较为吻合。总体而言，模型基本反映了水体藻类叶绿素 a 的变化。

表 13-44　　　　　　　　2002 年 1～4 月校验叶绿素 a 模型计算误差　　　　　　　%

测点名称	相对误差	测点名称	相对误差
小湾里	33.83	沙墩港	30.61
梅园	12.71	渔业村	−0.84
三号标	−83.25	14 号标	28.58
闾江口	24.58	夹浦	13.56
拖山	−37.58	小梅口	16.23
竺山湖	65.81	漫山	−36.38
大浦	67.17	胥口	−66.85
伏东	21.84	西山（石公）	−3.50
焦山	−3.58	大钱	10.81
平台山	11.19	新塘（长兴）	62.00
乌龟山	6.01	东太湖	−13.00
大贡山	−4.20	吴溇（七都）	−9.54

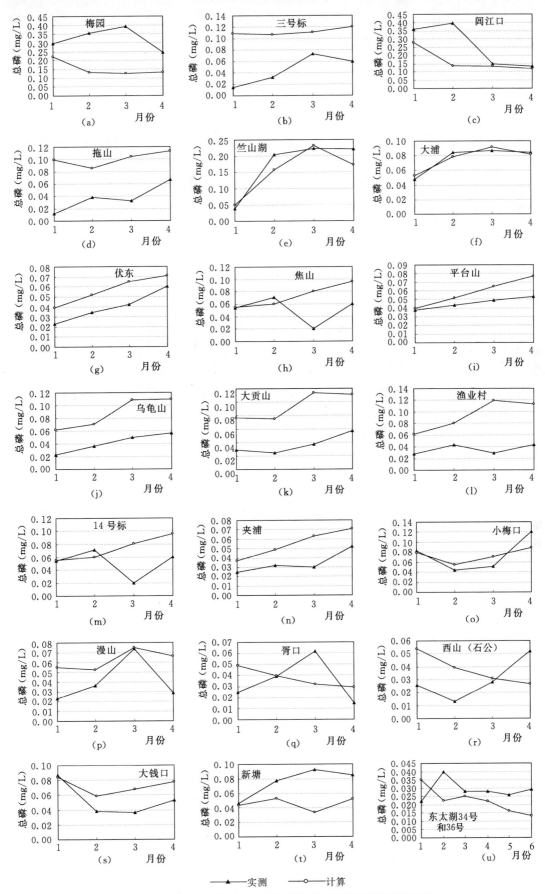

图 13-111　2002 年 1~4 月总磷模型计算值与实测值的比较

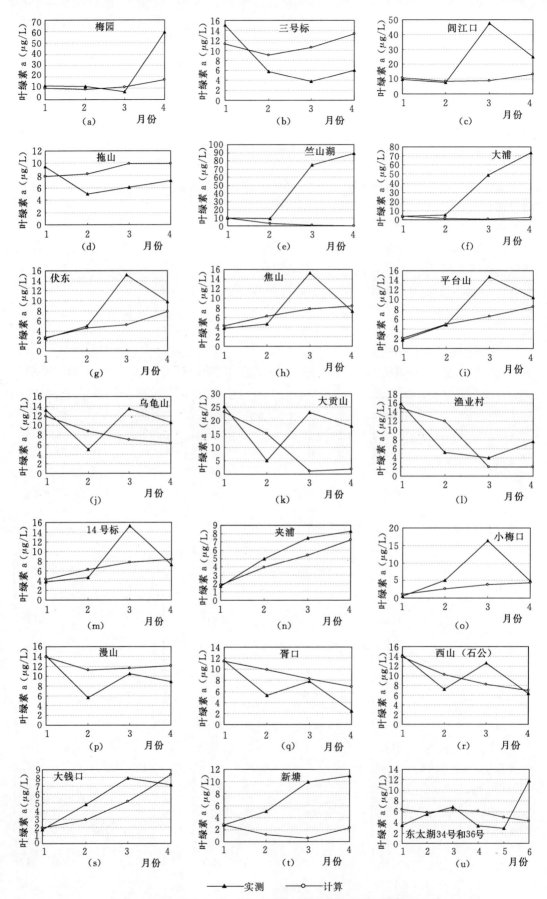

图 13-112　2002 年 1～4 月叶绿素 a 模型计算值与实测值的比较

以上水体溶解氧、总氮、氨氮、总磷以及藻类叶绿素 a 含量模型计算结果的相对误差以及逐月变化趋势分析表明，经过参数再率定与校验后，模型可用于引江济太调水对太湖水质影响的评估。

13.3.3.3　2003 年 7 月 14 日～12 月 7 日模型检验与参数率定

1. 校验资料

太湖藻类生长与物质输移转化模型参数率定与模型校验采用的资料主要为：①2003 年水利部太湖流域管理局在太湖进行的水质监测资料（每月监测一次，监测点位见图 13-101）；②水利部太湖流域管理局提供的环湖主要河道 2003 年 7～12 月逐日流量和环湖主要河道每月污染物含量监测资料；③2003 年 7～12 月中国科学院太湖湖泊生态系统研究站的太湖降雨、蒸发、水温、太阳辐射观测资料；④1997 年中国科学院南京地理与湖泊研究所太湖底泥深度、氮、磷含量监测资料。

2. 2003 年 7 月 14 日～12 月 7 日太湖自然特征

（1）太阳辐射。

2003 年 7～12 月太湖太阳光合有效辐射逐日变化见图 13-113。该图显示：光合有效辐射逐日变化和 1997 年、2002 年的变化一样，极不稳定，忽高忽低，但是 7～12 月总体呈下降趋势。7～10 月光合有效辐射相对较高，月平均辐射强度分别为 1980.697 W/m²、1592.17W/m²、1485.92 W/m²、1057.62 W/m²，11 月、12 月较低，分别为 798.65 W/m²、636.02W/m²。

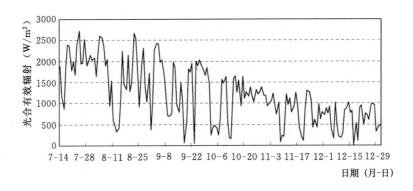

图 13-113　2003 年 7～12 月太湖太阳有效光合辐射变化

（中国科学院太湖湖泊生态系统研究站监测资料）

（2）蒸发量。

2003 年 7 月 14 日～10 月 7 日太湖日蒸发量变化幅度较大（见图 13-114），变化范围为 0～6.3mm，10 月 7 日以后变化幅度相对较小，变化范围为 0～4.2mm，随气温降低蒸发呈现逐步降低的趋势。7～12 月各月平均日蒸发量为 4.22mm、2.94mm、4.116mm、2.8mm、2.08mm、1.51mm。2003 年 8 月 6 日～11 月 17 日调水期间总蒸发量为 322mm。

（3）降雨量。

2003 年 7 月 14 日～12 月 31 日，太湖有 26 个规模不等的降雨过程（见图 13-115）。

7月14～31日分布有3个降雨过程，主要集中在7月17～22日，降雨量为59.5mm。8月有9个降雨过程，降雨总量为95.1mm，其中8月7日降雨量较大，达46.8mm。9月有4个降雨过程，最大日降雨量为15.45mm，月总降雨量为31.5mm。10月有5个降雨过程，最大日降雨量为10.54mm，月总降雨量29.6mm。11月有降雨过程3个，总降雨量为43.3mm。12月降雨量为31.3mm。2003年8月6日～11月17日调水期间总降雨量为172mm，小于蒸发量150mm。

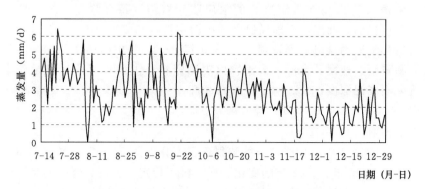

图 13-114　2003年7～12月太湖蒸发量变化
（中国科学院太湖湖泊生态系统研究站监测资料）

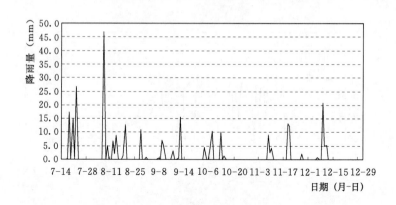

图 13-115　2003年7～12月太湖降雨量变化
（中国科学院太湖湖泊生态系统研究站监测资料）

（4）水温。

2003年7～12月太湖水温逐日变化见图13-116。7月14日～8月2日水温跳跃式上升，8月2日水温高达36.5℃。8月3日～12月30日，温度跳跃式下降。7月14～31日平均温度为32.2 ℃，8月、9月、10月、11月、12月平均水温分别为30.29℃、27.49℃、18.77℃、13.75℃、7.07℃，逐月下降。

（5）水位。

2002年1～4月太湖水位逐日变化见图13-117。7月14日～12月29日，太湖水位经历了7次较为显著的上升和下降过程。第1次为7月14日～8月12的升降过程，7月

24 日达调水期间最高水位 3.35m，8 月 12 日为此过程的终点，水位为 3.14m，变幅为 0.21m。第 2 次过程起点为 8 月 12 日，终点为 8 月 31 日，最高水位为 3.31m，终点水位为 3.18m。第 3、4、5 次过程历时均较短，水位变化幅度相对较小。第 6 次过程起点为 10 月 2 日，水位为 3.12m，终点为 11 月 8 日，水位为 3.04m，最高水位为 3.31m。第 7 次水位升降过程起点为 11 月 8 日，终点为 12 月 31 日，期间最高水位为 3.16m，最低水位为 2.99m。

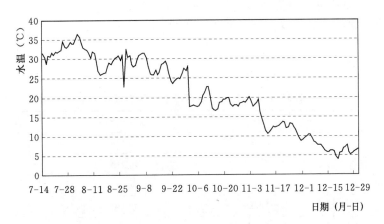

图 13-116　2003 年 7～12 月太湖水温变化

（中国科学院太湖湖泊生态系统研究站监测资料）

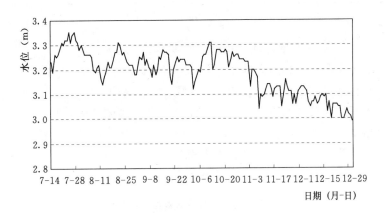

图 13-117　2003 年 7～12 月太湖水位变化

（中国科学院太湖湖泊生态系统研究站监测资料）

3. 模型校验结果

通过 2003 年 7 月 14 日～12 月 31 日太湖溶解氧、总磷、总氮、氨氮、水体叶绿素 a 含量数值模拟和模型校验，对表 13-38 中藻类生长率、藻类趋光上浮速率、藻类吸收硝氮速度、浮游植物死亡率和碎屑沉降速率模型参数进行调整，其中藻类生长率由 1.41/d 调整为 1.21/d，藻类上浮速度由 8.0×10^{-7} cm/s 调整为 8.0×10^{-6} cm/s（见表13-45）。从表 13-45 可以看出，仅对一小部分参数值进行了调整。

表 13 - 45　　　　　2003 年 7 月 14 日～12 月 31 日被模型验证调整的参数及取值

参数	藻类生长率	藻类趋光上浮速率	藻类吸收硝酸盐氮速率	浮游植物死亡率	碎屑沉降速率
取值	1.2	0.000008	0.02	0.102	0.00032

（1）溶解氧。

2003 年 7～12 月调水期间溶解氧模型计算值与监测值见图 13 - 118。该图显示除东太湖 34 号测点溶解氧模型计算值与实测值的偏差较大外，其他测点模型计算值和实测值较为吻合。模型计算值与观测值相对误差除东太湖外，均小于 15%，其中 14 号标、夹浦、渔业村、平台山、漫山、大贡山、乌龟山测点误差小于 5%（见表 13 - 46）。模型较好地描述了太湖水体溶解氧含量的变化。

表 13 - 46　　　　　　　2003 年 7～12 月模型计算溶解氧的相对误差　　　　　　　　%

测点名称	相对误差	测点名称	相对误差
14 号标	1.49	漫山	0.57
3 号标	−14.31	平台山	−3.19
大贡山	2.94	拖山	−7.89
大浦	−12.26	乌龟山	4.86
夹浦	0.07	吴溇	−13.37
渔业村	−0.10	东太湖 34 号	−114.81
焦山	−5.56		

（2）氨氮。

2003 年 7～12 月氨氮模型计算的相对误差见表 13 - 47。大浦、大贡山、东太湖、焦山、平台山、吴溇模型计算相对误差绝对值较大，超过了 60%，3 号标、夹浦、乌龟山、拖山、漫山、渔业村等测点相对误差较小。由图 13 - 119 可知，氨氮模型相对误差较大的部分原因由水体氨氮含量过低造成，如焦山测点模型计算的较大相对误差就是个别时段较低氨氮实测值导致的。就此测点而言，大部分时段模型计算值与实测值较为吻合。大浦较大的相对误差显然是由于入湖河水氨氮浓度模型采用了较高值，造成了测点模型计算值偏高。因此，就氨氮而言，模型计算总体误差基本可接受。

表 13 - 47　　　　　　　　2003 年 7～12 月氨氮模型计算误差　　　　　　　　　%

测点名称	相对误差	测点名称	相对误差
14 号标	49.96	漫山	31.37
3 号标	27.53	平台山	−185.31
大贡山	−319.91	拖山	26.75
大浦	−779.67	乌龟山	6.50
夹浦	12.49	吴溇	61.39
渔业村	−31.14	东太湖 34 号	71.61
焦山	−139.92		

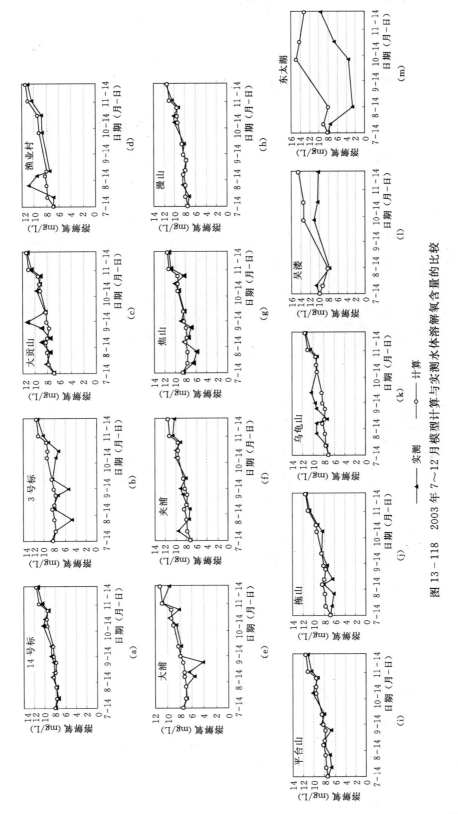

图 13 - 118　2003 年 7～12 月模型计算与实测水体溶解氧含量的比较

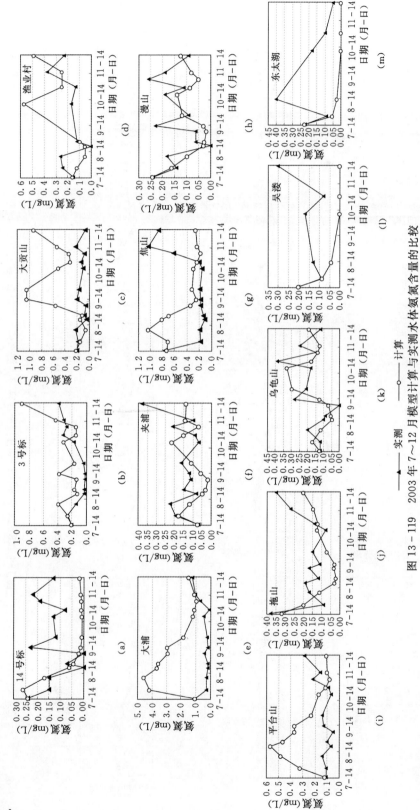

图 13-119 2003 年 7～12 月模型计算与实测水体氨氮含量的比较

（3）总氮。

2003 年 7～12 月总氮模型计算相对误差见表 13－48，模型计算的相对误差变化范围为 4.33％～83.94％，其中 2 个测点相对误差绝对值小于 10％；4 个测点相对误差绝对值小于 20％；8 个测点相对误差绝对值小于 30％，占总测点数的 61.5％；9 个测点相对误差绝对值小于 40％，占总测点数的 69.2％；相对误差绝对值大于 40％的测点共有 4 个，占总测点数的 30.8％。7～12 月各测点模型计算和监测的总氮逐月变化（见图13－120)显示：除三号标、大浦测点模型计算值变化趋势和监测结果部分时段不一致，差异较大外，测点总氮大部分时刻模型计算值和实测结果的偏差较小，变化趋势一致，因此模型也可较好地描述太湖水体总氮的变化。

表 13－48　　　　　　　　2003 年 7～12 月总氮模型计算误差　　　　　　　　　％

测点名称	相对误差	测点名称	相对误差
14 号标	20.25	漫山	9.35
3 号标	29.17	平台山	−78.04
大贡山	−70.89	拖山	26.65
大浦	−88.94	乌龟山	13.09
夹浦	−44.62	吴溇	39.46
渔业村	4.33	东太湖 34 号	29.16
焦山	−11.37		

（4）总磷。

2003 年 7～12 月模型计算的相对误差绝对值变化范围为 5.92％～137.28％（见表 13－49），其中 1 个测点相对误差绝对值小于 10％；6 个测点相对误差绝对值小于 20％；9 个测点相对误差绝对值小于 30％，占总测点数的 69.2％；相对误差绝对值大于 30％的测点共有 4 个，占总测数的 30.8％。总磷模型计算相对误差较大的 4 个测点为大贡山、漫山、吴溇、渔业村，均为模型计算值偏大。在这 4 个测点中除吴溇测点总磷模型计算结果的逐月变化趋势与实测结果不一致外，其他 3 个测点除小部分月份与实测结果的差异较大外，总体变化趋势与实测结果一致，且大部分月份模型计算值与实测值的差异较小（见图 13－121）。因此模型也可较好地描述 2003 年 7～12 月总磷的变化。

表 13－49　　　　　　　2003 年 7～12 月总磷模型计算相对误差　　　　　　　％

测点名称	相对误差	测点名称	相对误差
14 号标	−5.92	漫山	−65.53
3 号标	25.76	平台山	−25.35
大贡山	−137.28	拖山	11.79
大浦	12.09	乌龟山	−19.23
夹浦	14.27	吴溇	−133.50
渔业村	−50.70	东太湖 34 号	22.35
焦山	15.27		

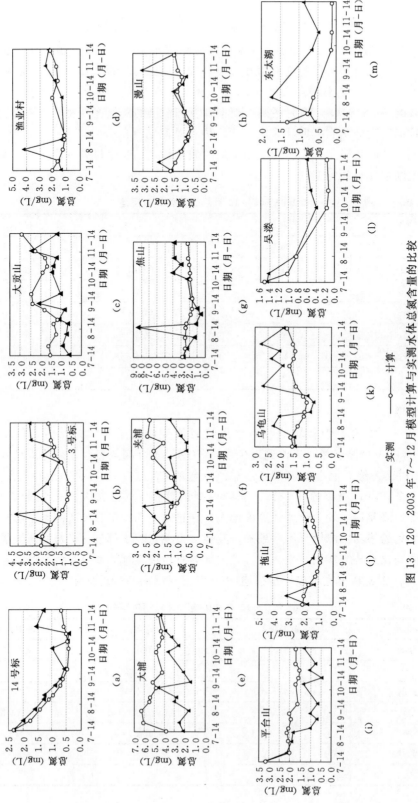

图 13-120　2003 年 7～12 月模型计算与实测水体总氮含量的比较

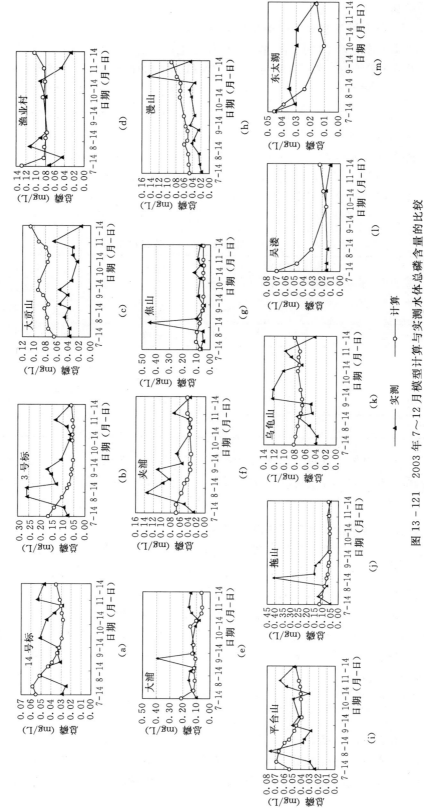

图 13 - 121　2003 年 7～12 月模型计算与实测水体总磷含量的比较

（5）叶绿素 a。

2004 年 7～12 月叶绿素 a 的模型计算结果与实测结果见图 13 - 122，从中可以看出：14 号标、3 号标、东太湖 34 号、夹浦、平台山、拖山、吴溇、渔业村等测点除部分时刻模型计算值与实测值的偏差较大外，超过 2/3 的时刻模型计算值与实测值的偏差较小，模型得到的藻类逐月变化趋势和监测获得的变化趋势总体一致。叶绿素 a 的模型计算相对误差绝对值（见表 13 - 50）变化范围为 0.91％～139.38％。模型相对误差绝对值小于 10％的测点有 3 个，占总测点数的 23.1％；小于 20％的测点有 6 个，占总数的 46.2％；相对误差绝对值超过 60％的测点有 6 个，分别为 14 号标、大浦、东太湖 34 号、漫山、平台山及吴溇。除大浦偏低外，其他测点结果均为偏高。在相对误差绝对值偏大的测点中，仅大浦、平台山各时刻误差与实测结果误差相对较大。因此，模型也可基本反映水体藻类叶绿素 a 的变化。

表 13 - 50　　　　　　　2003 年 7～12 月叶绿素 a 模型计算相对误差　　　　　　　　%

测点名称	相对误差	测点名称	相对误差
14 号标	−81.63	漫山	−92.57
3 号标	17.08	平台山	−90.33
大贡山	−12.23	拖山	6.20
大浦	68.47	乌龟山	−13.40
夹浦	7.15	吴溇	−139.38
渔业村	−0.91	东太湖 34 号	−87.72
焦山	22.72		

以上溶解氧、总氮、氨氮、总磷以及藻类叶绿素 a 含量模型计算结果与实测结果比较分析表明，模型经过表 13 - 45 中参数的调整，可用于评估引江济太调水对太湖水质的影响。

13.3.4　引江济太改善水环境效果的模型评估

湖泊水质是物理、化学、生物过程共同作用的结果。一方面，进入湖泊的各类物质发生输移、沉降和生物与化学转化；另一方面，在湖流、波浪等动力作用下，沉降积累在湖泊底泥中的物质不但可以通过颗粒态的再悬浮和在底泥侵蚀过程中溶解态的暴露进入水体，而且还可通过底泥间隙水溶解态的分子扩散进入水体。因此，湖泊水质状况受湖面风场、出入湖河流的空间分布、流量与污染物含量、水体化学性质、生物组成与生长等多种因素的影响。通过这些影响，水体中营养盐和物质在被转化为可利用资源的同时，水质也得以不断改善，这就是太湖水质总体呈西、北部差，南部和东部好的原因。由于生物生长等受太阳辐射、温度、水深等要素影响，因此太湖水质也会不同程度受这些因素影响。

在人类活动及各种自然要素共同的作用下，以上影响太湖水质的各要素在不同年份之间的差异很大，不同年份的水质一般会存在较大差异。由于湖泊原型唯一性，自然界中不存在两个完全相同的湖泊，因而就找不到除调水河道的流量和物质含量，其他影响水质要

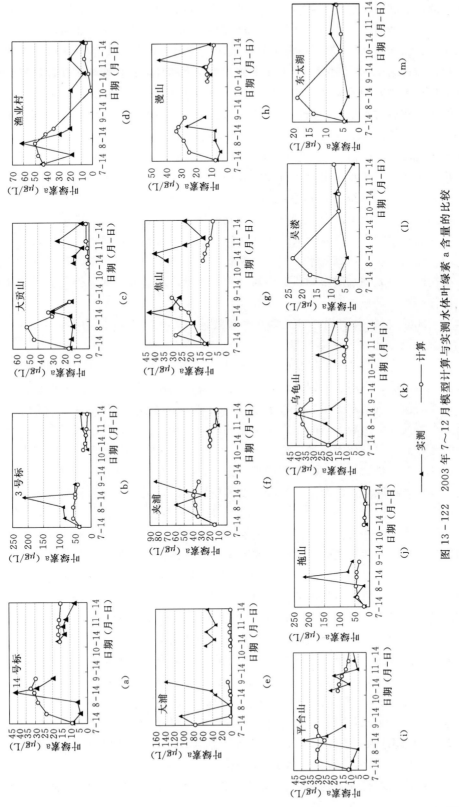

图 13-122　2003 年 7~12 月模型计算与实测水体叶绿素 a 含量的比较

素均相同的两个湖泊，这就导致很难通过湖泊原型的监测来确定调水与不调水的水质差异。实际上，2002 年、2003 年太湖水环境监测得到的仅为调水后的太湖水质空间和年变化的现实，2002 年、2003 年不调水时太湖水质究竟怎样，并不清楚，评估调水效果的参照系未知。前述第 11 章、第 12 章引江济太调水对太湖环境指标影响评估，虽通过水质要素自然变化对水质影响的剔除，建立了相应年份的评估参照系，但是既未考虑影响要素之间非线性相互作用对水质的影响，也未考虑河道出入流量及物质含量变化，其评价结果有待进一步深入分析。

随着 20 世纪计算机技术的快速发展，海量计算成为可能，数学模型成为湖泊环境变化研究越来越重要的工具。由于其可重复性和再现性好，外部函数良好的可控性，数学模型被广泛地用于人工系统和自然系统的控制研究。对于引江济太改善水环境效果评估而言，在建立了一个以河道流量和物质含量、湖面风场、蒸发、降雨、太阳辐射等为外部函数，可客观反映太湖水质主要参数时空变化特征的模型后，就可通过改变出入湖河道流量以及物质含量的方法，计算调水、不调水两种情况下的太湖水质时空变化，再通过两者的对比，获知调水对太湖水质影响，进而对调水效果做出相对客观的评价。合适的模型就成为客观评价调水的效果关键。

13.3.4.1　2002 年 1～4 月引江济太调水改善效果

1. 引江济太调水对太湖湖流影响

图 13 - 123 为由模型计算得到的未调水时 2002 年 1 月 23 日的日平均湖流分布，从中可以看出太湖表层、中层、底层湖流存在显著差异。表层流速大于底层和中层。除望虞河河口、太浦河河口以及东苕咀流速大于 3cm/s 外，均介于 0～1.5cm/s，主流向为东南方向，部分水域受地形影响为东向。中层水流比表层复杂，在太湖西南区域存在一个规模较大的逆时针环流，但是环流的最大流速小于 0.9cm/s。其中镶嵌着两个规模较小的逆时针环流。此外，在梅梁湖湾顶和湖东滨岸带，中层还各存在一个顺时针环流，但环流的规模和流速均较小。在底层，西南沿岸带流向虽和中层相同，但是流速明显小于中层；洞庭西山西南沿岸带底层流向也和中层相同，但其流速大于中层。底层这一流速相对较大流带（流速介于 0.33～0.60cm/s）一直延伸至伏东水域后，逐渐西偏，接近沿岸带时，折向西南方向，与沿岸流一道形成闭合环流。在太湖东部过漫山岛的东南—西北向带状水域，底层流速也比中层大，流向为西北方向。在东苕咀水域，因太浦河出流造成的水位梯度的驱动，表层、中层、底层流向基本相同，但是流速从表层至底层逐步递减。

2002 年 2 月 9 日望虞河以 100m³/s 的流量入太湖的流场计算结果（见图 13 - 124）显示：在表层，贡湖乌龟山以东湖区湖流方向基本为西南方向，流速介于 2.0～2.5cm/s 之间；梅梁湖湖区流向为南向，除靠近拖山岛的附近水域受地形影响湖流较小外，流速约为 2.14cm/s；竺山湖、太湖中部大部分水域流向也为南向，流速基本为 2.5cm/s；太湖南部水域，流向为南偏东方向，随离岸距离的减小，流速变小。东、西山之间水域，流向为西南方向，流速也在 2.5cm/s 左右；东山西南沿岸附近水域，因太浦河排水作用，流向由南向逐渐东偏，接近东苕咀水域，变为正东方向，至东太湖湾口转变为东偏北方向。因东苕咀口门狭窄，该水域流速相对较大，最大可达 4.6cm/s。

中层流场不及表层分布均匀，各区湖流差异较大。在梅梁湖中部和北部，流向为北

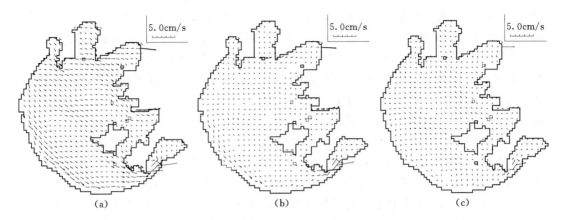

图 13-123 引水前 2002 年 1 月 23 日全天平均流场
(a) 表层；(b) 中层；(c) 底层

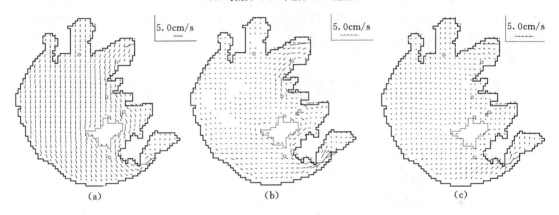

图 13-124 2 月 9 日 100m³/s 的流量入流太湖全天平均流场
(a) 表层；(b) 中层；(c) 底层

向，流速较小；在湾口，流向为西向，流速也较小。在竺山湖湾口水域，流向向南，流速小于 0.13cm/s；在太湖西部水域，中层湖流存在三个小流速区和一个逆时针环流，沿岸带的湖水基本沿岸线方向向南流动。在太湖中偏东水域，流向为西南方向，但是流速很小。在洞庭西山西南沿岸带水域，流向为东南方向，流速较太湖中偏北区域大，最大约为 1.25cm/s。在太湖南部水域，湖流基本向东，越接近东茭咀，流速越大，至东茭咀流速为 2.50cm/s，太浦河口门附近水域最大流速可达 4.30cm/s。东、西山之间水域流速也较大，约为 1.25cm/s；贡湖水域湖流流向为西南方向，贡湖湾流速介于 0.35~1.25cm/s，湖湾南半部水域流速大于北半部，与太湖中部、梅梁湖、竺山湖相比流速较大。

底层流场和中层及表层存在巨大差异。在梅梁湖及太湖中部大部分水域，湖流流向为正北方向，流速也显著大于中层，但是小于表层，约为 0.45cm/s。在贡湖大部分水域，流向为西北方向，流速约为 0.83cm/s。在太湖南部水域，湖流方向为东北方向，湖水由太湖西南岸流向洞庭东、西山附近水域。东、西山之间水域流速较小，流向主要为西向。东太湖流向为北向，越接近北岸流速相对越大，其北部为上升流区。

3 月 2 日望虞河以 200m³/s 的流量调水时，表层流场在水平空间分布较为均匀（见图

13-125），除东茭咀水域流向为东北方向外，其他区域流向基本为西南方向。与其他区域相比，贡湖水域流速较大，但是在湾内，流速由顶至湾口逐渐减小，湾顶流速为3.85cm/s，湾口为2.70cm/s。梅梁湖流速介于1.90～2.70cm/s；竺山湖流速介于1.54～2.70cm/s；湖心区流速介于2.31～2.90cm/s；西北沿岸带流速最大，达4.81cm/s。在太湖西南区，越靠近湖岸，表层流速越小。洞庭东、西山之间水域流速介于3.85～4.23cm/s。东太湖流速较小。中层湖流比表层小，在西北区大浦与竺山湖水域存在一个显著的逆时针环流。在大浦口以南水域，流向向南，接近伏东水域流向转为东偏北方向，平台山至乌龟山水域流向为东偏北方向，接近湖东岸流向逐步转为南向。在太湖南部长兴港一带，湖水离岸向洞庭西山方向流动，随着与洞庭西山距离的接近，流向偏向正东方向。东茭咀以西水域流向呈向东太湖湾口汇聚的状态，越接近湾口流速越大。在贡湖，湾口流速较小，湾顶流速相对较大，接近望虞河河口，流向和东茭咀以西水域一样，也呈放射状分布；湾中部湖流基本向西。贡湖底层流速大于表层，绝大部分水域流向为东北方向，实为表层湖流的补偿流。西北区、西南沿岸带、胥口湾、洞庭东、西山之间水域、东太湖和贡湖流速相对较小，尤其是东、西山之间水域湖流流向较乱。

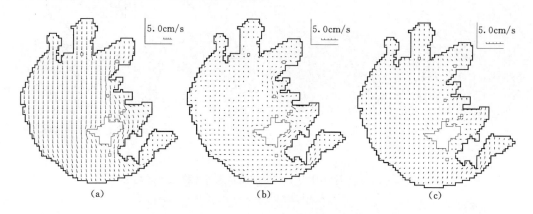

图13-125　2月9日不调水时太湖日平均流场

(a) 表层；(b) 中层；(c) 底层

　　以上分析阐明了调水期间太湖各湖区各水层湖流分布特征。其中湖流包含着风生流、水体常规条件下通过河道出入湖产生的吞吐流和因调水而产生的吞吐流。因此，确切获知调水对湖流影响需从上述流场剔除风生流和水体常规条件下通过河道出入湖产生的吞吐流。为此，项目评估进行了望虞河不引水、太浦河不排水时太湖流场计算，通过两者的相减，获得了因调水、排水太湖流场产生的改变量（见图13-126、图13-127，因流场为矢量，改变量也为矢量，具有方向和模）。计算结果显示因调水、排水太湖流场产生的改变量的时空分布和静风以及其他出入河道湖流量为0，由望虞河进水、太浦河出水形成的吞吐流基本相同。湖流改变量的模及方向在各水层的分布特征相似。在贡湖水域改变量的方向基本以西南方向为主；在太湖主体，随着离贡湖湾口距离的增加和西部岸带距离的减少，改变量的方向逐渐南偏，至太湖中心区基本为正南方向；同时，改变量的模逐步减小。在太湖南部，一方面改变量的方向随距东茭咀的距离减少，由正南方向逐步东偏；另一方面改变量的模不断增加，在东茭咀处达最大。在洞庭西山南部水域，由南至北改变量的模逐渐增加，越靠近洞庭西山沿岸改变量的模越大。

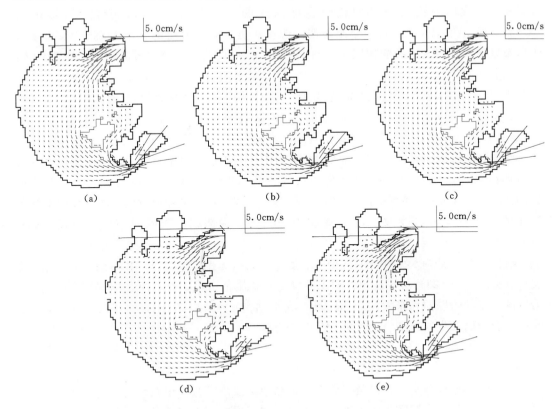

图 13-126　2 月 9 日引江济太调水对各层流速的影响

(a) 表层；(b) 中层；(c) 底层；(d) 次表层；(e) 次底层

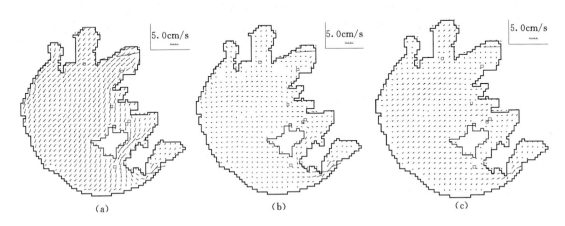

图 13-127　2002 年 3 月 2 日 200 个流量入流太湖全天平均流场

(a) 表层；(b) 中层；(c) 底层

比较图 13-124 和图 13-126 可以看出：2002 年 2 月 9 日望虞河以 100m³/s 的流量引水时，太湖湖流大小和方向受到实况调水显著影响的区域主要有贡湖、洞庭西山以南，三山岛以东、太浦河口门、东、西山之间水域。贡湖由表层至底层湖流改变量的模变化范围分别为：0.34～0.83cm/s、0.32～0.78cm/s、0.27～0.68cm/s、0.26～0.60cm/s、0.16～0.44cm/s。表层湖流改变量的模为实际流速的 13.7％～33.2％，中层为 77.3％～78.6％，底层为 61.3％。这一结果表明：调水对贡湖表层流场的影响相对较小，但是对中层及以下各水层湖流影响却较大。调水使底层流向由北向改变为西偏北方向，使中层流向由西北方向改变为西南方向。在梅梁湖、竺山湖湾顶水域，2 月 9 日调水未引起流场发生显著变化，各水层流场的改变量基本为 0。而在湖心区，2 月 9 日调水在表层、次表层、中层、次底层及底层引起湖流改变量的模分别为 0.17cm/s、0.15cm/s、0.12cm/s、0.12cm/s、0.09cm/s。在表层它仅为实际流速大小的 6.8％，而在中层、底层，未调水的流态流向和实际流态基本一致，说明调水对湖心区各层流场的影响相对较小。在洞庭东山西南水域，调水导致的湖流改变量的模在表层、次表层、中层、次底层、底层分别约为 0.73cm/s、0.68cm/s、0.63cm/s、0.51cm/s、0.36cm/s，其中表层为实际流速的 40.1％，中层为 73.2％、底层为 40.3％。说明引江调水对该区域流场的影响较大。

对比 3 月 2 日调水太湖表层、中层、底层流场（见图 13 - 127）和不调水对应水层的流场（见图 13 - 128）可以看出：望虞河以 200 个流量引水，对湖流影响比较大的区域仍为贡湖、东茭咀以西和东太湖口门水域。在贡湖（见图 14 - 129），从表层至底层，湖流受调水影响而发生的改变量的模的变化范围分别为：0.79～1.86cm/s、0.73～1.72cm/s、0.60～1.49cm/s、0.51～1.25cm/s、0.34～0.93cm/s。表层湖流改变量的模为实际流速的 27.2％～57.5％。3 月 2 日望虞河以 200 个流量调水对贡湖湖流的影响大于 2 月 9 日望虞河以 100 个流量调水。在中层，调水使贡湖中部及顶部流向由东北向改为西向，并使湾口流速减小，阻止太湖敞水区水体进入贡湖。在底层，调水使贡湖湾顶及北部的东北方向湖流转变为北向流。在东茭咀以西水域，引排水使底层湖流流向由东北改变为东偏北方向，且流速增大；使中层流速由 0.28cm/s 增加至 1.43cm/s；使表层南偏西流向改变为东偏南或正东方向。在东、西山之间的水域，调水虽未改变湖流方向，但是使表层流速增大 0.65cm/s。

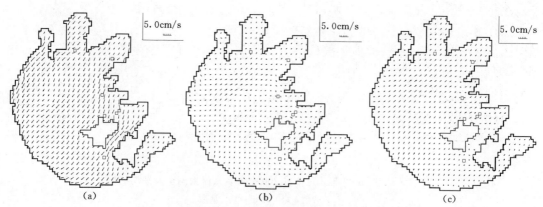

图 13 - 128　2002 年 3 月 2 日不调水全天平均表层流场

(a) 表层；(b) 中层；(c) 底层

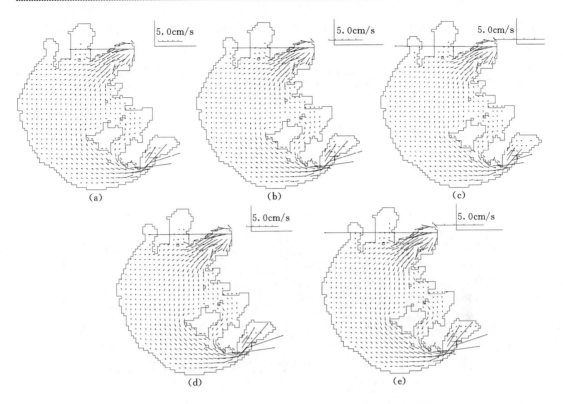

图 13-129　3 月 2 日引江济太实况调水对各层流场改变量

(a) 表层；(b) 中层；(c) 底层；(d) 次表层；(e) 次底层

2. 引江济太调水对溶解氧含量影响

图 13-130 为按梅梁湖、贡湖、西北区、湖东滨岸区、东太湖、西南区、湖心区以及整个太湖统计，水体溶解氧含量上升的水域面积占各区总面积的百分率随时间的变化。该图显示，1 月 30 日调水后，贡湖溶解氧含量上升的水域面积占该区总面积的百分率随调水历时的增加而逐渐减小，3 月 4 日起百分率为 0，表明：此时调水，贡湖不存在水体溶解氧含量上升的水域。以上结果表明仅在调水初期，贡湖部分水域溶解氧指标得到了改善，但是随着调水历时增加以及贡湖水域水体被调入的水置换，调水改善溶解氧含量水质指标的效果逐渐变差，直至效果为 0。调水期间百分率平均值仅为 13.45%，总体而言，调水改善贡湖溶解氧水质指标的效果不显著。

梅梁湖百分率在调水期间的变化较复杂。1 月 31 日~2 月 18 日，百分率振荡上升，至 2 月 18 日到达 75.97%。2 月 19~24 日百分率下降，24 日为 40.96%；2 月 25 起上升，至 27 日达 75.97%；2 月 28 日~3 月 3 日又下降，3 日仅为 1.55%；此后，百分率上升，3 月 8 日升至 74.42%；3 月 11~20 日，百分率下降；3 月 20 日后百分率接近 0。调水期间的均值为 33.79%。总体而言，调水对梅梁湖溶解氧含量有一些改善作用。

西北区，在 1 月 31 日~2 月 27 日期间，百分率上升，1 月 31 日为 7.98%，2 月 28 日为 47.90%；在 2 月 28 日~3 月 5 日期间，下降，3 月 5 日为 25.86%；3 月 5~10 日上升，3 月 10 日为 83.65%。3 月 10~26 日下降，26 日降为 9.89%；3 月 26 日以后上升，4 月 4 日

为 53.99％。调水期间的均值为 39.30％。调水对提高西北区溶解氧含量具有一定的作用。

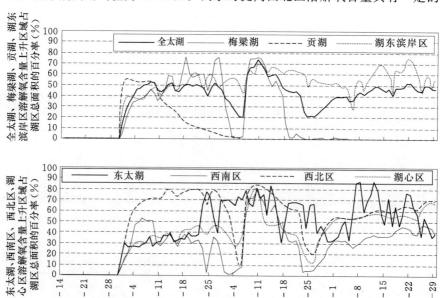

图 13-130　2002 年 1～4 月实况方案调水期间各湖区溶解氧含量上升水域
面积占各湖区总面积的百分率随调水历时的变化

湖心区，随调水历时增大，2 月 8～27 日百分率比较小，保持在 75.00％左右，2 月 27 日～3 月 5 日下降，最低仅 9.00％，3 月 6 日后上升，至 3 月 10 日达最大值 85.40％，此后至 3 月 26 日下降。3 月 27 日百分率上升。调水期间，百分率的最大值为 85.43％，均值为 59.97％。调水对该区溶解氧含量水质指标的改善效果较为显著。

西南区，百分率随调水历时变化可以分为 5 个阶段：第一阶段为 1 月 31 日～2 月 6 日，百分率上升，其值变化范围为 0～53.13％；第二阶段为 2 月 7 日～3 月 3 日，百分率振荡下降，最小值为 0；第三阶段为 3 月 4～10 日，百分率上升，期间最大值为 78.85％；第四阶段为 3 月 11～24 日，百分率降低；第五阶段为 3 月 24 日～4 月 4 日，百分率上升。调水期间的百分率均值为 32.56％。调水在改善西南区大部分区域溶解氧水质指标方面具有一定的作用。

湖东滨岸带，1 月 31 日～3 月 11 日，百分率振荡上升，变化范围为 36.77％～69.35％；3 月 12 日～4 月 4 日振荡下降。调水期间百分率的均值为 52.25％。调水使湖东滨岸区大部分水域溶解氧得到了改善。

东太湖，在 1 月 31 日～2 月 22 日百分率上升，22 达 37.79％，2 月 23 日～4 月 4 日，百分率变化较为剧烈，变化范围为 30％～85％。调水期间的均值为 49.72％。总体而言东太湖近一半水域溶解氧含量指标得到了改善。

以整个太湖统计，2 月 8 日以前，溶解氧含量得以改善的水域面积占整个太湖面积比率随调水历时增加上升，8 日达到 52.98％；2 月 9～27 日，百分率变化较小，在 48％上下变动；2 月 28 日～3 月 6 日逐日下降；最小为 20.36％；3 月 7～10 日百分率上升，10 日百分率为 73.60％；3 月 11～24 日百分率下降，3 月 24 日达到最小值 20.30％；3 月 25 日～

4 月 4 日调水结束，百分率虽有所上升，但均小于 50％。整个调水期间，依整个太湖统计的百分率的均值为 43.47％，表明调水在改善太湖溶解氧水质指标方面具有一定作用，但是不像其在改善湖心区溶解氧水质指标方面的效果显著。

3. 引江济太调水对叶绿素 a 影响

贡湖，实况方案水体叶绿素 a 指标得到改善的水域面积占贡湖总面积的百分率随调水历时增加不断上升（见图 13-131），2 月 12 日百分率超过 50％，3 月 7 日达 100％，此后百分率一直为 100％。整个调水期间百分率平均值为 79.85％。这一结果表明实况方案调水具有降低贡湖水体藻类叶绿素 a 含量的显著作用，随调水历时的增加，叶绿素 a 含量下降的水域不断增加，3 月 7 日以后整个湖湾藻类叶绿素 a 指标均得到了改善，这有利于以贡湖为水源地的水厂的供水安全。

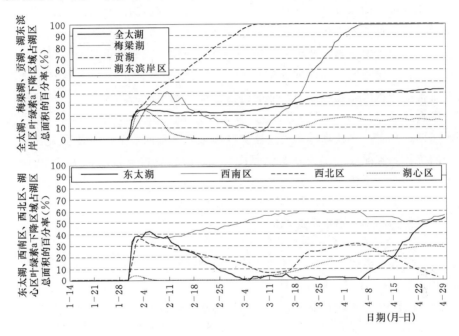

图 13-131　2002 年 1～4 月实况方案调水期间各湖区水体叶绿素 a 含量下降水域
面积占各湖区总面积的百分率随调水历时的变化

梅梁湖，在实况方案调水初期，百分率随调水历时增加而上升，2 月 10 日增至 41.10％；此后不断下降，3 月 8 日降为 6.20％，达到谷底；3 月 9 日，百分率再次升高，4 月 4 日升至 96.90％；调水停止后至数值计算结束时，百分率保持不变，仍为 96.90％。调水期间百分率的平均值为 34.77％。百分率这一变化结果表明，调水可降低梅梁湖部分区域水体叶绿素 a 含量，但是该水域面积占梅梁湖总面积的比例较小，尤其是调水 2 月 1 日～3 月 20 日这一期间。值得一提的是调水后期，梅梁湖大部分水域藻类叶绿素 a 指标得到了改善，且调水停止后，这一效果可持续较长的时间。

西北区，3 月 8 日前，藻类叶绿素 a 受改善的水域面积占该区总面积的百分率的变化和梅梁湖的百分率基本相同；3 月 8 日后两者之间的差距较大。虽西北区百分率随调水历时增加而上升，但是最大不超过 40％。调水停止后，百分率下降。整个调水期间百分率的均值为 21.45％。因此，调水对西北区藻类叶绿素 a 水质指标改善作用相对较小，整个调水期间，该区水体藻类叶绿素 a 含量下降的水域面积不超过总面积的 40％。

湖心区藻类叶绿素 a 下降的效果低于梅梁湖与西北区，调水期间每日藻类叶绿素 a 水质指标得到改善的百分率最大不超过 30％。整个调水期间的百分率的均值仅为 5％，说明实况调水在降低湖心区藻类叶绿素 a 含量方面作用有限。

西南区的百分率在调水首日为 30.63％，第二日（2 月 1 日）升为 38.41％，随后的 2 月 3～14 日，基本不变。从 2 月 15 日起，百分率不断上升，3 月 3 日超过 50％，3 月 19 日达到 59.70％；此后百分率的变化较小，调水期间的百分率均值为 49.40％，接近 50％。百分率的变化过程表明调水改善西南区藻类叶绿素 a 水质指标的效果在初期不显著，藻类叶绿素 a 指标得以改善的水域面积不超过总面积的 50％，但是随着调水历时的增加，其改善西南区藻类叶绿素 a 水质指标的效果逐步增加，得以改善的水域面积超过 50％，接近了 60％。

湖东滨岸区，百分率变化范围为 0～25.80％，调水期间的平均值仅为 8.69％，比湖心略高，显示实况方案调水在改善该区域水质藻类叶绿素 a 含量也是十分有限。

东太湖，百分率在调水期间变化范围为 0～42.40％。调水初期，藻类叶绿素 a 水质指标得以改善的面积因东菱咀以西水体的进入，随调水历时的增加而增加。但是 2 月 8 日以后百分率直线下降，3 月 3 日降为 0。此后，百分率始终较小，不超过 4％。说明实况方案在调水初期，具有一定的降低东太湖藻类叶绿素 a 含量的效果，但是后期效果较差。

依全湖统计，实况方案百分率变化范围为 15.49％～40.47％，随调水历时的增加而上升，但是增加速度不快，以致到调水结束日 4 月 4 日，百分率也未超过 50％。说明实况方案在改善整个太湖水质指标藻类叶绿素 a 作用方面效果不十分突出，藻类叶绿素 a 含量下降的水域面积不到太湖整个面积的一半。

4. 引江济太调水对总磷含量影响

贡湖，实况方案总磷水质指标得到改善的水域面积占贡湖总面积的百分率前 3 天上升（见图 13-132，1 月 31 日～2 月 2 日），2 月 3 日起下降，12 日降为 0，此后至 3 月 9 日长时间为 0。3 月 10 日才开始不断上升。整个调水期间仅有 5 天时间百分率超过 50％。调水期间百分率平均值仅为 20.33％。这一结果表明，实况方案调水在降低贡湖水体总磷含量方面的作用有限，仅在调水后期 3 月 10 日才能产生一定的效果。

梅梁湖、西北区、西南区、湖心区、湖东滨岸区、东太湖、全湖平均的百分率随调水历时变化的范围分别为 0～16.28％、0～27.00％、0～2.00％、0～25.00％、0～5.00％、0～7.37％、2.28％～10.30％；调水期间百分率的均值分别为 5.20％、10.37％、0.51％、15.38％、0.87％、1.01％、7.57％。说明实况调水对这些区域总磷水质指标的改善作用不显著。尤其是在湖心区、湖东滨岸区，实况方案调水几乎对总磷水质指标无正面改善作用。

5. 引江济太调水对总氮含量影响

贡湖，实况方案水体总氮指标得到改善的水域面积占贡湖总面积的百分率在 1 月 31 日～2 月 23 日期间下降，由 73.60％下降为 0，2 月 23 日后为 0（见图 13-133）。出现这一结果的原因为贡湖位于太湖出流区，在正常条件下，西部进入的水体，经过太湖自净作用到达贡湖时，水体总氮含量已得到了降低，再加上贡湖湾内水生植被的作用，形成了自湾口至湾顶浓度逐步下降的特征。调水初期，湾顶水位抬升，水体自湾顶流向湾口（见图 13-124、图 13-125），除湾顶望虞河河口外，湾内各点水体被水质相对较佳的接近湾顶水体取代，因而水体总氮含量均低于前一时刻水体的总氮含量，这就造成该区域在调水初期，水域受到改善面积占总面积的比例较大；但是随调水历时增加，贡湖原湾内较好水体被逐步挤出贡湖，而进入水体的总氮含量较高，因而百分率不断下降。以上贡湖百分率这一变化特征表明实况调水难以起到降低贡湖水域总氮含量作用，而且还可能抬高贡湖水体总氮含量。

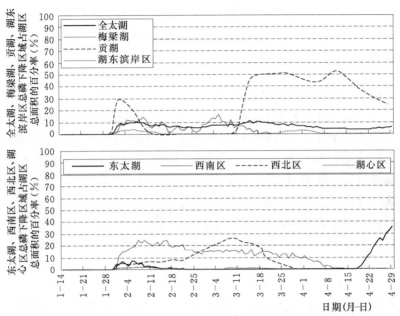

图 13-132　2002 年 1～4 月实况方案调水期间各湖区水体总磷含量下降水域
面积占各湖区总面积的百分率随调水历时的变化

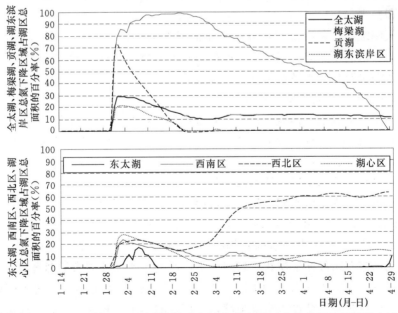

图 13-133　2002 年 1～4 月实况方案调水期间各湖区水体总氮含量下降水域
面积占各湖区总面积的百分率随调水历时的变化

　　梅梁湖的百分率变化和贡湖的百分率变化显著不同。在实况调水初期百分率随调水历时增加而增加，2 月 20 日增至 99.22％，此后不断下降，4 月 4 日下降为 24.03％，调水期间均值为 62.68％。停止调水后百分率继续下降，4 月 13 日变为 0。以上结果表明，2002 年实况方案调水，对降低梅梁湖水域总氮含量具有较显著作用。梅梁湖总面积超过 60％水域总氮含量受调水作用下降。

　　西北区，百分率在调水前半段时间内（1 月 31 日～3 月 6 日）不断上升，由最初的 17.49％逐步升至 63.12％，3 月 7 日～4 月 4 日缓慢下降。整个调水期间均值为 48.90％。表明实况方案调水对降低西北区总氮含量具有相对显著的作用。

　　湖心区，百分率变化特征为：调水开始后 3 天，百分率由 0 快速升高至 40％左右，并保持基本稳定；18 天后开始缓慢下降，至调水结束时，降为 16％。调水初期，湖心区总氮含量受贡湖方向来水的影响，其北部大部分水体总氮含量下降，保持了一段时间后，因贡湖总氮含量相对较高水体进入，湖心区总氮下降的水域面积减少，调水改善湖心区总氮水质指标的效果降低。

　　西南区的百分率变化特征和湖心区相似，但是西南区的百分率不及湖心区高，低 18％左右。调水期间百分率的变化范围为：8.29％～24.53％，均值为 14.40％，表明实况调水在降低西南区水体总氮含量方面的作用较小，仅使很小一部分水域的总氮降低。

　　湖东滨岸区，百分率变化范围为 0～27.09％，调水期间的平均值仅为 7.28％，低于湖心区，尤其是 2 月 26 日以后全部为 0，显示实况方案调水在改善该区域水质指标总氮含量方面没有效果。

　　东太湖百分率比湖东滨岸区更小，在调水期间变化范围为 0～5.07％。和藻类叶绿素 a 相似（见图 13-132）。在调水初期，因东荚咀以西水域低总氮含量水体进入，使得东太湖水质在湾口区域极小一部分水域总氮得以下降，随着这部分优质水体进入太浦河，总氮含量相对较高的西太湖水体进入东太湖，东太湖水体总氮含量上升。东太湖水域总氮含量下降水域面积减少。

　　依整个太湖统计，实况方案百分率变化范围为 13.12％～31.58％，均值为 22.59％。百分率在开始调水后第一周，随调水历时的增加而增加，但是升至 31.84％后，就一直不断下降。表明调水对降低水体总氮的作用不显著。

　　6. 引江济太调水对氨氮含量影响

　　贡湖，实况方案调水水体氨氮指标得到改善的水域面积占贡湖总面积的百分率变化特征和总氮相似，前 3 天上升，最大值仅为 27.92％。2 月 3 日后逐步下降，2 月 27 日百分率为 0，此后不再发生变化（见图 13-133）。出现该结果的原因和总氮的相同，主要为入湖水体氨氮含量高于贡湖出流水体氨氮含量。

　　梅梁湖水体氨氮受调水作用下降的水域面积占梅梁湖总面积的百分率在 1 月 30 日～2 月 20 日期间上升，2 月 20 日为 88.37％。2 月 21 日以后百分率逐步下降，调水结束时百分率仅为 2.33％，整个调水期间梅梁湖百分率的均值为 28.63％（见图 13-134）。以上结果表明，调水初期因贡湖水质相对较好的水体因调水作用流向梅梁湖湾口南部水域，在风生流的作用下（见图 13-124、图 13-125）部分水体进入梅梁湖，使得梅梁湖氨氮含量得以下降。调水初期贡湖进入梅梁湖湾口南部水域的水量相对较少，梅梁湖水域氨氮含量下降的水域面积占总面积的比例较低，随着调水历时的增加，贡湖进入水量梅梁湖湾口南部水域增加，因而梅梁湖受改善面积相应增加。随着贡湖水体被调入水体不断置换，进入梅梁湖湾口南部水域水体氨氮含量较高。这样水体在风生流的作用下，进入梅梁湖后，导致梅梁湖水体氨氮含量不断升高，进而使梅梁湖氨氮含量降低的水域面积不断下降，进而百分比下降。

西北区的百分率变化特征和梅梁湖相似，也为先升后降，由于西北区离贡湖距离较梅梁湖远，受贡湖水体影响较梅梁湖晚，因而百分率上升的速度较慢，直到 3 月 9 日才达到其最大值 65.34％（见图 13－134）。3 月 10 日以后不断下降，至调水结束时为 46.39％。实况方案调水期间具有较为显著降低西北区氨氮含量的作用。

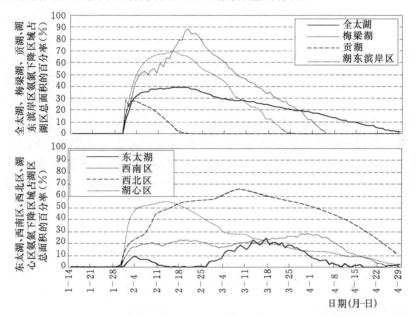

图 13－134　2002 年 1～4 月实况方案调水期间各湖区水体氨氮含量下降水域面积占各湖区总面积的百分率随调水历时的变化

湖心区和湖东滨岸区百分率的变化特征受同样的机理作用也表现为先升后降的特征。湖心区百分率 2 月 15 日达到最大值 55.17％，湖东滨岸区也为 2 月 15 日达最大 70.32％，两者的差别为湖心氨氮水质指标得到改善的水域面积占总面积百分率小于湖东滨岸区。2 月 16 日起，两个区百分率均下降，湖东滨岸区下降的速度大于湖心区，3 月 22 日湖东滨岸区的百分率变为 0，调水不再具有使该区域水体氨氮降低的效果。而湖心区调水结束时，百分率仍为 12.93％，调水可使湖心区 12.93％水域氨氮含量降低。

西南区，百分率在开始调水后前 10 天缓慢升高，2 月 9 日达到 20.64％后，基本保持不变，3 月 13 日缓慢上升，30 日升至最高点 28.43％再缓慢下降。调水期间百分率的变化范围为 7.11％～28.43％，均值为 21.35％，表明实况调水在降低西南区水体氨氮含量方面有一定的作用，但效果不显著，仅使很小一部分水域的总氮降低。

东太湖，百分率每日都小于西南区。调水期间，百分率变化范围为 0～24.88％，存在两个升高和下降过程。第 1 次升降过程的时段为 1 月 31 日～2 月 12 日，最大仅为 8.76％，出现在 2 月 4 日；第 2 次升降过程的时段为 2 月 24 日～4 月 4 日，最大仅为

24.88％，出现在 3 月 17 日。2 次过程之间的时段百分率为 0。调水期间百分率均值为 9.51％，调水在促进东太湖水域氨氮降低方面的作用相对较小。

依全湖统计，实况方案百分率变化范围为 11.09％～39.26％，均值为 28.63％。百分率在开始调水后前 20 天，随调水历时的增加而增加，但是升至 39.26％后，就一直不断下降，表明调水前期在降低太湖氨氮含量方面的作用较大，后期相对较小。

13.3.4.2　2003 年 7～12 月引江济太调水改善水质效果

1. 引江济太调水对太湖湖流的影响

图 13-135 为 2003 年 9 月 11 日望虞河以 284m³/s 的流量向太湖引水时，模型计算得到的日平均表层、底层流场。从中可以看出太湖表层、底层湖流存在显著差异。底层湖流，在梅梁湖、太湖北部，大小和方向分布较为一致，流向为东偏北方向，大部分流速在 2.00cm/s 上下，近岸区流速较小。在太湖南部，底层湖流的分布也较为均匀，流向接近正东方向；流速略小于北部水域，大部分水域在 1.75cm/s 左右，沿岸带的离岸湖流流速介于 0～1.37cm/s。在竺山湖湾顶，底层湖流流向为东偏北方向，湾口为东偏南方向，湾心流速较大，约为 2.00cm/s，湾口流速相对较小，约为 1.25cm/s。在贡湖湾中与湾顶大部分水域，底层湖流为东北方向，流速小于 0.25cm/s；而在湾口南部水域流向为正东方向，流速为 1.20cm/s。在东、西山之间水域，底层流向多数为南偏东方向，流速较小。表层湖流流向在整个太湖的分布较为一致，基本为西南方向；流速较大水域主要位于贡湖、竺山湖湾口以及东、西山之间的水域，其特征流速分别为 3～4cm/s，5～5.5cm/s 和 4～6cm/s。流速最小水域位于东太湖湾口水域，流速基本为 0。在太湖西北区域及湖心以东水域流速约为 4.00cm/s；在湖心平台山水域小于 0.75cm/s。

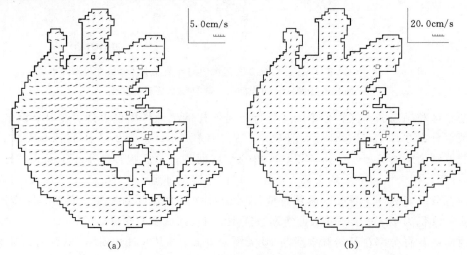

图 13-135　2003 年 9 月 11 日实况调水（284m³/s）太湖流场

(a) 底层；(b) 表层

图 13-136 为 2003 年 9 月 11 日望虞河以 284m³/s 的流量向太湖引水时，太湖表层、底层流场发生的改变量的水平空间分布。从该图可以看出：因调水作用，太湖流场发生变化最大的水域不论是表层还是底层均为贡湖及东茭咀水域。表层受调水影响较小的水域为：① 竺山湖湾口以南、大浦河以北和焦山以西水域；② 梅梁湖西北水域；③ 竺山湖

湾顶水域；④ 洞庭西山西北沿岸区。

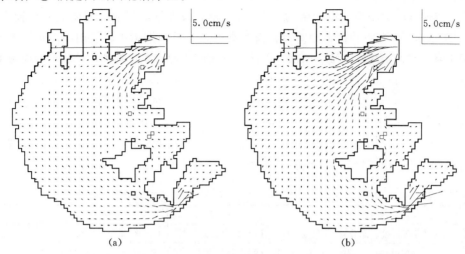

图 13-136 2003 年 9 月 11 日实况调水（284m³/s）对湖流的影响

(a) 底层；(b) 表层

如图 13-137 所示，贡湖湾顶控制点（1 号）、湾口控制点（2 号）、梅梁湖湾口东半部控制点（3 号）、竺山湖湾中控制点（4 号）、湾口控制点（5 号）、湖心控制点（6 号）、湖西控制点（7 号）、湖西南控制点（8 号）、东西山之间水域控制点（9 号）、湖南三山岛以南水域控制点（10 号）、东菱咀以西水域控制点（11 号）、东太湖湾口水域控制点（12 号）流场改变量的模分别 为 2.54cm/s、0.92cm/s、0.24cm/s、0.04cm/s、0.08cm/s、0.28cm/s、0.12cm/s、0.27cm/s、0.27cm/s、0.45cm/s、0.82cm/s、4.00cm/s（见表 13-51）。这表明在太湖北部，离受水水域距离越远，表层流场改变

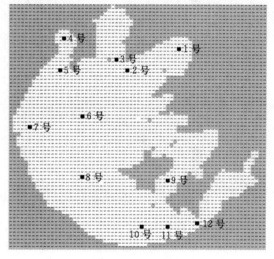

图 13-137 太湖不同水域流场受调水
影响监视控制点分布图

量的模越小；在太湖南部水域，离东菱咀距离越近，流场改变量的模越大。以上 12 个控制点的底层流场受调水影响的改变量的模分别为：0.92cm/s、0.42cm/s、0.12cm/s、0.06cm/s、0.07cm/s、0.12cm/s、0.04cm/s、0.11cm/s、0.12cm/s、0.22cm/s、0.36cm/s、0.99cm/s。一方面表明各控制点流场改变量模的水平空间分布和表层基本相同，另一方面还显示表层湖流改变量大于底层。

2003 年 10 月 22 日望虞河以 101m³/s 的流量调水时，太湖日均底层流场（见表 13-52）除竺山湖、东太湖和西南沿岸带水域外，流场分布较为均匀，流向基本为西北方向，流速约为 1.30cm/s。竺山湖湾顶流向为正北方向，湾口为西北方向。东太湖湾口区域流向为北向，湾中南部水域流向为西北方向。这些区域流速均较小。在洞庭西山南部、东太湖、东西山之间水域以及贡湖，表层日均湖流的流向基本为南向，其他水域为南偏东方向。表层流速，除太湖西部沿岸带为 5.26cm/s 相对较大外，其他区域流速分布较为均匀，约为 3.79cm/s。贡湖湾顶、贡湖湾口、梅梁湖湾口、竺山湖湾中、竺山湖湾口、湖西、湖心、湖西南、东西山之间水域、南部三山南、东菱咀以西和东太湖湾口控制点表层流场变化量模分别为 0.53cm/s、0.22cm/s、0.02cm/s、0.05cm/s、0.04cm/s、0.11cm/s、0.08cm/s、0.22cm/s、0.34cm/s、0.58cm/s、1.15cm/s、5.63cm/s。底层分别为 0.28cm/s、0.18cm/s、0.07cm/s、0.10cm/s、0.06cm/s、0.04cm/s、0.03cm/s、0.06cm/s、0.22cm/s、0.23cm/s、0.52cm/s、1.49cm/s。与 9 月 11 日表层和底层流场变化量的模相比，北部接近望虞河控制点的模相对较小，南部接近东菱咀控制点的模则相对较大。

表 13-51　　2003 年 9 月 11 日太湖各控制点湖流受调水影响的改变量　　单位：cm/s

| 水层 | 底　层 | | | 次底层 | | | 中　层 | | | 次表层 | | | 表　层 | | |
成分	东分量	北分量	模	东分量	北分量	模	东分量	北分量	模	东分量	北分量	模	东分量	北分量	模
1 号	-0.875	-0.294	0.923	-1.698	-0.331	1.730	-2.110	-0.351	2.139	-2.383	-0.368	2.411	-2.510	-0.390	2.540
2 号	-0.403	-0.116	0.419	-0.633	-0.131	0.646	-0.774	-0.143	0.787	-0.865	-0.158	0.879	-0.903	-0.181	0.921
3 号	-0.090	0.077	0.118	-0.163	0.110	0.197	-0.194	0.128	0.232	-0.210	0.128	0.246	-0.209	0.111	0.237
4 号	-0.059	0.022	0.063	-0.039	0.024	0.046	-0.043	0.016	0.046	-0.041		0.041	-0.030	-0.026	0.040
5 号	-0.032	0.058	0.066	-0.062	0.071	0.094	-0.072	0.073	0.103	-0.076	0.063	0.099	-0.069	0.041	0.080
6 号	-0.074	-0.098	0.123	-0.117	-0.127	0.173	-0.149	-0.156	0.215	-0.172	-0.187	0.254	-0.175	-0.220	0.281
7 号	-0.006	-0.037	0.037	-0.014	-0.050	0.052	-0.018	-0.069	0.071	-0.020	-0.094	0.096	-0.013	-0.123	0.124
8 号	0.038	-0.105	0.112	0.052	-0.145	0.154		-0.185	0.194	0.067	-0.224	0.234	0.077	-0.261	0.272
9 号	-0.090	-0.080	0.120	-0.132	-0.112	0.173	-0.160	-0.144	0.215	-0.176	-0.177	0.250	-0.175	-0.210	0.273
10 号	0.212	-0.035	0.215	0.297	-0.058	0.303	0.352	-0.088	0.363	0.391	-0.120	0.409	0.420	-0.152	0.447
11 号	0.358	-0.023	0.359	0.555	-0.044	0.557	0.675	-0.074	0.679	0.760	-0.110	0.768	0.810	-0.143	0.823
12 号	0.934	0.325	0.989	2.235	0.590	2.312	3.061	0.761	3.154	3.617	0.855	3.717	3.904	0.881	4.002

太湖各层流场相对不调水方案的流场的改变量在 2003 年 8 月 6 日～11 月 17 日整个调水期间均值的空间分布见图 13-138～图 13-140。该图显示调水对各层湖流影响较大的水域均为贡湖、贡湖湾口西南面太湖敞水区、东太湖湾口、洞庭西山南面水域以及东西山之间水域，受调水影响较小的水域主要为梅梁湖、竺山湖、西北沿岸带、东太湖湾顶及胥口湾顶水域。图 13-137 中的控制点的改变量见表 13-52 和表 13-53。从中可以看出：在贡湖水域，各水层向南、向西湖流分量增加；从表层至底层，湾顶控制点流场改变量的模分别为 1.33cm/s、1.24cm/s、1.09cm/s、0.87cm/s、0.43cm/s，呈递减趋势，湾口控制点为 0.52cm/s、0.48cm/s、0.41cm/s、0.32cm/s、0.18cm/s。在梅梁湖湾口控制点，各水层湖流西向和北向分量增加，且西向分量增加量大于北向分量，从表层至底层湖流改变量的模分别为 0.16cm/s、0.15cm/s、0.13cm/s、0.10cm/s、0.05cm/s。在竺山湖，从底层至次表层湖流西向和北向分量增加，但在表层湾顶控制点湖流南向分量增加，而在湾口控制点则为湖流北向分量增加，湖流改变量的模小于 0.10cm/s。在湖心区，各层湖流西向和南向分量增加，湖流改变量的模从表层至底层分别为 0.17cm/s、0.14cm/s、0.11cm/s、

0.08cm/s、0.05cm/s，湖流表层变化量大于底层。在湖西控制点，调水在底层、次底层增加湖流东向分量、南向分量，而在中层、次表层、表层增加南向分量的同时，却增加西向分量，从表层至底层湖流改变量的模分别为 0.08cm/s、0.05cm/s、0.03cm/s、0.02cm/s、0.02cm/s，各层均小于0.10cm/s。在 8 号控制点调水增加了各层湖流东向和南向流速分量，从表层至底层湖流改变量的模分别为 0.18cm/s、0.15cm/s、0.13cm/s、0.10cm/s、0.07cm/s，流场的改变量大于湖西和湖心控制点流场改变量，除底层外，其他 4 层湖流改变量的模均大于 0.10cm/s。在东西山之间控制点，调水增加了西向、南向湖流分量，各层湖流改变量均大于 8 号控制点，10 号、11 号控制点调水在各层均增加东向和南向湖流分量，且东向大于南向，湖流改变量的模较大，其中 10 号控制点每层均大于 0.15cm/s、11 号控制点各层均大于 0.30cm/s，中层至次表层超过 0.60cm/s。在东太湖湾口控制点调水增加东向、北向流速分量，且东向大于北向，底层湖流改变量的模接近 1.00cm/s，表层为 3.70cm/s，改变量大于贡湖水域。

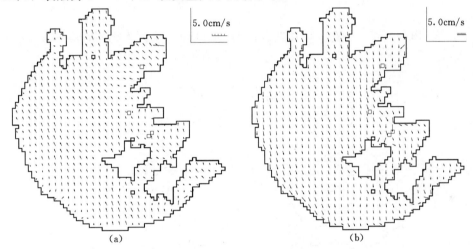

图 13-138　2003 年 10 月 22 日实况调水（望虞河流量 101m³/s）太湖流场

(a) 底层；(b) 表层

表 13-52　　　　**2003 年 10 月 22 日太湖各控制点湖流受调水影响的改变量**　　　单位：cm/s

水层	底　层			次底层			中　层			次表层			表　层		
成分	东分量	北分量	模	东分量	北分量	模	东分量	北分量	模	东分量	北分量	模	东分量	北分量	模
1 号	−0.266	−0.075	0.276	−0.444	−0.087	0.452	−0.514	−0.101	0.524	−0.538	−0.118	0.551	−0.514	−0.136	0.532
2 号	−0.175	−0.033	0.178	−0.236	−0.038	0.239	−0.252	−0.052	0.257	−0.241	−0.071	0.251	−0.201	−0.091	0.221
3 号	−0.066	0.032	0.073	−0.085	0.033	0.091	−0.082	0.023	0.085	−0.059	0.004	0.059	−0.012	−0.017	0.021
4 号	−0.094	0.018	0.096	−0.064	0.015	0.066	−0.049	0.004	0.049	−0.017	−0.014	0.022	0.035	−0.031	0.047
5 号	−0.042	0.045	0.062	−0.054	0.049	0.073	−0.042	0.042	0.059	−0.013	0.027	0.030	0.038	0.010	0.039
6 号	−0.036	−0.018	0.040	−0.048	−0.030	0.057	−0.045	−0.051	0.068	−0.023	−0.077	0.080	0.024	−0.103	0.106
7 号	−0.018	0.017	0.025	−0.022	0.013	0.026	−0.011	−0.001	0.011	0.018	−0.023	0.029	0.067	−0.045	0.081
8 号	0.005	−0.062	0.062	0.016	−0.090	0.091	0.035	−0.121	0.126	0.067	−0.155	0.169	0.118	−0.183	0.218
9 号	−0.164	−0.144	0.218	−0.221	−0.184	0.288	−0.243	−0.219	0.327	−0.236	−0.251	0.345	−0.197	−0.275	0.338
10 号	0.221	−0.056	0.228	0.330	−0.087	0.341	0.404	−0.122	0.422	0.474	−0.158	0.500	0.544	−0.186	0.575
11 号	0.518	−0.067	0.522	0.768	−0.098	0.774	0.914	−0.137	0.924	1.033	−0.175	1.048	1.128	−0.204	1.146
12 号	1.390	0.528	1.487	3.171	0.908	3.298	4.292	1.145	4.442	5.059	1.276	5.217	5.475	1.325	5.633

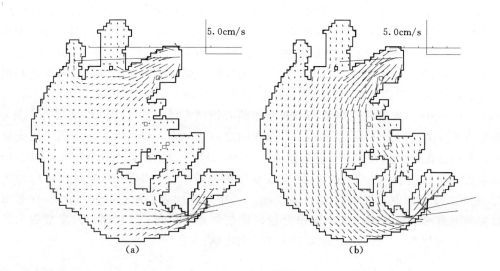

图 13-139　2003 年 10 月 22 日实况调水（101m³/s）对太湖流场的影响

(a) 底层；(b) 表层

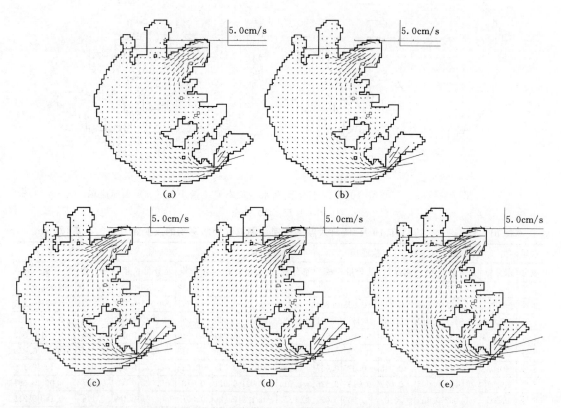

图 13-140　2003 年 8 月 6 日～11 月 17 日太湖流场相对于不调水流场的变化量

在整个实况调水期间的均值空间分布

(a) 底层；(b) 次底层；(c) 中层；(d) 次表层；(e) 表层

表 13 - 53　　　　2003 年实况调水太湖各控制点湖流受调水影响的改变量　　　单位：cm/s

水层	底　层			次底层			中　层			次表层			表　层		
成分	东分量	北分量	模	东分量	北分量	模	东分量	北分量	模	东分量	北分量	模	东分量	北分量	模
1 号	−0.413	−0.102	0.425	−0.858	−0.129	0.868	−1.077	−0.149	1.087	−1.230	−0.169	1.242	−1.313	−0.195	1.327
2 号	−0.171	−0.047	0.177	−0.310	−0.056	0.315	−0.402	−0.068	0.408	−0.469	−0.085	0.477	−0.506	−0.112	0.518
3 号	−0.038	0.037	0.053	−0.083	0.061	0.103	−0.110	0.074	0.133	−0.133	0.074	0.152	−0.149	0.057	0.160
4 号	−0.020	0.015	0.025	−0.014	0.026	0.030	−0.022	0.026	0.034	−0.030	0.014	0.033	−0.038	−0.010	0.039
5 号	−0.003	0.031	0.031	−0.021	0.050	0.054	−0.032	0.058	0.066	−0.043	0.052	0.067	−0.051	0.031	0.060
6 号	−0.021	−0.048	0.052	−0.045	−0.065	0.079	−0.068	−0.083	0.107	−0.089	−0.106	0.138	−0.105	−0.134	0.170
7 号	0.009	−0.019	0.021	0.005	−0.021	0.022	−0.001	−0.030	0.030	−0.010	−0.047	0.048	−0.018	−0.073	0.075
8 号	0.036	−0.063	0.073	0.049	−0.088	0.101	0.053	−0.115	0.127	0.049	−0.144	0.152	0.042	−0.176	0.181
9 号	−0.059	−0.078	0.098	−0.105	−0.109	0.151	−0.144	−0.139	0.200	−0.175	−0.170	0.244	−0.196	−0.203	0.282
10 号	0.162	−0.035	0.166	0.248	−0.054	0.254	0.298	−0.078	0.308	0.326	−0.107	0.343	0.335	−0.140	0.363
11 号	0.300	−0.020	0.301	0.498	−0.037	0.499	0.616	−0.065	0.619	0.689	−0.097	0.696	0.720	−0.131	0.732
12 号	0.896	0.327	0.954	2.111	0.588	2.191	2.861	0.754	2.959	3.352	0.842	3.456	3.591	0.865	3.694

2. 引江济太调水对溶解氧含量的影响

梅梁湖、贡湖、西北区、湖东滨岸区、东太湖、西南区、湖心区以及整个太湖溶解氧含量升高的水域面积占各湖区总面积的百分率随时间的变化见图 13 - 141。

贡湖溶解氧含量升高的水域面积占总面积的百分率在 8 月 7～23 日期间降低，由调水次日的 83.76% 降为 24.37%。此后经短暂上升后，于 8 月 29 日达到 61.00%，此后不断下降，9 月 20 日变为 0，此时全湾水体溶解氧含量下降。整个调水期间，平均有近 18.52% 水域溶解氧含量升高。

梅梁湖溶解氧含量升高的水域面积占梅梁湖总面积的百分率，在整个调水期间均很小，百分率最大不超过 50%，多数小于 20%，整个调水期间的均值仅为 11.25%。受调水影响，水体溶解氧含量升高的水域面积占梅梁湖总面积比率很小。

西北区水域溶解氧含量升高的水域面积占该水域总面积的百分率，在 8 月 6 日～9 月 29 日振荡上升，期间均值为 45.86%，变化幅度较小。9 月 29 日以后变化较为剧烈，上升、下降的幅度达 70%，9 月 29 日～11 月 17 日共有 4 次升降过程，均值为 17.46%。调水期间百分率的均值为 37.34%。

湖心区溶解氧相对不调水方案升高的水域面积占该区总面积的百分率，随调水历时的增加振荡下降，8 月 27 日～10 月 20 日，升降的幅度较大，最大达 54.00%。调水期间百分率的均值为 25.05%。

西南区调水改善溶解氧指标的面积百分率 8 月 6 日～9 月 5 日振荡上升。期间 8 月 14 日、15 日较低，仅为 27.00%。9 月 6 日～11 月 17 日，除个别日期百分率较小外，百分率均值保持在 60.00% 以上。调水期间百分率的均值为 67.39%，在各湖区调水期间均值中处最大的位置。

在湖东滨岸区，调水使水质指标溶解氧得到改善的水域面积占该湖区面积的百分率也不稳定，调水期间的最大变化范围为 0～71.94%，均值为 27.56%。

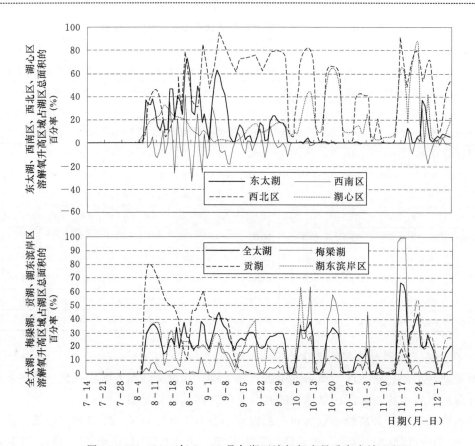

图 13-141　2003 年 7～12 月各湖区溶解氧含量升高水域面积
占各湖区总面积的百分率随实况方案调水历时的变化

　　东太湖溶解氧相对不调水方案升高的水域面积占该区总面积的百分率随调水历时增加，振荡下降，变化范围为 0～80.00%。前期变化的幅度较大，最大超过 73.00%，后期变动幅度较小。调水期间的均值为 26.87%。

　　就整个太湖而言，溶解氧含量上升区域占湖区总面积的百分率随调水历时的增加振荡下降，8 月 6 日～10 月 1 日，振幅较小，百分率变化范围为 32.87%～61.52%，变化相对缓慢；10 月 2～20 日，振荡较为剧烈，变化范围为 0.47%～52.89%，速度很快，两升两降。10 月 21～11 月 8 日，变化的幅度较小，范围为 22.34%～40.00%。11 月 9～12 日，百分率较小，12～17 日上升，调水结束时百分率为 34.60%。整个调水期间均值为 36.74%，表明调水在改善太湖溶解氧水质指标方面具有一定作用。

　　3. 引江济太调水对叶绿素 a 的影响

　　贡湖，实况方案水体叶绿素 a 指标得到改善的水域面积占贡湖总面积的百分率随调水历时的增加不断上升（见图 13-142），8 月 16 日超过 50%，9 月 3 日达到 100%，此后至 11 月 17 日，各日均为 100%。这一结果表明实况调水具有较好地降低贡湖水体藻类叶绿素 a 含量的作用。随调水历时的增加，叶绿素 a 含量下降的水域不断增加，9 月 3 日以后整个湖湾藻类叶绿素 a 指标均得到了改善，这对受藻类困扰的以贡湖为水源地的水厂而言，是件益事。整个调水期间百分率平均值为 88.66%，表明调水起到了较好地降低贡湖水域藻类叶绿素 a 含量作用。

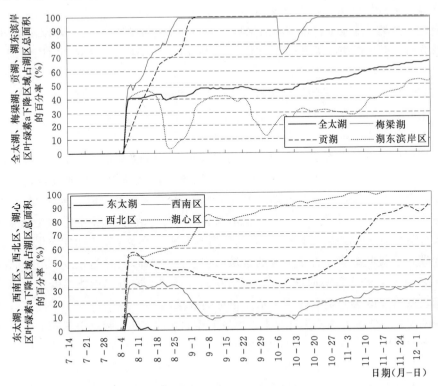

图 13-142　2003 年 7～12 月各湖区叶绿素 a 含量下降水域面积
占各湖区总面积的百分率随实况方案调水历时的变化

梅梁湖，8 月 6～27 日湖区藻类叶绿素 a 含量下降水域面积占总面积的百分率随实况调水历时的增加而增大，8 月 10 日超过 50％，达 51.16％，8 月 27 日达到 99.23％，至 10 月 6 日一直都为 99.23％，10 月 7 日、8 日短时下降至 72.09％，此后不断增大，10 月 22 日再次达到 99.23％，保持此值不变至 12 月 6 日。以上百分率随调水历时增加变化特征表明：2003 年 8 月 6 日～11 月 17 日实况调水可显著降低梅梁湖水域藻类叶绿素 a 含量，引水 4 天后就可使梅梁湖 50％水域藻类含量下降，引水 21 天后（8 月 27 日），梅梁湖 99.23％水域藻类叶绿素 a 含量下降。整个调水期间平均有 90.90％的水域藻类叶绿素 a 降低。

西北区，藻类叶绿素 a 含量下降的水域面积占该区总面积的百分率在调水后的第 2 天升到 58.56％，此后不断下降，至 10 月 9 日下降至最低值 31.94％。10 月 9 日以后百分率不断上升，至 11 月 1 日超过 50％，11 月 17 日达到 82.90％，即使调水停止后百分率还保持升高的势头。西北区百分率这变化特征表明：调水前半段时间对藻类叶绿素 a 水质指标改善作用相对较小，但是后半段，随着调水历时的增加，西北区藻类叶绿素 a 含量下降水域逐步增加，特别是 11 月 1 日后，一半以上的水域藻类叶绿素 a 含量下降，展现出较好地降低西北区藻类叶绿素 a 含量的效果。整个调水期间平均有 45.32％水域藻类叶绿素 a 含量降低。

湖心区，藻类叶绿素 a 含量下降的水域面积占该区总面积的百分率除 9 月 7～16 日下降外，其余时间均随调水历时的增加而增大。除调水首日外，均大于 50％，整个调水期间的平均值为 81.10%。这些结果表明：2003 年调水降低藻类叶绿素 a 的效果较为显著，大部分水域藻类叶绿素 a 含量有所降低。

西南区，藻类叶绿素 a 含量下降的水域面积占该区总面积的百分率随调水历时的变化，呈河床形分布，调水后第 3 天升到 33.84%；此后 18 天小幅振荡；8 月 26 日～9 月 9 日快速下降，9 月 9 日为 7.44%，达到了床底；经 33 天小幅振荡后，从 10 月 12 日起，不断升高，11 月 17 日为 28.93%，上升的速度较慢。整个调水期间百分率的均值仅为 19.52%。以上百分率的变化表明：调水改善西南区藻类叶绿素 a 水质指标的作用不显著，西南区大部分水域藻类叶绿素 a 含量没有降低。就此区而言，调水改善藻类叶绿素 a 水质指标的效果不显著。

湖东滨岸区，藻类叶绿素 a 含量下降的水域面积占该区总面积的百分率随调水历时变化波动较大，8 月 6 日～10 月 2 日百分率的变幅较大，存在两次升降过程，峰值均超过 40%，谷值均小于 20%，第一次升降过程经历时长为 19 天，第二时长为 40 天。10 月 3 日后，振荡上升，11 月 17 日为 41.29%。整个调水期间的均值为 30.22%。以上结果显示实况方案调水对湖东滨岸区藻类叶绿素 a 下降的作用不显著，效果在调水初期变化较大。

东太湖，藻类叶绿素 a 含量下降的水域面积占该区总面积的百分率在调水期间变化范围为 0～12.40%，绝大部分时间为 0，说明在调水期间实况方案未能降低东太湖藻类叶绿素 a 含量，基本无改善藻类叶绿素 a 水质指标的效果。

就全湖而言，实况方案藻类叶绿素 a 含量下降的水域面积占该区总面积的百分率基本随调水历时增加而增大，但是上升的速度较慢，10 月 15 日超过 50%，11 月 7 日为 62.47%。调水期间，百分率变化范围为 30.80%～62.47%，均值为 48.20%，接近 50%。以上结果表明：就整个太湖而言，10 月 15 日前，调水在改善太湖藻类叶绿素 a 水质指标的作用不够显著，但是此后，随调水时间增加，呈现较好的改善作用，超过一半水域的水体叶绿素含量得以下降，特别是 11 月 17 日停止调水后，改善的效果不但得以持续，而且还不断上升。

4. 引江济太调水对总磷含量的影响

贡湖，实况方案总磷含量降低的水域面积占贡湖总面积的百分率在调水后第一周内不为 0，(8 月 6～12 日)，但是值很小，最大值仅为 9.14%；8 月 13 日～9 月 28 日为 0，9 月 29 日起直线上升，至 10 月 4 日，上升速度变缓，10 月 10 日超过 50%，11 月 17 日为 64.47%。11 月 18 日～12 月 6 日调水停止期间仍持续上升（见图 13 - 143）。以上结果表明：实况方案调水，在 9 月 28 日前不具有降低贡湖水域总磷的作用，9 月 29 日才逐步使贡湖部分水域总磷含量降低，随着调水的继续，总磷含量降低水域面积扩大，10 月 10 日超过 50%，调水具有显著降低贡湖总磷效果，随调水时间增加，调水效果增大。调水期间百分率的均值为 26.45%，平均而言，仅有 26.45% 水域总磷降低，面积偏小。值得一提的是，11 月 17 日停止调水后，贡湖总磷含量保持低于不调水情景的总磷水域面积不断扩大，12 月 6 日，该面积达到贡湖总面积的 88.80%，效果更显著。

梅梁湖，实况方案调水百分率随调水历时变化情况为：8 月 6～15 日上升，最大为 42.64%；8 月 16～27 日下降，27 日为 0.77%；8 月 28 日～10 月 2 日较小，最大不超过 12%；10 月 3～8 日升高，最大为 46.51%，之后不断下降，调水期间的均值仅为 10.85%（见图 13 - 143）。以上结果表明：实况方案调水在部分日期对降低梅梁湖总磷有一定的作用，但是效果不显著。

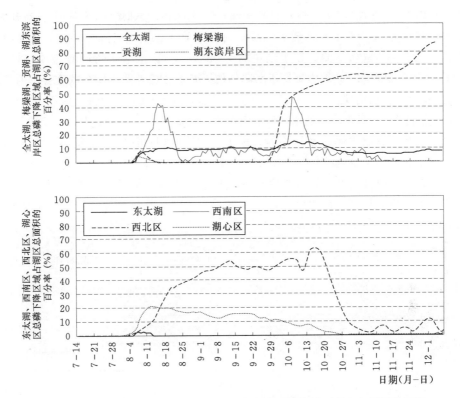

图 13 - 143　2003 年 7～12 月各湖区总磷含量下降水域面积占各湖区总面积
的百分率随实况方案调水历时的变化

西北区，实况调水方案百分率，8 月 6 日～9 月 12 日振荡上升，9 月 12 日达 53.61%，9 月 13 日～10 月 11 日在 50% 上下小幅波动，期间最小值为 46.00%，10 月 12 日～11 月 17 日后经短暂上升后不断下降，期间最大值为 63.50%，最小值为 0。整个调水期间的均值为 33.47%，为各区最大（见图 13 - 143）。以上结果表明：实况方案调水对西北区水质改善具有一定作用，在部分日期效果还比较显著，但是在调水后期，其改善总磷水质指标效果降低。

西南区、湖心区、湖东滨岸区、东太湖、全太湖平均的百分率随调水历时变化的范围分别为 0～0.67%、0～20.46%、0～3.55%、0～3.23%、0～14.97%；调水期间均值分别为 0.05%、9.60%、0.19%、0.16%、9.33%。说明实况调水对这些区域总磷水质指标不具有显著的改善作用。尤其是在西南区、湖东滨岸区、东太湖，实况调水对改善总磷水质指标的作用不明显。

5. 引江济太调水对总氮含量的影响

贡湖，实况方案水体总氮指标得到改善的水域面积占贡湖总面积的百分率由 8 月 6 日的 22.28% 升至 8 月 11 日的 27.41% 后线性下降，9 月 11 日降为 0，此后一直为 0（见图 13 - 144）。以上贡湖百分率变化表明：实况调水起不到降低贡湖水域总氮含量作用，并且具有抬高贡湖水体总氮的副作用。出现这一结果的原因和 2002 年 1 月 30 日～4 月 4 日相同，详见 2002 年实况调水方案。

梅梁湖，水体总氮指标得到改善的水域面积占该区总面积的百分率变化不同于贡湖的百分率变化，在实况调水初期（8 月 6～15 日）随调水历时增加而快速增加，8 月 15 日达到 91.47％后，在 94％上下振荡；9 月 2 日达到 97.67％后不断下降，10 月 5 日降为 34.88％，10 月 6 日、7 日跳升至 63.57％，继续下降，调水结束时为 35.66％。调水期间的均值为 62.63％（见图 13-144）。以上结果表明：实况方案调水对降低梅梁湖水域总氮含量具有较显著作用，该湖区总氮含量下降水域占梅梁湖总面积超过 60％。特别是在调水前期，相当长的一段时间内，梅梁湖绝大部分水域总氮含量下降，调水后期效果下降，降幅较大，值得重视。

西北区，实况方案水体总氮指标得到改善的水域面积占该区总面积的百分率基本随调水历时的增加而增大，调水期间变化范围为 33.46％～82.13％，均值为 69.40％（见图 13-144）。表明实况方案调水期间在降低西北区总氮含量方面具有显著作用，特别地，该作用随调水增加不断提高，调水结束时，80％以上西北区水域总氮含量得以下降。

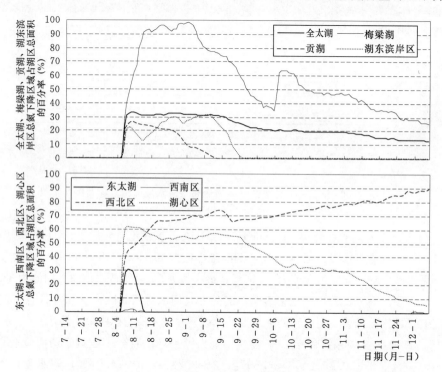

图 13-144　2003 年 7～12 月各湖区总氮含量下降水域面积占各湖区总面积
的百分率随实况方案调水历时的变化

湖心区，实况方案水体总氮指标得到改善的水域面积占该区总面积的百分率随调水历时呈台阶式下降，整个调水期间，可分为 5 个阶段。第 1 阶段为 8 月 7～21 日，百分率由 62.00％降为 52.20％；第 2 阶段为平台振荡阶段，为 8 月 22 日～9 月 21 日，百分率变化较小；第 3 阶段为 9 月 22 日～10 月 12 日，百分率由 52.20％降为 32.08％；第 4 阶段为 10 月 13～30 日，百分率变化也较小；第 5 阶段为 10 月 31 日～11 月 17 日，百分率由 30.28％降至 15.88％。调水期间的均值为 43.07％（见图 13-144）。以上结果表明：在前半段时期内调水可使湖心较大部分区域总氮含量下降，但是后半段时期，调水改善湖心区的效果降低。

西南区，实况方案调水百分率较低，最大仅为 2.03％（见图 13-144），表明实况方案调水对降低西南区水体总氮的作用不明显。东太湖和西南区百分率一样很小,实况方案调水对降低东太湖水体总氮的作用不明显。

　　湖东滨岸区,实况方案水体总氮指标得到改善的水域面积占该区总面积的百分率随调水历时变化曲线现状为"M"形,变化范围为 0~30.97%,调水期间的平均值仅为 10.06%,调水后半段为 0(见图 13 - 144)。显示实况方案在改善该区域总氮水质指标方面作用较小,尤其是在调水后期。

　　就全湖而言,实况方案水体总氮指标得到改善的水域面积占湖区总面积的百分率变化特征和湖心区相似,但其值仅为湖心区的一半,范围为 15.49%~33.18%,均值为 24.86%。表明调水对降低水体总氮作用不显著,且调水效果随调水历时的增加不断降低。

　　6. 引江济太调水对氨氮含量的影响

　　2003 年 8 月 6 日~11 月 17 日实况方案调水,按各湖区和整个太湖统计的氨氮降低的水域面积占各湖区面积和整个太湖面积百分率随调水历时的变化曲线见图 13 - 145。

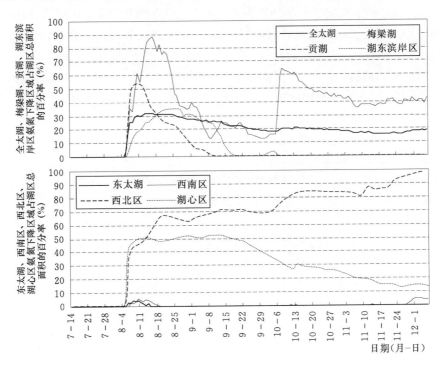

图 13 - 145　2003 年 7~12 月各湖区氨氮含量下降水域面积
占各湖区总面积的百分率随实况方案调水历时的变化

　　贡湖,实况方案水体氨氮指标得到改善的水域面积占贡湖总面积的百分率随调水历时的变化和总氮相似,仅在调水初值(8 月 6 日~9 月 9 日)不为 0,其余全部为 0。而在非 0 时段,该百分率最大值仅为 53.81%,且仅有 4 天超过 50%。以上百分率变化表明:实况方案调水,仅在有限的时间内,在降低贡湖水域氨氮含量方面起到一定的作用,在大部分时间里,起不到降低贡湖水体氨氮的作用,与依藻类叶绿素 a 含量指标评估得到的调水效果的差异巨大。其原因主要是调入水体藻类数量很小,因而模型计算中设定调入水体藻类叶绿素 a 含量为 0，与此不同的是调入水体氨氮高于贡湖水体，调水使贡湖氨氮含量较低水体进入太湖，因而贡湖氨氮含量上升。因此，采取措施降低入湖水体氨氮含量是提高调水降低贡湖氨氮含量效果的关键。

梅梁湖，实况方案氨氮指标得到改善的水域面积占该区总面积的百分率，8 月 6～16 日由 16.28％快速上升至 88.37％；然后振荡下降，9 月 9 日降至谷点 13.18％；9 月 10 日起小幅上升，14 日到达 26.36％以后，复振荡下降，10 月 1 日达到另一谷点 13.18％，以后快速回升，并于 10 月 8 日达到另一峰点 64.34％。此后振荡下降，调水结束时，百分率为 38.76％。上述结果表明在降低梅梁湖氨氮含量方面，调水效果不定，变化较复杂，经历了两次明显升高下降，再升高下降过程。整个调水期间，百分率的均值为 40.79％，说明调水具有一定的降低梅梁湖氨氮的效果，但是不够显著。

西北区，实况方案氨氮指标得到改善的水域面积占该总面积的百分率，随调水历时一直呈振荡上升的特征，8 月 6～22 日升速较快，于 8 月 14 日超过 50％。调水结束时，百分率为 86.31％。调水期间百分率均值为 71.70％。以上结果显示，2003 年实况调水在大部分时间内和大部分水域使氨氮含量降低，尤其是 10 月 2 日以后，西北区 80％水域氨氮含量得以下降。就该区氨氮指标而言，实况方案调水起到了显著改善作用。

湖心区，实况调水的百分率，8 月 6 日～9 月 19 日，在 50％上下波动，幅度较小；9 月 20 日不断下降，调水结束时降为 14.89％。整个调水期间的均值为 37.96％。在调水后的首月，实况方案在降低湖心氨氮含量方面起到了一定的作用，使接近 50％的水域氨氮含量下降，但是随着调水历时的进一步增加，效果下降，至 11 月 17 日，仅有不到 15％的水域氨氮含量低于不调水的氨氮含量。

西南区、东太湖，实况方案氨氮指标得到改善的水域面积占该总面积的百分率仅调水初期不为 0，且值较小，最大不超过 6％。这说明实况方案调水对降低这两个区域水体氨氮的效果不明显。

湖东滨岸区，氨氮指标得到改善的水域面积占该总面积的百分率在 8 月 7 日～9 月 18 日之间不为 0，期间最大值为 36.45％。调水降低湖东滨岸区氨氮含量的效果虽高于西南区、东太湖，但是改善效果不明显。

整个太湖，氨氮指标得到改善的水域面积占该总面积的百分率在整个调水期间均不高，其变化范围为 15.96％～32.18％，幅度较小，均值为 22.65％。这表明就整个太湖氨氮指标而言，2003 年，实况方案调水改善水质的效果不够显著，平均仅有 22.65％的水域氨氮含量下降。

第 14 章　水源地保证程度分析

14.1　引水量分析

引水区是否满足引江济太工程引水量的要求，取决于引水区径流量与引水量的对比关系。本次论证采用径流频率分析方法，以长江下游控制水文站长系列径流资料为基础，对长江下游径流特征进行分析。在此基础上，考虑区间产流、用水的作用，并同时考虑当前及未来长江重要水事活动的影响，对引水区径流特征进行分析。

调水工程的引水规模反映在设计年引水量以及引水量的时间分配两方面，本次论证分析了设计年引水量与引水区径流量的关系、实际引水量与同期径流量的关系，从而对引水区在水量方面的保证性提出综合结论，分析流程见图 14-1。

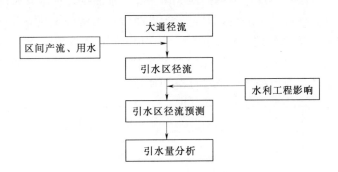

图 14-1　引水量分析流程图

14.1.1　大通径流特性

大通水文站是长江下游重要的水文站之一，距长江口门 624km，集水面积 $170.5 \times 10^4 km^2$，占长江流域面积的 94.72%，其径流基本上代表全流域的径流状况。因此，一般长江口径流特征以长江控制站大通实测资料为依据。

大通径流特性分析包括年径流分析和月平均流量分析，通过年径流分析得到指定频率的年径流量和代表年，通过月平均流量分析得到指定频率的月平均流量，从而为引水量的论证提供基础依据。两种分析方法得到的结果可以作为引水区水量保证性分析的基础，并且相互印证。

14.1.1.1　径流量分析

大通水文站始建于 1922 年 10 月，至今已经有 80 年的历史，其中除在 1925～1947 年间曾断续停测 18 年，1949 年后一直连续观测至今。大通站多年平均流量 29500m³/s，历史最大洪峰流量 92600m³/s（1954 年 8 月 1 日），历史最小流量 4620m³/s（1979 年 1 月 31 日），多年平均年径流量 9142 亿 m³。

对大通站 1923～1937 年和 1946～2000 年的各月平均流量进行统计，得到大通站多年平均逐月平均流量及占全年的百分比见表 14 - 1。

　　　　　　　　　　　　大通站月平均流量及百分比

月　份	1	2	3	4	5	6	7	8	9	10	11	12
流量（m³/s）	10700	11400	15800	22900	33100	40700	50500	46000	41800	35000	24100	14400
百分比（％）	3.09	3.29	4.56	6.61	9.56	11.75	14.58	13.28	12.07	10.10	6.96	4.16

统计数据表明，大通站径流的年内分配具有明显的季节性规律。年内月平均最小流量出现在 1 月，为 10700m³/s，7 月出现最大流量，为 50500m³/s，最大流量最早出现在 5 月，最迟至 9 月，10 月以后流量明显回落。5～10 月为洪季、其径流量占全年的 71.3％，11 月～次年 4 月为枯季，径流量占全年的 28.7％。

大通径流量的年际变化方面，沈焕庭通过对径流量进行线性回归趋势检验，认为 1923～2000 年平均径流量序列无上升或下降趋势，基本保持稳定。说明长江入海径流量的自然过程基本是稳定的，相关研究得到的结论也与此类似。

14.1.1.2　年径流频率分析

采用大通站 1950～2002 年径流量进行频率分析，年径流量过程如图 14 - 2 所示。一般的水文频率分析方法中，理论频率曲线大多采用 PⅢ 曲线。本研究采用专业数值统计分析软件对大通径流数据进行了分析，对包括 PⅢ 曲线在内的线型进行了比较，如图 14 - 3 所示，采用 PⅢ 曲线得到的理论频率曲线与采用 Origin 软件拟合得到的曲线，与经验频率点都可以较好配合。但采用专业软件省却了查 PⅢ 曲线离均系数表的过程，并且可以得到统一的数学表达式，使得径流分析过程更加便捷。

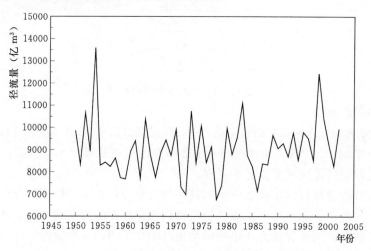

图 14 - 2　大通站年径流量过程

经过比较，最终采用 Logit 累计频率的多项式拟合经验频率曲线。Logit 累计频率坐标与正态分布频率坐标接近，其坐标变换公式为

$$x = \ln\left(\frac{P}{100-P}\right) \tag{14-1}$$

式中　P——频率，％。

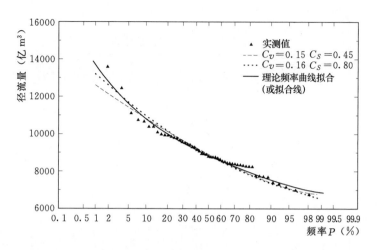

图 14-3　年径流频率分析的比较

　　本次所论证水文要素的重现期在 $10\%\sim90\%$ 之间，同时论证所取水文系列较长，频率序列可以包括所论证的重现期，因此采用 Logit 坐标和其他拟合曲线是合理的。

　　大通站年径流频率分析如图 14-4 所示，最终确定理论频率曲线为

$$y = 363.94460x^2 - 1714.31337x + 8848.03814 \tag{14-2}$$

式中　y——年径流量，亿 m^3。

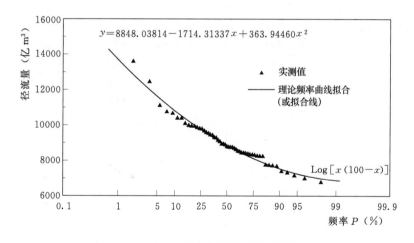

图 14-4　大通站年径流量频率曲线

　　由理论频率曲线计算得到诸保证率年径流量见表 14-2。

表 14-2　　　　　　　　　　大通站年径流频率分析成果表

P（%）	1	5	10	20	25	50	75	90	95
径流量（亿 m^3）	13720	11630	10820	10010	9750	8850	8110	7540	7250

　　以保证率分别为 10%、50%、90% 的年径流量的年份作为丰、平、枯代表水文年，选取 $1959\sim1960$ 年为枯水代表年，$1950\sim1951$ 年为平水代表年，$1949\sim1950$ 年为丰水代

表年，大通站各典型年月径流过程见表 14 - 3。

表 14 - 3　　　　　　　　　　大通代表水文年月平均流量表　　　　　　　　　单位：m³/s

月份	枯水年 (1959～1960 年)	平水年 (1950～1951 年)	丰水年 (1949～1950 年)	月份	枯水年 (1959～1960 年)	平水年 (1950～1951 年)	丰水年 (1949～1950 年)
1	9200	9430	17400	7	42200	37000	48300
2	8900	9000	19400	8	41600	42700	47800
3	14300	13300	14400	9	35600	38600	44300
4	20700	27500	24800	10	16800	41500	49900
5	31000	39400	32100	11	16300	29600	39900
6	32900	27800	41000	12	11800	13600	24400

14.1.1.3　月径流频率分析

对大通站 1950～1989 年逐月平均流量系列进行频率分析，频率计算见表 14 - 4。通过比选仍然采用 Logit 累计频率坐标，不同的月份选取最优的曲线进行拟合，采用了二阶多项式曲线和二阶指数衰减曲线，得到的频率曲线见图 14 - 5，逐月理论频率曲线见表 14 - 5。

表 14 - 4　　　　　　　　　　　大通站月平均流量频率计算表

序号	月平均流量（m³/s）												频率 (%)
	1 月	2 月	3 月	4 月	5 月	6 月	7 月	8 月	9 月	10 月	11 月	12 月	
1	17400	19400	25100	36700	51800	60600	75200	84200	71300	51600	35800	23100	2.44
2	17300	16000	24300	31500	48600	54600	66200	57500	57000	51600	35700	20000	4.88
3	14000	15900	22600	29500	48200	52400	62200	53500	54800	49700	33700	19700	7.32
4	13500	14900	21800	29000	45600	51500	61500	51900	49000	45500	32400	19500	9.76
5	12900	14100	21400	28800	45400	50200	61500	49900	46800	42100	31000	18600	12.20
6	12300	13700	20500	28700	44900	49600	58300	49400	46600	41600	30400	18100	14.63
7	11800	13500	19800	28000	44300	49500	55900	48600	45900	41500	29600	17300	17.07
8	11600	13500	19200	27600	40300	48000	54500	48100	45000	40400	29300	17000	19.51
9	11600	13400	19100	27600	39800	47700	54200	47800	44500	39300	29000	17000	21.95
10	11400	12800	19000	27500	39400	46700	54100	47500	44300	39300	28500	16600	24.39
11	11300	12700	19000	26900	39200	46500	53700	46900	43900	39000	28100	16600	26.83
12	11200	12600	16700	26500	38600	45400	53400	46900	43800	38700	27100	15800	29.27
13	11200	12400	16500	26300	38100	44500	52000	46200	42900	38500	27000	15200	31.71
14	11100	11900	16000	25700	38100	42300	51800	45900	42600	37600	26900	15000	34.15
15	10900	11800	15700	25200	37600	41800	50400	45200	42500	37200	25300	14900	36.59
16	10800	11600	15500	25100	35500	41500	49200	44800	42300	36300	24500	14500	39.02
17	9970	11300	14500	24800	34300	41500	49100	44300	42300	36000	23500	14400	41.46
18	9950	11000	14400	24500	34200	41400	48300	43400	42300	35500	23300	14100	43.90
19	9640	10400	14400	24400	34100	41000	48000	43200	42200	35300	23100	14000	46.34
20	9520	10300	14300	24200	33300	40000	47400	43000	41300	34400	23000	14000	48.78

续表

| 序号 | 月平均流量（m³/s） | | | | | | | | | | | | 频率（%） |
	1 月	2 月	3 月	4 月	5 月	6 月	7 月	8 月	9 月	10 月	11 月	12 月	
21	9490	10100	13900	23700	32300	39900	47300	42900	41200	33700	23000	13900	51.22
22	9430	9900	13800	23000	32100	39400	46700	42700	41100	33500	22300	13600	53.66
23	9290	9790	13300	23000	31100	38400	46000	41900	39900	32900	22300	13300	56.10
24	9280	9670	13000	22900	31000	38000	45700	41600	38600	32300	22100	13100	58.54
25	9200	9550	12900	22600	30300	36600	45300	41300	38500	31100	21600	12800	60.98
26	9120	9400	12800	22400	30200	35500	44900	40700	37300	31000	20700	12400	63.41
27	9110	9300	12600	21900	29700	34100	43100	38400	36500	30300	20400	12100	65.85
28	8880	9150	12200	21000	29100	33900	42800	38300	35600	30200	19600	11900	68.29
29	8820	9000	12000	20700	28500	32900	42600	37800	35500	29900	19600	11900	70.73
30	8800	8940	12000	20500	28400	32700	42400	36800	35200	28800	19200	11800	73.17
31	8770	8760	11900	20400	27000	32700	42200	36800	34600	27800	18900	11700	75.61
32	8340	8710	11000	19700	26800	32600	41300	36300	32600	27200	18800	11600	78.05
33	8290	8610	10600	18700	26600	32300	41200	35600	31500	26900	18700	11500	80.49
34	8220	8510	10500	18700	25200	30400	41000	34500	30700	26400	18600	11300	82.93
35	8150	8320	10400	18000	24600	30000	38400	34000	29900	26200	18600	10300	85.37
36	8060	8190	10200	17200	24500	29700	38200	34000	29800	25900	17500	10000	87.80
37	7880	8090	9930	16700	24500	29200	37000	32600	28600	25700	16300	9990	90.24
38	7780	7670	9690	14800	24400	29000	34900	30100	25900	25200	16200	9560	92.68
39	7600	7600	9240	13900	24300	27800	34200	28000	23700	18700	15800	9180	95.12
40	7220	6730	7980	12800	23900	27200	32800	25900	21600	16800	13200	8310	97.56

表 14 - 5　　　　　　　大通站月平均流量理论频率曲线及特征值

月份	理论频率曲线	R^2
1	$y = -4194.28441 + 16889.20056e^{\left(-\frac{x}{266.08477}\right)} + 8157.11741e^{\left(-\frac{x}{5.89166}\right)}$	0.981
2	$y = 10507.14171 - 3750.64935x + 968.60562x^2$	0.986
3	$y = -42262.72157 + 61429.01405e^{\left(-\frac{x}{542.65263}\right)} + 7164.10893e^{\left(-\frac{x}{17.01882}\right)}$	0.991
4	$y = 23585.89068 - 6993.21487x - 119.67107x^2$	0.985
5	$y = 3516.41574 + 44384.30662e^{\left(-\frac{x}{121.44473}\right)} + 5992.76764e^{\left(-\frac{x}{8.10441}\right)}$	0.993
6	$y = -38562.65229 + 92862.68662e^{\left(-\frac{x}{284.90452}\right)} + 26752.39174e^{\left(-\frac{x}{1.83676}\right)}$	0.995
7	$y = 47285.97357 - 12659.87949x + 2226.82424x^2$	0.993
8	$y = 41505.36886 - 12568.82912x + 2981.25089x^2$	0.891
9	$y = 39294.64680 - 12583.34468x + 1425.11890x^2$	0.946
10	$y = 34012.32117 - 11124.91949x + 569.09977x^2$	0.982
11	$y = 23302.67753 - 7934.16011x + 947.52493x^2$	0.980
12	$y = 13791.81673 - 4662.66601x + 715.64736x^2$	0.992

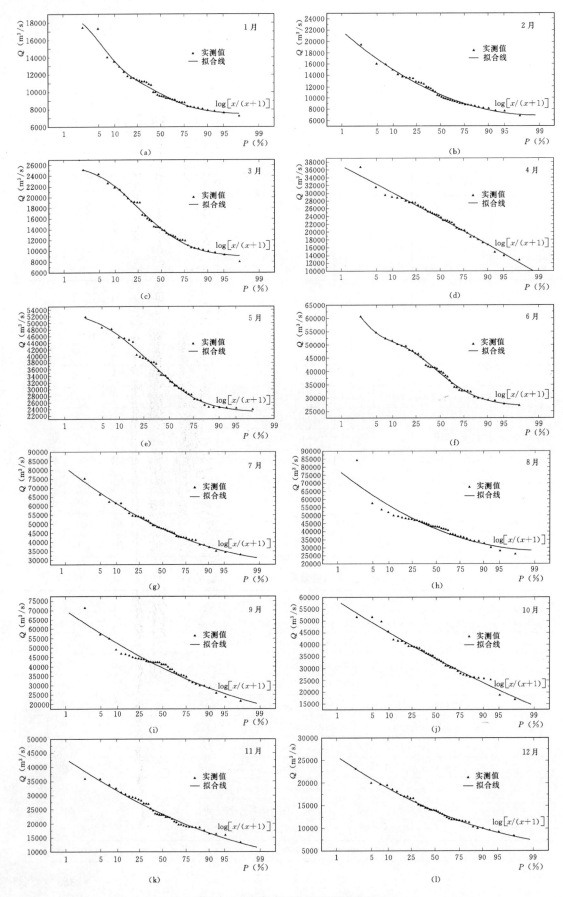

图 14-5　大通月平均流量频率曲线

采用以上得到的理论频率曲线,得到各主要保证率的逐月平均流量见表 14 - 6。

表 14 - 6　　　　　　　大通月平均流量频率表　　　　　　　单位:m³/s

P (%) 月份	1	5	10	20	25	50	75	90	95
1	19520	15870	13570	11740	11300	9800	8550	7850	7620
2	21850	16890	14970	13120	12520	10510	8940	7810	7290
3	25810	23940	22030	19160	18050	14140	11320	9810	9330
4	37070	32330	30150	27750	26900	23590	20220	16800	14450
5	52830	49340	46140	41670	39920	32930	27450	24670	23820
6	69500	54440	51210	48000	46500	39350	32810	29150	27970
7	81420	67120	61390	55720	53830	47290	41750	37230	34740
8	78460	62450	56210	50150	48180	41500	36190	32230	30310
9	70080	57720	52600	47390	45620	39300	33620	28580	25530
10	58480	49170	45150	40920	39450	34010	28830	23910	20720
11	42910	35000	31740	28420	27300	23300	19730	16590	14710
12	25950	20920	18890	16860	16180	13790	11730	9990	9000

以上计算结果提供了各主要保证率的月平均流量特征值,可以作为分析引江济太引水工程引水区径流量的基础。

14.1.2　引水区径流

在大通径流分析的基础上,需要考虑大通至引水口区间产流和长江取水的因素,同时应该考虑长江重要水利工程未来对引水区径流的影响,从而获得引水区的径流统计特征,为引水量的分析提供科学依据。

14.1.2.1　区间产流、用水

从大通至引水口约 500km,为了掌握引水区径流特征,需要对此区间的产流量、用水量进行估算。

根据长江口水文水资源勘测局的监测资料分析,大通站与引水区附近徐六泾站的水量关系为:大通站多年平均径流量为 9142 亿 m³,大通—徐六泾区间入流为 193 亿 m³,徐六泾多年平均径流量为 9335 亿 m³,比大通站增加 2.1%。由于徐六泾与引水区距离较近 (12km),因此可以代表引水区径流特征。根据大通站多年平均的逐月径流量数据,将以上区间径流按照比例进行分配,可以得到引水区代表水文年各月平均流量见表 14 - 7。

表 14 - 7　　　　　　　引水区代表水文年月平均流量表　　　　　　　单位:m³/s

月份	枯水年 (1959~1960 年)	平水年 (1950~1951 年)	丰水年 (1949~1950 年)	月份	枯水年 (1959~1960 年)	平水年 (1950~1951 年)	丰水年 (1949~1950 年)
1	9400	9600	17800	7	43100	37800	49300
2	9100	9200	19800	8	42500	43600	48800
3	14600	13600	14700	9	36300	39400	45200
4	21100	28100	25300	10	17200	42400	50900
5	31650	40200	32800	11	16600	30200	40700
6	33600	28400	41900	12	12000	13900	24900

引水区处于长江河口的潮流界以内，多年平均涌入长江河口的潮汐水量为$83.98 \times 10^{11} m^3$，约为长江年径流量的 9.4 倍。说明引水区水量十分充沛，从技术可行性和论证安全性的考虑，本次论证主要对径流量进行分析。

14.1.2.2　水利工程影响

随着未来长江重大水利工程的建设，长江下游区径流过程也将发生一系列的变化。21世纪初主要的水利工程包括长江三峡水利枢纽工程和南水北调工程，引江济太工程的长期运用必须考虑这一重要因素，因此有必要分析这些工程实施对长江下游径流的影响。

1. 三峡工程的影响

三峡工程于 2003 年 6 月 1 日开始蓄水，未来将采用分期蓄水的方式：第一步，在2003 年 6 月将水库初期蓄至 135m（黄海高程，下同）；第二步，在 2006 年长江汛期后，将水库水位抬高至 156m；第三步，在 2009 年将水位抬高至正常蓄水位 175m。

三峡工程的运行方式是，每年 5 月末～6 月初，水库水位降至防洪限制水位，6～9 月水库在低水位下运行，10 月水库开始蓄水，水位逐渐上升，枯水年份蓄水延续到 11 月，次年 1～5 月水库开始增大下泄流量。三峡工程设计典型水文年，156m、175m 蓄水位方案入、出库流量增减值见表 14-8。

表 14-8　　　　　　　　　三峡工程方案入、出库流量增减值

典型水文年	蓄水方案（m）	入、出库流量增减值（m³/s）								
		1 月	2 月	3 月	4 月	5 月	6～9 月	10 月	11 月	12 月
枯水年（1959～1960 年）	156	+780	+1250	+1100	+400	0	0	−4000	0	0
	175	+1530	+1990	+1750	+950	+1240	0	−5860	−2480	0
平水年（1950～1951 年）	156	+580	+1100	+1130	−1050	+1400	0	−4000	0	0
	175	+1260	+1780	+1810	−220	+2900	0	−8470	0	0
丰水年（1949～1950 年）	156	0	+210	+950	−150	+2950	0	−4130	0	0
	175	+430	+980	+820	−1060	+6350	0	−8470	0	0

注　+，-分别表示水库下游流量的增、减值。

本次论证主要对未来三峡工程 156m 和 175m 蓄水方案下，水库运行引起长江流量的变化进行分析。通过表 14-8 中数据可以看出，三峡水库并不减少长江径流总量，只是对径流在年内进行重新分配。水库运行主要改变了 10 月（枯水年高水位方案改变到 11 月）和 1～5 月三峡以下的长江径流量，10 月使得径流量减小，而 1～5 月除个别月份外，径流量均表现为增大。

将三峡水库的径流调节叠加于引水区径流过程，得到三峡工程运用条件下引水区月平均流量见表 14-9。

经过三峡工程的径流调节，水库 10～11 月蓄水减小了下泄径流，作为枯水代表年的1959～1960 年，156m 蓄水方案下大通流量为 13200 m^3/s，175m 蓄水方案下大通流量降低到 11340m^3/s；平水年、丰水年 10 月减少下泄量后，不同蓄水方案下引水区流量仍然分别在 30000 m^3/s 和 40000 m^3/s 以上。以上数据表明，水库蓄水在枯水年对引水区流量的减少相对比较明显，而平水年、丰水年影响相对不明显。

表 14 - 9　　　　　　　　三峡工程不同蓄水方案下引水区月平均流量　　　　单位：m³/s

月份	枯水年 (1959～1960 年)		平水年 (1950～1951 年)		丰水年 (1949～1950 年)	
	156m	175m	156m	175m	156m	175m
1	10180	10930	10180	10860	17800	18230
2	10350	11090	10300	10980	20010	20780
3	15700	16350	14730	15410	15650	15520
4	21500	22050	27050	27880	25150	24240
5	31650	32890	41600	43100	35750	39150
6	33600	33600	28400	28400	41900	41900
7	43100	43100	37800	37800	49300	49300
8	42500	42500	43600	43600	48800	48800
9	36300	36300	39400	39400	45200	45200
10	13200	11340	38400	33930	46770	42430
11	16600	14120	30200	30200	40700	40700
12	12000	12000	13900	13900	24900	24900

三峡工程的运用主要增大了 1～3 月和 5 月下游的径流，其中枯水年 4 月径流量也得到增加，枯水年、平水年的 1 月、2 月，经过三峡的径流调节，156m 方案下枯水年 1 月、2 月引水区流量由不足 10000 m³/s 提高到 10000m³/s 以上，175m 方案下进一步增加到接近 11000 m³/s。平水年变化与枯水年接近。以上对年内枯水期的径流调节作用，在枯水年、平水年对下游区用水和保护生态环境都比较有利。

2. 南水北调工程的影响

南水北调工程调水方案分为东线、中线和西线，其中东线方案引江地点在江苏江都，一期引水 600 m³/s，二期引水 1000m³/s，一期工程已经开工，拟定 2007 年完成；中线以大坝加高、水库扩容后的丹江口水库为水源，第一期工程的调水规模为 95 亿 m³，计划于 2010 年完成；西线工程要继续进行前期工作，规划分三期建设，第一期工程将于 2010 年前后开工，年调水规模为 40 亿 m³。规划到 2050 年，南水北调东线、中线和西线工程多年平均调水规模分别为 148 亿 m³、130 亿 m³ 和 170 亿 m³，合计为 448 亿 m³。

南水北调工程三条引水线路，其水源地与引水区相对距离不同，工程类型存在差异，因此表现在对引水区径流的影响方面，具有不同的特点。西线工程水源地处于高寒地区，受到气候条件的限制，引水主要集中在汛期；中线工程的水源地为丹江口水库，丹江口水库大坝加高蓄水后，进行年径流调节再分配，对枯水期的流量给予一定的补偿，而平水期和丰水期的流量却有较大减少；东线工程直接从长江抽水，对长江口径流影响最明显。

关于南水北调工程对长江河口地区径流量的影响，以往的研究大多将南水北调设计调水规模分成不同的级别进行分析，而忽略了不同时间进程上调水规模的变化。而这种变化对于本次论证却是比较重要的，因为引江济太工程需要的是具有时间意义的变化特征。所以，本次论证把南水北调工程引水量置于时间进程上进行分析，给出确定时间上的变化结果。

　　本次论证对于南水北调工程不同线路的影响基于以下考虑：由于西线尚处于工程准备阶段，因此本次论证主要考虑 2007 年东线一期工程实施和 2010 年中线一期工程实施，其中东线一期的调水流量为 600 m^3/s；中线一期的调水流量为 350 m^3/s。

　　综合分析三峡工程和南水北调工程的影响，见图 14-6。本次论证采用的方法是：按照工程年度进展计划确定工程对径流的调节变化，将调水流量直接与经过三峡调节后的引水区径流过程进行叠加，分别得到 2007 年、2010 年引水区各代表水文年径流过程，也就是引水区在三峡工程和南水北调共同实施后的月平均流量过程，见表 14-10。

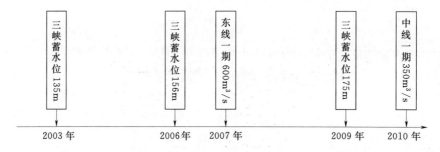

图 14-6　长江近期水利工程进度图

表 14-10　　　　　　　三峡工程及南水北调实施后引水区月平均流量　　　　　　　单位：m^3/s

月份	枯水年 (1959～1960 年)	平水年 (1950～1951 年)	丰水年 (1949～1950 年)	枯水年 (1959～1960 年)	平水年 (1950～1951 年)	丰水年 (1949～1950 年)
	2007 年			2010 年		
1	9580	9580	17200	9980	9910	17280
2	9750	9700	19410	10140	10030	19830
3	15100	14130	15050	15400	14460	14570
4	20900	26450	24550	21100	26930	23290
5	31050	41000	35150	31940	42150	38200
6	33000	27800	41300	32650	27450	40950
7	42500	37200	48700	42150	36850	48350
8	41900	43000	48200	41550	42650	47850
9	35700	38800	44600	35350	38450	44250
10	12600	37800	46170	10390	32980	41480
11	16000	29600	40100	13170	29250	39750
12	11400	13300	24300	11050	12950	23950

　　综合分析三峡工程与南水北调工程对引水区径流的影响，6～9 月、11 月（枯水年 11 月除外）、12 月，三峡水库下泄流量等于来水流量，此期间引水区径流只受南水北调的影响，2007 年后流量减少 600 m^3/s，2010 年后流量减少 950 m^3/s，引水区流量的相对减幅，6～9 月相对较小，11 月、12 月相对较大；10 月，受到三峡水库蓄水和南水北调的联合作用，引水区流量大量减少，枯水年减幅较大；1～5 月，三峡水库下泄流量较建库前

增大，比同期南水北调的调出水量略大，在两者综合影响下，引水区径流量有一定幅度增大，增大幅度 2010 年后更加明显。

对比表 14-7 和表 14-10 中的数据，可以发现：10 月，2007 年枯水代表年月平均流量由 17200 m^3/s 减小到 12600 m^3/s，2010 年进一步减小到 10390 m^3/s，与工程实施前相比，径流减小的幅度比较大，在一定程度上，对长江口区域生态，包括对引江济太工程都存在不利影响；枯水年的 1 月和 2 月，由于三峡水库下泄流量增幅比调出水量大，引水区流量较工程实施前，2007 年枯水年 1 月流量增加 180 m^3/s，2 月增加 650 m^3/s，2010 年枯水年 1 月增加 580 m^3/s，2 月增加 1040 m^3/s，增量具有一定幅度，对引水工程是有利的。

14.1.2.3　引水区径流

在以上分析的基础上，总结出引水区径流当前特征和未来变化趋势：

(1) 以径流量衡量，引水区径流量大于大通站，引水区多年平均径流量较大通增加 2.1%。引水区处于长江河口潮流界内，水量充沛。

(2) 2006 年之前，三峡工程和南水北调不会对引水区径流产生影响。2007 年后，引水区径流发生变化，6～9 月、11～12 月（2010 年枯水年 11 月除外）受到南水北调单独影响，其他月份受到三峡工程和南水北调的共同影响。

(3) 2007 年，三峡工程按照 156m 水位运行、南水北调东线一期工程完成，预测引水区径流变化趋势为：10 月减少幅度相对较大，1～3 月，枯、平水年径流增大；4 月，引水区径流有所减少；6～9 月，径流受东线一期调水影响，减少 600 m^3/s，详见表 14-11。

表 14-11　　　　三峡及南水北调条件下引水区流量增减值　　　　单位：m^3/s

月份	枯水年 (1959～1960 年)	平水年 (1950～1951 年)	丰水年 (1949～1950 年)	枯水年 (1959～1960 年)	平水年 (1950～1951 年)	丰水年 (1949～1950 年)
	2007 年			2010 年		
1	+180	−20	−600	+580	+310	−520
2	+650	+500	−390	+1040	+830	+30
3	+500	+530	+350	+800	+860	−130
4	−200	−1650	−750	0	−1170	−2010
5	−600	+800	+2350	+290	+1950	+5400
6	−600	−600	−600	−950	−950	−950
7	−600	−600	−600	−950	−950	−950
8	−600	−600	−600	−950	−950	−950
9	−600	−600	−600	−950	−950	−950
10	−4600	−4600	−4730	−6810	−9420	−9420
11	−600	−600	−600	−3430	−950	−950
12	−600	−600	−600	−950	−950	−950

(4) 2010 年，三峡工程按照 175m 水位运行、南水北调中线一期工程完成。由于三峡水库径流调节能力的增强，总体上径流减少的月份，减少幅度更大，径流增加的月份，增大幅度也更大。

14.1.3　水量保证性

对于引水区在水量方面的保证性，主要分析设计引水量、实际引水量与相应引水区径流特征的对比关系，通过水量以及水量的时间分配两方面进行具体论证。

14.1.3.1　设计引水量

按照引江济太工程的实施方案，在平水年情况下通过常熟枢纽引长江水 25 亿 m³，按照引水区径流分析的成果，引水区多年平均年径流量为 9335 亿 m³，与设计引水量之比为 373：1，引水所占比例甚小。

由于水资源在时间上的分布具有不均衡性，因此有必要在总体分析水资源量的基础上，考虑水文季节性变化作用下，引水工程引水量对区域径流的影响。引江济太通过自引和泵引相结合的方式引水，完全自引条件下，引水量较小，自引、泵引结合进行，引水流量基本在 200m³/s 以下。对比分析现状条件下，引水区设计水文年月平均流量与引水量，得到两者的对比数据见表 14-12。结果表明，枯水、平水条件下 1～2 月径流量与引水量比值最低，为 46：1～48：1。

表 14-12　　　　　　　　引水区流量与引水量的比值

月份	枯水年 (1959～1960 年)	平水年 (1950～1951 年)	丰水年 (1949～1950 年)	月份	枯水年 (1959～1960 年)	平水年 (1950～1951 年)	丰水年 (1949～1950 年)
1	47	48	89	7	216	189	246
2	46	46	99	8	212	218	244
3	73	68	74	9	182	197	226
4	106	140	126	10	86	212	254
5	158	201	164	11	83	151	204
6	168	142	210	12	60	70	124

对照表 14-10 分析未来水利工程的影响，三峡和南水北调工程实施后，1～2 月由于三峡工程的径流调节，引水区流量增加，引水区水量保证性增大。10 月，由于水库蓄水，引水区径流量有较大减少，径流量与引水量的比值 2007 枯水年下降到 63：1，2010 年枯水年下降到 52：1。

根据引水区月平均流量频率分析的结果，进一步分析了引水水量的保证性。表 14-13 统计了保证率分别为 10%、50% 和 90% 条件下，引水区径流量（由表 14-6 推求）与引水量的比值。以保证率为 50% 的月平均流量与平均引水量的比值衡量，1 月最低为 50，7 月最高为 241.4，表明平水条件下，引水占径流的比例最高为 2%，与采用代表水文年数据分析得到的结果基本一致。丰枯水条件下得到的结果也与代表年分析的结果接近，采用月径流频率分析方法得到的结果也表明设计引水量占径流量的比例较低。

表 14-13　　　　　　　不同保证率引水区径流量与引水量对比

P(%) 月份	10	50	90	P(%) 月份	10	50	90
1	69.3	50.0	40.1	3	112.5	72.2	50.1
2	76.4	53.7	39.9	4	153.9	120.4	85.8

月份＼$P(\%)$	10	50	90	月份＼$P(\%)$	10	50	90
5	235.5	168.1	125.9	9	268.5	200.6	145.9
6	261.4	200.9	148.8	10	230.5	173.6	122.1
7	313.4	241.4	190.1	11	162.0	118.9	84.7
8	287.0	211.9	164.5	12	96.4	70.4	51.0

14.1.3.2　实际引水量

2002 年，第一阶段总引水量为 10.69 亿 m^3，引水时长 65 天，日均引水量约1644 万 m^3，平均流量为 190m^3/s；第二阶段总引水量为 5.2 亿 m^3，引水时长 58 天，日均引水量约 900 万 m^3，平均流量为 104m^3/s。2002 年日最大引水量为 2348 万 m^3，为 271.8 m^3/s。

2003 年 8 月之前，引水 60 天，引水量 3.54 亿 m^3，引水量较小；8 月 4 日开始实施引江济太应急调水，截至 11 月 17 日，常熟水利枢纽引水 16.94 亿 m^3，引水 105 天，日均 1613 万 m^3，平均流量为 187m^3/s。

2002 年、2003 年大通实测和引水区推求各月平均流量见表 14 - 14，由此可以得到引江济太引水量占同期大通平均流量的比例分别为：2002 年第一阶段 1∶75，第二阶段1∶245；2003 年 8～11 月为 1∶186，表明引水期间实际引江水量占同期长江径流量的比例甚低。

表 14 - 14　　　　　2002～2003 年引水区月平均流量　　　　　单位：m^3/s

月份	2002 年		2003 年		月份	2002 年		2003 年	
	大通	引水区	大通	引水区		大通	引水区	大通	引水区
1	9800	10000	17500	17850	7	55200	56300	55100	56200
2	10500	10710	17200	17540	8	56100	57220	38100	38860
3	18100	18460	23100	23560	9	46100	47020	40200	41000
4	22200	22640	25100	25600	10	23800	24280	32000	32640
5	49300	50290	38200	38960	11	25100	25600	15800	16120
6	44500	45390	37100	37840	12	18900	19280	11500	11730

综合以上诸方面的分析，引江济太设计引水量占引水区同期径流量的比例较低，实际引水量占引水区同期径流量的比例也很低。并且，改换时间和地点后，部分引水仍然回归长江。因此，引水区在水量方面是有保证的。

14.2　引水区潮位分析

引水区位于长江河口区的上端，属于潮汐影响明显的感潮河段，区域潮位特征在引水时机、引水时长等方面对引江济太工程具有重要的影响。本次论证以引水区附近长时间系列潮位观测数据为基础，重点从潮汐特征、潮位年内变化规律和潮位历时三个方面进行分析。通过这些分析，可以从水源地水位角度，对引水工程的引水时机、引水时长等方面进行论证，并且提供具体的参考依据。本次论证还考虑了未来三峡工程和南水北调对长江径流的影响，对未来潮位的变化进行了预测。

论证所依据的基础资料为徐六泾水文站 1982～1989 年逐日特征潮位（高潮、低潮），该站为引水区最临近的潮位观测站，位于引江济太引水口下游约 12km 处，为了说明徐六泾潮位特征是否可以代表引水区的实际情况，首先采用一维水动力学模型对引水口与徐六泾的潮位差异进行了定量分析。该模型采用一维非恒定流模式，模拟范围是大通—徐六泾，进行了两个特征水文组合的计算，分别为丰水大潮和枯水大潮，计算得到的徐六泾和望虞河口潮位见图 14-7。

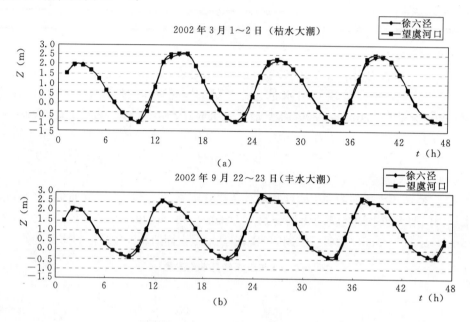

图 14-7　徐六泾与望虞河口潮位比较

计算结果表明，徐六泾与望虞河口在潮位、周期性、潮差等方面都基本一致，因此以徐六泾作为引水区潮位分析的代表站位是可行的，并且分析的时间系列达到 8 年，分析系列具有足够的代表性。

14.2.1　潮位特征

徐六泾断面位于潮流界内，潮汐性质属非正规半日浅海潮，潮位每日两涨两落，两次潮的潮高不等，一般落潮流历时大于涨潮流历时。

本次论证收集了 1982～1989 年逐日的特征潮位（高潮位、低潮位）过程，历年逐日高低潮位过程线分别见图 14-8～图 14-15，潮位基于黄海基面。

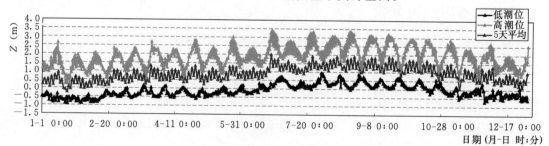

图 14-8　徐六泾站 1982 年逐日潮位过程

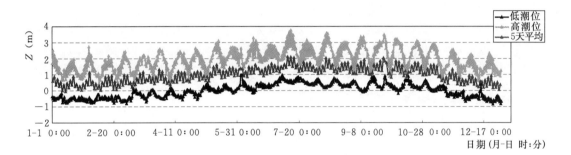

图 14-9　徐六泾站 1983 年逐日潮位过程

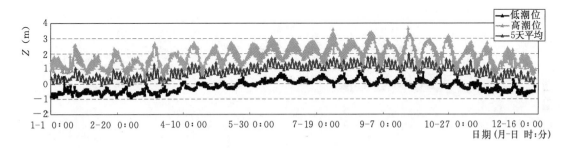

图 14-10　徐六泾站 1984 年逐日潮位过程

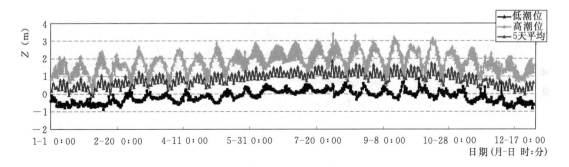

图 14-11　徐六泾站 1985 年逐日潮位过程

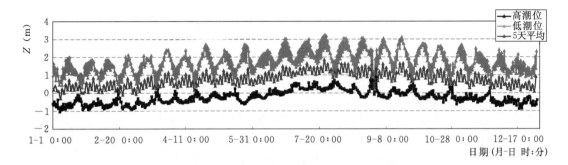

图 14-12　徐六泾站 1986 年逐日潮位过程

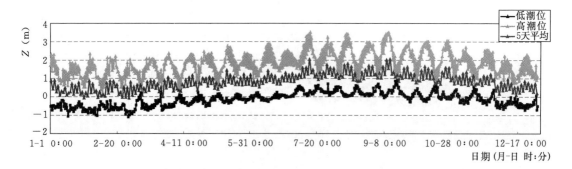

图 14-13　徐六泾站 1987 年逐日潮位过程

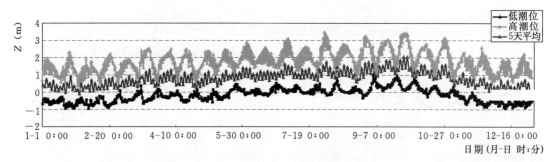

图 14-14　徐六泾站 1988 年逐日潮位过程

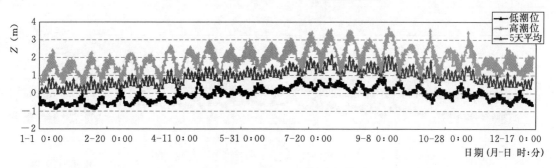

图 14-15　徐六泾站 1989 年逐日潮位过程

分析潮位实测数据,可以发现潮位过程存在以下规律:

(1) 高、低潮位存在周期性升降规律,基本以 15 天为一个周期。

(2) 在时间上,低潮位的周期性峰值与高潮位的周期性谷值相遇,低潮位的周期性谷值与高潮位的周期性峰值相遇,表明潮差存在周期性变化规律,变化周期大致为 15 天。

(3) 大潮期间,大部分时间段的潮位高于小潮,小部分时间段低于小潮。

14.2.2　潮位年内变化

为了分析潮位在年内的变化规律,统计了连续 5 天的平均潮位,与高、低潮位过程线绘制在同一张图上,分别如图 14-8～图 14-15 所示。

以连续 5 天平均潮位过程线分析,1982～1989 年数据都呈现出基本一致的规律。由图 14-8～图 14-15 可以看出,1～5 月,潮位呈现平稳缓慢上升过程;6～10 月,潮位较前期有明显提高;10 月之后,潮位开始缓慢下降。并且,高潮位、低潮位也都可以观察到以上变化规律。

年内潮位过程，7～9月潮位明显高于其他月份。发生这种现象有两方面的原因：第一，长江口地区潮汐存在年内不等周期，年内在阴历7、8两月为强潮汛期；第二，上游径流的影响，由表14-15中徐六泾上游大通水文站月流量过程可以看出，7～9径流量明显大于其他月份。

表 14-15　　　　　　　　　　　　大通站 1982～1989 年月平均流量　　　　　　　　单位：m^3/s

月份＼年份	1982	1983	1984	1985	1986	1987	1988	1989
1	9120	13500	9640	11100	9520	9290	9950	11800
2	13500	14100	9300	13400	9150	7600	10300	13700
3	20500	22600	9690	25100	11900	10500	19200	12900
4	21900	27600	26300	24400	19700	21000	22600	29000
5	24500	39200	30200	26600	23900	25200	27000	38100
6	39900	45400	44500	36600	30000	30400	32600	40000
7	46000	66200	49100	42800	47300	48000	34900	54200
8	49900	53500	45200	34000	34000	46200	34500	41900
9	45900	46600	38500	34600	29900	41100	57000	42600
10	40400	45500	36000	31000	25200	35500	37600	33700
11	28100	32400	18700	19200	18600	27000	19600	29000
12	23100	14000	13900	13100	11600	15200	10300	14500

由于长江口地区1～2月为弱潮汛期，同时12～次年3月期间，上游径流来流量都维持在较低水平上，所以徐六泾站潮位此期间潮位总体上低于其他月份。

总之，河口地区潮位受到天文、气象、径流三个要素的影响，暂不考虑具有偶然性的气象要素的影响，从更具一般意义的角度，徐六泾潮位同时受到海洋潮汐和长江径流的影响，潮位年内变化规律性比较明显，6～10月潮位总体上高于其他月份。以平均高潮位和平均低潮位衡量，7～8月潮位最高，1～2月潮位最低，两者相差0.8～1.1m。因此，在引水时机方面，如果具备其他引水条件，7～8月的高潮位对引水是有利的。

14.2.3　潮位历时分析

引江济太工程引水采用自引和泵引两种方式，无论采用何种引水方式，引水区潮位的高低都是一个重要的影响因素。为了对潮位高低的特征进行确定性描述，本次论证采用潮位历时统计的方法，计算在一定时间段内，潮位高于某一高度的历时和频率。

为了解引水区潮位的历时特征，采用潮位频率分布的方法，统计观测时段内高于某一高度z的总历时和累积时间频率。由于在实测资料中记录的是逐日的高低潮位，为了便于统计，假定连续高低潮位之间为直线变化。如图14-16所示，将潮位的变幅按照

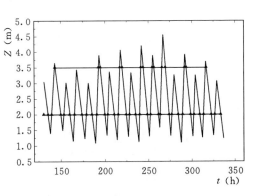

图 14-16　潮位历时统计图

一定的间隔划分为一定数量的小区间，对于高度 z，沿时间坐标轴将大于 z 的各小时间段相加，即可得到潮位在每个高度 z 以上的总历时，然后除以参加统计的时间长度，得到潮位在每个高度以上的累积时间频率，并且可以绘制潮位频率曲线。

本次论证采用连续一年的潮位观测记录进行分析，通过分析可以确定在一年的时间内，潮位高于某高度的频率，从而为引水工程提供一项重要的参考依据。采用上述方法，对 1982～1989 年的观测资料分别进行潮位频率分析，统计结果见表 14 - 16～表 14 - 23。

表 14 - 16　　　　　　　　　　　　1982 年潮位（黄海高程）频率统计表

潮位（m）	历时（h）	频率（%）	频　率　曲　线
−0.9	8748.48	99.99	
−0.6	8694.24	99.37	
−0.3	8412.03	96.15	
0.0	7735.06	88.41	
0.3	6705.90	76.65	
0.6	5441.06	62.19	
0.9	4068.92	46.51	
1.2	2823.51	32.27	
1.5	1819.53	20.8	
1.8	1054.20	12.05	
2.1	551.46	6.30	
2.4	251.56	2.88	
2.7	86.78	0.99	
3.0	19.93	0.23	
3.3	1.00	0.01	

表 14 - 17　　　　　　　　　　　　1983 年潮位（黄海高程）频率统计表

潮位（m）	历时（h）	频率（%）	频　率　曲　线
−0.9	8779.77	100.00	
−0.6	8716.08	99.27	
−0.3	8347.76	95.08	
0.0	7675.48	87.42	
0.3	6640.77	75.64	
0.6	5293.62	60.29	
0.9	3882.19	44.22	
1.2	2681.50	30.54	
1.5	1709.68	19.47	
1.8	976.64	11.12	
2.1	490.48	5.59	
2.4	205.67	2.34	
2.7	66.52	0.76	
3.0	17.17	0.20	
3.3	2.91	0.03	

表 14 - 18　　　　　　　　　　1984 年潮位（黄海高程）频率统计表

潮位（m）	历时（h）	频率（%）	频　率　曲　线
−0.6	8729.16	99.68	
−0.3	8454.41	96.54	
0.0	7904.87	90.27	
0.3	7050.75	80.52	
0.6	5857.28	66.89	
0.9	4458.01	50.91	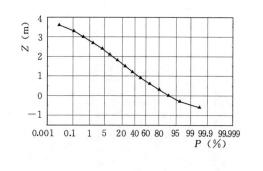
1.2	3170.01	36.20	
1.5	2110.57	24.10	
1.8	1295.39	14.79	
2.1	702.47	8.02	
2.4	346.71	3.96	
2.7	137.51	1.57	
3.0	39.28	0.45	
3.3	10.60	0.12	
3.6	0.97	0.01	

表 14 - 19　　　　　　　　　　1985 年潮位（黄海高程）频率统计表

潮位（m）	历时（h）	频率（%）	频　率　曲　线
−0.6	8713.94	99.60	
−0.3	8431.42	96.37	
0.0	7779.43	88.92	
0.3	6639.68	75.89	
0.6	5216.36	59.62	
0.9	3808.24	43.53	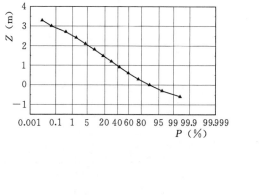
1.2	2578.08	29.47	
1.5	1568.73	17.93	
1.8	830.31	9.49	
2.1	376.37	4.30	
2.4	140.21	1.60	
2.7	37.33	0.43	
3.0	4.77	0.05	
3.3	0.53	0.01	

表 14－20 1986 年潮位（黄海高程）频率统计表

潮位（m）	历时（h）	频率（%）	频 率 曲 线
−0.9	8756.29	99.98	
−0.6	8664.94	98.94	
−0.3	8265.47	94.38	
0.0	7424.15	84.77	
0.3	6210.89	70.92	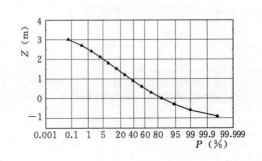
0.6	4810.83	54.93	
0.9	3454.52	39.44	
1.2	2271.08	25.93	
1.5	1356.99	15.49	
1.8	730.49	8.34	
2.1	350.82	4.01	
2.4	133.94	1.53	
2.7	39.28	0.45	
3.0	5.21	0.06	

表 14－21 1987 年潮位（黄海高程）频率统计表

潮位（m）	历时（h）	频率（%）	频 率 曲 线
−0.9	8747.42	99.94	
−0.6	8677.97	99.14	
−0.3	8368.42	95.61	
0.0	7710.81	88.09	
0.3	6626.22	75.70	
0.6	5253.76	60.02	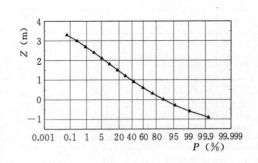
0.9	3820.28	43.65	
1.2	2580.75	29.48	
1.5	1606.67	18.36	
1.8	905.04	10.34	
2.1	460.91	5.27	
2.4	207.28	2.37	
2.7	78.42	0.90	
3.0	25.04	0.29	
3.3	4.84	0.06	

表 14－22　　　　　　　　　　　　　　1988 年潮位（黄海高程）频率统计表

潮位（m）	历时（h）	频率（%）	频　率　曲　线
－0.9	8772.76	99.99	
－0.6	8689.15	99.03	
－0.3	8311.22	94.73	
0.0	7586.36	86.46	
0.3	6464.33	73.68	
0.6	5105.74	58.19	
0.9	3714.77	42.34	
1.2	2505.75	28.56	
1.5	1542.32	17.58	
1.8	847.02	9.65	
2.1	425.16	4.85	
2.4	186.56	2.13	
2.7	68.05	0.78	
3.0	19.23	0.22	
3.3	2.01	0.02	

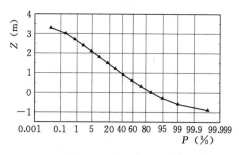

表 14－23　　　　　　　　　　　　　　1989 年潮位（黄海高程）频率统计表

潮位（m）	历时（h）	频率（%）	频　率　曲　线
－0.6	8712.23	99.58	
－0.3	8452.74	96.61	
0.0	7879.76	90.06	
0.3	6915.59	79.04	
0.6	5639.13	64.45	
0.9	4217.69	48.21	
1.2	2919.45	33.37	
1.5	1887.92	21.58	
1.8	1110.19	12.69	
2.1	589.76	6.74	
2.4	274.65	3.14	
2.7	111.79	1.28	
3.0	38.24	0.44	
3.3	9.26	0.11	

将以上得到的逐年潮位频率曲线绘制在一张图上，见图 14－17。从图中可以发现以下规律：

（1）逐年潮位频率曲线比较接近，说明年际间徐六泾潮位的频率分布特征无明显差异。

（2）相比较而言，诸曲线左端的差异大于右端，表明诸年中高潮位的频率差别相对大

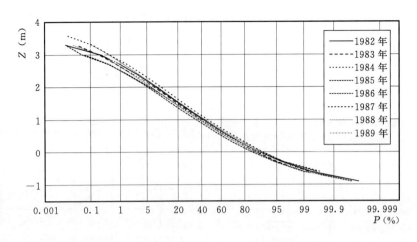

图 14 - 17　徐六泾 1982～1989 年潮位频率曲线

于低潮位，这主要是诸年中丰水期径流量存在较大差异。

　　由于徐六泾潮位主要受到潮汐和径流因素的影响，对比上游大通站年径流分析结果，1982～1989 年期间的年径流值的保证率在 10%～95% 之间，说明分析序列具有较高的代表性。并且，以上诸年的潮位频率曲线比较接近。基于以上两个原因，取诸曲线中居于中间位置的 1982 年频率曲线作为徐六泾代表潮位频率曲线，得到代表频率的潮位，见表14 - 24。

表 14 - 24　　　　　　　　　　　　徐六泾潮位（黄海高程）保证率

频率（%）	1	5	10	20	50	75	90	95
潮位（m）	2.69	2.19	1.88	1.50	0.83	0.33	−0.05	−0.24

　　以上分析结果给出了在一个年度的时间段上，徐六泾潮位的频率特征，从而在引水区水位的角度，为引水时机的选择提供了基础依据。根据此结果，结合引水区潮位的时间特征、受水区水位特征等条件，能够更加可靠地进行引水可行性分析。

14.2.4　潮位变化预测

　　长江上游重大水利工程的实施，将对引水区潮位产生一定影响。为了保证引水工程在未来水文条件变化情况下的稳定运行，有必要对引水区潮位的变化进行预测。

　　上海市水务局建立了河口潮位过程的关系式，其中包括平均海面、天文分潮、气象分潮和径流等影响因子。通过实际资料的对比和分析，得到了径流变化对河口区吴淞站高低潮位的影响，见表 14 - 25。

表 14 - 25　　　　　　　　　　　　径流变化对潮位的影响

流量差值（m³/s）	潮位	增减水位值（cm）		流量差值（m³/s）	潮位	增减水位值（cm）	
		月平均值	极值			月平均值	极值
−14200	高潮位	−3	+7	+13400	低潮位	+13	+30
	低潮位	−14	−7	+39900	高潮位	+14	+30
+13400	高潮位	+5	+18		低潮位	+39	

由表 14 - 25 可见，径流的变化会对河口区潮位产生一定影响。但由于三峡工程及南水北调对河口区径流的影响，最大变化值亦明显小于表 14 - 25 中的量值，因此对于引水区潮位的影响是非常有限的，基本可以忽略不计。

14.3　引水水质分析

望虞河引水区水质评估主要是对引水区水体环境质量进行评价，评价工作主要包括以下三部分内容：首先，作为引水区水环境质量回顾性评价的内容，对水质监测数据进行趋势变化分析，探明引水区水质的历史发展状况；然后，以近期水质监测数据为基础，采用相应的评价方法、参数和标准，进行引水区水质现状评价；最后，以引水区域水质影响因素的分析为基础，对引水区未来水质变化进行预估，从而为引江济太工程水源水体质量提供比较全面的依据。

长江干流上距离引江济太引水口最近的水质测站为徐六泾，该测站位于长江干流江苏省常熟市浒浦镇徐六泾处，处在望虞河口下游约 12km，该断面水质监测数据基本可以反映引水区总体水质状况。

14.3.1　引水区水质回顾评价

采用季节性肯达尔趋势检验法对引水区水质变化趋势进行分析，对逐月水质指标浓度值所形成的序列进行趋势显著性水平检验，从而确定相同季节上水质的变化趋势。肯达尔趋势检验只对测量值的相对大小进行检验，而与具体测量值无关，对于缺测以及痕量结果也可以采用。对同一季节上的测量序列进行检验，则避免了季节性河流水文条件变化对水质的影响，也使异常值对水质趋势分析的干扰降到最低。

各月水质指标浓度可以形成一个分析序列为

$$X = (X_1, X_2, X_3, \cdots, X_n) \tag{14-3}$$

式中　$X_1, X_2, X_3, \cdots, X_n$——某项水质指标的浓度；

　　　n——做比较的数据个数。

S 为分析水质序列相比较的正负号数之和，若 S 为正，表示后测数据倾向于比先测数据大；若 S 为负，表示后测数据倾向于比先测数据小。

$$S = \sum_{k=1}^{n-1} \sum_{i=k+1}^{n} G(X_{i,j} - X_{i,k}) \qquad 1 \leqslant k < j \leqslant n \tag{14-4}$$

式中　G——符号函数，即

$$G(X_{i,j} - X_{i,k}) = \begin{cases} 1, & X_{i,j} - X_{i,k} > 0 \\ 0, & X_{i,j} - X_{i,k} = 0 \\ -1, & X_{i,j} - X_{i,k} < 0 \end{cases} \tag{14-5}$$

采用下式计算统计量 S 的方差

$$Var(S) = \frac{1}{18}\left[n(n-1)(2n+5) - \sum_{p=1}^{m} t_p(t_p-1)(2t_p+5)\right] \tag{14-6}$$

式中考虑了序列中存在重复值的情况，m 表示重复值的个数，t_p 代表对应每个重复值的重复次数。

趋势显著性水平定义为

$$\alpha = \frac{2}{\sqrt{2\pi}} \int_{|z|}^{\infty} e^{-\frac{1}{2}t^2} dt \qquad (14-7)$$

当 $n \geqslant 10$ 时，S 服从标准正态分布，并且标准方差为

$$z = \begin{cases} \dfrac{S-1}{\sqrt{Var\ (S)}}, & S>0 \\ 0, & S=0 \\ \dfrac{S+1}{\sqrt{Var\ (S)}}, & S<0 \end{cases} \qquad (14-8)$$

取一定显著性水平 α_0，通过比较 α 与 α_0 的大小，并结合 S 正负值的判断，就可以判断分析水质序列的变化趋势。当 $\alpha < \alpha_0$ 时，说明检验是显著的；当 $\alpha < \alpha_0$ 且 $S>0$ 时，说明序列具有显著上升趋势；当 $\alpha < \alpha_0$ 且 $S<0$ 时，说明序列具有显著下降趋势。

采用季节性肯达尔趋势检验法，对徐六泾 1991～2000 年期间 DO、COD_{Mn}、$NH_3 - N$ 三项指标逐月测量值进行了趋势分析，并且分析了年度平均值（见表 14-26），计算结果分别见表 14-27～表 14-29，进行趋势判断时，取显著水平为 0.9，即 $\alpha_0 = 0.1$。

表 14-26　　　　　　　　　　　徐六泾水质年均浓度值　　　　　　　　　　单位：mg/L

年份	DO	COD_{Mn}	$MH_3 - N$	年份	DO	COD_{Mn}	$MH_3 - N$
1991	8.76	1.96	0.233	1996	8.33	1.79	0.431
1992	8.61	1.75	0.251	1997	7.83	1.81	0.266
1993	8.43	1.93	0.448	1998	8.36	1.89	0.324
1994	8.20	1.89	0.215	1999	8.61	1.88	0.284
1995	8.46	1.83	0.341	2000	7.78	2.19	0.218

表 14-27　　　　　　　　　徐六泾 DO 浓度趋势检验（$\alpha_0 = 0.1$）

月份	n	m	S	z	α	趋势	月份	n	m	S	z	α	趋势
1	10	2	-13	-1.09	0.1379		8	10	3	6	0.63	0.2643	
2	9	2	-12	-1.16	0.1230		9	10	3	2	0.27	0.3936	
3	10	1	-18	-1.53	0.0630	↓	10	10	1	-18	-1.54	0.0618	↓
4	10	1	24	-2.07	0.0192	↑	11	10	1	-10	-0.81	0.2090	
5	10	1	-28	-2.42	0.0078	↓	12	10	0	-5	-0.36	0.3594	
6	10	1	-16	-1.35	0.0885	↓	年均	10	1	-20	-1.71	0.0436	↓
7	10	2	9	0.90	0.1841								

表 14-28　　　　　　　　　徐六泾 COD_{Mn} 浓度趋势检验（$\alpha_0 = 0.1$）

月份	n	m	S	z	α	趋势	月份	n	m	S	z	α	趋势
1	10	3	9	0.94	0.1736		8	10	2	-17	-1.44	0.0749	↓
2	9	3	8	0.96	0.1685		9	10	3	-22	-1.94	0.0262	↓
3	10	3	8	0.82	0.2061		10	10	3	6	0.64	0.2611	
4	10	3	4	0.46	0.3228		11	10	2	2	0.29	0.3859	
5	10	2	8	0.84	0.2005		12	10	3	14	1.36	0.0869	↓
6	10	2	-3	-0.18	0.4286		年均	10	1	2	0.27	0.3936	
7	10	2	10	1.02	0.1539								

表 14 - 29　　　　　　　　徐六泾 NH₃ - N 浓度趋势检验（$\alpha_0 = 0.1$）

月份	n	m	S	z	α	趋势	月份	n	m	S	z	α	趋势
1	10	1	18	1.71	0.0436	↑	8	10	0	−7	−0.54	0.2946	
2	8	0	−8	−0.87	0.1922		9	10	1	−6	−0.45	0.3264	
3	10	0	19	1.79	0.0367	↑	10	10	0	−15	−1.25	0.1056	
4	9	0	20	2.19	0.0143	↑	11	10	2	−7	−0.54	0.2946	
5	10	0	1	0.18	0.4286		12	10	2	−19	−1.62	0.0526	↓
6	10	1	−2	−0.09	0.4641		年均	10	0	−1	0	0.5000	
7	10	1	2	0.27	0.3936								

　　检验结果表明，溶解氧浓度分别呈现上升、下降、无趋势的月份个数分别为 1、4、7，COD$_{Mn}$ 分别为 0、3、9，NH₃ - N 分别为 3、1、8。年度平均浓度，溶解氧呈下降趋势，COD$_{Mn}$ 和 NH₃ - N 无趋势。因此，可以认为徐六泾水质状况在 1991～2000 年期间基本保持稳定，其中溶解氧浓度存在一定下降趋势。

14.3.2　引水区水质现状评价

　　以长江靠近引水区断面实测水质资料为基础，并结合 2002～2003 年引水期间相应站点的水质监测数据，进行引水区水质现状的评价，水质评价标准采用《地表水环境质量标准》（GB 3838—2002）。

　　长江靠近引水区的水质测站为徐六泾，采用 2002 年徐六泾监测数据进行评价，评价指标包括溶解氧、高锰酸盐指数、生化需氧量和氨氮，评价结果见表 14 - 30。

　　由于 2002 年水质评价数据中，未包括总磷指标，因此补充了 1999～2000 年徐六泾断面分水期水质评价结果，见表 14 - 31。

　　对比分析两组数据可以发现，溶解氧、高锰酸盐指数、生化需氧量、氨氮的浓度和类别基本相同，结合对徐六泾水质变化趋势的分析，可以认为 1999～2000 年徐六泾总磷数据可以作为现状水质评价的依据。评价结果显示，徐六泾断面参评指标都达到地面水 Ⅱ 类标准，表明长江水质良好。

表 14 - 30　　　　　　　　2002 年徐六泾断面水质评价表

月份	DO		COD$_{Mn}$		BOD$_5$		NH₃ - N	
	测值（mg/L）	类别	测值（mg/L）	类别	测值（mg/L）	类别	测值（mg/L）	类别
1	10.9	Ⅰ	2.5	Ⅱ	1.3	Ⅰ	—	
2	10.7	Ⅰ	2.5	Ⅱ	1.8	Ⅰ	—	
3	10.4	Ⅰ	3.0	Ⅱ	1.4	Ⅰ	0.01	Ⅰ
4	8.5	Ⅰ	2.8	Ⅱ	0.8	Ⅰ	—	
5	8.1	Ⅰ	2.6	Ⅱ	0.5	Ⅰ	0.01	Ⅰ
6	6.8	Ⅱ	1.9	Ⅰ	0.9	Ⅰ	—	
7	6.7	Ⅱ	2.3	Ⅱ	0.5	Ⅰ	0.58	Ⅱ
8	6.2	Ⅱ	2.5	Ⅱ	0.8	Ⅰ	0.57	Ⅱ

续表

月份	DO		COD$_{Mn}$		BOD$_5$		NH$_3$-N	
	测值（mg/L）	类别	测值（mg/L）	类别	测值（mg/L）	类别	测值（mg/L）	类别
9	6.5	Ⅱ	2.1	Ⅱ	0.9	Ⅰ	0.48	Ⅰ
10	6.7	Ⅱ	1.9	Ⅰ	0.6	Ⅰ	—	
11	8.5	Ⅰ	2.8	Ⅱ	1.2	Ⅰ	—	
12	9.9	Ⅰ	2.3	Ⅱ	0.3	Ⅰ	—	

表 14-31　　　　　　　　　1999～2000 年徐六泾断面水质评价表　　　　　　单位：mg/L

水期	指标	DO	COD$_{Mn}$	BOD$_5$	NH$_3$-N	TP
汛期	浓度（类别）	6.7（Ⅱ）	2.0（Ⅰ）	0.7（Ⅰ）	0.29（Ⅰ）	0.046（Ⅱ）
	超标率	0	0	0	4.2	6.98
非汛期	浓度（类别）	8.9（Ⅰ）	2.1（Ⅱ）	1.0（Ⅰ）	0.26（Ⅰ）	0.044（Ⅱ）
	超标率	0	0	0	2.1	3.45
年平均	浓度（类别）	12.2（Ⅰ）	1.6（Ⅰ）	1.1（Ⅰ）	0.25（Ⅰ）	0.044（Ⅱ）
	超标率	2.78	0	0	2.78	4.62

　　2002～2003 年引江济太期间，在望虞河口外布置了水质监测点（常熟水利枢纽闸外和长江 3 号，见图 14-18），并且进行了一定频次的水质监测。考虑到这些监测点的位置，在望虞河排水期间，其水质会受到排水影响，因此选取引江济太引水期间的水质监测数据，作为引水口水质评价的基础。

图 14-18　常熟水利枢纽水质测点示意图

　　长江 3 号监测次数有限，并且其水质监测结果与常熟水利枢纽闸外接近，故采用常熟水利枢纽闸外水质数据进行评价，结果见表 14-32。

表 14 - 32　　　　　　2002～2003 年引水期间常熟水利枢纽闸外断面水质评价

时间（年-月-日）	监测次数	DO	COD_{Mn}	BOD_5	NH_3 - N	TP
2002 - 1 - 30～4 - 4	23	10.25（Ⅰ）	2.4（Ⅱ）		0.46（Ⅱ）	0.094（Ⅱ）
2003 - 8 - 4～12 - 29	62	7.47（Ⅱ）	2.3（Ⅱ）	1.4（Ⅰ）	0.28（Ⅱ）	0.099（Ⅱ）

由评价结果可以看出，引水期间引水口水质良好，有机污染物指标（溶解氧、高锰酸盐指数、生化需氧量）总体为Ⅰ～Ⅱ类，营养物指标（氨氮、总磷）总体为Ⅱ类。

引江济太调水重要的供水目标之一为太湖，值得注意的是，引水期间长江 3 号和常熟水利枢纽闸外两测点 TP 浓度相对于湖泊 TP 水质标准偏高，因此有必要对引水区 TP 浓度进行重点分析。

引水区下游徐六泾断面 TP 浓度近年来基本保持在 0.045mg/L，明显低于常熟水利枢纽闸外和长江 3 号测点 TP 浓度，而其他水质指标则比较接近。产生这种差异的原因，有可能是由于长江 3 号和常熟水利枢纽闸外靠近长江岸边带，其 TP 浓度受到了沿江排水以及局部污染源的影响。建议调整监测断面的位置并进行进一步的调查，以了解长江引水区水体含磷的确切状况。

综合以上分析，引水区水质类别基本处于Ⅱ类，并且各水质因子在年内变化比较平稳，引水区水质良好，能够满足引水要求。考虑到太湖是引水工程重要的供水区之一，建议对引水区水质监测断面进行调整，同时结合进一步调查，以确切掌握长江引水区磷含量的特征。

14.3.3　引水区水质趋势分析

引江济太水源地位于长江口的上缘，水体环境质量的变化直接影响到长江口以及区域河道的水质。该地区处于长江潮流界范围内，水质受到上下游的影响。2002 年由水利部制定并实施的《中国水功能区划》中，引水区上下游及相邻一定范围内水功能区见表14 - 33。

在功能区划中，引江济太水源区被划定为长江常熟望虞河调水水源保护区，为一级功能区中的保护区，属于干流重要水源地，功能区水质标准为Ⅱ类。水源区左岸为长江通州东方红农场保留区，属目前开发利用程度不高，为今后开发利用和保护水资源而预留的水域，区内应维持现状不遭破坏。为保证水源区水质满足用水要求，其上游设立了长江常熟望虞河过渡区，以使上游工业、农业用水区得以还原。其下游属于饮用、工业用水区，水质标准为Ⅱ～Ⅲ类。

表 14 - 33　　　　　　引水区及影响范围水功能区表

水功能名称	水功能区类别	起始位置	终止位置	长度（km）	水质目标	区划依据	备注
长江常熟望虞河过渡区	二级	与常熟交界（福山）	崔浦塘	4.8	Ⅱ	还原水质	
长江通州东方红农场保留区	一级	通州港区	海门市新江海河口	8.8	Ⅱ	开发利用程度不高	左岸
长江常熟望虞河调水水源保护区	一级	常熟市崔浦塘	常熟耿泾塘	3.9	Ⅱ	调水水源地	右岸

续表

水功能名称	水功能区类别	起始位置	终止位置	长度（km）	水质目标	区划依据	备注
长江常熟饮用、工业用水区	二级	常熟耿泾塘	常熟徐六泾	13.6	Ⅱ	生活、工业集中用水地	
长江常熟饮用、工业用水区	二级	常熟徐六泾	常熟市白茆口	11.6	Ⅲ	工业、农业集中用水地	

　　水利部根据《中华人民共和国水法》的规定，制定了《水功能区管理办法》，该办法已经自 2003 年 7 月 1 日起实施。根据引水水源地未来功能区划的类别、水质目标，并考虑上下游一定范围内的水质规划目标，可以认为未来引水水源地的水质是能够得到保证的。

14.4　引排水对长江影响分析

　　分析引江济太工程对长江的影响，主要包括两个方面：水资源量和水质。本节主要从这两方面，采用相应的技术方法，对其影响进行分析和评价。

　　对于水量和污染物，引江济太工程实际上实现了太湖地区与长江之间一个物质交换过程：引水阶段，太湖地区接纳长江引水，一部分进入太湖，经太浦河下泄回归长江；一部分通过其他口门汇入长江。防洪运用阶段，太湖地区通过望虞河向长江排水。如图 14-19 所示的引江济太工程物质流示意图，需要在物质交换流程与长江接口的环节，进行相应的水量和水质影响评价。需要指出的是，在这样一个物质交换过程中，由于无法在数量和组份上准确掌握接纳水体的变化，因此评价是针对引水工程引发的区域水文和环境状态的改变趋势来进行的。

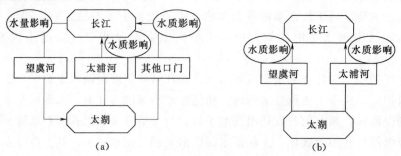

图 14-19　引江济太工程物质交换和对长江影响评价

(a) 引水阶段；(b) 防洪利用阶段

　　根据图 14-19 所示，引江济太工程对长江影响评价可以划分为以下几部分：

　　(1) 引水阶段，自长江引水，对长江水资源量的影响。

　　(2) 引水阶段，太浦河下泄流量增大，入汇长江对长江水质影响；引水使得太湖河网水文状态改变，通过其他口门入汇长江的影响。

　　(3) 雨洪运用阶段，太湖经太浦河、望虞河排水入长江，对长江水质的影响。

14.4.1　水量影响分析

　　本章前面对引江济太工程引水量与引水区径流量的对比关系进行了详细分析，结果表明在总量和水量时间分配上，设计引水量占引水区径流量的比例都较低，引水不会明显减少引水区径流。

引江济太期间自长江的引水大致包括以下几个出路：第一，引水期间通过太浦河下泄；第二，防洪运用期间自取水口回归长江；第三，望虞河东西岸取用水。也就是说，引江济太的取水的功能目标不是资源性补水，引水一部分改换时段回归长江，一部分改换位置回归长江，只有很小一部分属于资源性耗水。因此，引水不会明显影响引水区长江的水资源量。

14.4.2　水质影响分析

14.4.2.1　引水期影响

引江济太引水阶段，引水一部分进入太湖，经太浦河增量下泄，另一方面，引水改变了望虞河周围河网地区的水文状态，原通过望虞河汇入长江的水体通过其他沿江口门汇入长江。

第 12 章河网引水效果综合分析部分，对 2002 年引水第一阶段太浦闸出流水质进行了评估，监测数据表明，太浦闸出流水质优良且由于增大了下泄水量，因此对改善太浦河下游水质有利，也有利于改善大浦河下游河网水质，对于改善入汇长江的水质也是有利的。

14.4.2.2　排水期影响

排水期主要是在防洪利用阶段，太湖地区通过望虞河、太浦河向长江排水，需要分析此间排水对长江水质的影响。

第 12 章河网引水效果综合分析部分监测数据表明，防洪利用阶段，太浦闸下出流水质有所改善，因此对改善太浦河下游及下游地区河网水质有利，对于改善入汇长江的水质也是有利的。

引水期间，自长江引水在一定程度上改善了太湖流域河网及湖区水环境状态，在不考虑同期污染源治理措施的情况下，也在一定程度上改变了污染物排出区域的渠道；有可能使得防洪运用阶段通过望虞河汇入长江的污染物总量较未引水时有一定程度的增加。

在实测资料有限的情况下，准确地计算这种差异是比较困难的。但是，为了论证这种影响是否会在防洪运用阶段对长江水质产生明显影响，有必要采用一定的方法对这种影响进行估算和评价。

首先，对望虞河入江污染物通量进行估算。估算的方法是，以常熟水利枢纽闸内断面实测污染物浓度过程为代表，乘以同期常熟水利枢纽实测排水流量过程，计算得到入江污染物通量。计算结果为：2002 年望虞河排水入江携带污染物 COD_{Mn} 为 $1.31 \times 10^5 t$、$NH_3 - N$ 为 $0.87 \times 10^5 t$、TP 为 $0.05 \times 10^5 t$。

为了评估这些污染物是否会对长江水质产生明显影响，首先采用以下方法进行计算

$$C = \frac{Q_1 C_1 + Q_2 C_2}{Q_1 + Q_2} < \frac{Q_1 C_1 + Q_2 C_2}{Q_1} = C_1 + \frac{Q_2}{Q_1} C_2 \qquad (14-9)$$

式中　Q_1 ——长江流量；

$\quad\quad C_1$ ——长江污染物浓度；

$\quad\quad Q_2$ ——望虞河排水量；

$\quad\quad C_2$ ——望虞河排水浓度；

$\quad\quad C$ ——汇流浓度。

以常熟水利枢纽闸内的实测流量和污染物浓度代表望虞河排水量及排水浓度，以表
14-10 中引水区枯水年月平均流量代表长江流量，对上式第二项进行计算，得到浓度的
变化量，从影响范围上把握排水对长江水质的影响。计算结果见表 14-34。

表 14-34	浓度增量计算结果表		单位：mg/L
水质指标	COD_{Mn}	NH_3-N	TP
增量变幅	0.013～0.075	0.002～0.080	0.0004～0.0036

以上结果是趋于保守的估算，在这种情况下，三种污染物指标浓度增量的上限仍然
很低。

为了分析排水对长江局部区域水环境的影响，进一步采用平面二维解析形式的水质模
型进行了计算。采用的模型是均匀流动条件下，平面二维对流扩散方程的解析式为

$$C(x,y) = \frac{m}{\sqrt{\pi D_y u x}} \exp\left(-\frac{uy^2}{4D_y x} - k\frac{x}{u}\right), \quad m = S/h \qquad (14-10)$$

式中　m——单位时间排放量；

　　　h——水深；

　　　D_y——纵向扩散系数；

　　　u——流速；

　　　k——降解系数。

采用上式，根据长江望虞河排水区河道形态、水流形态以及望虞河排水流量和污染物
浓度，对 COD_{Mn} 排放后形成的污染带进行了计算，得到了望虞河排放形成的污染物浓度
增量，见图 14-20。

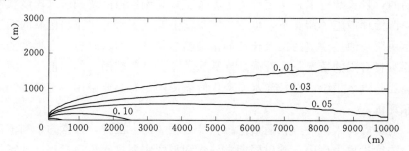

图 14-20　COD_{Mn} 浓度增量等值线图

由图可见，COD_{Mn} 的浓度增大 0.1mg/L 的范围是顺流向 2.3km，垂直流向 0.3km 的
狭长区域，增大程度和范围都很小，说明望虞河排水在排放口近区的影响同样十分有限。
综合对断面平均和近区影响的分析，可以认为 2002 年、2003 年引江济太防洪运用阶段，
通过望虞河排水对长江水质产生的影响有限。

第 15 章　泥沙沉积规律综合分析

15.1　引水泥沙特性分析

引水区不同时段的含沙量和级配特性直接影响着进入望虞河的泥沙总量和沿程淤积状况，从而对引水工程的长效运行产生重要影响。进行引水区水源地评价，需要对引水区泥沙特征进行分析；并且，采用数学模型进行引水过程中泥沙淤积的模拟和分析，也需要确定合理的计算条件。本节主要以实测资料为基础，对引水区泥沙特性进行综合分析，分析要素包括泥沙浓度和泥沙级配。

15.1.1　基础资料

引江济太取水口常熟水利枢纽位于常熟市海虞镇，取水口位于南通下游约 20km 处，其下游约 12km 处为徐六泾。为了准确了解引水区泥沙特征，本研究主要收集了南通、常熟水利枢纽、徐六泾三处含沙量资料及数据，这些资料数据可以互相验证和补充，作为引水区泥沙特征分析的基础。

分析采用的资料和数据主要包括：

1. 常熟水利枢纽含沙量实测数据

引江济太实施期间，长江水利委员会长江口水文水资源局分别在 2002 年 2 月 14～16 日、3 月 26 日、4 月 1 日和 2003 年 8 月 22～29 日、10 月 11～16 日进行了包括常熟水利枢纽在内的望虞河沿线水沙监测。

2. 南通月平均含沙量分析资料

采用 1996～2001 年长江南通站长江河水样品 70 余个，样品为每隔 2 个月采集一次（每年的 1 月、3 月、5 月、7 月、9 月、11 月），监测结果见图 15 - 1。

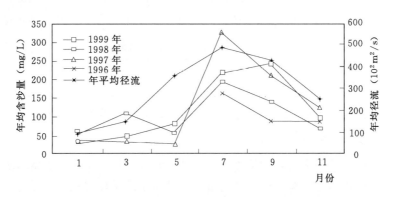

图 15 - 1　南通泥沙含量及径流量年内变化情况

3. 徐六泾月平均含沙量分析资料及含沙量实测数据

根据 1998 年 8 月～1999 年 7 月每天两次的测量资料，得到徐六泾的逐月平均泥沙浓度如图 15－2。此外，2002 年 9 月徐六泾含沙量实测数据也可以作为分析的依据。

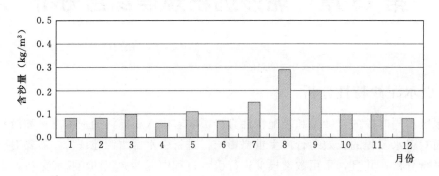

图 15－2　徐六泾月平均含沙量

15.1.2　引水含沙量分析

以上资料和数据的监测位置、时间和频率各有不同，为了获取引水区泥沙准确和详细的特征，需要在分别分析的基础上进行相互的补充和综合。

15.1.2.1　基础资料对比分析

1. 望虞河常熟水利枢纽数据分析

根据实测资料的完整性和连续性，选择以下时段的数据进行了分析：2002 年 2 月 15～17 日连续监测，2003 年 8 月 22～29 日典型过程监测，2003 年 10 月 11～16 日连续监测。

2002 年 2 月、2003 年 8 月和 2003 年 10 月望虞河口引水泥沙浓度分别见图 15－3～图 15－5，其中 2003 年 8 月同步进行了水量监测。引江济太工程采用自引和泵引相结合的方式，自引受引水区潮位变化的影响，高潮位时自引水量增大，因此引水总量表现出明显的波动性。相应的，引水泥沙浓度也表现出同步的波动性，涨潮时长江含沙量增大，落潮时含沙量降低。表 15－1 统计了常熟水利枢纽历次实测期间，泥沙平均浓度的变化。统计数据表明，2003 年 8 月和 10 月的泥沙浓度明显大于 2002 年 2 月和 3 月，其原因在于含沙量的年内变化主要与径流的年内分配有关，丰水期引水泥沙平均浓度大于枯水期浓度。

表 15－1　　　　　　　　　　常熟水利枢纽泥沙浓度测量成果　　　　　　　　　　单位：kg/m³

时间 （年-月-日）	2002 - 2 - 14～16	2002 - 3 - 26	2003 - 8 - 22～29	2003 - 10 - 11～16
平均浓度	0.044	0.034	0.059	0.124

2. 南通资料分析

分析时段内南通站月平均含沙量见表 15－2，图 15－1 和表 15－2 显示南通站长江含沙量与径流量的变化趋势完全一致，径流量与泥沙含量均呈明显的季节变化，在 7 月达到最高峰，在 1 月最低。水体含沙量的月际分配极不均匀，从约 0.03kg/m³ 到 0.33kg/m³，最大含沙量为最小含沙量的 10 余倍，7～9 月的输沙量和径流量可占全年的 50% 以上。

月份	1	3	5	7	9	11
含沙量	0.04	0.06	0.05	0.22	0.17	0.12

表 15-2　南通站月平均含沙量　　单位：kg/m³

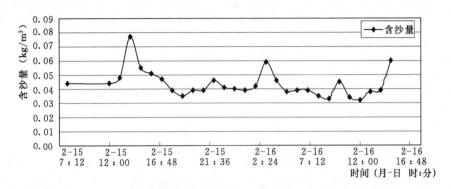

图 15-3　2002 年 2 月望虞河口含沙量

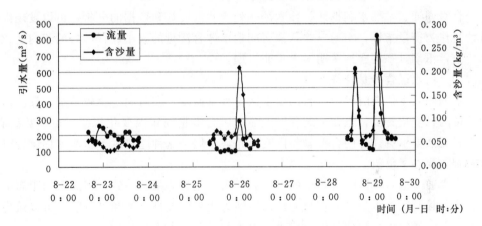

图 15-4　2003 年 8 月常熟水利枢纽引水含沙量及引水量

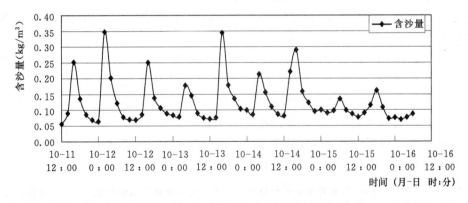

图 15-5　2003 年 10 月常熟水利枢纽引水含沙量

3. 徐六泾资料数据分析

根据徐六泾 1998~1999 年含沙量数据，并补充了 2000~2001 年数据，得到徐六泾月平均含沙量见表 15-3，2002 年 9 月徐六泾实测含沙量数据统计结果见表 15-4。

表 15-3　　　　　　　　1998～2001 年徐六泾月平均含沙量统计表　　　　　单位：kg/m^3

月份	1	2	3	4	5	6
含沙量	0.146	0.104	0.127	0.073	0.085	0.077
月份	7	8	9	10	11	12
含沙量	0.154	0.243	0.236	0.173	0.123	0.121

表 15-4　　　　　　　　　2002 年 9 月徐六泾泥沙浓度统计表　　　　　　单位：kg/m^3

潮型	大潮	中潮	小潮	平均
含沙量	0.230	0.145	0.080	0.152

表 15-3 中数据显示，徐六泾月平均浓度 8 月最大，为 $0.243kg/m^3$，4 月最小，为 $0.073kg/m^3$。总体上丰水期含沙量大于平水期和枯水期。表 15-4 数据表明，泥沙浓度受到潮位作用，大潮含沙量大，小潮含沙量小。

综合对南通、常熟水利枢纽、徐六泾三处含沙量资料和数据的分析，可以发现以月平均含沙量作为衡量指标，南通—徐六泾区间内水体含沙量的大小、含沙量的年内变化规律基本一致，汛期月平均含沙量明显大于非汛期。

15.1.2.2　引水区含沙量特征

引水期间若干代表时段内进行的引水区含沙量监测，在时间上比较精细，反映出引水区含沙量的日变化特征，也在一定程度上显示了含沙量的年内变化规律。由于数据有限，实测资料无法揭示更详尽的含沙量年内变化趋势，但是这种趋势对于引水工程运行时段的选取具有重要参考价值。

由于南通—徐六泾区间含沙量的大小和年内变化趋势基本一致，因此采用距离引水区较近、具备长时间含沙量实测资料的徐六泾站为代表站位是合理和可行的，可以认为徐六泾月平均含沙量的大小和变化规律代表了引水区含沙量大小和趋势。

综合以上分析，对引水区含沙量的特点归纳如下：

（1）引水区水体含沙量受到径流和潮流的共同作用，大潮含沙量明显增大，汛期含沙量明显大于非汛期。

（2）引水区 7～10 月含沙量最大，断面月平均含沙量为 $0.15～0.3kg/m^3$，其他月份平均含沙量比较接近，为 $0.1kg/m^3$ 左右，含沙量总体上比较低。

（3）常熟水利枢纽引水含沙量在时间上表现为每日两涨两落，与潮位的半日潮特征一致，引水含沙量与引水量具有较明显的相关关系。

（4）由于引江济太引水口位置处于岸边，因此引水含沙量总体上小于附近区域，2003年 8 月同期常熟水利枢纽、徐六泾含沙量的特征值对比情况，见表 15-5。

表 15-5　　　　　2003 年 8 月常熟水利枢纽、徐六泾含沙量特征值统计表　　　单位：kg/m^3

特征值 潮别	最小断面含沙量		最大断面含沙量	
	常熟水利枢纽	徐六泾	常熟水利枢纽	徐六泾
小潮	0.018	0.093	0.057	0.145

续表

特征值 潮别	最小断面含沙量		最大断面含沙量	
	常熟水利枢纽	徐六泾	常熟水利枢纽	徐六泾
中潮	0.025	0.107	0.099	0.188
大潮	0.035	0.138	0.267	0.253

15.1.3　引水泥沙级配分析

表 15-6 为望虞河口实测悬沙级配统计数据，数据显示历次悬沙监测的级配比较接近，没有明显的变化。引水泥沙粒径较细，中值粒径为 0.01mm，平均粒径大于中值粒径，表明悬沙中细沙多于粗沙。

表 15-6　　　　　　　望虞河口悬沙级配表（小于某粒径的百分比）

时间（年-月） ＼ 粒径级（mm）	0.50	0.25	0.125	0.062	0.031	0.016	0.008	0.004	$\overline{D}$	D_{50}
2002-2	100	100	99.4	91.3	82.4	66.2	41.9	21.0	0.020	0.010
2002-8	100	100	99.5	94.7	87.6	71.5	43.5	19.9	0.024	0.009
2003-10	100	99.7	99	95.7	86.8	70.1	45.7	24.2	0.017	0.009

15.1.4　干流水沙过程分析

引江济太采用泵引和自引相结合的方式，自引方式的引水流量与引水区潮位高低变化密切相关，具体表现为高潮位时引水量大、低潮位引水量小，因此总引水量也呈现出波动变化。图 15-6 为 2003 年 8 月望虞河干流主要断面实测流量过程，数据显示常熟水利枢纽、虞义桥和张桥流量都呈现波动变化，并且波形相似，波峰大小沿引水方向不断减小；大桥角新桥位于湖荡之后，流量过程趋于平缓，望亭立交为入太湖控制站位，其流量过程与大桥角新桥基本一致。

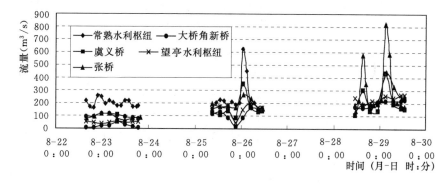

图 15-6　2003 年 8 月望虞河干流流量过程图

图 15-7 为 2003 年 10 月望虞河沿程含沙量分布，监测结果表明，伴随着沿引水流动方向上各断面流量和平均流速的减小，断面含沙量相应地逐渐减小，这种趋势在引水进入三个湖荡前尤其明显，其他时段的水沙监测数据也印证了以上的分布规律，从含沙量沿程变化趋势可以认为引水泥沙在望虞河干流表现为淤积，三个湖荡处淤积比上下游区域表现明显。虽然未进行河床变形观测，但是引水期间望虞河沿程泥沙并没有其他显著的流出，

所以以上水体含沙量的变化过程可以作为淤积推证的依据。

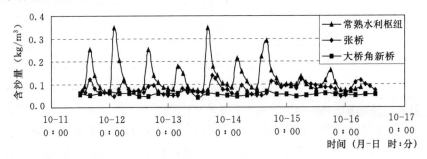

图 15 - 7　2003 年 10 月望虞河沿程含沙量分布

15.2　数学模型

15.2.1　河道水沙模拟

根据本次研究的目标，并考虑到本次模拟区域含沙量较小、泥沙粒径偏细的特点，在水沙模拟方面，将只考虑悬沙部分。引水水源地处于长江河口范围，引水含沙量随潮周期变化，并且为了准确反映水流和泥沙在河道内的时空运动过程，河道模型采用一维非恒定非饱和输沙模型。

15.2.1.1　基本方程

$$\frac{\partial A}{\partial t} + \frac{\partial Q}{\partial x} = q \tag{15-1}$$

$$\frac{\partial Q}{\partial t} + \frac{\partial}{\partial x}\left(\frac{Q^2}{A}\right) = -gA\left(\frac{\partial Z}{\partial x} + S_f\right) \tag{15-2}$$

$$\frac{\partial (AS)}{\partial t} + \frac{\partial (QS)}{\partial x} = -\alpha\omega B(S - S_*) \tag{15-3}$$

$$\rho_s B\,\frac{\partial Z_b}{\partial t} = \alpha\omega B(S - S_*) \tag{15-4}$$

式中　A、Q、Z、B——过水面积、流量、水位及河宽；

　　　　q——区间入流或分流量；

　　　　S_f——摩阻项，采用曼宁公式计算；

　　　　S、S_*——悬移质断面含沙量和水流挟沙力；

　　　　ω——沉速，由于模拟区域泥沙组成较细，模型中考虑了絮凝的作用；

　　　　Z_b——河床高程；

　　　　ρ_s——淤积物干容重。

15.2.1.2　数值方法

非恒定水沙模型采用 TVD（Total Variation Diminishing）格式进行求解，该格式是借鉴计算空气动力学中的优秀算法，具有守恒性好、计算稳定、效率高的特点。本研究针对水流数学方程的特点，在计算网格布置上进行了一定的调整，从而避免了由于断面高程、面积变化剧烈容易引起的数值虚假震荡问题。

将水沙运动基本方程写成向量的形式，即

$$\frac{\partial U}{\partial t} + \frac{\partial F}{\partial x} = b \tag{15-5}$$

其中
$$U = [A, Q, AS, \rho_s Z_b]^T$$

$$F = \left[Q, \frac{Q^2}{A}, QS, 0 \right]^T$$

$$b = \left[q, gA\left(\frac{\partial Z}{\partial x} - S_f \right), -\alpha \omega B(S - S_*), \alpha \omega B(S - S_*) \right]^T$$

对式（15-5），采用一阶显格式有限体积法进行离散，有

$$U_i^{n+1} = U_i^n - \frac{\Delta t}{\Delta x}(F_{i+\frac{1}{2}}^n - F_{i-\frac{1}{2}}^n) + b_i \Delta t \tag{15-6}$$

其中　$F_{i+\frac{1}{2}}$ 称为数值通量，采用 TVD 格式计算，即

$$F_{i+\frac{1}{2}} = \frac{1}{2}(F_i + F_{i+1} - \alpha \Delta U_i)$$

式中　α——数值黏性系数。

为了准确反映河段水面比降对动量输移的影响，避免当河道断面沿程变化剧烈时，动量方程计算中流量出现锯齿状震荡的问题，本模型采用了网格布置上将流量与水位交错布置的方案，如图 15-8 所示。

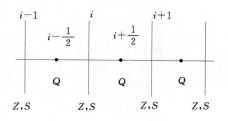

图 15-8　一维模型计算变量在网格上的布置示意图

这样布置计算变量后，动量方程中水面坡度一项可以离散为

$$gA\,\frac{\partial z}{\partial x} = g\,\overline{A}\,\frac{Z_{i+1} - Z_i}{\Delta x} = \frac{1}{2}g(A_i + A_{i+1})\,\frac{Z_{i+1} - Z_i}{\Delta x} \tag{15-7}$$

对于边界的处理，本模型中采用特征格式计算，即

$$\frac{d(u \pm E)}{dt} = gA(S_0 - S_f) \tag{15-8}$$

式中　$u \pm E$——黎曼不变量；

　　　　E——Escoffier 水深；

　　　　S_0——河底坡降。

联立求解沿外边界处的输入特征线成立的相容关系和已知的流动变量过程，可以得到外边界断面的未知变量过程。

15.2.2　贡湖水沙模拟

贡湖水沙分析采用了 SMS（Surface Modeling System）模拟系统，主要通过其中的 RMA2 和 SED2D—WES 模块对水流、泥沙运动进行了模拟和分析。由于引水进入贡湖的泥沙浓度比较低，泥沙对贡湖地形的变化很有限，因此水流计算采用 RMA2、泥沙采用 SED2 是可行的。

15.2.2.1　基本方程

二维计算中水流和泥沙分别采用不同的控制方程，水流采用质量守恒和动量守恒方程，泥沙运动采用平面二维泥沙输移—扩散方程，即

$$\frac{\partial h}{\partial t} + h\left(\frac{\partial u}{\partial x} + \frac{\partial v}{\partial y}\right) + u\frac{\partial h}{\partial x} + v\frac{\partial h}{\partial y} = 0 \tag{15-9}$$

$$h\frac{\partial u}{\partial t} + hu\frac{\partial u}{\partial x} + hv\frac{\partial u}{\partial y} - \frac{h}{\rho}\left(E_{xx}\frac{\partial^2 u}{\partial x^2} + E_{xy}\frac{\partial^2 u}{\partial y^2}\right)$$
$$+ gh\left(\frac{\partial a}{\partial x} + \frac{\partial h}{\partial x}\right) + \frac{gun^2}{h^{\frac{1}{3}}}(u^2 + v^2)^{\frac{1}{2}} - 2h\omega v\sin\varphi = 0 \tag{15-10}$$

$$h\frac{\partial v}{\partial t} + hu\frac{\partial v}{\partial x} + hv\frac{\partial v}{\partial y} - \frac{h}{\rho}\left(E_{yx}\frac{\partial^2 v}{\partial x^2} + E_{yy}\frac{\partial^2 v}{\partial y^2}\right)$$
$$+ gh\left(\frac{\partial a}{\partial y} + \frac{\partial h}{\partial y}\right) + \frac{gvn^2}{h^{\frac{1}{3}}}(u^2 + v^2)^{\frac{1}{2}} + 2h\omega u\sin\varphi = 0 \tag{15-11}$$

式中　h——水深；

　　u、v——x 和 y 向的流速；

　　　ρ——水的密度；

　　　E——涡黏性系数；

　　　g——重力加速度；

　　　a——底部高程；

　　　n——曼宁糙率系数；

　　　ω——地球自转角速度；

　　　φ——当地纬度。

二维泥沙连续方程为

$$\frac{\partial(hS)}{\partial t} + \frac{\partial(uhS)}{\partial x} + \frac{\partial(vhS)}{\partial y} = \frac{\partial}{\partial x}\left(D_x\frac{\partial hS}{\partial x}\right) + \frac{\partial}{\partial y}\left(D_y\frac{\partial hS}{\partial y}\right) + \alpha\omega(S_{eq} - S) \tag{15-12}$$

式中　S——垂线平均含沙量；

　　　u——x 方向流速；

　　　v——y 方向流速；

　　D_x——x 方向紊动扩散系数；

　　D_y——y 方向紊动扩散系数；

　　S_{eq}——冲淤平衡时的垂线含沙量；

　　　ω——泥沙沉速；

　　　α——恢复饱和系数。

河床变形方程为

$$\rho'\frac{\partial z_b}{\partial t} = \alpha\omega(S - S_{eq}) \tag{15-13}$$

式中　z_b——底部高程；

　　　ρ'——淤积物干容重。

15.2.2.2　数值方法

水流计算采用迦辽金法基础上的有限元法，采用全隐式的牛顿—拉普拉斯非线性迭代求解。泥沙运动方程采用二阶展开的有限元法求解，详细的数值方法可以参见相关文献。

15.2.3　模拟中的主要问题

15.2.3.1　挟沙力公式

水流的悬移质挟沙力是河流动力学中的重要变量，本模型将充分借鉴已有的研究和应用成果，并结合最新的实体观测数据，选取适合的挟沙力公式。

在已有的挟沙力公式中，采用了张瑞瑾公式，即

$$S_* = K\left(\frac{U^3}{gh\omega}\right)^m \tag{15-14}$$

式中　U——流速；

$\quad\quad h$——水深；

$\quad\quad \omega$——泥沙在浑水中的沉速；

K、m——系数，需要根据实测资料进行分析。

15.2.3.2　平衡输沙率

平面二维泥沙模型 SED2D 中的平衡输沙率 S_{eq} 即水流挟沙力，模型中采用了 Ackers-White 公式进行计算，该公式为全沙挟沙力公式，得到了大量实验和观测数据的验证。

15.2.3.3　非均匀沙的处理

在非均匀沙模型中，一个关键的技术问题是挟沙力级配及总挟沙力公式中沉速的确定。本模型采用如下方法：首先推求输沙平衡状态下床沙质级配与床沙级配之间的关系，并由此计算分组挟沙力，再进一步采用非饱和输沙模式计算河床冲淤变化及泥沙级配变化，作为下一时段的计算条件。

15.2.3.4　床沙级配的变化

本模型中床沙级配计算方法采用 Karim 建议的方法计算，冲刷时

$$P_{bk}^{n+1} = \frac{T^n P_k^n - \delta_k + \varepsilon_k}{\sum_{k=1}^{m}(T^n P_k^n - \delta_k + \varepsilon_k)} \tag{15-15}$$

淤积时

$$P_{bk}^{n+1} = \frac{T^n P_k^n + \delta_k - \varepsilon_k}{\sum_{k=1}^{m}(T^n P_k^n + \delta_k - \varepsilon_k)} \tag{15-16}$$

式中　T^n——床沙混合层厚度，取为沙波厚度的一半；

$\quad\quad \delta_k$——冲（淤）厚度；

$\quad\quad \varepsilon_k$——混合层中随冲淤变化由原始河床补充到（冲刷时）或离开（淤积时）混合层的泥沙体积。

15.3　望虞河水沙模拟分析

15.3.1　模拟河道概化

河道模拟分析范围为望虞河干流，计算河道的概化需要反映河道形态的变化，并且还需要考虑望虞河两岸支流对干流水量平衡的影响。根据模拟的需要，确定计算范围是望虞河闸至望亭立交闸上，全长 59.5km，划分 42 个计算断面，断面地形数据来自长江口水文水资源局 2002 年和 2003 年进行的望虞河主要断面测量资料。

沿望虞河的三个湖荡（嘉菱荡、鹅真荡和漕湖）对河道水动力特性、泥沙运动过程具有较大影响，本次模拟采用一维模型，在三个湖荡上分别布置了计算断面，并且对断面地形进行了概化处理，将相应过水断面概化为较宽的矩形，以反映水体流经三个湖荡时流速减缓的特性。

模型中考虑了望虞河沿程主要支流在水量、沙量平衡方面的影响，将青祝运河、锡北运河、九里河、伯渎港四条主要主流以源项的方法，在模型中予以处理。据此，得到了望虞河干流概化计算的范围和处理方法，概化计算范围示意图见图 15-9。

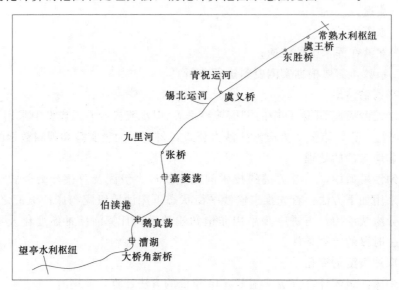

图 15-9　望虞河干流计算概化图

15.3.2　模型率定与验证

15.3.2.1　参数率定

河道水沙模型的率定是采用实测资料，以复演实测水沙运动过程为目标，对模型中关键的计算模式和模型参数进行选取，本次率定的内容主要包括河床糙率、挟沙力公式及参数、恢复饱和系数。

2002 年 2 月 15～17 日引江济太期间，长江水利委员会长江口水文水资源局在望虞河进行了水文泥沙测验，监测了望虞河干流上主要控制断面的水位、流量、含沙量和悬沙级配。受条件限制，本次监测在时间长度、区域封闭性、高程基准点等方面，相对于模型运用的要求显得不够理想。例如，某些断面水沙数据监测的时间较短、未进行同期望虞河西岸分流量监测、地形和水位高程基准点不统一。但是，测验数据中表现出的水沙变化的趋势是合理的，这些趋势对于模型率定具有重要意义。因此，本次模型率定将采用定量与定性相结合的目标进行。

水流模型中需要确定的参数只有糙率，参考该地区水动力计算的研究成果，选取糙率为 0.015，由于缺少望虞河沿程糙率变化的数据，并且支持参数率定的实测资料测点有限，因此计算河段糙率取相同值。

计算得到的虞王桥和张桥水位、流量过程与实测值的对比分别见图 15-10 和

图 15－11，虞王桥计算流量过程与实测值符合良好，计算水位过程与实测值相位接近；张桥水位和流量计算过程与实测过程的变化趋势基本一致。考虑到实测资料区间封闭性的不完备，可以认为水流计算能够满足模拟精度的要求。

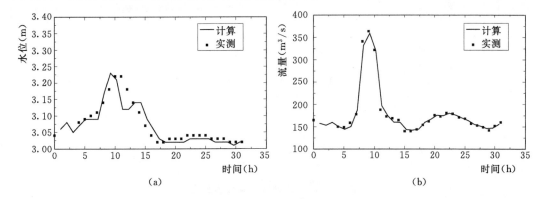

图 15－10　虞王桥率定计算结果

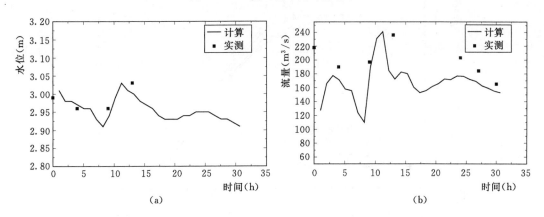

图 15－11　张桥率定计算结果

泥沙模型中需要确定的主要参数包括挟沙力系数、恢复饱和系数。泥沙模拟中，将非均匀沙分成 7 组，具体粒径划分为 0.001mm、0.004mm、0.016mm、0.031mm、0.062mm、0.125mm、0.25mm。由于实测资料中缺少河床组成数据，并且含沙量数据的时空连续性不足，因此参数率定的目标是：计算含沙量与实测含沙量基本相符，计算含沙量、悬沙级配沿程变化规律与实测值相同。

计算得到的主要含沙量沿程分布变化见图 15－12，计算末时段主要断面悬沙级配见图 15－13，计算结果显示，含沙量由于沿程流速的减小而下降、同时泥沙级配沿程细化，尤其经过三个湖荡后，含沙量减小和级配细化明显，这与实测资料所揭示的趋势一致。在具体数值上，张桥、望亭立交含沙量计算值与实测值也基本一致。

据此，率定得到泥沙模型主要参数：挟沙力公式系数 $k=0.1$，$m=0.92$，恢复饱和系数 $\alpha=0.25$（淤积）、$\alpha=1.0$（冲刷）及 $\alpha=0.5$（冲淤平衡）。

15.3.2.2　模型验证

采用率定计算得到的参数，以 2003 年 10 月 11～16 日望虞河引水期间的水沙实测数

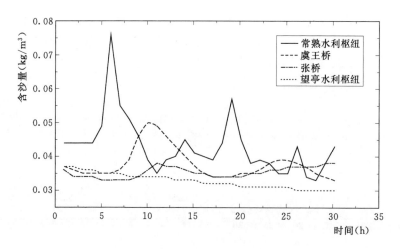

图 15-12　计算含沙量沿程分布

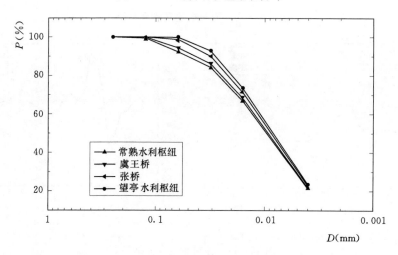

图 15-13　计算泥沙级配沿程变化

据为基础，进行了模型验证计算。

2003 年 10 月进行的水沙监测，望虞河常熟水利枢纽没有进行流量监测，只是监测了一条垂线的流速，为了进行验证计算，首先根据望虞河流量—含沙量关系推定了引水流量过程，并根据同期日引水总量的数值进行了修正。此间的含沙量监测数据，也采用了简化的方法，即采用垂线含沙量，再根据经验相关关系得到断面含沙量。根据实际的基础资料条件，本次验证计算的目标和原则是，模型能够复演实际的水沙运动的基本趋势，在量值上以基本接近为目标。

图 15-14 为计算得到的望虞河主要断面的流量过程，从图中可以看出，引水在运动过程中，流量的波形逐渐平坦化，流量峰值逐渐减小，这与监测数据体现的趋势相符。

图 15-15 为大桥角新桥含沙量过程验证结果，从图中可以看出，在基础资料存在一定局限的条件下，计算含沙量与实测含沙量过程比较接近，量值的变化幅度相当。计算结果显示，引水在望虞河运动过程中，基本处于淤积状态。引水运动过程中，望虞河流速相

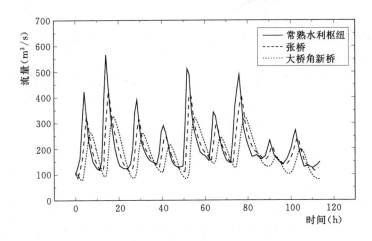

图 15 - 14　计算流量过程

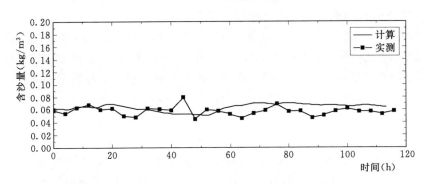

图 15 - 15　大桥角新桥含沙量验证

对于引水区长江流速明显偏小，从引水含沙量与引水河道流动特征的对比关系上，引水河道应该表现为淤积，计算结果与这种趋势完全符合。

　　综合模型验证计算的结果，可以认为采用的数学模型基本复演了实测过程，计算结果显示的趋势与实测结果一致，计算量值也与实测结果比较接近，因此建立的水沙模型和采用的计算参数总体上适用于望虞河引水过程的水沙模拟。

15.3.3　水沙模拟及分析

　　进行水沙模拟分析是采用经过参数率定和模型验证的水沙数学模型，对反映引水工程各种因素和条件的计算方案进行模拟，进而对引水工程可能产生的泥沙淤积效果进行预测分析，并进行减轻淤积影响的措施分析。

　　引江济太的引水过程中，自长江引入望虞河的泥沙由于水体动力条件的改变，其运动过程因而发生改变。同时，望虞河在汛期还担负着排泄太湖及周围区域洪水的任务，汛期洪水通过望虞河排入长江，也会对望虞河泥沙运动产生影响。因此，水沙模拟预测的内容包括了对引水过程和排水过程的全面分析，通过对全年过程的模拟分析，以全面反映引水对望虞河河道形态的影响。

15.3.3.1　模拟分析内容

　　望虞河河道水沙模拟分析的内容主要包括：引水条件下望虞河干流泥沙运动趋势、悬沙沿程分布（含沙量和级配）、床沙变化（总量和分布）、入湖泥沙状况（含沙量和级配）。

引水过程中淤积在望虞河干流的泥沙，在望虞河排水条件下的运动趋势。

15.3.3.2　计算条件

进行水沙模拟分析的计算条件主要包括引水流量、引水含沙量和引水持续时间，计算条件是在引水水沙特性分析的基础上，依据引江济太调水试验的设计条件，考虑模拟分析的目标，并结合实际资料状况从而最终确定的。

1. 引排水流量

在 14.1 节中，对引水流量特征进行了分析。分析结果表明，潮位的高低直接影响了自引水量的大小，因此引水流量在时间上表现为波动变化。但是，由于实际监测没有进行长时间系列逐时引水量过程的监测，因此本次计算方案中采用了日平均引水量作为计算条件。分析 2003 年 8 月望虞河闸引水流量过程数据，可以发现引水流量变化的波形比较陡直，高流量的历时明显小于小流量的历时，并且大部分时间的流量都接近于平均值，因此采用平均流量进行计算不会带来明显的偏差。

计算方案中引水流量的大小，主要根据 2002 年和 2003 年实际引水状况确定。2002 年泵引阶段日平均引水量为 1645 万 m³，2003 年为 1486 万 m³，因此本次模拟计算中，泵引引水量采用 1600 万 m³/d。相应的，自引方式引水量也根据实际数据确定，丰水期自引流量较大，为 900 万 m³/d，非汛期较小，为 600 万 m³/d。

2. 引水含沙量

在 15.1 节中，对长江引水区含沙量和望虞河引水含沙量的特征进行了分析。分析结果表明，引水区含沙量受到径流和潮流的共同作用，在时间上表现为半日潮特征的波动变化，大潮含沙量大于小潮，含沙量年内变化主要受径流作用，丰水期含沙量大于非汛期。

由于没有进行长时间系列引水含沙量的监测，因此无法采用精细反映潮流和径流影响的引水含沙量数据作为计算条件。本次模拟计算中，引水含沙量计算条件的确定主要根据徐六泾的月平均含沙量数据，并且考虑了引水区实测含沙量与徐六泾含沙量的对比关系。主要依据是：首先，引水区长江含沙量与徐六泾比较接近，两者之间的时间变化趋势比较接近；其次，月平均含沙量数据在一定程度上放映了潮流和径流对引水区含沙量的影响；再者，引水口位于岸边，实测含沙量小于徐六泾含沙量测值，根据徐六泾含沙量测值确定计算条件，在工程分析上是偏于安全的。计算中采用的含沙量大小，丰水期（7～10 月）含沙量取为 0.3kg/m³，非汛期各月含沙量比较接近，均取为 0.1kg/m³。

由于引水期间实测的引水泥沙级配差别不大，因此计算中采用 2003 年 8 月引水期间实测的泥沙级配，见表 15-7。

表 15-7　　　　　　　　计算悬沙级配表（小于某粒径的百分比）　　　　　　%

粒径	0.50	0.25	0.125	0.062	0.031	0.016	0.008	0.004	$\overline{D}$	D_{50}
百分比	100	100	99.5	94.7	87.6	71.5	43.5	19.9	0.024	0.009

3. 引水时段和时长

根据引江济太调度原则，为了确保流域防洪安全，主汛期（6 月 16 日～7 月 20 日）

一般不考虑泵站抽引，因此计算方案中引水时段选定在汛后期以及非汛期。引水持续时间主要依据引江济太设计年引水量 20 亿 m³ 确定，并参考了 2002 年、2003 年实际引水调度状况。

13.3.3.3　计算方案

计算方案包括引水和排水过程两个过程的计算，引水计算根据主要设计和实际运行条件制定了计算方案。排水分析采用多种泥沙启动流速公式对排水过程中泥沙的启动状况进行了分析，从而对河床稳定状况进行了判断。

1. 引水分析

模型计算方案的拟订，主要考虑了引水工程的引水方式、引水时段、设计引水量和引水时长四个方面的因素，通过不同条件的组合反映引水工程的主要可能状况，从而对引水工程运行的主要可行方案进行模拟和分析，计算方案见表 15 - 8。

表 15 - 8　　　　　　　　　引水泥沙影响数值模拟计算方案

方案编号	引水方式	引排时段	引水流量（万 m³/d）	引水时间（d）	泥沙浓度（kg/m³）	引水总量（亿 m³）	泥沙总量（10⁴ t）
1	泵引	8～9 月	1600	60	0.2	9.6	19.2
2		8～10 月		90		14.4	28.8
3		非汛期		60	0.1	9.6	9.6
4		非汛期		90		14.4	14.4
5	自引	8～10 月	900	90	0.2	8.1	16.2
6		非汛期	600	90	0.1	5.4	5.4
7	泵引	2002 年 1～4 月实际引水状况			0.1	10.7	10.7
8		2003 年 8～12 月实际引水状况			0.1～0.2	17.2	33.6

各计算方案的计算分析目标简要介绍如下：

（1）方案 1 和方案 2 均是汛后期泵引方式引水，主要模拟和分析长江含沙量较高条件下泥沙的淤积。

（2）方案 3 和方案 4 均是非汛期泵引方式引水，主要模拟和分析长江含沙量较低条件下泥沙的淤积。

（3）方案 5 和方案 6 分别模拟分析汛后期和非汛期自引方式引水条件下泥沙的淤积。

（4）方案 7 和方案 8 采用 2002 年、2003 年实际引水量数据，分别模拟分析非汛期和汛后期引水泥沙的淤积。

以上计算方案既反映了设计引水规模和引水时间安排，也反映了 2002～2003 年的实际引水条件。通过不同方案的比较，可以分析不同因素对望虞河泥沙运动过程的影响，并且可以获得设计引水和实际引水条件下，望虞河泥沙运动状况的相对定量判断依据。

2. 排水分析

排水过程中，由于太湖进入望虞河的水体泥沙含量较低，排水有可能引起河道冲刷。基于望虞河排水期间水体动力条件的实测数据，排水分析首先需要确定排水是否会引起望虞河河床的冲刷。另外，为了减轻引水泥沙淤积对望虞河河道形态和行洪能力的不利影响，还需要对通过排水过程冲刷淤积泥沙的可行性进行分析。

分析河道冲刷问题，首先需要确定在何种水流条件下，河床泥沙能够启动，即启动流速问题。如果实际的水流情况未达到足以使之启动的条件，就不会发生冲刷。本次分析的目标是引水进入望虞河的泥沙，其原因在于，引水带入的泥沙是在长江干流水力条件下悬浮于水体中的泥沙，引水过程中这部分泥沙由于引水河道水动力的降低而淤积在河道中。所以排水分析中，分析的目标主体也就是这部分泥沙。排水过程中，淤积于河床的这部分泥沙能否被排水水流冲刷，可以通过泥沙启动流速与排水过程水流速度的对比进行判断。

采用现场取样实验的方法是确定泥沙启动流速的理想途径，但是限于本次工作各方面条件的限制，本次研究采用考虑了黏性力作用的泥沙启动流速公式的方法，并采用数学模型对河道水流状况进行了计算，进而通过对比启动流速和河道流速，对排水过程的河道稳定状况进行了分析，并为冲刷排沙提供了参考数据。

15.3.3.4　引水过程泥沙淤积分析

采用建立的一维水沙模型，根据确定的计算方案进行了模拟计算，得到了望虞河沿线（常熟水利枢纽—贡湖入口）的泥沙变化及分布情况。下面以泥沙浓度、级配变化，泥沙淤积量、淤积厚度分布为主来分别说明。

1. 望虞河沿程含沙量

方案 1～6 计算得到的泥沙浓度沿程分布见图 15-16，图中的沿程距离以常熟水利枢纽为起点，图 15-17 和图 15-18 分别为方案 7 和方案 8 计算得到的主要断面含沙量时间变化过程，方案 1～6 计算得到的主要断面含沙量见表 15-9。计算结果表明，引水含沙量沿程减小，表明引水中的泥沙在望虞河沿程发生淤积。图 15-16 和表 15-17 表明，引水经过三个湖荡，泥沙含量比上游断面明显降低，说明引水在三个湖荡都发生了显著淤积。

方案 1 和方案 5 引水含沙量相同，而引水量不同，计算结果显示方案 5 的泥沙浓度低于方案 1，表明方案 5 淤积趋势比方案 1 显著。这说明，引水含沙量相同条件下，低流量引水要比高流量引水的淤积趋势明显。方案 3 和方案 6 的对比也说明了这一点。

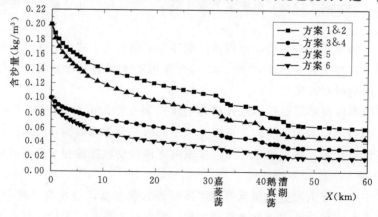

图 15-16　方案 1～6 望虞河沿程含沙量

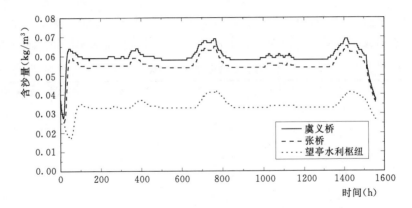

图 15－17　方案 7 望虞河沿程含沙量

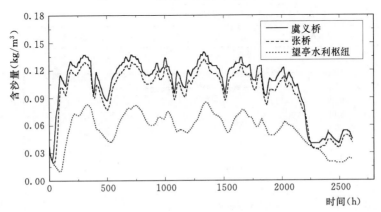

图 15－18　方案 8 望虞河沿程含沙量

表 15－9			主 要 断 面 含 沙 量					单位：kg/m³
断面名称	方案 1&2	方案 3&4	方案 5	方案 6	断面名称	方案 1&2	方案 3&4	方案 5	方案 6
常熟水利枢纽	0.200	0.100	0.200	0.100	嘉菱荡	0.097	0.050	0.076	0.030
虞王桥	0.169	0.085	0.155	0.073	鹅真荡	0.080	0.041	0.060	0.024
东胜桥	0.148	0.076	0.129	0.058	漕湖	0.069	0.035	0.052	0.021
虞义桥	0.120	0.062	0.097	0.041	望亭水利枢纽	0.059	0.030	0.045	0.018
张桥	0.104	0.054	0.082	0.033					

（1）望虞河沿程泥沙级配。

通过对各计算方案结果泥沙级配状况的对比分析，分析结果表明各计算方案泥沙级配沿程变化在变化趋势上呈现一致，在数值大小上差异不明显。图 15－19 为计算方案 2 主要断面悬沙级配的沿程变化，由图中可以看出，引水进入望虞河后，悬沙级配沿程不断细化，0.031mm 以上部分的悬沙，到达虞义桥已经基本淤积在河床上，经过三个湖荡后，由于粗颗粒泥沙进一步淤积，悬沙基本都在 0.016mm 以下。

（2）望虞河淤积总量。

表 15－10 统计了各计算方案望虞河泥沙淤积总量和淤积百分比，淤积百分比为望虞

河泥沙淤积总量占引水泥沙总量的比例。对比不同计算方案的计算结果，可以发现淤积总量与引水带入的泥沙总量直接相关，引水含沙量高、引水水量大都使得淤积总量提高。

表 15 - 10　　　　　　　　　　各计算方案淤积总量表

计算方案	泥沙总量（万 t）	淤积总量（万 t）	淤积体积（万 m³）	淤积百分比（%）
方案 1	19.2	12.58	11.44	65.52
方案 2	28.8	19.02	17.29	66.04
方案 3	9.6	6.25	5.68	65.10
方案 4	14.4	9.34	8.49	64.86
方案 5	16.2	12.70	11.55	78.40
方案 6	5.4	4.47	4.06	82.78
方案 7	10.7	7.05	6.41	65.89
方案 8	33.6	21.26	19.33	63.27

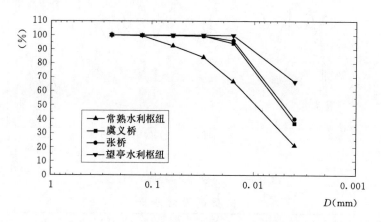

图 15 - 19　方案 2 望虞河主要断面悬沙级配

引江济太年设计引水量为 20 亿 m³，如果采用丰水期泵引方式（方案 2）结合非汛期自引方式（方案 6），则泥沙年淤积总量为 23.49 万 t（21.35 万 m³）；如果采用丰水期自引方式（方案 5）结合非汛期泵引方式（方案 4），则泥沙年淤积总量为 22.04 万 t（20.04万 m³）。概化了 2002 年引水条件的方案 7 淤积总量为 7.05 万 t（6.4 万 m³），概化了2003 年引水条件的方案 8 淤积总量为 21.26 万 t（19.33 万 m³）。

对比各计算方案可以发现，各方案除方案 5 和方案 6 外，淤积百分比比较接近，基本为 65%，表明泵引方式下，引水带入的泥沙中，有大约 2/3 淤积在望虞河河道。方案 5和方案 6 淤积百分比明显高于其他方案，分别为 78.40% 和 82.78%。这是因为，方案 5和方案 6 为自引方式引水，引水量低使得望虞河河道流速降低，从而促进了悬沙的淤积趋势。

2. 望虞河淤积分布

分析引水泥沙淤积的沿程分布，可以了解淤积的主要空间位置，从而为采取保持河道形态的措施提供依据。

图 15 - 20 显示了各计算方案得到的泥沙沿程分布情况，表 15 - 11 为计算得到的各河

段淤积量。从淤积量沿程分布趋势来看，各种方案呈现出相同的分布规律。在引水入口处（常熟水利枢纽附近），由于水体流速的迅速降低，水体中挟带的泥沙也迅速淤积，因此这一段淤积量也最大。然后，随着距离增加，淤积量减小。

引水流经东胜桥、嘉菱荡、鹅真荡和漕湖，由于过流面积增大，使得流速降低，从而泥沙发生淤积，因此，这些位置的淤积量大于附近河段。

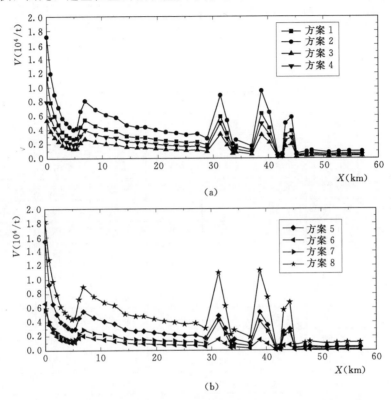

(a)

(b)

图 15-20　各计算方案得到的泥沙沿程分布

表 15-11　　　　　　　　　　　河道淤积量沿程分布　　　　　　　　　　　单位：万 t

距引水口距离（km）	方案 1	方案 2	方案 3	方案 4	方案 5	方案 6	方案 7	方案 8
常熟水利枢纽（0）	1.13	1.72	0.53	0.79	1.54	0.66	0.57	1.82
0.7	0.79	1.19	0.38	0.56	0.93	0.36	0.41	1.28
1.4	0.59	0.90	0.29	0.43	0.66	0.26	0.31	0.97
2.1	0.47	0.72	0.23	0.34	0.51	0.20	0.25	0.78
虞王桥（2.8）	0.37	0.56	0.18	0.27	0.40	0.15	0.20	0.62
3.5	0.33	0.49	0.16	0.23	0.36	0.14	0.17	0.54
4.1	0.29	0.44	0.14	0.21	0.32	0.12	0.15	0.48
4.8	0.26	0.40	0.13	0.19	0.29	0.11	0.14	0.44
5.4	0.28	0.42	0.13	0.20	0.30	0.11	0.15	0.46
6.1	0.44	0.66	0.21	0.32	0.46	0.17	0.23	0.72

距引水口距离（km）	方案 1	方案 2	方案 3	方案 4	方案 5	方案 6	方案 7	方案 8
东胜桥（6.9）	0.54	0.81	0.27	0.40	0.55	0.20	0.29	0.90
8.8	0.46	0.69	0.22	0.34	0.46	0.17	0.24	0.76
10.7	0.41	0.61	0.20	0.30	0.41	0.15	0.22	0.68
12.5	0.38	0.57	0.19	0.28	0.37	0.13	0.20	0.64
14.4	0.31	0.47	0.16	0.23	0.30	0.10	0.16	0.52
16.3	0.29	0.44	0.15	0.22	0.27	0.09	0.15	0.48
17.7	0.29	0.44	0.15	0.22	0.27	0.09	0.15	0.48
虞义桥（19.6）	0.26	0.40	0.13	0.20	0.25	0.09	0.14	0.44
21.4	0.24	0.37	0.12	0.18	0.23	0.08	0.13	0.41
23.3	0.23	0.35	0.12	0.17	0.22	0.08	0.13	0.39
25.1	0.22	0.33	0.11	0.16	0.21	0.07	0.12	0.37
27.1	0.23	0.34	0.11	0.17	0.21	0.07	0.12	0.38
张桥（28.9）	0.18	0.28	0.09	0.14	0.17	0.06	0.10	0.31
嘉菱荡（31.3）	0.58	0.89	0.33	0.50	0.49	0.15	0.42	1.10
32.5	0.35	0.53	0.18	0.28	0.31	0.09	0.23	0.63
33.5	0.13	0.20	0.07	0.10	0.12	0.04	0.07	0.22
34.1	0.17	0.26	0.08	0.12	0.15	0.04	0.09	0.28
37.0	0.11	0.17	0.05	0.08	0.10	0.03	0.06	0.19
鹅真荡（38.8）	0.63	0.95	0.32	0.49	0.54	0.15	0.41	1.13
40.2	0.42	0.64	0.22	0.33	0.35	0.09	0.27	0.75
41.7	0.03	0.05	0.02	0.02	0.03	0.01	0.02	0.06
42.5	0.04	0.06	0.02	0.03	0.03	0.01	0.02	0.07
漕湖（43.1）	0.32	0.49	0.17	0.25	0.26	0.06	0.21	0.57
44.2	0.38	0.58	0.19	0.29	0.30	0.07	0.26	0.68
45.1	0.04	0.07	0.02	0.03	0.03	0.01	0.03	0.07
47.0	0.06	0.09	0.03	0.04	0.05	0.01	0.04	0.10
47.9	0.07	0.11	0.04	0.05	0.06	0.01	0.04	0.12
51.0	0.05	0.08	0.03	0.04	0.04	0.01	0.03	0.09
52.8	0.06	0.09	0.03	0.04	0.05	0.01	0.04	0.10
54.7	0.06	0.10	0.03	0.05	0.05	0.01	0.04	0.11
57.1	0.06	0.10	0.03	0.05	0.05	0.01	0.04	0.11
望亭水利枢纽（59.5）	—	—	—	—	—	—	—	—

注　表中淤积量为两断面之间河段的淤积量。

　　根据计算得到的泥沙沿程淤积量，统计得到了望虞河沿程累计淤积百分比，即沿引水方向一定距离内累计淤积量占望虞河淤积总量的比例。各计算方案沿程累计百分比见

图 15-21，主要断面累计淤积百分比的数值列于表 15-12。

表 15-12 　　　　　　　　　　　　**望虞河沿程累计淤积百分比** 　　　　　　　　　　　　　　%

位置	方案 1	方案 2	方案 3	方案 4	方案 5	方案 6	方案 7	方案 8
常熟水利枢纽	9.2	9.2	8.5	8.5	12.3	14.8	8.1	9.0
虞王桥	27.0	27.2	25.8	25.8	32.0	36.5	24.7	26.7
东胜桥	44.1	44.3	42.4	42.3	50.0	55.5	40.7	43.6
虞义桥	63.0	63.2	61.6	61.3	68.5	73.8	58.6	62.5
张桥	71.8	71.9	70.4	70.1	76.7	81.9	67.1	71.2
嘉菱荡	76.2	76.4	75.7	75.4	80.5	85.2	73.0	76.0
鹅真荡	87.2	87.3	86.9	86.9	90.0	93.1	85.2	87.1
漕湖	93.6	93.8	93.8	93.6	95.2	96.9	92.6	93.7
望亭水利枢纽	100.0	100.0	100.0	100.0	100.0	100.0	100.0	100.0

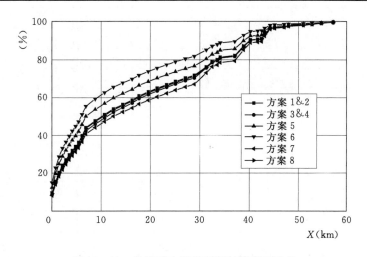

图 15-21　各计算方案沿程累计淤积百分比

计算结果表明，各方案在前 10km 累计淤积百分比为 45%～62%，前 20km 为 58%～75%，前 30km 为 70%～83%，前 40km 为 90%～95%。比较各方案之间的差异，可以发现采用泵引方式引水，沿程淤积百分比的趋势比较接近，自引方式引水的方案 5 和方案 6 在同样位置累计淤积百分比大于其他方案，表明采用自引方式，更多比例的泥沙会淤积在望虞河的前段。

计算得到的各方案沿程淤积厚度变化见图 15-22，具体位置的淤积厚度列在表 15-13中。

表 15-13 　　　　　　　　　　　　**河道淤积厚度沿程分布** 　　　　　　　　　　　　单位：m

距引水口距离（km）	方案 1	方案 2	方案 3	方案 4	方案 5	方案 6	方案 7	方案 8
常熟水利枢纽（0）	0.109	0.166	0.051	0.077	0.150	0.065	0.055	0.177
0.7	0.076	0.115	0.036	0.055	0.091	0.036	0.039	0.124
1.4	0.057	0.087	0.028	0.042	0.064	0.025	0.03	0.094
2.1	0.045	0.069	0.022	0.033	0.049	0.019	0.024	0.076

续表

距引水口距离（km）	方案 1	方案 2	方案 3	方案 4	方案 5	方案 6	方案 7	方案 8
虞王桥（2.8）	0.038	0.058	0.019	0.028	0.042	0.016	0.020	0.065
3.5	0.032	0.049	0.015	0.023	0.035	0.014	0.017	0.053
4.1	0.028	0.043	0.014	0.021	0.031	0.012	0.015	0.048
4.8	0.026	0.039	0.013	0.019	0.028	0.011	0.014	0.043
5.4	0.024	0.036	0.011	0.017	0.025	0.010	0.012	0.040
6.1	0.021	0.031	0.010	0.015	0.022	0.008	0.011	0.034
东胜桥（6.9）	0.018	0.028	0.009	0.014	0.019	0.007	0.010	0.031
8.8	0.016	0.024	0.008	0.012	0.016	0.006	0.009	0.027
10.7	0.014	0.021	0.007	0.010	0.014	0.005	0.008	0.024
12.5	0.013	0.019	0.006	0.010	0.013	0.004	0.007	0.022
14.4	0.012	0.018	0.006	0.009	0.011	0.004	0.006	0.020
16.3	0.011	0.017	0.006	0.009	0.011	0.004	0.006	0.019
17.7	0.010	0.016	0.005	0.008	0.010	0.003	0.005	0.018
虞义桥（19.6）	0.009	0.014	0.005	0.007	0.009	0.003	0.005	0.016
21.4	0.009	0.013	0.004	0.007	0.008	0.003	0.005	0.015
23.3	0.008	0.012	0.004	0.006	0.008	0.003	0.005	0.014
25.1	0.008	0.011	0.004	0.006	0.007	0.002	0.004	0.013
27.1	0.007	0.011	0.004	0.005	0.007	0.002	0.004	0.012
张桥（28.9）	0.007	0.010	0.003	0.005	0.006	0.002	0.004	0.012
嘉菱荡（31.3）	0.008	0.012	0.005	0.007	0.007	0.002	0.006	0.015
32.5	0.006	0.010	0.003	0.005	0.006	0.002	0.004	0.012
33.5	0.005	0.008	0.002	0.004	0.005	0.001	0.003	0.009
34.1	0.005	0.007	0.002	0.004	0.004	0.001	0.003	0.008
37.0	0.005	0.007	0.002	0.003	0.004	0.001	0.003	0.008
鹅真荡（38.8）	0.005	0.007	0.003	0.004	0.004	0.001	0.003	0.009
40.2	0.004	0.006	0.002	0.003	0.003	0.001	0.003	0.007
41.7	0.003	0.005	0.002	0.002	0.003	0.001	0.002	0.005
42.5	0.003	0.005	0.002	0.002	0.003	0.001	0.002	0.005
漕湖（43.1）	0.004	0.005	0.002	0.003	0.003	0.001	0.002	0.007
44.2	0.003	0.005	0.002	0.002	0.002	0.001	0.002	0.006
45.1	0.002	0.003	0.001	0.002	0.002	0.000	0.001	0.004
47.0	0.002	0.003	0.001	0.002	0.002	0.000	0.001	0.004
47.9	0.002	0.003	0.001	0.002	0.002	0.000	0.001	0.004
51.0	0.002	0.003	0.001	0.002	0.002	0.000	0.001	0.004
52.8	0.002	0.003	0.001	0.002	0.002	0.000	0.001	0.004
54.7	0.002	0.003	0.001	0.001	0.001	0.000	0.001	0.003
望亭水利枢纽（59.5）	0.002	0.003	0.001	0.001	0.001	0.000	0.001	0.003

分析淤积厚度的计算结果可以发现，泥沙淤积厚度沿程的变化趋势和泥沙淤积量的趋

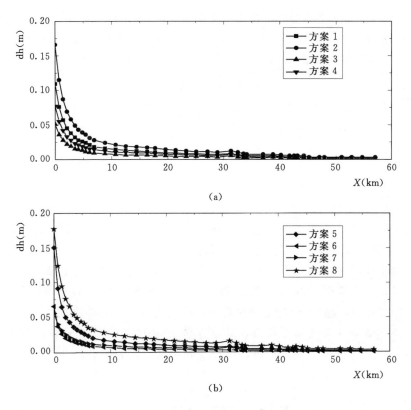

图 15 - 22　望虞河淤积厚度沿程分布

势一致，即引水入口淤积厚度最大，然后迅速减小。方案 7 在入口处淤积厚度为 5.5cm，方案 8 在入口处淤积厚度为 17.7cm。各计算方案，引水接近入湖口的区域，泥沙淤积厚度已经很小。

尽管在三个湖荡处淤积总量比上下游河段显著增大，但是由于湖荡过流断面也明显大于上下游断面，而且引水到达湖荡之前已经发生了淤积，所以反映在淤积厚度上，这些区域的淤积厚度并不明显，引水对湖荡形态的影响是有限的。

3. 入湖泥沙分析

采用数学模型计算确定进入贡湖的水体含沙量、泥沙总量和泥沙组成，对于评估引水泥沙对太湖的影响具有重要作用。本次分析，以望亭水利枢纽作为引水进入贡湖的控制断面。

表 15 - 9 列出了方案 1～6 望亭立交断面含沙量，方案 1 和方案 2 为 0.059kg/m³，方案 3 和方案 4 为 0.030kg/m³，方案 5 为 0.045kg/m³，方案 6 为 0.018kg/m³。方案 7 和方案 8 为实际引水量条件下的动态过程，其中方案 7 最大含沙量为 0.04 kg/m³，最小为 0.01 kg/m³，平均为 0.02 kg/m³，方案 8 最大含沙量为 0.08 kg/m³，最小为 0.01 kg/m³，平均为 0.06kg/m³。综合以上结果，以入湖含沙量比较，丰水期（包括自引和泵引）入湖泥沙浓度基本为 0.05～0.08 kg/m³，非汛期（包括自引和泵引）入湖泥沙浓度基本为 0.02～0.03 kg/m³。入湖含沙量主要受引水含沙量的影响，入湖含沙量的大小也受引水流量的作用，入湖含沙量随引水流量的提高而增大，但是这种作用相对并不敏感。

表 15 - 14 统计了引水泥沙入湖总量和百分比，入湖泥沙总量与引水泥沙总量直接相关，

引水泥沙总量高，入湖泥沙总量相应提高。概化了 2002 年引水过程的方案 7 入湖泥沙总量为
3.65 万 t，概化了 2003 年引水过程的方案 8 入湖泥沙为 12.34 万 t。对比分析各计算方案，在
其他条件相同的条件下，入湖泥沙总量与引水时间长度、引水泥沙浓度呈现正比关系。

表 15 – 14　　　　　　　　　　各计算方案入贡湖泥沙总量

计算方案	泥沙总量（万 t）	入湖总量（万 t）	入湖百分比（%）	计算方案	泥沙总量（万 t）	入湖总量（万 t）	入湖百分比（%）
方案 1	19.2	6.62	34.48	方案 5	16.2	3.50	21.60
方案 2	28.8	9.78	33.96	方案 6	5.4	0.93	17.22
方案 3	9.6	3.35	34.90	方案 7	10.7	3.65	34.11
方案 4	14.4	5.06	35.14	方案 8	33.6	12.34	36.73

除自引方式引水的方案 5 和方案 6 之外，其他各方案泥沙入湖百分比比较接近，平均
为 34.8%。方案 5 和方案 6 入湖百分比分别为 21.60% 和 17.22%，低于其他方案。这表
明，泥沙入湖百分比主要与引水方式有关，自引方式入湖百分比低于泵引方式。

表 15 – 15 为计算得到的入湖泥沙级配数据，引水级配和各计算方案入湖级配见
图 15 – 23。方案 7 和方案 8 出口泥沙过程为一个变化过程，其中方案 7 与方案 3 和方案 4
接近，方案 8 与方案 1 和方案 2 接近，并且方案 1&2 和方案 3&4 计算得到的入湖泥沙级
配数据差别不大。这表明入湖泥沙级配主要受到引水方式的影响，自引方式入湖泥沙比泵
引方式偏细，这是自引流量小，更多的泥沙淤积在河道中的缘故。

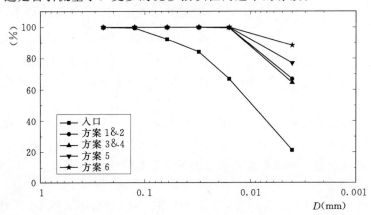

图 15 – 23　望虞河进出口泥沙级配变化

在表 15 – 15 中，无论自引或者泵引，入湖泥沙的粒径都在 0.016mm 以下，此粒径以
上部分的泥沙都淤积在河道中。

表 15 – 15　　　　　　　　入湖泥沙级配（小于某粒径的百分比）　　　　　　　　　　%

粒径（mm）	进口	出口（入湖处）			
		方案 1&2	方案 3&4	方案 5	方案 6
0.004	21.3	66.8	64.5	77.0	88.3
0.016	66.9	99.7	99.5	99.9	100.0
0.031	84.2	100.0	100.0	100.0	100.0

续表

粒径（mm）	进口	出口（入湖处）			
		方案1&2	方案3&4	方案5	方案6
0.062	92.3	100.0	100.0	100.0	100.0
0.125	99.5	100.0	100.0	100.0	100.0
0.250	100.0	100.0	100.0	100.0	100.0

15.3.3.5　排水过程分析

排水过程的泥沙运动过程，关键是判断引水过程中淤积于河床的泥沙能否被水流冲刷而流出望虞河。为此，首先采用主要的泥沙启动流速公式对望虞河泥沙的启动流速进行了计算和分析。由于望虞河泥沙偏细，因此采用了考虑黏性力作用的启动流速公式。

1. 张瑞瑾公式

$$U_{c} = \left(\frac{h}{d}\right)^{0.14}\left[17.6\frac{\rho_{s}-\rho}{\rho}d + 0.000000605\frac{10+h}{d^{0.72}}\right]^{1/2} \tag{15-17}$$

式中　h——水深；

　　　d——泥沙粒径；

　　ρ_{s}、ρ——泥沙和水的密度。

2. 窦国仁公式

$$U_{c} = 0.74\lg\left(11.0\frac{h}{K_{s}}\right)\left(\frac{\rho_{s}-\rho}{\rho}gd + 0.19\frac{gh\delta+\varepsilon_{k}}{d}\right)^{1/2} \tag{15-18}$$

式中　h——水深；

　　　d——泥沙粒径；

　　ρ_{s}、ρ——泥沙和水的密度；

　　K_{s}——特征高度，本研究取 $K_{s}=0.5\times10^{-3}$m；

　　δ、ε_{k}——黏性力系数，$\delta=0.213\times10^{-4}$m，$\varepsilon_{k}=1.55\times10^{-6}$m³/s²。

3. 唐存本公式

$$U_{c} = 1.79\frac{1}{1+m}\left(\frac{h}{d}\right)^{m}\left[\frac{\rho_{s}-\rho}{\rho}gd + \left(\frac{\rho'}{\rho'_{c}}\right)^{10}\frac{C}{\rho d}\right]^{1/2} \tag{15-19}$$

式中　h——水深；

　　　d——泥沙粒径；

　　ρ_{s}、ρ——泥沙和水的密度；

　　m——$m=1/6$；

　　C——$C=8.885\times10^{-5}$N/m；

　　ρ'、ρ'_{c}——淤泥干密度和稳定干密度。

采用以上公式，分粒径组计算了望虞河泥沙的启动流速，计算结果见表 15-16，表中 U_{Z}、U_{D}、U_{T} 分别为张瑞瑾、窦国仁和唐存本公式的计算结果。

表 15-16　　　　　　　　　　　泥沙启动流速计算结果表

D（mm）	U_{Z}（m/s）	U_{D}（m/s）	U_{T}（m/s）	D（mm）	U_{Z}（m/s）	U_{D}（m/s）	U_{T}（m/s）
0.001~0.004	2.62	3.98	3.51	0.004~0.016	1.31	1.99	1.40

D（mm）	U_Z（m/s）	U_D（m/s）	U_T（m/s）	D（mm）	U_Z（m/s）	U_D（m/s）	U_T（m/s）
0.016～0.031	0.84	1.27	0.80	0.125～0.250	0.43	0.50	0.52
0.031～0.062	0.62	0.91	0.57	0.010（D_{50}）	1.27	1.92	1.34
0.062～0.125	0.48	0.65	0.49				

采用数学模型对望虞河排水过程进行了计算，计算条件为表 15-17 中几个流量级，计算得到了相应的河道平均流速。根据引水过程计算的结果，引水泥沙淤积的主体是 0.016mm 以上部分的泥沙，因此以这部分泥沙的启动流速与河道断面平均流速进行比较，可以判断河道的冲淤状态。200m³/s 和 300m³/s 流量下，三种经验公式得到的启动流速均大于河道平均流速，河床状态稳定，不会发生明显冲刷。400m³/s 和 500 m³/s 流量下，以河道平均流速与三个经验公式得到的启动流速比较，都只有 0.031mm 以上粒径组泥沙满足启动条件，这部分泥沙处于不稳定状态。

表 15-17　　　　　　　　　望虞河排水动力条件与启动条件的对比

流量（m³/s）	日流量（万 m³）	断面流速（m/s）	状　　态
200	1730	0.31	稳定
300	2590	0.44	稳定
400	3460	0.56	部分粒径启动（$D>0.031$mm）
500	4320	0.65	部分粒径启动（$D>0.031$mm）

2002～2003 年排水过程中，望亭水利枢纽最大日排水量为 2430 万 m³/d，常熟水利枢纽最大日排水量为 2790 万 m³/d，对照表 15-15 中的计算和分析结果，可以认为望虞河 2002～2003 年在排水期间，河床基本处于稳定状态，不会发生明显的冲刷。并且，由于引水泥沙组成中，0.031mm 以上部分的泥沙仅占 15% 左右，即使望虞河排水流量能够达到 400～500m³/s 流量，其冲刷能力依旧有限。

本研究中采用了经验公式对望虞河排水过程的泥沙运动状态进行了分析，由于对望虞河泥沙启动规律缺少实体观测或者实验数据，因此本方法具有一定的局限性。考虑到利用排水过程排出淤积在望虞河中的泥沙对于引水工程的高效运行具有较大意义，建议对望虞河泥沙启动规律进行进一步的研究，可以取原状土进行启动流速实验，并结合实测资料进行深入分析。

15.3.3.6　泥沙淤积对水质的影响

研究表明，水体中的泥沙是污染物的重要载体。水环境系统中，泥沙通过对污染物质的吸附与解吸，直接影响着污染物质在水固两相间的赋存状态，并且由于泥沙悬浮而构成的浑水环境对水体的生化效应和生态效应都产生重要影响。

在长江进行的水体吸附磷的野外观测表明，泥沙对磷具有明显的吸附能力。实验分别测定了浑水 TP 浓度和清水 TP 浓度，发现附存在泥沙上的磷是清水中磷的 1.1～3.7 倍。

由于引江济太引水期间，2/3 左右的泥沙淤积在望虞河河道内，可以显著降低随引水进入太湖的磷总量（浑水中包含的磷）。沉积于望虞河的泥沙所吸附的磷，对于望虞河水环境的远期影响，需要对磷的解吸机理、影响条件等进行一定的实验和分析后，才能进行准确的评估。

15.4　贡湖水沙模拟分析

贡湖水沙模拟将根据望虞河水沙模拟的计算结果确定入湖水沙计算条件，采用平面二维水沙运动模型对泥沙入湖后的运动进行计算，进而分析引水泥沙在贡湖的运动及分布趋势。

15.4.1　模拟区域概化

根据贡湖的实际地形，确定了计算区域，模拟区域横向长度为 15km，纵向长度为 13km，由于模拟区水流流速小，泥沙输移范围有限，因此该计算区域符合分析区域的实际情况并满足计算需要。

计算采用矩形和三角形结合网格，如图 15-24 所示，在远离望虞河入湖口的湖区采用 1000m×1000m 的网格，靠近入湖口附近，网格逐渐加密，在入湖口附近区域，网格尺寸为 62.5m×62.5m，这种布置可以较为准确地模拟入湖口附近的水沙流动和分布情况。

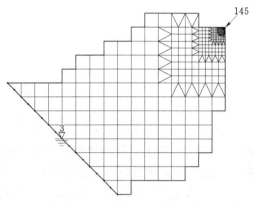

图 15-24　贡湖计算网格图

15.4.2　水沙模拟及分析

15.4.2.1　模拟分析内容

贡湖水沙模拟分析的内容主要包括：引水泥沙进入贡湖后，悬沙的空间分布，通过悬沙空间分布的计算分析，可以了解引水泥沙在贡湖的输移范围，从而了解泥沙对湖泊水体状况的影响。

引水泥沙进入贡湖后，通过计算淤积量的空间分布，可以了解泥沙对贡湖底部形态的影响。

15.4.2.2　计算条件

由于缺少相应的实测资料，在确定贡湖计算模拟的参数时，主要利用已有的一些研究成果作为参考和比较。根据相关研究成果，贡湖糙率取 0.012。

计算中，在望虞河与贡湖连接处给定流量和含沙量边界条件，入流方向设定为垂直入流边界，流量和含沙量采用一维河道模拟中河道末端的计算结果。贡湖与太湖连接处给定水位边界条件，采用恒定水位过程，根据多年观测资料，取 3.0m。计算初始水位采用 3.0m，泥沙初始浓度为 0。

贡湖模拟分析的计算方案与望虞河干流计算方案保持一致，入流边界分别采用各方案一维计算的结果数据。由于入湖泥沙粒径较细，因此贡湖计算采用均匀沙计算，代表粒径为 0.01mm。

15.4.2.3　模拟结果及分析

1. 流速分布

水流计算结果表明，各计算方案得到的流态分布比较接近，图 15-25 为方案 1 的流场图。望虞河入流进入贡湖后，入口附近流速最大，并且流速在远离入湖口的方向上迅速减小。

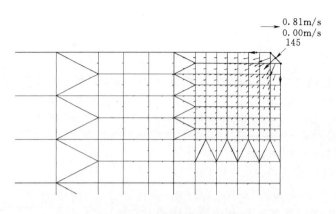

图 15-25　计算流场图（方案 1）

2. 含沙量分布

望虞河水进入贡湖后，流速很快减小，泥沙在入湖口附近沉降，水中泥沙浓度迅速减小。以入湖口为中心，泥沙浓度呈放射状减小。图 15-26～图 15-29 分别为方案 1、方案 3、方案 5 和方案 6 计算得到的贡湖含沙量等值线图。

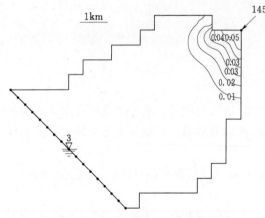

图 15-26　贡湖泥沙含沙量等值线图
（方案 1&2）

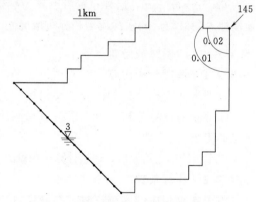

图 15-27　贡湖泥沙含沙量等值线图
（方案 3&4）

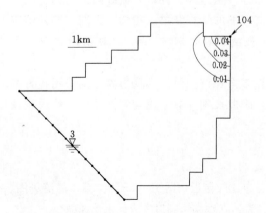

图 15-28　贡湖泥沙含沙量等值线图（方案 5）

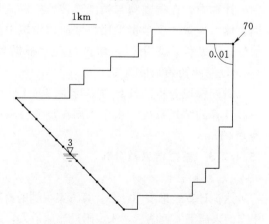

图 15-29　贡湖泥沙含沙量等值线图（方案 6）

计算结果显示，由于引水引起的贡湖泥沙浓度的增大幅度有限。增大最明显的方案 2，入湖口近区最大值为 0.06kg/m³。对比方案 1 与方案 5、方案 3 与方案 6，可以看出，无论汛期或者非汛期，采用自引方式由于入湖水量小于泵引，入湖含沙量也相对较小，相应地，泥沙输移范围也小于泵引方式。

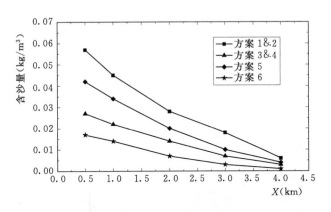

图 15-30　贡湖径向含沙量变化图

图 15-30 为各计算方案贡湖距离入湖口径向距离上泥沙浓度变化图，表 15-18 为相应的数据表。由图表中可以发现，在水体含沙量大小和泥沙输移距离两方面，都表现出相同的趋势，即方案 1&2＞方案 5＞方案 3&4＞方案 6，同样表明高含沙量引水对贡湖含沙量的影响范围和影响程度大于低含沙量，引水含沙量相同条件下，泵引影响范围大于自引。

表 15-18　　　　　　　　　　　各方案贡湖含沙量径向分布　　　　　　　　　　单位：kg/m³

距离（km）	方案 1&2	方案 3&4	方案 5	方案 6
0.5	0.057	0.027	0.042	0.017
1	0.045	0.022	0.034	0.014
2	0.028	0.014	0.020	0.007
3	0.018	0.007	0.010	0.003
4	0.006	0.003	0.004	0.001

3. 淤积分布

进入贡湖的泥沙，随流场空间分布的变化，各处淤积总量也不相同。本次分析通过泥沙淤积厚度的指标，表示引水泥沙在不同位置的淤积量，从而反映引水泥沙对贡湖湖泊形态的影响。

图 15-31～图 15-36 分别为代表方案淤积厚度等值线图，如图所示，湖底泥沙淤积厚度的分布以入湖口为中心，呈锥形分布，距离入湖口越远，淤积厚度越小。各计算方案淤积厚度都十分有限，其中方案 2 入湖口附近淤积厚度最大，也仅为 0.60cm，概化 2002 年引水的方案 7 最大淤积厚度为 0.20cm，概化 2003 年引水的方案 8 最大淤积厚度为 0.60cm，表明泥沙淤积对贡湖湖底影响很小。

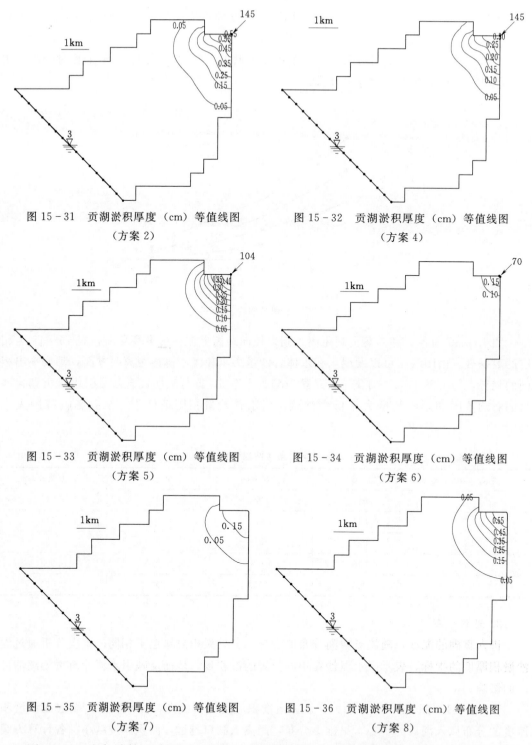

图 15 - 31   贡湖淤积厚度（cm）等值线图
（方案 2）

图 15 - 32   贡湖淤积厚度（cm）等值线图
（方案 4）

图 15 - 33   贡湖淤积厚度（cm）等值线图
（方案 5）

图 15 - 34   贡湖淤积厚度（cm）等值线图
（方案 6）

图 15 - 35   贡湖淤积厚度（cm）等值线图
（方案 7）

图 15 - 36   贡湖淤积厚度（cm）等值线图
（方案 8）

　　图 15 - 37 为各计算方案距离入湖口不同距离相应的淤积厚度，数据列于表 15 - 19 中。对比各方案的淤积趋势，可以发现泥沙淤积厚度及其空间分布反映了各种因素的累积影响，与引水含沙量、引水流量和引水时间长度有关，并呈现正相关趋势。

表 15 - 19　　　　　　　　　各方案湖底淤积厚度分布　　　　　　　　　单位：cm

距离（km）	方案 1	方案 2	方案 3	方案 4	方案 5	方案 6	方案 7	方案 8
0.5	0.37	0.59	0.18	0.27	0.37	0.16	0.22	0.60
1	0.32	0.55	0.18	0.24	0.36	0.13	0.20	0.50
2	0.23	0.39	0.12	0.18	0.23	0.07	0.12	0.30
3	0.14	0.23	0.08	0.11	0.11	0.03	0.07	0.16
4	0.07	0.12	0.03	0.05	0.06	0.01	0.04	0.09
5	0.03	0.05	0.02	0.03	0.02	0.01	0.02	0.04

　　分析不同空间范围内泥沙淤积的百分比，可以进一步了解贡湖淤积的影响范围。图 15 - 38 为入湖口不同距离范围内累计淤积百分比，即相应范围内泥沙淤积量与入湖总量的百分比，表 15 - 20 为相应的数据。

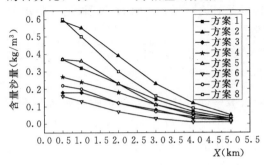

图 15 - 37　各方案湖底淤积厚度沿程变化　　　　图 15 - 38　各方案淤积百分比沿程变化

　　对于各计算方案，在引水口距离 4km 的范围内，泥沙淤积百分比均达到 90％ 以上，说明引水带来的绝大部分泥沙在入湖口附近淤积。对比各方案的趋势可以发现与泵引方式相比较，自引方式（方案 5&6）泥沙更趋向于淤积在引水口附近。这是由于前者入湖水量小，水体动力条件比后者弱，这与以上分析得到的水体含沙量变化趋势是一致的。

表 15 - 20　　　　　　　　　各计算方案沿程淤积百分比　　　　　　　　　%

距离（km）	方案 1&2	方案 3&4	方案 5	方案 6
0.5	3.4	10.0	6.7	5.6
1.0	23.7	26.7	24.4	22.2
2.0	52.5	53.3	55.6	61.1
3.0	69.5	76.7	77.8	83.3
4.0	89.8	90.0	91.1	94.4

第 16 章　主要结论与创新

16.1　主要结论

引江济太河网区引水效果评估，以 2002～2003 年河网区实测水文、水质资料为基础，结合 TaihuDSS 模拟结果，从引水影响范围、引水影响程度、引水变化过程、引水水质变化成因四个方面，对引水在河网区的影响效果进行了评价和分析。在年度评估的基础上，对引江济太影响河网区水环境的效果进行了综合以及对比分析，对水利工程调度、引水调度对水质影响、合理有效引水量等问题进行了重点分析。

16.1.1　引水对河网的影响评估

1. 影响范围

引水增加了流域河网水量、改变了流域河网水流条件，使得受水区范围内河网水环境状况得到了明显改善。引江济太河网区水质改善的范围主要包括：望虞河干流、太浦河干流和黄浦江上游、运河平望以南河段、武澄锡虞区白屈港控制线以东运河以北的范围、阳澄淀泖区阳澄区范围、杭嘉湖东部地区。

引入的长江优质水资源除了能够改善引水区河道及周边河网之外，还可以利用太湖的蓄水作用，通过调节满足湖周地区用水需求和改善水环境，尤其 2003 年高温少雨的特殊干旱条件下，由于引水维持了太湖水位，杭嘉湖区的用水状况和水环境改善取得了显著的成效，也使引江济太调水试验影响范围更为扩大，意义更为深远。

2. 引水改善程度和影响

2002～2003 年引江济太调水期间，望虞河水质平均改善 2 个类别，污染物浓度平均降幅超过 50%；太浦河本身就是太湖流域河网中水质最好的河流，随着清水增量下泄，其下游河段水质改善了一个类别，太浦河优质水量的增供有效改善了黄浦江上游水质；望虞河西岸主要支流伯渎港、九里河、锡北运河、张家港在白屈港以东范围内的河段，引水后的水质均由劣于Ⅴ类转变为Ⅲ～Ⅳ类。

望虞河东岸支流闸门在引水前闸门紧闭，控制望虞河的污水通过支流进入东部地区而恶化其水环境，而引江济太期间，由于望虞河全程水质得到改善，东岸支流闸门竞相开启，唯恐进入东部地区的水量少，从全局出发，在调度中不得不限制向东岸的分流水量，允许望虞河东岸支流闸门在限定分流的条件下轮流启闭，东岸支流闸门的轮流启闭，有效地改善了阳澄区河网的水动力条件，水质也得到明显改善。由于望虞河水质改善，还引出了建设从望虞河引水改善苏州市区水环境的西塘河引水工程。2004 年主汛期，通过周密部署，细致工作，通过西塘河引水工程，成功实施了第 28 届世界遗产大会在苏州召开期间的区域水环境调度工作。

在 2003 年引江济太调水试验期间，由于太湖和太浦河出水水量增加和水质改善，对杭嘉湖区水质发挥了明显的改善作用，嘉兴市范围内水体Ⅴ类和超Ⅴ类水体减少了 20%。且由于太浦河闸门由常关改为常开的调度，太浦河的水动力条件和水质均更有利于生活、生产和生态用水的要求，引出了太湖下游地区浙江省和上海市不约而同地将饮用水水源地转向太浦河取水的原水厂建设工程，如浙江省嘉善县供水工程和上海市青浦原水厂太浦河取水工程。

引水过程中，在流域大部分河网水质得到改善的同时，武澄锡虞区白屈港控制线以西、运河以南部等局部地区由于受到下游连通河道水位抬高，发生了污染物的累积。引水结束后，得到改善的水体水质出现明显的反弹。这些试验中发现的问题提示，在肯定引江济太成效的同时，必须充分认识到实现流域水环境的根本改善，需要点源、面源的控制与引水调控措施的充分结合。

3. 有效引水量分析

2002～2003 年引江济太调水时段的安排表明，在处理好引江济太引水与流域防洪排涝关系的前提下，根据流域水情、环境状况的具体条件安排引水时段，可以使得引江济太在流域水资源供给保障、改善水环境方面发挥更加明显的作用，从而有效支撑流域经济社会的发展。

望虞河、太浦河沿线水利工程、环湖闸门以及其他水利工程的统一调度，是引江济太发挥资源环境综合效益的主要技术手段。引江济太调度的主要目标包括：引水量、太湖水位、望虞河水质、出湖流量等。2002～2003 年引江济太调水试验中，通过水利工程的协调调度，有效保证了引水水质和入湖水量，进而使得通过太湖调控周边水资源和改善水环境具备了良好基础。

本研究通过对不同引水量条件下，河网区水质变化反应的对比分析，提出望虞河日引水量的有效合理区间为 1200 万～1600 万 m^3，低于此区间下限水质改善不明显，高于上限水质持续改善效果下降；太浦河增供水量的有效合理区间为 400 万～800 万 m^3。为了获得河网区稳定的水质改善效果，引水量应保持时间过程上的稳定。

16.1.2　引水评估系统

专题研究对评估基础数据进行了分析和整理，建立了结构化的网络数据库，作为评估的数据基础。根据引水工程水环境信息管理的业务特点，设计了信息维护、信息查询、水质评价、数据分析和系统维护子系统，采用组件式 GIS 技术建立了集成评估数据和评估方法的引水评估信息管理系统。采用本专题建立的评估系统，引江济太的相关管理决策者可以实现信息的及时更新和处理，为引水工程长效的运行提供信息服务和技术支持。

综合引水效果评估的成果，本专题研究认为，引江济太调水试验利用流域现有工程体系，引入一定量的优质水资源并进行合理有效调控，能够使得较大范围内河网水体水质得到明显改善，并缓解了太湖周边地区用水紧张状况，其成效是显著的。引江济太是在新的经济社会条件下，发挥水利工程的生态环境效益、进行水资源优化配置的有益探索，试验中发现的问题可以指导工程的进一步有效实施，对其他地区具有借鉴作用。

16.1.3　引水对太湖的影响评估

2002 年、2003 年引江济太调水改善太湖水质试验、碱性磷酸酶活性测定以及

TaihuECO 模型数值试验表明：

（1）引江济太调水试验期间太湖瞬时流场，主要由风生流控制，2002 年、2003 年实况调水湖流改变量主要为调水产生的吞吐流。湖流改变量较大的区域为贡湖、东茭咀水域。贡湖湾顶湖流改变量的模可达 3cm/s，东茭咀水域湖流改变量的模可达 5～6cm/s，接近风生流流速。其他区域湖流改变量随着距贡湖和东茭咀的距离增加而减小，总体而言湖流改变量较小，湖心区湖流改变量一般仅为 0.1～0.2cm/s。从表层至底层，湖流改变量的模逐渐减小，表层湖流的改变量大于底层；但是相对湖流改变量一般底层大于表层。湖流改变量随调水流量增加而增加。

（2）从实测资料与 2000 年基准年同期对比分析，引江济太调水对太湖水质改善起到积极作用，2002～2003 年太湖高锰酸盐指数（COD_{Mn}）和总磷（TP）浓度整体呈现改善趋势。2003 年太湖富营养化关键性水质指标总磷浓度改善幅度达 31%，富营养化状况得到一定缓解；太湖水质有机污染指标高锰酸盐指数（COD_{Mn}）浓度改善幅度为 19%，满足 II 类和 III 类饮用水标准的水体面积增加了 15%。2002 年、2003 年调水缩减了大部分湖区换水周期，减轻了太湖藻类水华。

太湖在 2002 年 1～4 月引江济太调水作用下，西南区、东太湖水质得到了一定的改善，梅梁湖、西北区虽未得到明显改善，但是未出现显著恶化。调水基本未对太湖水量平衡及水位造成较大影响，增加了 COD_{Mn} 的输出，但增加了总氮、总磷的输入。输入量与全年总氮、总磷输入量相比较小。2003 年 8～11 月调水，增加了入湖水量，保持和抬升了太湖水位。调水使梅梁湖、西北区、西南区、湖心水质得到了明显改善，但是东太湖水质改善不够显著、贡湖部分指标恶化。调水增加 COD_{Mn}、总磷、总氮等输入，但远小于调水水量增加的幅度。

（3）从模型模拟结果对比分析，太湖部分水域水质的改善的机制主要为太湖不同水质水体空间位置变化。调水改善水质的效果与关注的指标类别及湖区关系较大。在同一湖区，对不同指标而言，调水的效果可能相反，如调水会降低受水域的藻类含量，但导致总磷、总氮含量上升。

（4）调水期间水体碱性磷酸酶活性因引入水体磷浓度的升高而钝化，藻类可直接利用的磷未显著升高，基本未出现因调入磷含量较高水体，而藻类水华严重的后果。目前条件下，由于调入水体氮磷浓度较高，应适当控制引水量，避免引入太多的水体而造成总氮总磷入湖量的增加。需采取一定措施降低调入水体总氮、总磷的含量，以保证各水质指标得以协同改善。

（5）受水区浮游植物、浮游动物群落结构出现一定变化，贡湖湾出现清洁水体的浮游植物种类。其他区域浮游植物、浮游动物、水生植物及底栖生物基本未受到明显变化。

16.1.4　水源地保证性

（1）长江入海年径流量在长时间系列上保持稳定。随着三峡工程的实施，将改变引水区径流年内分布，使得 10～11 月径流量减小，1～3 月径流量增大；南水北调工程的实施，使得引水区径流量减少，减少幅度随工程进度变化。设计引江流量占引水区径流量比例、实际引水量占同期径流量比例都很低，并且部分引水改换时段和位置回归长江，所以引江济太工程设计引水水量是有保证的。

（2）引水区潮位同时受到海洋潮汐和长江径流的影响，潮位年内变化规律性比较明显，6～10 月潮位总体上高于其他月份。由于强弱潮汛和丰枯径流的双重作用，7～8 月潮位最高，1～2 月潮位最低。因此，在引水时机方面，如果具备其他引水条件，7～8 月的高潮位对引水是有利的。未来水利工程对引水区潮位影响甚小，基本可以忽略不计。

（3）引水区水质近十余年基本保持稳定，引水区现状水质类别基本处于Ⅱ类，并且各水质因子在年内比较平稳。在最新确定的水功能区划中，引水区属于水源保护区，引水区及其周围区域的水质目标满足引水要求，未来引水区水质可以得到保证。对长江引水区 TP 含量及其引水入湖沿程变化，需要进行进一步的监测和跟踪调查分析。

（4）引江济太的引水量不属资源性耗水，引水量占长江径流的比例甚小，不会对引水口下游长江水资源量产生明显影响。太浦河下泄径流对长江水质产生有利影响，防洪利用阶段，望虞河排水不致对长江水质产生明显不利作用。

16.1.5　泥沙淤积变化

（1）引水过程中，泥沙在望虞河表现为淤积。泵引方式下，引水带入的泥沙中，约 2/3 淤积在望虞河河道，自引方式淤积百分比达到 80%，明显高于泵引方式。引水在入口处淤积量最大，在断面扩大和三个湖荡处，淤积量大于上下游河段。泥沙淤积主要集中在望虞河沿引水方向的上段，沿引水方向，前 1/2 河长累计淤积百分比达到 70%～83%。望虞河沿程淤积厚度呈锥状分布，入口淤积厚度最大，沿引水方向淤积厚度迅速减小。入湖含沙量比引水含沙量显著降低，入湖泥沙粒径显著细化。由于泥沙对磷具有较强的吸附作用，引水在望虞河河道内的淤积可以明显减少随引水进入太湖的磷总量（浑水环境中包含的磷）。

（2）引水淤积在望虞河河床的泥沙组成较细，泥沙黏性力显著，淤积在河床的泥沙发生冲刷需要的流量大于望虞河常规排水流量，整体上，2002～2003 年实际排水流量不足以使得河床发生冲刷。

（3）引水进入贡湖，水流速度显著减小，泥沙发生淤积。入湖泥沙含量较低，由于引水引起的贡湖泥沙浓度的增大幅度有限，泥沙淤积厚度也很小。泥沙基本淤积在距离入湖口 4km 的范围内，与泵引方式相比较，自引方式泥沙更趋向于淤积在引水口附近。

16.2　技术创新

（1）河网区引水效果评估中，建立了定量化、综合性的评估指标体系，提出了类别变化指数和浓度变化指数，反映出引水前后水质变化的定性趋势和定量程度，从而使得对河网不同区域空间的效果评估具有统一的量化基础。建立的指标体系在河网引水效果评估中得到应用，对引江济太引水前后河网水质变化进行了全面评价。

（2）依据 2002～2003 年引水试验监测数据，并结合 Taihu DSS 模拟结果，主要从引水影响范围、引水影响程度、引水水质变化过程、引水水质变化成因四个方面，对引水在河网区的效果和影响进行了评价和分析，对河网区水环境的改善效果和影响进行了综合和对比，并且对引水水质变化的主要特征进行了具有物理基础的成因分析，并利用模型计算成果探索性地提出了稀释能力和自净能力定量估算方法。

（3）对于太湖评估，提出建立参照系，评估调水改善太湖水质效果的方法；开创性研究了调水对水体碱性磷酸酶活性的影响，初步揭示引入含磷较高水体，未增加藻类可直接利用磷的机理。

（4）运用数值试验方法以及监测数据分析方法阐明调水对太湖各湖区水质影响，揭示了调水期间太湖水质变化和部分指标未得到改善机制，阐明了不同方案引水的差异。

（5）采用一维非恒定水沙数学模型，对引水泥沙在望虞河的运动过程进行了模拟计算。基于计算流体力学的新进展，研究建立了基于有限体积法 TVD 格式的离散方法，并对计算网格布置进行了改进，有效解决了计算守恒性和计算断面形态变化较大的问题。采用建立的数学模型，对引水泥沙在望虞河的淤积总量、淤积形态、入湖泥沙等进行了计算分析，为引水工程提供了科学数据。

16.3　建议

1. 研究优化引水量

引水量的优化首先是引水总量的优化，目前引江济太确定的设计年引水量是平水年条件下的引水量，引江济太要成为调控流域水资源、改善流域生态环境的长效手段，就需要进一步在枯水年、丰水年条件下，综合考虑受水区水资源量和水环境需求、水利工程调度能力等要素，对相应的设计引水量进行研究，确定适合的设计年引水量，以指导引江济太工程的实施。

另一方面，根据实测资料的对比分析，从河网水质改善的角度，提出了日引水量 1200 万～1600 万 m³ 相对优化的引水量区间。由于实体引水试验不可能进行多方案的对比试验，而且优化引水量还需要全面考虑诸如不同区域水质改善目标、工程调度能力等因素，本书提出的优化引水流量是初步的研究结果。确定优化引水流量的重要意义在于，在保证区域水体水质得到改善的同时，能够获得更长时间的改善时间。因此，建议采用本次开发的引江济太水量水质调度模型，对此问题进行深入研究。

2. 研究水流条件对自净能力的影响

开展水流条件变化对水生态环境的影响，对于引水工程具有重要的指导意义和理论价值。引江济太调水工程对流域水体水流条件的改变包括流量、水位和流速的变化，这三个方面都会对水体生态环境产生重要影响。引水提高了受水区水体的稀释能力，同时水体流速的提高增大了水体的自净能力。通过引水增强水体流动，提高水体自净能力是引江济太重要的目标之一。由于当前监测在区间封闭性、时间连续性方面受到限制，根据现有实测资料，对稀释作用及自净作用各自对水质改善的贡献这一问题进行深入分析尚存在较大难度，建议对此问题进行专项研究。

3. 加强水文水质监测

引水过程中开展全面的水文水质监测，可以及时获取引水过程中流域水情和水质的变化，从而对引水调度方案进行及时调整，保证引水的效果。并且，这些资料也能够为采用各种技术方法研究引江济太提供宝贵的科学数据。从长远考虑，引江济太长效实施的经济补偿机制的建立，也需要翔实数据的支持。

目前，水质站点的布设在空间上基本控制了当前引江济太方案的影响范围，为了更全面反映引江济太对河网水质的影响，建议进一步加强监测工作，可以重点考虑在张家港以西区域、武澄锡虞区南部靠近太湖区域增设监测断面，以全面反映引水影响效果，并为地方开展的引水与流域引水有效结合提供数据依据。引江济太期间，利用太湖调控湖周区域水资源和水环境将会被更多采用，此时应该及时开展这些区域的水文水质监测。例如，杭嘉湖区目前监测站点的布置无法反映引水的影响，可以考虑采取机动的方式，在引水进行后及时进行监测。

（1）引水水源监测断面。

望虞河靠近引水区布置了长江 3 号、常熟水利枢纽闸内两个水质测点。引水期间，长江 3 号断面成为枢纽闸内断面污染物交换的上游断面，并且此间径流为引水控制，所以两个断面水质十分接近；引水期结束后的一段时间，常熟水利枢纽开始关闸、并且排水运用，长江 3 号断面水质有明显反弹，表明此期间，长江 3 号水质受到望虞河排水影响。由于排水期该监测点水质受到太湖防洪运用的影响，因此该时间段的水质监测数据不完全反映引水水质状况。

为了准确掌握引水期间引水水质，建议改变目前长江 3 号断面的位置，具体位置以设在引水口上游一定距离，保证其水质不会受到望虞河排水的影响。

（2）望虞河沿线监测断面。

引江济太水质监测布设在望虞河干流的断面有常熟水利枢纽闸外、常熟水利枢纽闸内、虞义桥、向阳桥、甘露大桥、大桥角新桥、望亭水利枢纽上、望亭水利枢纽下共计 8 个。2002 年引水第一阶段，望虞河沿程各断面水质变化不明显，并且由于此阶段引水强度平均，水质监测成果在时间上变动很小；第二阶段引水，引水强度存在波动，也造成部分断面（枢纽闸内、虞义桥、向阳桥、大桥角新桥）水质在时间上具有明显的波动，并且沿程存在明显差异。

因此，建议监测断面、监测频次应该随着引水过程进行灵活调整，在引水强度大且长时间保持稳定的条件下，望虞河干流沿程减少监测断面、减少监测频次，即可以控制此区间的水质变化过程。当引水量较小或者引水量波动幅度加大，望虞河干流沿程断面监测的频次应该相应提高。

（3）其他区域监测断面。

黄浦江上游淀浦大桥断面是反映引水影响黄浦江水质的重要监测断面，2002 年该断面虽然引水期间进行了较多频次的水质监测，但是未在引水前进行对比监测；2003 年，该段面仅进行了一次水质监测，监测时间安排得不够合理。

目前，武澄锡虞区监测断面布设比较合理，主要支流均布设了监测断面，并且在河流的代表区段也布设了监测断面，通过这些断面监测资料的统计，对武澄锡虞区受水区范围、水质改善程度能够比较全面地进行分析。

值得注意的是，由于引水和调度的作用，使得武澄锡虞区部分区域出现了排水不畅，产生了局部水质下降的现象。在 2002～2003 年度的监测中，对于这种现象的反映还不够全面。主要表现在：第一，张家港河以西部分区域在引水前没有进行监测，对于引水的影响缺少确定性的分析基础；第二，张家港河以西部分区域在引水第二阶段没有进行监测，无法对自引条件下水质的变化进行分析。

阳澄淀泖区监测断面偏少，引水效果分析提供数据的断面仅有 2 个，不足以反映引水过程对阳澄淀泖区水质的详细影响。

（4）降解系数监测。

1）断面要求。在河段进出口布设控制断面，在河流中段可以布设一个对照断面，控制断面必须进行水量（流量、流速）和水质同步监测，对照断面进行水量监测，以确定实验河段区间水动力条件是否有变化。

2）封闭性要求。试验河段要求具有水流、污染物质封闭性，即可掌握进出河段水流、污染物的总量。因此，需要充分掌握实验河段区间取水口、排水口、污染物排放、支流汇入等情况。考虑到监测的方便性，可以尽量选取以上要素比较少的区段进行观测。

3）形态要求。试验河段形态变化不大，包括断面形态、河道形态、底质组成等要素，以排除其他因素的扰动。

试验可以在引水引起水动力条件变化的时候进行，同时鉴于太湖流域水利工程众多，也可以通过河道上闸门运用方式的调整，使得试验河段的水动力条件发生改变，进而观测和分析水体自净能力的变化。试验期间，试验河段应该处于稳定状态。为了保证试验包括不同的流速级，并且为获得足够的分析数据，可以考虑在不同河流上进行试验。

根据太湖河网地区的流速特征，建议试验河段长 5km 左右。

4. 加强对长江水源地总磷和盐度监测

（1）引水区 TP 浓度相对于河流水质标准属于Ⅱ级，但是太湖是引江济太重要的受水区，考虑到太湖富营养化的状况和磷对湖泊富营养化发展的重要影响，因此有必要在今后的引水过程中加强对 TP 的监测。

（2）长江口盐水入侵问题对区域用水产生重要影响，一般而言，长江口咸淡水大约在浏河口与 $125°E$ 之间进行混合，引水区盐度监测数据也表明引水区盐度并不高。为保证引水工程的长效运行，建议对引水区盐度状况进行比较细致的监测，尤其密切注意枯水期引水区盐度的变化。

5. 加强泥沙监测

（1）引水泥沙在望虞河引水口及附近区域的淤积量和淤积厚度比较大，为了保证望虞河河道形态的稳定和行洪能力，必要时可以考虑采取相应的清淤措施。根据计算结果，望虞河引水口至东胜桥区间总河长占望虞河全长约 12%，但是淤积量占总淤积量的 40%～50%，可以把这一段作为清淤的重点区域。

（2）为减轻引江济太对望虞河河道形态的影响，利用排水冲刷引水期间淤积在河道的泥沙，无疑比人工清淤更加合理和节约成本。由于不掌握准确的望虞河淤积泥沙的启动规律，本研究采取经验公式，对汛期望虞河通过排水冲刷淤沙的可行性进行了初步估算。为深入准确了解这种措施的可行性，建议进行望虞河原状土启动流速实验，为采取有效的工程措施提供科学数据。

（3）引江济太已经实施了一定时间，建议在代表性河段进行监测，分析望虞河河道形态的实际变化，为引水工程的长效运行提供直接的参考依据。

第 3 篇

望虞河西岸排水出路及对策研究

3

第 17 章　概　　述

17.1　研究区简况

望虞河西岸地区属太湖流域武澄锡虞区。武澄锡虞区位于望虞河西侧,北依长江,南靠太湖,西部以武澄锡西控制线(新闸控制线)为界。区域总面积 3615km²。根据太湖流域综合治理规划高水高排、分片治理的原则,武澄锡虞高片与低片之间建有白屈港控制线,控制线西侧低洼平原为武阴低片,面积 1768km²,地面高程一般在 3.50~4.50m;东侧为澄锡虞高片,面积 1431km²(不包括沙洲自排区面积 416km²),地面高程多数在 4.50~5.50m 及以上,局部沿湖荡地区的圩区地面高程在 3.50~4.50m。

紧邻望虞河西岸的澄锡虞高片涉及江苏省的无锡市新区、锡山区、滨湖区,江阴市及苏州市的张家港市和常熟市。该地区地理位置优越,交通便捷,经济发达。京杭运河、沪宁高速公路、沿江高速公路、沪宁铁路和在建的新(沂)长(兴)铁路为本区提供了极为便利的水陆交通。区内经济发达,特别是乡镇企业发展迅速,已成为区域重要经济支柱。其中江阴市、常熟市、张家港市在全国综合实力百强县评比中名列前茅。

澄锡虞高片的主要骨干河道有伯渎港、九里河、张家港、锡北运河、十一圩港等,洪、涝水主要经张家港、锡北运河、伯渎港、九里河等排入望虞河,部分经十一圩港和张家港等河道直接排入长江。在非汛期,因内河通航要求,望虞河东岸口门自由开启,由于阳澄淀泖区河网水位相对澄锡虞高片为低,西岸高片部分水量经望虞河进入东岸阳澄淀泖地区。望虞河西岸区域水系情况见图 17-1。

望虞河西岸区域内航道密布,主要有申张线、锡十一圩线、锡虞线、澄虞线、苏张线、苏张支线、严家桥线及中泾线等。据有关规划,张家港、十一圩港为Ⅴ级航道,九里河为Ⅵ级航道,伯渎港(苏舍塘)为Ⅶ级航道,锡北运河为Ⅴ~Ⅶ级航道不等(其中入望虞河段为Ⅵ级航道),伯渎港(坊桥港)、中泾塘、羊尖塘为等外级航道。

根据 2002~2004 年望虞河及西岸地区代表站水位分析,在望虞河排水期,青阳水位高出陈墅水位约 0.12m,无锡水位高出琳桥水位约 0.06m;在望虞河引水期间,陈墅水位高出青阳水位约 0.03m,明显高于望虞河甘露水位、琳桥水位和无锡水位。水位分析表明,望虞河引水期,多数情况下白屈港控制线以西地区的水不会进入澄锡虞高片地区,但澄锡虞高片地区的水仍会进入望虞河。

望虞河干流进出水流主要受望亭水利枢纽和常熟水利枢纽控制。汛期,太湖需泄洪时,望虞河主要任务为排泄太湖洪水入江,澄锡虞高片地区的涝水多数也通过西岸支流排入望虞河后北排长江。望虞河在自引长江水向太湖送水时,受长江潮汐影响,河道水位、流量一天内出现两高两低的现象,嘉菱荡以北的锡北运河、张家港等支流的水流也出现两进两出,总体上出望虞河时间多、入望虞河时间少,其中张家港较为明显;嘉菱荡以南的伯渎港、九里

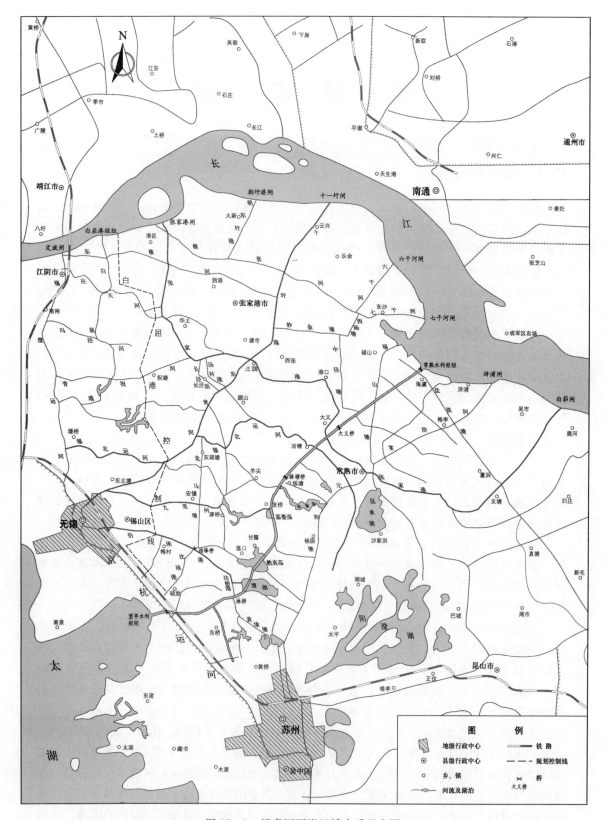

图 17-1 望虞河西岸区域水系示意图

河等支流流向较为稳定，以入望虞河为主。在望虞河常熟水利枢纽泵站大流量引水时，嘉菱荡以北西岸支流基本上不出现入望虞河的现象；嘉菱荡以南的西岸支流受望亭水利枢纽入湖水量影响，仍有污水流入望虞河。

17.2　望虞河工程

望虞河是太湖流域综合治理十一项骨干工程之一，南起太湖边的沙墩口，北至长江边的耿泾口，全长 60.8km，具有防洪、排涝、供水、航运的功能。望虞河是太湖流域主要泄洪通道，工程规模按 1954 年型洪水（流域最大 90 天降雨量相当于 50 年一遇）设计，河底高程 -3.00m（镇江吴淞基面，下同），局部河段 -2.50m，湖荡段 -0.50m，底宽 68.5~82.0m，边坡 1:3~1:5。1954 年型洪水，5~7 月排泄太湖洪水 23.1 亿 m³，占太湖外排水量的 51%；同时兼排望虞河以西、白屈港控制线以东澄锡虞高片部分涝水。供水遇 1971 年型，4~10 月从长江引水入太湖 28 亿 m³。望虞河现为 V 级航道。

望虞河上游与京杭大运河交汇处建有望亭水利枢纽工程，底涵规模 9 孔 ×7.0m×6.5m；下游河口处建有常熟水利枢纽，6 孔 ×8m 节制闸 1 座，16m×190m 船闸 1 座，9 台 ×20m³/s 抽水站 1 座。

望虞河东岸全线建有堤防，望亭水利枢纽以上为太湖环湖大堤，堤顶高程 7.00m，望亭水利枢纽至常熟水利枢纽段堤顶高程 6.00~5.50m，常熟水利枢纽以下为长江堤防，堤顶高程 8.00m；堤顶宽度 6.5~11.5m（湖荡段 5.0m）。望虞河西岸嘉菱荡以北（包括嘉菱荡）建有堤防，堤顶高程约 6.00m，堤顶宽度 5.0m（湖荡段 3.0m）；嘉菱荡以南未建堤防，地面高程约 5.50m。东岸全线建有防汛公路，共计 95.8km，西岸仅无锡市杨家渡以上段建有防汛公路。

望虞河已建护岸长度 140.49km，其中望虞河干河护砌 119.46km，湖荡段 18.03km，常熟水利枢纽下游长江段 3.0km。

望虞河东岸口门已全部建闸控制。望虞河西岸共有支河口门 84 个，其中已建控制建筑物的口门 46 个，地方已封堵口门 5 个，敞开的口门 33 个，主要河道有伯渎港、九里河、锡北运河、张家港等。

17.3　西岸地区土地利用及相关规划

1. 望虞河上段地区

望虞河上段西岸地区（京杭运河至太湖段）原属无锡市滨湖区，2005 年无锡市为在该区域规划建设无锡太湖国际科技园，将其划归无锡市无锡新区。

目前无锡市正在规划建设的无锡太湖国际科技园以望虞河西岸、京杭运河南岸、太湖以北、大溪港以东为界，规划区域共 26.7km²。由无锡市规划局牵头的科技园总体规划和路网规划正在编制中，无锡市水利局编制的水系规划已形成初稿。望虞河上段西岸地区均位于规划建设的无锡太湖国际科技园范围内。

2. 无锡新区道路路网规划

除望虞河上段地区外，京杭运河以下段的无锡新区道路路网规划已于 2005 年 7 月编制完成。根据该规划，望虞河西岸的沈渎港等河道规划面宽仅 40m，现场调查了解到河道两岸的大部分土地也已批租。

3. 无锡锡山区走马塘泄洪景观一期工程

走马塘是望虞河西岸锡山区境内的主要河道，南与沈渎港相接，北入锡北运河，现状规模约为底宽 10m，底高程 2m，河道全长 16.6km。该河道现状水环境较差，且位于城区，地方政府对河道整治的积极性较高。自 2004 年起开展了测量、地勘等前期工作，河道规划面宽按 128m 控制，并准备按 40m 底宽、0m 底高程先期实施走马塘泄洪景观一期工程，一期工程位于安镇段（胶东—太平桥），长约 4km。

但从现场查勘的情况看，走马塘按 40m 底宽实施难度较大，在拟实施一期工程的安镇段，走马塘右岸紧贴着河道沿线是新建的 110kV 高压线铁塔走廊，左岸是正在建设的工业园区。

4. 无锡市水生态系统保护和修复规划

江苏省水利厅和无锡市人民政府于 2006 年 3 月编制了《无锡市水生态系统保护和修复规划》，并已通过水利部审查。规划提出了无锡市主要河流和湖泊等水域的水生态系统保护和修复规划目标：

（1）至 2010 年水生态系统退化和损坏趋势得到遏制，主要水源地水质合格，水质普遍有所改善，主要区域水污染基本得到控制，水环境得到初步改善。主要城镇河道全面消除黑臭现象；全面控制生活、工业污染；建立和完善城镇污水处理系统，城镇污水集中处理率达到 60%～90%，并逐步提高城镇污水处理厂的处理标准，加快城镇生活和工业污水的截流，逐步封闭城乡排污口，强化农业污染控制。

（2）至 2020 年水生态系统初步趋于良性循环，水源地水质全部合格，河道水质得到全面改善，全面控制各水域的污染，水环境得到全面改善。全部城镇河道和主要农村河道的水质得到全面改善；全面控制生活、工业污染，基本控制农业等非点源污染，城镇污水处理系统能力 100%满足该水平年要求，提高城镇污水处理厂处理标准，城市达到一级A，其他达到一级 B，城镇生活污水平均处理率达到 95%，封闭绝大部分城镇生活和工业排污口，区域水环境得到全面改善。

5. 望虞河西岸常熟地区

望虞河西岸羊尖荡以下属常熟市，据调查，2005 年起常熟境内的望虞河西岸已按 200m 口宽划定规划控制线。

望虞河西岸常熟市境内的通江河道福山塘和崔浦塘，因岸滩淤积较为严重，已将河口段外延。福山塘按 30m 底宽、0m 底高程的规模向外延伸了 3.45km，原 6m 宽的河口节制闸拆除后在延伸段河口新建 12m 节制闸；延伸段以外又按 40m 底宽在滩地上抽槽 3km。

根据《常熟市城市总体规划》与《常熟市水资源综合规划》，对穿越常熟市城区的望虞河东岸张家港航道实施改线，改线后的东岸张家港航道将从城区外围绕过，规划的张家港入望虞河口设在常熟市北环路高新园与谢桥集镇之间。

6. 张家港市水资源综合开发研究

澄锡虞高片的张家港市具有沿江的地域优势，境内通江水系发达，已形成较为完善的引、排水系统和地区航运系统。2004 年 3 月张家港市水利局及相关单位编制了《张家港市水资源综合开发研究报告》，提出了引水、排水和航运等水系总体布局及实施方案。根据规划，一干河等为引水河道；二干河、六干河、七干河等为主要排水河道；张家港、三干河、四干河、五干河等为引水及排水河道，张家港、二干河、六干河、七干河、华妙河等为航运水域。

7. 航运规划

由江苏省发展和改革委员会和交通厅编制的《江苏省干线航道网规划（2005 年 6 月）》已经交通部和江苏省人民政府批准。此外，江苏省交通规划设计院在 2004 年 12 月和 2005 年 8 月分别编制了《苏州市航道网规划（送审稿）》和《无锡市航道网规划（送审稿）》，目前，苏州市航道网规划已审查批准。

根据上述航道网规划，望虞河及西岸地区的航道等级均有所提高，京杭运河和申张线（张家港）为三级，锡甘线（伯渎港）为四级，锡虞线（九里河）和澄虞线（锡北运河）分别为五级和六级。望虞河仍为五级。澄锡虞高片的锡十一圩线（十一圩港—东清河—锡北运河）和苏张线（沈渎港—走马塘）为四级航道。

8. 京沪高铁

京沪高速铁路 2006 年 1 月项目立项，工程可行性研究报告已经编制完成，该铁路线拟在漕湖西侧新建望虞河跨河大桥。

17.4　望虞河及西岸地区水功能区划分与现状水质评价

1. 水功能区划

根据《太湖流域水功能区划报告》和江苏省人民政府批复的《江苏省水（环境）功能区划》，望虞河为水源保护区，并确定 2010 年望虞河水质目标均要达到地表水环境质量Ⅲ类水标准。望虞河西岸支流分别为缓冲区和开发利用区。望虞河及其西岸主要支流的水功能区划分见表 17 - 1 和表 17 - 2。

表 17 - 1　　　　　　　　望虞河及其西岸主要支流的一级水功能区

	一级功能区名称	河流/湖泊	起始断面	终止断面	长度（km）	2010 年水质目标
干流	望虞河江苏调水保护区	望虞河	吴县市望亭	常熟市花庄闸入江口	75.50	Ⅲ类
支流	张家港江苏开发利用区	张家港	张家港闸	张家港常熟交界	48.70	
	张家港常熟缓冲区	张家港	张家港常熟交界	望虞河	7.95	Ⅳ类
	锡北运河江苏开发利用区	锡北运河	锡澄运河	锡苏交界	34.40	
	锡北运河常熟缓冲区	锡北运河	锡苏交界	望虞河	9.50	Ⅲ类
	北福山塘常熟缓冲区	北福山塘	福山闸	望虞河	13.00	
	严羊河—羊尖塘江苏缓冲区	严羊河—羊尖塘	锡北运河	望虞河	11.95	Ⅳ类
	九里河无锡开发利用区	九里河	北兴塘河	潘墅塘交界	13.60	
	九里河（含宛山荡）江苏缓冲区	九里河	潘墅塘交界	望虞河	12.90	Ⅲ类
	伯渎港无锡开发利用区	伯渎港	无锡古运河	张塘桥河	14.80	
	伯渎港无锡缓冲区	伯渎港	张塘桥河	望虞河	9.40	Ⅳ类

表 17-2　　　　　　　　　　望虞河西岸主要支流的二级水功能区

一级功能区名称	二级功能区名称	河流/湖泊	起始断面	终止断面	长度（km）	2010 年水质目标
张家港江苏开发利用区	张家港张家港区工业、农业用水区	张家港	张家港闸	袁家桥	8.00	Ⅳ类
张家港江苏开发利用区	张家港江阴市工业、农业用水区	张家港	袁家桥	红豆村（西庄）	31.00	Ⅳ类
张家港江苏开发利用区	张家港张家港市工业、农业用水区	张家港	红豆村（西庄）	张家港常熟交界	9.70	Ⅳ类
锡北运河江苏开发利用区	锡北运河无锡市渔业、工业用水区	锡北运河	锡澄运河	北白荡	9.00	Ⅳ类
锡北运河江苏开发利用区	锡北运河无锡市工业、农业用水区	锡北运河	北白荡	锡苏交界	25.40	Ⅳ类
九里河无锡开发利用区	九里河无锡市工业、农业用水区	九里河	北兴塘河	潘墅塘交界	13.60	Ⅲ类
伯渎港无锡开发利用区	伯渎港无锡市工业用水区	伯渎港	无锡古运河	张塘桥河	14.80	Ⅳ类

　　根据江苏省人民政府颁布的望虞河及其西岸主要支流的水功能区划要求，望虞河水功能区水质目标为Ⅲ类，与望虞河相连的西岸主要支流北福山塘、张家港、锡北运河、羊尖塘、九里河、伯渎港等，在 9～12km 的缓冲区范围内水质目标基本为Ⅲ类，在开发利用区范围内，水质目标依据用水要求确定为Ⅲ～Ⅴ类，其中工业用水区的水质目标按照Ⅲ～Ⅳ类控制，农业用水区的水质目标不低于Ⅴ类，渔业用水区的水质目标为Ⅲ类。

　　2. 水功能区水质现状评价

　　评价指标采用高锰酸盐指数（COD_{Mn}）和氨氮（NH_3-N），评价方法采用单因子评价法评价，评价标准采用《地表水环境质量标准》（GB 3838—2002）。

　　水功能区现状水质评价主要针对上述望虞河干流和西岸支流，采用 2004 年水质监测资料，分别按照排水期、行洪期、自引期和泵引期进行现状水质评价。望虞河干流和西岸支流水质监测断面位置分布见图 17-2。

　　望虞河干流：望虞河干流现状水质评价结果见表 17-3。

表 17-3　　　　　　　　　　望虞河干流水质现状评价结果

水质断面	水情期（年-月-日）	COD_{Mn}		NH_3-N	
		浓度（mg/L）	水质类别	浓度（mg/L）	水质类别
常熟水利枢纽闸外	排水期（2004-5-16～7-22）	6.17	Ⅳ	7.24	劣Ⅴ
	行洪期（2004-6-7～7-13）	6.43	Ⅳ	5.62	劣Ⅴ
	自引期（2004-1-6-5-12）	2.35	Ⅱ	0.42	Ⅱ
	泵引期（2004-7-31～8-10）	2.32	Ⅱ	0.05	Ⅰ
常熟水利枢纽闸内	排水期（2004-5-16～7-22）	6.24	Ⅳ	5.32	劣Ⅴ
	行洪期（2004-6-7～7-13）	5.68	Ⅲ	3.84	劣Ⅴ
	自引期（2004-1-6-5-12）	2.33	Ⅱ	0.38	Ⅱ
	泵引期（2004-7-31～8-10）	2.26	Ⅱ	0.04	Ⅰ

续表

水质断面	水情期 （年-月-日）	COD$_{Mn}$		NH$_3$-N	
		浓度（mg/L）	水质类别	浓度（mg/L）	水质类别
虞义桥	排水期（2004-5-16～7-22）	6.97	Ⅳ	4.23	劣Ⅴ
	行洪期（2004-6-7～7-13）	6.48	Ⅳ	3.30	劣Ⅴ
	自引期（2004-1-6～5-12）	7.30	Ⅳ	10.0	劣Ⅴ
	泵引期（2004-7-31～8-10）	2.85	Ⅱ	1.12	Ⅳ
张桥	排水期（2004-5-16～7-22）	5.87	Ⅲ	2.78	劣Ⅴ
	行洪期（2004-6-7～7-13）	5.90	Ⅲ	2.55	劣Ⅴ
	自引期（2004-1-6～5-12）	5.48	Ⅲ	4.29	劣Ⅴ
	泵引期（2004-7-31～8-10）	3.19	Ⅱ	1.28	Ⅳ
大桥角新桥	排水期（2004-5-16～7-22）	5.68	Ⅲ	2.58	劣Ⅴ
	行洪期（2004-6-7～7-13）	6.01	Ⅳ	2.54	劣Ⅴ
	自引期（2004-1-6～5-12）	5.46	Ⅲ	3.31	劣Ⅴ
	泵引期（2004-7-31～8-10）	4.08	Ⅲ	1.00	Ⅲ
望亭立交闸下	排水期（2004-5-16～7-22）	5.02	Ⅲ	1.25	Ⅳ
	行洪期（2004-6-7～7-13）	5.22	Ⅲ	1.13	Ⅳ
	自引期（2004-1-6～5-12）	5.49	Ⅲ	1.81	Ⅴ
	泵引期（2004-7～31-8-10）	4.48	Ⅲ	1.01	Ⅳ
备注	行洪期为望亭水利枢纽开闸，以排太湖洪水为主。排水期望亭水利枢纽关闸，主要排西岸高水。自引期为小流量引水，日平均引水流量为 59.44m³/s。泵引期为大流量引水，日平均引水流量为180.43m³/s				

表 17-3 统计结果表明，望虞河干流常熟水利枢纽闸内河段水质在排水期水质最差，主要超标指标为氨氮（NH$_3$-N），其平均浓度为 5.32mg/L，超过Ⅲ类标准 1mg/L 的 4 倍多。在大流量引水的条件下，该河段水质明显改善，为Ⅱ类水，水质完全满足水功能区的水质目标要求。

由于在排水期和自引期，西岸张家港、锡北运河等支流以汇入望虞河为主，望虞河干流虞义大桥至张桥段水质明显变差，主要超标指标也是氨氮（NH$_3$-N），尤其是在自引期，虞义大桥和张桥断面氨氮（NH$_3$-N）平均浓度为 10.0mg/L 和 4.29mg/L，分别超过Ⅲ类标准 1mg/L 的 9 倍和 3.29 倍。在大流量引水的条件下，该河段水质明显改善，但氨氮（NH$_3$-N）浓度仍然为Ⅳ类水，水质尚未达到水功能区的Ⅲ类水质目标要求。

望虞河干流大桥角新桥和望亭立交闸下断面为连接太湖，其水质为泵引期最好，行洪期次之，自引期最差。行洪期水质较好的原因主要是太湖出水水质较好，对望虞河该河段水质改善较为明显。泵引期，虽然也受到污染的影响，但基本能保障入湖水质达到Ⅲ类。而在自引期，如果对企业超标准排污和排污不进行限制，很难保障将长江优质水引入太湖。

鉴于 2004 年望虞河没有大流量泄洪，为进一步说明望虞河干流在大流量泄洪期间的水质

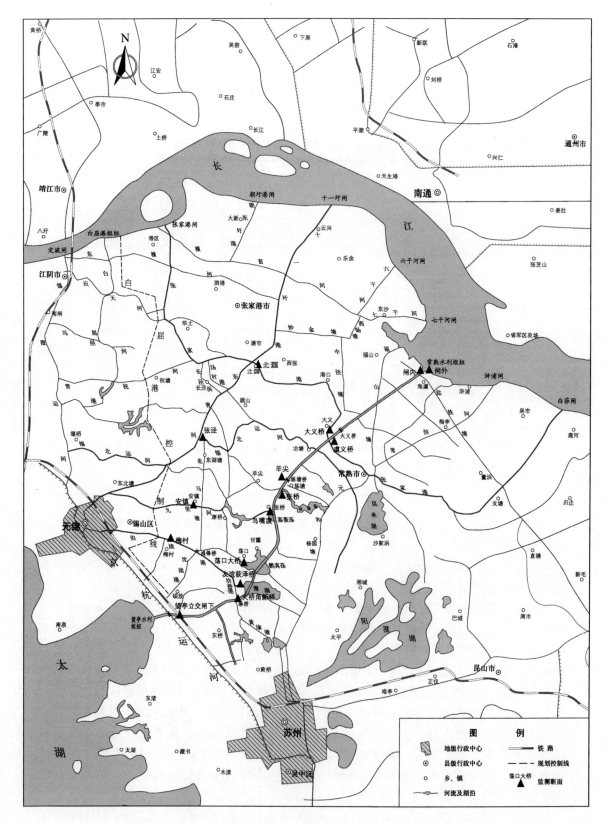

图 17-2　水质监测断面位置分布示意图

变化，选择 2003 年 5 月 1～13 日望虞河大流量行洪期间（常熟水利枢纽日排水量为 1000 万～1500 万 m³，望亭水利枢纽日排水量为 1000 万 m³ 左右）的水质监测资料进行分析，评价结果见表 17－4。此期间望虞河干流大桥角新桥至望亭立交闸下河段水质好于行洪期和排水期，各项指标均达到或接近Ⅱ类。大流量排洪时望虞河干流水质浓度沿程随着水流向长江边的推移而逐渐升高，虞义桥段至常熟水利枢纽闸外河段水质则差于行洪期和排水期。

表 17－4　　　　　　　2003 年大流量泄洪期间望虞河及其西岸支流水质

河流名称	水质断面	COD_Mn		NH₃－N	
		浓度（mg/L）	水质类别	浓度（mg/L）	水质类别
望虞河干流	常熟水利枢纽闸外	7.25	Ⅳ	6.26	劣Ⅴ
	常熟水利枢纽闸内	7.60	Ⅳ	5.95	劣Ⅴ
	虞义桥	5.90	Ⅲ	5.33	劣Ⅴ
	向阳桥	5.70	Ⅲ	2.22	劣Ⅴ
	大桥角新桥	4.40	Ⅲ	0.80	Ⅲ
	望亭立交闸下	4.20	Ⅲ	0.38	Ⅱ
张家港	大义桥	15.80	劣Ⅴ	24.80	劣Ⅴ
锡北运河	新师桥	11.20	Ⅴ	5.42	劣Ⅴ
九里河	羊尖桥	10.50	Ⅴ	4.99	劣Ⅴ
	鸟嘴渡	7.00	Ⅳ	6.74	劣Ⅴ
伯渎港	荡口大桥	8.60	Ⅳ	6.46	劣Ⅴ
	友谊荻泽桥	8.90	Ⅳ	6.94	劣Ⅴ

西岸支流：望虞河西岸支流水质现状评价结果见表 17－5。

表 17－5　　　　　　　望虞河西岸支流水质现状评价结果

支流	断面	水情期（年-月-日）	COD_Mn (mg/L)	水质类别	NH₃－N (mg/L)	水质类别
张家港	北涢	排水期（2004－5－16～7－22）	9.42	Ⅳ	3.71	劣Ⅴ
		行洪期（2004－6－7～7－13）	9.40	Ⅳ	3.33	劣Ⅴ
		自引期（2004－1－6～5－12）	13.52	Ⅴ	7.48	劣Ⅴ
		泵引期（2004－7－31～8－10）	10.88	Ⅴ	5.32	劣Ⅴ
	大义桥	排水期（2004－5－16～7－22）	10.78	Ⅴ	15.32	劣Ⅴ
		行洪期（2004－6－7～7－13）	10.22	Ⅴ	15.82	劣Ⅴ
		自引期（2004－1－6～5－12）	17.30	劣Ⅴ	34.60	劣Ⅴ
		泵引期（2004－7－31～8－10）	6.00	Ⅲ	12.60	劣Ⅴ
锡北运河	张泾	排水期（2004－5－16～7－22）	8.86	Ⅳ	3.71	劣Ⅴ
		行洪期（2004－6－7～7－13）	9.40	Ⅳ	3.13	劣Ⅴ
		自引期（2004－1－6～5－12）	13.00	Ⅴ	6.67	劣Ⅴ
		泵引期（2004－7－31～8－10）	9.76	Ⅳ	3.10	劣Ⅴ

续表

支流	断面	水情期（年-月-日）	COD$_{Mn}$（mg/L）	水质类别	NH$_3$-N（mg/L）	水质类别
锡北运河	新师桥	排水期（2004-5-16～7-22）	9.54	Ⅳ	4.88	劣Ⅴ
		行洪期（2004-6-7～7-13）	8.41	Ⅳ	3.98	劣Ⅴ
		自引期（2004-1-6～5-12）	11.50	Ⅴ	6.51	劣Ⅴ
		泵引期（2004-7-31～8-10）	10.00	Ⅳ	3.10	劣Ⅴ
九里河	安镇	排水期（2004-5-16～7-22）	10.83	Ⅴ	4.18	劣Ⅴ
		行洪期（2004-6-7～7-13）	11.16	Ⅴ	3.88	劣Ⅴ
		自引期（2004-1-6～5-12）	20.40	劣Ⅴ	10.30	劣Ⅴ
		泵引期（2004-7-31～8-10）	9.56	Ⅳ	4.10	劣Ⅴ
	羊尖	排水期（2004-5-16～7-22）	8.09	Ⅳ	3.45	劣Ⅴ
		行洪期（2004-6-7～7-13）	8.55	Ⅳ	3.07	劣Ⅴ
		自引期（2004-1-6～5-12）	15.80	劣Ⅴ	6.38	劣Ⅴ
		泵引期（2004-7-31～8-10）	11.39	Ⅴ	3.65	劣Ⅴ
	鸟咀渡	排水期（2004-5-16～7-22）	7.80	Ⅳ	3.76	劣Ⅴ
		行洪期（2004-6-7～7-13）	7.60	Ⅳ	3.39	劣Ⅴ
		自引期（2004-1-6～5-12）	12.49	Ⅴ	8.69	劣Ⅴ
		泵引期（2004-7-31～8-10）	7.52	Ⅳ	3.00	劣Ⅴ
伯渎港	梅村	排水期（2004-5-16～7-22）	10.61	Ⅴ	6.70	劣Ⅴ
		行洪期（2004-6-7～7-13）	10.02	Ⅴ	6.13	劣Ⅴ
		自引期（2004-1-6～5-12）	15.00	劣Ⅴ	14.20	劣Ⅴ
		泵引期（2004-7-31～8-10）	9.99	Ⅳ	6.50	劣Ⅴ
	荡口大桥	排水期（2004-5-16～7-22）	8.60	Ⅳ	4.73	劣Ⅴ
		行洪期（2004-6-7～7-13）	8.67	Ⅳ	4.29	劣Ⅴ
		自引期（2004-1-6～5-12）	7.27	Ⅳ	6.39	劣Ⅴ
		泵引期（2004-7-31～8-10）	6.21	Ⅳ	2.07	劣Ⅴ
	友谊荻泽桥	排水期（2004-5-16～7-22）	10.60	Ⅴ	6.09	劣Ⅴ
		行洪期（2004-6-7～7-13）	9.95	Ⅳ	5.63	劣Ⅴ
		自引期（2004-1-6～5-12）	13.60	Ⅴ	9.74	劣Ⅴ
		泵引期（2004-7-31～8-10）	8.72	Ⅳ	3.38	劣Ⅴ

望虞河西岸支流水质监测资料分析表明，西岸水质均很差，为Ⅴ～劣Ⅴ类。

17.5　西岸地区污染源状况及排水出路

1. 地区污染源

望虞河及其西岸地区污染源主要包括城镇居民生活污水、工业废水和农业污染源。江苏省太湖水污染防治委员会办公室制定的《望虞河西岸水污染控制计划》中，对 2001 年排放到望虞河及其西岸相关地区的污染源进行了调查统计。重点工业污染源排放到望虞河及其西岸澄锡虞高片地区主要河流的年废水排放量为 9637 万 t，化学需氧量（COD$_{Cr}$）年排放量为 9176 万 t，主要为纺织印染和化工行业污水。其中直接入望虞河的废水量为 687 万 t/a，COD$_{Cr}$ 为 713 万 t/a，见表 17 − 6。

表 17 − 6   **重点工业污染源排放量统计表**   单位：万 t/a

河道	废水排放量	COD$_{Cr}$排放量	河道	废水排放量	COD$_{Cr}$排放量
望虞河	687.38	713.24	张家港	4839.12	4435.00
伯渎河	29.61	74.00	其他	30.30	45.00
九里河	555.12	1602.00	合计	9637.18	9176.24
锡北运河	3495.65	2307.00			

2003 年太湖流域水资源保护局对望虞河沿程排污口进行了补充调查，据不完全统计，直接排入望虞河的企业有 23 家，废水排放量达 2490 万 t/a，已明显超过 2001 年资料。2004 年引江济太期间，太湖流域水资源保护局又对望虞河及其西岸重点排污口进行了实地调查和检测，发现对望虞河水质影响较大的工业污染源有 9 家，分别为东吴染料厂、亚东钢带有限公司、荡口中材化工公司、丰硕化工厂（原新亚化工厂）、富达聚酯品公司、汇达染指（原宏源化工集团）、金申医药化工厂、原向阳化工厂、红豆集团印染总厂、菊花味精集团。

通过分析调查和地方提供的污染源资料认为，高片内影响望虞河水质的污染源主要为 4 处：一为九里河和伯渎港，这两条河主要承泄上游无锡及其沿程的城乡居民、工农业污水；二为锡北运河来水；三为张家港，该河承泄张家港市及其沿程的城乡居民、工农业污水；四为高片内望虞河口入长江区域，该范围特别是在长江落潮期间，滞纳张家港市和附近城镇居民与工农业污水。

2. 高片污水主要出路

目前望虞河西岸高片部分污水经京杭运河各口门汇入运河东排，沿江地区经十一圩和张家港等河道直接排入长江；西岸高片大部分污水经张家港、锡北运河、伯渎港、九里河等西岸口门向东进入望虞河，因苏州地区河网水位相对澄锡虞高片水位低，有一部分经望虞河东岸各口门进入阳澄淀泖地区，但由于望虞河西岸支流水质恶劣，望虞河东岸各口门除航运需要开启外总体为关闭状态，望虞河西岸支流污水进入望虞河后以北排长江为主。

3. 西岸支流入望虞河现状污染物

从望虞河及其西岸支流近年的水质资料分析，水质变化规律基本相同。在排水期，望虞河西岸支流污水大量进入望虞河，望虞河干流除望亭水利枢纽段受太湖出水的作用水质较好外，望虞河干流水质总体为Ⅴ类或劣Ⅴ类。在引水期，望虞河常熟水利枢纽引水量大于 70m³/s 情况下，望虞河水位相对西岸支流较高，望虞河干流受到西岸支流污水的影响较小，望虞河干流水质可基本稳定在Ⅱ～Ⅲ类；当望虞河常熟水利枢纽引水量小于 70m³/s 时，望虞河西岸支流总体以流入望虞河为主，此时，望虞河干流水质主要受污染源排污和西岸支流水质变化的影响，望虞河干流水质主要在Ⅲ～Ⅴ类之间波动。水质明显制约引水入湖水量。

根据引江济太期间的水量、水质监测资料,分析计算自引期间西岸支流入望虞河的污染物量,见表 17 - 7。

表 17 - 7　　　　　　　　自引期间西岸支流和直排入望虞河的污染物量

河　　段	西岸支流入望虞河量 (t/a)	
	COD_{Cr}	$NH_3 - N$
直排望虞河的污染源排放量	4.95①	
常熟水利枢纽—虞义桥段 (张家港)	52.87	43.68
虞义桥—张桥段 (锡北运河)	43.81	4.02
张桥—大桥角新桥段 (九里河)	32.26	3.27
大桥角新桥—望亭水利枢纽段 (伯渎港)	11.63	1.47
合　　计	145.51	52.44

① 为《望虞河西岸水污染控制计划》中直排望虞河的重点工业污染源的统计值和生活污染源、农业污染源中入望虞河量的推算值的合计。

17.6　存在的主要问题

1. 现状工况下引江济太效率得不到充分发挥

随着经济的发展,望虞河西岸河网水质日趋恶化,与《总体规划方案》确定望虞河引水功能时的设计条件已有很大差异,河网污染严重影响望虞河引水功能的发挥。目前望虞河东岸全线设有控制建筑物,西岸考虑到西部澄锡虞高片地区排涝问题,控制线设立在武澄锡虞高低片分界线,即白屈港控制线,控制线以东入望虞河的河道基本上全部敞开。受工业污水、生活污水及其他污染源污染影响,目前澄锡虞高片内各支河水质基本为Ⅴ类或劣于Ⅴ类。望虞河引水期间,受澄锡虞高片污水沿途汇入影响,引水功能不能充分发挥。引江济太试验表明:利用现有水利工程调度,虽可引部分长江水入湖,但入湖水量、水质受到很大影响。一方面,为减少高片污水进入望虞河,需控制入湖水量,以适当抬高望虞河水位;另一方面,由于高片污水沿途汇入,水质变差,降低入湖水量的水环境承载能力,影响入湖水量对太湖水体改善效率。

2. 澄锡虞高片排水去向受到制约

在现状工况下望虞河引水期间,由于望虞河引水抬高水位,东岸又控制,澄锡虞高片进入望虞河水量减少,从而影响高片排水。

3. 不能满足太湖周边及下游地区对优质水资源的需求

《总体规划方案》明确望虞河具有行洪、排涝、引水、航运等功能,引水规模为遇1971 年干旱年型,4～10 月引优质水 28 亿 m^3,以满足太湖周边及下游地区对优质水资源的需求。流域水环境现状要求望虞河常年引水,以遏制太湖富营养化趋势,改善太湖及周边地区水环境。但两年多来望虞河引江济试验表明,由于受望虞河西岸污水汇入影响,实现规划方案水量水质目标有困难。

17.7　研究目的和任务

17.7.1　研究目的

根据《太湖水污染防治"十五"计划》要求,在进一步加大澄锡虞高片治污力度前提下，充分发挥现有水利工程设施水流调向、增加水体循环的作用，结合高片内水环境条件的改善，采取必要的工程和非工程措施，合理安排望虞河西岸排水出路，控制高片污水东排望虞河，使望虞河能最大限度地引优质长江水入太湖，确保引江济太战略实施。

17.7.2 项目任务

望虞河西岸排水出路及对策，研究范围包括望虞河、武澄锡虞区及其周围地区，重点研究澄锡虞高片。主要任务有：调查、收集望虞河西岸河网水质和主要污染源等资料，评价望虞河西岸河网水质现状、主要污染源状况；掌握望虞河西岸澄锡虞高片现状排水的主要出路；利用区域水量、水质模型，研究西岸地区河网水流运动规律及现有水利工程调度的影响；研究望虞河西岸排水出路工程及对周围地区的影响。利用流域河网水量模型，研究不同工程方案在流域和区域防洪、供水等方面的作用，在充分发挥现有污水治理工程、水利工程设施作用的基础上，提出望虞河西岸排水出路的工程方案。

第 18 章　区域水体流动规律及西岸排水工程研究

18.1　水利计算数学模型

平原区采用平原河网一维非恒定流计算数学模型；山丘区降雨产流计算采用较适合南方湿润地区的蓄满产流模式，并经汇流后作为平原河网的入流。

18.1.1　水流运动模型

1. 计算范围

水利计算范围包括湖西区和武澄锡虞区，西以茅山山脉为界，北临长江，东至望虞河东岸控制线，南以宜溧山区和太湖为界。总面积约 10770km²，其中湖西区约 7570km²（已扣除滨江自排区约 327km²），武澄锡虞区约 3200km²（已扣除张家港自排区约 416km²）。

2. 河网概化

在河网概化中，为充分反映现状及规划河道状况，尽量少作概化归并；对常州市区、无锡市区及澄锡虞高片的河道进行了适当细化。

经河网概化后，整个计算区域约共有 480 条计算河道，其中有 14 条山丘区产汇流集中入流河道，山丘区入流概化总面积约 2197km²，包括大溪水库集水面积 90km²、沙河水库集水面积 148.5km²、横山水库集水面积 154.8km²；共有河道交叉节点 267 个，其中湖荡调蓄节点 9 个，包括滆湖、漏湖、西汜、鹅真荡、五里湖等，概化湖荡总面积约 278km²；滞蓄洪区调蓄节点 1 个（南渡以西）。河网概化图见图 18-1。

3. 计算参数

计算采用的规划圩区排涝模数，湖西 1.20m³/（s·km²），武澄锡虞区为 1.80m³/（s·km²）。计算河道微段长度不大于 3.0km，计算时间步长取 15min。

4. 基本原理

描述水流在明渠中运动的一维非恒定流基本方程是 Saint Venant 方程组：

连续方程
$$\frac{\partial Q}{\partial x} + \frac{\partial (\alpha A)}{\partial t} = q \tag{18-1}$$

动力方程
$$\frac{\partial Q}{\partial t} + \frac{\partial (Q^2/A)}{\partial x} + gA\frac{\partial Z}{\partial x} + \frac{gn^2|U|Q}{R^{4/3}} = 0 \tag{18-2}$$

式中　　t、x——时、空变量；

Z、Q、U——各断面的水位、流量和流速；

A、B、R——各断面的过水断面面积、水面宽和水力半径；

α——滩地系数；

q——单位河长的均匀旁侧入流（包括降雨产汇流）；

n——河道糙率系数；

g——重力加速度。

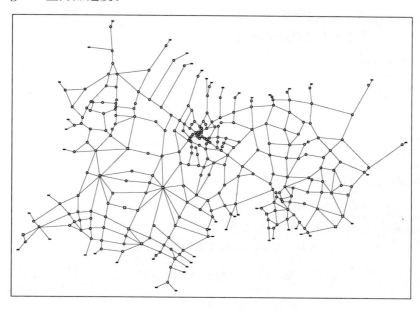

图 18 - 1　水利计算河网概化图

由上可见，Saint Venant 方程组是一个二元一阶拟线性双曲型偏微分方程组，求得精确解非常困难，本模型采用四点隐式加权非线性直接差分法离散求数值解。

18.1.2　降雨产汇流模型

18.1.2.1　山丘区产汇流模型

1. 产流计算

山丘区降雨产流计算采用适合江南湿润地区的蓄满产流计算模型。

（1）蓄满产流：

$$W_{mm} = W_m(1 + B) \tag{18-3}$$

$$A = W_{mm}\left[1 - \left(1 - \frac{W}{W_m}\right)^{\frac{1}{1+B}}\right] \tag{18-4}$$

当 $P - E < 0$ 时　　　　　　　　$R = 0$

当 $P - E + A < W_{mm}$ 时

$$R = P - E - (W_m - W) + W_m\left(1 - \frac{P - E + A}{W_{mm}}\right)^{(1+B)}$$

当 $P - E + A > W_{mm}$ 时　　　$R = P - E - (W_m - W)$

式中　P——降雨量，mm；

　　　E——蒸发量，mm；

　　　W——时段初土壤蓄水量，mm；

W_m——平均土壤蓄水容量，即土壤可能最大缺水量，根据《江苏省暴雨洪水图集》，

$\qquad W_m = 75\text{mm}$；

W_{mm}——土壤蓄水容量曲线的最大值；

B——土壤蓄水容量曲线的指数；

R——总产水量；

A——工作变量。

（2）水源划分：

如 $\qquad\qquad P - E > FC, RG = FC(R/(P-E)), RS = R - RG$ $\qquad$ (18-5)

如 $\qquad\qquad P - E < FC, RG = R, RS = 0$ $\qquad\qquad$ (18-6)

式中　RG——地下径流；

$\quad RS$——地面径流；

$\quad FC$——土壤稳定入渗率。

（3）蒸发计算：蒸发采用二层蒸发模型：

当 $\qquad\qquad P + WU > EM, EU = EM, EL = 0$ $\qquad\qquad$ (18-7)

当 $\qquad\qquad P + WU < EM, EU = WU, EL = (EM - EU)\dfrac{WL}{WLM}$ $\qquad$ (18-8)

$$E = EU + EL$$

式中　P——降雨量，mm；

$\quad E$——蒸发量，mm；

EM——蒸散发量能力，mm；

EU——上层蒸发，mm；

EL——下层蒸发，mm；

WU——上层土壤蓄水量，mm；

WL——下层土壤蓄水量，mm；

WLM——下层土壤蓄水容量，$WLM + WUM = W_m$，mm；

WUM——上层土壤蓄水容量，mm。

2. 汇流计算

汇流计算采用较常用的时段单位线法，时段长取 $\Delta t = 2\text{h}$。湖西区的宜溧山区基本属山丘与平原圩区的混合区，茅山山区基本属高地或丘陵，时段单位线根据《江苏省暴雨洪水图集》取用。

18.1.2.2　平原区产汇流模型

产流计算主要分成水面、水田、旱地（含非耕地）三大类下垫面分别进行计算。水田产水根据作物各生长期的适宜水深、耐淹水深进行调蓄计算。旱地产水采用一层蒸发的蓄满产流模型。

汇流计算分圩区和非圩区两种情况分别进行。

圩区：当降雨较小时，圩内产水全部外排，保持圩内河网水位不变；当降雨大于圩区排涝模数时，按排涝模数向外排水，圩内水面不参与圩外河网的调蓄计算。

非圩区：采用时段单位线法进行汇流计算。

18.1.3 模型率定

1. 率定年型

鉴于大水年份通常发生洪涝灾害，缺乏实测的淹没水量，估算具有任意性，影响率定成果准确性，一般选用无灾害的中水年份进行率定。模型率定分别采用 1985 年 5 月和 1987 年 7 月资料。1985 年 5 月湖西区降雨量约 160mm，属中水年份。1987 年 7 月湖西区降雨量约 420mm，属丰水年份。

2. 率定计算条件

降雨采用实测降雨过程；太湖水位采用大浦口、百渎口、犊山口、望亭（太）实测日平均水位过程；长江潮位采用镇江、江阴、天生港三站实测潮位过程内插；大溪、沙河、横山三大水库出流采用实测日平均流量过程；沿长江各枢纽根据《水文年鉴》"引排水量统计表"的引排水时段进行控制过闸计算。

3. 率定计算成果

率定计算成果见表 18-1，由表可见计算值与实测值基本吻合，可基本满足水利计算要求。

表 18-1　　　　　　　　河网水力计算数学模型率定计算成果

项　　目		1985 年 5 月		1987 年 7 月	
		实测	计算	实测	计算
沿江闸站引排水量（万 m³）	谏壁枢纽	1695	1816	−8803	−8562
	九曲河闸	1954	1935	−11057	−10229
	小河闸	4811	5098	−5314	−5516
	魏村闸	4166	4319	−4774	−4381
	江阴工农闸	0	0	−3941	−4070
	张家港闸	−227	−94	−8522	−8375
	十一圩闸	−51	0	−4989	−5085
	常熟水利枢纽	−8560	−8585	−20260	−21350
入太湖水量（亿 m³）	全部	2.062	3.537	12.556	12.667
	扣除宜兴	1.721	1.843	5.485	5.595
丹金溧河金坛站水量（万 m³）		3964	3954	3374	3025
最高日均水位（m）	丹阳	4.33	4.45	5.73	5.70
	金坛	3.81	3.79	5.37	5.42
	溧阳	3.47	3.50	5.43	5.40
	常州	3.77	3.78	4.63	4.76
	宜兴	3.38	3.42	4.61	4.64
	黄埝桥	3.37	3.31	4.23	4.21
	无锡	3.26	3.22	4.11	4.16
	北溇	3.31	3.34	4.03	4.13

入太湖水量中，1985 年 5 月计算值与实测值相差较大，主要是因为宜兴实测流量中有十多天为负流量，而实测西氿水位均高于大浦口水位，水位与流向不合理，如扣除宜兴

部分后入太湖水量两者基本一致。

18.2 水利计算条件及计算方案

18.2.1 计算年型

根据太湖全流域年降雨量和长江潮位情况选择平水年和枯水年两种年型作为望虞河引水分析计算典型年。同时，为了分析望虞河引水对澄锡虞高片防洪除涝的影响，选择对武澄锡虞区防洪排涝影响较大的 1962 年作为防洪除涝影响分析计算典型年。

1. 枯水年

枯水年选用 1971 年型。根据 1954～1988 年降雨量资料统计，1971 年太湖流域 7 月、8 月降雨量相当于保证率约 94%。相应长江汛期水量相当于一般枯水年份，根据潮位资料统计分析（1967～2000 年），1971 年江阴站汛期（5～9 月，下同）平均低潮位保证率约为 87.5%。

1971 年 7～10 月期间，武澄锡虞区最大 3 日（10 月 1～10 月 3 日）、7 日（9 月 28 日～10 月 4 日）降雨量分别为 49.3mm、75.1mm，均略大于 1 年一遇的降雨标准。

1971 年型也是《太湖流域综合治理总体规划方案》的供水设计年型，因此本次研究以 1971 年型为重点。

2. 平水年

平水年选用 1969 年型。根据 1954～1988 年全流域降水量资料统计，1969 年太湖流域全流域面平均年降水量保证率为 55.5%。该年相应长江汛期水量也相当于多年平均的年份。根据 1967～2000 年特征潮位资料的统计分析，1969 年江阴站汛期平均低潮位保证率约为 56.2%。

1969 年 8～10 月期间，武澄锡虞区最大 1 日、3 日的降雨量分别为 43.5mm（9 月 29 日）、46.2mm（9 月 27～29 日），略大于 1 年一遇的降雨标准。

3. 1962 年型

1962 年 14 号台风过境，降雨集中在 9 月 5～6 日两天，暴雨中心位于太湖流域下游的武澄锡虞区、阳澄淀泖区和杭嘉湖区一线，降雨强度分布不均。流域 3 日降雨量 223mm，相当于 70 年一遇；武澄锡虞区 3 日降雨量 268mm，重现期约为 70 年；阳澄淀泖区 3 日降雨量 271mm，重现期约为 100 年。但流域在此前后期降雨量较少，太湖水位较低。

18.2.2 计算时段

考虑到初始条件的影响，并能充分反映望虞河引水对地区水环境、防洪除涝的影响，引水典型年计算时段统一定为 5 月 1 日～10 月 31 日，成果统计时段为相应的连续引水期，即 1969 年型为 8 月 24 日～10 月 31 日共 69 天，1971 年型为 7 月 11 日～10 月 31 日共 113 天。

防洪除涝影响典型年（1962 年型）计算及成果统计时段为 8 月 1 日～9 月 30 日。

18.2.3 计算工况

本次计算工况主要考虑已完成的《总体规划方案》十一项骨干工程，澄锡虞高片内主要河道规模见表 18-2。

表 18-2　　　　　　　　　　　　澄锡虞高片内主要河道规模

河道名称	河道底宽（m）	底高程（m）	河道名称	河道底宽（m）	底高程（m）
锡澄运河	30	0.0～-1.0	九里河	10	0.0
张家港	30	0.0	伯渎河	10	0.0
锡北运河	20	0.5	白屈港	20～30（规划）	0.0
十一圩港	30	0.0～1.3			

18.2.4　水利计算条件

1. 枢纽及建筑物控制运行条件

（1）望虞河常熟水利枢纽：根据表 18-3 进行调度。

表 18-3　　　　　　　　　望虞河常熟水利枢纽控制运行水位

时　段	4 月 1 日～6 月 15 日	6 月 16 日～7 月 20 日	7 月 21 日～9 月 30 日	10 月 1 日～次年 3 月 31 日
太湖控制水位（m）	3.00	3.00～3.50	3.50	3.50

注　1. 当陈墅水位超过 3.70m，并预报有降雨时，常熟水利枢纽停止引水。

　　　2. 当陈墅水位超过警戒水位 3.90m，并预报有降雨，水位有继续上涨趋势时，常熟水利枢纽开闸排水；

　　　3. 当陈墅水位超过 4.50m 时，常熟水利枢纽进行抽排。

排水：当相应时段太湖水位高于控制水位时，乘低潮开闸排水；当太湖水位高于 3.80m 时，开泵排水。

引水：当相应时段太湖水位低于控制水位时，乘高潮开闸引水；7 月 20 日以后，当相应时段太湖水位低于 3.00m 时，开泵站抽引。

（2）沿江枢纽：一般根据表 18-4 进行控制，当代表站水位超过上限水位时，水闸乘低潮开闸排水；如代表站水位低于下限水位时，水闸乘高潮开闸引水。

表 18-4　　　　　　　　　　　沿长江枢纽控制运行水位

枢纽名称	代表站	上限水位（m）	下限水位（m）	枢纽名称	代表站	上限水位（m）	下限水位（m）
谏壁、九曲河	丹阳	4.50	4.20	江阴定波闸	青阳	3.60	3.20
浦河、新孟河、德胜河	常州	4.00	3.80	白屈港	无锡	3.60	3.00
藻江河	常州	4.00	3.80	十一圩港、张家港[①]	北涸	3.60	3.20
桃花港、利港、新沟	焦溪	3.60	3.20				

① 张家港只排不引工况，当北涸站水位低于 3.30m 时，张家港沿江口门关闭，其余时段排水。

谏壁、九曲河枢纽，当代表站水位高于 5.60m 时，开泵抽排；当代表站水位低于 3.50m 时，开泵抽引。

白屈港枢纽，当代表站水位高于 4.00m 时，开泵抽排；当代表站水位低于 2.80m 时，开泵抽引。

（3）武澄锡环湖控制线：当上限水位 $H_{无锡}$ ＜3.60m，关闸挡水，污水不入太湖；当上限水位 $H_{无锡}$ ＞3.60m，允许无锡排涝水入太湖。

（4）望虞河西岸口门：当望虞河引水时，阻止西岸污水入望虞河，并按下列条件引水改善区域水环境。

张家港、锡北运河：当 $H_{北运}$ ＜3.00m 时，引望虞河水改善地区水环境。

九里河、伯渎港：当 $H_{无锡}$ ＜3.50m 时，引望虞河水改善地区水环境。

当望虞河排水时，打开西岸口门，允许区域涝水排入望虞河。

（5）望虞河东岸控制线：当望虞河引水时，东岸从望虞河引水 34m³/s 改善地区水环境，其中苏州西塘河 24m³/s，常熟尚湖 10m³/s。当望虞河排水时，东岸控制。

（6）白屈港控制线：当 $H_{无锡}$ ＞3.60m，控制线控制，防止高片水进入低片。

2. 边界条件

长江边界根据计算年型采用相应的长江实测潮位过程。具体计算时，选用镇江、江阴、天生港等三个站的实测高低潮位，采用单位潮位过程线模拟实测潮位过程，再采用三点插值法按距离内插各入江口门的潮位过程。

太湖边界采用实测太湖日平均水位过程。

3. 初始条件

初始条件基本采用计算典型年的实测水位。

18.2.5　计算方案

计算方案中望虞河西岸控制工程考虑西岸全敞开、西岸部分控制、西岸全控制三种情况。全敞开是指西岸口门基本维持现状不作控制；全控制是指对西岸现有敞开口门全部实施控制；部分控制为除张家港口门外的其他口门全部实施控制。为了弥补因望虞河西岸控制对高片地区排水影响，调活高片水体，改善地区水环境以及提高引江济太入湖效率等，方案辅以改善地区水环境措施、望虞河以西沿江口门引排调度措施、白屈港控制线调度措施、部分河道拓浚措施以及排水专道等措施。

改善地区水环境措施主要为望虞河两岸地区从望虞河引入环境用水，同时适当抬高区域水位，以利于水体循环。望虞河东岸环境用水量暂按 34m³/s 考虑，其中苏州西塘河引水 24m³/s，常熟尚湖引水 10m³/s。根据太湖流域水资源保护局及苏州市建设委员会 1993 年完成的《苏州市区水环境治理工程可行性研究总报告》确定，从望虞河引水 24m³/s 入苏州市城区，同时在苏州市区污染源削减 70％以上的情况下，环城河水质可全面达到Ⅳ类水标准，符合景观用水要求。目前常熟市自来水厂尚湖取水口日均取水量 7.5 万 t/d，为改善尚湖水环境及取水口水质，从望虞河引水 10m³/s。另外，为了分析东岸引水对望虞河引水入湖效率的影响，并结合苏州地区规划用水需要，考虑进行东岸引水 60m³/s 的影响分析。望虞河西岸地区根据澄锡虞高片的水位情况适时引望虞河水以改善地区水环境。

望虞河以西澄锡虞高片沿江口门引排调度措施主要包括：沿江口门根据当地河网水位情况引排（以下简称沿江引排）；除张家港口门只排不引外，其余口门根据当地河网水位情况引排（以下简称张家港只排）。

白屈港控制线主要调度措施，在望虞河引水时控制澄锡虞低片污水向东流入高片，分析其对改变高片地区水流运动的作用。包括利用现有白屈港控制线水利工程（以下简称现状控制）以及新建东横河、锡北运河控制枢纽，将白屈港控制线全线控制（以下简称完善控制）等方案。白屈港排水专道措施为白屈港两侧实行全线控制（以下简称排水专道），仅允许高片南部主要河道九里河及伯渎港通过白屈港专道排水入长江。

太湖流域新一轮防洪规划工程布局的基本思路为：以十一项治太骨干工程为基础，以太湖洪水安全蓄泄为重点，充分利用太湖调蓄，以泄为主，完善洪水北排长江、东出黄浦江、南排杭州湾的流域防洪工程布局，确保重点堤防和主要城镇安全，加强城市自保措施建设，形成流域、城市和区域三个层次相协调，工程与非工程措施相结合的综合防洪体系。在工程总体布局中，关于望虞河后续工程，除两岸实现有效控制和进一步提高行洪水位外，拟进一步扩大望虞河河道规模、扩建望亭水利枢纽、常熟水利枢纽等。本次结合考虑太湖流域新一轮防洪规划工程布局，分析望虞河后续工程采用"两河三堤"方案在望虞河引水期间对解决西岸排水出路的效果。

计算方案组合见表 18－5。

表 18－5　　　　　　　　　　计 算 方 案 组 合 表

方案	望虞河西岸口门	沿江口门	白屈港控制线	走马塘	望虞河河道	东岸引水 (m³/s)	备 注
一	全敞开	全引排					
二		张家港只排					
三			现状全控				
四			完善控制				
五	仅张家港敞	全引排					
六		张家港只排					
七			现状全控				
八			完善控制				
九			排水专道			34	
十	全控制	全引排					
十一		张家港只排					
十二			现状全控				
十三			完善控制				
十四			排水专道				
十五			完善控制	疏浚			九里河、伯渎港泵站各 5m³/s
十六			完善控制	拓浚			张家港沿江泵站 80m³/s
十七		全引排			两河三堤		
十八	仅张家港敞	全引排				60	

18.3　引水效果分析

18.3.1　引排水量分析

　　1971 年型和 1969 年型不同计算方案引水模拟计算成果见表 18 - 6、表 18 - 7 和图 18 - 2～图 18 - 31。由图知，高片为白屈港控制线以东的澄锡虞高片区域，高片以张桥为界分为南北两部分，以南地区称为高片南部，主要为无锡锡山区等，以北地区为高片北部；低片为锡澄运河至白屈港控制线之间的区域，低片以锡北运河北侧堰桥一线为界为南北两部分，以南地区为低片南部，主要为无锡市区等，以北地区为低片北部。

表 18 - 6　　　　　　　　　1969 年型不同计算方案水量统计表　　　　　　单位：亿 m³

区域	统计项目		望虞河西岸口门全敞			望虞河西岸口门仅张家港敞开			望虞河西岸口门全控制	
			方案一	方案二	方案三	方案五	方案六	方案七	方案十	方案十一
			①	②	②＋③	①	②	②＋③	①	②
望虞河	引长江		8.31	8.41	8.49	8.37	8.47	8.52	8.28	8.29
	入太湖		7.56	7.04	6.56	6.73	6.38	6.15	6.05	5.94
	东岸引水入阳澄		2.03	2.03	2.03	2.03	2.03	2.03	2.03	2.03
	西岸引水入高片		−1.25	−0.64	−0.10	−0.38	0.07	0.35	0.20	0.32
望虞河以西、锡澄运河以东区域	北　部	望虞河入	−0.56	−0.13	−0.04	−0.57	−0.21	−0.02	0.00	0.00
		西侧入	2.22	2.46	2.16	2.03	2.38	2.14	1.82	2.33
		北排长江	0.28	1.45	1.36	0.33	1.64	1.71	0.33	1.67
		入南部	1.42	0.86	0.76	1.16	0.56	0.51	1.47	0.62
	南部	望虞河入	−0.69	−0.51	−0.06	0.19	0.28	0.37	0.20	0.32
		入北部	−1.42	−0.86	−0.76	−1.16	−0.56	−0.51	−1.47	−0.62
		南排运河	0.73	0.35	0.70	1.35	0.80	0.84	1.66	0.93
	小　计	望虞河入	−1.25	−0.64	−0.10	−0.38	0.07	0.35	0.20	0.32
		西侧入	2.22	2.46	2.16	2.03	2.38	2.14	1.82	2.33
		北排长江	0.28	1.45	1.36	0.33	1.64	1.71	0.33	1.67
		南排运河	0.73	0.35	0.70	1.35	0.80	0.84	1.66	0.93
运河	洛社处入		1.88	1.98	1.86	1.71	1.84	1.84	1.62	1.84
	北侧入		0.73	0.35	0.70	1.35	0.80	0.84	1.66	0.93
	望亭处出		2.58	2.35	2.71	2.89	2.56	2.72	3.06	2.64

　　注　表中相应的措施为：①为望虞河以西沿江口门全引排调度；②为沿江张家港只排不引，其他沿江口门引排调度；③引水期间利用现有白屈港控制线控制澄锡虞低片水流东压入高片调度。

表18-7　1971年型不同计算方案水量统计表

单位：亿 m³

区域	统计项目	望虞河西岸口门全散				望虞河西岸口门仅张家港散开					望虞河西岸口门全控							
		方案一 ①	方案二 ②	方案三 ②+③	方案四 ②+④	方案五 ①	方案六 ②	方案七 ②+③	方案八 ②+④	方案九 ②+⑤	方案十 ①	方案十一 ②	方案十二 ②+③	方案十三 ②+④	方案十四 ②+⑤	方案十五 ②+④+⑥	方案十六 ②+④+⑦	方案十七 ①+⑧
望虞河	引长江	19.37	19.48	19.56	19.67	19.49	19.58	19.60	19.68	19.73	19.40	19.41	19.42	19.45	19.53	19.57	19.51	18.09
	入太湖	16.75	16.35	15.84	15.52	15.91	15.62	15.48	15.29	14.91	15.56	15.47	15.37	15.32	14.91	14.83	15.13	14.75
	东岸引水入阳澄	3.32	3.32	3.32	3.32	3.32	3.32	3.32	3.32	3.32	3.32	3.32	3.32	3.32	3.32	3.32	3.32	3.32
	西岸引水入高片	-0.71	-0.21	0.40	0.83	0.24	0.61	0.78	1.06	1.47	0.51	0.60	0.73	0.78	1.27	1.41	1.04	0.00
北部	望虞河入	0.06	0.46	0.44	0.83	-0.18	0.13	0.18	0.45	0.35	0.00	0.01	0.03	0.06	0.08	0.12	0.27	0.00
	西侧入	1.48	1.76	1.64	1.37	1.39	1.71	1.61	1.37	1.01	1.28	1.67	1.58	1.35	0.99	1.37	1.42	1.77
	北排长江	-3.26	-2.06	-1.92	-2.15	-3.02	-1.79	-1.87	-2.12	-0.27	-3.03	-2.02	-1.98	-2.42	-0.49	-1.22	-1.19	-0.53
	入南部	4.27	3.78	3.52	3.82	3.74	3.21	3.16	3.43	1.10	3.83	3.18	3.14	3.25	1.11	2.26	2.41	3.23
望虞河以西、锡澄运河以东东区域 南部	望虞河入	-0.77	-0.67	-0.04	0.00	0.42	0.48	0.60	0.61	1.12	0.51	0.59	0.70	0.72	1.19	1.29	0.77	0.00
	入北部	-4.27	-3.78	-3.52	-3.82	-3.74	-3.21	-3.16	-3.43	-1.10	-3.83	-3.18	-3.14	-3.25	-1.11	-2.26	-2.41	-3.23
	南排运河	3.29	2.90	3.26	3.61	3.89	3.39	3.49	3.77	2.03	4.03	3.57	3.54	3.80	2.04	3.31	2.97	1.50
小计	望虞河入	-0.71	-0.21	0.40	0.83	0.24	0.61	0.78	1.06	1.47	0.51	0.60	0.73	0.78	1.27	1.41	1.04	0.00
	西侧入	1.48	1.76	1.64	1.37	1.39	1.71	1.61	1.37	1.01	1.28	1.67	1.58	1.35	0.99	1.37	1.42	1.77
	北排长江	-3.26	-2.06	-1.92	-2.15	-3.02	-1.79	-1.87	-2.12	-0.27	-3.03	-2.02	-1.98	-2.42	-0.49	-1.22	-1.19	-0.53
	南排运河	3.29	2.90	3.26	3.61	3.89	3.39	3.49	3.77	2.03	4.03	3.57	3.54	3.80	2.04	3.31	2.97	1.50
运河	洛社处入	0.79	0.90	0.73	0.61	0.59	0.74	0.67	0.59	1.07	0.53	0.71	0.65	0.59	1.07	0.72	0.84	1.12
	北侧入	3.29	2.90	3.26	3.61	3.89	3.39	3.49	3.77	2.03	4.03	3.57	3.54	3.80	2.04	3.31	2.97	1.50
	望亭处出	3.50	3.31	3.41	3.58	3.89	3.64	3.60	3.60	2.63	3.98	3.70	3.64	3.73	2.63	3.39	3.21	2.63

注
1. 表中相应的措施为：①为望虞河以西沿江口门引水调度；②为沿江张家港只排不引；③引江口门引排调度，其他沿江口门引水不引；③号水闸间利用现有白屈港控制线控制澄锡虞底片水流东压入太湖高片调度；④白屈港控制线全线完善控制（除现有白屈港控制线控制建筑物外，新建东横河、锡北运河控制）；⑤白屈港排水专道，即白屈港两侧实行全控制，仅允许高片南部通过白屈港道九里河主要河道及伯渎港排水；九里河、伯渎港入望虞河口各建 5m³/s 泵站从望虞河引水，张家港沿江口门设泵 80m³/s；⑥望虞河口门设泵 80m³/s，中间全控，新的"西望虞河"；⑦拓浚沈渎港—走马塘—东青河—大摘河—张家港至伯渎港底宽 25m，张家港沿江口门设泵 80m³/s，中间全控；⑧望虞河新的"西望虞河"，"两河三堤"底宽 40m。
2. 望虞河"两河三堤"方案中仅指原望虞河，"西望虞河"并入西岸地区。

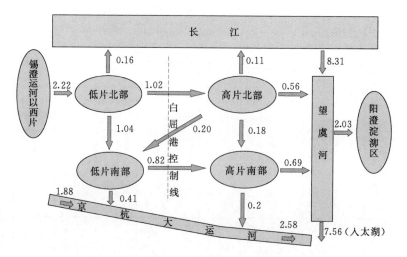

图 18-2　1969 年型，西岸全敞/沿江引排（方案一）（单位：亿 m³）

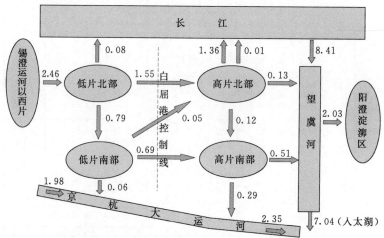

图 18-3　1969 年型，西岸全敞/沿江张家港只排不引（方案二）（单位：亿 m³）

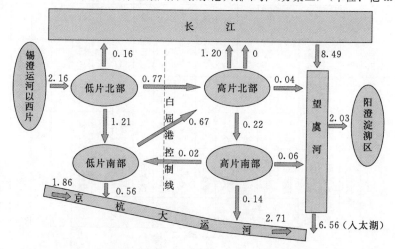

图 18-4　1969 年型，西岸全敞/沿江张家港只排不引/白屈港控制线（方案二）（单位：亿 m³）

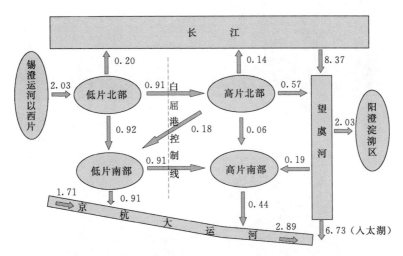

图 18-5　1969 年型，西岸仅张家港敞开/沿江张家港全引排（方案五）（单位：亿 m³）

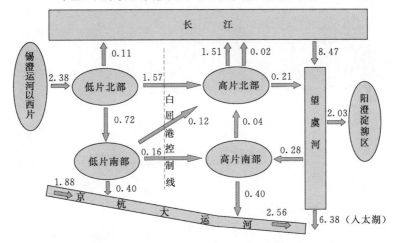

图 18-6　1969 年型，西岸全仅张家港敞开/沿江张家港只排不引（方案六）（单位：亿 m³）

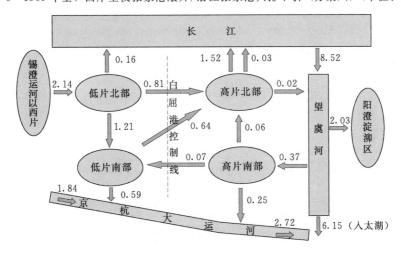

图 18-7　1969 年型，西岸仅张家港敞开/沿江张家港只排不引/白屈港控制线（方案七）（单位：亿 m³）

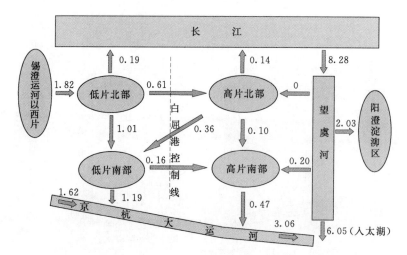

图18-8　1969年型，西岸全控/沿江全引排（方案十）（单位：亿 m³）

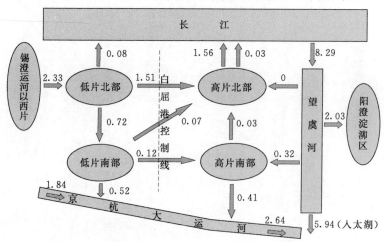

图18-9　1969年型，西岸全控/沿江张家港只排不引（方案十一）（单位：亿 m³）

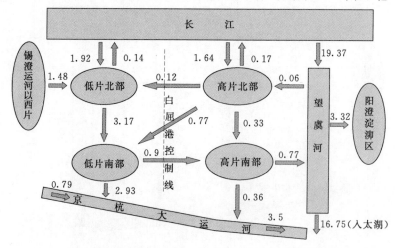

图18-10　1971年型，西岸全敞/沿江全引排（方案一）（单位：亿 m³）

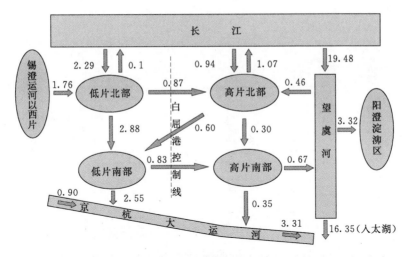

图 18-11　1971 年型，西岸全敞/沿江张家港只排不引（方案二）（单位：亿 m³）

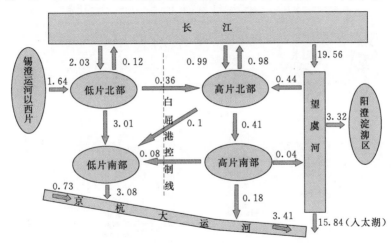

图 18-12　1971 年型，西岸全敞/沿江张家港只排/白屈港线现状控制（方案三）（单位：亿 m³）

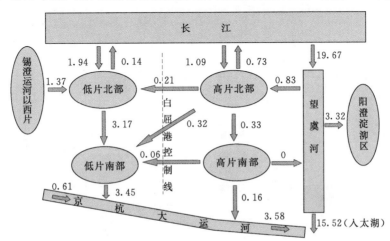

图 18-13　1971 年型，西岸全敞/沿江张家港只排/白屈港线完善控制（方案四）（单位：亿 m³）

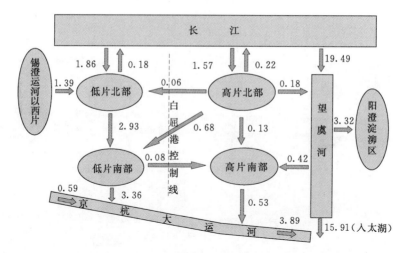

图 18-14　1971 年型，西岸仅张家港开/沿江全引排（方案五）（单位：亿 m³）

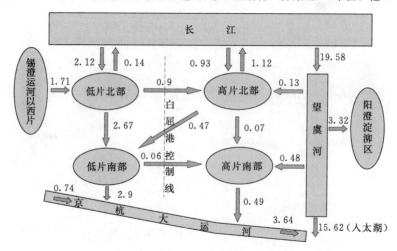

图 18-15　1971 年型，西岸仅张家港敞开/沿江张家港只排不引（方案六）（单位：亿 m³）

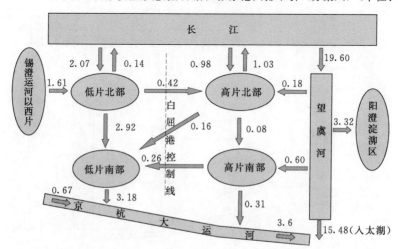

图 18-16　1971 年型，西岸仅张家港敞开/沿江张家港只排/白屈港线现状控制（方案七）（单位：亿 m³）

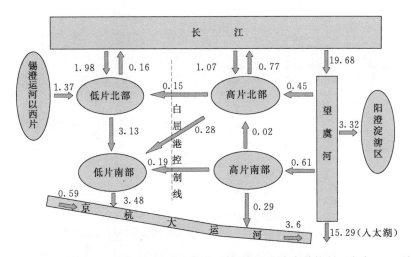

图 18-17　1971 年型，西岸仅张家港开/沿江张家港只排/白屈港线完善控制（方案八）（单位：亿 m³）

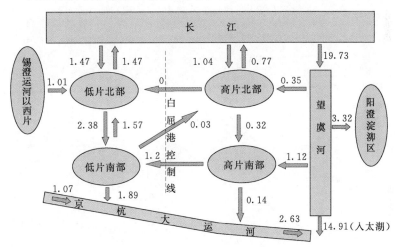

图 18-18　1971 年型，西岸仅张家港开/沿江张家港只排不引/白屈港排水专道（方案九）（单位：亿 m³）

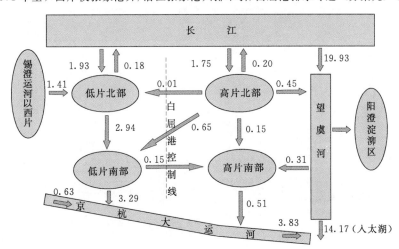

图 18-19　1971 年型，西岸仅张家港开/沿江张家港只排/东岸 60m³/s（方案九）（单位：亿 m³）

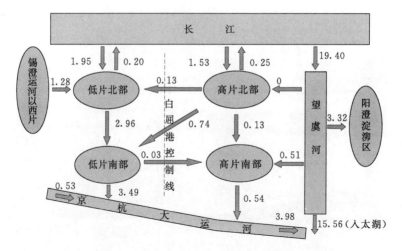

图 18-20 1971 年型，西岸全控/沿江全引排（方案十）（单位：亿 m³）

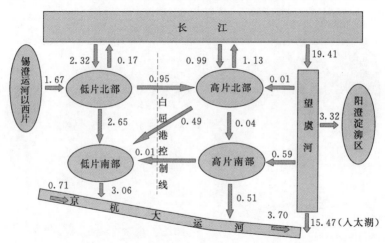

图 18-21 1971 年型，西岸全控/沿江张家港只排不引（方案十一）（单位：亿 m³）

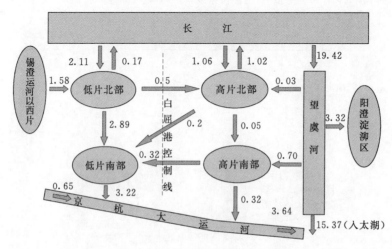

图 18-22 1971 年型，西岸全控/沿江张家港只排/白屈港线现状控制（方案十二）（单位：亿 m³）

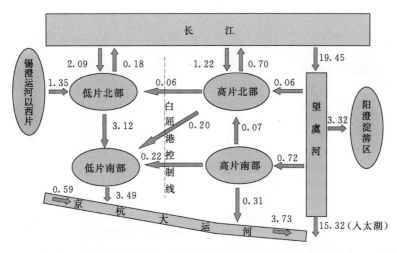

图 18-23 1971 年型，西岸全控/沿江张家港只排/白屈港线全控制（方案十三）（单位：亿 m³）

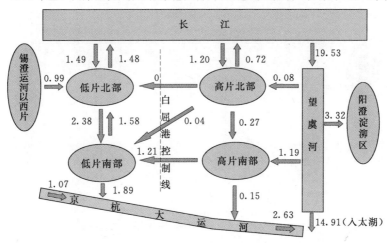

图 18-24 1971 年型，西岸全控/沿江张家港只排/白屈港排水专道（方案十四）（单位：亿 m³）

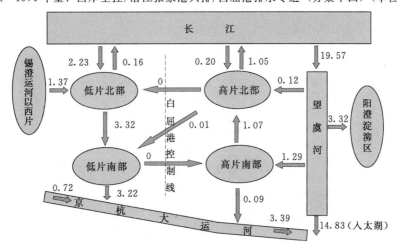

图 18-25 1971 年型，西岸全控/沿江张家港只排/白屈港线完善控制/
九里河、伯渎河泵引各 5m³/s（方案十五）（单位：亿 m³）

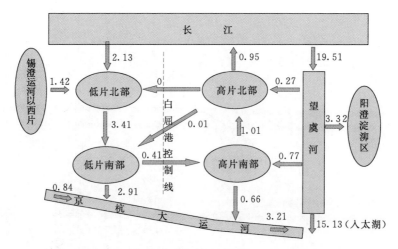

图 18 - 26　西岸全控/沿江张家港只排/走马塘泵排（方案十六）（单位：亿 m³）

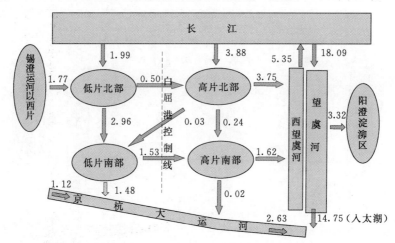

图 18 - 27　望虞河全线两河三堤（方案十七）（单位：亿 m³）

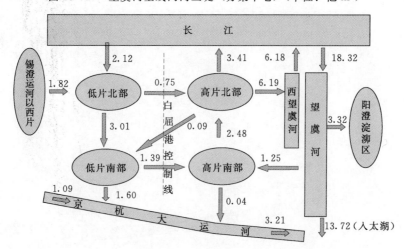

图 18 - 28　1971 年型，望虞河两河三堤羊尖塘方案（单位：亿 m³）

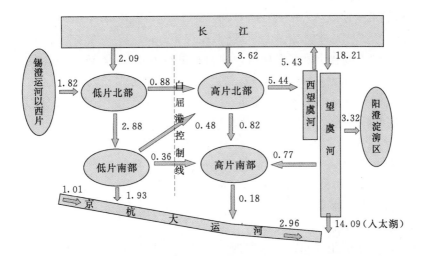

图 18-29　望虞河两河三堤西北运河方案（单位：亿 m³）

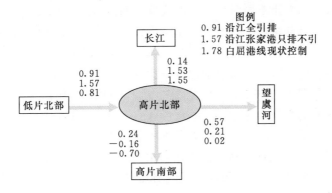

图 18-30　1969 年型高片北部进出水量（望虞河西岸仅张家港敞开方案）（单位：亿 m³）

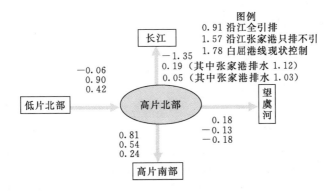

图 18-31　1971 年型高片北部进出水量（望虞河西岸仅张家港敞开方案）（单位：亿 m³）

18.3.1.1 望虞河水量

1971 年型连续引水期（7 月 11 日～10 月 31 日共 113 天），望虞河常熟水利枢纽自引与抽引相结合，引长江总水量为 18.09 亿～19.73 亿 m^3，其中 8 月 1 日～9 月 27 日根据控制运行条件在闸不能自引时开泵抽引，抽引水量约为 6.34 亿 m^3。入太湖水量为 14.75 亿～16.75 亿 m^3（入太湖水量中没有考虑立交枢纽闸下游水质要求，即本报告的入太湖水量为未考虑水质情况下的可入太湖总水量，下同），进入澄锡虞高片水量为 -0.71 亿～1.47 亿 m^3，东岸引水进入阳澄淀泖区水量为 3.32 亿 m^3。

1969 年型连续引水期（8 月 24 日～10 月 31 日共 69 天），望虞河常熟水利枢纽以自引为主，引长江总水量 8.28 亿～8.49 亿 m^3，其中入太湖水量 5.94 亿～7.56 亿 m^3，进入澄锡虞高片水量为 -1.25 亿～0.35 亿 m^3，东岸引水进入阳澄淀泖区水量为 2.03 亿 m^3。

18.3.1.2 澄锡虞高片水量

1. 高片北部水量

1969 年平水年型，沿江口门全引排时，进入高片北部地区水量主要来自白屈港控制线以西低片北部地区及高片北部本地区沿江引水，而排水主要通过张家港等望虞河西岸支流口门入望虞河（西岸全控方案除外）及沿江口门北排长江，部分水量通过东青河等河道南压；张家港沿江口门只排不引时，由于沿江排水能力增加，由低片北部地区及十一圩港沿江口门进入高片北部的水量主要通过张家港沿江口门入长江，而通过张家港东口入望虞河的净水量减少，通过东青河等河道南压水量减少甚至北排；考虑现有白屈港控制线控制后，通过张家港等口门入望虞河的净水量进一步减少，东青河等河道水量北排。以仅张家港敞开方案为例，见图 18-30，在沿江全引排情况下（详见图 18-4），来自白屈港控制线以西低片北部区域的水量为 0.91 亿 m^3，张家港入望虞河的净水量达 0.57 亿 m^3，北排长江水量为 0.14 亿 m^3，由东青河等河道南压水量 0.24 亿 m^3；沿江张家港口门只排不引时（详见图 18-6），低片北部区域进入水量达 1.57 亿 m^3，通过张家港沿江口门入长江水量为 1.51 亿 m^3，由张家港东口入望虞河的净水量为 0.21 亿 m^3，东青河等河道不出现南压，北排水量 0.16 亿 m^3；张家港沿江口门只排不引与沿江口门全引排情况下的入望虞河的净水量、南压水量相比分别减少 0.36 亿 m^3 和 0.40 亿 m^3。

1971 年枯水年型，由于河网内部水位相对较低，引江能力相对较强，沿江口门全引排时，进入高片北部地区水量主要来自高片北部本地区沿江引水和望虞河来水，而排水主要通过东青河等河道南压；如张家港沿江口门只排不引，由于沿江排水能力增加，由东青河等河道南压水量减少，望虞河进入水量增加，西侧进入水量也增加；如再考虑现有白屈港控制线控制，高片北部西入水量及南压水量减少，望虞河进入水量进一步增加。以仅张家港敞开方案为例，见图 18-31，沿江全引排情况下（详见图 18-14），来自本区沿江口门净引入水量 1.35 亿 m^3，由东青河等河道南压水量达 0.81 亿 m^3，通过白屈港控制线进入低片水量及通过张家港东口入望虞河的净水量分别为 0.06 亿 m^3 和 0.18 亿 m^3；沿江张家港口门只排不引时（详见图 18-15），张家港沿江口门排水量达 1.12 亿 m^3，西入水量 0.90 亿 m^3，通过东青河等河道南压水量 0.54 亿 m^3，通过张家港东口口门引望虞河净水量 0.13 亿 m^3；与沿江全引排情况下的入望虞河水量、南压水量相比分别减少 0.31 亿 m^3 和 0.27 亿 m^3。

由上述分析可知，高片北部通过张家港沿江排水，基本上在本区内可实现水体循环。

并且张家港沿江口门只排不引及白屈港控制线控制既可减少南压水量，减轻对南部地区压力，又可减少由高片进入望虞河的污水量。

2. 高片南部水量

沿江口门引排调度及白屈港控制线调度方案中，除个别张家港沿江只排不引的控制方案（图 18-6、图 18-7、图 18-9、图 18-17）可通过走马塘等河道向北排出较少水量（0.02 亿～0.06 亿 m³）外，其余控制方案均有高片北部向高片南部水量南压现象，高片南部由九里河、伯渎河从望虞河引入的环境用水及部分高片北部南压进入本区等水量主要通过沈渎港南排入京杭运河（1969 年型 0.14 亿～0.47 亿 m³，1971 年型 0.16 亿～0.53 亿 m³），少量通过九里河、伯渎河经低片南部入京杭运河。以沈渎港南排方案为例（见图 18-17），高片北部向低片南部南压水量 0.28 亿 m³，向高片南部无南压水量，高片南部由九里河、伯渎河从望虞河引入的环境用水 0.61 亿 m³，通过沈渎港南排入京杭运河及通过九里河、伯渎河经低片南部入京杭运河水量分别为 0.29 亿 m³ 和 0.19 亿 m³。

将白屈港作为排水专道方案，1971 年型望虞河西岸全控和仅张家港敞开情况，高片南部由九里河、伯渎港经白屈港通道排江水量分别达 1.21 亿 m³ 和 1.20 亿 m³，同时从望虞河引水量分别增至 1.19 亿 m³ 和 1.12 亿 m³，由沈渎港入京杭运河水量分别减至 0.15 亿 m³ 和 0.14 亿 m³（图 18-24、图 18-18），也可实现高片南部水体北排长江。

在望虞河西岸全控及白屈港控制线全部完善控制基础上，采取疏浚高片南部与高片北部间的河道（走马塘），同时九里河、伯渎港入望虞河口建泵站引水方案（简称走马塘泵引方案），适当抬高高片南部地区水位时，从走马塘等进入高片北部水量达 1.07 亿 m³，张家港沿江口门外排水量达 1.05 亿 m³，同时从望虞河引水量增至 1.29 亿 m³，由沈渎港入京杭运河水量减至 0.09 亿 m³，基本可实现高片南部水体经高片北部北排长江，见图 18-25；如采取拓浚沈渎港—走马塘—东青河—大塘河—张家港，同时张家港沿江口门设泵排水方案（由江苏省太湖水利设计研究院有限公司提出，简称走马塘泵排方案），白屈港控制线的九里河、伯渎港敞开，同样基本可以实现高片南部水体经高片北部北排长江，见图 18-26，从走马塘等进入高片北部水量为 1.01 亿 m³，张家港沿江口门外排水量达 1.11 亿 m³，从望虞河引入水量为 0.77 亿 m³，另外从九里河、伯渎港进入水量约 0.39 亿 m³。

结合太湖流域新一轮防洪规划进一步扩大望虞河河道规模的工程布局，如望虞河采用"两河三堤"方案，在原望虞河的西侧新开一条"新河"（底高-3.00m，底宽 40m），两河中间共用一条大堤并实施全控，"新河"西岸全敞开，原望虞河引水期间"新河"排水（北圩水位大于 3.20m 时排水），计算结果见图 18-26～图 18-28。"两河三堤"方案，"新河"排水 5.35 亿 m³，高片北部进入"新河"的水量为 3.75 亿 m³，高片南部进入"新河"的水量为 1.62 亿 m³，从九里河、伯渎港等进入高片南部水量约 1.53 亿 m³。可见对解决西岸排水出路的效果还是较好的。

3. 南北交换水量

在锡澄运河以西的西入水量及沿江引水的双重因素作用下，现有水利枢纽调度方案在引水期均有不同程度由整个北部地区进入南部地区的南压水量，1969 年型南压水量为 0.47 亿～1.47 亿 m³，1971 年型南压水量为 1.10 亿～4.27 亿 m³。西岸控制方案中，当仅张家港敞开时，部分水量进入望虞河，南压水量减小；西岸全控时，南压水量相对较大。沿江口门调度措施中，以张家港沿江口门只排不引加白屈港控制线全部完善控制的情况，由高片北部经东青河、走马塘等河道进入南部地区南压水量最小；张家港沿江口门只排不引措施次之；沿江口门全引排措施南压最大。如在控制低片水量东压（白屈港控制线完善全控）及望虞河西岸全控基础上，疏浚高片南部与高片北部间的走马塘，同时九里河、伯渎港入望虞河口建泵站抽引，适当抬高高片南部地区水位（走马塘泵引方案），或拓浚沈渎港—走马塘—东青河—大塘河—张家港，同时张家港沿江口门设泵排水（走马塘泵排方案），高片南部地区水量可经北部地区排入长江。

18.3.1.3　入京杭运河水量

　　1971 年型和 1969 年型西岸仅张家港敞开方案，沿江口门全引排时，通过高片南部进入京杭运河水量分别为 0.53 亿 m³ 和 0.44 亿 m³，低片南部进入京杭运河水量分别为 3.36 亿 m³ 和 0.91 亿 m³（见图 18 - 14、图 18 - 5）；如张家港沿江口门改成只排不引时，入京杭运河水量相对减少，高片南部进入京杭运河水量分别为 0.49 亿 m³ 和 0.40 亿 m³，低片南部进入京杭运河水量分别为 2.9 亿 m³ 和 0.4 亿 m³（见图 18 - 15、图18 - 6）；如再考虑现状白屈港控制线控制，高片南部进入京杭运河水量分别为 0.31 亿 m³ 和 0.25 亿 m³，低片南部进入京杭运河水量分别为 3.18 亿 m³ 和 0.59 亿 m³（见图 18 - 16、图 18 - 7）。

　　望虞河西岸全控方案，白屈港控制线完善控制，走马塘泵引方案、走马塘泵排方案及白屈港排水专道方案的高片南部水量以北排为主，望虞河"两河三堤"方案的高片南部水量以东排"西望虞河"为主，进入京杭运河水量较少。进入京杭运河的水量主要为低片南部通过锡澄运河进入，见图 18 - 17、图 18 - 24～图 18 - 28。

18.3.1.4　张家港入望虞河污水量

　　对于望虞河西岸仅张家港敞开方案，沿江口门全引排时，1971 年型和 1969 年型由张家港进入望虞河的水量分别达 1.91 亿 m³ 和 1.76 亿 m³，对望虞河水质影响较大；张家港沿江口门改成只排不引时，由张家港进入望虞河水量减少，1971 年型和 1969 年型分别为 1.67 亿 m³ 和 1.49 亿 m³，对望虞河水质影响有所减小；如再考虑现状白屈港控制线控制，由张家港进入望虞河的水量将减少至 1.63 亿 m³ 和 1.34 亿 m³，如进一步将白屈港控制线全线完善控制，1971 年型由张家港进入望虞河的水量将减少至 1.46 亿 m³。如将白屈港作为排水专道，则 1971 年型由张家港进入望虞河的水量将减少至 1.56 亿 m³。见表 18 - 8 和表 18 - 9。

表 18 - 8　　　　　　　　1969 年型不同计算方案望虞河水量组成分析

方案 项　目	全　　敞			仅张家港敞开			全控制	
	方案一	方案二	方案三	方案五	方案六	方案七	方案十	方案十一
	①	②	②+③	①	②	②+③	①	②
1969 年型　引江水量（亿 m³）	8.32	8.42	8.49	8.37	8.47	8.53	8.28	8.29
东引水量（亿 m³）	2.03	2.03	2.03	2.03	2.03	2.03	2.03	2.03
入湖水量（亿 m³）	7.56	7.04	6.56	6.73	6.38	6.15	6.05	5.94
望虞河进入高片水量（亿 m³）	2.12	2.27	2.44	1.38	1.52	1.69	0.2	1.33
高片进入望虞河水量（亿 m³）	3.37	2.91	2.54	1.76	1.49	1.34	0	0
立交闸下污清比	1∶2.0	1∶2.2	1∶2.6	1∶4.1	1∶4.8	1∶5.4	支河无污水汇入	

注　表中相应的措施为：①望虞河以西沿江口门全引排调度；②沿江张家港只排不引，其他沿江口门引排调度；③引水期间利用现有白屈港控制线控制澄锡虞低片水流东压入高片调度。

表18-9

1971年型不同计算方案望虞河水量组成分析

项目	全敞				仅张家港敞开					全控制							
方案	方案一	方案二	方案三	方案四	方案五	方案六	方案七	方案八	方案九	方案十	方案十一	方案十二	方案十三	方案十四	方案十五	方案十六	方案十七
	①	②	②+③	②+④	①	②	②+③	②+④	②+⑤	①	②	②+③	②+④	②+⑤	②+④+⑥	②+④+⑦	①+⑧
引长江水量（亿m³）	19.37	19.48	19.56	19.67	19.49	19.58	19.60	19.68	19.73	19.40	19.41	19.42	19.45	19.53	19.57	19.51	18.09
东岸引水量（亿m³）	3.32	3.32	3.32	3.32	3.32	3.32	3.32	3.32	3.32	3.32	3.32	3.32	3.32	3.32	3.32	3.32	3.32
入太湖水量（亿m³）	16.75	16.35	15.84	15.52	15.91	15.62	15.48	15.29	14.91	15.56	15.47	15.37	15.32	14.91	14.83	15.13	14.75
望虞河进入高片水量（亿m³）	3.14	3.27	3.50	3.63	2.17	2.30	2.42	2.50	3.04	0.51	0.60	0.73	0.78	1.27	1.41	1.04	0.00
高片进入望虞河水量（亿m³）	3.85	3.47	3.11	2.82	1.91	1.67	1.63	1.46	1.56	0.00	0.00	0.00	0.00	0.00	0.00	0.00	0.00
望亭立交闸下污清比	1:4.2	1:4.6	1:5.3	1:5.8	1:9.3	1:10.7	1:10.9	1:12.2	1:11.7	支河无污水汇入							

注：
1. 表中相应的措施为：①为望虞河以西沿江口门全引排调度；②为沿江张家港只排不引，其他沿江口门不引（除现有白屈港控制线控制建筑物外，新建东横河、锡北运河控制）；③引水期间利用现有白屈港控制线控制澄锡虞低片水流东压入高片调度；④白屈港控制线全线完善控制（除现有白屈港控制线完善控制），即白屈港排水专道，锡北运河控制；⑤白屈港排水横河、伯渎港，仅允许高片南部河道九里河及白屈港道九里河南部主要河道，伯渎港及伯渎港通过白屈港入望虞河引水，以及走马塘疏浚至马塘底宽15m；⑥九里河、伯渎港及伯渎港通过白屈港排水；⑦拓浚沈浜港—走马塘—东青河—大青河—大塘河—张家港至伯渎港底宽25m，张家港沿江口门设泵80m³/s；⑧望虞河"两河三堤"，中间全控制，"西望虞河"底宽40m。

2. 望虞河"两河三堤"方案中仅指原望虞河，"西望虞河"并入西岸地区。

18.3.1.5　望亭立交闸下污清比

1. 望虞河西岸全敞方案

沿江口门全引排时，1971 年型和 1969 年型由澄锡虞高片进入望虞河水量达 3.85 亿 m³ 和 3.37 亿 m³，望亭立交闸下污清比（由澄锡虞高片进入望虞河的污水量与望虞河常熟水利枢纽引入长江水抵达立交闸下的清水量之比，下同）分别为 1∶4.2 和 1∶2.0，见表 18-8 和表 18-9；如张家港沿江口门只排不引，1971 年型和 1969 年型由澄锡虞高片进入望虞河的水量仍然分别达 3.47 亿 m³ 和 2.91 亿 m³，望亭立交闸下污清比分别为 1∶4.6 和 1∶2.2；如此时再考虑现状白屈港控制线控制西侧水量进入高片，由澄锡虞高片进入望虞河水量将有所减少，分别为 3.11 亿 m³ 和 2.54 亿 m³，望亭立交闸下污清比分别为 1∶5.3 和 1∶2.6；如白屈港控制线全线完善控制，1971 年型立交闸下污清比可提高到 1∶5.8。

计算成果表明西岸全敞情况下，利用沿江口门调度及白屈港控制线调度对改善望虞河水质有一定效果，但效果有限，不能完全满足入太湖水质要求，尤其是平水年型。枯水年 1971 年型引水效果相对较好，但水质仍较差。2001 年（平水年）引水试验中望虞河水质长期较差，而 2003 年（枯水年）引水试验效果相对较好也证明了这一点。

2. 望虞河西岸仅张家港敞开方案

望虞河西岸仅张家港敞开方案，由澄锡虞高片进入望虞河的污水量减少，望虞河水质明显改善，但高片污水汇入对望虞河水质仍有影响。沿江口门全引排时，1971 年型和 1969 年型望亭立交闸下污清比分别为 1∶9.3 和 1∶4.1，1969 年型望虞河水质仍不理想；张家港沿江口门改成只排不引时，立交闸下污清比分别为 1∶10.7 和 1∶4.8，对望虞河水质影响有所减小；如此时再考虑现状白屈港控制，立交闸下污清比分别为 1∶10.9 和 1∶5.4，对望虞河水质影响有进一步的减小；如将白屈港作为排水专道，西岸张家港引望虞河水量增加，张家港入望虞河污水量减少，1971 年型立交闸下污清比为 1∶11.7。

18.3.2　入太湖水量组成分析

18.3.2.1　入太湖水量组成

入太湖水量中包括望虞河引长江水量（扣除东岸引入阳澄区、西岸引入澄锡虞高片的水量）及由澄锡虞高片进入望虞河的污水量。水量组成分析见表 18-8 和表 18-9。分析成果如下。

1. 入太湖总水量

本次研究仅进行水利计算，在入太湖水量统计中未考虑水质情况，入太湖水量为可能入太湖总量。引水期内望虞河常熟水利枢纽自引结合泵引方式引江水量较大（1971 年型因太湖水位较低，根据调度方案，望虞河常熟水利枢纽以自引结合泵引方式为主，而 1969 年型以自引为主），同一引水方式引江水量相差不大，而入湖水量相差较大，以全敞开方案入湖水量最多、仅张家港敞开方案次之、全控制方案最少，主要原因是由于望虞河以西沿江口门引水，造成西岸各支河污水沿途汇入望虞河。

2. 西岸全敞开方案

当望虞河以西沿江口门全引排时，由于西岸污水的沿途汇入，造成 1969 年型和 1971 年型望亭立交闸下污清比分别达 1∶2 和 1∶4.2；即使当望虞河以西的张家港沿江口门改成只排不引时，1969 年型和 1971 年型望亭立交闸下污清比仍分别达 1：2.2 和 1：4.6，如在此基础上再考虑启用白屈港控制线，控制水流东压，立交闸下污清比仍分别达 1：2.6 和 1：5.3。

1971 年型由于望虞河枢纽引水采用自引结合泵引方式，望虞河西岸高片污水汇入受到顶托，控制效果较好，而 1969 年平水年型由于以自引为主，不能有效阻止高片污水汇入望虞河，对立交闸下水质影响很大。因此，要实现望虞河引清水入太湖，必须对西岸进行控制。

3. 部分控制方案

通过控制望虞河西岸除张家港以外的其他口门，可有效阻止部分污水由澄锡虞高片进入望虞河。1969 年型和 1971 年型望虞河以西沿江口门全部引排工况下，望亭立交闸下污清比仍分别达 1：4.1 和 1：9.3。通过改变张家港沿江口门的引排功能（由引排改成只排不引），可减少由张家港进入望虞河污水量，对改善立交闸下污清比有一定效果，1969 年型和 1971 年型立交闸下污清比分别为 1：4.8 和 1：10.7。如同时考虑现有白屈港控制线全线控制的调度措施，立交闸下污清比分别为 1：5.4 和 1：10.9。如将白屈港作为排水专道，1971 年型立交闸下污清比为 1：11.7。因此，1971 年型入太湖水的水质效果较好，但遇 1969 年平水年型，在张家港现有污染水平下，对于仅张家港敞开方案，高片污水汇入对望虞河水质仍有较大影响。

4. 全控制方案

全控制方案能完全阻止西岸高片污水进入望虞河，望虞河入太湖水质最好。

18.3.2.2 入太湖水体污清比过程线

根据每天引江水量及由高片进入望虞河的污水量可得到逐日入太湖水体（望亭立交闸下）污清比过程线，见图 18-32、图 18-33，由图可知：

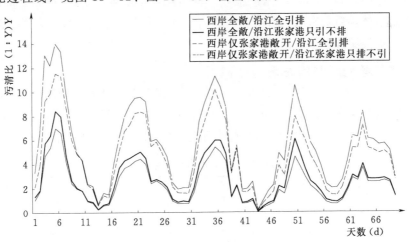

图 18-32 1969 年型入太湖水体污清比过程线

（1）入太湖水体污清比过程线与长江潮汐周期具有较好的相似性。长江大潮期间入湖水质较好，而小潮期间入湖水质较差。

（2）西岸全敞方案，沿江口门全引排及沿江张家港只排不引两种情况下，入湖水体平均污清比 1969 年型分别为 1：2.0、1：2.2，1971 年型分别为 1：4.2、1：4.6。计算期内污清比随潮汐呈周期性变化，在长江大潮涨潮期间，由于引江水量增加和望虞河水位抬

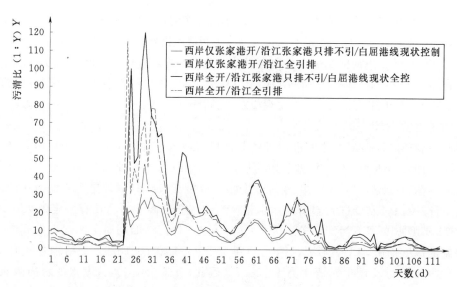

图 18-33　1971 年型入太湖水体污清比过程线

高，高片入望虞河水量减少，入湖水体污清比得到明显改善。在沿江口门全引排及沿江张家港只排不引两种工况下，1969 年型入湖水体污清比最大值分别达 1：7.0、1：8.4，1971 年型最大值分别达 1：28.8、1：47.8。

（3）西岸采取工程措施后，入湖水体污清比得到明显改善。仅张家港敞开方案优于全敞方案。在长江小潮时望虞河西岸仅张家港敞开方案 1969 年型及 1971 年型入湖水体污清比分别仅为 1：0.03 和 1：0.8，水质很差，说明长江小潮期间，望虞河西岸仅张家港敞开方案对入湖水体水质仍有较大影响。因此，望虞河西岸仅张家港敞开方案只能实现间断性引江入湖，不能实现连续引江入湖。

18.3.3　入望虞河污染物总量估算

根据 2004 年水质监测资料（见表 18-3，自引期和泵引期的平均值见表 18-10），估算各计算方案从澄锡虞高片支河河道进入望虞河的污染物总量，高锰酸盐指数（COD_{Mn}）和化学需氧量（COD_{Cr}）的换算值根据有关研究采用 19.4。估算成果见表 18-11。

表 18-10　　　　　　　　　　2004 年各支河水质指标平均值　　　　　　　单位：mg/L

河道	COD_{Mn}	NH_3-N	河道	COD_{Mn}	NH_3-N
张家港	11.65	23.60	九里河	11.80	5.43
锡北运河	10.75	4.80	伯渎河	8.95	5.40

表 18-11　　　　　　　　　　　　入望虞河污染物总量　　　　　　　　　　单位：t/d

项　目	方案	全　敞		仅张家港敞开				
		方案一	方案二	方案五	方案六	方案七	方案八	方案九
1969 年型	COD_{Cr}	241.57	208.59	130.97	110.46	99.25		
	NH_3-N	64.59	55.54	60.30	50.86	45.70		
1971 年型	COD_{Cr}	168.40	151.84	86.42	75.80	74.12	66.37	69.72
	NH_3-N	45.03	39.88	39.79	34.90	34.13	30.55	32.10

根据太湖流域水资源保护局于 2004 年 8 月编制的《引江济太期间望虞河限制排污总量试行意见技术论证报告（送审稿）》，引江济太期间望虞河的纳污能力 COD_{Cr} 为 45.52t/d，$NH_3 - N$ 为 2.33t/d。由表 18 - 11 可知，西岸全敞方案高片进入望虞河的 COD_{Cr} 总量超标 2.3～4.3 倍，$NH_3 - N$ 总量超标 16.1～26.7 倍；仅张家港敞开方案，高片进入望虞河的污染物总量均有不同程度的削减，COD_{Cr} 减少更显著，减少了近 1/2，但 COD_{Cr} 总量仍超标 0.5～2.9 倍，$NH_3 - N$ 总量仍超标 12.8～24.9 倍。因此，望虞河西岸口门只有采取有效控制措施才能有效减少从高片进入望虞河的污染物总量。

1971 年型常熟水利枢纽引水采用自引结合泵引方式，望虞河西岸高片污水汇入相对较少，而 1969 年型以自引为主，高片污水汇入望虞河相对较多。总体上，1971 年型比 1969 年型高片进入望虞河的污染物总量有较大幅度的减少，减少约 30%。

在引水期间白屈港控制线控制可减少进入望虞河的污染物总量，但效果很有限，方案七、方案八与方案六相比仅减少 10% 左右。白屈港排水专道措施可以为高片南部提高排水出路，但不能有效减少高片进入望虞河的污染物总量。

18.4　影响分析

18.4.1　对地区水环境影响分析

在现状工况下，非洪水期望虞河常熟水利枢纽基本不开闸排水（按国家防总批准的调度方案运行），望虞河东岸根据需要自由启闭，澄锡虞高片部分水量可通过望虞河进入阳澄区河网，但水量不大。望虞河引水期间，当望虞河东、西岸控制建筑物实施控制后，西岸澄锡虞高片原经望虞河进入东岸阳澄区的外排水量会受到影响。

1. 高片地区水环境

如前节所述，在张家港在沿江口门只排不引、且白屈港全线完善控制情况下，北排长江功能较大，进入高片北部的水量大部分可由张家港北排入江，即可实现该区域内水体循环。望虞河"两河三堤"方案，沿江口门引排水量可向东进入"西望虞河"后北排长江，有利于改善高片北部地区水环境。走马塘泵引方案、走马塘泵排方案，高片南部的水体将经过高片北部河道北排长江，短时间内可能会有一定影响，但由于水体流动加快，对水环境影响不会太大。因此，对高片北部地区水环境影响有限。

对高片南部来说，仅利用白屈港控制线及沿江口门调度措施，并从望虞河引入环境用水，不能实现高片南部水体北排长江，只能通过沈渎港南排京杭运河及部分进入低片南部，对高片南部水环境有一定影响。如采取走马塘泵引方案、走马塘泵排方案、望虞河"两河三堤"方案或白屈港排水专道，均可实现高片南部水体北排长江，有利于改善高片南部水环境。

2. 低片南部地区水环境

低片南部地区主要为无锡市城区。张家港沿江口门只排不引情况下，望虞河西岸口门全敞方案时，1969 年型、1971 年型由低片南部无锡市区通过九里河、伯渎河进入高片南部水量分别为 0.39 亿 m^3、0.37 亿 m^3；而当望虞河西岸口门控制、且白屈港控制线控制情况下，如走马塘泵引方案，这部分水量东排受阻，并有少量水通过九里河、伯渎河反向进入无锡市区，东排受阻水量及反向进入无锡市区水量将通过古运河、北兴塘、望庄港等进入京杭大运河，对无锡市区水环境可能产生一定影响。

走马塘泵排方案，白屈港控制线北段控制，九里河、伯渎河敞开，无锡市区水量通过九里河、伯渎河仍可进入高片南部，对无锡市区基本无影响。白屈港排水专道方案，无锡市区原通过九里河、伯渎河进入高片南部水量可改道白屈港排水专道北排入长江，原高片南部水及由望虞河引入的部分环境用水也将经低片南部北排长江，由于水量增加、水体流动加快，对无锡市区水环境会产生多大影响需要水质模型进一步分析。望虞河"两河三堤"方案，"西望虞河"西岸敞开不影响西岸地区排水，无锡市区通过九里河、伯渎河进入高片南部水量增加，对无锡市区水环境有利。

3. 低片北部地区水环境

低片北部地区引排条件好，水量大，水体流动加快，总体上对该地区水环境影响有限。

18.4.2　对地区防洪除涝影响分析

澄锡虞高片地区地势情况为中部高，南部、北部低，北部为沿江自排区，中、南部洪涝水主要经望虞河北排入长江，部分进入京杭运河。河网正常水位 3.20m，警戒水位 3.60m。境内地面高程多数在 4.50～5.50m，局部沿湖荡地区地面高程在 3.50～4.50m。地势较低地区大部分建有圩子，圩区内地面高程 4.20m 左右，致涝水位约 4.50m。圩外尚有零星分散的半高地，这些半高地易受洪水威胁。

1. 引水期间遭暴雨、大暴雨对澄锡虞片防洪除涝影响

通过 1962 年实况暴雨水利计算，对仅张家港敞开方案在引水期遭遇大暴雨对区域防洪除涝影响进行分析。计算条件：

（1）当陈墅水位超过 3.70m，并预计有降雨时，常熟水利枢纽停止引水。

（2）当陈墅水位超过警戒水位 3.90m，并预计有降雨，水位有继续上涨趋势时，常熟水利枢纽开闸排水。

（3）当陈墅水位超过 4.50m 时，常熟水利枢纽进行抽排。

计算成果见表 18-12。

表 18-12　　　　　　　　1962 年型不同引水工况下高片内最高水位　　　　　　单位：m

水位\方案	日均最高水位				瞬时最高水位			
	无锡南门	北渰	陈墅	鸿峰桥	无锡南门	北渰	陈墅	鸿峰桥
望虞河引水	4.441	5.309	5.319	5.240	4.654	5.690	5.704	5.655
望虞河不引水	4.438	5.305	5.315	5.230	4.652	5.685	5.698	5.649

由表 18-12 可知，根据计算条件进行逆转调度，1962 年型望虞河引水工况时高片内瞬时最高水位及日均最高水位与望虞河不引水工况相比，相应水位无明显变化。

另外，在计算期内，两种工况从沿江口门各枢纽所排武澄锡虞片水量分析可知，望虞河引水工况下，通过望虞河常熟水利枢纽排入长江的武澄锡虞片水量 1.82 亿 m³，约占武澄锡虞片在澄锡运河至望虞河区间内沿江排水量 7.41 亿 m³ 的 24.56%。望虞河不引水工况下，通过望虞河常熟水利枢纽排入长江的武澄锡虞片水量 1.83 亿 m³，约占武澄锡虞片在澄锡运河至望虞河区间内沿江排水量 7.39 亿 m³ 的 24.76%。两者相差很小。

因此，在望虞河引水期间遭遇暴雨、大暴雨袭击时，只要常熟水利枢纽严格按照调度原则运行，及时进行功能转换（引水工况转变成排水工况），对澄锡虞片防洪除涝不会产

生明显影响。

2. 遇大雨时望虞河连续引水对地区防洪除涝影响

目前澄锡虞高片涝水主要出路为北排长江、东排望虞河及南入京杭运河。在望虞河引水期间遭遇大雨时，望虞河不停止引水，高片涝水东排望虞河受阻，河网水位有所抬高。

水利计算结果表明，沿江全引排工况下，1971 年型引水期间（7 月 11 日～10 月 31 日），3 日最大雨量 49.3mm，发生时间 10 月 1～3 日，相当于 1 年一遇降雨，各方案鸿峰桥及北淘站日均最高水位分别为 3.75～3.77m、3.65～3.72m，水位涨幅 30～40cm，西岸控制方案与全敞开方案相比，增幅不大；1969 年型引水期间（8 月 24 日～10 月 31 日），1 日最大雨量 43.5mm，发生时间 9 月 29 日，相当于 1 年一遇降雨，各控制方案鸿峰桥及北淘站日均最高水位分别为 3.63m、3.59～3.61m，水位涨幅与 1971 年型基本一致，与全敞开方案相比，增幅很小；当张家港沿江口门改为只排不引时，1969 年型、1971 年型各方案北淘站、鸿峰桥日均最高水位略低；无锡南门站日均最高水位均在警戒水位以下。见表 18-13、图 18-34 和图 18-35。

总之，遇短历时大雨时各方案日均最高水位相差不大，且均在警戒水位以下，对区域防洪除涝影响不大。

表 18-13　　　　　　　　　　各计算方案高片内日均最高水位　　　　　　　　　　单位：m

方案 年型	全　敞　开			仅张家港敞开			全　控　制			备　注
	无锡南门	北淘	鸿峰桥	无锡南门	北淘	鸿峰桥	无锡南门	北淘	鸿峰桥	
1969 年型	3.55	3.59	3.56	3.57	3.59	3.63	3.57	3.61	3.63	沿江口门全引排
1971 年型	3.57	3.62	3.60	3.57	3.65	3.75	3.58	3.72	3.77	
1969 年型	3.54	3.58	3.55	3.57	3.59	3.61	3.56	3.59	3.60	张家港沿江口 门只排不引
1971 年型	3.58	3.62	3.60	3.57	3.65	3.74	3.58	3.71	3.76	

注　澄锡虞高片正常水位 3.20m，陈墅站警戒水位 3.90m，无锡南门警戒水位 3.59m。

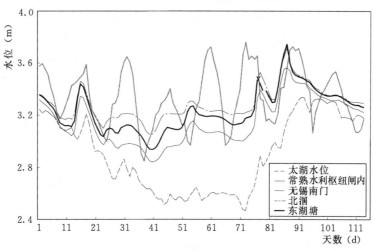

图 18-34　1971 年型（7 月 11 日～10 月 31 日）日均水位过程（西岸全控）

3. 实况调度情况分析

2001 年 6 月 17～18 日在常熟水利枢纽关闸情况下，武澄锡虞区日降雨 41.5mm，18 日陈

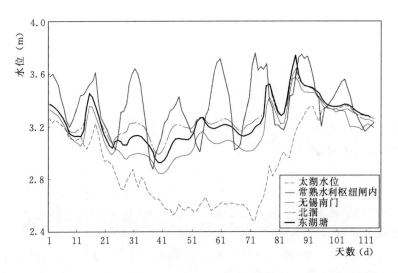

图 18 - 35　1971 年型（7 月 11 日～10 月 31 日）日均水位过程（仅张家港敞开）

墅站实测水位 3.48m，一天水位涨幅 0.34m。由于预报太湖流域将遭 "飞燕" 台风袭击，19 日常熟水利枢纽开闸排水，在武澄锡虞区无雨、长江江阴站实测低低潮位 2.78m（相当于平均低低潮位）情况下，常熟水利枢纽水闸一天排水 1270 万 m³，陈墅站实测水位下降 15cm。由此可见，遇大雨情况下，区域水位日涨幅 30～40cm，并且常熟水利枢纽具有较强的排水能力。

从 2001 年 6 月 17～20 日实测河网水位与上节河网计算水位（见图 18 - 34 和图 18 - 35）比较可知，在降水量相同情况下，计算水位涨幅与实测情况基本一致；望虞河引水期间遇到大雨时，河网水位虽会有所抬高，但最高日均水位仍可控制在区域警戒水位以下。因此，在遭遇短历时大雨时，望虞河连续引水对地区防洪除涝影响不大。

18.4.3　对航运的影响

澄锡虞高片内航道众多，有申张线、锡十一圩线、锡虞线、澄虞线、苏张线、苏张支线、严家桥线及中泾线等。与望虞河相交的主要河道有张家港、锡北运河、九里河、伯渎河（苏舍塘），其中张家港是申张线的一部分。申张线是区域内的骨干航道，是江苏省干线航道网 "二纵三横" 主航道的组成部分。目前航道维护等级为Ⅵ级，规划为Ⅴ级。2000年申张线实测货运量 2600 万 t，预测 2010 年达 3500 万 t，2020 年达 4400 万 t。锡北运河入望虞河段及九里河为规划中的Ⅵ级航道，伯渎河（苏舍塘）入望虞河段为规划中的Ⅶ级航道，目前通航量相对较小。

对锡北运河、九里河、伯渎河（苏舍塘）来说，望虞河西岸控制后，将在各支河口修建通航建筑物，虽会造成货物运输时间延长，增加运输成本，考虑到通航量不大，因此对航运影响相对较小。

全控制方案将在张家港与望虞河交叉口设置通航建筑物。当望虞河水位高于河网水位或张家港水质许可时枢纽可不控制，通航船舶不会碍航。根据河网非恒定流数学模型计算成果分析，1971 年型张家港沿江口门只排不引时，西岸全控方案在引水期内约有 30％时间望虞河水位高于河网水位，张家港枢纽可开闸通航，其余时间船舶需通过船闸通航，由于申张线是区域内的骨干航道，因此西岸全控方案将对通航产生较大影响。

18.4.4　对京杭运河及长江水环境影响分析

望虞河西岸控制后，高片内原来经望虞河入东岸河网地区的部分水量将转向进入京杭大运河或长江，对京杭运河及长江的水环境的影响分析如下。

1. 对京杭运河水环境的影响

计算成果表明，1971 年型引水期间，白屈港排水专道方案（方案十四）、望虞河"两河三堤"方案（方案十七）与望虞河西岸全敞开、沿江张家港只排不引方案（方案二）相比，南部地区进入京杭大运河的水量分别减少了 0.86 亿 m^3 和 1.40 亿 m^3（见图 18 - 9、图 18 - 22、图 18 - 25），减少了南部地区进入京杭大运河的污染物总量，对京杭大运河水环境是有利；走马塘泵引方案（方案十五）、走马塘泵排方案（方案十六）与方案二相比，南部地区进入京杭大运河的水量分别增加了 0.41 亿 m^3 和 0.07 亿 m^3（见图 18 - 11、图 18 - 25、图 18 - 26），增加了南部地区进入京杭运河的污染物总量，对京杭运河水环境有一定影响，但京杭运河水量增加，流动速度加快，京杭运河的水环境容量也会有所增加。

2. 对长江水环境影响

1971 年型望虞河引水期间，白屈港排水专道方案（方案十四）、走马塘泵引方案（方案十五）、走马塘泵排方案（方案十六）、望虞河"两河三堤"方案（方案十七）与望虞河西岸全敞开、沿江张家港只排不引方案（方案二）相比，澄锡虞地区排入长江的水量分别增加了 1.57 亿 m^3、0.84 亿 m^3、0.87 亿 m^3 和 1.53 亿 m^3，增加了排入长江的污染物总量，但这些水量中有很大一部分是沿江口门引排的水量，且这些水量与长江径流相比甚小，对长江水质总体影响较小，对江边水闸周围局部边滩水环境可能会产生一定的不利影响。望虞河"两河三堤"方案，需要妥善处理"两河"引清与排污的关系，避免"污水短路"。

18.4.5　望虞河东岸引水量的影响分析

随着苏州地区经济的发展，望虞河东岸地区需水量将会增加。数学模型的模拟计算结果表明，东岸引水量增加虽部分可通过增加引江水量来补充，但入太湖水量明显减少，高片进入望虞河水量增加，入太湖水质变差。

1971 年型仅张家港敞开方案、张家港沿江口门只排不引，当东岸引水量增加至 60 m^3/s 时（其中苏州西塘河引水 40 m^3/s、常熟尚湖引水 20 m^3/s），东岸引水量增加了 2.54 亿 m^3，常熟水利枢纽引江水量增加 0.35 亿 m^3，从望虞河进入西岸高片水量减少 0.26 亿 m^3，高片进入望虞河水量增加 0.47 亿 m^3，入太湖水量减少 1.45 亿 m^3，约减少 12%，望亭立交闸下污清比由 1：10.7 降为 1：8.2，见图 18 - 14、图 18 - 19 和表 18 - 14。

表 18 - 14　　　　　　　　　　望虞河东岸引水量变化影响分析

项　　目	方　案	东岸引水 34 m^3/s	东岸引水 60 m^3/s	增减值
1971 年型	引长江水量（亿 m^3）	19.58	19.93	0.35
	入太湖水量（亿 m^3）	15.62	14.17	-1.45
	东岸引水水量（亿 m^3）	3.32	5.86	2.54
	望虞河进入高片水量（亿 m^3）	2.30	2.04	-0.26
	高片进入望虞河水量（亿 m^3）	1.67	2.14	0.47
	望亭立交闸下污清比	1：10.7	1：8.5	

18.5　西岸排水出路工程措施

在区域水体流动规律研究中，对望虞河西岸排水较为有利的工程方案主要有白屈港排水专道方案（方案十四）、走马塘泵引方案（方案十五）、走马塘泵排方案（方案十六）、望虞河"两河三堤"方案（方案十七），通过对各方案沿线建筑物及河道调查、统计及分析，得到各方案工程量并初估工程投资。工程布置见图 18-36。

18.5.1　各方案工程量

1. 望虞河西岸控制工程

望虞河西岸共有支河口门 84 个，其中已建控制建筑物的口门 46 个，地方已封堵口门 5 个，敞开的口门 33 个。望虞河西岸支河口门控制物情况见表 18-15 和图 18-36。

表 18-15　　　　　　　　望虞河西岸新建控制工程工程量表

序号	项目	单位	工程量	备　注	序号	项目	单位	工程量	备　注
1	张家港枢纽	座	1	16m 双线船闸＋18m 节制闸	8	4m 节制闸	座	10	
2	锡北运河枢纽	座	1	12m 船闸＋8m 节制闸	9	5m 节制闸	座	5	
3	九里河枢纽	座	1	12m 船闸＋8m 节制闸	10	6m 节制闸	座	1	
4	伯渎港枢纽	座	1	6m 套闸＋6m 节制闸	11	8m 节制闸	座	2	
5	拟封堵	处	1		12	4m 套闸	座	1	
6	Φ80 涵洞	座	1		13	6m 套闸	座	3	
7	Φ100 涵洞	座	5			合　计	座	33	

注　引用《望虞河后续工程规划报告》成果。

2. 白屈港排水专道方案

白屈港排水专道方案（方案十四）的工程量主要包括白屈港专道工程（包括白屈港控制线完善工程中的东横河枢纽）、望虞河西岸控制工程，见表 18-16。

表 18-16　　　　　　　　白屈港排水专道方案工程量

分项工程	项　目	单位	工程量	备注
白屈港专道工程	12m 船闸＋10m 节制闸	座	3	
	8m 船闸	座	2	
	6m 节制闸	座	6	
	过锡北运河立交	座	1	
望虞河西岸控制工程	见表 18-1			

3. 走马塘泵引方案

走马塘泵引方案（方案十五）工程量主要包括走马塘拓浚工程（底宽 15m、底高 0.00m），白屈港控制线完善工程，望虞河西岸全控制工程以及九里河，伯渎港引水泵站工程，见表 18-17。

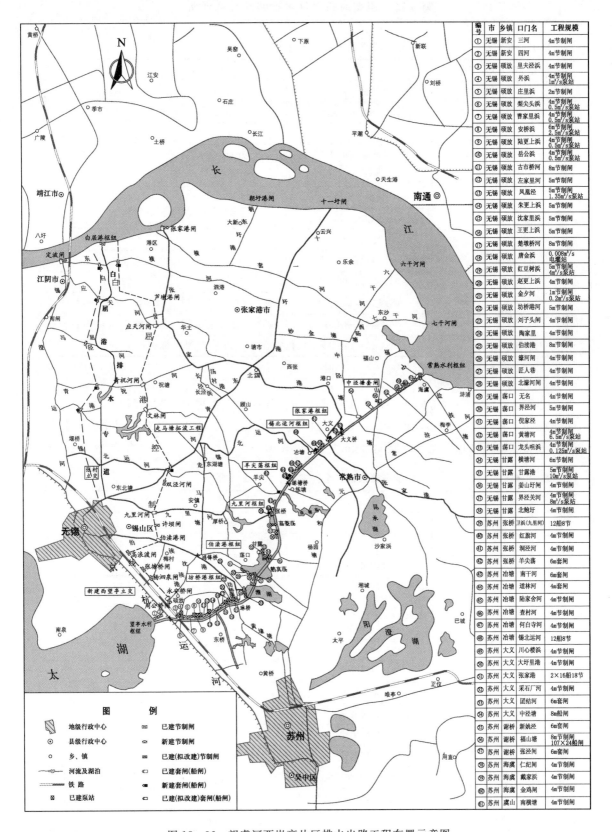

编号	市	乡镇	口门名	工程规模
①	无锡	新安	三河	4m节制闸
②	无锡	新安	四河	4m节制闸
③	无锡	硕放	里夫泾浜	4m节制闸
④	无锡	硕放	外浜	4m节制闸 1m³/s泵站
⑤	无锡	硕放	庄里浜	2m节制闸
⑥	无锡	硕放	梨尖头浜	4m节制闸 0.5m³/s泵站
⑦	无锡	硕放	曹家里浜	4m节制闸 0.5m³/s泵站
⑧	无锡	硕放	安桥浜	6m节制闸 2.5m³/s泵站
⑨	无锡	硕放	陆更上浜	4m节制闸 0.5m³/s泵站
⑩	无锡	硕放	岳公浜	4m节制闸 0.5m³/s泵站
⑪	无锡	硕放	古市桥河	8m节制闸
⑫	无锡	硕放	左圣里闸	5m节制闸
⑬	无锡	硕放	凤凰泾	5m节制闸 1.35m³/s泵站
⑭	无锡	硕放	朱更上浜	5m节制闸
⑮	无锡	硕放	沈家里浜	5m节制闸
⑯	无锡	硕放	王更上浜	5m节制闸
⑰	无锡	硕放	楚墩桥河	4m节制闸
⑱	无锡	硕放	唐金浜	0.008m³/s电灌站
⑲	无锡	硕放	红豆树浜	4m节制闸 4m³/s泵站
⑳	无锡	硕放	赵更上浜	4m节制闸
㉑	无锡	硕放	金夕河	1m节制闸 0.2m³/s泵站
㉒	无锡	硕放	坊街港河	4m节制闸
㉓	无锡	硕放	刘子头闸	4m节制闸
㉔	无锡	硕放	陶家里	4m节制闸
㉕	无锡	硕放	伯渎港	8m节制闸
㉖	无锡	硕放	藻河闸	4m节制闸
㉗	无锡	硕放	匠人浜	4m节制闸
㉘	无锡	荡口	北薛河闸	4m节制闸
㉙	无锡	荡口	无名	4m节制闸
㉚	无锡	荡口	界泾河	5m节制闸
㉛	无锡	荡口	倪家泾	4m节制闸
㉜	无锡	荡口	黄塘河	4m节制闸 6.5m³/s泵站
㉝	无锡	荡口	龙头咀底	4m节制闸 0.125m³/s泵站
㉞	无锡	甘露	横塘闸	6m节制闸
㉟	无锡	甘露	甘露港	4m节制闸 10m³/s泵站
㊱	无锡	甘露	姜山圩闸	4m节制闸
㊲	无锡	甘露	界泾关闸	4m节制闸 8m³/s泵站
㊳	无锡	甘露	北鲍闸	4m节制闸
㊴	苏州	张桥	三浜(九里河)	12船8节
㊵	苏州	张桥	红旗河	4m节制闸
㊶	苏州	张桥	涧泾河	4m节制闸
㊷	苏州	张桥	羊尖荡	6m套闸
㊸	苏州	冶塘	南干河	6m套闸
㊹	苏州	冶塘	道林河	4m套闸
㊺	苏州	冶塘	陆家舍河	4m节制闸
㊻	苏州	冶塘	查村河	4m节制闸
㊼	苏州	冶塘	何白寺河闸	4m节制闸
㊽	苏州	冶塘	锡北运河	12船8节
㊾	苏州	大义	川心楼浜	4m节制闸
㊿	苏州	大义	大圩里港	4m节制闸
⑤	苏州	大义	张家港	2×16船18节
㉒	苏州	大义	采石厂河	4m节制闸
㊌	苏州	大义	团结河	6m套闸
㊍	苏州	大义	中泾塘	8m船闸
㊎	苏州	谢桥	新姚泾	6m套闸
㊏	苏州	谢桥	福山塘	4m节制闸 107×24船闸
㊐	苏州	谢桥	张泾闸	6m套闸
㊑	苏州	海虞	仁纪闸	4m节制闸
㊒	苏州	海虞	戴家浜	4m节制闸
㊓	苏州	海虞	金鸡闸	4m节制闸
㊔	苏州	虞山	南横塘	4m节制闸

图 18-36　望虞河西岸高片区排水出路工程布置示意图

表 18－17　　　　　　　　**走马塘泵引方案（方案十五）工程量**

分 项 工 程	项 目	单 位	工 程 量
走马塘拓浚工程	清淤土方	万 m³	27.3
	开挖土方	万 m³	271
	石驳岸	km	8
	浆砌块石护坡	万 m³	20.4
	农村公路桥（5m×55m）	座	34
	锡沪公路桥	座	1
	拆建灌溉站	座	21
	征用土地	亩	1000
	拆除民房	m²	56550
	拆除厂房	m²	55540
白屈港控制线完善工程	锡北运河控制建筑物	座	12m 船闸＋10m 节制闸
	东横河控制工程	座	12m 船闸＋10m 节制闸
望虞河西岸控制工程	见表 18-1 内容外，还包括九里河及伯渎河入望虞河各 5m³/s 泵站工程

4. 走马塘泵排方案

走马塘泵排方案（方案十六）工程量主要包括沈渎港—走马塘—东青河—大塘河—张家港拓浚工程（底宽 25m，底高 0.00m）、白屈港控制线完善工程、望虞河西岸全控制工程以及张家港沿江枢纽工程（泵站 80m³/s）。见表 18－18。

表 18－18　　　　　　　　**走马塘泵排方案（方案十六）工程量**

分 项 工 程	项 目	单 位	工 程 量
走马塘等拓浚工程	开挖土方	万 m³	786.7
	填筑土方	万 m³	44.7
	浆砌块石护坡	万 m³	25.4
	防汛公路	万 m²	19.8
	江边枢纽	座	泵站 80m³/s
	公路桥	座	46
	6m 闸	座	4
	排灌站	座	26
	永久征地	亩	3416.7
	临时占地	亩	5117.3
	拆除民房	m²	40.9
	工厂拆迁	家	32
白屈港控制线完善工程	锡北运河控制建筑物	座	12m 船闸＋10m 节制闸
	东横河控制工程	座	12m 船闸＋10m 节制闸
望虞河西岸控制工程	见表 18-1 内容

5. 望虞河 "两河三堤" 方案

望虞河 "两河三堤" 方案（方案十七）工程量主要包括西望虞河河道工程（底宽 40m、底高 $-3.00m$）、望亭水利枢纽工程（过水面积 $200m^2$）及常熟水利枢纽工程（节制闸 40m、泵站 $120m^3/s$、排水地涵 $40m^2$），张家港、锡北运河、九里河、伯渎港穿原望虞河立交（或渡槽）工程，望虞河西岸已建支河口门控制建筑物拆建工程等，见表 18 - 19 和图18 - 37。

表 18 - 19　　　　　　　望虞河 "两河三堤" 方案（方案十七）工程量

分项工程	项目	单位	工程量
西望虞河工程	开挖土方	万 m^3	4452.59
	填筑土方	万 m^3	252.97
	浆砌块石护坡	km	56.91
	防洪墙	km	16.24
	防汛公路	万 m^2	96.56
	常熟水利枢纽	座	节制闸 40m、泵站 $120m^3/s$
	水利枢纽	座	过水面积 $200m^2$
	桥梁	座	29
	永久征地	亩	15571
	临时占地	亩	31497
	拆除民房	m^2	46.89
	工厂拆迁	家	152
望虞河西岸已建建筑物拆建工程	涵洞	座	8
	节制闸	座	35
	船（套）闸	座	8
	泵站	m^3/s	35.983

18.5.2　工程投资估算

根据能源水规〔1990〕825 号《水利水电可行性研究投资估算编制办法》、苏水基〔2000〕110 号《关于颁发〈江苏省水利基本建设工程设计概算编制规定〉（2000 年修改本）的通知》、苏水基〔2002〕32 号《关于颁发江苏省水利工程概算定额及 2003 年动态基价表的通知》及江苏省类似工程技术经济指标等，采用 2003 年下半年价格水平，对各方案进行工程投资估算，见表 18 - 20。

表 18 - 20　　　　　　　各方案估算工程总投资表　　　　　　　　单位：万元

工程或费用名称	白屈港专道方案	走马塘泵引方案	走马塘泵排方案	望虞河 "两河三堤" 方案
望虞河西岸控制工程	35192.37	36457.81	35192.37	33614.70
其中张家港枢纽	10726.50	10726.50	10726.50	17827.50
九里河、伯渎港引水泵站		1265.44		
白屈港专道工程	33174.06			
白屈港控制线完善工程	5061.77	10123.54	10123.54	
走马塘疏（拓）浚工程		19419.21	69476.34	
西望虞河工程				320749.21
挖压拆迁补偿费		14448.32	56692.56	140787.90
总投资	73428.20	80448.88	171484.81	495151.81

注　望虞河 "两河三堤" 方案，望虞河西岸控制工程主要为张家港、锡北运河、九里河、伯渎港穿越望虞河的水利（或渡槽）工程，西望虞河工程中包括西岸已建口门控制建筑物拆建工程。

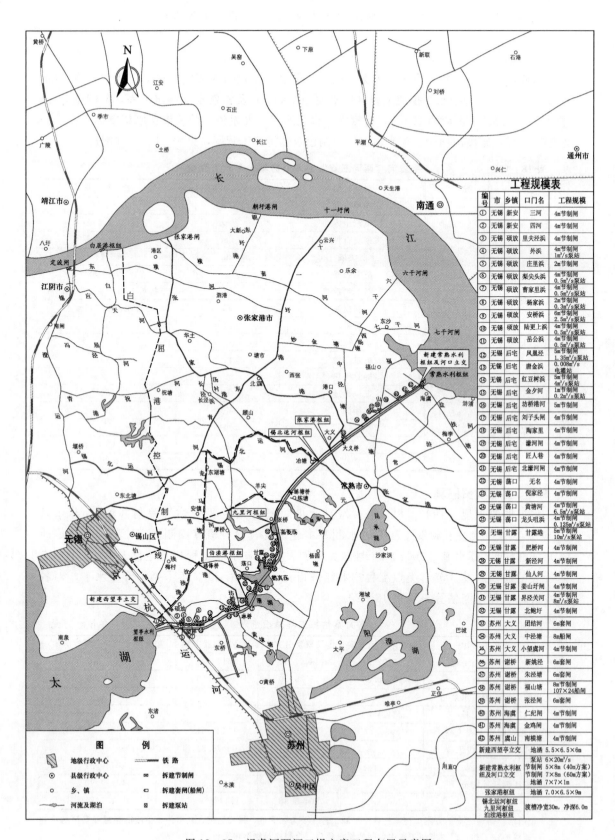

工程规模表

编号	市	乡镇	口门名	工程规模
①	无锡	新安	三河	4m节制闸
②	无锡	新安	四河	4m节制闸
③	无锡	硕放	里夫泾河	4m节制闸
④	无锡	硕放	外泾	4m节制闸 1m³/s泵站
⑤	无锡	硕放	庄里浜	2m节制闸
⑥	无锡	硕放	梨尖头浜	4m节制闸 0.5m³/s泵站
⑦	无锡	硕放	曹家里浜	0.3m³/s泵站
⑧	无锡	硕放	杨桥浜	2m节制闸 0.5m³/s泵站
⑨	无锡	硕放	安桥浜	6m节制闸 2.5m³/s泵站
⑩	无锡	硕放	陆更上浜	4m节制闸 0.5m³/s泵站
⑪	无锡	硕放	岳公浜	4m节制闸 5m³/s泵站
⑫	无锡	后宅	凤凰泾	1.35m³/s泵站
⑬	无锡	后宅	唐金浜	0.008m³/s 电通站
⑭	无锡	后宅	红豆树浜	5m节制闸 4m³/s泵站
⑮	无锡	后宅	金夕河	1m节制闸 0.2m³/s泵站
⑯	无锡	后宅	坊桥港闸	5m节制闸
⑰	无锡	后宅	刘子头浜	4m节制闸
⑱	无锡	后宅	陶家里	4m节制闸
⑲	无锡	后宅	濠闸	4m节制闸
⑳	无锡	后宅	匠人巷	4m节制闸
㉑	无锡	后宅	北塍河闸	4m节制闸
㉒	无锡	荡口	无名	4m节制闸
㉓	无锡	荡口	倪家泾	4m节制闸
㉔	无锡	荡口	黄塘河	4m节制闸 6.5m³/s泵站
㉕	无锡	荡口	龙头咀浜	0.125m³/s泵站
㉖	无锡	甘露	甘露港	5m节制闸 10m³/s泵站
㉗	无锡	甘露	肥泾河	4m节制闸
㉘	无锡	甘露	新泾河	4m节制闸
㉙	无锡	甘露	仙人河	4m节制闸
㉚	无锡	甘露	姜山圩闸	4m节制闸
㉛	无锡	甘露	界泾关闸	4m节制闸 4m³/s泵站
㉜	无锡	甘露	北鲍圩	4m节制闸
㉝	苏州	大义	团结河	6m套闸
㉞	苏州	大义	中泾塘	8m船闸
㉟	苏州	大义	小望虞河	4m节制闸
㊱	苏州	谢桥	新姚泾	6m套闸
㊲	苏州	谢桥	朱泾塘	8m套闸
㊳	苏州	谢桥	福山塘	8m节制闸 107×24船闸
㊴	苏州	谢桥	张泾河	6m套闸
㊵	苏州	海虞	仁纪闸	4m节制闸
㊶	苏州	海虞	金鸡闸	4m节制闸
㊷	苏州	虞山	南横档	4m节制闸
新建西望亭立交			地涵 5.5×6.5×6m	
新建常熟水利枢组及河口立交			泵站 6×20m³/s 节制闸 5×8m（40m方案） 节制闸 7×8m（60m方案） 地涵 7×7×1m	
张家港枢组			地涵 7.0×6.5×9m	
锡北运河枢组 九里河枢组 泊渎港枢组			渡槽净宽30m，净深6.0m	

图 例

▨	地级行政中心	▦	铁路
◉	县级行政中心	⊠	拆建节制闸
◦	乡、镇	⊡	拆建套闸（船闸）
⌇	河流及湖泊	⊠	拆建泵站

图 18-37 望虞河两河三堤方案工程布置示意图

根据《望虞河后续工程规划报告》，望虞河河道拓宽 60m 方案（流域排洪效果与望虞河"两河三堤"方案基本相当但未考虑西岸地区排水出路补偿工程）的工程总投资约 327077.49 万元（已扣除东岸已建建筑物加高加固工程投资），与望虞河"两河三堤"方案工程投资相差（亦即与西岸排水出路相关的工程投资）约 168074.32 万元。

18.5.3　方案比较

前面通过对武澄锡虞区高片水流运动规律、引江济太入太湖水量组成等分析计算表明：利用白屈港控制线及沿江口门调度措施较难实现高片南部水体北排长江，高片南部水量主要通过沈渎港等南排入京杭大运河及少量由九里河、伯渎港等经无锡市区入大运河；能较好解决望虞河西岸地区排水（特别是高片南部地区）的主要措施有白屈港排水专道方案（方案十四）、走马塘泵引方案（方案十五）、走马塘泵排方案（方案十六）、望虞河"两河三堤"方案（方案十七）等方案。下面就引水效果、对防洪排涝影响、对区域水环境影响、工程投资等方面进行分析比较：

（1）引水效果。望虞河"两河三堤"方案因西岸地区基本没有引用望虞河水，望虞河常熟水利枢纽引长江水量最少，白屈港排水专道方案、走马塘泵引方案和走马塘泵排方案基本一致；入太湖水量占引长江水量的比例，望虞河"两河三堤"方案最大，达81.5%，走马塘泵引方案最小，为75.8%。白屈港排水专道方案和走马塘泵引方案，没有增加新的排水通道，高片涝水仍依靠望虞河外排，引水期间需要根据气象预报，遇区域性暴雨时应及时停止引水或转化为排水，影响引水效率发挥；走马塘泵排方案，拓浚了沈渎港—走马塘—东青河—大塘河—张家港排水通道，遇一般性暴雨区域涝水可由该通道排出，望虞河继续引水可不受影响；望虞河"两河三堤"方案，望虞河引水期间"西望虞河"可以为西岸地区提供排水出路，如西部地区遇到大暴雨，望虞河还可以连续引水以满足流域用水的需要，引水效率高。

（2）对防洪排涝的影响。前面分析已经表明，望虞河引水期间只要常熟水利枢纽严格按照调度原则运行，及时进行引排功能转换，对澄锡虞高片防洪除涝不会产生明显影响。走马塘泵引方案，通过泵站引水适当抬高了区域水位，引水期高片日均最高水位相对较高，但也在防洪警戒水位以下。走马塘泵排方案，拓浚了区域直排长江的排水通道，对区域防洪排涝具有一定好处，同时由于增加了直排长江的水量可以减少高片入望虞河的涝水量，有利于望虞河排泄太湖洪水。望虞河"两河三堤"方案，增加了洪涝兼筹的"西望虞河"，对高片防洪排涝有利，同时原望虞河可以实现高水行洪，排泄太湖洪水明显增加，据有关研究与望虞河河道拓宽 60m 方案排洪作用基本相当。

（3）对区域水环境的影响。对高片南部地区，四个方案区域水体均基本可以循环外排，对改善区域水环境有利，但白屈港排水专道方案将受到无锡城区大包围调度影响。对高片北部地区，可以自成循环体系，基本无太影响，走马塘泵引方案、走马塘泵排方案高片南部水体通过高片北部北排长江，可能有一定影响。对低片南部（无锡市区）地区，白屈港排水专道方案高片南部水体通过无锡城区大包围北排，走马塘泵引方案白屈港控制线的控制阻止了无锡城区原东排水量，可能产生较大影响；走马塘泵排方案、望虞河"两河三堤"方案，对低片南部地区基本无不利影响，同时加快了水体流动。对低片北部地区，望虞河"两河三堤"方案基本无不利影响，其他方案白屈港控制线的控制可能有一定影响，但影响有限。对京杭大运河、长江，影响均较小，仅对局部区域有一定影响。

（4）对航运的影响。望虞河"两河三堤"方案，白屈港控制线不需要控制，将原望虞河航道改走"西望虞河"，"西望虞河"的西岸口门基本同现状敞开，同时张家港、锡北运河、九里河、伯渎港等航道采用立交（或渡槽）穿原望虞河，对航道影响较小。其他方案，白屈港控制线和望虞河西岸口门的控制，对航道影响相对较大。

（5）工程投资。白屈港排水专道方案和走马塘泵引方案的工程投资相当，总投资较小。望虞河"两河三堤"方案工程总投资较大，但扣除太湖泄洪功能后与西岸排水出路相关的工程投资与走马塘泵排方案基本相当，二方案工程总投资约比前二方案增加1倍。

各方案的综合比选情况见表18-21。

表 18-21　　　　　　　　　　　方案综合技术经济比较表

<table>
<tr><td colspan="3">方　案

项　　目</td><td>白屈港排水
专道方案
（方案十四）</td><td>走马塘泵
引方案
（方案十五）</td><td>走马塘泵
排方案
（方案十六）</td><td>望虞河"两河
三堤"方案
（方案十七）</td></tr>
<tr><td rowspan="5">引水</td><td colspan="2">引长江水量（亿 m^3）</td><td>19.53</td><td>19.57</td><td>19.51</td><td>18.09</td></tr>
<tr><td colspan="2">入太湖水量（亿 m^3）</td><td>14.91</td><td>14.83</td><td>15.13</td><td>14.75</td></tr>
<tr><td colspan="2">入太湖比例（%）</td><td>76.3</td><td>75.8</td><td>77.5</td><td>81.5</td></tr>
<tr><td colspan="2">水质</td><td colspan="4">西岸全控，入太湖水质较好</td></tr>
<tr><td colspan="2">影响因素</td><td colspan="2">需要根据预报，遇区域性暴雨时及时停止引水或转化为排水，影响引水效率</td><td>入太湖比例较高，遇一般性暴雨可以继续引水</td><td>入太湖比例高，除非较大暴雨不必停止引水，引水效率高</td></tr>
<tr><td rowspan="4">对防洪、
排涝的
影响</td><td rowspan="2">1971年型
最高日均水位</td><td>北渑</td><td>3.66</td><td>3.71</td><td>3.64</td><td>3.58</td></tr>
<tr><td>鸿峰桥</td><td>3.61</td><td>3.76</td><td>3.63</td><td>3.54</td></tr>
<tr><td colspan="2">对高片防洪、排涝影响</td><td>水位较高，受无锡城区大包围影响较大</td><td>水位高，有一定影响，须及时引排转换</td><td>增加了排水通道对排涝有一定好处</td><td>水位较低，对高片防洪、排涝有利</td></tr>
<tr><td colspan="2">对太湖泄洪的作用</td><td>基本没作用</td><td>基本没作用</td><td>可减少西岸地区入望虞河水量，对泄洪有一定好处</td><td>太湖泄洪作用较大，据研究与望虞河河道拓宽60m方案作用基本相当</td></tr>
<tr><td rowspan="7">对区域水
环境的
影响</td><td colspan="2">高片北部</td><td>可自成循环，基本无影响</td><td>南部地区水量北排，有一定影响</td><td>南部地区水量北排，有一定影响</td><td>增加水体流动，对水环境有利</td></tr>
<tr><td colspan="2">高片南部</td><td>水体可以外排，但受无锡城区大包围调度影响</td><td>水体可以外排，加快了水体流动，对水环境有利</td><td>水体可以外排，加快了水体流动，对水环境有利</td><td>水体可以外排，加快了水体流动，对水环境有利</td></tr>
<tr><td colspan="2">低片南部（无锡市区）</td><td>影响较大</td><td>有影响</td><td>无不利影响，水体流动加快</td><td>无不利影响，水体流动加快</td></tr>
<tr><td colspan="2">低片北部</td><td>有一定影响，但影响有限</td><td>有一定影响，但影响有限</td><td>有一定影响，但影响有限</td><td>无影响</td></tr>
<tr><td colspan="2">京杭大运河</td><td colspan="4">影响较小</td></tr>
<tr><td colspan="2">长江</td><td colspan="4">排入水量比重极小，影响很小，局部区域有一定影响</td></tr>
<tr><td colspan="3">对航运影响</td><td colspan="3">相对较大</td><td>较小</td></tr>
<tr><td colspan="3">工程总投资（万元）</td><td>73428.20</td><td>80448.88</td><td>171484.81</td><td>168074.32</td></tr>
</table>

注　表中望虞河"两河三堤"方案工程投资仅为与西岸排水出路相关的工程投资。

第 19 章　主要结论与建议

19.1　主要结论

（1）引江济太实践和研究结果表明，望虞河西岸高片污水对望虞河引水水质有较大影响，利用白屈港控制线及沿江口门调度措施较难有效控制高片污水进入望虞河，为了实施引江济太战略，确保入湖水量、水质，同时考虑有利于提高流域泄洪能力，对望虞河西岸实施有效控制是十分必要的。

（2）入太湖水体污清比过程线与长江潮汐周期具有较好的相似性。长江大潮期间入太湖水质较好，而小潮期间入太湖水质较差。1971 年枯水型望虞河枢纽引水采用自引结合泵引方式，望虞河西岸高片污水受到一定顶托，污水汇入相对较少，望亭立交闸下水质相对较好。1969 年平水年型以自引为主，不能有效阻止高片污水汇入望虞河，对立交闸下水质影响很大。

（3）根据《引江济太期间望虞河限制排污总量试行意见技术论证报告（送审稿）》引江济太期间望虞河的纳污能力 COD_{Cr} 为 45.52t/d，$NH_3 - N$ 为 2.33t/d。西岸全敞方案高片进入望虞河的 COD_{Cr} 总量超标 2.3～4.3 倍，$NH_3 - N$ 总量超标 16.1～26.7 倍；仅张家港敞开方案，高片进入望虞河的污染物总量虽有不同程度的削减，但 COD_{Cr} 总量仍超标 0.5～2.9 倍，$NH_3 - N$ 总量仍超标 12.8～24.9 倍。

（4）在望虞河西岸实施控制情况下，利用现有水利工程合理调度，高片北部地区可基本实现水体循环，水环境影响较小；高片南部地区，水体外排受阻，对水环境有一定影响，需要采取相应工程措施，加快水体流动。

（5）望虞河引水期间，澄锡虞高片遭遇常遇降雨时，引水对地区防洪除涝影响不大；在遭遇地区暴雨袭击时，根据地区水位情况及暴雨预报及时改变枢纽调度，即望虞河由引水通道改为排水通道，对区域防洪除涝无明显影响。

（6）为适应高速发展的经济社会对流域防洪和水资源保障安全提出的更高要求，《关于加强太湖流域 2001～2010 年防洪建设的若干意见》、《太湖流域防洪规划》、《太湖流域水资源综合规划》等一批指导流域水利工程建设的纲领性文件和规划相继编制完成或正在编制，对流域内重点水利工程建设作出了统一部署。《太湖流域防洪规划》明确：通过实施望虞河后续工程，扩大望虞河行洪和引水能力，同时应妥善安排西岸地区的排水出路。安排西岸地区排水出路成为望虞河后续工程设计方案的任务之一。为此，在前期研究工作的基础上，可对引水效果较好，对流域、区域防洪、排涝较为有利，对区域水环境基本无不利的影响，对航道影响较小的望虞河两河三堤方案，以减少工程占地和投资为目标，开展了望虞河后续工程的方案研究。

19.2　建议

（1）张家港水体污染严重，尤其是 NH_3-N 指标很高，张家港敞开对望虞河入太湖水质产生较大影响，但张家港是地区的重要航道，实施控制会对航运产生一定影响，因此，张家港的控制，需结合望虞河行洪、引水和地区排涝作进一步研究。

（2）本次研究仅是水流运动规律方面的研究，入太湖水量中没有考虑望亭立交闸下的水质要求，是未考虑水质情况下的可入太湖总水量。下一步建议开展水质计算，进一步分析澄锡虞高片地区及望虞河的水质状况。

（3）改善望虞河及高片地区水质的根本措施在于污染源的治理，实施污染物排放总量控制。在进一步加强工业污染企业监督管理的同时，把生活污染源和农业面源治理放到与工业污染源治理同等重要的位置。

附件Ⅲ-1 工业污染源排放情况（以 COD_{Cr} 排放情况分类）

来源：江苏省太湖水污染防治委员会办公室《望虞河西岸水污染控制计划》

序号	企 业 名 称	废水排放量（万 t/a）	COD_{Cr} 排放量（t/a）	COD_{Cr} 浓度（mg/L）	排放去向	所属镇	行业
1	无锡能达热电有限公司	2590	908	35	锡北运河		电力
2	江阴市康源印染有限公司	42	682	163	张家港河	长泾	印染纺织
3	江苏银卡集团	244	441		新兴塘—九里河		化工
4	无锡市裕华化工有限公司	30	424	1357	新兴塘—九里河		化工
5	菊花味精集团	170	413	243	张家港河	港口	食品
6	锡山区东北塘全毛染色厂	75	403	537	锡北运河		印染纺织
7	海虞集镇污水处理厂	360	360	100	望虞河	海虞	污水
8	无锡华贸化工有限公司	142	323		新兴塘—九里河		化工
9	大义镇集镇污水处理厂	288	288	100	张家港河	大义	污水
10	无锡新洋热电有限公司	438	219	50	锡北运河		电力
11	张桥集镇污水处理厂	216	216	100	望虞河	张桥	污水
12	无锡晶海氨基酸有限公司	40	207	518	锡北运河		化工
13	锡山区安达化工有限公司	12	190	914	新兴塘—九里河		化工
14	江阴市申达针织厂	106	177	167	张家港河	祝塘	印染纺织
15	江阴市思维达印染厂	100	172	172	张家港河	北	印染纺织
16	江阴市新丰制衣有限公司	105	167	159	张家港河	祝塘	印染纺织
17	无锡海江印染有限公司	105	166	158	张家港河	顾山	印染纺织
18	江苏三房巷实业股份有限公司	120	441	110	张家港河	周庄	印染纺织
19	江苏阳光集团公司	71	126.4	236	张家港河	新桥	印染纺织
20	三毛集团公司	74	120.4	112	张家港河	新桥	印染纺织
21	江阴华顺染色有限公司	70	112	160	张家港河	祝塘	印染纺织
22	江阴市文林染整厂	53	78	147	张家港河	祝塘	印染纺织
23	无锡兴达泡塑新材料有限公司	51	69	135	新兴塘—九里河		化工
24	江苏华西村股份有限公司	41	68	163	张家港河	华士	印染纺织
25	江阴市虎跑纺织印染厂	60	60	150	张家港河	周庄	印染纺织
26	无锡市港下海天纺织印染有限公司	33	57	173	锡北运河		印染纺织

续表

序号	企业名称	废水排放量（万 t/a）	COD_Cr		排放去向	所属镇	行业
			排放量（t/a）	浓度（mg/L）			
27	江苏红豆企业股份公司	36	57	158	锡北运河		印染纺织
28	常熟市协顺纺织制衣有限公司	30	54	180	锡北运河	王庄	印染纺织
29	无锡市汇达织染厂	30	53	176	锡北运河		印染纺织
30	江苏倪家港集团精毛纺厂	36	48	133	张家港河	周庄	印染纺织
31	江阴市新湾纺织染色有限公司		100	150	张家港河	周庄	印染纺织
32	锡山区张泾弹毛厂	4	40	1000	锡北运河		印染纺织
33	无锡新德印染制品有限公司	24	39	162	锡北运河		印染纺织
34	常熟市中华印染厂	38	38	100	望虞河	冶塘	印染纺织
35	无锡大兴化工有限公司	3.5	37	1058	伯渎港		化工
36	常熟市树脂化工厂	24	36	150	锡北运河	王庄	化工
37	无锡夏利达漂染有限公司	3.5	37	177	锡北运河		印染纺织
38	无锡吉元毛条有限公司	6	34	569	新兴塘—九里河		印染纺织
39	锡山区嵩山化工有限公司	24	33	138	新兴塘—九里河		化工
40	常熟市海虹啤酒厂	18	27	150	福山塘	海虞	食品
41	华港制药有限公司	18	27	150	锡北运河	冶塘	其他
42	常熟市毛纺织总厂	15	27	180	锡北运河	王庄	印染纺织
43	无锡先进化工有限公司	25	27	108	锡北运河		化工
44	无锡锡宝钛业有限公司	5	23	148	新兴塘—九里河		其他
45	常熟市忠诚染料化工厂	15	23	150	望虞河	虞山	化工
46	常熟市中新化工厂	15	23	100	锡北运河	冶塘	化工
47	锡山区东亭洗毛厂	11	21	193	泊渎港		印染纺织
48	常熟市虞山镇华达印染厂	20	20	100	望虞河	虞山	印染纺织
49	明辉化工（无锡）有限公司	10	19	189	锡北运河		化工
50	江阴桑阳印染制线有限公司	15	19	128	张家港河	祝塘	印染纺织
51	常熟市华润精细化工厂	12	18	150	望虞河	大义	化工
52	锡山区申安丝绸印染厂	11	18	167	新兴塘—九里河		印染纺织
53	金申医药化工有限公司	9	14	150	锡北运河	冶塘	印染纺织
54	锦隆化工有限公司	9	14	150	张家港河	大义	化工
55	其他2（排锡北运河）	21	13		锡北运河		其他
56	无锡市锡山毛巾厂	9	13	147	新兴塘—九里河		印染纺织
57	张家港市漂染厂	17	13	74.12	张家港河	后塍	印染纺织
58	无锡赛德生物工程有限公司	5	12	260	新兴塘—九里河		其他

续表

序号	企 业 名 称	废水排放量（万 t/a）	COD$_{Cr}$ 排放量（t/a）	COD$_{Cr}$ 浓度（mg/L）	排放去向	所属镇	行业
59	锡山区八士染色有限公司	8	12	156	锡北运河		印染纺织
60	无锡市张泾光明洗毛厂	7	12	184	锡北运河		印染纺织
61	锡山区银华毛纺有限公司	7	12	175	新兴塘—九里河		印染纺织
62	常熟市大生砖瓦厂	8	11	150	望虞河	虞山	其他
63	常熟市第二异型钢管厂	8	11	150	望虞河	王庄	其他
64	常熟市林场异型钢管厂	8	11	150	望虞河	林场	其他
65	江阴市苏源江东印染有限公司		85	150	张家港河	周庄	印染纺织
66	江阴市山泉实业总公司		250	150	张家港河		印染纺织
67	江阴市龙华集团染整厂		350	100	张家港河	华士	印染纺织
68	金凤毛纺公司	10	10	94	张家港河	凤凰	印染纺织
69	锡山区色织厂	7	9	128	锡北运河	关闭	化工
70	常熟市制冷剂厂	6	9	150	福山塘	海虞	化工
71	锡山区安镇化工三厂	6	8	430	新兴塘—九里河		化工
72	宏汇染整厂	5	8	160	张家港河	港口	化工
73	常熟市铁塔厂	5	8	150	锡北运河	冶塘	其他
74	锡山区梁鸿丝绸印染厂	4	7	153	伯渎港		印染纺织
75	张家港市化工五厂	5	7	127	张家港河	港口	化工
76	无锡兴中化工有限公司	3	6	180	伯渎港	关闭	化工
77	兴安针织服装有限公司	6	5	88	张家港河	南沙	服装
78	常熟市望新化工厂	3	4.5	150	福山塘	海虞	化工
79	常熟市福山台板厂	3	4.5	150	福山塘	海虞	其他
80	江阴市鸡龙山实业有限公司		350	100	张家港河	华士	化工
81	无锡长宏漂染有限公司	4	4	100	锡北运河		印染纺织
82	飞翔化学有限公司	3	3	87	张家港河	凤凰	化工
83	张家港市第二漂染厂	2	3	173	张家港河	南沙	印染纺织

附件Ⅲ-2　工业污染直接排入望虞河的企业名单

序号	排污口名称	位置（地点）	备注
1	常熟市乙炔气厂	王庄（冶塘）	
2	常熟市中华印染厂	王庄（冶塘）	
3	常熟市建筑陶瓷总厂	虞山	
4	常熟市无纺布厂	虞山	
5	常熟市忠诚染料化工厂	虞山	
6	常熟市异型钢管厂	虞山	
7	常熟市虞山镇华达印染厂	虞山	
8	常熟市第二异型钢管厂	大义	
9	常熟市盛昌稀土有限公司	大义（镇桥北）	
10	常熟市望新化工厂	虞山（谢桥）	
11	常熟市虞东化工厂	海虞	
12	常熟市常盛化工厂	海虞	
13	常熟市东南塑料有限公司	大义	
14	常熟市大义印染厂	大义	
15	东吴染料厂	沪宁高速桥下	
16	甘露造纸厂	甘露镇桥北 300m	间断性排放
17	常熟月明针织漂染厂	富虞港（东）	
18	常熟市呢绒染整厂	虞张桥北 20m（东）	
19	三联印染	虞张桥南 50m（东）	
20	长虹化工硫酸厂	常熟练塘桥北 400m（西）	间断性排放
21	苏州雅蒙服装厂	龙墩桥北（西）	间断性排放
22	海虞污水处理厂	虞王桥南（东）	日处理 1 万 t
23	顺德化工	虞王桥北 10m（东）	

附件Ⅲ-3　农业面源污染统计表

乡镇	农田流失			农业人口(万人)	农业生活污染源			畜禽养殖			水产养殖		
	耕地面积(亩)	TP	TN		COD_Cr	TP	TN	COD_Cr	TP	TN	养殖规模	TP	TN
常熟市													
大义	35619	0.82	115.41	2.75	60.73	5.08	12.15	38.71	0.54	20.03			
王庄	25320	0.58	82.04	1.77	39.09	3.27	7.82	1.05	0.013	0.52			
冶塘	29943	0.69	97.02	2.61	57.64	4.82	11.53	1.15	0.014	0.57			
海虞	76444	1.76	247.68	7.53	166.28	13.92	33.26	2.19	0.028	1.08			
张桥	25158	0.58	81.51	2.08	45.93	3.84	9.19						
总计	192484	4.43	623.66	16.74	369.67	30.93	73.95	43.10	0.595	22.2			
江阴市													
周庄	66714	1.53	216.15	7.93	175.14	14.66	35.03	0.52	0.006	0.25			
华士	60188	1.39	195.51	6.58	145.23	12.15	29.05	0.29	0.004	0.14			
新桥	17000	0.39	55.11	1.36	30.13	2.52	6.03	0.49	0.007	0.26			
祝塘	52573	1.21	169.91	4.31	95.10	7.96	19.02	0.38	0.005	0.19			
长泾	47680	1.10	154.67	4.24	93.57	7.83	18.71	0.95	0.014	0.50			
顾山	20241	0.46	65.19	1.93	42.65	3.57	8.53	0.16	0.003	0.09			
北漍	20601	0.47	66.72	2.35	51.91	4.34	10.38						
总计	284997	6.55	923.26	28.70	633.73	53.03	126.75	2.79	0.039	1.43			

续表

乡镇	农田流失			农业生活污染源				畜禽养殖			水产养殖		
	耕地面积(亩)	TP	TN	农业人口(万人)	COD$_{Cr}$	TP	TN	COD$_{Cr}$	TP	TN	养殖规模	TP	TN
张家港													
南沙镇	12925	0.30	41.88	2.58	56.97	4.77	11.39	47.41	14.40	23.40	336	0.74	17.49
港区镇	15885	0.37	51.47	1.27	28.05	2.35	5.61	19.31	5.87	9.53	293	0.64	15.25
凤凰镇	21315	0.49	69.06	1.51	33.35	2.79	6.67	16.73	5.08	8.26	705	1.54	36.70
港口镇	25275	0.58	81.89	1.66	36.66	3.07	7.33	19.50	5.92	9.63	934	2.04	48.63
总计	75400	1.74	244.3	7.02	155.03	12.98	31.00	102.95	31.27	50.82	2268	4.96	118.07
锡山区													
东北塘	17985	0.41	58.27	2.18	48.14	4.03	9.63	19.85	0.17	10.27	358	0.78	18.64
八士	29430	0.68	95.35	2.71	59.84	5.01	11.97	27.90	0.31	14.48	700	1.53	36.44
张泾	33525	0.77	108.62	2.61	57.64	4.82	11.53	18.15	0.21	9.48	427	0.93	22.23
东湖塘	36630	0.84	118.68	3.05	67.35	5.64	13.47	13.56	0.18	7.03	452	0.99	23.53
港下	37290	0.86	120.82	3.71	81.93	6.86	16.39	18.37	0.24	9.37	402	0.88	20.93
甘露	18930	0.44	61.33	1.89	41.74	3.49	8.35	9.32	0.15	5.16	1881	4.11	97.93
东亭	9300	0.21	30.13	2.39	52.78	4.42	10.56	20.36	0.24	10.29	425	0.93	22.13
查桥	16905	0.39	54.77	1.79	39.53	3.31	7.91	10.71	0.11	5.50	171	0.37	8.90
安镇	34080	0.78	110.42	2.53	55.87	4.68	11.17	25.56	0.33	13.03	392	0.86	20.41
厚桥	17460	0.40	56.57	1.67	36.88	3.09	7.38	8.27	0.10	4.19	1228	2.69	63.93
鸿声	21465	0.49	69.55	1.98	43.72	3.66	8.74	8.50	0.12	4.43	223	0.49	11.61
荡口	19185	0.44	62.16	1.71	37.76	3.16	7.55	8.83	0.12	4.48	795	1.74	41.39
后宅	28170	0.65	91.27	2.70	59.62	4.99	11.92	15.11	0.21	7.92	301	0.66	15.67
共计	320355	7.36	1037.94	30.92	682.8	57.16	136.57	204.49	2.49	105.6	7755	16.96	403.74
总计	873236	20.08	2829.16	83.38	1841.23	154.10	368.27	353.33	34.394	180.10	10023	21.92	521.81

附件Ⅲ－4　城镇生活污染源统计表

城　　镇		城镇人口（万）	生活污水排放量（万 t）	COD（t/a）	TN（t/a）	备　　注
常熟	大义	0.75	438.00	164.25	24.64	正在接管进入大义集镇污水处理厂
	王庄	0.41	215.50	89.79	13.47	
	冶塘	0.16	84.10	35.04	5.26	
	海虞	1.54	899.36	337.26	50.59	接入海虞集镇污水处理厂
	张桥	0.57	332.88	124.83	18.72	正在接管进入张桥集镇污水处理厂
	共计	3.43	1969.84	751.17	112.68	
江阴	周庄	1.92	1011.41	421.42	63.21	
	华士	2.01	1056.61	440.26	66.04	
	新桥	0.92	483.50	201.46	30.22	
	祝塘	1.69	890.37	370.99	55.65	
	长泾	1.35	712.14	296.92	44.17	
	顾山	0.68	356.78	148.66	22.30	
	北涸	0.65	343.85	143.27	21.49	
	共计	9.22	4854.66	2022.98	303.08	
张家港	南沙镇	0.08	42.05	17.52	2.63	
	港区镇	0.40	262.80	87.60	13.14	
	凤凰镇	0.21	111.82	45.99	6.90	
	港口镇	0.21	111.82	45.99	6.90	
	共计	0.90	528.49	197.10	29.57	
锡山区	八士	0.32	168.19	70.08	10.51	
	张泾	0.43	226.01	94.17	14.13	
	东湖塘	0.34	178.70	74.46	11.17	
	港下	0.38	199.73	83.22	12.48	
	甘露	0.27	141.91	59.13	8.87	
	东亭	3.04	1775.36	665.76	99.86	接入东亭污水处理厂
	查桥	0.37	194.47	81.03	12.15	
	安镇	0.41	215.50	89.79	13.47	
	厚桥	0.36	189.22	78.84	11.83	
	鸿声	0.21	110.38	45.99	6.90	
	荡口	0.80	420.48	175.20	26.28	
	后宅	0.38	199.73	83.22	12.48	
	共计	7.83	4292.99	1714.77	257.21	
总　　计		21.38	11645.98	4686.02	702.54	

第 4 篇

引江济太管理
体制与机制研究

第 20 章 概 述

太湖流域是我国经济社会最发达地区之一，但由于各种原因，目前太湖流域水污染十分严重，水环境恶化、水质型缺水已成为流域经济社会发展的制约因素。为此水利部太湖流域管理局于 2002 年 1 月起组织实施了引江济太调水试验。引江济太涉及到流域内不同地区和不同部门，也涉及到技术、经济、环境和社会等多方面的问题。因此，构建适应社会主义市场经济和水利改革要求的管理体制，是确保引江济太长期良性运行，发挥综合效益的关键问题之一。

20.1 现状分析

1. 太湖流域骨干工程规划和建设

针对太湖流域防洪、除涝、供水和航运等问题，早在 20 世纪 80 年代就开始了太湖流域综合治理骨干工程规划。1987 年原国家计委《太湖流域综合治理总体规划方案》，工程规划包括望虞河、太浦河、环湖大堤、湖西引排，武澄锡引排等十大工程。

太湖流域控制性骨干水利工程从 1991 年开始建设以来，现在已基本建成，在抗御 1995 年、1996 年、1999 年的防汛抗旱中，发挥了显著的社会效益和经济效益。

2. 供水规划、实施及水污染治理

太湖流域全面的供水规划虽然还没有完全形成，但目前的引江济太已是第一条从长江引水直接补给太湖的补水通道，通过太湖和河网的补水和换水，不仅缓解了流域水污染恶化的趋势，而且解决了流域水质型缺水的问题。

从 1996 年起，太湖列入了国家"三湖三河"重点水污染治理项目，全面进行水污染治理。但太湖的主要三项水质特征指标（COD_{mn}、TP、TN）没有达到水污染防治目标的要求，到 2010 年基本解决太湖富营养化问题和湖区生态系统转向良性循环，还需要深入开展工作。

3. 社会经济对水资源需求

太湖流域地处长江三角洲，本地水资源量为 176 亿 m^3，2000 年流域内年用水量为 290 亿 m^3，远远超过本地水资源量。

2000 年流域人口为 3676 万人，国内生产总值为 9940 亿元，人均 GDP 为 3260 美元，城市化率达 54%，是我国重要的经济、科技发达地区之一。根据"太湖流域社会经济及土地利用研究报告"预测，2020 年流域人口近 4000 万人，国内生产总值将达到 31000 亿元，至少需要在目前的基础上增加供水量 35 亿 m^3 左右。

4. 水资源管理体制格局状况

太湖流域水资源管理体制格局是，以太湖流域管理局为代表的流域统一管理和地方（省、市、县三级）人民政府水行政主管部门的区域管理相结合的管理体制。

流域管理侧重于宏观管理，职能主要是规划、监督、协调、控制，具体包括以下三个方面：一是流域水资源规划、配置、调度等流域管理全局性的工作；二是省界水量、水质控制，省界水工程建设的许可和监督管理等省际水事活动的管理，省际水事纠纷调解；三是建设、管理流域水资源配置的控制性工程。

地方的区域管理侧重于对河道的日常管理，依法对区域内的各种水事活动进行管理，查处违法违章活动，建立良好的水事秩序。流域机构负责的宏观管理与行政区域的管理有很大的不同，应建立流域和地方，以及地区间、部门间相互沟通、民主协商的机制。

管理层次是，太湖流域管理局在所管辖的范围内行使法律、行政法规规定的和国务院水行政主管部门授予的水资源管理和监督职责。县级以上地方人民政府水行政主管部门按照规定的权限，负责本行政区域内水资源的统一管理和监督工作。管理路线是，流域机构与省级水行政主管部门进行协商，然后省级水行政主管部门再将其向下逐级执行。

20.2　引江济太概述

1. 引江济太概念

太湖流域自产水资源并不丰富，人均水资源量仅 450m³ 左右。根据《太湖流域综合治理总体规划方案》，遇到平水年，即不能满足供水要求，需要从长江引水约 15 亿 m³；遇到 1971 年特旱年，需引长江水超过 100 亿 m³。因此，上述规划在望虞河常熟水利枢纽、湖西引排工程、武澄锡引排工程中均安排了引水泵站。对 1971 年型流域供水平衡计算：一是望虞河引长江水扣除沿河用水后入太湖 28 亿 m³；二是要求湖西片及武澄锡虞片引长江水 53 亿 m³，入太湖 34 亿 m³。因此，引江济太是流域规划在供水问题上早已安排的，规模大，任务重。这是广义的引江济太概念。

2001 年水利部批复的《引江济太调水试验工程实施方案》，以及随后进行的引江济太调水试验，是从望虞河常熟水利枢纽引水，经望亭水利枢纽入太湖，再由太湖向周边和下游地区进行供水，这是狭义的引江济太概念。根据项目任务要求，本次着重对望虞河引江线路及其范围的管理体制进行研究。

2. 引江济太特点

（1）引江济太是利用现有治太骨干工程调水。十大治太骨干工程已经建成，并在防洪、排涝等方面发挥了巨大作用。引江济太如何将防洪和调水统一管理，统一调度，并且和现有机构自然衔接等，都是引江济太的新特点。

（2）引江济太是一个流域性的调水工程，涉及江苏、浙江和上海两省一市，协调和管理难度大。例如优质引水量的分配、污水的控制、运行费用的分摊、地区利益的调整等。

（3）引江济太涉及水利、环保、渔政等多个部门，制约因素多。例如，取水许可证由水利部门颁发，排污许可证由环保部门颁发，而污水处理厂建设又要依靠当地政府财政，水网养殖归渔政部门管理。

（4）引江济太的效益具有模糊性。太湖流域是水网地区，水流关系复杂，调水的受益范围和受益程度很难精确确定。并且，效益主要表现在生态环境和社会效益上，也是很难定量的。

3. 骨干工程概况

引江济太涉及到望虞河、太浦河和环湖大堤三大骨干水利工程。主要包括常熟水利枢纽、望亭水利枢纽、太浦闸及泵站，以及沿望虞河、太浦河两岸和环太湖诸闸以及没有建闸的支流口门等。

（1）望虞河工程。望虞河全长 60.8km，望虞河具有泄洪、引水和地区排涝等多种功能。望虞河西岸只有部分支流口门建闸，大多数口门基本敞开，西岸武澄锡虞区内经济发达，工矿企业多，其污水东排入望虞河，对望虞河的水质影响很大；望虞河东岸各支流均建闸，通过闸门控制，望虞河的水可以分流到阳澄淀泖地区。望虞河河道分别由苏州市和无锡市堤闸管理所管理。

常熟水利枢纽具有泄洪、排涝、引水、挡潮、通航及改善水环境等综合功能。它既可抽水，也可排水，引江济太就是由该枢纽从长江抽水入望虞河。常熟水利枢纽在近几年的防汛抗旱中，发挥了显著的工程效益。常熟水利枢纽由太湖流域管理局和江苏省共同负责管理，以太湖流域管理局为主。望亭水利枢纽是望虞河穿越京杭运河的立体水利枢纽，具有控制望虞河和太湖之间水流交换的功能。望亭水利枢纽由太湖局苏州管理局管理。

（2）太浦河工程。太浦河流经江苏、浙江和上海两省一市，具有泄洪、排涝、供水和航运等多种功能。太浦河除南岸芦墟以西没有闸门控制外，其余河岸均建有闸门控制，主要是南岸芦墟以西支流以入太浦河为主，汛期成为杭嘉湖地区洪水北排通道。在引江济太期间，需要控制两岸闸门，防止污水进入太浦河，影响上海市的调水水质。

太浦闸由苏州局负责管理，太浦河江苏段位于江苏省吴江市境内，由吴江市太浦河工程管理所管辖，范围包括太浦河江苏段 40.8km 的河道、堤防及北岸 30 座配套建筑物等；浙江段位于浙江嘉善市境内，长 1.53km，由浙江嘉善市太浦河管理所管理；上海段全长 15.27km，由上海市太湖流域工程管理处管辖。

（3）环湖大堤工程。太湖环湖岸线全长 394.0km，环湖出入湖口门 225 处，其中江苏 146 处，浙江 79 处。环湖出入湖口门具有防洪、供水、控制污水入湖、航运等功能。在江苏 146 处口门中，有闸门 98 座，36 处保持敞开，12 处封堵；在浙江 79 处口门中，有闸门 55 座，9 处保持敞开，15 处封堵。

环湖大堤口门很多，水量有进有出，水流方向不定，均为属地管理。分别由江苏省的吴江市、苏州市、无锡市、武进市等堤闸管理处（所），浙江省的湖州市、长兴县等堤闸管理处（所）管理。

20.3 重要性分析

1. 充分发挥引江济太作用的前提和保证

引江济太管理体制和机制，是指引江济太管理机构的设置、管理权限的分配、职责范围的划分以及机构运行和协调的机制。管理体制的核心问题是管理机构的设置、职权范围的划分、运行管理费用测算与分摊、供水水价的形成、供水监督和水质水量监控体系等。

一个科学、合理的引江济太管理体制和机制，是对调水全过程进行有序运行和长效管理应具备的先决条件，是实现引江济太长期、规范和良性运行的基本组织保证。

2. 高效、协调管理水资源的需要

引江济太是一项长期、复杂的系统工程，牵涉面广、涉及问题多。需要一个权威、高效的管理机构统一调度和监管，也需要有关部门和行业的支持和配合。通过建立科学合理引江济太管理体制和机制，可以强化政府宏观调控，促使流域管理与区域管理事权明晰、职能明确、职责统一，相互衔接、相互监督、相互制约、相互促进。有利于实现水资源的合理配置，有利于协调各省市之间的水事矛盾和利益冲突。

从制度上保证引江济太水量水质统一调度、统一管理，确保引江济太各项工作高效、顺利进行，发挥最大的综合效益。

3. 统一管理流域水资源的具体实践

引江济太调水管理和运行是太湖流域水资源管理体系的有机组成部分。引江济太调水主要是在原有骨干工程基础上实施的，如何在体制上明确并理顺引江济太管理与原有工程管理之间的关系，正确处理、协调好调水管理与防洪管理的关系，是构建科学合理引江济太管理体制和机制的关键之一。

构建引江济太管理体制和机制，必须与太湖流域水资源统一管理相结合。引江济太管理体制和机制是太湖流域水资源统一管理模式的重要具体实践，它有利于提高流域调控能力，树立权威性，对建立和完善太湖流域水资源管理体制，也可起到一定的借鉴和推动作用。

第 21 章　引江济太管理体制研究

21.1　工程管理现状、存在问题及调水试验管理经验

21.1.1　工程管理现状

1. 工程管理调度现状

目前，引江济太骨干工程已基本形成了"以防洪、排涝为中心的统一调度、分级管理的管理调度模式"。对三大控制性枢纽工程的管理，国务院治淮治太第四次工作会议指出"太浦闸、望亭水利枢纽由水利部流域机构直接管理；望虞河常熟水利枢纽由水利部和江苏省共同负责管理，以水利部为主"。

统一调度：太湖流域防洪排涝等，在水利部、国家防总和太湖局的指挥下，对控制性骨干工程实行统一调度。

分级管理：太湖流域管理局负责三大控制性枢纽工程的管理，其中常熟水利枢纽由太湖流域管理局和江苏省共同负责管理，以太湖流域管理局为主；其余河道和闸站由工程所在地的地方政府管理。引江济太骨干工程管理体系，见图 21－1。

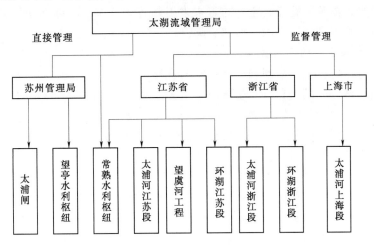

图 21－1　引江济太骨干工程现状管理体系图

2. 经济运行管理现状

引江济太调水骨干工程主要承担防洪、排涝和航运等任务，属于纯公益性工程。枢纽工程的维护管理经费，"本着谁受益、谁负担的原则，望虞河常熟水利枢纽的运行、维护管理经费由江苏省承担；望亭水利枢纽和太浦闸的运行、维护管理经费由浙江省、上海市共同承担，以上经费均列入财政预算"，故来源较为稳定。

其余由各地方负责管理的河道和闸站工程，其运行管理费来源不一致。例如太浦河上

海段工程的运行管理费规定由上海市财政拨付；浙江段工程的运行管理费没有固定的来源，目前其所需的运行管理费只能从工程建设费中来列支；江苏段工程运行管理费也没有明确落实其来源，目前仅依靠规费征收及自身开展综合经营收入来弥补。

21.1.2　管理存在的问题

1. 理顺中央资产和地方资产的关系

现有流域性骨干工程管理由国务院治淮治太第四次工作会议确定。按照国务院关于批复《水利工程管理体制改革实施意见》（以下简称《实施意见》）的精神，流域性骨干工程由流域机构负责管理，目前，常熟水利枢纽由太湖局、江苏省共同管理，太浦河泵站由上海市管理，类似的情况，可考虑通过资产置换等方式，理顺中央资产和地方资产的关系，充分发挥工程的综合效益。

2. 工程管理经费来源不稳定

常熟水利枢纽、望亭水利枢纽和太浦闸三大枢纽工程的维护管理经费，在国务院治淮治太第四次工作会议上已明确落实。但由地方管理的河道和闸站，其运行维护管理经费有的已经落实，有的还没有落实。工程单位管理经费不落实，则会造成人心浮动，工程效益难以正常发挥，并会影响整体全局的正常运行。

3. 水资源管理目标的扩展和延伸

引江济太的具体实施使流域管理的目标有一定的变化，流域水资源管理有了新的内涵。从流域水资源统一管理角度而言，从防洪和除涝等扩展到包括防洪、除涝和引江供水等一体的水资源统一管理，从防汛抗旱调度扩展到水资源统一调度和配置，从工程建设管理为主转移到水资源统一管理为主。随着未来引江济太范围、线路和功能的增多和扩大，流域管理的目标将得到进一步的扩展和延伸。

4. 流域用水与区域用水的关系

引江济太骨干工程上的诸闸和没有建闸的支流口门的控制是影响流域用水和区域用水的关键。从调水试验的结果分析，望虞河东岸分流对入太湖的水量影响明显，虽然望虞河的东岸各支流均建闸，但属地方管理。类似于这样的对调水有明显影响的闸门（或其他工程），需要制定相应的管理办法，妥善处理流域用水和区域用水的关系。而对于没有建闸的支流口门，应及时修建闸门。

5. 区域性污水控制与出路的问题

太湖流域许多地区污水沿诸闸和支流口门汇入望虞河、太湖和太浦河水体，有些河道是污水的排出通道。较为明显的是望虞河西岸污水出路问题。望虞河西岸支流口门基本没有控制，引水西岸污水排放是相互影响的，一方面，污水排入望虞河将会污染水体，减少入湖水量，降低引水效率；另一方面，引水时，望虞河水位将会抬高，使得西岸污水的排放速度和路径发生了变化，对西岸污水出路造成影响。

21.1.3　引江济太调水试验管理及经验

太湖流域管理局于 2002 年 1 月 30 日正式启动引江济太调水试验工程，至 2003 年 12 月为期两年的调水试验，取得了许多管理组织方面的成功经验。

1. 调水试验的管理组织

引江济太调水是一项跨地区、跨部门的综合性系统工程，需要一个具有权威性的决策与协调组织和运作高效的管理执行机构，因此成立了引江济太调水试验工程实施领导小组，由水利部、国家防汛抗旱总指挥办公室、太湖流域管理局、江苏省水利厅、浙江省水利厅和上海市水务局的负责人组成，见图 21-2。

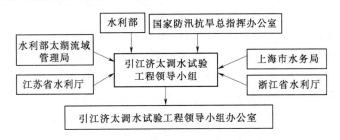

图 21-2　引江济太调水试验组织图

（1）决策与协调组织。领导小组负责决策、监督、协调引江济太调水方案的实施，并对引江济太实施中的水量分配、地区利益等重大技术和经济问题进行协调和调整。

（2）管理执行机构。领导小组办公室设在太湖流域管理局，根据国家批准的引江济太调水方案，对工程实行统一调度；组织对引江济太水量水质进行常规监测和同步监测分析，以及承担引江济太工作的日常事务；总结引江济太调水试验的成果和经验，并上报水利部。

（3）调度与监测组织。太湖流域管理局负责望虞河常熟水利枢纽、望亭水利枢纽、太浦闸的调度运行，其他各闸由相应省市防汛抗旱指挥部按照引江济太调水方案负责具体调度。太湖流域各水文水资源监测局、长江口水文水资源勘测局等单位负责对长江口、望虞河、太浦河沿线及两岸、太湖等进行水量水质监测。

2. 调水试验经验和认识

（1）引江济太是一个综合性系统工程，需要一个权威性的决策与协调组织、运作高效的管理执行机构，来实施科学调度和管理，才能达到预期效果。

（2）太湖流域已经形成了一套防洪管理体系，污水的出路也有一定的线路。因此引江济太必须充分考虑防洪、污水的影响，精心设计调水方案，在防洪优先的前提下，使污水的影响降到最低，使引江济太的效果达到最好。

（3）引江济太的实施有许多难点，在用水分配、费用分摊、利益调整等方面会出现新矛盾。这些问题的解决离不开中央及两省一市地方政府的支持，也少不了当地部门和群众的支持和配合。

（4）引江济太的主要目的是改善流域水环境，是一项长期的工作，涉及调水量的省际分配、利益调整、运行管理费用渠道等协调问题。如何保证引江济太长期良性运行，需要进行深入分析。

21.2　构建引江济太管理体制的基本框架

21.2.1　跨流域调水工程管理的成功经验

跨流域调水是解决水资源自然配置与地区社会经济发展不平衡矛盾的有效途径。通过对国内外有代表性的调水工程管理体制的实例分析，调水工程管理的成功经验主要有：

（1）跨流域调水工程的管理，一般由政府出面统一组织实施，国家对调水工程的管理具有宏观控制权，但具体的工程管理机构是独立的经济实体，有充分的自主运营权。

（2）由于跨流域调水工程规模大，运行管理费用来源，一般实现多渠道、多层次、多元化的筹集办法。

（3）调水工程管理要有法律、法规作保障。无论管理机构设置、职责划分、运行调度，还是水量控制与分配，以及水事纠纷调处等，都要有相应的法律或具有法律效力的规范性文件作为依据。

（4）跨流域调水工程一般都具有一定的公益性，其财务收益往往不很理想，因此政府对工程必须给予必要的扶持政策，以保证调水工程能维持自身的良性运行。

（5）建立完善的配套设施，对调水工程实施现代化科学管理。采用新技术、新方法的运用，是提高工程管理水平的有效途径。

21.2.2　引江济太管理体制基本框架

水利工程管理体制的改革过程，是伴随着社会主义计划经济体制向市场经济体制转轨的全过程，现代水利工程管理体制的基本特征就是"职能清晰、权责明确、运行规范、科学管理"。

21.2.2.1　指导思想和原则

1. 指导思想

引江济太是在我国社会主义市场经济体制改革不断深化和加快水利改革发展的大环境下进行的。构建引江济太管理体制的指导思想是，以邓小平理论和党的十六大的精神为指导，以现代管理学理论为基础，落实水利部可持续发展的治水新思路，按照我国社会主义市场经济体制改革的要求，从改革与发展的客观实际出发，依照新水法，根据《实施意见》精神，确定管理范围、界定性质、明确责权，建立符合新形势要求的管理体制，保证引江济太的长期、高效、良性运行。

2. 构建引江济太管理体制的原则

（1）依据《中华人民共和国水法》，符合《实施意见》的要求。随着我国社会主义市场经济体制的建立和逐步完善，改革水利领域与市场经济体系不相适应的管理制度和模式，已成为解决水管部门存在的一系列问题的根本出路。构建引江济太管理体制，必须依据《中华人民共和国水法》，符合《实施意见》的要求。在社会主义市场经济体制下，市场对资源配置发挥基础性作用，政府对经济运行实行宏观调控，以便取得自然和社会资源的经济、生态、环境等综合效益，实现环境、经济和社会的可持续发展。

（2）充分考虑流域水情及其特点，有利于水资源优化配置。太湖流域具有强烈丰枯交替、洪涝急转的水文特性，水网地区水流关系极为复杂，水流路线难以控制，同时流域内工业发达，污水排放量大，水量水质统一调度难度大。引江济太，在一定程度上改变了原来流域水资源调度的格局，水资源的分配和水环境状况都发生了变化。因此，要充分考虑流域水情的变化特点，始终都要把改善太湖和河网水环境作为战略重点，以便实现"静态河网，动态水体，科学调度，合理配置"的战略目标。

（3）应具有可操作性，适合调水运行的实际需要。现有水利工程已形成了一套防洪管理体系，必须兼顾工程管理体制现状，充分发挥业已存在的优势。引江济太管理体制需要根据流域管理机构的现状，结合引江济太的实际需要进行安排，应该有利于引江济太调水改善水环境和增加供水两个目标的实现，有利于调解各省市和各部门之间的水事矛盾，有利于未来在公平、公正、公开的原则下建立水市场，促进水商品交易，有利于监督机制的实现。

（4）必须妥善处理引江济太与防洪、排涝等各种关系。妥善处理引江济太与防洪、排涝的关系，防洪始终是第一位的，当引江济太与防洪、排涝有矛盾时，防洪、排涝优先。妥善处理地区、部门之间的关系，既要使各地区用水户的分配的水量得到保障，又要兼顾流域内环境和社会效益的整体协调平衡；同时也要兼顾水利、航运、渔业、环保多部门的协调和平衡。妥善处理好中央资产与地方资产的关系，按照中央和地方投资，界定资产管理责任，流域机构应作为中央投资出资人代表，承担资产管理责任。

21.2.2.2　总体思路

1. 创建现代引江济太管理体制

引江济太工程是具有以公益性为主、兼有部分供水经营性双重作用的大型水利基础设施。必须从三个方面考虑创建现代引江济太管理体制：一是能够体现水资源的自然属性和商品属性；二是有利于引入市场机制；三是有利于水资源统一管理。

水资源具有自然属性和商品属性。利用水资源需要遵循自然规律，使用水资源需要遵循价值规律。水资源的自然属性主要是水文循环规律和水资源的不可替代性，前者具有很强的随机性和不确定性，后者具有很强的制约性和非流通性。要在合适的时间和地点，以合适的数量和质量，合理配置和调度水资源，同时满足经济社会发展的需水要求和生态环境保护的要求，在充分认识水资源自然规律的同时，还要充分揭示水资源的价值规律。

水市场不同于一般商品市场，也不同于交通、能源、通信等基础产业市场，是一个市场机制不完备、需要政府发挥重要作用的"准市场"，尤其是在社会主义市场经济制度尚不完善的情况下，防洪安全、生态安全等方面的规划与建设更需要各级政府的主导和参与。引江济太同时具有社会效益、环境效益和经济效益，以社会效益为主。因此，在新的形势下，由政府为主导，寻求并逐步建立和规范水的准市场就显得十分重要。

正是由于水资源的水文循环规律和不可替代性，实现水资源统一管理是一种必然选择。在太湖流域水质型缺水地区，用水竞争十分激烈，如果缺少强有力的、有权威的政府部门实行有效的水资源统一管理，生态环境恶化的趋势难以扭转，将严重制约流域经济社会可持续发展。太湖流域城市、农业挤占生态的水量能否按时按量返回，严重污染的地表水资源能否得到有效控制和恢复，是引江济太调水是否成功的关键问题之一。

2. 引江济太管理体制总体思路

根据创建现代引江济太管理体制的三个方面，引江济太管理体制总体思路是，在水资源统一管理的前提下，实现"政府宏观调控、准市场运作、用水户参与"。

（1）政府宏观调控。宏观调控作用主要体现在对水资源合理配置的总体方案进行决策，协调引江济太与防汛抗旱的关系，协调受水区各方的利益关系，协调好流域与区域、省际间、部门间、主水与客水、水量与水质、生态用水与经济用水之间的关系，制订合理的水价政策、缴费制度等。国内外经验证明，像这样的流域性调水工程，政府决策、协调、支持是关键。引江济太只有依靠政府的宏观调控和政策扶持，才能顺利实施。

（2）准市场运作。所谓准市场是指流域水资源在综合考虑社会、政治等因素，在兼顾上下游防洪、航运等方面需要的基础之上，部分用水市场化，在上下游省份之间、地区之间和区域内部按市场化加以配置。准市场应和流域统一管理、地方民主协商有机结合，才能形成比较成熟有效的水分配、水管理模式。《实施意见》也要求正确处理水利工程的社会效益与经济效益的关系。既要确保水利工程社会效益的充分发挥，又要引入市场竞争机制，降低工程的运行管理成本，提高管理水平和经济效益。

（3）用水户参与。用水户是引江济太调水的直接受益者，用水户的参与，最终会影响引江济太调水工程的管理和运行效果。用水户的参与主要体现在：参与管理、参与协调、参与运行管理费用的分摊，对调水工程的运行管理予以支持和监督。用水户参与有利于形成"利益共享、风险共担"的机制，有利于调动各方面的积极性，就是通过内部信息外部化、隐蔽信息公开化、增加信息透明度、引入广泛的参与，最终达到改善太湖流域水环境和解决水质型缺水的目标。

21.2.2.3　组织形式

引江济太管理体制的组织形式是构建引江济太管理体制的核心问题。根据引江济太的特点，组织形式应符合一定的要求：一是有利于政事（企）分开，理顺管理机构与其他部门的职责关系；二是有利于解决多部门分割管理的问题，职责统一行使、职能协调发挥；三是有利于调动和发挥流域与地方的积极性，既要体现全局利益的统一性，又要有兼顾局部利益的灵活性；四是有利于降低管理机构的运行成本。

1. 基本依据

引江济太管理体制的组织包括两个含义：一是按照引江济太的目的建立起来的管理机构，为达到其调水目的，必须进行协作，建立一定的组织关系，通过一定的形式规范组织部门的行为；二是管理的组织职能，即通过组织的建立、运行和变革配置组织资源，实现引江济太的目的。

从现代管理学来讲，科学合理的管理体制的组织应具有以下主要功能：

（1）组织的凝聚功能。任何有效率的组织，必然产生巨大的向心力和凝聚力，组织的凝聚力来自于组织的目标和组织关系的和谐。

（2）组织的协调功能。协调功能是指正确处理组织活动中复杂的分工协作关系，既包括组织内部的关系，也包括组织与外部环境的关系。

（3）组织的制约功能。依靠不同层次、不同权力和责任的制度，保证组织行为的和谐统一，制约组织部门的行为。

（4）组织的激励功能。激励功能是指一个有效的组织，应当能使组织部门和组织成员进行创造性的工作，提高和增强组织的凝聚、协调和制约功能。

引江济太工程的特点和性质决定，其管理体制的组织形式应该具备以上组织的功能，尤其是组织的协调功能。因此，依据《中华人民共和国水法》和《实施意见》等现行法律法规，以及各地调水工程管理的实际经验看，实现"决策协商、管理执行和监督参与三种职能"的组织机制，是适应当前情况的、最具有可操作性的水利工程管理模式，并具有最小的实施成本，应该成为引江济太管理体制的现实选择。

2. 决策、执行、监督的组织机制

决策、执行、监督是水利工程管理的三大要素，并且各有各的内涵和程序。这三大要素实现的组织表现形式多有不同，但完整的水利工程管理体系大都包含这三大机制。

一般来说水利工程管理的决策是从社会总体利益最大的角度来考虑制定的，必须体现社会各方面成员的意见与意志。因此，决策机构多由政府、专家、用水户和热心于公益的社会人士构成。现代水资源管理的执行需要高度的专业素质与技能，因此多由专业管理技术人员组成的专门机构来进行。监督机制则往往表现出公众对水资源管理效果的关注以及与自己利害相关的公益的实现程度，因此监督机构多由用水户代表和社会各界人士构成，对决策机构、执行机构的工作效率与成果进行监督，反映自己的意见和意愿。

创建现代引江济太管理体制组织形式的关键问题，就是必须体现决策、执行、监督的三大功能。

3. 组织形式的层次

根据引江济太管理体制组织形式所需要具有的功能，科学合理的管理体制基本框架，立足于各层次、各主体之间的权利制衡和职责分工。从现代管理学组织设计的统一指挥、责权相符、精简效能等原则和引江济太特点实践出发，成立以引江济太民主协商决策为核心，管理执行机构具体实施为手段，监督参与为保障的主要层次，是符合引江济太客观实际的。

按照引江济太管理体制的总体思路和组织形式，流域管理机构代表中央政府行使宏观调控、推动和建立准市场运作机制，组织用水户广泛监督参与。

引江济太管理体制应具备决策、执行、监督三大功能，其具体组织形式由决策调控层、管理执行层、监督参与层构成。用水户的监督参与应贯穿到各个层次中去，实行"公平、公开、公正"全透明式的管理模式，可作为另一个层次。组织形式的主要层次见图21-3。

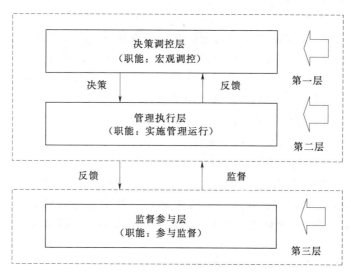

图 21-3　引江济太管理体制组织形式的层次

21.2.2.4 管理体制不同的实施阶段

引江济太管理体制必须与我国不同阶段对水利工程管理体制改革实施要求相一致，根据太湖流域的实际情况、水市场培育程度等，引江济太管理体制宜分近期和中期管理和远期管理两个阶段来构建和实施。

1. 近期和中期管理体制阶段

根据国务院关于批复《实施意见》的要求，力争在 3～5 年内，初步建立起符合引江济太实施基本条件、适应太湖流域经济发展需要、职能清晰、权责明确的管理体制。

管理体制实行流域管理与行政区域管理相结合，以流域管理为主，必须充分发挥现有流域管理机构的职能。成立引江济太管理机构，明确其职能和权责；理顺政事关系，实行政事分开，政府实行宏观调控；实行管养分离，提高养护水平，降低运行成本；建立规范的、来源稳定的运行管理费投入、使用、管理和监督机制；建立起较为完善的配套政策与法律支撑体系。

2. 远期管理体制阶段

进入 21 世纪，太湖流域经济社会发展越来越快，解决流域水问题也就越来越紧迫，依靠流域本身的水资源条件来解决水环境问题和供需矛盾是很困难的。根据《实施意见》深化水利工程管理体制改革的要求，本次对引江济太远期管理体制进行探索性研究。

加强引江济太国有水利资产的管理，明确国有资产出资人代表。积极培育具有一定规模的国有股份制或国有控股企业集团，负责水利经营性项目的投资和运营，承担国有资产的保值增值责任。推行政企分开、以企业化模式运作；建立合理的供水价格形成机制和有效的水费计收机制；建立系统的政策、法规支撑体系，并在实践中严格执行。

21.2.3 管理体制保障机制

1. 法律、法规保障

新体制需要法律、法规的保护和监督。参照国内外一些跨流域调水工程管理中的经验和教训，根据国家有关政策法规，应当及早制订《引江济太管理条例》等。加快制定与引江济太调水相关的地方法规和实施细则，从调水工程的组织实施、管理机构设置、职责划分、运行调度、水量控制与分配到水事纠纷的处理，都有相应的法律或具有法律效力的规范性文件作依据，且能在实践中严格执行。

2. 建立合理的运行管理费用分摊和水价形成机制

建立合理的运行管理费用分摊和水价形成机制是引江济太管理体制和运行机制正常、有效运转的重要条件之一。要对引江济太骨干工程的运行管理费用进行测算，根据引江济太调水工程的成本、分配水量等指标，分摊受益地区两省一市承担的运行费用。按照《水利工程供水价格管理办法》，对引江济太的工程水价进行测算，制定水价形成体系。

3. 建立和健全水量水质监控体系及供水监管体系

建立和健全引江济太调水工程的水量、水质监控体系，是建立管理体制和机制的前提条件之一。引江济太调水工程的水量分配、效果等方面的信息都需要通过一定的监控手段来获取。通过建立分级管理、监督到位、关系协调、运行有效的引江济太供水监督管理机制，可以把有效的监督延伸到引江济太供水管理的各个相关领域和环节之中，及时发现各种不恰当的行政行为和可能出现的问题。

4. 建立协商制度

引江济太沿线两省一市各地方政府及有关部门是最有效的水权代表者，可以在较大程度上代表用水户的利益，最有可能通过沟通和协调的方式与其他地方政府之间建立起一种组织成本较低的协商制度。建立有效的信息公开和协商制度，及时沟通协商，增进相互间的信任，以协商地区之间或部门之间的用水重大问题，是十分必要的。

21.3　引江济太近期和中期管理体制

21.3.1　近期管理体制方案

1. 近期管理体制方案的设置依据

为了保证引江济太在调水试验完成后，保持实施引江济太的连续性，有必要建立一个过渡性的近期管理体制方案。

对于引江济太以防洪、排涝和社会公益性供水为主的工程，当流域水资源出现供不应求，存在着严重的干旱缺水或水环境恶化，影响人民的生活安定时，运用国家权力进行宏观调控是极为重要的。近期管理体制方案作为一种临时过渡方案，参照引江济太调水试验组织，组建引江济太领导小组，成立引江济太领导小组办公室，设在太湖流域管理局，由太湖流域管理局防汛抗旱办公室具体兼任引江济太的工作，实行"一套人马、两个牌子"工作方式，保证实施引江济太的连续性。

2. 近期管理体制方案组织机构

(1) 引江济太领导小组。

引江济太领导小组，太湖流域管理局会同江苏省水利厅、浙江省水利厅和上海市水务局及环保等有关部门组成，它是一个民主协商与决策权力机构。

职责：民主协商和决策引江济太工程管理和调度的重大问题，如调水实施计划和方案，决定运行管理费用的来源和使用原则及方式，决定水量分配方案和进行地区利益协调；审定调水工程运行管理的监督监察方针和条例；组建管理执行机构，确定决策程序和形式等。

(2) 引江济太领导小组办公室。

引江济太领导小组的管理执行机构，直接对领导小组负责，设在太湖局与防汛抗旱办公室合并办公，这是一个具有过渡性质的管理执行机构。近期管理体制框架见图 21-4。

职责：承担领导小组的日常事务、行使执行职能并负责组织、协调和信息传递等职责，根据批准的调水方案，对工程实行统一调度。负责引江济太的调水计划编制、水量调度运行、水量水质的监测、供水的监督以及处理水量调度中出现的问题等。

3. 具体操作方式

此方案的具体操作方式，与引江济太调水试验管理组织具体操作方式基本相同。按照目前水利工程分级管理的原则，办公室负责望虞河常熟水利枢纽工程、望亭水利枢纽工

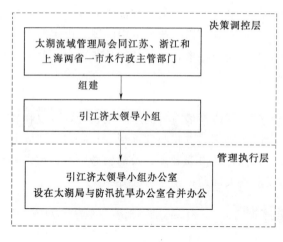

图 21-4　引江济太近期管理体制框图

程、太浦闸的调度运行，其他各闸由相应省（直辖市）防汛抗旱指挥部按照引江济太调水方案负责具体调度。

引江济太期间，长江口、望虞河沿线及两岸、太浦河沿线及两岸、太湖、大运河沿线等水量水质监测工作，由办公室采用招标遴选等方式确定有关单位承担。

4. 运行管理费组成及来源渠道

引江济太是以防洪、排涝和社会公益性供水为主的工程，政府应给予必要的政策和经费等扶持。运行管理费来源渠道考虑有两个：一是引江济太领导小组办公会议费、三大枢纽工程（常熟水利枢纽、望亭水利枢纽和太浦闸、泵站）人员工资福利费和管理费由中央财政拨款支付；二是常熟水利枢纽泵站抽水电费，水量水质监测费和望虞河、环湖大堤及太浦河骨干河道管理人员工资福利费和管理费等。根据"谁受益、谁承担"的原则，由江苏、浙江和上海两省一市地方政府共同承担。

5. 近期管理体制方案的评价

近期管理体制方案优点：防汛抗旱办公室兼任引江济太的工作，工程调度顺畅，无论是防洪、排涝，还是遭遇干旱紧急调水，调度指令下达迅速，可以较好地协调流域防洪和引江济太的关系，保证人民生活和生产的正常运转。

不足之处：引江济太是一项长期性的流域调水重要举措，其目的是改善流域水环境，增加流域供水量。近期管理体制方案只是一个过渡性的方案，防汛抗旱办公室没有经营性供水的职能，也没有计收供水水费的资职。作为一种应急调水、实施抗旱是可行的，但要保证长期、高效运行，则有较大难度。

21.3.2　中期管理体制方案

1. 中期管理体制方案的设置依据

根据国务院关于批复《实施意见》的要求，力争在 3～5 年内，初步建立起符合太湖流域水情特点和社会主义市场经济要求的现代引江济太管理体制。

依据《中华人民共和国水法》，贯彻水利部党组提出的新时期治水思路，从传统水利向现代水利、可持续发展水利转变，实现从工程水利向资源水利和环境水利的转变。21世纪进入生态经济时代，太湖流域的水利发展应以实施环境水利作为战略目标和主要任务，来保证全流域社会经济的可持续发展，在充分发挥水利基础作用的同时，要构筑和发展具有本流域特色的水利事业。

为了更好地体现引江济太管理体制方案的可操作性，中期管理体制设置两个实施方案，分别进行阐述。

2. 中期管理体制方案一的组织机构

根据引江济太管理体制的总体思路，并按照实现"决策协商与管理执行职能相分离"
的组织形式，组建引江济太管理委员会，成立引江济太调度管理中心。中期管理体制方案一框架见图 21-5。

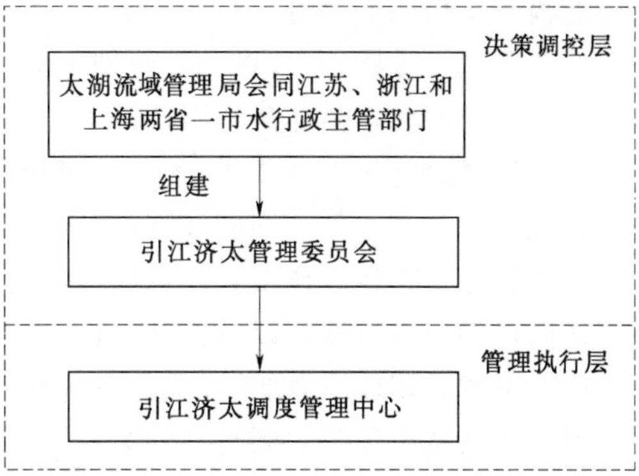

按照现代管理学组织设计的责权相符和职能部门化原则，在管理机构的各个部门、管理人员都应具有责任和权限，并相互最佳结合从而形成协调和制约功能。引江济太调度管理中心的部门化原则是指职能部门化，跨越传统部门界限的团队运作，使原有部门划分的单一职能，得到了优势互补、精简效能。引江济太调度管理中心的主要职能分别由太湖局防汛抗旱办公室、水政水资源处和水资源保护局等联合分担。

图 21-5　引江济太中期管理体制方案一框架图

（1）引江济太管理委员会。

构成：太湖流域管理局会同江苏省水利厅、浙江省水利厅和上海市水务局等有关部门组成，是一个用水户充分参与的，通过协商和协议进行重大问题决策的权力机构。

职责：民主协商决策引江济太工程调度和管理的重大问题，组建引江济太管理执行机构，制定水量分配方案和调水实施计划，决定运行管理费用的来源和使用原则及方式，进行地区利益协调，审定调水工程运行管理的监督监察方针和条例等。

决策内容：协商和决策引江济太与防洪、排涝和水污染等相关的重大事项。涉及到引江济太工程运行管理方针和政策，调水计划、水量分配方案和地区利益协调、工程技术改造和运行的考核、监督办法和要求等，都由管理委员会审定和批准。

决策形式：管理委员会集体讨论决定上述决策内容，并根据决策人的权限和责任，采取定期召开决策人办公会议的形式进行集体研究决定。

决策程序：凡是涉及到引江济太重大问题需要提交管理委员会进行集体讨论决策的方案，提交定期召开的决策会议集体讨论决定。决策形成后，由调度管理中心负责组织实施。

（2）引江济太调度管理中心。

引江济太管理委员会的执行机构，直接对管理委员会负责。行政隶属太湖流域管理局，机构所在地设在太湖局。

构成：专职加兼职人员。设置综合部，专职人员设置 5～6 人，处理日常事务工作；兼职人员由太湖流域管理局防汛抗旱办公室、水政水资源处和水资源保护局等派员兼任。

职责：负责管理委员会的日常事务、行使执行职能并负责组织、协调和信息传递等职责，依照引江济太管理委员会形成的决策议案，具体落实引江济太事权划分和内部组织机构职责分工。

执行：负责流域应管辖的事权，以及两省一市不管的事权。主要内容为计划、管理、协调、服务、监督和收费等方面工作。

（3）内部机构职能与管理。

综合部职能（专职）：负责调度管理中心的日常事务、行使执行职能并负责组织、协调和信息传递等职责，具体落实引江济太事权划分和内部职责分工。

防汛抗旱办公室职能（兼职）：负责对防洪和引江济太的调度，根据引江济太水量分配方案，拟定引江济太年度调度计划以及旱情紧急情况下的水量调度预案，实施水量统一调度。具体操作工程运行调度，协调好流域内各河道、湖泊的水位及望虞河东、西两岸区域沿江诸闸口的引排调度，以及太湖水位与太浦河下游区水位的调度等。

水政水资源处职能（兼职）：负责有关政策法规和条例的拟订，引江济太水事纠纷的调处工作等。负责引江济太调水计划编制，制定两省一市调水量分配方案，供水的监督、处理水量调度中的问题，同时，组织协商用水户监督的有关事宜，接受外部监督和组织价格听证会等有关事项。

水资源保护局职能（兼职）：负责对望虞河、太浦河、出入湖河道、太湖、长江以及受引水影响区域内的主要断面的水量、水质进行实时监测，并适时地对其他敏感地区开展水量水质的监测分析。

以召开办公会议和文件形式制定引江济太调度管理中心内部机构运作的议事规程和管理制度。

综合部作为专设部门，起到召集和组织会议的作用，根据年度的调水计划，编制详细的年内内部机构运作流程。防汛抗旱办公室、水政水资源处和水资源保护局等按照运作流程，及时派员参加引江济太的相关事务，按照职能分工，具体承担各自的工作任务。

内部管理制度要适应现代管理体制的要求，实行以人为本的管理，充分调动各部门的工作积极性和创造精神。体现集权与分权原则、联系与协调原则、管理层次和管理幅度适当原则、不断自我更新的原则，健全、完善内部管理制度。

（4）调度管理中心的性质。

治太骨干工程效益的表现形式为社会效益。按照《实施意见》性质界定，常熟水利枢纽、望亭水利枢纽和太浦闸等骨干工程为纯公益性工程，相应的水管单位为纯公益性水管单位，性质为事业单位。

引江济太后，常熟水利枢纽、望亭水利枢纽和太浦闸等骨干工程防洪、排涝的主体任务没有变，调水必须在确保防汛安全的前提下来进行，调水的主要用途是改善太湖及其河网水体的水环境。

因此，根据《实施意见》的水管单位性质界定，引江济太调度管理中心为纯公益性水管单位，其性质为事业单位。

（5）调度管理中心的功能及特点。

一是体现了国家宏观控制权。水资源属于国家所有，国家对水资源享有当然的控制权；从长江调水是由国家动用了国家权力实施的流域间的调水行为，除国家及其指定机构外任何地方政府与机构不具备这种权力；引江济太如此大规模的公益行为只能由国家来发起、承担、控制；水资源是国家战略资源。

二是可及时处理好水资源的丰枯转换。由于水资源年内、年际的变化较大，调度管理中心能够随水资源的丰枯变化而进行实时的调度；适应于引江济太工程水利资产的利益回收具有不确定性，且利益享有人为广大的不确定的群体，无法将其完全交由市场运作的准公益性工程；在处理流域防汛抗旱和引江济太转换关系过程中，转换成本最低，时效最高。

三是体现管理者、用水户之间的协同关系。引江济太沿线各地方政府及有关部门是最有效的引江济太供水使用权的代表者，通过引江济太管理委员会的组织，用水户参与引江济太的管理，建立起可贵的极为重要的横向关系。通过对重大问题的协商、决策，通过沟通和协调，管理者与用水户之间建立起一种组织成本较低的信赖、商议、互利、妥协的制度。

（6）具体操作方式。

引江济太调度管理中心，按"统一管理、统一调度、各负其责、协议供水"的方式进行具体操作。

统一管理：水资源的水文循环规律和不可替代性，实现水资源统一管理是一种必然选择。引江济太是一个流域性的系统工程，太湖地处流域中心，是流域蓄洪和供水的主要湖泊，望虞河、太浦河也是流域泄洪和水资源配置的重要通道，是一个相互联系、相互影响的整体，引江济太将直接或间接影响整个流域水流情势和水资源状况，因此，必须实现水资源的统一管理。

统一调度：是指引江济太骨干工程实施防洪、排涝、和调水等不同工作任务时的统一有机调度，调度指令由防汛抗旱办公室执行下达。引江济太服从于太湖流域的防洪、排涝，流域在保证防洪、排涝安全的情况下，可以考虑创造引水时机。引江济太实质是一个调度运行问题，主要包括骨干工程各水利枢纽、分水口门、闸、泵站的运行调度，分流水量的计量以及水量水质监测等工作。

各负其责：引江济太管理委员会决策，实现"流域的事权流域管、省市事权省市管、省市不管的事权流域管"。引江济太调度管理中心管辖流域引江济太事权，两省一市分别管辖各自的引江济太事权。依据这个原则，管理执行机构主要负责两省一市的供水计划、协调、服务、监督与收费管理工作；省市内部地区之间、部门之间的有关事宜，由省市自行管理。

协议供水：是指引江济太调度管理中心与用水户代表（两省一市地方政府）签订"供水协议"，双方按"供水协议"进行供水和缴款，用水户按供水协议上缴供水费用，调度管理中心按协议进行供水。

（7）运行管理费用组成及来源渠道。

引江济太是以防洪、排涝和社会公益性供水为主的工程，运行管理费来源渠道考虑有两个：

一是引江济太委员会的办公会议费用、调度管理中心和三大枢纽工程的管理人员工资福利费、管理费等，由中央财政拨款支付。

二是常熟泵站抽水电费，水量水质监测费和望虞河、环湖大堤及太浦河骨干河道管理人员工资福利费、管理费等。根据"谁受益、谁承担"的原则，由江苏、浙江和上海两省一市地方政府共同承担。

3. 中期管理体制方案二的组织机构

根据引江济太管理体制的总体思路，组建引江济太管理委员会，成立引江济太管理局。中期管理体制方案二框架见图 21-6。

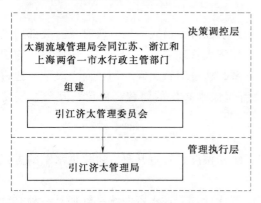

图 21-6　引江济太中期管理体制方案二框图

（1）引江济太管理委员会。

引江济太管理委员会的构成和职责与方案一相同。

（2）引江济太管理局。

引江济太管理委员会的执行机构，直接对管理委员会负责。行政隶属太湖流域管理局，机构所在地设在太湖流域管理局。

内部组织机构根据职能设置五个部门：综合部、计划财务部、调度供水部、工程管理部和监测监督部。

职责：承担管理委员会的日常事务、行使执行职能并负责组织、协调和信息传递等职责，依照引江济太管理委员会形成的决策议案，具体落实引江济太事权划分和内部组织机构职责分工。

（3）内部机构职能。

综合部职能：负责引江济太管理局的日常事务性工作，负责组织、协调和信息传递等职责，具体落实管理局的决策议案。同时，还要综合管理其他四个部门职能以外的全部工作。

计划财务部职能：负责引江济太调水计划的编制、调水量分配的具体安排等。负责财务收支管理，核算调水成本，核定用水户承担的运行管理费用，制定收取方式，签订与用水户的供水协议。规范财政支付范围和方式，严格财政资金管理。

调度供水部职能：按照调水计划，具体操作工程运行与水量分配调度，协调好流域内各河道、湖泊的水位及望虞河东、西两岸区域沿江诸闸口的引排调度，以及太湖水位与太浦河下游区水位的调度等关系，协调与各方的关系。

工程管理部职能：保证工程的正常运行，负责工程的管理及制定维修养护任务。积极推行管养分离，提高养护水平，降低运行成本，组建专业化的维修养护专业队，也可通过招标方式择优选择运行维修养护单位，维护调水工程整体性的完全运行。

监测监督部职能：对调水、受水影响区域内的主要断面和节点的水量、水质实时监测，并适时地对其他敏感地区开展水量水质的监测分析。进行对工程的观测，进行定时的全面检查。进行引江济太调水工程沿线的监督巡查和行政执法，依法进行督察。

（4）引江济太管理局的性质。

根据《实施意见》性质界定，与引江济太调度管理中心的性质相同，引江济太管理局为纯公益性水管单位，其性质为事业单位。

（5）具体操作方式。

引江济太管理局具体操作方式，采用"统一管理、统一调度、各负其责、协议供水"的方式进行。

与引江济太调度管理中心不同的是，引江济太管理局是在引江济太期间实施骨干工程的统一调度，其调度指令需要上报太湖流域管理局审批，由太湖流域管理局防汛抗旱办公室下达。

（6）运行管理费用组成及渠道。

引江济太的运行管理费的组成和来源渠道与方案一相同。

4. 中期管理体制方案评价

（1）引江济太管理体制方案一的评价。

过渡性好："引江济太管理委员会"＋"引江济太调度管理中心"的结构，与引江济太试验阶段组织和近期管理体制方案的"引江济太领导小组"＋"引江济太领导小组办公室"的结构十分接近，有利于过渡。

机构精简高效：引江济太调度管理中心与领导小组办公室相比构成相近，但组织形式上有所变化。兼职制度充分利用太湖流域管理局的技术管理力量，同时又使工作的弹性与协调性得到提高，不增加管理机构的负担；专职人员的设置使得引江济太的执行机构成为常设机构，能够更好地处理相关事务，使工作的系统性与连续性得到提高。

供水与抗旱排涝的关系转化顺畅：以防汛抗旱办公室、水政水资源处和水资源保护局等人员为主组成引江济太调度管理中心，兼具大水、枯水期防汛抗旱和平水期增加供水等两个时期的要求，可以较好地协调流域防洪和引江济太的关系，具有较好的弹性与效率（成本最低，时效最高）。

具有长效运行的技术保障：引江济太调度管理中心权限独立，具有调度指令下达、制定引江济太调水计划和省际水量分配方案的权限，具有对运行管理费进行测算和收取的权限，拥有供水经营和供水水费计收的职能。防汛抗旱办公室、水政水资源处等都是太湖局的内部组织部门，存在着较为密切的工作关系，有利于相互配合工作。

内部组织不十分完整：引江济太调度管理中心虽然具有"成本最低，时效最高"等特点，但作为一个准公益性事业单位，内部机构仅有一个专设综合部，从内部组织上讲，并不十分完整。

（2）引江济太管理体制方案二的评价。

内部组织较完善：引江济太管理局是一个完整的管理执行机构，内部组织机构较为完善，权限独立，与方案一相同，具有制定引江济太用水计划、省际水量分配方案的权限和运行管理费进行测算和收取的权限，拥有供水经营和供水水费计收的职能。

引江济太与防洪排涝等关系复杂：引江济太管理局没有调度权，水量调度方案需上报太湖流域管理局，通过防汛抗旱办公室下调度令，运转不畅，与防洪排涝和抗旱等关系复杂；内部组织职能与太湖流域管理局内部组织职能存在一定交叉，管理成本较大。

（3）中期管理体制方案的比较。

中期管理体制方案一与方案二，都有其优点和缺点。从引江济太的特点和性质，以及中期管理体制的目标考虑，管理体制方案一相对来讲，更适用于太湖流域实际情况，有利于引江济太的顺畅运行，易于操作。

21.4　引江济太远期管理体制

21.4.1　远期管理体制建立的依据

引江济太远期管理体制，取决于我国政治经济体制、行政管理和财政制度改革的进程，也决定于太湖流域水市场培育程度和水价形成机制。考虑到未来各方面因素的不确定性，在这里仅对引江济太远期管理体制进行探索性研究。

根据国务院批复的《实施意见》中全面推进水管单位改革及时转变管理职能，引导管理体制向更深层次发展，进行体制创新的要求。考虑组建国有股份制企业集团或国有控股企业集团，运用现代企业制度的管理模式，发展引江济太供水事业，确保全流域水资源的可持续利用和生态环境的协调平衡。

21.4.2　远期管理体制机构设置

按照"产权清晰、权责明确、政企分开、管理科学"的原则来构建有效的引江济太法人治理结构。根据企业法人管理条例的有关规定，从明确国有资产出资人代表考虑，可分步构建引江济太国有股份制企业集团或引江济太国有控股企业集团两种形式的机构设置。

1. 国有股份制企业集团

太湖流域管理局会同江苏、浙江和上海两省一市水行政主管部门组建引江济太管理委员会，办公室设在太湖流域管理局，负责日常工作。按我国企业法人管理条例的有关规定，组成引江济太国有股份制企业集团。其框架见图 21-7。

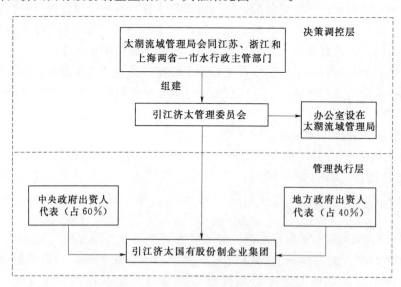

图 21-7　引江济太国有股份制企业集团框图

引江济太国有股份制企业集团，必须明确国有资产出资人代表，严格核实各类资产的净值，合理认定各出资人的股权。本次参用太湖流域管理局 1998 年《治太重点骨干工程国有资产管理和良性运行机制研究报告》提供的各类资产数值。引江济太调水工程资产价值为 45.37 亿元，其中中央出资 48.4％，江苏出资 35.3％，浙江出资 7.0％，上海出资 9.3％。按上述比例实现中央政府控股权的条件已达到，由中央政府出资人代表太湖流域管理局相对控股治理结构的条件已基本成熟。

引江济太国有股份制企业集团全属国家所有，并直接由太湖流域管理局绝对控股经营，主要为社会公共利益提供优质的水源。同时，也以企业经营供水的性质，按《水价管理办法》核算的供水价格，向用水户收取供水水费。

2. 国有控股企业集团

从国有股份制企业集团转到国有控股企业集团的主要目的之一，就是要重点解决社会公益类供水很重的引江济太事业，单位投入不足的问题。要建立多元化的资金筹措机制，改变全部依靠政府兴办，政府财政无偿拨款的状况。在国家绝对控股，中央政府相对控股的前提下，鼓励国内外经济、社会组织和公民个人广泛参与发展引江济太调水事业，实行国家、集体、个人投资、内资、外资等多元化投资形式，共同组成引江济太国有控股企业集团。其框架见图 21-8。

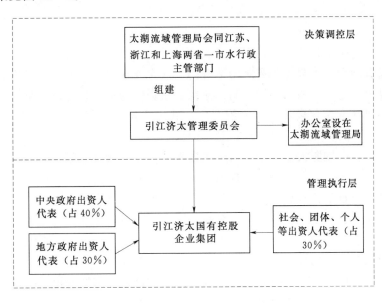

图 21-8　引江济太国有控股企业集团框图

从远期观点考虑，引江济太的收益范围会不断扩大、工程规模也会不断扩大，为了加快发展必须要增加大量的资金投入。

21.4.3　两种企业集团的运作

1. 国有股份制企业集团的运作

根据已核定的各出资人代表拥有的净资产额比例，确立各所有者具体拥有的股权，组建股东会，因股东数量少，股东又是中央与省（市）二级政府委派的官员组成，可不设董事会和监事会，由太湖流域管理局控股股东委任一名执行董事，再设多名监事。具体承担企业集团管理经营的负责人由执行董事单位委任。

企业集团内部的组织机构应根据所承担的任务和职能来设置，主要任务是工程管理、计划管理、水量分配与水量、水质监测等，组织机构一般包括综合、计划、价格财务、资产运营、监督观测、通信控制、工程管理等部门。

太湖流域管理局对企业集团行使宏观调控作用，其主要体现在对引江济太调水管理进行科学决策、制定政策，并做好调水规划及组织、指导、协调和监督工作。

企业集团依据拟订的太湖流域省际水量分配方案，来制定自己年度调水量计划和供水量分配方案。并以此为依据与各省份供水企业签订供用水买卖合同。

引江济太的水量调度令仍由防汛抗旱办公室下达。调水是在原有防洪排涝工程基础上实施的，成立调水企业集团后，工程的防洪保安主体功能不变，故其水量调度权仍在防汛抗旱办公室，企业必须服从它的水量统一调水令，要在统一调度令下来调整自己经营性供水销售方案。

太湖流域管理局给企业集团制订合理的水价政策，实行公共供水与企业供水不同价格政策；稽查、检查、监督资金使用情况；国有资产的运营管理与保值增值情况；指导企业制定合理收益分配方案。企业应及时向该处申报供水成本核算状况，资产运营情况和存在问题。

2. 国有控股企业集团的运作

与国有股份制企业相比较，其最大的区别是投资来源呈多元化，使企业在所有制方面转变成了以国有制为主体多种所有制相结合的供水企业集团。此时，太湖流域管理局有关部门与国有股份制企业集团一起联合制订向社会引资的目标、计划、政策和要求等有关文件资料，报送引江济太管理委员会决策制定，并经太湖流域管理局审核批准后向社会引资，也可通过国有股转让形式来实现转制目的。

其后，根据各方投资人实际投入资金额比例，确立各投资人股权，组建股东会。由股东大会选举董事会和监事会，控股股东推荐董事长经股东会讨论同意后确认，也可由控股股东单位直接委任董事长和总经理，总经理人选也可由董事会直接向社会招聘。控股企业的监事会应比较完整和规范，监事会只对股东会负责，对董事会和总经理实施监督权力。

国有股份制企业与国有控股企业所承担的任务和职能基本一致，企业性质一样，不同之处在于社会化与市场化程度高，从资金来源、人事制度、供水经营销售的市场化都会比国有股份制向前跨越一大步。因此，企业内部的机构设置和国有股份制一样，只是应加强资产运营的管理和监督以及资产保值增值情况的信息发布等工作。

国有控股企业集团同太湖流域管理局机关等关系，与国有股份制企业总体是一样的。向社会增资扩股，寻求更多的投资资金，目的就是扩大引水规模，增加供水量。

21.4.4　两种企业集团模式的评价

1. 国有股份制企业集团评价

（1）投入资金来源渠道简单、稳定、容易操作，由中央与省政府财政，按批准的建设计划支付。企业与政府的关系密切，所处的政策环境比较优良，政府的意图和指令性供水计划容易贯彻和执行。企业内部机构设置相对简单，由于其股东只是中央政府和两省一市地方政府的出资人代表，政府的监督职能容易体现和执行。其人员分流和人事、劳动、社会保障体系都较为稳定，抵抗风险能力相对较强。

（2）资金投入全靠国家财政支付，发展速度常常会受到较大程度的制约。在公共供水的水费计收上会受到多方面的限制，通过供水水费收入来实现自身财务的良性循环目标有一定难度。在企业管理上难以做到"政企"全面分开，由于企业的公共性成分大，不少行为常受政府直接管制，政府常会采用强制性的生产供水和价格控制等手段，企业的单位供水成本通常偏高，工程的整体供水效益偏低。

2. 国有控股企业集团评价

（1）投入资金来源呈现多元化，投入资金较为充足，发展动力增大，发展速度加快。资金投入体系部分引向社会，减轻了政府财政支出压力。企业内部的治理结构相对规范，职能划分清晰、职责明确，"政企"分开管理的界线比较清晰。在市场化激励机制的推动下，职工的积极性和工作效率均会有所提高，单位投资、供水成本都会有所降低，供水工程的整体效益可以获得较大幅度的提高。合理水价形成机制和有效的水费计收手段都能较好的建立。

（2）合理水价和有效供水水费计收的执行，都要建立在一定用水规模的条件下才能成立。人事、劳动、工资和社会保障体系的管理规范程度高，投资体系的集资、使用、监督都复杂得多。劳动制度严格，政府支持少，在企业效益偏差时，易造成优秀人才流失。政府对企业的干预程度减少，企业投资风险、工程管理运行风险加大。

第 22 章　引江济太运行机制研究

为了使引江济太调水工程能够围绕目标实现持续、有序和高效运行，需要建立一套与管理体制相适应的运行机制。科学合理的引江济太运行机制是管理体制具体运转的操作过程和保障，是实施调水应具备的先决条件，是实现调水工程长期、规范和良性运行的重要手段和技术支撑。

引江济太运行机制的组成部分主要包括：引江济太水量的分析、运行管理费用测算与分摊、供水水价的形成和测算、水质水量监控和供水监督体系等。

22.1　引江济太水量分析

22.1.1　引江济太调水试验方案

引江济太调水试验各引水方案见表 22-1。

表 22-1　　　　　　　　　　引江济太调水试验方案　　　　　　水量单位：亿 m³

方　　案	引水时段	引 长 江 水		入太湖水量	望虞河东岸口门控制
		水　　量	占全年的百分比（%）		
实施方案	全年	25.00	100.00	10.00	有
2002 年试验方案	全年	17.57	100.00	7.91	有
	1.30～4.03	10.68	60.80	6.79	有
2003 年试验方案	全年	24.20	100.00	12.00	有
	1.10～10.22	17.90	74.00	10.00	有
2001 年前期试验	全年	14.93	100.00	2.02	无
	4.03～6.12	5.91	39.60	0.94	无
2000 年引水应急	7.24～8.23	4.60	100.00	2.22	无

（1）水利部批复的《引江济太调水试验工程实施方案》中明确在平水年情况下，引江济太工程通过常熟水利枢纽引长江水 25.00 亿 m³，由望亭水利枢纽入太湖 10.00 亿 m³，由太湖向周边和下游地区供水。

（2）2002 年 1 月 30 日正式启动实施的引江济太调水试验，全年通过常熟水利枢纽引长江水 17.57 亿 m³，由望亭水利枢纽入太湖水量 7.91 亿 m³。

（3）2003 年全年通过常熟水利枢纽引长江水 24.20 亿 m³，由望亭水利枢纽入太湖水量 12.00 亿 m³。

（4）2001 年 2 月 27 日～2002 年 1 月 29 日进行的调水试验正式启动前的调水试验探索，自 2 月 21 日～10 月 31 日常熟水利枢纽共引长江水 14.93 亿 m³，向太湖引水 2.02 亿 m³。

（5）2000 年 7 月 24 日～8 月 23 日实施的望虞河引水应急方案，引水期间，引长江水 4.60 亿 m³ 水量，入太湖 2.22 亿 m³。这是首次实现利用望虞河引长江水入太湖。

在引江济太水量分析中，将在"实施方案"提出总量控制的基础上，以 2002 年和 2003 年的正式试验方案作为水量分析的基本依据，其他方案作为参考方案。

22.1.2　引江济太水量沿程分布

1. 望虞河水量

望虞河位于江苏境内，北连长江，南通太湖，是一条流域性的引排水河，是引江济太的必经之路，全长 60.8km。

各方案在不同引水时段中，望虞河段分流水量见表 22-2。可以看出，引江济太工程从长江中引来的水，除在 2002 年第一试验阶段望虞河两岸的分水率为 36.4％外，其余引水期望虞河两岸的分水率都在 50％以上。根据分析这部分水除少量水用于河槽调蓄外，一部分用于稀释西岸河网污水，另一部分被东岸引走。

表 22-2　　　　　　　引水期各引水方案望虞河分流水量　　　　　　单位：亿 m³

引水时间 （年-月-日）		引水量	两岸分流量	占总引水量 （％）	入湖水量	入湖率 （％）
全年	实施方案	25.00	15.00	60.0	10.00	40.0
	2003	24.20	12.00	49.6	12.00	50.4
	2002	17.57	9.66	55.0	7.91	45.0
	2001	14.93	12.91	86.5	2.02	13.5
引水期	2003-1-1～10-22	17.90	7.90	44.1	10.00	55.9
	2002-1-30～4-03	10.68	3.89	36.4	6.79	63.6
	2001-4-03～6-12	5.91	4.96	83.9	0.94	15.9
	2000-7-24～8-23	4.60	2.38	51.7	2.22	48.3

从调水试验分析，望亭水利枢纽入太湖水受到三个方面的影响：

（1）望虞河东岸分流量的大小。若按实施方案规定的允许开启 2～3 个口门，入湖率减少到 82％，当东岸口门开启达 6～10 个，入湖率将减少到 53％。

（2）引水时的长江潮位高低。当长江处于小潮汛潮位较低时，常熟水利枢纽自引水量较少，需依靠泵站自引；当长江潮位较高时，引水量和入湖水量较大。

（3）西岸支流的污水进入望虞河的多少。望虞河西岸污水对望虞河干流水质影响较大，当望虞河引水水位较高时，顶托西岸的污水，西岸支流污水难以进入干流。

2. 太湖水量

太湖是流域的一个天然大型水资源调节湖泊，是太湖流域重要的水源地。引江济太水入太湖后，将会增加太湖的水环境容量，改善水质和增加水量。

根据 2001～2002 年太湖出湖巡测资料统计分析，各年不同时段的出湖水量的分配情况见表 22-3。

表 22-3　　　　　　　　　太湖出湖水量统计分析　　　　　　　　单位：亿 m³

引水时间 （年-月-日）		入江苏		入浙江		平望		出湖水量
		水量	％	水量	％	水量	％	
引水期	2002-1-30～4-03	3.86	26.7	2.38	16.5	8.21	56.8	14.45
	2001-4-03～6-12	1.62	21.9	2.37	32.1	3.52	47.7	7.38
	2000-7-24～8-23	0.47	9.3	2.96	58.4	1.64	32.3	5.07

引　水　时　间 (年-月-日)		入江苏		入浙江		平望		出湖水量
		水量	比例（%）	水量	比例（%）	水量	比例（%）	
非汛期	2002	11.22	27.2	7.15	17.3	22.95	55.5	41.32
	2001	11.77	27.3	12.38	28.7	18.98	44.0	43.13
	2000	9.19	23.9	9.07	23.6	20.13	52.4	38.39
	平均	10.73	26.2	9.53	23.2	20.69	50.5	40.95
汛期	2002	20.01	41.1	6.14	12.6	22.54	46.3	48.69
	2001	15.67	40.3	9.12	23.4	14.11	36.3	38.90
	2000	6.23	25.9	8.43	35.0	9.42	39.1	24.08
	平均	13.97	37.5	7.90	21.2	15.36	41.3	37.22
全年	2002	31.23	34.7	13.29	14.8	45.48	50.5	90.00
	2001	27.44	33.5	21.50	26.2	33.09	40.3	82.03
	2000	15.42	24.7	17.50	28.0	29.55	47.3	62.47
	平均	24.70	31.6	17.43	22.3	36.04	46.1	78.17

注　表中的百分比为占出湖水量的百分数。

现状条件下，环太湖各口门从太湖引走的水可分为流入浙江、江苏和平望断面，其中平望断面出流包括太浦闸出流以及部分环湖出流汇入太浦河的水。从对试验方案结果的分析来看，2002 年 1 月 30 日～4 月 3 日引水期间，环太湖出流 14.45 亿 m³，其中入江苏 3.86 亿 m³、入浙江 2.38 亿 m³ 和平望断面出流 8.21 亿 m³ 水量，在平望断面出流 8.21 亿 m³ 水量中，包括太浦闸出流 6.66 亿 m³。

在太湖出湖水量中，平望断面的出流量占 36.0%～55.0%，入江苏的水量占 24.0%～41.0%，入浙江的水量占 12.6%～35.0%。从调水试验资料分析，引江水量入湖后，分为两个部分：一部分自太浦闸流出，约占入湖水量的 60.0% 以上；另一部分有两个出路：一是留在太湖，作为调蓄水量，二是分别由江苏和浙江环湖地区引走。

3. 太浦河水量

太浦河西起东太湖边上的吴江市横扇镇，东至上海市南大港接西泖河入黄浦江，跨江苏省、浙江省和上海市，全长 57.6km。

引江济太期间，经太浦闸流入太浦河的水量去向有三个：一是入江苏，二是入浙江，三是入上海。根据引江济太调水试验资料分析，2002 年 1 月 30 日～4 月 3 日引水期间，自太浦闸出流的 6.66 亿 m³ 水，有 4.05 亿 m³ 的水入上海，有 1.96 亿 m³ 的水自南岸分流，有 0.65 亿 m³ 的水自北岸分流；2003 年 1 月 1 日～10 月 22 日引水期间，自太浦闸出流的 19.90 亿 m³ 水，有 12.2 亿 m³ 的水入上海，有 5.85 亿 m³ 的水自南岸分流，有 1.85 亿 m³ 的水自北岸分流。见表 22-4。

表 22-4　　　　　　2002 年和 2003 年试验方案太浦闸出流水量　　　　水量单位：亿 m³

时　段（月-日）		太浦闸水量	入江苏	入浙江	入上海
2002 年	1-30～4-03	6.66	0.65	1.96	4.05
	全　年	9.02	0.88	2.65	5.49
2003 年	1-1～10-22	19.90	1.85	5.85	12.20

注　取 5～9 月为汛期，其余为非汛期。

22.1.3　引江济太水量时空分布

1. 望虞河引水量分配

根据引江水量沿程分布分析，并考虑到对引江水量的总量控制，根据 2002 年和 2003 年试验数据，对实施方案中望虞河段引水量进行修正，从长江引水 25.0 亿 m³，望虞河两岸分流 13.70 亿 m³，入太湖水 11.30 亿 m³。见表 22-5。

表 22-5　　　　　　　　　　　　望虞河段引水量修正　　　　　　　　　　单位：亿 m³

项　　目	实施方案引水量		修 正 引 水 量	
	水　　量	比　例（%）	水　　量	比　例（%）
长江引水	25.0	100.0	25.0	100.0
望虞河分流	15.0	60.0	13.7	54.8
入太湖	10.0	40.0	11.3	45.2

由 2002 年 1 月 30 日～4 月 3 日和 2003 年 1 月 1 日～10 月 22 日的调水试验数据分析，望虞河东岸与西岸分流的比例为东岸分流占 54.2%，西岸分流占 45.8%。由此可对望虞河的分流进行东西岸分配，东岸分流 7.43 亿 m³，西岸分流 6.27 亿 m³。见表 22-6。

表 22-6　　　　　　　　　　　　望虞河两岸分流水量　　　　　　　　　　单位：亿 m³

时　　间	望 虞 河	东　　岸	西　　岸
全　　年	13.7	7.43	6.27

根据太湖流域管理局《关于对〈关于转报"苏州市西塘河引水工程水资源论证报告"初审意见的函〉的复函》（太管水政［2002］212 号），苏州市在西塘河建单向引水泵站，年取水量 3.50 亿 m³，复函要求该引水量控制在引江济太试验方案核定的望虞河东岸分配计划内。

在望虞河西岸分流 6.27 亿 m³ 的水量中，有一部分水量用于顶托西岸污水，根据调水试验数据分析，2002 年 1 月 30 日～4 月 3 日望虞河西岸分流水量 1.78 亿 m³，取其 2 倍水量即 3.56 亿 m³，为西岸污水顶托水，作为望虞河西岸损耗水量。

2. 太湖引水量分配

根据太湖流域管理局《关于建设梅梁湖泵站工程的复函》（太管水政［2002］229 号），要求梅梁湖泵站引水量应统筹考虑引江济太总体规模并根据引江济太水量分配方案进一步研究确定。根据梅梁湖泵站工程《水资源论证报告书》分析，在引水量中，有60% 的水取引太湖弃水。因此，梅梁湖泵站引水量 6.0 亿 m³，其中 40% 即 2.40 亿 m³ 的水量取自引江济太入湖的水量，归入江苏分流水量。

根据引江水量沿程分布分析，入太湖水 11.3 亿 m³ 中，太浦闸出流水量 7.52 亿 m³，其中江苏分水 0.74 亿 m³，浙江分水 2.21 亿 m³，上海分水 4.57 亿 m³。另外，环太湖出流水量 1.38 亿 m³。见表 22-7。

表 22 - 7　　　　　　　　　　太湖引水量分配　　　　　　　　　　单位：亿 m³

项　目		水量	江　苏		浙　江		上　海	
			水量	比例（%）	水量	比例（%）	水量	比例（%）
入太湖水量		11.30						
出太湖水量	梅梁湖泵站引水	2.40	2.40	100.0				
	太浦闸出流	7.52	0.74	9.8	2.21	29.4	4.57	60.8
	环湖出流	1.38	0.42	30.4	0.96	69.4		
	小　计	11.30	3.56	31.5	3.17	28.1	4.57	40.4

3. 引江济太水量分配

在引江济太调水 25.0 亿 m³ 中，江苏省分摊水量 15.97 亿 m³；浙江省分摊水量 3.70 亿 m³，上海市分摊水量 5.33 亿 m³。见表 22 - 8。

表 22 - 8　　　　　　　　　　引江济太水量分配　　　　　　　　　　单位：亿 m³

项　目		水　量	江　苏	浙　江	上　海
望虞河分流	分　流	10.14	10.14		
	西岸污水顶托损耗水	3.56	2.27	0.53	0.76
	小　计	13.70	12.41	0.53	0.76
太湖出流		11.30	3.56	3.17	4.57
合　计		25.00	15.97	3.70	5.33

22.2　运行管理费测算及分摊

22.2.1　工程投资及费用组成

1. 工程投资

工程投资采用 1991～2002 年望虞河工程、环湖大堤工程和太浦河工程调概决算值，工程总投资批准调概决算值为 36.49 亿元。其中望虞河工程投资为 12.83 亿元，环湖大堤工程投资为 7.61 亿元，太浦河工程投资为 16.05 亿元（见表 22 - 9）。

表 22 - 9　　　　　望虞河、环湖大堤和太浦河工程投资　　　　　单位：亿元

项　目	投　资	其　中	
		中　央　投　资	地　方　投　资
望虞河工程	12.83	9.77	3.06
环湖大堤	7.61	2.42	5.19
太浦河工程	16.05	8.88	7.17
合　计	36.49	21.07	15.42

2. 运行管理费组成

引江济太工程运行管理费用，根据《水利建设项目经济评价规范》（SL 72—94）和《关于试行财务基准收益率和年运行费率标准的通知》（水财〔1995〕281 号）等规范要

求，进行测算。

引江济太工程运行管理费包括：折旧费、工程维护费、管理人员工资福利费和管理费，增加的燃料动力费和水质水量监测经费等。

3. 供水分摊

引江济太是利用现有治太骨干工程实施调水，而望虞河、环湖大堤和太浦河工程是具有防洪、排涝和供水等多种功能的水利工程。因此，运行管理费用中的折旧费等需要进行供水分摊计算。

引江济太供水分摊：按水利部《水利工程供水生产成本、费用核算管理规定》（水财〔1995〕226 号），首先根据骨干工程多种功能的大小确定望虞河、环湖大堤和太浦河工程供水功能的分摊系数；然后，再根据引江济太的供水量占骨干工程设计供水量的比值，计算引江济太供水的分摊系数。经计算望虞河工程为 0.391，环湖大堤工程为 0.090，太浦河工程为 0.135。

22.2.2　运行管理费测算

1. 工程折旧费

工程折旧费采用直线折旧法计算，常熟水利枢纽、望亭水利枢纽和太浦闸及泵站工程的固定资产原值为 4.962 亿元，工程折旧费为 1210.0 万元。由供水分摊计算得到引江济太供水分摊折旧费 322.1 万元，其中常熟水利枢纽 140.9 万元，望亭水利枢纽 101.6 万元，太浦闸及泵站 79.6 万元（见表 22－10）。

表 22－10　　　　　　　　　　　引江济太工程折旧费　　　　　　　　　　单位：万元

项　　目		建筑工程	金属结构	机电设备	合　　计
常熟水利枢纽	固定资产	10068.0	1457.0	2754.0	14279.0
	供水分摊折旧	78.8	19.0	43.1	140.9
望亭水利枢纽	固定资产	11296.0	142.0	729.0	12167.0
	供水分摊折旧	88.4	1.8	11.4	101.6
太浦闸及泵站	固定资产	16511.0	1025.0	5633.0	23169.0
	供水分摊折旧	44.6	4.6	30.4	79.6
小　　计	固定资产	37875.0	2624.0	9116.0	49615.0
	供水分摊折旧	211.8	25.4	84.9	322.1

2. 工程维护费

工程维护费指望虞河、太浦河和环湖大堤工程的维护费用，维护费用分为一般维护费和大修费。工程一般维护费和大修费，按照《水利建设项目经济评价规范》（SL 72—94）和《关于试行财务基准收益率和年运行费率标准的通知》（水财〔1995〕281 号）确定取费标准，参考 2003 年《水利工程维修养护定额标准（送审稿）》确定。

经计算，引江济太供水分摊维护费为 381.6 万元，其中，一般维护费为 272.6 万元，大修费为 109.0 万元，见表 22－11。

表 22 - 11		引江济太工程维护费		单位：万元
项　　目		一般维护费	大 修 费	小 　计
望　虞　河	常熟水利枢纽	55.9	22.3	78.2
	河道工程	54.3	21.7	76.0
	望亭水利枢纽	47.6	19.1	66.7
	小　　计	157.8	63.1	220.9
环湖大堤		62.4	25.0	87.4
太　浦　河	太浦闸及泵站	31.3	12.5	43.8
	河道工程	21.1	8.4	29.5
	小　　计	52.4	20.9	73.3
合　　计		272.6	109.0	381.6

3. 管理人员工资福利费

管理人员工资福利费，按照 1981 年水利部《水利工程管理单位编制定员标准》的标准，参考 2003 年《水利工程管理定岗标准（送审稿）》，并结合实际调查情况计算，管理人员工资福利费为 389.5 万元。根据引江济太供水分摊计算，引江济太管理人员工资福利费为 73.1 万元，其中望虞河工程 43.7 万元，环湖大堤工程 16.2 万元，太浦河工程 13.2 万元，见表 22 - 12。

表 22 - 12				引江济太工资福利费			单位：万元
项目	望　虞　河			环湖大堤	太　浦　河		小　　计
	常熟水利枢纽	河道工程	望亭水利枢纽		太浦河闸泵	河道工程	
工资	20.6	9.5	8.2	14.2	8.5	3.1	64.1
福利费	2.9	1.3	1.2	2.0	1.2	0.4	9.0
合计	23.5	10.8	9.4	16.2	9.7	3.5	73.1

4. 管理费用

管理费通常按管理人员工资福利费的 1.5 倍计算，引江济太工程管理费用为 109.7 万元。

5. 燃料动力费

常熟水利枢纽泵站、太浦河泵站抽水电费按下式计算

$$E = \alpha HKW/\eta \qquad (22-1)$$

式中　E——抽水电费；

　　　α——换算系数；

　　　H——设计抽水扬程；

　　　K——单位电价；

　　　W——实际抽水水量；

　　　η——设计综合效率。

常熟泵站的换算系数 α 为 2.722×10^{-3}，设计抽水扬程 H 为 1.3m，单位电价 K 取江

苏省境内实际执行电价为 0.36 元/（kW·h）（农业电价），抽水水量 W，根据《引江济太调水试验工程实施方案》和 2002 年、2003 年调水试验资料分析确定，设计综合效率 η 为 0.65。经计算，常熟泵站年抽水电费为 235.0 万元。太浦河泵站在引江济太中如需开启抽水，其电费按实际量结算。

6. 水量水质监测费

引江济太水量水质的监测费用依据水利部水财〔1994〕292 号文件《水文专业有偿服务收费管理试行办法》的《水文专业有偿服务收费标准》进行测算。

经计算水量、水质监测费用为 231.4 万元，其中望虞河段 108.7 万元、太湖大堤段 61.2 万元、太浦河段 61.5 万元，见表 22-13。

表 22-13   水 量、水 质 监 测 费   单位：万元

项　　目	望虞河段	环湖大堤段	太浦河段	合　　计
监测站点数	72	27	16	115
监测费	108.7	61.2	61.5	231.4

7. 引江济太运行管理费

根据以上测算，引江济太年运行管理费为 1352.9 万元，其中工程折旧费 322.1 万元，一般工程维护费和大修费为 381.6 万元，新增职工工资福利费 73.1 万元，管理费为 109.7 万元，常熟水利枢纽泵站电费 235.0 万元，水质水量监测费用 231.4 万元。见表 22-14。

表 22-14   引江济太运行管理费   单位：万元

项目	望　虞　河			环湖大堤	太　浦　河		小　　计
	常熟水利枢纽	河道工程	望亭水利枢纽		太浦闸泵	河道工程	
折旧费	140.9		101.6		79.6		322.1
维护费	55.9	54.3	47.6	62.4	31.3	21.1	272.6
大修费	22.3	21.7	19.1	25.0	12.5	8.4	109.0
人员工资	20.6	9.5	8.2	14.2	8.5	3.1	64.1
职工福利	2.9	1.3	1.2	2.0	1.2	0.4	9.0
管理费	35.2	16.3	14.1	24.3	14.5	5.3	109.7
常熟泵站电费	235.0						235.0
水质水量监测费		108.7		61.2		61.5	231.4
合　　计	512.8	211.8	191.8	189.1	147.6	99.8	1352.9

为了保证引江济太有序、长效运行，需要根据引江济太管理体制的具体设置方案，在上述各项费用测算的基础上，进行运行管理费的调整计算和分摊。

22.2.3 运行管理费分摊

引江济太年运行管理费需要根据引江济太管理体制的具体设置方案和"谁受益、谁承担"的原则，进行测算和分摊。

1. 运行管理费分摊的方法

引江济太运行管理费用分摊依据主要是调水工程运行成本和分配水量两个指标。采用"成本—水量均摊法"分摊两省一市承担的运行费用。

"成本—水量均摊法"基本思路：引江济太受益地区与水源工程的距离不同，分配的水量也不同，因此供水成本不同。只为某一受益地区服务的工程供水成本由该地区独自承担；同时为两个或两个以上受益地区服务的共用工程供水成本由各受益地区按其分配的水量比例分摊；在此基础上，累计各工程段受益地区的分摊成本，即为该受益地区的总分摊费用。

按照"成本—水量均摊法"计算调水工程受益段各段应分摊额，工程受益段计算公式

$$f_i = \left(\sum_{j=1}^{i} \frac{C_j}{\sum_{m=j}^{n} Q_m} \right) Q_i \qquad (22-2)$$

式中　f_i——i 段应分摊的费用；

　　　C_j——第 j 段应分摊的总成本费用；

　　　Q_i——第 i 个出口应分调水工程的水量；

　　　n——区段划分总数；

　　　i——顺调水方向分摊区段的编号；

　　　j——顺调水方向分摊区段的编号。

2. 近期管理体制方案费用分摊

近期管理体制方案：组建引江济太领导小组，成立引江济太领导小组办公室，设在太湖流域管理局与防汛抗旱办公室合并办公。

（1）运行管理费。

近期方案的运行管理费用：引江济太领导小组的协商决策会议费、增加的骨干工程管理人员工资福利费和管理费、常熟水利枢纽泵站抽水电费和水质水量监测费等。考虑到骨干工程维修费已在防洪排涝任务中，由中央财政拨款支付，这里不再重复测算。

经测算，近期方案运行管理费为 567.7 万元，其中领导小组的协商决策会议费 30.0 万元，增加的骨干工程管理人员工资福利费和管理费为 71.3 万元，常熟水利枢纽泵站的抽水电费为 235.0 万元，增加的水质水量监测费为 231.4 万元，见表 22-15。

表 22-15　　　　　　　　　近期管理体制方案运行管理费　　　　　　　　单位：万元

项目	协商决策会议费	工资福利费	管理费	抽水电费	水质水量监测费	合　计
费用	30.0	28.5	42.8	235.0	231.4	567.7

（2）运行管理费的来源渠道。

引江济太工程以防洪、排涝和社会公益性供水为主。根据运行管理费的组成，经费来源渠道有两个：一是引江济太领导小组的协商决策会议费和太湖流域管理局管理的常熟水利枢纽、望亭水利枢纽和太浦闸及泵站三大枢纽工程增加的管理人员工资福利费和管理费，共 50.0 万元，由中央财政拨款支付；二是常熟水利枢纽泵站的抽水电费、增加的水质水量监测费和望虞河、环湖大堤、太浦河三大河道工程增加的管理人员工资福利费和管

理费，共 517.7 万元，由江苏、浙江和上海两省一市地方财政共同承担，见表 22-16。

表 22-16 近期管理体制方案运行管理费来源 单位：万元

项 目	中央财政拨款	江苏、浙江、上海地方财政拨款	合 计
承担费用	50.0	517.7	567.7

（3）运行管理费分摊。

近期管理机构作为一种临时过渡方案，由太湖流域管理局防汛抗旱办公室具体兼任引江济太的工作，保证实施引江济太的连续性。

其运行管理费用 517.7 万元，由太湖流域管理局会同江苏、浙江和上海两省一市水行政主管部门协调分摊，由两省一市地方财政拨款解决。

3. 中期管理体制方案一费用分摊

中期管理体制设置两个方案：方案一是组建引江济太管理委员会，成立引江济太调度管理中心；方案二是组建引江济太管理委员会，成立引江济太管理局。

（1）运行管理费用。

中期方案一的运行管理费用：引江济太管理委员会的协商决策会议费、调度管理中心的管理人员工资福利费和管理费、增加的骨干工程管理人员工资福利费和管理费、常熟水利枢纽泵站抽水电费和水质水量监测费等。与近期方案相同，骨干工程维修费这里不再重复测算。

引江济太调度管理中心常设人员 5~6 人，从控制费用和提高效率的角度出发，调度管理中心的常设人员工资按全年计算，骨干工程管理人员工资按引水期计算。工资福利费为 95.6 万元，管理费为 143.4 万元。

经测算中期方案一的运行管理费为 735.4 万元，其中管理委员会协商决策会议费 30.0 万元，调度中心和骨干工程管理人员工资福利费和管理费为 239.0 万元，常熟水利枢纽泵站的抽水电费为 235.0 万元，增加的水质水量监测费为 231.4 万元。见表 22-17。

表 22-17 中期管理体制方案一运行管理费 单位：万元

项目	协商决策会议费	工资福利费	管理费	抽水电费	水质水量监测费	合 计
费用	30.0	95.6	143.4	235.0	231.4	735.4

（2）运行管理费的来源渠道。

与近期方案相同，调水工程运行管理费来源渠道有两个：一是引江济太管理委员会协商决策会议费、调度管理中心的管理人员工资福利费和管理费以及太湖流域管理局管理的常熟水利枢纽、望亭水利枢纽和太浦闸及泵站三大枢纽工程增加的管理人员工资福利费和管理费，共 183.5 万元，由中央财政拨款支付；二是常熟水利枢纽泵站的抽水电费、增加的水质水量监测费和望虞河、环湖大堤、太浦河三大河道工程增加的管理人员工资福利费和管理费，共 551.9 万元，由江苏、浙江和上海两省一市地方财政共同承担。

（3）运行管理费分摊。

江苏、浙江和上海市分摊水量同前。由"成本—水量均摊法"的计算，江苏省承担运行用 235.8 万元，浙江省承担运行费 82.8 万元，上海承担运行费 233.3 万元。

经计算，两省一市平均单位调水费用为 0.00221 元/m³，江苏为 0.00148 元/m³，浙江为 0.00224 元/m³，上海为 0.00438 元/m³。调水距离越长，单位调水费用就越高。见表 22-18。

表 22-18　　　　　　　　　　两省一市承担的运行管理费　　　　　　　　单位：万元

项　　　目	江　苏	浙　江	上　海	合　　计
承担费用（万元）	235.8	82.8	233.3	551.9
单位调水费用（元/m³）	0.00148	0.00224	0.00438	0.00221

4. 中期管理体制方案二费用分摊

（1）运行管理费用。

方案二的运行管理费用组成与方案一相同。引江济太管理局设置综合部、工程管理部等五个直属部门，管理人员工资福利费和管理费有所增加，工资福利费为 113.9 万元，管理费为 170.8 万元。其他费用与方案一相同。

经测算运行管理费为 781.1 万元，其中管理委员会协商决策会议费 30.0 万元，管理局和骨干工程管理人员工资福利费和管理费为 284.7 万元，常熟水利枢纽泵站的抽水电费为 235.0 万元，增加的水质水量监测费为 231.4 万元，见表 22-19。

表 22-19　　　　　　　　中期管理体制方案二运行管理费　　　　　　　单位：万元

项目	协商决策会议费	工资福利费	管理费	抽水电费	水质水量监测费	合　　计
费用	30.0	113.9	170.8	235.0	231.4	781.1

（2）运行管理费的来源渠道。

方案二的运行管理费的来源渠道与方案一相同，由中央财政拨款支付为 229.2 万元；由江苏、浙江和上海两省一市地方财政共同承担的 551.9 万元。

（3）运行管理费分摊。

由"成本—水量均摊法"的计算，江苏、浙江和上海两省一市其分摊费用与方案一相同，单位调水费用与方案一也相同。

5. 远期管理体制的费用测算

远期引江济太管理体制，考虑组建引江济太国有股份企业集团或国有控股企业集团，实行企业化模式运作。

（1）运行管理费用。

运行管理费用：引江济太管理委员会的协商决策会议费、企业集团的管理人员工资福利费和管理费、骨干工程折旧费、管理人员工资福利费和管理费、工程维护费、常熟泵站抽水电费和水质水量监测费等。

其中折旧费、工程维护费、常熟泵站抽水电费和水质水量监测费用等，见表 24-15 测算值。企业集团和骨干工程管理人员工资福利费和管理费，从控制费用和提高效率的角度出发进行测算。

经测算，运行管理费为 1567.4 万元，其中管理委员会协商决策会议费等 30.0 万元、工程折旧费 322.1 万元、工程一般维护和大修费 381.6 万元、工资福利费 146.9 万元、管理费 220.4 万元，抽水电费 235.0 万元和水质水量监测费 231.4 万元。见表 22-20。

表 22 - 20   远期管理体制运行管理费   单位：万元

项目	协商决策会议费	折旧费	工程维修费	工资福利费	管理费	抽水电费	水质水量监测费	合计
费用	30.0	322.1	381.6	146.9	220.4	235.0	231.4	1567.4

（2）运行管理费来源渠道。

引江济太管理委员会协商决策会议费等 30.0 万元，由中央财政拨款支付。其余费用 1537.4 万元，引江济太国有股份或国有控股集团，以企业化模式运营，与用水户签订供水合同，在合理的供水价格和有效的供水水费计收方式的条件下，走"自主经营、自我发展"的良性循环道路。

22.2.4 运行管理费用的缴纳

根据国务院关于批复《实施意见》的有关规定，制定引江济太运行管理费用的缴纳办法和相应的处置办法。

1. 缴纳办法

引江济太运行管理费，采用"预先缴纳基本支出，后供水"的协议形式。即两省一市应在每年 12 月底前，预交下一年运行管理中的基本支出，引江济太管理机构应保证供给两省一市的基本供水量。增加的供水量，则以计量收费的方式收取水费，可按季或半年结算。

引江济太基本支出是指保证引江济太调水能够持续运行的基本开支，主要包括工资福利费、公用经费和水量水质监测费等。

基本供水量一般指供水者与用水户代表（两省一市地方政府），根据"利益共享、风险共担"的原则，协商确定的基本水量。根据 2002 年和 2003 年试验调水资料分析，以及基本支出占年运行管理费的比例计算，基本水量为 15.0 亿 m^3，其中江苏为 9.58 亿 m^3，浙江为 2.22 亿 m^3，上海为 3.20 亿 m^3，这是两省一市缴纳基本支出后保证供给的稳定水量。

计量水费主要以基本支出以外的实际费用开支核算而成，主要是指常熟水利枢纽泵站的抽水电费等。计量供水量是指在用完基本供水量后，需要增加供给的水量。

引江济太管理机构成立后，两省一市即应缴纳当年的基本支出，计量水费是在增加供水后，随即结算或定期结算。每年 12 月底前需预交下一年度的基本支出。两省一市具体缴费见表 22 - 21。

表 22 - 21   引江济太运行管理费用缴纳

项　目		基本供水量（亿 m^3）	基本支出（万元）			计量水费（万元）
			近期方案	中期方案一	中期方案二	
中央财政拨款			50.0	183.5	229.2	
两省一市缴纳	江苏	9.58	154.6	165.7	165.7	按计量供水量具体结算
	浙江	2.22	69.4	77.5	77.5	
	上海	3.20	129.2	144.2	144.2	
	小计	15.00	353.2	387.4	387.4	
合　计			403.2	570.9	616.6	

2. 处置办法

两省一市应按时缴纳应承担的引江济太运行管理费用，过期需缴纳滞纳金。缴纳滞纳金有关事宜由引江济太管理执行机构与两省一市商议而定。

由于引江济太涉及两省一市的利益等，如若某一方违反"供水协议"，以至于影响整个引江济太调水正常工作的，则应承担相应的损失和民事责任。

22.3　水价形成与水价测算

22.3.1　水价形成机制

水利供水工程是水资源可持续利用的载体，是国民经济和社会可持续发展的基础设施。水是重要的、稀缺的战略资源，又是人们生产、生活中必需的商品，作为决定水需求的关键因素，水价形成机制是保证水资源可持续利用最重要的杠杆。

1. 水价形成机制的法规和政策

《中华人民共和国水法》（2002 年 8 月 29 日），《水利产业政策》（国发［1997］35号），《水利工程管理体制改革实施意见》（2002 年 9 月 3 日），《水利工程供水价格管理办法》（2003 年 7 月 22 日），《城市供水价格管理办法》（计价格［1998］1810 号），《关于改革水价格促进节约用水的指导意见》（计价格［2000］1702 号），《城市节约用水管理规定》（建设部 1988 年 12 月），《城市供水条例》（国务院 1994 年 7 月 19 日）。

2. 水价制定的原则

水价的形成机制具有区别于一般商品的特点，制定水价时一般考虑以下的基本原则：

（1）公平性原则。水价制定必须注意水资源定价的社会问题，保证用水户的支付与其所享用的供水服务相等。

（2）水资源高效配置原则。当水价真正反映生产水的经济成本时，水才能在不同用户之间有效分配。通过价格手段，使得水资源得到合理高效的利用。

（3）成本回收原则。当水费收入能保证工程的成本回收，才能维持工程的正常运行，合理的水价应能回收工程的供水成本。

（4）用水户承受能力定价原则。在制定水价时应充分考虑社会的承受能力，不同用水户承受能力是不一样的。

（5）节约用水的原则。无论是工业用水、生活用水，还是农业用水，要开发节水的潜力。实行定额用水，超额加价等，以此来鼓励节约用水。

（6）实行水价听证制度的原则。水价的制定和调整采取听证和公告的制度，对管理单位的成本、费用的必要性、合理性做出判断。

（7）遵循监督管理的原则。加强管理单位的监督，可采取外部审计，对管理单位的财务报表的合法性和真实性做出判断。

3. 水价基本组成

完整的水价由资源水价、工程水价和环境水价三个部分组成。资源水价表现为水资源费或水权，工程水价主要是用来弥补生产成本和为投资者提供合理的资本报酬，环境水价用于弥补污水排放处理和恢复水环境的成本。

（1）工程水价。按照《水利工程供水价格管理办法》（以下简称《水价管理办法》），工程水价由供水成本、利润和税金组成。供水成本包括供水生产成本和费用，利润和税金是指供水获得的合理收益和应向国家交纳、并可计入水价的税金。

（2）环境水价。环境水价卖的是环境代价。一是用水，尤其是过度用水，如超采地下水对环境的破坏；二是废水对社会、经济和环境等各方面造成的损失；三是污水排放者排放的污水对水资源财富所有权侵害的补偿；四是废水排放时应该交付的各种费用。

（3）资源水价。资源水价卖的是使用水的权力，本质上是水资源级差地租和绝对地租。具体表现为水资源费或水权，定价受到需水、供水、水资源量等因素的影响，不同用户在不同地区的不同时间，使用不同水源的不同量的水，其资源水价是不同的。

4. 引江济太水价形成原则

引江济太水价只测算工程水价，不测算资源水价和环境水价。引江济太工程水价依据《水价管理办法》和工程实际情况研究制定。

（1）水价制定要保证工程的良性运行，做到"补偿成本、合理收益、优质优价、公平负担"。

（2）实行两部制价，弥补工程的固定资产成本，减少工程运行的风险，需要实行基本水价与计量水价相结合的水价形成机制。

（3）水价制定必须考虑用水户的承受能力，不能超出引江济太受水区用水户的经济承受能力。

（4）引江济太要长期有序运行，需要建立调价机制，根据水文气象、供水量和供水成本的变化情况，适时调整水价。

（5）用水户参与，水价制定和调整要增加透明度，接受社会监督。

22.3.2　工程水价测算

1. 水价测算方法

（1）两部制水价。

根据《水价管理办法》的要求，引江济太工程水价实行两部制水价。两部制水价是现行的、比较合理的水价制定方式，根据水利工程供水特点，将供水价格分为基本水价和计量水价两部分，分别作为基本水费和计量水费的收费标准。基本水费按用水户的用水需求量或工程供水容量收取，计量水费按计量点的实际供水量收取。

（2）测算方法。

两部制水价的测算方法，按照《水价管理办法》规定，基本水价按补偿供水直接工资、管理费用和 50% 的折旧费、修理费的原则核定；计量水价按补偿基本水价以外的水资源费、材料费等其他成本、费用以及计入规定利润和税金的原则核定。

两部制水价＝基本水价＋计量水价；基本水价＝（直接工资、管理费用和 50% 的折旧费、修理费）/工程供水容量；计量基价＝（供水总成本费用－直接工资、管理费用和 50% 的折旧费、修理费）/实际供水量。

2. 引江济太水价组成

引江济太远期管理体制，考虑组建国有股份或国有控股集团，供水对象为江苏、浙江和上海两省一市，供水水价由供水成本、费用、利润和税金组成。

（1）供水成本。

供水成本由工程折旧费和运行费组成。调水工程折旧费是指计算常熟水利枢纽工程、望亭水利枢纽工程、太浦闸枢纽工程的折旧费。经计算，引江济太折旧费为 322.1 万元。

其中常熟水利枢纽工程折旧费 140.9 万元、望亭水利枢纽工程折旧费 101.6 万元、太浦闸枢纽工程折旧费 79.6 万元。

引江济太工程运行费包括：职工工资、福利费、骨干工程的一般维护费、大修费、常熟水利枢纽抽水电费和水质水量监测费等。根据前述测算，引江济太运行费为 994.9 万元。其中工资福利费为 146.9 万元，工程维修费为 381.6 万元，常熟水利枢纽抽水电费为 235.0 万元，水质水量监测费为 231.4 万元。

（2）费用。

经计算，引江济太管理费用为 220.4 万元。由于引江济太是利用现有治太骨干工程进行调水，没有银行贷款，故无财务费用。

（3）税金。

目前我国现行水利工程供水基本上没有缴纳增值税，国家税务总局国税发 [1993] 154 号通知明确对水库供水、平原河网供水、水利部门专设的引水工程供水，可不征收增值税。太湖流域治太骨干工程是国家防洪的战略性基础设施项目，建议免交增值税。所得税按利润的 33% 计算。

（4）利润。

引江济太主要目的是改善水环境，为社会公益性供水，根据保本微利的原则，按资本金利润率 1% 计算利润。

（5）引江济太总成本费用。

根据以上计算，引江济太供水总成本费用为 1760.8 万元（另外引江济太管理委员会协商决策会议费等 30.0 万元，由中央财政拨款支付）。其中供水成本为 1317.0 万元，费用为 220.4 万元，利润为 168.0 万元，税金为 55.4 万元。引江济太水价构成见表 22－22。

表 22－22　　　　　　　　　　引江济太成本费用构成　　　　　　　　　　单位：万元

供 水 成 本						费 用	利润和税金	合 计
折旧费	维护费	工资福利	抽水电费	水质水量监测	小计			
322.1	381.6	146.9	235.0	231.4	1317.0	220.4	223.4	1760.8

3. 引江济太水价测算

（1）供水综合水价。

引江济太供水对象为江苏、浙江和上海。两省一市的成本费用由"成本－水量均摊法"核算分摊，供水量取引江济太调水量 25.0 亿 m^3。经测算江苏综合水价为 0.0051 元/ m^3，浙江综合水价为 0.0096 元/ m^3，上海综合水价为 0.0109 元/ m^3，综合水价见表22－23。

表 22－23　　　　　　　　　　两省一市供水综合水价

项　　目	江　苏	浙　江	上　海
成本费用（万元）	818.7	357.4	584.7
供水量（亿 m^3）	15.97	3.70	5.33
综合水价（元/ m^3）	0.0051	0.0096	0.0109

（2）供水两部制水价。

根据引江济太两部制水价测算方法，经测算江苏、浙江和上海的基本水价分别为 0.0020 元/m³、0.0040 元/m³ 和 0.0047 元/m³；计量水价分别为 0.0031 元/m³、0.0056 元/m³ 和 0.0062 元/m³。见表 22 - 24。

表 22 - 24　　　　　　　　　　　　　两省一市两部制水价

省　份	基　本　水　价		计　量　水　价	
	基价（元/m³）	水费（万元）	基价（元/m³）	水费（万元）
江苏省	0.0020	320.1	0.0031	498.6
浙江省	0.0040	147.1	0.0056	210.3
上海市	0.0047	252.0	0.0062	332.7

从表 22 - 24 中可以看出，基本水价占两部制水价的 39.0%～43.0%，计量水价占两部制水价的 57.0%～61.0%，主要是引江济太的抽水电费、水量水质监测费较大，变动成本比重高于固定成本。同时，从江苏、浙江和上海的两部制水价的比较看，距离水源工程越远，输水线路越长，分担的成本越大，基本水价和计量水价沿调水线路呈增长趋势。

4. 水价敏感性分析

由于受水文年型等多种因素的影响，引江济太工程供水量的变化对引江济太工程水价有一定的影响。因此，进行供水量变化对水价影响的敏感性分析是必要的。

敏感性分析表明：供水量对水价的影响非常明显，特别是在供水量减少时，水价的增长幅度较大，因此，引江济太实际供水量应尽可能达到水利部批复实施方案的 25.0 亿 m³ 供水量。见表 22 - 25。

表 22 - 25　　　　　　　　　　　　综合水价敏感性分析

供水量变化率（%）	江　苏		浙　江		上　海	
	水价（元/m³）	变化率（%）	水价（元/m³）	变化率（%）	水价（元/m³）	变化率（%）
20	0.0043	−15.68	0.0080	−16.66	0.0091	−16.51
10	0.0047	−7.84	0.0088	−8.33	0.0100	−8.26
0	0.0051	0.00	0.0096	0.00	0.0109	0.00
−10	0.0057	11.76	0.0107	11.46	0.0121	11.01
−20	0.0064	25.49	0.0121	26.04	0.0137	25.68

22.3.3　用水户水价承受能力分析

1. 水价承受能力分析方法

用水户水价承受能力分析是确定水价的一条原则，一般分析方法是按水费占居民收入和工农业产值的比例分析，具体标准可以借助国内外的一些经验来分析。用水户水价承受能力计算公式

$$P = RE/C \tag{22 - 3}$$

式中　P——供水价格；

　　　R——水费支出水平；

　　　E——用户实际收入；

C——实际供水量。

引江济太主要是改善水环境，增加供水量。因此，依据水费支出占居民可支配收入的比重，分析居民生活用水的水价承受能力；工业水费支出占工业产值的比重，分析工业用水的水价承受能力。

2. 水价承受能力分析标准

根据 1995 年建设部《城市缺水问题研究报告》，我国城市居民生活用水水费支出占家庭收入的 2.5%～3.0% 比较合适。从保守角度出发，选用水费支出占居民可支配收入的比重为 2.0%，作为引江济太分析居民生活水费支出的控制标准。

工业企业对水价的承受能力主要根据工业用水成本占工业产值的比重来分析。根据 1998 年以来《中国统计年鉴》中工业企业的产值利润率数据推算，在其他条件不变的前提下，工业用水成本控制在工业产值的 1.5% 之内，可以保证工业的资本利润率高于银行贷款利率。从保守角度出发，选用工业水费支出占工业产值的比重为 1.5%，作为分析工业水费支出的控制标准。

3. 居民用水水价承受能力分析

按 2000 年水平，江苏、浙江和上海人均可支配收入分别为 8938.0 元、8962.0 元和 11722.0 元。引江济太后两省一市城市居民用水水价分别为 2.005 元/m³、1.660 元/m³ 和 1.741 元/m³，分别占居民可承受水价的 48.2%、65.9% 和 44.8%。说明引江济太工程水价居民可以承受，并且还有提升空间。见表 22-26。

表 22-26　　　　　　　　　　城镇居民用水水价承受能力

省份	居民可承受水价			引江济太后水价		
	人均可支配收入（元）	居民人均用水（m³）	按 2% 标准计算水价（元/m³）	现行居民用水水价（元/m³）	引江济太水价（元/m³）	小计（元/m³）
江苏	8938.0	43.0	4.16	2.00	0.0051	2.0051
浙江	8962.0	71.2	2.52	1.65	0.0096	1.6596
上海	11722.0	60.2	3.89	1.73	0.0109	1.7409

4. 工业用水水价承受能力分析

2000 年江苏、浙江和上海一般工业产值分别为 6367.0 亿元、2077.0 亿元和 6562.0 亿元。引江济太后两省一市工业用水水价分别为 2.305 元/m³、2.460 元/m³ 和 2.011 元/m³，分别占工业用水可承受水价的 25.8%、41.9% 和 25.3%。说明引江济太工程水价工业用水可以承受，并且还有较大的提升空间。见表 22-27。

表 22-27　　　　　　　　　　工业用水水价承受能力

省份	工业用水可承受水价			引江济太后水价		
	工业产值（亿元）	用水量（亿 m³）	按 1.5% 标准的水价（元/m³）	现行工业用水水价（元/m³）	引江济太水价（元/m³）	小计（元/m³）
江苏	6367.0	10.7	8.93	2.30	0.0051	2.3051
浙江	2077.0	5.3	5.87	2.45	0.0096	2.4596
上海	6562.0	12.4	7.94	2.00	0.0109	2.0109

22.3.4　政府、管理机构和用水户的关系

（1）政府价格主管部门对水利工程供水价格的实行宏观调控，负责协调和制定水价确定中相关各方的权利与义务，逐步在水价形成中引入市场供求关系及民主协商制度，按照划分事权的原则逐步明确各级水价管理权限。

（2）太湖流域管理局要配合价格主管部门加强引江济太工程供水价格的宏观调控和行业指导，做好引江济太工程供水价格核定原则及相关政策的制定和组织实施工作，全面掌握太湖流域各类水价的核定和执行情况。

（3）按照水管单位体制改革要求，管理机构作为水利工程法人财产所有者，要保证工程的正常运行、管理和维护，并不断提高对用户的供水服务质量。定期将其财务报告、水费收入的使用及成本变动等情况报上级主管部门，并逐步开始向用户进行公示。

（4）用水户享受了水管单位所提供的供水服务后，必须依照供用水合同或有关法律、法规的规定，及时足额缴纳水费。用户可以通过组织用水者协会、参加价格听证会等形式，参与水价制定和水费计收的过程。

22.4　水量水质监控

22.4.1　监控现状和存在问题

1. 监控系统现状

（1）监测站点。太湖流域现有水文站点 277 个，其中江苏省 106 个、浙江省 104 个、上海市 66 个、太湖流域管理局直管 1 个。平均每 $520km^2$ 有 1 个水文站，基本上形成布局比较合理、项目比较齐全、具有一定规模的水文站网系统。水质监测站点 165 个，其中流域水质监测中心 84 个、江苏省 23 个、浙江省 11 个、上海市 47 个。

（2）水雨情遥测系统。太湖流域水雨情遥测系统由 1 个局中心、7 个分中心和 67 个遥测站组成的，流域部分实现了水雨情的实时监测，同时实现了广域网人工报汛的自动传输、接收和处理，开发了遥测信息查询软件和广域网信息查询软件、常规气象信息和天眼2000 信息接收处理系统，重要的水利枢纽工程建立了计算机自动监控管理系统。

（3）引江济太水量水质监测。在 2002 年和 2003 年引江济太调水试验中，组织实施了对望虞河、太浦河、太湖和周边引水区域内关键断面的水量水质同步监测和分析评价。

断面布设包括望虞河和两岸支流、太湖、环太湖河道、大运河沿线、太浦河等地区，至 2003 年共布设监测站点 115 个，其中望虞河、太浦河干流、太湖湖体监测站点 25 个、环太湖巡测点 23 个，其他水体监测站点 67 个。水质监测项目有高锰酸盐指数、氨氮、溶解氧、总氮、总磷等；水文监测项目有水位、流向和流量等。

2. 存在问题

（1）引江济太调水试验分析反映出现状实际监测资料还不够，对武澄锡虞、阳澄淀泖、杭嘉湖和黄浦江上游等地区的水量水质分析，以及太湖湖流、水质、富营养化等分析需要充分的监测资料。望虞河、太浦河两岸用水分水问题，望虞河西岸支流污水对望虞河干流水质的影响问题等也都需要大量的监测数据加以分析论证。

（2）水文站点的设施管理人员不稳定，水文测验主要以人工为主，自动测报较少，水文信息采集的及时性和准确性受到影响。固定的流量控制站点较少，缺少自动测报站点。

水质监测多采用人工现场采样、实验室仪器分析为主要手段进行监测，监测仪器、前处理设备方面比较薄弱，工作效率、数据质量受到影响，尚不能完全满足水量水质监控的需要。

（3）流域尚未形成集遥测、自动控制、网络通信、计算机管理和信息共享于一体的用于水资源调度、水环境监测和水污染治理的水资源实时监控和调度管理系统。水质自动测报系统建设刚刚起步，流量自动测报系统还未启动，水质在线监测和应急监测能力较低，不能满足水污染突发事件对水质信息采集实时性的要求。水文巡测基地、防汛水情信息网络和资源数据库系统还未全面建立。

22.4.2　水量水质监控管理和保障措施

1. 水量水质监控管理手段

（1）保证引江太工程调水期间水量水质日常监测和信息发布，确保水量水质监控工作的正常运行，确保监测数据资料的准确、可靠。

（2）协调太湖流域水环境监测中心和各省、市环境监测部门的监测工作。

（3）随时掌握监控过程的动态变化情况，制定监测方案，并对各种可能发生的情况（事故）采取及时有效的应对措施。

（4）参与目前太湖流域水资源实时监控与调度管理系统的建设，充分利用流域水资源信息采集系统和水利工程远程监控管理系统，流域水资源数据中心，建立调度管理应用系统，提高面向公众的服务能力。

2. 水量水质监控保障措施

（1）通过建立规章，使调水工程影响范围内的企业有责任定时向监测管理部门提供污染物排放数据，并保证数据的准确性、真实性和及时性。排污企业自身有监测能力的，可以自己提供监测数据；自身没有监测能力的，应委托监测机构帮助监测。

（2）凡是从事监测工作向监测管理部门提供监测数据的企业必须获得资质认可，凡未获得资质认可的企业所监测的数据不能作为依据。获得资质认可的企业如监测能力下降，或不按国家监测规定或规范提供监测数据，甚至弄虚作假的，可以取消其监测资质。

（3）可建立监测服务收费制度，明确监测服务方和被服务方的相关责任、义务和权利，使监测机构适应市场竞争环境。由于现有监测机构实际上是国有，因此，必须探索在市场环境中既使其符合市场规则，又使国有资产增值保值的办法。

（4）水环境监测机构需加快自身的能力建设，以效益为指标，快速更新仪器设备，提高监测能力。建立科学的人才管理制度，使监测机构既能留住人才，又能吸引人才，保持高效运转和充满活力。

22.4.3　建立水量水质监控系统的原则和要求

1. 原则

引江济太水量水质监控是通过监控系统来实现其目标的。建立水量水质监控系统时应遵循的原则：

（1）应在现有流域水量水质监控体系的基础上结合引江济太调水工程的特点建立统一的监控体系，即将引江济太调水工程的水量水质监控纳入流域水量水质监控体系之中。

（2）引江济太水量水质监控系统设计方案起点要高，要尽量采用当今世界先进的技术、方法、软件和硬件设备，并考虑其发展趋势，以保证系统的先进性和具有较长的生命周期。

（3）在引江济太水量水质监控系统设计过程中要紧密结合引江济太调水工程、流域防洪和水资源保护的实际需求，充分考虑系统的实用性和可操作性。

（4）水量水质监测数据是重要的基础信息，有其公益性、有偿使用性、时效性和保密性等特点，在引江济太水量水质监控系统设计中必须充分考虑系统和信息的安全性、可靠性，以保证系统正常运行。

（5）为了及时掌握引江济太调水工程运行情况和应对可能的突发事件，应在信息采集、传输、处理和检索等环节充分体现信息获取的及时性和准确性。

（6）为了保证引江济太水量水质监控系统设计方案的合理性和科学性，在设计中对每一种技术方案均要进行多种方案的比较，在充分论证的基础上做出科学、合理的选择。

（7）在满足系统的功能要求、达到系统建设目标的基础上，方案选择应考虑经济性原则，尽量减少工程的总投资和建成后的运行管理费用。

（8）水量水质监控系统的设计应遵守有关的行业标准、规范和有关规定，以便于系统的集成和有效运行。

2. 主要特点

（1）对引江济太调水工程监控区域进行实时监测，只有掌握瞬时变化的水量水质信息，才能科学、准确地对引江济太水量进行配置和调度，才能对环境质量进行动态评价和有效监督，也才有可能应对水污染突发事件，保证监控区域内的供水安全。

（2）监控系统不同于以往的监测系统，不仅具有监测功能，还应具备在监测基础上进行实时配置调度的功能。即以大量的综合信息为基础，采用相关数学模型，为引江济太调水工程的实时配置、调度提供决策支持。还应广泛采集自然、工程和社会经济信息等。

（3）监控系统应是高新技术的集成。系统的设置应充分吸收国际上最新技术，坚持高起点。它包括监测技术、通信、网络、数字化技术、遥感、地理信息系统（GIS）、全球定位系统（GPS）、计算机辅助决策支持系统、人工智能、远程控制等先进技术。

3. 技术要求

（1）以现代电子、信息、网络技术为基础，实现监测数据的自动采集、实时传输和在线分析，有效地提高监测数据的实时性和准确率，确保监测信息的有效性。

（2）充分掌握引江济太调水工程监控区域内的水量水质状况，建立相应的资料库和相关的数学模型。

（3）充分运用现代计算机和人工智能等技术进行高度技术集成，快速、高效、准确、客观地分析处理大量监测数据信息，并根据已建立的数学模型动态生成引江济太调水工程优化配置的各种备选预案。

（4）系统应具有较强的可操作性、实用性和动态可扩展性，以满足不同用户的需求。

22.4.4　水量水质监控系统

1. 信息流程

引江济太水量水质监控系统的信息流程可以分为信息采集、信息传输、信息处理、信息存储、信息服务几部分。信息采集包括水文测验、水质监测、河道观测等，采集手段有人工和自动测报等。信息传输主要考虑进行信息传输交换的通信信道和网络资源，并利用Internet/Intranet 发布和提供信息；信息处理主要包括监测数据的分析、整编和汇编等；信息存储是将通过处理后的信息成果装载到引江济太调水工程数据库中；信息服务对内主要面向模型分析、决策支持、规划研究等，对外主要考虑国民经济建设部门和社会公益性服务的需要。

2. 系统结构及技术

水量水质监控系统总体上采用基于数据库服务器的客户机/服务器（Client/Server）和基于内、外部 WWW 服务器、FTP 服务器、EMAIL 服务器、文件服务器和应用服务器的浏览器/服务器（Browser/Server）相结合的体系结构，从而形成系统的整体信息服务体系结构。客户机服务器体系（Client/Server）和浏览器/服务器体系（Browser/Server）主要在系统实施信息供应和业务咨询时采用，对内部的批量信息的相互提供与服务，主要基于内部 WWW、FTP、EMAIL、文件服务器；对外部应用则主要基于外部 WWW、FTP、EMAIL 服务器。

水量水质监控系统主要技术包括：Internet/Intranet 技术，WWW 技术，FTP 技术，控件技术，GIS 技术和多媒体技术等。

22.5　供水监督管理

22.5.1　供水监督管理的目标

引江济太供水监督管理机制是调水过程达到目的的有利保证，必须以国家有关的法律、法规和政策为依据，符合太湖流域实际和特点，以实现引江济太的长效管理和良性运行为目标，以全面系统的监管内容为基础，以监督职能的强化与相对独立的形式为实质，充分利用公众监督、舆论监督和社团协会等方面的监督，从微观到宏观，从局部到全局，对引江济太供用水情况进行事前、事中和事后的全过程监督，应该是多渠道、全方位、一体化的监督网络体系。

供水监督管理机制就是围绕着供水水量和水质进行调控、反馈、分析和评判过程中各要素相互协调、相互作用的关系及其运转方式。建立分级管理、监督到位、关系协调、运行有效的引江济太供水监督管理机制，可以把有效的监督延伸到引江济太供水管理的各个相关领域和环节之中，及时发现引水期间各种不恰当的行政行为和可能出现的问题，保证引江济太供水调度运行顺利实施、长效运作。

22.5.2　监督管理现状及存在的问题

1. 水资源管理与保护体制不完善

近年来太湖流域水资源保护和管理机构的地位、权限和作用有所加强，但仍存在不少问题，难以行使有效地进行管理和监督。水量方面，在区域仍然负责取水许可的前提下，流域机构监控区域取用水量仍然存在不可克服的困难；在水质方面，流域机构只负责对省界断面的监测，与排污的源头隔着地方政府、地方环保部门两个环节，制约能力极其有限，很难实施对区域排污总量的控制。此外，城市供水、排水、排污、水质的管理，分属城建、公用事业、环保等多个部门，在一个行政区域内，客观存在着"多龙管水"的问题。

2. 传统的水资源监管机制存在缺陷

从传统的水资源监管机制的模式与运作来看，主要存在以下几方面缺陷：第一，监督职能缺乏相对独立性，监督基本上从属于管理，管理目标简单地取代监督目标；第二，监督方法上缺乏先进的监督与事后监督，对信息的收集、整理和反馈重视不够，监督的技术方法有待进一步现代化，信息的交流与共享有待加强；第三，监督标准或指标不规范，使监督主体无所适从，导致监督评价困难，影响监督质量和效果；第四，公众和舆论监督力度不够，公众参与决策和监督不足仍然是影响公众主动接受管理政策、主动贯彻管理政策、公众权益易受损害的重要原因。

3. 水资源权属管理面临的问题

水资源宏观调控机制尚不健全，流域内按行政区域分割管理问题仍然突出，流域管理缺乏力度和必要的手段，取水许可制度的水行政主管职能需要进一步加强；取水许可监督管理制度不够完善，计划用水管理、节约用水、取水许可证年度审验、水资源保护、生态系统维护等方面的工作有待加强；取水权属及其水资源使用权的有关规定不全面，不利于有效保护各方利益和利用市场机制优化水资源配置。尚未完全形成流域统一管理和区域管理相结合的管理体制，流域管理机构的水权管理权威不够，难以进行有效的监督管理，缺乏强有力的管理手段，影响了流域水资源的统一管理和调度。

4. 统一、权威、高效、协调的水资源监管机制亟待形成

目前，太湖流域水法规监督机制尚未完善、健全，还缺少一系列相互配套的综合性管理与保护方面的法律、法规，缺乏公认合理的省际水量分配方案，缺乏太湖水资源综合规划和可利用总量等方面的权威成果，水资源难以从整体上优化配置，水资源管理还未做到真正意义上的统一管理。量、质并重的水资源管理运行机制及水资源实时监控与调度管理系统等一大批管理、监督手段和制度尚在研究和建立之中。完善、健全的水法规体系，是引江济太供水监督管理体系的重要组成部分，应针对目前水资源开发中存在的主要问题，对水资源管理政策，进行系统研究并制定相应的法律法规规章制度。

22.5.3　供水监督管理的依据

制定引江济太供水监督管理机制的主要依据：《中华人民共和国水法》，《中华人民共和国水污染防治法》，《水利产业政策》，《取水许可监督管理办法》，《取水许可水质管理规定》，《关于授予太湖流域管理局取水许可管理权限的通知》，《水功能区管理办法》，《水行政处罚实施办法》，《建设项目水资源论证管理办法》。

22.5.4　供水监督管理的主要内容与手段

1. 现状调查与统计建档

（1）取水口现状调查。引江济太沿线望虞河、太浦河和环太湖各取水口布局和取水现状，各退水口情况调查，分省市取水调查。

（2）用水户现状调查。用水户基本情况和用水量调查，用水水平指标分析与评价，主要污染源分布及废污水达标排放情况调查。

（3）建设引江济太供用水数据库及信息管理系统。按照有关规定定期上报计划取水、

用水和节约用水统计报表。

2. 总量控制，监督供水量的分配

(1) 建立用水总量和流量控制制度，核查水量分配方案。

(2) 监督检查引江济太沿线各口门和水利枢纽调度运行状况。

(3) 监测、督查取退水口流量，监管重要水利枢纽调度运行。

(4) 建立动态调控和年终结算制度。

(5) 建立水量调度突发事件应急反应机制。

3. 强化取用水监督管理

(1) 取水许可审批要以总量控制与定额管理为基础，取水许可审批要充分考虑当地的水环境状况。

(2) 促进取用水户合理用水和节约用水，要严格督查计划用水、节约用水年度计划编制等基础工作开展情况及辖区用水水平状况。

(3) 要建立严格、有效的建设项目水资源论证制度，对于新建、改建、扩建的建设项目，取水许可审批要进行充分的水资源论证。

(4) 建立引江济太供水有偿使用制度。根据用途和经济发展水平制定合理的征收标准，对超计划或超定额用水实行累进加价等。

4. 量质并重，强化对供水水质和水环境的监管

(1) 建立良好的水资源保护监督管理运行机制。要明确以流域为单元、流域与区域管理相结合的分级分工、协调配合的管理原则和办法。

(2) 强化对供水水质监督检查。在引水期间，对所有引水河道的水质标准从严要求，确保供水水质达标。

(3) 强化量质并重的调度管理，改善流域和区域水质。应依据流域水环境容量确定流域总纳污能力，通过对区域边界断面的监测来监控区域排污总量。(4) 建立监测、巡查报告制度。加强省界水体及流域水质监测，切实做好水质情况汇总和分析，加强对河道的巡查工作，防止污水聚集和扩散。

5. 完善用水计量监测监督管理体系

(1) 保证水量分配指标、用水许可限量的严肃性，水量统一调度的权威性。实行统一的计量监测、监督管理，协调上、中、下游供需关系，兼顾各方面利益。

(2) 准确计量是调度工作的基础。由流域水文部门统一规划、布设监测站网，进行权威性的计量监测、监督管理，统一技术标准，定时收集引退水信息，集中整理，提供可靠的用水信息。

(3) 用水计量监测监督管理的必要性和紧迫性。建立标准的测流断面，采用科学、准确的计量手段。要实行实时调度，动态管理，就必须对水量实行动态计量监测、监督管理。

6. 严格取水许可行政执法

加强水行政执法工作，加强水政监察队伍建设是关键。水行政执法体系建设应紧密围绕严格行政执法、加大执法力度这个中心，切实加强执法能力建设和执法保障建设两个基础建设，即水行政执法组织体系、执法运行体系和执法保障体系建设，推进以水行政执法

责任制、评议考核制为重点的执法制度建设，建立健全执法网络。进一步提高执法人员素质，提高执法水平，加大执法力度，全方位推进建立制度健全、发展平衡、统一高效的水行政执法体系，使各级水政监察队伍能按照《行政处罚法》和新水法等水事法律法规的规定，全面、高效地行使执法职能。

7. 建立公众参与和监督机制

公众参与和监督机制是引江济太供水监督网络系统一个重要的组成部分。为提高水资源管理的效率和质量，积极培育公众参与意识、培育公众的各种类型的涉水组织是完善引江济太供水监督管理机制的必不可少的措施。引江济太供水调度运行和管理依靠公开民主监督，增加透明度，可最大限度地保障各方利益，及时发现问题，保证调水效果、效益。

第 23 章　扩大调水试验费用测算及分摊

23.1　调水试验费用测算

扩大引江济太调水试验运行管理费用由引水枢纽运行费、水资源监测费和管理费三部分组成。

23.1.1　引水枢纽运行费

引水枢纽运行费主要包括常熟水利枢纽、望亭水利枢纽、太浦闸和流域其他工程的运行管理增加费用。

1. 常熟水利枢纽运行费

常熟水利枢纽主要由抽水泵站和节制闸组成，泵站设计流量 $180\text{m}^3/\text{s}$，总装机 8100kW，节制闸设计流量 $375\text{m}^3/\text{s}$。

（1）抽水电费。

根据调水试验设计，调水期间泵站抽水动力电费单独计算：抽水 1m^3 所需电费＝［总装机／（设计流量×3600）］×电价×综合电耗系数。泵站抽水所需电费单价按照有关规定为 0.46 元/（kW·h），综合电耗系数取 0.7。则综合抽水电价为 0.004 元/m^3。

根据调水试验分析，常熟水利枢纽泵站抽水 10.5 亿 m^3，则抽水电费为 420.0 万元。

（2）运行维护费。

主要考虑常熟水利枢纽引水所增加的运行维护费用。经计算，扩大引水试验增加的月费用为 7.8 万元，除去汛期 5~9 月的运行，其余 7 个月发生的运行维护费增加额为 54.6 万元。

2. 望亭水利枢纽运行费

望亭水利枢纽是望虞河穿越京杭运河的控制性工程，主要考虑引水所增加的运行维护费用。经计算，扩大引水试验增加的月费用为 1.28 万元，除去汛期 5~9 月的运行，其余 7 个月发生的运行维护费增加额为 8.95 万元。

3. 太浦闸和泵站运行费

太浦闸和泵站是太湖与太浦河相接的控制性工程，主要考虑引水所增加的运行维护费用。经计算，太浦闸扩大引水试验增加的月费用为 1.85 万元，除去汛期 5~9 月的运行，其余 7 个月发生的运行维护费增加额为 12.95 万元。

泵站增加运行费用则根据上海应急调水的具体情况进行测算。

4. 流域其他工程运行费

流域其他工程运行费主要包括配合引江济太的流域内相关工程运行补助费及调度协调费和水量水质监测地方配套实施项目费两部分。

（1）其他工程运行补助费及调度协调费。

根据已建套闸的运行费用测算，5m、8m、12m 套（船）的月运行费分别为 0.267 万元、0.573 万元和 1.088 万元，费用包括所需电费、机电设备维修费等。

按照沿长江、环太湖、望虞河沿线、太浦河沿线、东导流、南排工程统计各分区主要闸门。沿长江有主要闸门 17 座；环太湖主要闸门 56 座；望虞河沿线主要闸门 38 座；太浦河沿线主要闸门 35 座；东导流主要闸门 6 座；杭嘉湖南排工程主要闸门 2 座。经测算，流域其他工程运行补助费费用为 329.9 万元。

根据调水试验目标和任务，制定详细的调水方案需要与地方及有关部门进行充分协商，每年大规模调水 10 次，每次 1.5 万元，则调度协调费为 15.0 万元。

（2）水量水质监测地方配套实施项目费。

引水期间需要对污染源的排放进行多次调查，直接进入工厂等调查具有一定难度，需要地方有关部门进行协调，因此，计入污染源调查和水文监测费补助地方，暂列 10.0 万元。

23.1.2　水资源监测费

水资源监测费主要包括五大部分：水量水质常规监测、重要水文站补充测报、专项监测、生态监测和泥沙监测。

水量水质同步观测的收费标准，参照《水文专业有偿服务收费管理试行办法》（水财〔1994〕292 号）执行。

1. 水量水质常规监测

根据扩大引江济太可能影响的范围，监测断面布设包括长江水源、望虞河干支流、太浦河干支流、太湖水域、环太湖重要河道及部分河网地区；监测项目与前述相同。

经测算，水量水质常规监测费用为 240.0 万元。

2. 重要水文站补充测报

扩大引江济太期间，为避免由于旱涝急转而造成不必要的损失，需掌握流域内重要水文站点的水位、雨量，为流域调度提供依据，对流域内 19 个重要水文站点，除汛期正常报汛外，在非汛期增加报汛工作。沿江口门除汛期正常报汛外，在调水试验期间，测报水位、雨量和水量。同时，环湖 19 个辅助站非汛期水量继续测报。

经测算，重要水文站补充测报费用为 41.0 万元。

3. 专项监测

根据扩大引江济太各类调度试验的调度方案，在常规水量水质监测的基础上，增加监测站点和监测频次，进行专项监测，监测项目与常规监测相同。

专项监测主要包括七个调度方案：

（1）水体恢复自然流态区域试验监测。

（2）武澄锡与阳澄沿江专道引排试验监测。

（3）湖西、武澄锡、阳澄沿江引水试验监测。

（4）湖西、阳澄沿江引、武澄锡排试验监测。

（5）浏河引水试验监测。

（6）杭嘉湖从太湖取水试验监测。

（7）太浦闸泄量对黄浦江取水口水质影响试验监测。

经对扩大引江济太各类调度试验的调度方案测算，专项监测费用为 126.8 万元。

4. 生态监测

根据扩大引江济太对太湖流域生态环境的可能影响，在进行常规水量水质监测的同时，生态监测重点放在对太湖水体生物种群结构和数量变化的监测，了解长江水对太湖生物种群结构的影响，特别是对蓝藻暴发的抑制作用，为太湖生态系统的恢复提供基础信息。

望虞河长江口和太湖水体 14 个水质监测点，共计 15 个监测点。监测项目包括浮游植物种类和数量、生物量，浮游动物种类和数量、生物量等。与水量水质同步进行监测。经测算，生态监测费用为 10.8 万元。

5. 泥沙监测

为了解扩大引江济太期间泥沙沿程淤积情况，以及为工程调水、河湖淤积治理提供技术保证，需对引水通道及入湖口进行泥沙监测。

泥沙监测主要对望虞河进行监测，包括日常泥沙监测和全潮泥沙监测。日常泥沙监测布设 3 个监测断面，施测项目为悬移质含沙量，并进行颗粒分析；全潮泥沙监测布设 9 个断面，施测项目为悬移质含沙量、底质取样，并进行颗粒分析。经测算，泥沙监测费用为 48.8 万元。

23.1.3　管理费

扩大引江济太调水试验管理费主要包括日常管理费、会议费、阶段报告及年度技术总结费、工程巡查费和方案编制费。经测算，管理费用为 182.3 万元。

23.1.4　扩大调水试验总费用

根据以上测算，扩大引江济太调水试验运行管理总费用为 1501.1 万元，其中引水枢纽运行费 851.4 万元，水资源监测费 467.4 万元，管理费 182.3 万元，费用组成见表 23-1。

表 23-1　　　　　　　　扩大引江济太调水试验运行管理费用　　　　　　　　单位：万元

序　号		项　目	费　用
一		引水枢纽运行费	851.40
	1	常熟水利枢纽	474.60
	(1)	抽水电费	420.00
	(2)	其他运行管理费增加	54.60
	2	望亭水利枢纽运行管理费增加	8.95
	3	太浦闸运行管理费增加	12.95
	4	流域其他工程运行管理费增加	354.90
二		水资源监测费	467.40
	1	水量水质常规监测费	240.00
	2	重要水文站点测报费	41.00
	3	专项水量水质监测费	126.80
	4	生态监测费	10.80
	5	泥沙监测费	48.80

序　号		项　目	费　用
三		管理费	182.30
	1	日常管理费	30.50
	2	会议费	44.00
	3	阶段报告及年度技术总结费	45.00
	4	工程巡查费	12.80
	5	方案编制费	50.00
总费用			1501.10

23.2　调水试验费用分摊

23.2.1　扩大引江济太水量分析

1. 引长江水量分析

根据《扩大引江济太调水试验工程实施方案》，在一般水情情况下，通过望虞河等沿江口门，引长江水 55.0 亿 m³ 入流域，其中通过望虞河常熟水利枢纽自引和泵引长江水 20.0 亿 m³，望虞河东西两侧其他沿江口门引水 35.0 亿 m³。

太湖流域从镇江至太仓沿江较大的主要闸门 13 座，约占沿江闸门总引水量的 80%。根据 1997 年、2000 年、2001 年和 2002 年引水量统计分析，偏枯平水年主要闸门引水 32.0 亿~34.0 亿 m³，望虞河东侧引水 7.0 亿~12.0 亿 m³，西侧引水 22.0 亿~25.0 亿 m³；偏丰平水年主要闸门引水 28.0 亿~30.0 亿 m³，望虞河东侧引水 7.0 亿~8.0 亿 m³，西侧引水 21.0 亿~23.0 亿 m³。

沿江除 13 座主要口门外，还有许多小口门引水水量占主要口门水量的 15%。因此，沿长江口门年引水量可达 35.0 亿 m³ 左右。

2. 望虞河引水量分析

2002~2003 年望虞河引水及东西两岸分流情况见表 23-2。可以看出，入太湖水量约 48.0%，望虞河两岸的分流水量约 52.0%。

在望虞河两岸的分流水量中，东岸分流量约占 54.5%，西岸分流量约占 45.5%。

表 23-2　　　　　　　　2002~2003 年调水试验望虞河引水量分析　　　　　　单位：亿 m³

年　份	引长江水量	望虞河两岸分流水量			入太湖水量
		东　岸	西　岸	小　计	
2002~2003	42.2	12.0	10.0	22.0	20.2

根据《扩大引江济太调水试验工程实施方案》，通过望虞河常熟水利枢纽引长江水 20.0 亿 m³，入太湖水量 10.0 亿 m³，望虞河东西两侧分流 10.0 亿 m³。按照 2002~2003 年调水试验望虞河两岸的分流比例，东岸分流 5.45 亿 m³，西岸 5.45 亿 m³。

3. 环太湖和太浦闸水量分析

扩大引江济太调水试验入太湖水量主要有两部分：一是望虞河常熟水利枢纽自引和泵

引长江水 20.0 亿 m³，由干流入太湖水 10.0 亿 m³；二是望虞河东西侧引水 35.0 亿 m³，入太湖水 5.0 亿 m³。共计 15.0 亿 m³。其余 40.0 亿 m³ 进入江苏的湖西、澄锡虞区和阳澄淀泖区。

环湖出流去向有四个：一是湖西及澄锡虞区；二是浙西及杭嘉湖区；三是阳澄淀泖区；四是太浦闸出流。根据 2002～2003 年调水试验数据，在入太湖 20.2 亿 m³ 中，环湖出流入湖西及澄锡虞区 1.74 亿 m³，浙西及杭嘉湖区 5.71 亿 m³，阳澄淀泖区 2.97 亿 m³；通过太浦闸向下游增供水量 9.78 亿 m³。

太浦闸出流去向有三个：一是江苏苏州市；二是浙江嘉兴市；三是上海市。在太浦闸向下游增供水量 9.78 亿 m³ 中，向上海供水 5.93 亿 m³，向江苏供水 1.1 亿 m³，向浙江供水 2.75 亿 m³。见表 23-3。

表 23-3　　　　　　　2002～2003 年调水试验入太湖水量分配　　　　　单位：亿 m³

年　　份	湖西及澄锡虞区	浙西及杭嘉湖区	阳澄淀泖区	太浦闸出流				合计
				江苏	浙江	上海	小计	
2002～2003	1.74	5.71	2.97	1.10	2.75	5.93	9.78	20.20

从表 23-3 分析，2002～2003 年太浦闸出流水量 9.78 亿 m³，占总水量的 48.4%，其他环湖口门出流 10.42 亿 m³，占总水量的 51.6%。

根据 2002～2003 年调水试验数据进行扩大引江济太水量分析和分配，特别是 2003 年调水影响范围大，效益大，是扩大引江济太调水试验太湖水量分配的主要依据。

4. 扩大引江济太水量分配

根据上述望虞河、环太湖和太浦闸 2002～2003 年调水试验数据分析，扩大引江济太调水试验太湖水量分配见表 23-4。

表 23-4　　　　　　　扩大引江济太调水试验水量分配　　　　　　单位：亿 m³

项　　目	望虞河	沿江口门			合计
引江水量	20.0	35.0			55.0
入太湖水量	10.0	5.0			15.0
西岸污水顶托分摊水量	江苏	浙江	上海		3.56
	1.74	0.86	0.97		
入太湖水量分配	湖西及澄锡虞区	浙西及杭嘉湖区	阳澄淀泖区	太浦闸出流	
	1.29	3.37	2.20	8.14	15.00
太浦闸水量分配	江苏	浙江	上海		
	0.91	2.29	4.94		8.14

引江水量 55.0 亿 m³，入太湖水量 15.0 亿 m³；环湖出流进入湖西及澄锡虞区 1.29 亿 m³，浙西及杭嘉湖区 3.37 亿 m³，阳澄淀泖区 2.2 亿 m³；通过太浦闸向下游供水 8.14 亿 m³，其中向江苏供水 0.91 亿 m³，向浙江供水 2.29 亿 m³，向上海供水 4.94 亿 m³。

根据以上分析，扩大引江水量 55.0 亿 m³，其中江苏分配水量 42.58 亿 m³，占

77.4％；浙江分配水量 6.51 亿 m³，占 11.8％；上海分配水量 5.91 亿 m³，占 10.7％。

23.2.2　调水试验费用分摊

1. 调水试验费用渠道

扩大引江济太调水试验运行管理费来源渠道有两个：一是中央财政负担；二是地方财政负担。

（1）中央财政负担的费用包括：①扩大引江济太流域机构直管枢纽工程的常熟水利枢纽、望亭水利枢纽和太浦闸增加的运行费用；②望虞河干流、太湖水体和太浦河干流的水资源监测费用。

（2）地方财政负担的费用包括：①为配合扩大引江济太的流域内其他工程运行增加的费用；②不含望虞河干流、太湖水体和太浦河干流的河网地区的水资源监测费用。

经测算，中央财政负担费用 900.8 万元，占 60.0％，地方财政负担费用 600.3 万元，占 40.0％，见表 23-5。

表 23-5　　　　　　　　　　中央财政和地方财政负担的费用　　　　　　　　　单位：万元

项　　　目	引水枢纽运行费	水资源监测费	管　理　费	合　　　计
中央财政负担	496.5	222.0	182.3	900.8
地方财政负担	354.9	245.4		600.3
总费用	851.4	467.4	182.3	1501.1

2. 地方财政负担费用分摊方法

引江济太受益区主要为江苏、浙江和上海两省一市，故扩大引江济太地方财政负担的费用由两省一市共同承担。

引江济太运行管理费用分摊依据主要是调水工程运行成本和分配水量两个指标。采用"成本—水量均摊法"分摊两省一市承担的运行费用。

3. 两省一市费用分摊

根据扩大引江济太水量分析，扩大调水试验引江水量 55.0 亿 m³，其中江苏分配水量 42.58 亿 m³，浙江分配水量 6.51 亿 m³，上海分配水量 5.91 亿 m³。

经"成本—水量均摊法"的公式计算，江苏省分摊费用 256.9 万元，占 42.8％；浙江省分摊费用 100.7 万元，占 16.8％；上海分摊费用 242.7 万元，占 40.4％。

因此，江苏、浙江、上海两省一市分摊的扩大引江济太调水试验运行管理费用比例约为 43：17：40。见表 23-6。

表 23-6　　　　　　　　　　两省一市承担的调水试验费用

项　　　目	江　苏	浙　江	上　海	合　　　计
分摊费用（万元）	256.9	100.7	242.7	600.3
占总费用比例（％）	42.8	16.8	40.4	100

第 24 章　主要结论与创新

引江济太是一项流域性水资源统一管理的长期工作，涉及到流域内不同地区、不同部门和不同层面的问题。构建适应社会主义市场经济和水利改革要求的管理体制与机制，是确保引江济太长期良性运行，发挥综合效益的关键问题。根据引江济太的目标，依据水利部治水新思路，以及现代管理学理论，分析引江济太管理现状和问题，总结调水试验的经验；构建引江济太管理体制基本框架，采用"成本－水量均摊法"进行运行管理费用分摊，并对扩大引江济太调水试验运行管理费用测算和分摊，提出引江济太水价的形成机制和做好引江济太工作的对策措施。

引江济太从调水试验的成果看，无论从水量分析，还是从水质分析，引江济太试验已经跨出了"以动治静、以清释污、以丰补枯、改善水质"重要的一步。为了确保长效有序运行，需要围绕引江济太调水改善太湖流域水环境和增加供水的目标，针对流域存在的水资源开发利用和水环境污染存在的问题，提出加大治污力度、合理使用水资源的对策建议，以使引江济太调水工程效益得到最大限度的发挥。

24.1　存在问题与对策

1. 加强宣传教育，提高全社会的商品意识和节水意识

太湖流域的特殊地理和气候条件，地区之间水资源分布不均，总体上本地水资源可利用量不足，尽管长江每年有大量的过境水可以开发利用，但平原地区拦蓄水能力差，开发利用成本较高。随着人口的增长和经济社会的快速发展，对水的总体需求量不断增加，水资源紧缺的矛盾日益显现，开始成为制约经济与社会发展的重要因素。

虽然水资源量有限，但是人们节约水资源意识依然淡薄，生产生活中的用水效率不高，浪费水现象比较普遍。在农业上，许多地方仍然采用传统的大水漫灌方式，灌溉用水效率不到 50%，低于发达国家的 $70\%\sim80\%$；工业万元产值用水量 $99.0\mathrm{m}^3$，远高于发达国家 $10.0\sim15.0\mathrm{m}^3$，重复水利用率低不到 60%，发达国家为 $75\%\sim80\%$。为此要转变观念，全面正确地认识水资源的自然属性和商品属性，自觉遵守自然规律和价值规律，确实把水作为一种商品，用水必须付费，排污也必须付费，加强宣传教育，提高全社会的节水意识。

2. 严禁水污染引起的地下水超采，保证生态环境用水量

流域水体水污染严重，约 80% 的河网水质污染，湖泊富营养化，造成可利用水资源量减少，严重影响工农业生产和投资环境，大中城市饮用水水源地水质大多得不到保证。并且由于受地表水资源紧缺和污染的影响，为满足经济生活增长的需水，城市及工业集中地争相开采地下水，苏锡常沿沪宁线和嘉兴等地下水位下降，许多区域已引起了地质环境问题。如不及时控制地下水的开采，会带来工程防洪标准降低、管道断裂和建筑物下沉等

一系列问题。

合理的生态环境用水是在维护生态平衡的前提下开发利用水资源，也是保证水资源可持续利用的前提。实践证明，一旦生态环境系统遭受破坏，是难以恢复的，太湖流域历史上有大片的湿地和湖泊，现在受重点保护的湿地已不多，并且受污染的威胁越来越大。因此，保证合理的生态环境用水需求是太湖流域水资源可持续利用和经济可持续发展的关键问题。

3. 优化推进产业结构的调整升级，转变污染源治理方法

减少污染源是解决太湖流域水环境问题的关键，在优化产业结构，大力发展第三产业的同时，调整工业和行业的结构，实施"绿色工程规划"，全面推进工业清洁生产，引导工业部门向轻污染、无污染、低能耗方向发展，生产工艺向清洁工艺靠拢，对造纸、化工等重污染行业进行合理治理。采用高新技术改造传统产业，进一步淘汰落后工艺设备的过剩生产能力，加大产业结构调整和产业升级的力度。在农村要控制水土、有机质流失和农田污染，大力推广有机农业和生态农业，科学使用化肥和农药，降低使用量，发展和推广生物农药，保障食物供给的环境安全。

在污染源治理上，从末端治理向源头和全过程控制，从单纯治理向调整产业结构和合理布局转变，使清洁生产和结构调整、技术进步、节能降耗、资源综合利用、加强企业管理相结合，特别是在促进城乡经济结构优化升级的同时，要采取有效措施防止高消耗和高污染的生产落后工艺向农村转移。

4. 走污水处理市场化的道路，树立可持续发展的观念

目前，污水处理基础设施建设投资主要来源于排污费的收取，但污水处理是主要体现社会效益的工程，单靠政府拨款显然是不够的。从太湖流域现行的城市污水处理厂和工业小区集中污染治理设施的运营来看，迫切需要从实际出发，充分发挥市场经济体制下经济杠杆的作用，增强环保投资动力。如果真正实施企业化经营，并且有适当收费标准促其稳定赢利的话，除了通过向排污单位收取费用，还可以吸引银行贷款以及城镇居民和企业参股等多种方式落实资金来源渠道，解决运行费用问题。太湖流域工业发达，市场经济体制已逐步趋向合理，实行污水处理企业化有其优越性。

在污水处理逐步走向市场化的同时，要大力宣传污染防止和改善环境的重要性，确立可持续发展的观念，处理好经济建设和生态保护的辩证关系。要广泛建立公众在环境保护方面参与监督机制，积极鼓励民间团体参与环境保护决策和污染监督，提高环境决策和管理的科学化和民主化。政府部门要定期向社会公布环境质量和环境污染信息，为公众和民间团体提供参与监督的信息渠道和反馈机制。

5. 制定水资源综合规划，建立水资源统一管理体制

太湖流域涉及江苏、浙江和上海两省一市，水资源综合规划工作极为关键。因此，要在水资源评价的基础上，根据水资源、水环境和水土资源的具体状况，全面、合理制定水资源开发、利用和保护的整体规划，综合解决防汛抗旱、水资源供需和水环境恶化三大问题。水资源开发、利用和保护的整体规划要作为流域内两省一市国民经济发展规划的重要组成部分，由地方政府批准实施，使其真正具有权威性，对经济社会可持续发展起到指导作用。

与其他自然资源相比，水资源还处于分割管理的状况。因此，改革现有管理体制，逐步建立一个权威、高效、统一和协调的水资源管理体制，显得极为紧迫。要实现水资源分散管理部门向涉水事务一体化管理的转变，当前，太湖流域内已有许多地区相继成立了水务局、水务站，对水资源的统一管理是一个良好的开端，但决不能注重于形式，关键要把管理做到实处，切实发挥体制的优势，提高水资源管理的水平和高效运用。

6. 建立和健全水价形成、供水监管和协商制度

切实可行的引江济太水价形成和供水监督机制，是管理体制和运行机制正常、有效运转与调水工程达到预期目标的有利保证。以用水户的承受能力为基础按照提高用水效率的原则，制定完整的水价形成机制，既要满足工程良性运行的要求，还要反映水资源的资源和环境价值。通过建立分级管理、监督到位、关系协调、运行有效的引江济太供水监督管理机制，可以把有效的监督延伸到引江济太供水管理的各个相关领域和环节之中，及时发现引水期间各种不恰当的行政行为和可能出现的问题。

两省一市各地方政府及有关部门是用水户代表者，可以在较大程度上代表地区和用水户的利益，最有可能通过沟通和协调的方式与其他地方政府之间建立起一种组织成本较低的协商制度。建立有效的信息公开和协商制度，及时沟通协商，增进相互间的信任，以协商地区之间或部门之间的用水等重大问题，是非常重要的。

7. 制定相关政策法规，发挥流域水行政主管部门的作用

在引江济太运行和管理中，需要综合运用行政、法律和经济手段，保证水资源的优化配置和工程的长效运行。为此要加大立法前期工作力度，尽快出台"引江济太管理条例"、"太湖管理条例"和"太湖流域水资源管理条例"，以及相关的一系列配套政策法规，为引江济太顺利实施提供法律法规支撑。

依据《中华人民共和国水法》，实施流域与区域相结合的管理，充分发挥流域水行政主管部门的作用，强化政府宏观调控职能，加快太湖流域供水、排水、污水处理统一管理的进程，实现流域水资源的统一管理和优化配置，在充分发挥水利基础作用的同时，要构筑和发展具有太湖流域特色的水利事业。

24.2　主要结论

（1）依据《中华人民共和国水法》和《实施意见》，结合太湖流域的水情特点和水市场培育发展程度，引江济太管理体制宜分近期和中期、远期二个阶段来构建和实施。

（2）构建一个过渡性的近期管理方案。成立引江济太领导小组，由太湖局防汛抗旱办兼任引江济太日常管理工作。运行管理费为 567.7 万元，中央财政拨款 50.0 万元；江苏、浙江和上海分别承担 259.7 万元、93.7 万元和 164.3 万元。

（3）中期管理体制方案。组建引江济太管理委员会，成立管理调度中心。内部设置综合部，专职处理日常事务工作，由防汛抗旱办、水政处和水保局等派员参加，进行具体操作。

（4）远期管理体制，考虑到未来各方面因素的不确定性，分别对构建引江济太国有股

份制企业集团或国有控股企业集团的机构设置，进行探索性研究。

（5）扩大引江济太调水试验总费用 1501.1 万元。中央财政负担 900.8 万元，占 60.0%；地方财政负担 600.3 万元，占 40.0%，其中江苏省分摊费用 256.9 万元，占 42.8%；浙江省分摊费用 100.7 万元，占 16.8%；上海分摊费用 242.7 万元，占 40.4%。

（6）按照《水利工程供水价格管理办法》对引江济太供水水价进行了测算，提出了水质监控和供水监督体系。

24.3　研究创新

（1）引江济太管理体制和机制的研究，在探索流域管理与区域管理相结合方面，提供了一个范例。

（2）引江济太管理体制基本框架，为解决流域防洪与调水统一管理，统一调度，并且与现有机构及管理模式的自然衔接，提供了一种模式。

（3）引江济太运行管理费用测算和分摊的计算方法，为我国其他跨流域调水工程的管理费用测算和分摊提出了一种新的计算思路。

（4）首次尝试，针对经济较为发达的太湖流域，根据未来不同的社会经济发展阶段，提出了分阶段的引江济太管理体制与机制。

（5）引江济太是利用已有十大治太骨干工程进行的，引江济太管理体制和机制的建立，为水利工程管理体制的改革提供了有益的经验。

24.4　有关措施及建议

1. 加强监测，增加引江期间水量、水质监测范围和频次

目前引江济太已实施了监测，但范围及监测点局限于主要河流上，建议在此基础上，布设沿江、环湖、太湖、武澄锡虞区、阳澄淀泖区、杭嘉湖区、黄浦区等区内河流的水文巡测线，扩大监测面和增加监测指标、频次，实施水量、水位、水质同步监测，特别是要加密清、污水交界上的监测点，以此准确的描述引江济太的影响区域，以及产生的作用，为指导水利工程及时和准确的调度提供依据，也为进一步规划、调整和优化已有工程布局、新建控制性工程，达到水资源合理配置提供决策依据。

2. 实施望虞河引水和污水遭遇时的应急工程调度措施

望虞河西侧诸河流承接来水后，向东汇入张家港主河道，引水期间张家港流向改变，受此顶托，河道产生逆流或水流停滞，由于张家港水质较差，常年劣于Ⅴ类水，污水进入江阴南部的河网后，加剧这一地区的污染程度。引江期间望虞河可实行间歇式引排水，将区域污水排入长江；利用长江低潮期间，沿江诸闸相机开闸，将西岸北部地区污水通过沿江张家港、白屈港、十一圩港等通江河道直接排入长江；当长江高潮位来临时，江阴沿江节制闸打开，提前或同步引水，做好张家港诸闸联合调度，形成东北夹击之势，将水挤入大运河或者建设排水泵站，将水排入长江。

3. 加强望虞河等控制口门的管理运行，提高工程调水效果

望虞河东岸分流大小直接影响到引长江水入太湖的水量，也是影响引江济太调水效果

的关键因素，要加强对望虞河东岸闸门的监督和控制，确保引江水入湖的效率。环湖口门在引水期间，严格执行调度指令，在内河水位高于太湖水位时，关闸挡污，防止因调度不当污染太湖水体，确保自来水水厂供水的安全。在太湖水位高于内河水位时，可以根据改善河网水体水质和用水要求，放太湖水进入河网地区，充分发挥引江济太作用。

4. 控制太浦河两岸的污水，向下游地区提供优质水量

太浦河水势复杂，不仅在防洪安全方面是流域中两省一市行洪矛盾的焦点之一，也是流域供水矛盾焦点之一。从水势上分析，太浦河除南岸芦墟以西没有闸门控制外，其余河岸均建有闸门控制。主要是南岸芦墟以西支流以入太浦河为主，在汛期成为杭嘉湖洪水北排通道，其余河道以出太浦河为主，尤其在引江济太期间，由于太浦河向下游供水水量增加，南岸芦墟以东支流若不关闸，出太浦河水量必然增加。同时，由于太浦闸供水，太浦河水位抬高，南岸芦墟以西支流入太浦河水量较不供水时少，减少了支流对太浦河的污染，太浦河沿程水质有不同程度改善。太浦河水质是流域内少有的Ⅲ类水水体，是上海市黄浦江上游水源地的主要供水河道。因此，在引江济太期间，要加大巡测范围和频次的力度，防止在引水期间的人为放水和排入污水。

5. 控制望虞河及周边河网水位，防止局地暴雨危及防汛安全

望虞河是具有防洪、除涝、供水等多种功能的综合性工程。在 5～9 月汛期，以雨洪资源利用为主，间隙引水。在非汛期引水，主要依靠泵引，但抽水耗电大，成本较大。在汛期可利用长江高潮位自流引水，但要严格执行洪水调度方案，注意控制望虞河水位，以免过度抬高无锡地区河网水位，防止局地暴雨危及防汛安全。在望虞河水位超过无锡警戒水位时，对白屈港进行闸门控制，防止高水入侵武澄锡低片，完善白屈港控制线，增建锡北运河控制、锡十一圩控制和东横河控制工程。

6. 加强与地方部门的沟通、强化管理，扩大引江济太受益区

引江济太是改善太湖水环境的重要措施之一，根本措施还在于治理污染源和节水。因此，在引江济太的同时，必须强调综合治理和加大面向社会的宣传力度，加强与地方部门的沟通和交流。引江济太试验涉及整个流域，是以增加太湖水量、改善太湖水质从而带动流域河网水体的流动和改善作用，不是针对解决某一局部地区的水环境问题，对局部地区出现的短时间的影响，当地有关部门采取治理污染源外，流域调度要整合区域调度，扩大水体流动面，实施清污分流。

7. 进一步研究引水时机，做到水量水质优化调度

在引水试验期间，望虞河下游沿线的水草杂物等漂浮物不断涌向望亭水利枢纽，聚集在下游河面，最大覆盖面积在 1.2 万 m^2，厚度在 0.3～0.5m，由于受自然因素和长时间的引水等情况影响，下层水草杂物等腐烂，影响入湖和供水水质，表面水草生长影响运行安全和枢纽过水能力。并且由于引江济太路线长，口门较多，而且全部由地方水利部门管理，巡查发现，部分建筑物擅自开启引水，影响入湖效率。需要进一步研究引水时机，特别是泵引时机，在加快水体流动的同时，优化配置水资源。

第 5 篇

引江济太三维动态模拟系统开发研究

5

第 25 章 概 述

25.1 开发背景

1991 年太湖流域大水后，太湖流域综合治理 11 项骨干工程望虞河、太浦河、环湖大堤、杭嘉湖南排、湖西引排、武澄锡引排、东西苕溪防洪、红旗塘、拦路港、杭嘉湖北排和黄浦江上游防洪工程相继开工建设，已初步形成洪水北排长江、东排黄浦江、南排杭州湾，蓄泄兼筹、以泄为主的防洪工程体系。2002 年实施的引江济太就是利用已有水利工程改善流域水环境的一项举措。

为配合和支持引江济太调水的顺利进行，也为了使社会各界能够形象地了解 11 项治太骨干工程的建设情况和发挥的效益，进一步满足流域内水资源调度及水利工程实时监控的要求，需要开发一套引江济太三维动态模拟系统，精确地表现太湖流域和治太工程方案的实施过程，为辅助决策提供依据。

目前由于计算机软硬件技术的发展，特别是三维图形处理芯片功能的日趋强大，使得原来需要在图形工作站上才能完成的许多任务在一台配备了 3D 显卡的微机上就可以实现。因此，借助三维建模技术、虚拟现实技术（VR）和多媒体技术、地理信息系统技术（GIS）、数据库技术及网络技术建立引江济太三维动态模拟系统，形象展示重点工程的建设情况和发挥的效益，实现对治太工程的即时动态模拟和信息管理。

25.2 需求分析和开发任务

25.2.1 需求分析

本专题主要围绕如何生动、逼真地反映引江济太工程效果展开研究和开发工作。根据专题的要求和特点，可以将工作内容划分为四部分：一是静态建模工作，包括地形建模和重点工程实体的建模；二是地物要素的建库工作，该部分内容主要为信息的查询、检索以及决策分析服务；三是建立通用数据交换平台，该平台无缝集成已建系统，并能够与多个数据源建立连接；四是进行重点工程的三维动态模拟，包括望虞河、太浦河调度效果模拟和太湖水体运动过程模拟。

25.2.2 开发任务

根据以上分析，将任务具体划分为如下内容。

1. 建立通用数据交换平台

建立统一的系统平台，集成水量水质计算系统，以达到多系统在统一平台下融合。建立标准的数据接口，能对各种数据源进行无缝连接，为系统提供持续发展的空间。

2. 太湖流域 DEM 数字高程模型的建立

利用三维重建技术、光照技术和纹理技术，结合太湖流域的 DEM 数据和航拍照片，产生一幅立体感很强的三维电子地图，真实反映太湖流域的地形地貌情况，并在电子地图上叠加重点工程和主要水系的水量水质信息。

3. 重点工程三维模型的建立

利用三维建模技术和虚拟现实技术建立重点工程的关键水工建筑物的三维模型，通过程序来调用这些模型，构建一个虚拟的工程场景（如虚拟的常熟水利枢纽、望亭水利枢纽场景），用户可选择进入某一工程内部观察工程的构造和了解工程的作用，使用户达到身临其境的感受，真实地反映工程的建设情况、运行情况及产生的效益。

4. 建立地物要素专题数据库

为了能够真实地反映引江济太调水试验方案的实施情况，需要建立一个综合太湖流域的水系、水文站、雨量站、水库、城市（村庄、建筑）、防洪工程等与地物要素相关的数据库。数据库中存放的数据既有实时数据，又有历史数据，数据目前主要针对当前的需要，但也考虑到以后的扩充。

5. 基于三维表现的引江济太方案模拟

利用三维图形技术形象生动地反映引江济太的实施情况，以调度模型为基础，展示引江济太发挥的作用及产生的效益。一方面以全局形式表现引江济太对流域水质变化的影响，结合流域的三维立体电子地图，表现引江济太实施过程前、实施过程中以及实施后流域相关水体水质的变化情况。通过望虞河及其沿线两侧水网水质、太湖水质的动态变化过程，形象生动地说明引江济太实施的必要性、可行性以及产生的巨大自然生态效益和社会经济效益。另一方面能够表现局部水质的变化情况，通过对望虞河常熟水利枢纽、望亭水利枢纽及其沿线两侧部分闸门启闭过程控制，来模拟常熟水利枢纽闸门开启前后闸门两侧水质的变化情况；望亭水利枢纽闸门开启前后太湖水质变化情况；望虞河两侧部分闸门开启前后望虞河沿线两侧水网水质变化情况；太浦闸开启前后黄浦江水质变化情况。

25.3　系统建设原则与总体思路

25.3.1　系统建设目标

系统总体设计目标是：充分利用三维地理信息系统技术、数据库技术、计算机网络技术、多媒体技术及虚拟现实技术，实时反映引江济太的实际情况，并能按照预想的方案动态模拟实际的调水过程，显示水位、水质的变化情况，同时，对太湖流域的水文、水质和11项治太骨干工程的数据资料进行科学管理，用三维图形形象化地描述工程的模型及工程状况。

25.3.2　系统建设总原则

系统建设总原则是"系统分析、总体规划、优化设计、技术攻关"。

系统分析：主要指对具体任务进行分析，包括对现有技术手段入手，分析系统实现的可行性，以及实现该系统的步骤，最终实现具体任务。系统分析有利于在系统设计之前找到关键技术，并为规划和设计服务，并确定技术攻关的对象。

总体规划：主要指在设计时充分考虑各种数据的整合、数据接口的设计，结合系统的具体任务，保证系统实施过程可以有条不紊的进行。总体规划包括系统平台选择、项目实施进度、人员组织、模块开发顺序等一系列内容。

优化设计：主要指保证系统运行过程中的最少数据冗余、最佳运行速度和最佳显示效果。系统的设计可以采取多种方案，每一种方案都有其优缺点，因此在设计过程中应尽量寻找到解决问题的最佳解决方案。

技术攻关：主要指在系统开发过程中，对于某些具体的技术实现采取重点攻关的方式，以使得系统运行达到最佳效果。

25.3.3　系统开发设计原则

1. 成熟性和先进性

选择成熟且先进的技术是关键。成熟性确保投资不会因为技术上的问题而浪费，先进性确保系统在较长的时间内能跟得上技术的发展，不至于过早被淘汰。

2. 界面美观与系统实用性

由于本系统要反应的是引江济太的模拟效果，因此反应的内容必须通过直观、优美的表现手法，运用多媒体技术、三维表现手法和虚拟现实技术确保系统界面的美化。

同时建立系统的目的是为了满足应用的需要，因此在系统开发过程中，应以应用为核心，系统中主要通过运用已有数学模型、数据库技术及三维 GIS 技术保证系统的实用性。

3. 开放性和扩展性

开放意味着所建立的系统体系符合有关国际标准。由于系统的投资不是一次性的，随着时间的推移，用户会提出更多的要求，因此在建设时要考虑日后升级的需要，所设计的系统要具有扩展性。

4. 科学性和系统性

系统的建立并不仅仅是计算机替代人工信息传输，而是把科学管理的各种方法运用到流域管理中去。采用结构化的系统分析方法，进行模块化的功能设计，使系统功能齐全。前后台业务不脱节，数据在系统中有序流动，各功能模块既相互联系又相互制约。

5. 全面规划和分步实施

由于系统建设的复杂性，系统建设必须遵循"全面规划、由简至繁、由浅入深、逐步到位、分阶段建设"的方针，明确重点，分步实施。

25.3.4　系统建设总体思路

围绕项目的总体目标以及建设原则，系统建设的总体思路是首先进行系统任务分析，然后对实现本系统要求的所有目前可以应用的技术方案进行比较，并确定最优解决途径，确定通用数据交换平台（见图 25-1）。在确定总体解决方案后，通过对方案中的关键技术进行分析，并进行攻关。

系统总体结构　→　实现技术比较　→　方案确定　→　系统设计　→　编码

图 25-1　解决途径

25.4　系统开发技术分析

根据系统开发任务，经过分析可以采用的设计方案总体上可以分为两大类：第一类是基于虚拟现实技术、多媒体技术、数据库技术、软件技术进行开发，该类开发偏向于较为底层的开发；第二类是利用现有的软件平台所提供的工具进行二次开发。每一类方案中也存在多种实现手段，详细内容如图 25-2 所示。

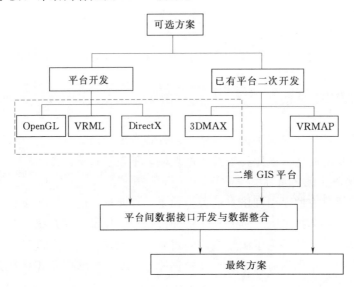

图 25-2　系统设计方案

　　第一类开发设计方案具体包括利用 VRML、DirectX 或 OpenGL 提供的函数进行三维模型动态驱动的开发，然后利用模型调用其他数据包括 DEM 数据、空间及属性数据、多媒体数据等进行数据整合和接口程序开发。由于该类方案中所运用的技术为相对底层开发，需要利用数据接口技术将目前已有的二维地理信息系统平台和三维显示相结合，即数据查询和数据分析等工作在二维 GIS 系统中进行，而三维显示及动态模拟则在开发的模块中进行。系统的整体性相对较差，数据调用和显示效率较底。而第二类开发方法则是利用已有三维 GIS 软件进行开发，由于其底层开发工作已经利用上面提到的相关技术完成，因此二次开发工作相对比较简单。

　　1. 基于 OpenGL 的开发

　　（1）OpenGL 简介。

　　OpenGL 是从 SGI 公司的 IRIS GL 发展而来的，它是一个 API 形式的低层图形库，只支持点、线、面等基本图形原语。

　　OpenGL 可以在运行 IRIX、Windows95/98、Windows NT/2000、OS/2、UNIX 等操作系统的 SGI 工作站、PC 机、MAC 机等几乎所有的机型上。它能高速创建高质量的静、动态三维彩色图像，它以高性能的交互式三维图形建模能力和易于编程开发，得到了 Microsoft、IBM、DEC、Sun、HP 等大公司的认同。因此，OpenGL 已经成为一种三维图形开发标准，是从事三维图形开发工作的重要工具。

　　（2）技术评价。

　　基于 OpenGL 的开发主要难度在于，必须对每一个三维模型的驱动和定义都必须进行开发，从底层进行设计，另外由于该技术主要针对三维图形进行工作，因此不能很好的和数据查询、分析软件，如地理信息系统软件相结合。系统的开发周期比较长，因此对于本系统的开发不应采用该项技术。

2. 基于 DirectX 的开发

（1）DirectX 简介。

DirectX 是 Microsoft 公司为 Windows 95 及其以上版本平台所提供的一套支持多媒体运行的程序库与应用程序接口的总称。

DirectX 8.0 具有多媒体开发人员所需的各种优秀功能：三维图形、音频、网络及视频。通过使用 DirectX 可以充分发挥微软操作系统平台与图形及多媒体硬件平台的特性，而且可以在开发出来的实时三维交互应用中平滑引入声音、视频等各种效果，以达到较好的现实模拟效果，并提供良好的人机交互手段。

（2）技术评价。

DirectX 是多媒体软件开发的优秀技术，大多数的三维软件，包括三维 GIS 软件及游戏软件都是基于该技术基础上开发的。与 OpenGL 相比，它具有相对开发简单、函数功能齐全等特点，是比 OpenGL 更上层的开发语言。但与 OpenGL 同样存在着开发内容较多，技术难度较大和无法很好的对地物要素进行信息查询与分析的缺点。

3. 基于 VRML 的开发

（1）VRML 简介。

VRML（Virtual Reality Modeling Language，虚拟现实模型语言）是一种新的 Web 语言。它是一种模型语言，用来描述一个目标对象是如何呈现在 Web 页面上的。同 HT-ML 语言一样，VRML 语言也是可以由浏览器来解释执行的描述性语言，只不过 VRML 不是描述成一个页面的格式，而是描述成 3D 环境和目标的布局。

VRML 语言广泛应用于 Internet 上创建虚拟的三维空间，VRML 可以创建虚拟的建筑物、城市、山脉、飞船、星球等，还可以在虚拟世界中添加声音和动画，使其看起来更加生动，甚至还可以是具有比浏览者的交互性更接近显示世界的虚拟空间。目前常用的浏览器 Netcape 的 Communicator 4.0 和 Microsoft 的 Internet Explorer 5.0 都是通过其自身集成的 VRML 浏览器插件来直接浏览带有 VRML 文件的页面。

（2）技术评价。

由于 VRML 语言是一种 Web 语言，和 OpenGL 及 DirectX 相比，其表现的模型精度相对较差，另外模型建模过程也比较烦琐，虽然可以通过 3D Max 软件直接转换为 VRML 语言描述文件（＊.wri），但对于模型的修改和动作编辑都比较复杂。而且，由于所有的动作编辑和模型编辑都是通过描述文本来书写，因此查错非常困难。对于简单的模型展示和网上发布比较合适，但对于复杂场景的编辑就显得力不从心了，同时对于和数据库的接口编辑也很难实现。

4. 基于 3D Studio Max SDK 的开发

（1）3D Studio Max 简介。

3D Studio Max 是迄今为止在微机上运行的最强大的三维建模和动画设计专业软件，自问世以来已有多次升级，目前在中国的应用已十分广泛。它便于制作动画、使用各种材质和贴图，提供方便的三维建模功能。利用 3D Studio Max 制作的动画具有模型圆滑、色彩真实、细部加工处理方便，而且它具有极强的兼容性，可以导入和导出各种建模软件使用的文件格式，便于文件的交换。

为了对 3D Max 进行有针对性的二次开发，该软件提供二次开发工具。人们可以利用二次开发语言进行功能模块的定制与开发，简化某些常用功能的操作方式，通过宏录制等功能简化开发过程。

（2）技术评价。

正是由于 3D Max 功能强大，也导致了系统运行速度的降低，而针对 3D Studio Max 的二次开发需要调用 3D Studio Max 的大量函数库，并在 Max 的环境下运行，这样会导致系统运行速度变慢。而且由于 3D Studio Max 只是三维建模和动画软件，它对于信息查询、统计分析等方面显得力不从心。

5. 基于 ARCGIS 的开发

（1）ARCGIS 简介。

ARCGIS 是 Arcinfo 的升级版，Arcinfo 是美国 ESRI 公司系列产品中最经典、功能最强大的专业 GIS 产品，它是美国 ESRI 公司实力的标志，经受了时间的考验。目前，ESRI 公司结合最新的 IT 主流技术，对其产品结构及技术进行了优化和重构，推出了新一代 GIS 平台 ARCGIS8.1 系列。其中包括 ARCMAP、ARCCATALOG、ARCTOOLBOX 以及 ARCSCENE，其中 ARCSCENE 是三维模块，可以实现三维地理信息系统中的一些功能，另外系统提供 VBA 的二次开发接口，可以进行一定的界面以及功能定制。

（2）技术评价。

由于 ARCGIS 是专业的地理信息系统软件平台，因此它在处理地理数据及其组织结构上是无可挑剔的，同时他提供的 GIS 分析功能也是十分强大的。但是与本系统开发的主要目标来看，其强大的地理信息系统功能在本系统中无法发挥作用，而在三维模型驱动以及三维场景渲染等方面是 ARCGIS 的弱项。

另外利用 ARCGIS 开发的系统对软硬件的要求比较高，且运行速度相对较慢，这主要是因为运行该平台需要加载的模块较多，而这些功能并不是本系统所需要的。利用 ARCGIS 系列软件不适合本系统开发的需求。

6. 基于 IMAGIS 的开发

（1）IMAGIS 简介。

IMAGIS 是适普公司的一套可视化地理信息系统平台。它分为两大部分：三维地理信息系统和平面图形编辑系统。由于信息来源多种多样、数据类型丰富、信息量大，该系统在数据的管理上采用了矢量数据和栅格数据混合管理的数据结构，两者可以相互独立存在，同时，栅格数据也可以作为矢量数据的属性，以适应不同情况下的要求。

使用过程中，用户可以方便地在平面编辑系统和三维系统之间切换。一般的，二维图形在平面编辑系统中经过编辑整形后，即可转换到三维系统中进行三维实体的重建和管理，属性定义，进行可视化操作，查询分析，图形输出等。

IMAGIS 支持多种操作系统，并能跨平台使用。它既可以运行于工作站，也可以运行于微机平台，从而使更多的 PC 机用户可以使用三维地理信息系统。

IMAGIS 是模块化的平台软件，系统根据不同的功能共分为 8 个模块，即 I－Bas，I－Tools，I－View，I－Edit，I－Query，I－Analysis，I－CyberCity，I－Modering，分别承担不同的任务。

（2）技术评价。

该系统为模块化地理信息系统平台，模块间依据各自特点承担不同任务，从三维可视化角度来说，基本上可以满足本系统的要求，实现三维场景漫游、缩放以及信息查询与静态分析，但由于该软件为完全的集成化的平台软件，二次开发接口欠缺，难以针对引江济太的三维模拟系统建立个性化平台，包括软件界面以及功能模块。

另外，由于系统的一个重要任务是实现对引江济太中望虞河及太浦河的调水效果的模拟，在系统需要的某些动态效果该软件无法实现，由于该软件不提供二次开发接口，因此不适合在本系统的开发中使用。

7. 基于 VRMap2.0 的开发

（1）VRMap2.0 简介。

VRMap2.0 是北京灵图软件技术有限公司自主开发的三维地理信息系统软件系列产品。这套产品综合了国内外多项最新的三维地理信息技术以及图形图像技术的研究成果，并对其中若干关键技术进行了创新。

灵图软件多年来从事地理信息领域的研究，在三维地理信息技术上有自己的领先的核心技术，这使得 VRMap2.0 在中高档个人微机上就可以真实地再现三维景观，其场景实时漫游速度、地形数据规模、仿真效果等技术指标均全面领先于国内外其他同类产品。

VRMap2.0 解决了如何在一个完整的三维地理信息系统平台上架构属于各个行业的应用系统的问题。VRMap2.0 作为一个专业级的平台系统有平台所特有的扩展性、可定制性、可二次开发性。

随着计算机技术、遥感技术等高新技术的不断发展，地理信息系统在水利中得到了广泛应用，已成为水利工作的基础之一。而实时的三维 GIS 系统突破了传统的二维 GIS 软件在实时性、表现手段、仿真分析功能等方面存在无法克服的局限性，提供了强大的实时三维地理数据管理分析、可视化和科学计算功能，支持空间信息查询和属性数据库查询和管理，并且能够快速分析与评价灾害损失，监测和模拟洪水淹没和旱灾范围，评估灾害损失，建立防灾预案，为水利部门指挥防汛防旱工作中能起到良好的辅助决策功能。是水利部门实现水利信息现代化管理的重要手段之一。

VRMap2.0 是基于 COM 架构的软件，为水利方面提供了基本和实用的各种功能，良好的可扩展性为在水利中的应用提供了良好的基础，在此基础上还提供了一系列针对水利的分析工具，同时提供方便的二次开发接口，用户可根据需要自由扩展出各种新功能。VRMap2.0 可实现如下功能：

1）三维实时浏览。

- 本系统可在中档 PC 上实现超大规模场景的实时浏览。
- 可以在系统中建立 3D 仿真地形地貌，包括流域地形、地表结构等，显示水文站、雨情站、水文测点以及城市等点位信息。河流、公路、铁路等矢量线属性，水库、湖泊等面状信息、楼房等块状信息。
- 可以实时浏览灾害（洪灾、旱灾）发展和演进过程，可以实时浏览由于水情、雨情变化而引起的河流、水道、河渠、水库的水位情况，真正做到一目了然。

2）分析插件。

- 其中软件底层的 GIS 分析插件提供了强大的 GIS 分析支持，可以方便且直接使用多种 GIS 分析功能，同时提供了所有分析功能的相应函数，用户可以根据需要组合各种分析功能，得到新的分析功能。其中目前提供的 GIS 分析功能主要有测量距离、面积、体积，缓冲区计算，空间信息查询，填挖方计算，剖面，水淹，等等。
- 水体积计算，可以利用在蓄水量计算，库容量计算，在水利工程的大坝选址，蓄洪区蓄水量等方面有重要意义。
- 软件能把离散点的数据信息，通过插值计算，求出各种等值线、等值面图。同时可以针对不同项目，可以方便的开发出其他分析功能。

3）科学计算。科学计算可视化方面也是水利工作中的重要需求，VRMap2.0 为解决庞大的水利数据如何表现提供了一个非常好的平台。

- 针对各个时刻水流场的数据，可以动态生成水流模型，并表现不同时刻水位变化。
- 对简单的三维空间中水的运动也可以通过改变动态贴图来模拟流动的情况，可以用于表现地表水，地下水的流动。

4）强大的数据库管理支持。

- 直接支持文件中的属性信息的导入，比如直接支持 mif 文件的属性信息的导入，并可以直接浏览查询其属性信息。
- 通过使用 ODBC，可以同各种类型数据库联系。从而实现实时雨情、水情、工情信息的管理，水资源信息管理，灾情信息的统计分析等。

5）形式多样的二次开发模式。二次开发主要有以下三种模式，即 VBA，插件，SDK：

- 可根据需求快速开发新的水利分析功能。
- 可以方便的结合各种方式开发的水利数学模型，可以将代码直接嵌入到 VRMap2.0 开发平台中，也可以作成插件、控件、组件形式和平台结合。
- 数学模型的计算分析结果可以方便地在三维场景中实时显示出来，如空间点线面、模型变化、地形的改变、运动路径等都可以实时表现。

（2）技术评价。

VRMap 是基于三维地理信息系统概念上的三维软件，因此它具有地物要素的查询、分析功能，同时具有三维显示功能。VRMap2.0 平台产品系列通过一系列的可视化三维 GIS 操作界面能满足大多数终端用户的 GIS 应用需求。同时，它也能为更高级的用户和开发人员提供全面的自定义定制功能。

任何用户均可以通过"拖放"或者平台自定义功能方便快捷的定制自己风格的 VRMap2.0 平台产品系列。用户只要熟悉 Microsoft Office 软件，就可以灵活的运用平台提供的工具进行自定义。

VRMap2.0 平台产品系列的插件标准遵循 COM 标准的制定者 Microsoft 公司的 Visual Basic 插件标准，任何熟悉 Microsoft Visual Basic 开发工具的开发人员均可快捷的开发出自己想要的插件功能模块。同时，VRMap2.0 平台产品系列的很多的功能也是用插件进行实现的，用户可以通过插件管理器对插件进行"装载"或者"卸载"。

VRMap2.0 平台产品系列为平台用户提供了在 Microsoft 公司的 Visual Basic 以及

Visual C++开发环境下的插件工程向导，使得用户可以异常方便的开发自己的插件。

　　由于 VRMap2.0 整个平台层以及所用到的核心层都遵循 COM 标准，任何兼容 COM 的编程语言，如：Microsoft Visual C ++、Visual Basic、Visual J ++，Borland Delhpi、C ++ Builder 都能用于制定和扩展 VRMap2.0 平台插件。同时，VRMap2.0 二次开发产品提供一系列的 COM 组件接口，用户也可以利用上述编程语言开发适合自己的三维 GIS 产品。

　　该平台软件在本系统开发中的优势主要体现在如下几个方面：

　　1）基于 COM 技术设计和开发，二次开发简单，有利于开发者将研究重点放在数据组织上，保证系统实用性。

　　2）系统平台已经提供了大量的查询和分析功能，无需进行开发，这样可以大大减少开发工作量。

　　3）支持属性数据的连接，与原有二维地理信息系统的属性数据和空间图形数据无缝连接，大大减少数据整合工作量。

　　4）由于系统基于 COM 技术设计，因此对于今后的功能扩展非常有利，且有利于标准化和系统的重复开发。

　　基于以上分析，从实现本项目的任务，以及系统的扩展性考虑，采用已有平台进行二次开发是比较理想的方式。从开发的角度分析，由于 VRMap2.0 已经完成了大量的开发工作，而且本系统要求实现的内容在该平台中给出了解决方案，开发本系统需要做的就是进行数据组织、界面设计、功能模块的组织和开发。这样将大大减少开发工作量，提高系统开发效率。因此本方案采用 VRMap2.0 作为数据交换平台和组织开发平台。

第26章 系 统 设 计

本章介绍系统设计，包括工作流程和工作内容及模块功能介绍等内容。本章是本专题研究的重点，详细介绍了本系统开发的功能模块，同时阐述了数据间的通信和数据内容整合方法。

26.1 系统总体结构

26.1.1 系统数据流程与结构

系统数据流程与结构见图 26－1。

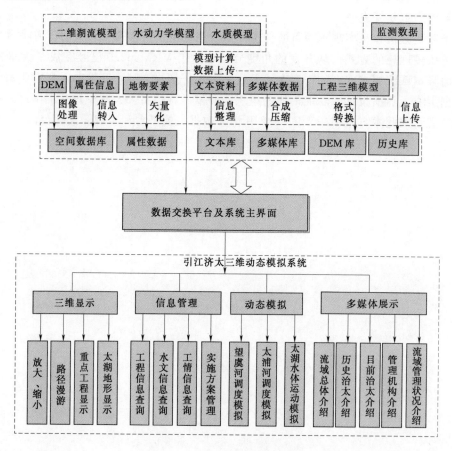

图 26－1 系统数据流程与结构

系统开发的重点主要分为五部分，即通用数据交换平台开发、数据建设、三维地理信息系统、动态模拟以及多媒体展示。

数据建设是本系统的基础，是开发平台进行数据交换的对象，是三维展示以及动态模拟的基础。由于本系统涉及到的数据类型比较多，因此数据建设涉及的范围比较广，总体上将可以分为三大类，即静态数据、监测数据和模型计算数据。静态数据主要指引江济太工程建设过程中积累的大量的文本、影像、图纸、航片、工程属性数据等，这些资料需要针对本系统的开发进行合理的优化和整合，并且以合理的方式进行存储，以便在系统工作过程中可以有效地调用。监测数据是指引江济太中的各监测站反馈的水位和数量信息，这些信息需要与本系统设计接口，在本系统中进行展示和动态查询，提高本系统的实用性。模型计算数据或者称为模型拟合数据，这些数据是利用太湖流域管理局目前正在使用中的"河海水量模型"和"荷兰水质模型"，这些数据根据水动力以及水质运动规律对引江济太过程中水量和水质变化进行模拟。监测数据和模型计算数据是三维动态模拟的基础。

数据交换平台开发是本系统的核心内容，也是其他模块开发的前提条件，必须提供三维展示的数据交换平台，才能实现动态模拟与显示、查询。数据交换平台的开发是本系统中的一个重点，采用怎样的开发方式，直接影响到最终的实现效果以及开发周期。

三维地理信息系统是本系统的一大特色，这将使得我们在三维的场景中不仅仅是对地物要素、工程实体的观察，而且可以实现在三维环境下对数据进行查询、定位以及统计分析等 GIS 的基本功能，采用 3DGIS 技术将使本系统达到美观与实用性完美结合，并且保证了系统将来的可持续发展，因为利用 3DGIS 技术以及虚拟现实技术的联合使用最终实现数字地球的构想是信息化发展的必然趋势。

26.1.2 三维动态模拟功能

图 26-2 中三维动态模拟系统所提供的功能主要包括以下内容。

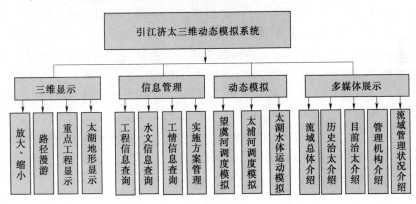

图 26-2 引江济太三维动态模拟系统功能框架图

1. 三维显示

整个系统是在三维的环境下工作的，在三维地形图上标识重点工程建筑物，用户可通过系统提供的交互操作功能选择进入某一工程内部观察工程的构造和了解工程的作用，使用户达到身临其境的感受。

2. 信息管理

在三维电子地图上，选取某一河段或站点，系统提供对该河段或站点的工程信息查询、水文信息查询、工情信息查询及对引江济太的实施方案进行管理。

3. 动态模拟

建立一个控制灵活、真实感强的望虞河、太浦河的虚拟场景，用户可以自由地沿场景物体表面任何高度进行浏览，即用户可以在河道水面任何位置、两岸堤防上、或是在空中等位置观看望虞河、太浦河的水位、水质运行情况。

在三维电子地图上，从全局的角度观察太湖水体的运动过程，在实现本功能过程中采用鸟瞰视角进行观察。

4. 多媒体展示

采用多媒体形式对流域总体情况、历史治太情况、目前治太情况、管理机构情况、流域管理状况进行形象地介绍。通过多媒体数据库技术的支撑，以辅以声音、动画、录像、影片、QTVR 加以详细阐述。结合太湖流域的三维电子沙盘，形象生动地表现流域的全貌。

以上功能在后面有详细论述，这里只作简单描述。

26.1.3　系统效果描述

系统在由三维的 DEM 数据和贴图的地面场景结合工程实体模型组成三维环境下展示整个太湖流域的概况。调入的是可交互的场景，用户利用键盘（上、下、左、右键以及其他键盘）和鼠标实现在三维场景中的自由移动和观察，用户在三维场景中漫游的过程中遇到各种地物要素，例如：闸、口门、水文站点等，可以通过鼠标点击查询这些要素的属性信息，这些信息是通过数据库技术与地物要素之间进行联系。

由于 DEM 数据的比例尺是 1∶100000，在该比例尺下进行河道调水效果的模拟的效果并不是非常好，因此，利用动态调入场景的方法，当用户想了解某一河道调水效果时，将利用放大功能放大某一河道及闸门处的场景，此时系统将调用已经建好的该处的三维模型，包括河道、水流、工程的模型。由于这些模型是依据工程实体的实际大小建造，因此三维显示和模拟效果将非常逼真。系统提供开关闸门的功能按钮，当打开某闸门后，系统调用模拟及实测数据进行插值计算，获得水流模型，通过质点移动控制模拟水的流动，同时依据水质模型计算水质随时间的变化，在场景中以颜色表示水质的变化。由于在三维场景中表现的水质及水量是一种感性认识，不能精确表达，因此系统提供两个可以由用户控制打开的窗口，该窗口分别以太湖水网分布的二维图和河道、堤岸形态图表示水位和水质的变化。由水网图中颜色随时间在平面图中的不断变化表示水质在河道中的运动，以河道与堤岸的断面图显示附以水位标尺反映水位的变化。在该部分功能中，用户可以欣赏到逼真的水波纹效果以及水体流动的效果。

26.2　数据交换平台开发

通用数据交换平台为系统开发的基础，决定着功能模块的开发方式。本系统通过采用基于 COM 标准开发的 VRMap2.0 作为数据交换平台，该数据交换平台满足多种异构数据的管理，同时提供实现本系统大部分任务的模块或简单方便的二次开发手段。利用VRMap2.0 进行本系统工作流程见图 26－3。

由于系统的平台为 C/S 结构，通过外部数据库进行数据操作，这使得系统可以有效地实现与已建系统及待建系统实现数据交互，图 26－3 中所示的可扩展系统指太湖流域管理局已建和待建系统。

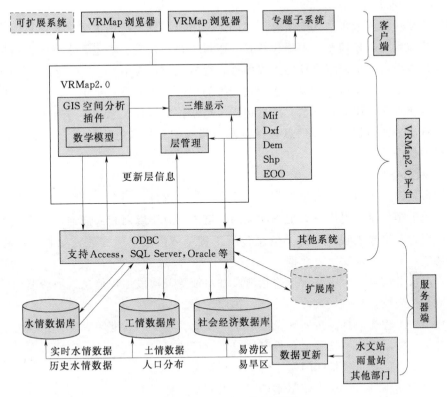

图 26-3 系统工作流程图

26.3 数据建设

太湖流域已建的水文、水情、水质、工情等水利专业数据库分散在太湖流域周边各市分中心存储，数据库布局受地域条块分割的影响比较严重，太湖流域全局性的水利专业数据集成度差，致使水利信息共享困难，数据库使用效率不高。

建设数据共享服务平台，促进引江济太工程数据库同已建水利专业数据库、已建应用系统的集成，把已建水利信息孤岛集成为以信息共享服务平台为依托的水利信息大陆，达到与已建水利专业数据库的信息共享利用的目标。在充分了解引江济太数据分布和数据库规划的前提下，针对本系统的开发进行数据库建设是本系统数据建设的总体思路。

26.3.1 引江济太数据库背景

系统的各项数据处理功能和三维图形演示功能都建立在数据环境之上，管理决策也依赖准确、可靠的工程数据资料。因此，数据环境建设是系统建设的基础工作。在系统建设过程中，对引江济太工程的基本情况和相关的地理经济、工程地质、水文资料、水情资料、水质状况、建设目标等基本数据资料以及引江济太工程在设计、计划、建设、运行阶段的数据进行收集和整理，并且对工程信息标准化、规范化，建成引江济太工程数据库，该数据库存放以下几类信息。

1. 水情信息类

该类主要包括流域水情气象信息、实测水文水质信息、概化水文水质信息。

（1）流域水情气象信息。主要包括日降雨量、日蒸发量、潮位等水情气象信息。这一部分数据作为水质水量模型计算的边界条件，存放在数据库中。

（2）实测水文水质信息。包括各测站测得的水位、流量、引排水量、水质数据。

（3）概化水文水质信息。水文信息包括节点水位、断面流量、来水组成、"河海水量模型"计算出来的数据。水质信息包括各水质指标的含量和等级数据、"荷兰水质模型"计算出来的数据。

2. 基本工情信息类

该类包括河道类信息、河段类信息、主体工程类信息、闸泵类信息、水库类等信息。

（1）河道类信息。引江济太工程涉及的河道主要有望虞河和太浦河，河道工程包括河道疏浚、堤防及护岸工程。河道类信息包括工程总体情况、工程建设目标、工程地质数据、水情气象数据、水文水质数据。

（2）河段类信息。河段类信息包括河段基本情况、河段工程信息、河段断面数据、险工险段情况。河段工程包括疏浚、堤防及护岸工程。

（3）主体工程类信息。主要涉及望亭水利枢纽、常熟水利枢纽等主体工程类信息。包括工程名称、技术指标、工程量、投资情况、运行状况。

（4）闸泵类信息。包括闸门基本情况、泵站基本情况。

（5）水库类信息。包括水库基本情况、水库水文特征等信息。

3. 实时工情信息类

该类包括闸门工况、泵站工况、闸门调度、泵站调度、出险情况和工程抢险情况。

4. 文件资料类

该类主要包括引江济太工程相关的国务院文件、水利部文件、流域管理机构文件、地方政府文件以及其他相关的一些资料。

5. 多媒体信息类

该类包括流域自然生态环境、社会经济现状、历史洪涝灾害、流域水文水情水质、太湖治理总体情况等信息，这类信息以多媒体数据格式存储。

26.3.2　DEM 数据建设

数字高程模型是建立三维显示的基础，对于淹没区展示以及滞洪区日常管理中的三维展示都需要 DEM 数据，而且在根据淹没高程确定淹没范围，从而确定财产损失等都需要 DEM 提供的高程信息为依据。

建立 DEM 的方式有多种，总体来讲可以分为由测点数据制作 DEM、利用地形图数据制作 DEM 以及利用已经作好的 DEM 数据进行格式转换。其中前两种情况都是 DEM 制作的基本工作，而对于已有数据的转换和在本系统中展现三维地形只需要开发相应的文件读取和展示。

本系统所需要的数字高程模型的数据信息已经完成，本系统的开发，只是对这些数据的引用，并在系统三维环境下展示，并通过贴图表达地面状况，使显示效果更加逼真。

26.3.3 三维数字地图建设

三维数字地图是指在叠加了航片的 DEM 数据的基础上或独立于 DEM 制作,但必须保证数据坐标的一致性,然后依据航片信息将大量需要的地物要素,如流域内的河流水系、水文站点、雨量站、水库、城市(村庄、建筑)、防洪工程位置信息等进行矢量化,并进行分层绘制,使之成为可识别、可查询的数据,依据本项目的要求,在电子地图中主要以三层要素进行分类,即河流及湖泊、引江济太工程、水文监测站点。

三维数字地图是三维地理信息系统的基础,是查询、检索的基本要素,也是本系统的重要特色。

三维电子地图中除表达空间坐标位置信息的图形数据外,还包括描述地物要素的属性数据,属性数据即可以与图形数据保存在一起,如 MIf 文件、Shape 文件的从属文件(.dbf 文件),也可以单独存储与其他关系型数据库中,如 .dbf、.mdb 以及 SQL Server、Sybase、Oracle 数据库中。电子地图数据的获取有多种方式,包括通过 GPS 获取、数据录入、屏幕数字化以及已有数据转换等,详细情况见图26-4。

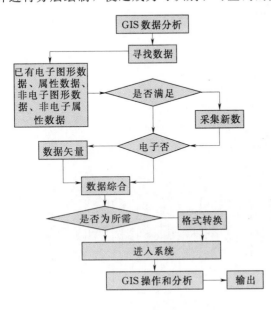

图 26-4 数据获取及转换流程图

26.3.4 三维模型建设

利用三维建模技术建立望虞河、太浦河的整条河流的三维模型及河道两边的自然景物(山、树、农田等)、主要建筑(口门、桥梁、扶栏、枢纽等),沿岸口门工程以及周围环境进行三维建模。这些模型在需要的时候,通过系统平台调用并进行显示。

目前太湖流域管理局已经完成了常熟水利枢纽、望亭水利枢纽、太浦闸和胥口水利枢纽四个控制性工程以及望虞河、太浦河河道和环湖大堤的三维模型建模工作。在本系统中需要进行的三维建模工作包括:望虞河西岸伯渎港、九里河、张家港和锡北运河 4 条支流,金鸡闸、泄水闸、黄砂港闸 3 个口门;东岸琳桥港、冶长泾和尚湖 3 条支流,王市船闸、尚湖闸、张桥闸、琳桥闸 4 个口门;大运河中无锡经苏州至平望(70km);太浦闸下游黄浦江从泖河至米市渡段共 20km;环湖大堤的犊山口、直湖港枢纽以及长兜港河道。三维模型建模工作见图 26-5。

三维建模虽然技术难度不是非常大,但其工作过程比较烦琐,是本系统建设中工作量较为集中的部分,而且在建模过程中必须考虑模型的优化,否则将导致系统运行速度下降,模拟效果较差。

26.3.5 水质水量数据

水质水量数据是进行引江济太调度效果模拟的重要数据来源。该数据的获得通过目前

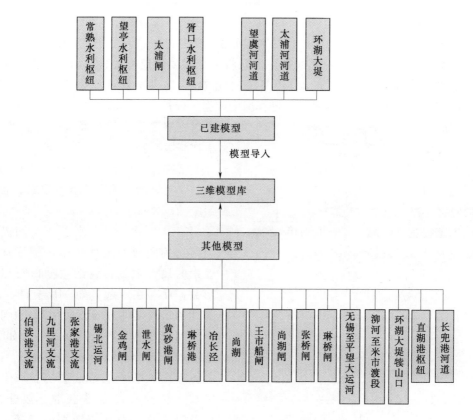

图 26-5　三维模型建模流程图

正在使用的"河海水量模型"和"荷兰水质模型"的计算结果，该结果需要从数据文件中读取存入数据库的相应字段中。

26.4　功能模块介绍

26.4.1　三维显示

1. 缩放功能

无极缩放是矢量结构地理信息系统的重要特点。依据用户的需要，可以通过缩放功能选择用户需要的浏览细节，包括工程模型和矢量地物要素的观察。

2. 路径漫游

该功能与二维 GIS 系统的区别是，漫游功能在三维空间中进行，并且用户可以通过键盘控制电子地图的移动，实现一种可进入的虚拟世界，就好似人在环境中走动。

3. 重点工程及三维地形显示

利用 VRMap2.0 平台实现三维地形数据、重点工程三维模型及矢量地物要素在统一的环境下展示，在流域三维电子沙盘上标注各工程建筑物，在用户的交互作用下实现对引江济太重点工程的虚拟巡视，也可以对太湖流域的三维地形进行浏览。在显示场景中，还通过光照、贴图、动态效果及声音使得显示效果更加直观、真实，产生震撼的虚拟现实效果。

26.4.2 信息管理

1. 工程信息查询

在本系统中工程的三维模型作为一个地物要素，因此可以进行工程信息的查询，通过鼠标点击工程实体模型，直接查询相关的工程信息。

引江济太工程的组成分河道、枢纽工程和配套建筑物工程。河道工程包括河道疏浚、堤防及护岸工程，配套建筑物包括闸、桥、扶栏等工程。工程建设及其管理工作需要经过建设目标拟订、工程设计、完成情况、运行情况等几个阶段，每一建设阶段基本上都需要在工程技术参数、工程效益、工作情况等方面量化描述。工程信息查询主要对工程的基本情况、工程地质、建设情况等基本数据资料以及引江济太工程在设计、计划、建设、运行阶段的数据进行查询，主要有如下几个方面的内容：

（1）工程总体情况。涉及的内容有：工程建设时间、工程建设意义、工程建设任务、工程建设效益、工程量、投资情况、运行状况和存在问题。

（2）工程建设目标。涉及的内容有：前期工作情况、工程及建筑物等级、典型断面设计参数、设计标准。

（3）工程地质情况。包含的内容有：地表基本烈度、地层地质结构等主要工程地质情况。

2. 水文信息查询

通过设立在太湖流域各处的水文、水情、水质监测传感器，搜集相关的水文水质数据，在流域的三维电子沙盘上标注，分层显示各监测站分布、实时监测数据。

（1）水文信息查询。查询全流域或指定水系、指定监测位置的水文信息，如水位、流量等数据。查询结果在三维电子沙盘上表示。

（2）水质信息查询。查询全流域或指定水系、指定监测位置的水质信息。查询结果按照相应指标以不同颜色的渐变表示在流域三维电子沙盘上。

3. 工情信息查询

查询某个历史时刻指定闸门、泵站的开启情况、运行情况、维修记录等信息。查询结果可在流域三维电子沙盘上标示，在有三维模型支持的情况下，可以局部角度近处虚拟观看的方式显示。

（1）闸门运行分层监控。在流域的三维电子沙盘上，单层或叠加显示各受监控闸门的运行情况。

（2）泵站运行分层监控。在流域的三维电子沙盘上，单层或叠加显示各受监控泵站的运行情况。

（3）闸门调度方案实施。通过指定各受控闸门的开启时间、开启程度、关闭时间等信息来实现全流域或流域部分地区的水资源调度。调度方案可在流域电子沙盘上预演和模拟，实际运行时调度方案可即时改进。这需要有前面闸门分层监控机制的支撑。

（4）泵站调度方案实施。通过指定各泵站的抽水开始时间、抽水结束时间等参数来实现对泵站的调度。调度方案可在流域电子沙盘上预演和模拟，实际运行时调度方案可实时更新。这需要有泵站运行分层监控机制的支撑。

通过和闸门调度方案实施功能的结合，可实现对太湖流域水资源的综合调度。

4. 实施方案管理

实施方案管理就是通过建立方案数据库，对已经实施的或可能实施的方案进行管理，通过重演、模拟、结合水体运动学，分析方案的可行性、评估方案产生的效益和影响、反映方案实施后可能产生的问题，为实际的方案实施提供科学的依据。

（1）方案实施模拟。模拟预期的方案实施过程，在流域河网水动力学模型计算的基础上进行。通过模拟，反映污水的运动过程，以及相关水系水质的变化情况。模拟过程在流域电子沙盘上根据需要的不同指标予以显示，为决策提供生动形象的依据。

（2）方案效益分析。根据模拟结果，分析该方案可能产生的效益和问题，与用户交互完成效益分析报告。

（3）方案可行性评估。根据模拟结果，以及效益分析报告，由用户决定该方案是否可行，并给出可行性评估结果。如果可行则标明该方案是可行方案。

（4）实际实施方案重演。在三维电子沙盘中重演已经在实际工作中实施了的引江济太方案，以进一步分析其利弊，为后面的方案制订提供依据。

（5）可行方案实施。对于可行的方案，调用流域水资源监控、调度子系统的相关模块，完成实际的调度工作。调度过程在流域水资源监控、调度子系统中实时监测。

（6）方案实施结果。记录某个方案具体实施后的结果，包括其产生的效益和反映出来的问题，为进一步决策提供参考。

26.4.3　动态模拟

动态模拟分为两大类：一类是望虞河和太浦河调度效果模拟；另一类是太湖水体运动过程模拟。前者主要关心的是局部工程处的水质水量变化，后者关心整个太湖流域的水体运移状况。

1. 引江济太调度模拟

该模块主要观察工程附近水域的变化，并允许用户沿望虞河进行漫游观察，跟踪水质水量的变化。由于水质水量的变化在三维图中的表现不是十分明显，因此在模块设计中有意放大 Z 方向的坐标，使得水量的变化可以更加明显，同时通过颜色的灰度变化表示水质的变化。

系统提供两个窗口（类似画中画效果），一个画面表示水位的变化，主要通过标尺的数字表示来体现；另一个画面表示沿着望虞河水质变化，该画面的显示只是为了更加清晰的观察水质水量变化，在主界面中水质以及水量的变化表示依旧进行，同时系统通过模型驱动模拟闸门开启、水体泄洪的效果。

2. 太湖水体运动过程模拟

该功能从更加宏观的角度观察太湖水体的运动过程，在实现本功能过程中采用鸟瞰视角进行观察。水体运动的描述通过二维湖流模型计算结果，动态插值结合动态贴图技术一起实现。动态贴图主要目的是使得显示效果更加逼真，起美化效果，运用插值计算结果动态生成模拟效果则使显示结构精确、真实。

26.4.4　多媒体展示

通过多媒体数据库技术的支撑，利用影像编辑软件（如 Premiere、3D Max 的 Video

Post 等)、图像处理软件(如 Photoshop、Cool 3D)以及多媒体软件(如 Authorware、方正奥斯)等,结合太湖流域的三维电子沙盘,形象生动地通过声音、影像、图片、动画等形式表现流域的全貌。多媒体展示是对整个引江济太整个工程的动态描述,是大量多媒体资料的展现。

26.5 系统开发技术要求

1. 数据交换平台开发通用

通用数据交换平台为系统开发的基础,决定着功能模块的开发方式。由于本系统需要与已建系统以及待建系统进行交互,因此,通用数据交换平台建设非常关键,是避免重复建设和数据共享的基本需要。由于本系统通过采用基于 COM 标准开发的 VRMap2.0 作为数据交换平台,该数据交换平台满足多种异构数据的管理,同时提供实现本系统大部分任务的模块或简单方便的二次开发手段,这使得数据平台具有持续发展和动态更新的特点。

2. 水波纹动态效果真实

水波纹动态效果的表现是系统的一个难点,一种解决方案是采用动画贴图,即随着时间帧的变化,动画不断反复运行,以产生水体流动的效果。另外一种方法是通过水面的某几个观测点数据进行插值计算水表面模型,并随着时间变化而变化,但由于第二种方法需要大量的水体表面的三维数据,得到这些真实数据是非常困难的。在第一种解决方案中,动态贴图的运算占用了大量系统内存,影响系统的运行速度。因此系统中提供动态贴图的控制按钮,当动态贴图影响运行速度时关闭动态贴图。进一步的开发还可以实现当观察者的视野范围足够小时(可以注意到水波纹效果时)才打开动态贴图(由程序自动控制),这样既解决了运行速度问题,又解决了水波纹的动态效果。

利用 VRMap2.0 提供的经过加强的粒子系统可以表现喷泉、瀑布、泄洪、水雾等与水有关的三维景观,这样更加可以加强水体效果。

3. 二维水文模型与系统有效集成

一种方式是采用软件复用和集成技术将该模型集成到本系统平台中来,这将使得系统的整体性更好;另一种方式是在系统后台运行二维模型的计算程序,并将计算结果从数据文件中倒入数据库相应的数据表中,然后被系统调用。这种方式难以保证数据的实时性。

4. 系统运行速度优化

系统运行速度是本系统运行过程中始终要关注的方面。当采用目前最高品质的硬件配置都无法使系统流畅运行的话,系统的开发仍然是不成功的。提高系统运行速度的方式有多种,一方面来自于开发方面,如函数调用方式、数据应用方式等,另一方面来自并发事件的发生,如前面提到的动态贴图就会降低系统运行速度。另外三维模型的表面数量、贴图方式(如反射贴图、折射贴图会增加渲染时间,降低速度)等,因此模型的制作应当避免不必要的细节的制作,如用户根本无法看到的工程细节,或不会影响观察效果的造型细节,应尽量采用简单的模型进行简化。

5. 人机交互操作方便

通过键盘、鼠标实现信息查询和环境漫游是体现人机交互的主要方式，必须避免使系统开发成为演示系统，而失去其实用性。通过操作鼠标、键盘，在系统中实现向前、后退、左转、右转等使人好像在三维场景中游走。

第 27 章 系统数据库设计

27.1 水情数据库数据结构

水情数据库数据结构见表 27-1～表 27-22 所示。

表 27-1 区域代码表 AREA

字段名	标识符	类型及长度	空值	单位	主键	索引
区域代码	AREA	C (1)	无		Y	1
区域名称	NAME	C (10)	无			
区域面积	SQ	REAL				

表 27-2 符号代码表 CASER

字段名	标识符	类型及长度	空值	单位	主键	索引
代码区	SIGN	C (1)	无		Y	1
代码	CASER	C (1)	无		Y	2
名称	NAME	C (50)	无			

表 27-3 索引表 INDEX0

字段名	标识符	类型及长度	空值	单位	主键	索引
站名	STNM	C (20)	无		Y	1
代码	STCD	C (5)	无			
测站类型	ID	C (1)	无			
省份代码	PRO	C (1)	无			
区域代码	AREA	C (1)	无			
显示级别	DISP	C (1)	无			

注 ID 属性说明：ID 用 1 位字符表示测站的类型，即 1 为闸坝，2 为河道水情，3 为雨量，4 为潮位，5 为水库，6 为闸坝+雨量，7 为河道水情+雨量，8 为潮位+雨量，9 为水库+雨量。

表 27-4 省 份 PRO

字段名	标识符	类型及长度	空值	单位	主键	索引
省份代码	PRO	C (1)	无		Y	1
名称	NAME	C (6)	无			

注 X 为上海；Y 为江苏；Z 为浙江。

表 27 - 5　　　　　　　　　站　名　SHARESITE

字段名	标识符	类型及长度	空值	单位	主键	索引
类别码	LB	C (1)	无		Y	1
站代码	STCDT	C (5)	无			

表 27 - 6　　　　　　　　　测站标题表 ST _ STINF _ B

字段名	标识符	类型及长度	空值	单位	主键	索引
测站编码	STCD	C (8)	无		Y	1
报汛站码	STCDT	C (5)	无			
站名	STNM	C (20)	无			
河名	RVNM	C (20)				
经度	ESLO	N (7)		(°′″)		
纬度	NTLA	N (6)		(°′″)		
行政代码	ADCD	N (6)	无			
基准高程	BASE	N (6, 2)		m		
修正参数	MDPR	N (4, 2)				
站类	STTP	C (1)				
拍报项目	ITEM	C (14)				
始报年月	FNYM	C (6)				
结束年月	ENDYM	C (6)				

注　测站标题表用来描述每个测站的基本信息。这些信息一般不随时间的变化而变化。在整个数据库的生命周期中，测站标题表的内容基本保持不变。

表 27 - 7　　　　　　　　　日蒸发量表 ST _ DAYEV _ R

字段名	标识符	类型及长度	空值	单位	主键	索引
报汛站码	STCDT	C (5)	无		Y	2
年月日时分	YMDHM	T	无		Y	1
蒸发器类型	ETYPE	C (1)	无			
日蒸发量	E	N (4)	无	mm		

注　日蒸发表用来记录实时的测站日蒸发量资料。

表 27 - 8　　　　　　　　　降水量表 ST _ RNFL _ R

字段名	标识符	类型及长度	空值	单位	主键	索引
报汛站码	STCDT	C (5)	无		Y	2
年月日时分	YMDHM	T	无		Y	1
时段降水量	DTRN	N (5, 1)		mm		
降水历时	RNTM	N (3, 1)		min		
日降水量	DYRN	N (5, 1)		mm		
积雪深度	SDP	N (3)		mm		
积雪密度	SDN	N (3, 2)		g/cm^3		

续表

字段名	标识符	类型及长度	空值	单位	主键	索引
时段天气	WTHDT	C (1)				
天气状况	WTH	C (1)				
降水量类型	RNTYPE	C (1)				

注 降水量表用来记录时段降水量和日降水量以及积雪深度和密度。

表 27 - 9   **河道水情表 ST _ RIVER _ R**

字段名	标识符	类型及长度	空值	单位	主键	索引
报汛站码	STCDT	C (5)	无		Y	2
年月日时分	YMDHM	T	无		Y	1
水位	ZR	N (7, 3)		m		
流量	Q	N (9, 3)		m^3/s		
测流面积	XSA	N (9, 3)		m^2		
河水特征	ZRCHAR	C (1)				
水势	ZRTEND	C (1)				
测流方法	QMES	C (1)				
测积方法	XMES	C (1)				

注 河道水情表用来记录河道水文（水位）站测报的河道水情信息，如水位和流量等。

表 27 - 10   **闸坝水情表 ST _ DAM _ R**

字段名	标识符	类型及长度	空值	单位	主键	索引
报汛站码	STCDT	C (5)	无		Y	2
年月日时分	YMDHM	T	无		Y	1
闸上水位	ZU	N (7, 3)		m		
闸下水位	ZD	N (7, 3)		m		
闸水特征	ZUCHAR	C (1)	无			
闸上水势	ZUTEND	C (1)				
闸下水势	ZDTEND	C (1)				

注 闸坝水情表用来记录河道上闸坝站测报的水情信息。

表 27 - 11   **水库水情表 ST _ RSVR _ R**

字段名	标识符	类型及长度	空值	单位	主键	索引
报汛站码	STCDT	C (5)	无		Y	2
年月日时分	YMDHM	T	无		Y	1
库内水位	ZI	N (7, 3)		m		
入库流量	QI	N (9, 3)		m^3/s		
蓄水量	V	N (9, 3)	无	$10^6 m^3$		
库水特征	ZICHAR	C (1)	无			

字段名	标识符	类型及长度	空值	单位	主键	索引
库水水势	ZITEND	C (1)				
测流方法	QMES	C (1)				

注　水库水情表用来记录水库站测报的水库水情信息。

表 27 - 12　　　　　　　　　闸门启闭情况表 ST ＿ GATE ＿ R

字段名	标识符	类型及长度	空值	单位	主键	索引
报汛站码	STCDT	C (5)	无		Y	2
年月日时分	YMDHM	T	无		Y	1
扩展关键字	AKEY	C (1)	无		Y	3
启闭情况	GATE	C (5)				
过闸流量	QO	N (9, 3)		m³/s		
测流方法	QMES	C (1)				

注　闸门启闭情况表用来存储闸坝和水库报汛中列报的闸门启闭情况以及相应的过闸流量等。

表 27 - 13　　　　　　　　　风暴潮表 ST ＿ STIDE ＿ R

字段名	标识符	类型及长度	空值	单位	主键	索引
报汛站码	STCDT	C (5)	无		Y	2
年月日时分	YMDHM	T	无		Y	1
潮位	ZT	N (7, 3)	无	m		
气压	P	N (5)		100Pa		
日均高潮	DAYHZT	N (7, 3)		m		
日均低潮	DAYLZT	N (7, 3)		m		
潮位特征	ZTCHAR	C (1)	无			
潮势	ZTTEND	C (1)	无			

注　风暴潮表用来存储潮位站和潮位有关的信息。

表 27 - 14　　　　　　　　　含沙量表 ST ＿ SAND ＿ R

字段名	标识符	类型及长度	空值	单位	主键	索引
报汛站码	STCDT	C (5)	无		Y	2
年月日时分	YMDHM	T	无		Y	1
含沙量	SAND	N (9, 3)		kg/m³		
含沙特征	SDCHAR	C (1)				
含沙测法	SDMES	C (1)				

注　含沙量表存储随河道水文（水位）站报汛列报的水中的含沙量。

表 27 - 15　　　　　　　　　冰情表 ST ＿ ICE ＿ R

字段名	标识符	类型及长度	空值	单位	主键	索引
报汛站码	STCDT	C (5)	无		Y	2
年月日时分	YMDHM	T	无		Y	1
扩展关键字	AKEY	C (1)	无		Y	3

字段名	标识符	类型及长度	空值	单位	主键	索引
日最高气温	HTMP	N（2）		℃		
日最低气温	LTMP	N（2）		℃		
均值标志	DAYS	N（3）				
平均气温	DAVTP	N（4，2）		℃		
平均水温	DAVWT	N（4，2）		℃		
定性冰情号	ICENO1	C（2）				
定性位置	ICEPSTN	C（1）				
定性距离	ICEDSTN	N（1）		km		
定性冰厚	ICETHK	N（2）		cm		
冰上雪深	ICESNOW	N（2）		cm		
冰下冰花厚	ICEFLW	N（1）				
定量冰情号	ICENO2	C（1）				
定量位置	ICEPSTN1	C（1）				
定量距离	ICEDSTN1	N（1）		km		
左岸冰宽	LBICE	N（1）				
右岸冰宽	RBICE	N（1）				
岸冰厚度	BITHK	N（1）		dm		
流冰密度	FIDNST	N（1）				
流冰厚度	FITHK	N（2）		cm		
最大冰面积	MXIAREA	N（4）		m^2		
最大冰流速	MXIV	N（3，1）		m/s		
流冰量	FIVOL	N（9，3）		m^3/s		
封冻性质	FREEZE	C（1）				
解冻性质	UNFREEZE	C（1）				
流冰堆积	FICEXX	N（1）				
冰坝发展	ICEDTEND	C（1）				
冰坝高度	ICEDH	N（3，1）		m		
冰坝宽度	ICEDW	N（7，3）		m		
上游水位	ZUI	N（7，3）		m		
冰坝上游水势	ZUITEND	C（1）				
高程标志	BASEMK	C（1）				

注　定性冰情表用来存储报汛站凌汛期列报的定性的凌汛信息。

表 27 - 16　　　　　风浪信息表 ST＿WDWV＿R

字段名	标识符	类型及长度	空值	单位	主键	索引
报汛站码	STCDT	C（5）	无		Y	2
年月日时分	YMDHM	T	无		Y	1
风力	WPWR	N（2）				

续表

字段名	标识符	类型及长度	空值	单位	主键	索引
风向	WDRT	C (1)				
浪高	WAVE	N (3)		cm		

注　风浪信息表用来存储随水情列报的江河湖海面上的风和波浪信息。

表 27－17　　　　　　　　特殊水情表 ST＿SPEC＿R

字段名	标识符	类型及长度	空值	单位	主键	索引
报汛站码	STCDT	C (5)	无		Y	2
年月日时分	YMDHM	T	无		Y	1
种类标识	TYPE1	C (1)	无		Y	3
位置	PSTN	C (2)				
距离	DSTN	N (3, 1)		km		
高度或深度	HD	N (3, 1)		m		
宽度	WIDTH	N (4)		m		
流量	Q	N (9, 3)		m³/s		
山洪类别	TYPE2	C (1)				
山洪方位	DPSTN	C (1)				
暴雨小时数	SRTM	N (1)		h		
暴雨量	R	N (4)		mm		
天气情况	WTHSR	C (1)				
雹粒直径	STND	N (3)		mm		
降雹历时	STNTM	N (2)		min		

注　特殊水情表用来存储诸如决口、扒堤、堵口、合拢、筑坝、扒坝和漫滩等信息。

表 27－18　　　　　　　河道多日平均值表 ST＿RVAV＿R

字段名	标识符	类型及长度	空值	单位	主键	索引
报汛站码	STCDT	C (5)	无		Y	2
年月日时分	YMDHM	T	无		Y	1
均值标志	DAYS	C (1)	无		Y	3
平均水位	ZA	N (7, 3)		m		
平均流量	QA	N (9, 3)		m³/s		

注　河道多日平均值表用来存储河道水文（水位、闸坝）站一日、三日、候、旬、月等水位和流量的平均值。

表 27－19　　　　　　　水库多日平均值表 ST＿RSAV＿R

字段名	标识符	类型及长度	空值	单位	主键	索引
报汛站码	STCDT	C (5)	无		Y	2
年月日时分	YMDHM	T	无		Y	1
均值标志	DAYS	N (3)	无		Y	3

字段名	标识符	类型及长度	空值	单位	主键	索引
平均水位	ZA	N（7，3）		m		
平均入流量	QIA	N（9，3）		m³/s		
平均出流量	QOA	N（9，3）		m³/s		
平均蓄水量	VA	N（9，3）		10⁶m³		

注 水库多日平均值表用来存储水库有关水情的日、三日、候、旬和月的平均值。

表 27 - 20 旬月输沙总量表 ST _ GSAND _ R

字段名	标识符	类型及长度	空值	单位	主键	索引
报汛站码	STCDT	C（5）	无		Y	2
年月旬别	YMTD	C（7）	无		Y	1
输水总量	GW	N（11，3）		10⁶m³		
输沙总量	GS	N（11，3）		10⁴t		

注 旬月输沙总量表用来存储河道水文站测报的旬、月通过测验断面的总水量和水中的含沙总量。

表 27 - 21 旬月降水量表 ST _ TMRN _ R

字段名	标识符	类型及长度	空值	单位	主键	索引
报汛站码	STCDT	C（5）	无		Y	2
年月旬别	YMTD	C（7）	无		Y	1
旬月降水量	TMRN	N（5）	无	mm		

注 旬月降水量表用来存储雨量站（含测报雨量的其他站）测报的每旬或每月的累计降水量。

表 27 - 22 特征值表 ST _ CHAR _ R

字段名	标识符	类型及长度	空值	单位	主键	索引
报汛站码	STCDT	C（5）	无		Y	2
年月旬别	YMTD	C（7）	无		Y	1
最高水位	HZ	N（7，3）		m		
最低水位	LZ	N（7，3）		m		
最大流量	MXQ	N（9，3）		m³/s		
最小流量	MNQ	N（9，3）		m³/s		
最大蓄水量	MXV	N（9，3）		10⁶m³		
最小蓄水量	MNV	N（9，3）		10⁶m³		
最高水位时间	TMHZ	T				
最低水位时间	TMLZ	T				
最大流量时间	TMMXQ	T				
最小流量时间	TMMNQ	T				
最大蓄量时间	TMMXV	T				
最小蓄量时间	TMMNV	T				

注 旬月特征值表用来存储测站（水文、水位、闸坝和水库等）列报的一旬或一月内有关水文要素的最大、最小值及其发生的时间。

27.2　工情数据库数据结构

参见《国家防汛指挥系统工程工情信息数据库表结构设计》。

27.3　水质数据库数据结构

水质数据库数据结构见表 27-23～表 27-30 所示。

表 27-23　　　　　　　　　　地表水水质监测站信息表 WQ_STINFO_B

字段名	标识符	类型及长度	空值	单位	主键	索引
测站编码	STCD	C (8)	N		Y	1
测站名称	STNM	C (30)	N			
测站级别	STLVL	C (1)				
流域名称	BNNM	C (30)				
水系名称	SUBNM	C (30)				
河流名称	RVNM	C (30)				
经度	ESLO	N (10, 7)		(°)		
纬度	NTLA	N (9, 7)		(°)		
测站地址	STADDR	C (30)				
行政分区码	ADCD	C (6)				
水资源分区码	WRDCD	C (7)				
水功能分区码	WUDCD	C (14)				
管理单位	MUNIT	C (30)				
监测单位	MSUNIT	C (30)				
监测频次	MNFRQ	N (2)				
自动监测	ATST	N (1)				
建站年月	FNDYM	T				
撤站年月	ENDYM	T				
备注	NT	C (254)				

注　测站编码是指全国统一编制的,唯一代表某一测站的编码。测站编码识一个 8 位十进制数,其每位的意义如下:

第一位	第二、三位	第四到第八位
流域号	水系号	顺序号

表 27-24　　　　　　　　　　地表水水质监测数据表 WQ_SUDATA_D

字段名	标识符	类型及长度	空值	单位	主键	索引
测站编码	STCD	C (8)	N		Y	1
采样时间	GETM	T	N		Y	2
水温	WT	N (3, 1)		℃		

续表

字段名	标识符	类型及长度	空值	单位	主键	索引
透明度	DIPANY	N（4，2）		m		
悬浮物	SS	N（7，1）		mg/L		
溶解氧	DO	N（4，2）		mg/L		
pH 值	pH	N（4，2）		mg/L		
电导率	COND	N（5）		μS/cm		
高锰酸盐指数	CODMN	N（4，1）		mg/L		
总磷	TP	N（5，3）		mg/L		
溶解态总磷	DTP	N（5，3）		mg/L		
挥发酚	PHNL	N（5，3）		mg/L		
氨氮	NH3N	N（6，2）		mg/L		
总氮	TN	N（5，2）		mg/L		
五日生化需氧量	BOD5	N（5，1）		mg/L		
叶绿素 a	CHLA	N（4，2）		mg/L		

注 STCD 与 WQ_STINFO_B 关联。

表 27 - 25　　　　　　　　　　　　　　　　**WATERQY**

字段名	标识符	类型及长度	空值	单位	主键	索引
记录编号	waterqyid	C（20）			Y	1
站点编号	samplenodeid	C（50）			Y	2
取样日期	sampledate	T			Y	3
采样时间	sampletime	T			Y	4
溶解氧	doxg	N（4，2）				
水温	watertem	N（3，1）				
透明度	transparate	N（4，2）				
pH 值	pH	N（4，2）				
电导率	elecrate	N（5）				
高锰酸盐指数	codmn	N（4，1）				
氨氮	nh3_n	N（6，2）				
总磷	tp	N（5，3）				
总氮	tn	N（5，2）				
可溶性磷	d_tp	C（10）				
悬浮物	ss	N（7，1）				
含沙量	sandquantity	N（7，3）				
生化需氧量	bod5	N（5，1）				
叶绿素 a	chla	N（4，2）				
挥发酚	hydroxybenze	N（5，3）				

续表

字段名	标识符	类型及长度	空值	单位	主键	索引
备注	memo	C (255)				
记录状态	status	C (50)				
记录人	regman	C (50)				
记录日期	regtime	T				
确认人	confirmman	C (50)				
确认日期	confirmtime	T				
修改人	abortman	C (50)				
修改日期	aborttime	T				

表 27 - 26　　　　　　　　地表水环境质量标准数据表 WQ _ STANDA _ B

字段名	标识符	类型及长度	空值	单位	主键	索引
指标编号	SGID	tinyint	N		Y	1
指标英文名称	sgename	C (15)	N			
指标中文名称	sgcname	C (20)	N			
I 类值	sggrad1	N (11, 5)		mg/L		
II 类值	sggrad2	N (11, 5)		mg/L		
III 类值	sggrad3	N (11, 5)		mg/L		
IV 类值	sggrad4	N (11, 5)		mg/L		
V 类值	sggrad5	N (11, 5)		mg/L		

表 27 - 27　　　　　　　　地表水年度评价代表值表 WQ _ SVYEAR _ D

字段名	标识符	类型及长度	空值	单位	主键	索引
断面代码	STCD	C (8)	N		Y	1
年份	RYEAR	C (4)	N		Y	2
溶解氧	DO	N (4, 2)		mg/L		
高锰酸钾指数	CODMN	N (4, 1)		mg/L		
生化需氧量	BOD5	N (5, 1)		mg/L		
氨氮	NH3N	N (6, 2)		mg/L		
总氮	TN	N (5, 2)		mg/L		
总磷	TP	N (5, 3)		mg/L		
挥发酚	PHNL	N (5, 3)		mg/L		

注　STCD 与 WQ _ STINFO _ B 关联。

表 27 - 28　　　　　　　　地表水年度评价成果表 WQ _ SRYEAR _ D

字段名	标识符	类型及长度	空值	单位	主键	索引
断面代码	STCD	C (8)	N		Y	1
年份	RYEAR	C (4)	N		Y	2

续表

字段名	标识符	类型及长度	空值	单位	主键	索引
溶解氧	DO	N (4, 2)				
高锰酸盐指数	CODMN	N (4, 1)				
生化需氧量	BOD5	N (5, 1)				
氨氮	NH3N	N (6, 2)				
总氮	TN	N (5, 2)				
总磷	TP	N (5, 3)				
挥发酚	PHNL	N (5, 3)				
综合评价类别	Tgt _ total	Smallint				
主要污染物名称及超标倍数	Tgt _ index	C (200)				

注　STCD 与 WQ _ STINFO _ B 关联。

表 27 - 29　　　　　地表水月度评价代表值表 WQ _ SVMONH _ D

字段名	标识符	类型及长度	空值	单位	主键	索引
断面代码	STCD	C (8)	N		Y	1
年份	RYEAR	C (4)	N		Y	2
月份	RMONH	C (2)	N		Y	3
溶解氧	DO	N (4, 2)		mg/L		
高锰酸钾指数	CODMN	N (4, 1)		mg/L		
生化需氧量	BOD5	N (5, 1)		mg/L		
氨氮	NH3N	N (6, 2)		mg/L		
总氮	TN	N (5, 2)		mg/L		
总磷	TP	N (5, 3)		mg/L		
挥发酚	PHNL	N (5, 3)		mg/L		

注　STCD 与 WQ _ STINFO _ B 关联。

表 27 - 30　　　　　地表水月度评价成果表 WQ _ SRMONH _ D

字段名	标识符	类型及长度	空值	单位	主键	索引
断面代码	STCD	C (8)	N		Y	1
年份	RYEAR	C (4)	N		Y	2
月份	RMONH	C (2)	N		Y	3
溶解氧	DO	N (4, 2)				
高锰酸盐指数	CODMN	N (4, 1)				
生化需氧量	BOD5	N (5, 1)				
氨氮	NH3N	N (6, 2)				
总氮	TN	N (5, 2)				

• 583 •

续表

字段名	标识符	类型及长度	空值	单位	主键	索引
总磷	TP	N（5，3）				
挥发酚	PHNL	N（5，3）				
综合评价类别	Tgt _ total	Smallint				
主要污染物 名称及超标倍数	Tgt _ index	C（200）				

注　STCD 与 WQ _ STINFO _ B 关联。

27.4　其他数据结构

其他数据结构如表 27 - 31～表 27 - 41 所示。

表 27 - 31　　　　　　　　引江济太工程文字信息表 TaiHu _ 11project

字段名	标识符	类型及长度	空值	单位	主键	索引
项目类型	ID	int（4）	N		Y	
项目名称	Name	text（16）	Y			
项目文字信息	Information	varchar（8000）	Y			

表 27 - 32　　　　　　　　引江济太工程图片信息表 TaiHu _ 11projectpic

字段名	标识符	类型及长度	空值	单位	主键	索引
项目图片信息	Picture	varchar（50）	N		Y	
项目名称	ProjectName	int（4）	Y			
项目类型	ProjectID n	text（16）	Y			

表 27 - 33　　　　　　　引江济太工程多媒体信息表 TaiHu _ 11projectMedia

字段名	标识符	类型及长度	空值	单位	主键	索引
项目多媒体信息	Media	varchar（50）	N		Y	
项目名称	ProjectName	text（16）	Y			
项目类型	ProjectID	int（4）	Y			

表 27 - 34　　　　　　　　　　节点显示控制表 ArrowDisplay

字段名	标识符	类型及长度	空值	单位	主键	索引
节点编号	Grid _ ID	int（4）	N		Y	1
节点类型	Grid _ Type	tinyint（1）	N		Y	2
是否显示	CanDraw	bit（1）	Y			

表 27 - 35　　　　　　　湖区水质透明度表 Lake _ Level _ Transparency

字段名	标识符	类型及长度	空值	单位	主键	索引
透明度等级 1	Level1	numeric（5）	N			
透明度等级 2	Level2	numeric（5）	N			

续表

字段名	标识符	类型及长度	空值	单位	主键	索引
透明度等级 3	Level3	numeric（5）	N			
透明度等级 4	Level4	numeric（5）	N			
透明度等级 5	Level5	numeric（5）	N			

表 27－36　　　　　　　　　节点数据表 Taihu ＿ Grids

字段名	标识符	类型及长度	空值	单位	主键	索引
节点编号	Grid ＿ ID	int（4）	N			
节点类型	Grid ＿ Type	tinyint（1）	N			
数据记录时间	Data ＿ Time	datetime（8）	N			
水平流速	SpeedX	numeric（5）	N			
垂直流速	SpeedY	numeric（5）	N			
水质等级	Quality ＿ Level	int（4）	N			

表 27－37　　　　　　　　　河段数据表 RiverData

字段名	标识符	类型及长度	空值	单位	主键	索引
河段编号	ID	int（4）	N			
数据记录时间	DateTime	datetime（8）	N			
水平流速	CalFlu	float（8）	N			
垂直流速	CalFlv	float（8）	N			
水质等级	QuaGrade	char（10）	N			

表 27－38　　　　　　　　贴图透明度表 Level ＿ Transparency

字段名	标识符	类型及长度	空值	单位	主键	索引
透明度等级 1	Level1	numeric（5）				
透明度等级 2	Level2	numeric（5）	N			
透明度等级 3	Level3	numeric（5）	N			
透明度等级 4	Level4	numeric（5）	N			
透明度等级 5	Level5	numeric（5）	N			

表 27－39　　　　　　　　　水质贴图颜色表 Level ＿ Color

字段名	标识符	类型及长度	空值	单位	主键	索引
水质颜色 1	Level1	numeric（17）	N			
水质颜色 2	Level2	numeric（17）	N			
水质颜色 3	Level3	numeric（17）	N			
水质颜色 4	Level4	numeric（17）	N			
水质颜色 5	Level5	numeric（17）	N			

表 27 - 40　　　　　　　　市、县编号对应表 CITY _ ID _ MAP

字段名	标识符	类型及长度	空值	单位	主键	索引
市县编号	City _ ID	char（10）	N			
市县名称	City _ Name	char（10）	N			
市县图层编号	CITY _ LAYER _ ID	varchar（225）	Y			

表 27 - 41　　　　　　　市、县社会经济情况表 City _ Information

字段名	标识符	类型及长度	空值	单位	主键	索引
市县编号	City _ ID	char（4）	N		Y	
市县名称	City _ Name	varchar（20）	N			
市县基本情况	City _ Text	varchar（225）	N			

第 28 章 系统开发关键技术和特色

28.1 系统实现中的关键技术

根据开发任务的要求，可以将系统分为两部分：一部分是基于 DEM 数据和航拍照片，产生一幅立体感很强的三维空间模型，从而达到以虚拟仿真技术来动态模拟现实世界，为系统决策提供直观感性的理论依据；另一部分是基于三维电子地图的实时信息查询系统，可以使决策部门可以随时获取所需的数据，为决策部门的决策行为提供详尽的数据支持。系统所涉及的主要开发技术有虚拟现实技术、多媒体技术、纹理映射技术、流量场技术、数据库技术、GIS 技术和面向对象技术等。从技术层面上来讲，三维表现技术是本课题主要难点问题。

基于模型驱动的实时交互式虚拟场景的构建，一方面涉及到场景中虚拟物体几何模型的建立过程，另一方面是场景如何响应用户的动作，第三个问题是场景对应的现实世界中送来的实时数据如何在虚拟场景中反应。

28.1.1 三维场景构建技术

创建三维虚拟场景使用的几何建模方法不同于传统的 CAD 与动画建模，后者以造型为主，为了提高逼真度必须增加几何造型的复杂度；而创建虚拟场景的 3D 图形必须兼顾实时性与真实感，同时还必须考虑到系统的执行速度和质量效果，为此就需要降低造型的复杂度，通过纹理映射技术来反映物体表面的细节，以增强真实感。此外，为了给用户在虚拟场景中良好的沉浸感，就必须保证场景的动态特性，画面刷新速度不低于 24 帧/s，用户与场景交互的时延不应大于 0.1s，这就要求系统考虑到限时计算技术，保证系统算法在一定的时间范围内完成对场景信息的计算和图形的绘制。由于目前图形软硬件条件的限制，实时图形绘制算法往往通过损失图形质量来谋求系统的执行速度，这就是真实感图形的实时绘制技术。

28.1.2 3D 图形几何建模技术

3D 图形的几何建模技术指的是利用多面体模型或者曲面模型来表示场景中的景物。曲面模型由数学函数或一系列用户指定的数据点来定义。通过数学函数定义的曲面包括二次曲面、超二次曲面、隐函数曲面等。而参数曲面则常由用户输入一组离散的坐标点来确定，通常用于表示物体的外形，如 Coons 曲面、Bezer 曲面、B 样条曲面、NURBS 曲面和 Beta 曲面等。它在汽车飞机外形设计、动画、CAM 等领域有着广泛的应用。而目前虚拟场景构造中普遍使用的是多面体模型，它通过存贮各多边形的顶点来表示物体的几何信息。与曲面模型相比，它有以下优点：

(1) 多边形形状简单，便于计算和处理。

（2）多面体可以任意精度逼近一曲面物体，并可以表示拓扑非常复杂的物体。

（3）计算多边形内任一可见点的光亮度时，所需的信息可由顶点信息插值得到，这使得对多面体的绘制可以采用硬件加速技术来实现。

采用多面体模型的缺点也是显而易见的，在表示一个细节较丰富的物体时可能需要数以万计的多边形，从而带来了较大的计算量和存贮量；而且把一个二维纹理映射到由众多多边形离散表示的景物表面上也是一件很困难的事情。

采用多面体模型来描述的方法往往只适用于人、河道、建筑物、桥梁等规则物体，对于虚拟环境中的自然景物，如云彩、山脉、树木等具有较大的随机性和不规则性的物体则难以用传统的几何建模工具来描述，一般采用随机的分形方法来实现，但这种方法依赖复杂的数学模型，分形生成和绘制的算法还有待进一步简化和研究。另外，在虚拟场景中还存在另外一类呈现出不确定性、不规则性甚至运动变化性的模糊景物，如火光、烟雾、灰尘、泥浆、风雨中树木花草的摇摆等，目前一般用粒子系统来描述，但还有许多问题需要解决。

3D 图形几何建模技术一般从一些基本的物体，如立方体、圆锥、球体等开始，通过对它们施加变形处理以得到更多的物体，同时借助于基本物体之间的加、减、布尔和等运算来等建立新的物体。更先进的一种几何建模技术是利用曲线和曲面来描述复杂的形状，如汽车、舰船或酒瓶的弯曲面等，但计算量很大。

3D 图形建模工作的最后是把得到的场景物体转变为多边形模型来描述，目前一般采用三角形或四边形结构。

28.1.3　光照模型技术

人眼在观察物体时，除了看到那些表面以外，还看到了表面上由于光照形成的各种效果，如连续的明暗色调、镜面上的高光以及由于景物相互遮挡而形成的阴影等。为此，就需要引入光照计算来增强 3D 图形的真实感。

物体表面所受光的亮度，取决于光源的类型和物体表面特性。某些物体的表面很光亮，而有些表面则很暗或没有光泽；某些物体由不透明材料构成，而另一些则由或多或少的透明材料构成。这些都是光照模型要考虑的问题。

对于照亮物体的光源而言，可以分为两类：一类是发光光源，如太阳、各种灯泡；另一类是反射光光源，即来自被观察物体周围被照亮的表面，如房间的墙壁，来自附近这样一些物体的光的多重反射就产生了外界光或背景光的均匀照明。一般，对光照而言，需要考虑光的漫反射、镜面反射以及光的折射现象。根据光源的几何形状，可以分为点光源、线光源、面光源和体光源，其中点光源最为简单，因此，在计算机图形学中，常常假定是点光源照明，以简化计算。但一律按点光源处理会影响生成图形的真实感，而且自然界中的大多数光源不是点光源，而是具有一定的形状和尺寸，因此，对点光源以外的光源照明模型在近几年也开始受到人们的重视。

28.1.4　纹理映射技术

人们观看物体时，可以看到物体表面上的各种花纹、图案、凹凸等纹理细节，人们依据这些纹理细节来区别各种具有相同形状的景物。纹理贴图的基本想法是基于一个简单的原则，即宁愿模仿物体表面的皱纹纹理的平面图形，而不是构造一个曲面上的详细纹理的微平面几何。自 1974 年美国犹他大学的 Catmull 首次采用纹理映射技术生成景物表面的纹理细节以来，纹理映射技术得到了广泛的研究和应用。

所谓纹理，简单地说，是一个平面的区域与指定的颜色（或光的强度）之间的映射：$\tau: R^2 \to C$。根据纹理定义域的不同，纹理可分为二维纹理和三维纹理；基于纹理的表现形式，纹理又可分为颜色纹理、几何纹理和过程纹理三大类。颜色纹理指的是呈现在物体表面上的各种花纹、图案和文字等，如大理石墙面、墙上贴的字画、器皿上的图案等都可用颜色纹理来模拟。几何纹理是指基于景物表面微观几何形状的表面纹理，如橘子、树干、岩石、山脉等表面呈现的凸凹不平的纹理细节。而过程纹理则表现了各种规则或不规则的动态变化的自然景象，如水波、云彩、火焰、烟雾等。

传统的纹理贴图分三步走：通过扫描图片、依靠绘图软件手工绘制或通过程序生成等方法获得纹理；其次，实现二维纹理和三维纹理表面的对应，即为每一个空间点 (x, y, z) 分配一个纹理坐标 (u, v)，这种对应称为纹理映射；最后，依据相应的纹理点的周围环境，给表面上的每一个点都赋予一个颜色值，见图 28 - 1。

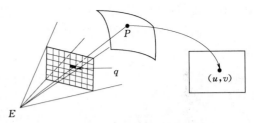

图 28 - 1　纹理映射过程图

m：ObjectSpace→TextureSpace

T：ScreenSpace→ObjectSpace

$T(q) = P \quad m(P) = (u, v)$

颜色纹理映射技术只考虑表面的颜色纹理，即只能在光滑表面上描绘各种事先定义的花纹图案。最早用来生成参数曲面表面纹理的纹理映射算法是 Catmull 算法，算法采用递归分割参数曲面片的方法来显示参数曲面，这种方法尽管简单易行，但需占用大量的内存空间，因而实用性不大。为克服这一缺点，Blinn 提出了一种新的纹理映射方法，采用了点采样方式来实现纹理映射，因而计算量小且节约存储空间。但 Catmull 算法和 Blinn 算法均假设景物表面为一光滑的参数曲面，因而不适用于由多个多边形组成的多面体。1986 年，Bier 和 Sloan 提出了一种独立于物体表示的纹理映射技术，它将纹理空间到景物空间的映射分解为两个简单映射的复合，其核心思想是引进一个包围景物的中介三维曲面作为中间映射媒介，其基本过程由下面两个步骤来完成：

（1）将二维纹理空间映射到一个简单的三维物体表面，如球面、圆柱面等，即建立如下的映射

$$T(u, v) \to T'(x', y', z')$$

这一映射称之为 S—映射。

（2）将上述三维中介物体表面上的纹理映射到目标景物表面

$$T'(x', y', z') \to O(x, y, z)$$

该映射称之为 O—映射。

这样纹理空间到景物空间的纹理映射可由 O—映射和 S—映射的复合而得到。因

而，总的关键是确定恰当的三维中介表面及建立由该中介表面到景物表面的映射关系。Bier 等给出了中介表面的四种选择方式：任一方向的平面、圆柱面、立方体表面以及球面。采用不同表面作为中介生成的纹理映射效果也不同，要根据目标景物的具体形状来选取。

这四种中介表面使得 S—映射的建立非常简单。有了 S—映射，还需建立 O—映射，O—映射亦有多种形式。Bier 等提出了独立于景物表面表示的 O—映射建立方法，其基本思想是利用光线投射来求取景物表面上的映射点。设景物表面的点 P（x，y，z），中介表面的映射点为 P'（x'，y'，z'），O—映射有四种方式：利用视线在 P 点处的反射光线与中介表面的交点 P'；取 P 点处的表面法向量与中介表面的交点 P'；取景物中心向 P 点发出的射线与中介表面的交点 P'；取中介表面在 P' 处的法线与目标景物表面的交点 P。第一种映射应用最为广泛，常称为环境映射。

环境映射的整个过程如图 28-2 所示。

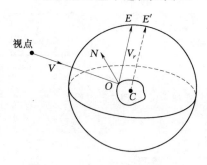

图 28-2　球面环境映射过程

对于一个镜面物体，视线 V 经其表面反射后的反射光线为 V_r，该光线交中介曲面（如球面）于 E 点，由于中介曲面已记录了该景物表面的环境映照（environment map），所以该景物表面在视线入射点 O 处的镜面反射量可根据 E 点处的颜色纹理值来决定。实际使用时，视点与每个像素的四个角点定义了一个四棱锥，该四棱锥经景物表面反射在环境映照上张成了一个区域。为避免走样现象，该区域必须进行处理，以得到当前像素内可见景物表面区域的平均纹理属性。

尽管环境映射技术不如光线跟踪算法那样应用广泛，但该技术所需计算量较小，且可模拟光线跟踪算法难于模拟的整体漫射光照效果，又可以用滤波技术来克服光线跟踪中的图形走样现象，但环境映射技术不能模拟景物的自身反射，这是由于景物表面的环境映照中不包含其自身的缘故。

颜色纹理只能描绘光滑表面上的花纹图案，而不能表现因为物体表面的微观几何形状凹凸不平而呈现出来的粗糙质感，为了模拟表面的这种凹凸不平效果，1978 年 Blinn 提出了几何（凹凸）纹理映射（bump mapping）技术。这种技术通过对景物表面各采样点的位置作微小扰动来改变表面的微观几何形状，从而引起景物表面法向量的扰动，由于表面光亮度是表面法向量的函数，因此，这种扰动导致光亮度的突变，从而产生表面凹凸不平的效果。Blinn 方法能有效模拟参数曲面的几何纹理，但模拟多边形网格表面的凹凸纹理较为困难。对于多边形凹凸不平的效果往往是结合在 Phong 的法向量插值过程中，通过对插值获得的表面法向量进行扰动来得到。

过程纹理（procedural texture）是基于数学模型通过计算机生成的纹理，它利用简单的过程迭代函数来生成复杂的纹理。过程纹理函数均为解析表达的数学模型，这些模型利用一些简单的参数来逼真地模拟一些复杂的自然纹理细节，就本质而言，它们均是经验模型。常见的过程纹理函数有木纹函数、湍流函数及 Fourier 合成技术。1985 年，Peachey 采用一组共轴圆柱面来定义体纹理函数，首次成功地模拟了木制品的纹理效果。同年，

Perlin 提出了一种用来近似描述湍流现象的经验模型——湍流函数，成功应用于大理石、火焰及云彩等自然纹理的模拟中，而 Gardner 则提出了一个有效的云彩纹理函数，它利用 Fourier 合成技术来生成二维、三维的云彩纹理，Fourier 合成技术还可用来生成水波、三维地貌和森林景色等。

但对于交互式三维虚拟系统而言，由于采用过程纹理涉及到较大的计算量，因此往往是采用颜色纹理来实现，某些部分结合几何纹理来表现，一般不采用过程纹理的方法。

28.1.5　真实感图形的实时绘制技术

对于交互式场景而言，用户通过交互手段在场景中进行漫游时，为保证场景画面显示的流畅和连贯，显示器上场景画面的刷新速度不应低于 24 帧/s，即每幅画面的绘制时间应少于 1/24s。但由于虚拟场景往往包含数十万甚至上百万个多边形，而且，为了达到逼真的视觉效果，场景模型还有越来越复杂的趋势，在现有的微机平台下，基于传统图形绘制技术要达到上述绘制速度是十分困难的。为此，就需要寻找新的实时图形绘制算法。

实时图形绘制本质上是一种限时计算技术，即要求在规定的时间内完成对场景的绘制。由于微机平台软硬件环境的限制，实时绘制算法往往是以损失图形质量为代价来达到快速绘制的目的。因此，在现有的大多数实时图形绘制算法中均采用了简单的光照明模型和场景简化技术来达到快速绘制的目的。光照明模型一般是视点独立的 Lambert 漫反射模型，并通过 Gouraud 光亮度插值来生成最终画面；而场景简化技术则通过降低场景的复杂度来加速画面生成。目前实时图形绘制算法主要围绕实时消隐技术、场景简化技术和基于图像的图形绘制技术三方面展开。

实时消隐技术一般是利用相邻帧画面的可见性连贯性及图像、景物空间的连贯性来加速消隐的过程，常用的是层次 Z 缓存器算法，这种算法通过引入屏幕可见点的包围盒，来简单判断位于屏幕包围盒之外的景物面片来确定隐藏面而不必将它们逐个像素与 Z 缓存器中存贮的可见点进行深度比较。但这种算法也同样涉及到透明的处理问题。

由于实时消隐技术立足于快速拒绝那些不可见的景物面片，没有考虑对场景的简化，因此对画面中含有大量可见面的情况，其效率就会大大下降。为此，发展出了场景简化技术——层次细节简化（Level Of Details，简称 LOD）技术。LOD 技术最初是为了简化多面体网格物体而提出的一种算法，它在不影响画面视觉效果的前提下，通过逐次简化景物的表面细节来减少虚拟场景的几何复杂性，从而提高绘制算法的效率。这种技术常对每一原始多面体模型建立几个不同逼近精度的几何模型，与原模型相比，每个模型均保留了一定层次的细节，当视点连续变化时，在不同层次的模型之间切换，但这会导致两个模型间一个明显的跳跃，为此，就必须在相邻层次的模型之间形成光滑的视觉过渡。因此，层次细节简化技术的研究主要有两个方面：一是对于给定的多边形网格 M，由精细到粗糙建立不同层次细节的模型序列，即 M_0，M_1，…，M_n，其中 $M_0 = M$；二是建立相邻层次多边形网格 M_i，M_{i+1}（$0 \leqslant i < n$）之间的几何形状过渡，即 $\varphi : M_i \rightarrow M_{i+1}$。代表算法有减少描述复杂景物的多边形（三角形）数目的基于长方体滤波方法的多面体简化技术、减少景物表面采样点数目的顶点删除技术、基于边收缩变换优化网格的渐进网格简化算法等等，但这些算法有可能会导致纹理贴图坐标的变化。

而最近发展起来的基于图像的图形绘制技术（image - based rendering technique）的

绘制过程则不需要涉及到复杂的消隐和光亮度计算过程，它通过一些预先生成好的图像（或环境映照）来生成不同视点处的场景画面，该种方法实时性能虽好，但不能与场景中的三维物体交互是其致命的弱点。

28.1.6　用户与虚拟场景实时交互实现技术

由于用户与虚拟场景之间不是孤立的，两者有一个交互的过程。对于微机系统而言，主要是用户通过键盘、鼠标等输入设备与虚拟场景进行交互，以达到漫游场景、在虚拟场景中形象生动的查询所需信息的目的。

对于三维场景漫游来说，用户在三维场景中的动作一般为以下几种：前进、后退、左平移、右平移、抬头、低头、左转、右转、飞升、下降。通过对这十个动作的支持，用户可以实现在虚拟场景中的漫游。

要捕捉用户的动作，就需要相应的硬件输入设备，在微机上配备的最常见的输入设备是键盘、鼠标以及游戏杆。

键盘是人机交互使用频繁的一种外部设备，通过捕捉用户相应的按键动作，并对按键进行组合，经过场景交互程序模块的转换来控制场景的变换。键盘对应的动作控制可由按键或按键的组合来实现。

鼠标是目前微机上人机交互的一种非常简便易用的输入设备，随着图形化用户界面的发展，鼠标日益重要。Windows 下的多数操作可由鼠标来完成。通过鼠标可以实现在屏幕上的精确定位，以及确定用户的移动方向、移动速度等。通过鼠标输入的坐标位置，以及左右按键的状态，完全可以满足用户在虚拟场景中漫游的交互控制需要。

游戏杆这种设备一般包含一组按键，通过它可以获取定点的坐标值，X、Y 甚至 Z 轴方向的旋转角度，这是一种更为有效的交互输入设备，常常用作游戏的输入设备。但对初次操作的用户而言控制太灵活，反而不易掌握。

通过实际工程项目 3D 虚拟场景系统的开发以及用户的反馈意见，发现在用键盘和鼠标实施控制时，相应的用户控制动作由按键或鼠标运动来体现较能为用户所接受。

如果想查询三维场景中的某个物体的信息，就需要相应的定位选取装置，这种定位用键盘就没法完成了，需要借助于鼠标或游戏杆的定点功能来完成。因此，在完成实际的用户动作输入时往往借助于两种或两种以上的设备组合，对微机平台而言，最常见的是键盘加鼠标的形式。

28.1.7　基于模型驱动的实时交互式虚拟场景构建技术

基于模型驱动的实时交互式虚拟场景构建的第一步，是生成场景中各个虚拟物体的几何模型，然后对这些模型进行组合以形成完整的场景模型。根据用户的交互需要，载入相应的场景交互驱动模块，然后把变换后的场景提交给场景绘制模块来完成绘制。同时，跟踪数据库中相应的数据，以在 3D 场景中反映现实世界里实时数据的变化过程。一个实时交互式虚拟场景的模型框架如图 28-3 所示。

1. 三维模型的建立

三维几何模型的建立有两种办法：一是利用 3D 建模工具来完成模型的建立；二是直接生成多边形网格顶点的坐标。

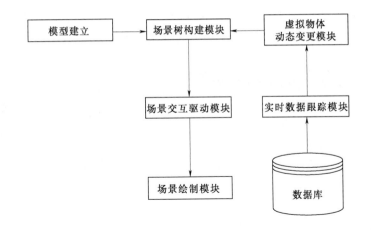

图 28-3　实时交互式虚拟场景的模型框架

常用的 3D 建模工具有 3DS Max，AutoCAD，Soft Image，……

3DS Max 是运行在 Windows/X 环境下功能非常强大的三维动画制作编辑软件，被广泛运用于影视作品和广告的制作中，同时它在产品设计、室内和展示设计等领域也备受推崇。总的说来，它是一个功能强大的造型处理、渲染着色及动画制作软件，主要用于照片级影像并制作 3D 动画，在造型处理方面偏重于艺术化，精度控制不是十分精确。而 AutoCAD 则是一种精确的造型设计工具，因此常常将 3D Max 与 AutoCAD 结合使用，以实现各种复杂的 3D 造型。生成的文件可以 .3DS，.DXF 等通用格式存储，甚至可以根据用户需要生成 VRML 文件。

第二种是直接生成多边形网格顶点的坐标，如建立 VRML 文件来定义一个虚拟场景，但这种方法开发效率很低，而且不支持可视化交互式动态修改。

因此一般是用 3D 建模工具来建立三维场景及虚拟物体的几何模型，再辅以相应的纹理贴图（可直接手工绘制，或是用现场照片经处理后得到）来达到逼真的模拟效果。

2. 场景树构建及绘制

为了便于描述和控制，往往在内存中生成一棵场景树（或场景图，Scene Graph）来组织场景中的各个虚拟物体及描述这些物体的数据。

一般而言，场景树中的结点可以分为两类：一类是不包括其他结点的叶子结点；另一类是可以包含其他结点的树枝结点，或称为组结点。分析一下虚拟场景的特点，可以发现：对于虚拟场景而言，可以把它分为一个个小的场景，这些小的场景分别相对于主体场景有一定的三维几何变换特征（平移、旋转等），这些小场景又可以分为更小的场景部分，直至分解为最终的虚拟物体描述为止。因此，场景树可采用如图 28-4 所示的结构。

场景树的每个中间结点都可以有任意个孩子结点，很显然，根结点必须为组结点。每个组结点由指向它的下一级结点的链表、结点的名称、相对于上一级父结点的变换、光照计算等信息组成。

每个叶子结点代表场景中的一个虚拟物体，对于虚拟物体而言，它有相对于其所在组结点的变换（放缩、旋转、位移等）、描述它的多边形网格、材质贴图信息、虚拟物体的

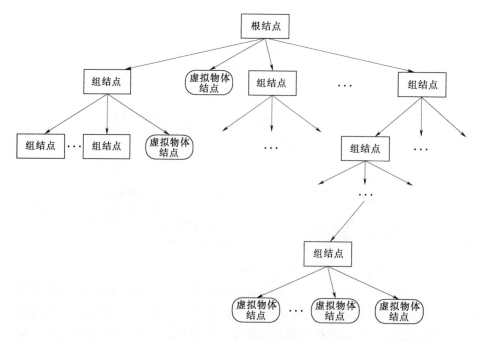

图 28-4　场景树的结构

自然特征描述等数据组成。

3. 场景框架

引江济太三维动态模拟系统的整体场景框架如图 28-5 所示。

水情水质数据库提供相应的实时或历史的望虞河水量水质数据。用户交互模块通过 Input 来实时获取用户的键盘或鼠标动作，并对相应按键或操作进行翻译，把它转换为对三维场景的交互操作序列，然后提交给点击信息查询模块或用户漫游交互控制模块。Input 通过引入操作映射（Action Mapping）的概念简化了对各种不同输入设备的处理，并提供了对键盘与鼠标操作的实时反应。

点击信息查询模块把用户点击时的屏幕坐标映射为相应的三维场景中的虚拟物体，然后通过数据库驱动模块查询其相应的水情工情数据。查询到的信息提交给 3D 场景绘制模块在 3D 场景中显示。

用户漫游交互控制模块根据用户的运动动作（如前进或后退等），通过读取模型段范围控制文件中的数据来比较该动作前后的用户位置是否超出了当前模型段的实际范围，如果是的话就需要向模型段加载重组模块发出请求，请求加载新的模型段，否则就更新视点位置，并向 3D 场景绘制模块提出重新绘制请求。

水质水位变化驱动模块，根据数据库中的水质水位数据，用户当前所处的位置应该与数据库中保存的真实场景当前位置的数据相一致。水质水位变化驱动模块根据数据库中的数据，读取水质分类贴图文件库来生成相应的水质画面和水位对应的水面高度，并提交给 3D 场景绘制模块要求重新绘制。

模型段加载和重组模块，由于本系统涉及整个流域，建立一个涵盖这么大范围的 3D

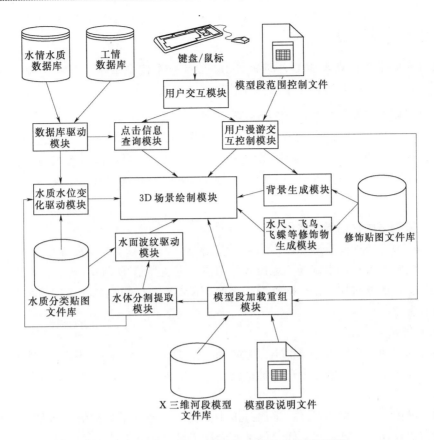

图 28 - 5 引江济太三维模拟系统的整体场景框架

几何模型，势必导致该模型的多边形数目很大，从而直接影响到模型的实时交互性能。为此，系统把模型分段，只有在用户漫游到该段时才加载相应的模型段到系统中。模型段加载和重组功能就是完成这个工作的，它先把原来的不需要的模型段从场景树中卸除，然后读入新的模型段并加入到场景树中。最后提交给 3D 场景绘制模块进行绘制。

水体分割提取模块，它从模型段加载和重组模块载入的模型中分割提取出其中的水体的几何模型，然后提交给水面波纹驱动模块和水质水位变化驱动模块。

水面波纹驱动模块根据当前的水体情况，对来自水质分类贴图文件库中的当前水质贴图实施变换，即定时动态变更该贴图的属性，并经 3D 场景绘制模块的处理后在屏幕上呈现出水面的波纹效果。

3D 场景绘制模块，这是系统中最重要的模块，也是最核心的模块。它充分利用了 VR 的特性，以设备无关的方式来提供对 3D 显示硬件的设备相关访问，从而保证了系统的性能。这里需要实现光照、纹理等处理。

背景生成模块，即生成蓝天白云或其他要求的场景背景。场景背景有一个特色，比如说天空，随着用户的行进，天空是不动的，也就是说，每随着用户前进一步，天空也要向前推进一定的距离。这是一个与用户动作相关的几何模型，随着用户漫游的进行不断地发生位移。

28.2　系统技术特色

系统具有海量数据处理能力、匹配技术、全 COM 体系结构、三维景观自动构建能力，为用户提供了三维地理信息系统与虚拟现实的解决方案。

28.2.1　基于组件的开放式大型 3D GIS 平台

系统中，COM 技术无处不在，从核心到应用开发界面。不同于某些主流 GIS 平台，只是在应用开发界面上采用了 ActiveX 技术，本系统采用 COM 作为系统构架技术，这使得系统拥有了开放性和延展性。正是由于采用了先进的系统构架技术，使得系统保持高度的稳定性。

28.2.2　完整的空间数据描述体系

利用 VRMap 空间数据模型，VRMap 先后扩展出了矢量地物、曲面模型、粒子系统、洪水节点、气象场节点、水流场、地质体等节点。并且所有的 SDK 二次开发用户都可以通过自定义节点的方法加入自己的模型，因此 VRMap 可以描述各种各样的客观对象，而不仅是建筑场景。

1. 曲面描述

本系统利用曲面描述方法来描述 DEM 和矢量面，直接支持建模工具制作的模型数据。曲面描述方法不仅在视觉上可以准确反映事物的外观，还可以进行分析和查询。

2. 三维矢量数据

类似二维中矢量数据的特点，采用三维中的曲线、曲面描述河流、水域等特殊地物，数据矢量方式存储显示，利用空间坐标关系属性等可以建立拓扑关系、进行 GIS 分析。

3. 三维矢量场数据

矢量场主要用于描述运动体，其具有位置、方向特征，例如水流场。

4. 二维标量场数据

用于表现二维空间分布的浓度场等特性，提供二维空间栅格方式的描述方法。

5. 三维标量场数据

用于表现三维空间分布的浓度场、气温场等特性，提供三维空间栅格方式的描述方法。

6. 体数据

体数据是以矢量方式表现体的特征，一个体具有相同的属性和剖面。在表现实体方面都可以使用，例如水闸，部件等。

28.2.3　强大的三维空间数据处理能力

1. 支持空间建模的导入

无论是虚拟现实展示还是规划决策支持、设备管理系统，数据的真实准确是科学决策的重要依据。系统一方面开发了平台内部的建模工具，另外提供了针对 AutoCAD 和 3D Max 建模工具的精确建模方法，支持模型按照地理坐标批量导入。

2. 支持多人协同制作场景

支持多人协同制作场景。不但可以协同制作场景数据，而且可以同步定义飞行路线和视点等参数。通过数据格式的导入导出操作，完成多人协作工作，提高场景建立，维护和更新的效率。另外针对带地理信息的 3DS 文件，系统提供了批量导入功能，用户可以一次性将多人制作的 3DS 数据导入场景，大大提高了工作效率。

3．出色的三维矢量数据处理能力

在经过了长期的探索之后，研发了多种三维矢量数据表达方式，使得直接在三维数据上进行查询、分析及编辑成为可能。

4．高分辨率图形输出

系统能为用户生成并输出高分辨率的图像，将用户看到的场景中的部分区域以标准的 Windows 位图格式（∗.BMP）输出存储到磁盘文件中。

28.2.4　海量数据管理能力

1．与关系数据库的无缝集成

VRMap 的数据库技术建立在工业标准之上，使用 Microsoft 的 ADO/OLEDB 的万能数据访问标准（UDA）来访问和管理数据。节点在 VRMap 中是一个数据单元，对应于数据库中的一条记录，VRMap 的每个图层都可以和数据库表进行绑定，通过绑定，用户可以在图形数据和属性数据间进行双向查询，如查询指定点位的属性信息或查询符合某个属性特征的对象的空间位置。

只要是支持 ODBC 的数据源就可以绑定到场景对象中，而且数据属性记录与节点的绑定是一种非常灵活的绑定方式。用户可以根据自己的要求通过使用 VBA 宏或标准 SQL 语言编制更适合自己需求的数据库绑定方式。

2．多元多尺度数据无缝集成

在三维地理信息数据领域，海量数据主要体现在两个层面，即地域广度和精细程度上。从地域广度上来说，由于地域跨度非常大要完整地表现真实景观，地图数据往往数据量大得惊人，如整个上海市、全流域乃至全国等。从精细度上来说，要细枝末节地表现真实景观达到接近真实视觉效果，除了几何数据外，还需要包括大量纹理贴图数据。因此，三维地理信息数据比二维地理信息数据更复杂，数据量更庞大，地图数据往往在 GB 级甚至 TB 级别。系统在综合应用多种数据管理与优化技术基础上实现了海量三维数据的管理。

3．海量地形支持

系统支持海量三维地形数据的可视化与分析，支持海量数据的实时浏览、分析、查询。

28.2.5　大规模场景可视化支持

1．高速动态载入

由于三维地理信息数据极端复杂，且数据量庞大，除了几何数据外，还包括大量纹理贴图数据。如此大的数据量，从载入到开始进入显示状态，常常要花很长的时间，有时甚至长达数十分钟。系统采用了动态载入架构，在大幅提高了浏览速度的同时也提高了载入速度，并实现了并行载入，即浏览和载入同时进行。

2．快速建立大规模三维场景

系统支持多种 DEM、DOM、DLG 数据，将这些数据导入系统就可以快速建立三维场景。在利用 VRMap 的素材库，或者局部地区精细建模就可以建立大范围三维场景。

3. 实时快速显示与漫游

系统支持超大数据量的不同比例尺显示，对于海量地形数据，用户不但可以以最大比例尺观察最精细度级别，还可以以鸟瞰方式纵览整个数据。海量地形引擎保证整个浏览过程的连续流畅。

4. 出色的仿真效果

三维 GIS 与传统二维 GIS 相比，它表现世界的方式要真实得多，丰富得多，具体得多，这是两者之间的一个显著区别。系统采用了多种图形技术，包括环境映射技术、凸凹映射技术、粒子系统技术、基于辐射度的光影技术等。提供多种三维仿真效果。

28.2.6 高度数据共享与互操作支持

无论是二维 GIS，还是三维 GIS，数据共享与互操作都是十分重要。GIS 用户需要把来自多种数据源、组织和其他格式的数据整合在一起。GIS 软件需要技术来支持转换或直接访问多种格式的地理数据集。

VRMap 目前支持几乎所有通用的二维和三维空间数据格式，具体包括：

（1）数字高程模型 DEM。VRMap 支持基于格网的数据模型（GRID）和基于三角网的模型（TIN），这两种数据模型各有优缺点，并且可以相互转换。目前在 VRMap 中支持的 DEM 格式包括：国家 DEM 标准（∗.GRD）、适普 DEM 格式（VIRTUOZO）、美国国家 DEM 标准（USGS）、ArcGIS 格式（∗.E00、∗.GRID、∗.Shape）和 MapInfo 格式（∗.MIF、∗.MID）。

（2）数字正射影像 DOM。数字正射影像和数字高程模型是构建真实的三维地形不可缺少的两大要素在 VRMap 平台中，可以为 DEM 设置匹配的数字正射影像图，同时还可以为 DEM 添加细节的纹理 VRMap 支持海量的 DOM 数据，并且将 DOM 压缩与 DEM 的 LOD 结合起来，使得 VRMap 中的场景数据量与实时浏览无关。目前 VRMap 支持的 DOM 为 Window Bitmap 文件格式，坐标配置文件格式支持 ∗.TAB、∗.tcf。

（3）数字线划图 DLG。数字线划图叠加到由 DOM 与 DEM 构建的真实三维地形上，使得地形上的其他人文信息得到了。VRMap 平台支持从流行的二维 GIS 矢量数据中导入 DLG 数据支持点、线、面等二维矢量数据类型。目前在 VRMap 中支持的 DLG 格式包括：MapInfo 格式（.MIF、.MID）、ArcGIS 格式（∗.Shape、∗.E00）和 CAD 格式（∗.DXF）。

（4）数字栅格图 DRG。在 VRMap 平台中，可以为 DEM 设置匹配的数字正射影像图，同时还可以为 DEM 添加细节纹理。目前在 VRMap 中支持的 DRG 格式为 Window Bitmap 文件格式。

（5）数字模型 DM。数字模型是指通过 AutoCAD 与 3DS Max 等流行的建模软件建立的三维模型这种模型可以表现模型对象的外部真实细节与内部实际效果。在 VRMap 中支持的 DM 分成如下几种：∗.3DS 和 ∗.DXF 文件，以及由二维的矢量数据拉伸形成的简单模型。

28.2.7 运行环境要求低

三维数据量大，场景浏览实时性强，对硬件要求很高一直困扰着三维应用的发展和推广。系统采用金字塔式的数据引擎，利用智能场景变换和动态数据载入技术解决了 PC 机运行海量数据三维场景问题。

28.3　系统开发创新

1. 太湖流域可视化的三维地理环境构建

构建太湖流域可视化的三维地理环境，并在此基础上进行了太湖水体运动过程模拟和望虞河调度效果模拟。三维模拟系统大都是停留在三维展示和静态模拟的水平上，导致系统的后续发展将无法进行，而本系统为太湖流域构建了一个可视化的三维地理环境，能够结合数据库中数据的动态变化，动态模拟引江济太的效果，并为太湖流域其他应用的开发提供了框架。

2. LOD 模型在流域大地形可视化中应用

在大范围的虚拟地景中，直接用原始数据进行可视化显然不现实。如何有效地管理大量的地形数据，高效地生成与视点相关的动态网格是实现大规模地形 LOD 算法的关键。为此，本项目研究提出了一种基于四叉树的多分辨率模型存储方式和实时优化算法。该方法首先对地形数据进行分层分块，把四叉树信息保存在一个数组中。同时使用两个简化队列来生成四叉树，只需按广度优先的原则遍历四叉树一次，从而大大提高了渲染速度。

LOD（Level of Detail，层次细节）模型是指在同一个场景中，依据视觉的特性，远离视点的物体只需较粗的细节，而离视点很近的物体需要详细的细节，这样便可以通过具有不同细节的描述得到一组模型，供渲染时使用。系统中，太湖流域的三维地形数据较大，常规方法微机环境难以实现，基于四叉树的多分辨率模型存储方式和实时优化算法能够有效地调度和使用地形数据，具有实现简单，裂缝处理速度快等优点，能较好地满足实时建立地形 LOD 模型的需求。同时，基于线性四叉树结构的分层分块 LOD 模型的建立方法的提出，为快速的绘制大规模地形，提供了一种通用的解决方法。

3. 虚拟系统集成应用

在虚拟系统工具组件开发的基础上，根据不同的应用目标，在数据集成平台的支持下，结合各专业模型，使虚拟系统平台将各种模型能够完整地集成在一起，形成一个面向具体应用的虚拟系统。

4. 调度效果模拟

在望虞河和湖体进行逼真演示各种引江济太方案，包括实施方案和方案实施后实测值的演示。在河流及周边的自然景物、主要建筑物所构建的真实感强的虚拟场景中，通过程序控制使用户可以自由地沿场景物体表面任何高度进行浏览，即用户可以在河道水面任何位置、两岸堤防上、或是在空中等位置观看河流中的水位、水质变化情况及污水的运动过程。并可沿任何方向、任何视角、在任何位置进行观看。由于河水是一个流动的物体，一个地方的水文数据在经过一段时间的运行后，其状态肯定会发生变化，即水文数据是一个时间函数，随时间而变化。因此，调度效果模拟要从两个层次上来反映：一是同一时刻不同地点的水文数据变化；二是同一地点不同时刻的水文数据变化。模拟过程在河流上根据需要的不同指标以动态贴图予以表示。